KB268014

산업안전보건법이해

노사 모두가 알면 유익한 산업안전보건가이드

공인노무사 이종호

저자 **이종호**

·고용노동부 30여 년 근무(산업안전감독관, 산업안전과장 등)
·현 강남노무법인 책임노무사
·현 건설기술교육원(산업안전보건법 해설 강연)
·현 안전관련단체, 산업체 등에서 산업안전보건 관련 강연 활동 중
·2006년도 공인노무사 자격 취득

산업안전보건법의 이해

초판 1쇄 인쇄 2011년 08월 11일
초판 1쇄 발행 2011년 08월 18일

지은이 l 이종호
펴낸이 l 손형국
펴낸곳 l (주)에세이퍼블리싱
출판등록 l 2004. 12. 1(제2011-77호)
주소 l 서울시 금천구 가산동 371-28 우림라이온스밸리 C동 101호
홈페이지 l www.book.co.kr
전화번호 l 1661-5777
팩스 l (02)2026-5747

ISBN 978-89-6023-657-8 13330

노사 모두가 알면 유익한 산업안전보건 가이드

산업안전 보건법의 이해

노사가 반드시 알아야 할 산업안전보건법
법만 잘 지켜도 귀한 생명을 구할 수 있다!
공인노무사 이종호
ESSAY

산업안전보건보건법은 1953. 5. 10 제정된「근로기준법」제6장에서 10개 조문으로 처음 법제화되었고, 이를 근거로 대통령령인「근로보건관리규칙(1961.9.11 제정)」및「근로안전관리 규칙(1962.5.7 제정)」이 제정되었습니다.

그러나 급격한 경제발전으로 인해 새로운 기계기구가 개발·사용되고 유해화학물질의 사용량이 증가함에 따라 산업재해가 다발하고 또한 대형화됨은 물론 새로운 직업병 발생 등의 문제가 야기되어 종합적·체계적으로 재해를 예방하기 위해 산업안전보건에 관한 개별 법률의 제정이 필요하다는 인식이 확산됨에 따라 독립법률의 제정이 시급하다는 공감대가 형성되었습니다.
이에 따라 1981. 12. 31「산업안전보건법」이「근로기준법」에서 분리되어 독립법률로 제정·공포되었습니다.

산업현장의 쾌적한 작업환경을 조성함은 물론 산업재해를 예방하기 위해 산업안전보건법이 제·개정 시행되고 있으나, 산업안전보건법의 기술성, 복잡·다양성 등으로 법을 이해하는 데 많은 어려움이 있는 것 또한 사실입니다.

필자도 30여년 산업안전보건업무를 일선현장에서 접하여 보았지만 산업안전보건법제규정을 이해하는 데 한계가 있음을 알게 되었습니다.

또한 인터넷 등 정보의 홍수로 인하여 많은 정보들을 우리 주변에서 쉽게 접할 수 있지만 여러 사정들로 인해 그때 그때 필요한 자료 등을 찾아본다는 것에도 한계가 있는 것 같습니다.

따라서 이번 책에서는 산업안전보건법 중 주요 내용을 가능한 쉽게 접근할 수 있도록 하였고, 사업장에서 실제 문의한 10년 동안의 행정해석을 최근 개정된 내용에 맞게 정리하여 법을 이해하는 데 도움이 될 수 있도록 하였습니다.

아무쪼록 동 책을 통해 산업현장에서의 재해예방과 쾌적한 작업환경이 조성되어 산업현장 근로자 여러분의 안전과 건강의 유지·증진에 조금이나마 도움이 되었으면 하는 바입니다. 본서 출판에 도움을 주신 북모닝(주)에세이퍼블리싱 손형국 대표와, 고용노동부 신인재 님, 고용노동 가족 관계자 여러분께 다시 한 번 머리 숙여 감사드립니다.

2011년 8월 일
공인노무사 이 종 호

차 례

제1장
産業安全保健管理의 必要性

1. 必要性

- 산업재해는 재해를 당한 근로자와 그 가정에 불행을 안겨주고 기업에게는 생산성 하락을 초래하며, 더 나아가 국가경제에도 막대한 영향을 미친다.
  - 따라서 근로자의 생명과 신체의 보호라는 인도적 입장뿐만 아니라 생산능률과 생산성의 향상이라는 기업경영의 차원은 물론 더 나아가 국가 경쟁력의 관점에서도 산업안전 및 보건관리가 매우 중요하다.

2. 産業災害統計

- 산업재해통계는 과거 일정기간에 발생한 산업재해에 관한 제반 원인 등을 분석·파악함으로써 동종재해의 재발을 방지하고, 효과적인 재해예방 대책을 수립하기 위해 중요한 의의를 갖는다.
- 산업재해통계와 관련하여 ILO 기준 등 국제적으로 인정된 기준이 없고, 각국마다 통계 산출 방법, 적용범위, 업무상재해 인정범위 등이 다르기 때문에 국가 간에 재해율 등을 단순비교 하기는 곤란한 실정이다.
  - ▸ 일본의 경우 4일 이상 요양 재해를 산업재해통계 산출기준으로 하는 우리나라와 달리 4일 이상 휴업재해를 대상으로 하고 있고, 근로자수의 경우에도 우리나라는 산재보상보험 가입 근로자를 대상으로 하나, 일본은 총무청의 「노동력 조사」상 고용자(우리나라의 경제활동 인구조사와 유사)를 대상으로 하고 있다.

가. 재해통계의 종류

- 재해율 : 근로자 100명당 발생하는 재해자수의 비율을 의미

$$재해율(\%) = \frac{재해자수}{상시근로자수} \times 100$$

  - 건설업 상시근로자수(명) $= \frac{연간국내건설업공사실적액 \times 노무비율}{건설업월평균임금 \times 12월} \times 100$

- 공사실적액 = 건축, 토목공사 + 전기공사 + 정보통신공사
- 노무비율, 월평균임금은 매년 12월 31일 고용노동부장관이 공시
    ▸ 재해자수 : 근로복지공단으로부터 유족급여지급 및 요양승인을 받은 자의 수, 지방고용노동관서에 산업 재해조사표가 제출된 재해자의 수, 산재은폐 적발재해자의 수를 합산한 수
    ▸ 상시근로자수 : 상용·일용 구분없이 산업재해보험 가입 사업장에 종사하는 모든 근로자의 수
● 사망 만인율 : 근로자 10,000명당 사망자수의 비율

$$사망만인율 = \frac{사망자수}{상시근로자수} \times 10,000$$

● 천인율 : 근로자 1,000명당 기준으로 발생하는 재해자수의 비율

$$천인율 = \frac{재해자수}{상시근로자수} \times 1,000$$

● 도수율(빈도율) : 1,000,000 근로시간당 재해발생 건수의 비율

$$도수율 = \frac{재해건수}{연근로시간수} \times 1,000,000$$

- 1인당 근로시간수 : 1일: 8시간, 1달: 25일, 1년: 300일(2400시간)
    ▸ 연근로시간수는 분기 사업체 임금근로시간조사 보고서(노동시장분석과 발간)상의 월평균 근로시간수 로 산정(연근로시간수 = 월평균 근로시간수 × 총근로자수 × 12월)
● 강도율 : 근로시간 합계 1,000 시간당 근로손실 일수

$$강도율 = \frac{총근로손실일수}{연근로시간수} \times 1,000$$

- 근로손실일수 = 휴업일수(요양일수) × 300/365
    ▸ 총 근로손실일수 : 산업재해통계업무처리규정에 따라 사망자, 신체 장해자, 부상자 및 업무상질병자 등 3가지의 유형으로 구분, 사망자 및 신체 장해자는 등급별 근로손실일수를 적용하고 부상 및 업무상질병 자는 요양신청서에 기재된 요양일수를 적용(산업재해통계업무처리규정 별표1)

〈근로손실일수 산정요령〉

구분	사망	신 체 장 해 등 급											
		1-3	4	5	6	7	8	9	10	11	12	13	14
근로손실일수	7,500	7,500	5,500	4,000	3,000	2,200	1,500	1,000	600	400	200	100	50

나. 경제적 손실(추정)액

● 경제적 손실(추정)액은 직접손실액과 간접손실액의 합으로서 직접손실액은 산재보상보험법상의 산재보험급여 지급액이고, 간접 손실액은 하인리히 방식에 의하여 직접손실액의 4배로 계상한다.
    ▸ 경제적 손실(추정)액 = 직접손실액 + 간접손실액(직접손실액 × 4)
    ▸ 직접손실액은 산재보험급여 지급액을 말함
    ▸ 간접손실액 : 재해에 의한 인적·물적 손실, 생산손실, 특별경비(재해자가 직장에 복귀 후 작업을 하지 못 하는 손실, 민사소송 및 처리를 위한 경비, 근로자의 신규 채용비 등)

제2장

産業安全保健法 槪要

1. 制定 背景

- 1953. 5. 10 제정된 「근로기준법」 제6장에서 10개 조문으로 처음 법제화
  - 「근로보건관리규칙(1961.9.11 제정)」
  - 「근로안전관리 규칙(1962.5.7 제정)」
- 급격한 경제발전으로 인해 새로운 기계기구가 개발·사용되고 유해화학물질의 사용량이 증가함에 따라 산업재해의 다발·대형화 및 새로운 직업병 발생 등의 문제가 야기
  - 이러한 환경변화에 대응하여 종합적·체계적으로 재해를 예방하기 위해서 산업안전보건에 관한 개별 법률의 제정이 필요하다는 인식이 확산되었고,
  - 재해예방기술의 개발·보급 및 지원, 전문단체의 육성 등 재해예방활동을 적극적·효과적으로 추진하기 위해서도 독립법률의 제정이 시급하다는 공감대가 형성됨.
- 1981. 12. 31 「산업안전보건법」법률로 제정·공포됨.
- 2011. 7. 6 「산업안전보건법」 개정(안전규칙 조문체계정비 및 안전보건규칙 통합 등)

2. 特徵

가. 복잡·다양성

- 사업장 기계·설비의 다양화, 유해물질 사용량의 급증, 작업 공정 및 기계장치의 복잡성 등에 따라 유해·위험요소도 더욱 복잡화·다양화·대형화되는 추세다.
  - 이러한 유해·위험요소를 제거 또는 방지하기 위해서 산업안전보건법도 복잡·다양한 내용을 담을 수밖에 없다.

나. 기술성

- 산업현장에서 사용되는 각종 기계·기구·설비 및 유해물질 등에 의한 유해·위험요소를 제거하기
  위해서는 전문기술성이 필요하다.
  - 따라서, 법령에도 전문 기술적 사항들이 많이 포함되어 있으며 특히, 고용노동부령인 「산업안
    전보건규칙」에서 전문 기술적 내용들을 규율하고 있다.

다. 강행성

- 산업현장에서 산업재해를 예방하기 위해서는 임의적 규정을 두어 계몽하는 것만으로는 그 실효성
  을 담보하기 어렵다.
  - 이에 따라 산업안전보건법령은 당사자의 의사에 관계없이 당연 적용되는 등 강행성을 띠고 있다.

라. 사업주의 규제성

- 산업안전보건법령은 산업재해에 대해 총체적인 책임을 갖는 사업주에 대하여 안전보건 확보의무
  등 많은 규제를 부과하고 있다(사업주는 ~하여야한다).

3. 産業安全保健法의 體系

- 산업안전보건법령은 1개 법률, 1개 시행령, 3개 시행규칙으로 구성되어 있다.
- 「산업안전보건법」은 산업재해예방을 위한 기본적인 제도, 사업주·근로자 및 정부의 의무 등을
  규율하고 있다.
  - 「산업안전보건법 시행령」은 법령의 적용범위·종류 등 법에서 위임된 사항과 그 시행에 필요한
    사항에 대해 규정하고 있다.
  - 「산업안전보건법 시행규칙」은 중대재해의 유형(시행규칙 제2조 제1항) 등 법 및 시행령이 위임
    한 사항과 그 시행에 필요한 사항을 규정하고 있다.
  - 시행규칙 외에 법령에서 위임한 산업안전·보건기준 등 전문기술적 내용에 관한사항을 규율하
    기 위해 「산업안전보건기준에 관한규칙」 등 2개의 고용노동부령이 제정되어 있다.

[산업안전보건에 관한 고용노동부령]

① 「산업안전보건법 시행규칙」 : 산업안전보건에 대한 일반적인 사항을 규정
② 「산업안전보건기준에 관한 규칙」 : 사업주가 행할 안전보건조치에 관한 기술적사항을 규정
③ 「유해·위험작업의 취업제한에 관한 규칙」 : 유해 또는 위험한 작업에 필요한 자격·면허·경험에 관한
  사항을 규정
  ▸ 이외에 법령의 원활한 시행을 위해 훈령, 예규, 고시 및 각종 기술상의 지침, 작업환경표준 등이 마련되
    어 있다.

<국내의 산업안전 관련 주요 법률>

분 야	관 련 법 률	소관 부처	산 하 기 관
종 합	• 산업안전보건법	고용노동부	한국산업안전보건공단
기업규제	• 기업활동규제 완화에 관한 특별조치법	지식경제부	
건 설	• 건설기술관리법, 건설기계관리법, 시설물의 안전관리에 관한 특별법	국토해양부	시설안전기술공단
가 스	• 고압가스안전관리법, 액화석유가스의 안전관리 및 사업법, 도시가스사업법	지식경제부	한국가스안전공사
전 기	• 전기사업법, 전기공사업법, 전력기술관리법	지식경제부	한국전기안전공사
에 너 지	• 에너지이용 합리화법, 집단에너지사업법	지식경제부	에너지관리공단
원 자 력	• 원자력법	교육과학기술부	한국원자력안전기술원
광 산	• 광산보안법	지식경제부	
승 강 기	• 승강기 제조 및 관리에 관한 법률	지식경제부	한국승강기안전관리원
유해물질	• 유해화학물질관리법	환 경 부	환경관리공단
항 만	• 항만법	국토해양부	사단법인 한국선급
소 방	• 소방기본법, 재난 및 안전관리기본법	행정안전부	한국소방검정공사 한국소방안전협회

제3장

産業安全保健法 總則

1. 目的

● 산업안전보건법은 산업안전·보건기준을 제시하고 재해의 원인과 책임 등 규명을 통해 산업활동에서 초래되는 유해·위험요인을 배제하여 재해 및 직업병을 예방함으로써 근로자가 안전하고 쾌적한 환경에서 일을 할 수 있도록 함으로써 최소한의 근로자의 안전과 보건을 유지함은 물론 더 나아가 증진시키는데 있음.

> ▶ 목적(제1조)
>
> 산업안전·보건에 관한 기준을 확립하고 그 책임의 소재를 명확하게 하여 산업재해를 예방하고 쾌적한 작업환경을 조성함으로써 근로자 안전과 보건을 유지·증진함을 목적으로 한다.

2. 用語

● 산업재해

- 근로자가 업무에 관계되는 건설물·설비·원재료·가스·증기·분진 등에 의하거나 작업 기타 업무에 기인하여 사망 또는 부상하거나 질병에 이환되는 것을 말한다.
- 위험 기계·유해 가스 등 물적 요인에 기인하는 재해(불안전상태), 근로자의 기능이나 지식의 부족·신체조건 등 인적 요인에 기인하는 재해(불안전행위) 및 유해물질에 장기간 노출됨으로써 생기는 건강상의 장해(직업성 질병 포함)를 포함하며, 업무수행과 관련하여 발생하는 것만 대상으로 한다.

● 중대재해(법 시행규칙 제2조)

① 사망자가 1인 이상 발생한 재해

② 3월 이상의 요양을 요하는 부상자가 동시에 2인 이상 발생한 재해

③ 부상자 또는 직업성질병자가 동시에 10인 이상 발생한 재해

● 중대산업사고(법 제49조의2제1항)

- 유해·위험설비로부터의 위험물질의 누출·화재·폭발 등으로 인하여 사업장내의 근로자에게

즉시 피해를 주거나 사업장 인근지역에 피해를 줄 수 있는 사고를 말한다.

● 근로자
  - 근로기준법 제14조의 규정에 의한 근로자를 말한다.
    ▸ 근로기준법 제14조 : 직업의 종류를 불문하고 사업 또는 사업장에 임금을 목적으로 근로를 제공하는 자.

● 근로자대표
  - 근로자의 과반수로 조직된 노동조합이 있는 경우에는 그 노동조합을, 근로자의과반수로 조직된 노동조합이 없는 경우에는 근로자의 과반수를 대표하는 자를 말한다.

● 사업주
  - 근로자를 사용하여 사업을 행하는 자를 말한다.

● 작업환경측정
  - 작업환경 실태를 파악하기 위하여 해당 근로자 또는 작업장에 대하여 사업주가 측정계획을 수립한 후 시료(試料)를 채취하고 분석·평가하는 것을 말한다.

● 안전보건진단
  - 산업재해를 예방하기 위하여 잠재적 위험성을 발견하고 그 개선대책을 수립할 목적으로 고용노동부장관이 지정하는 자가 하는 조사·평가를 말한다.

● 관리대상 유해물질
  - 법 제24조제1항제1호에 따른 원재료로서 유기화합물, 금속류, 산·알칼리류, 가스 상태 물질 류 등 별표 1에서 정한 물질을 말한다.

● 유기화합물
  - 상온·상압(常壓)에서 휘발성이 있는 액체로서 다른 물질을 녹이는 성질이 있는 유기용제(有機溶劑)를 포함한 탄화수소계화합물 중 별표 12 제1호에 따른 물질을 말한다.

● 금속류
  - 고체가 되었을 때 금속광택이 나고 전기·열을 잘 전달하며, 전성(展性)과 연성(延性)을 가진 물질 중 별표 12 제2호에 따른 물질을 말한다.

● 산·알칼리류
  - 수용액(水溶液) 중에서 해리(解離)하여 수소이온을 생성하고 염기와 중화하여 염을 만드는 물질과 산을 중화하는 수산화화합물로서 물에 녹는 물질 중 별표 12제3호에 따른 물질을 말한다.

● 가스 상태 물질류
  - 상온·상압에서 사용하거나 발생하는 가스 상태의 물질로서 별표 12제4호에 따른 물질을 말한다.

● 발암성물질
  - 암을 유발하는 물질로 확인되었거나 의심되는 물질로서 별표 12에서 발암성으로 표기된 물질을 말다.

● 유기화합물 취급 특별장소
  - 유기화합물을 취급하는 다음 각 목의 어느 하나에 해당하는 장소를 말한다.

㉮ 선박의 내부	㉯ 차량의 내부
㉰ 탱크의 내부(반응기 등 화학설비 포함)	㉱ 터널이나 갱의 내부
㉲ 맨홀의 내부	㉳ 핏트(pit)의 내부
㉴ 통풍이 충분하지 않은 수로의 내부	㉵ 덕트의 내부
㉶ 수관(水管)의 내부	㉷ 그 밖에 통풍이 충분하지 않은 장소

● 임시작업
 - 일시적으로 하는 작업 중 월 24시간 미만인 작업을 말한다. 다만, 월 10시간 이상 24시간 미만인 작업이 매월 행하여지는 작업은 제외한다.

● 단시간작업
 - 관리대상 유해물질을 취급하는 시간이 1일 1시간 미만인 작업을 말한다. 다만, 1일 1시간 미만인 작업이 매일 수행되는 경우는 제외한다.

● 허가(許可)대상 유해(有害)물질
 - 고용노동부장관의 허가를 받지 않고는 제조·사용이 금지되는 물질로서 영 제30조에 따른 물질을 말한다.

● 금지(禁止)유해물질
 - 영 제29조에 따른 물질을 말한다.

● 시험·연구 목적
 - 실험실이나 연구실에서 물질분석 등을 위하여 금지유해물질을 시약으로 사용하거나 그 밖의 용도로 조제하는 경우를 말한다.

● 가열응착(加熱凝着)
 - 물질에 압력을 가하여 성형한 것을 가열하였을 때 가루가 서로 밀착·굳어지는 현상을 말한다.

● 가열탈착(加熱脫着)
 - 물질을 고온으로 가열하여 휘발성 성분의 일부 또는 전부를 제거하는 조작을 말한다.

● 소음작업
 - 1일 8시간 작업을 기준으로 85데시벨 이상의 소음이 발생하는 작업을 말한다.

● 강렬한 소음작업
 - 다음 각목의 어느 하나에 해당하는 작업을 말한다.
 ㉮ 90데시벨 이상의 소음이 1일 8시간 이상 발생하는 작업
 ㉯ 95데시벨 이상의 소음이 1일 4시간 이상 발생하는 작업
 ㉰ 100데시벨 이상의 소음이 1일 2시간 이상 발생하는 작업
 ㉱ 105데시벨 이상의 소음이 1일 1시간 이상 발생하는 작업
 ㉲ 110데시벨 이상의 소음이 1일 30분 이상 발생하는 작업

㉺ 115데시벨 이상의 소음이 1일 15분 이상 발생하는 작업

● 충격(衝擊)소음작업
  - 소음이 1초 이상의 간격으로 발생하는 작업으로서 다음 각 목의 어느 하나에 해당하는 작업을
    말한다.
  ㉮ 120데시벨을 초과하는 소음이 1일 1만회 이상 발생하는 작업
  ㉯ 130데시벨을 초과하는 소음이 1일 1천회 이상 발생하는 작업
  ㉰ 140데시벨을 초과하는 소음이 1일 1백회 이상 발생하는 작업

● 진동(振動)작업
  - 다음 각 목의 어느 하나에 해당하는 기계·기구를 사용하는 작업을 말한다.
  ㉮ 착암기(鑿巖機)
  ㉯ 동력을 이용한 해머
  ㉰ 체인톱
  ㉱ 엔진 커터(engine cutter)
  ㉲ 동력을 이용한 연삭기(研削機)
  ㉳ 임팩트 렌치(impact wrench)
  ㉴ 그 밖에 진동으로 인하여 건강장해를 유발할 수 있는 기계·기구

● 청력(聽力)보존 프로그램
  - 소음노출 평가, 소음노출 기준 초과에 따른 공학적 대책, 청력보호구의 지급과 착용, 소음의
    유해성과 예방에 관한 교육, 정기적 청력검사, 기록·관리 사항 등이 포함된 소음성 난청을 예
    방·관리하기 위한 종합적인 계획을 말한다.

● 이상기압(氣壓)
  - 압력이 제곱센티미터당 1킬로그램 이상인 기압을 말한다.

● 고압작업
  - 이상기압에서 잠함공법(潛函工法)이나 그 외의 압기공법(壓氣工法)으로 하는 작업을 말한다.

● 잠수(潛水)작업
  - 물속에서 공기압축기나 호흡용 공기통을 이용하여 하는 작업을 말한다.

● 기압 조절실
  - 고압작업에 종사하는 근로자가 작업실에 출입 할 때 가압 또는 감압을 받는 장소를 말한다.

● 압력
  - 게이지압력을 말한다.

● 고열
  - 열에 의하여 근로자에게 열경련·열탈진 또는 열사병 등의 건강장해를 유발할 수 있는 더운 온
    도를 말한다.

● 한랭(寒冷)
- 냉각원(冷却源)에 의하여 근로자에게 동상 등의 건강장해를 유발할 수 있는 차가운 온도를 말한다.

● 다습(多濕)
- 습기로 인하여 근로자에게 피부질환 등의 건강장해를 유발할 수 있는 습한 상태를 말한다.

● 방사선
- 전자파나 입자선 중 직접 또는 간접적으로 공기를 전리(電離)하는 능력을 가진 것으로서 알파선, 중양자선, 양자선, 베타선, 그 밖의 중하전입자선, 중성자선, 감마선, 엑스선 및 5만 전자볼트 이상(엑스선 발생장치의 경우 5천 전자볼트 이상)의 에너지를 가진 전자선을 말한다.

● 방사성물질
- 핵연료물질, 사용 후의 핵연료, 방사성동위원소 및 원자핵분열 생성물을 말한다.

● 방사선관리구역
- 방사선에 노출될 우려가 있는 업무를 하는 장소를 말한다.

● 혈액매개(血液媒介) 감염병
- 인간면역결핍증, B형간염 및 C형간염, 매독 등 혈액 및 체액을 매개로 타인에게 전염되어 질병을 유발하는 감염병을 말한다.

● 공기매개 감염병
- 결핵·수두·홍역 등 공기 또는 비말핵 등을 매개로 호흡기를 통하여 전염되는 감염병을 말한다.

● 곤충 및 동물매개 감염병
- 쯔쯔 가무시증, 렙토 스피라증, 신증후군출혈열 등 동물의 배설물 등에 의하여 전염되는 감염병과 탄저병, 브루셀라증 등 가축이나 야생동물로부터 사람에게 감염되는 인수공통(人獸共通) 감염병을 말한다.

● 곤충 및 동물매개 감염병 고위험작업
㉮ 습지 등에서의 실외 작업
㉯ 야생 설치류와의 직접 접촉 및 배설물을 통한 간접 접촉이 많은 작업
㉰ 가축 사육이나 도살 등의 작업

● 혈액노출
- 눈, 구강, 점막, 손상된 피부 또는 주사침 등에 의한 침습적 손상을 통하여 혈액 또는 병원체가 들어 있는 것으로 의심이 되는 혈액 등에 노출되는 것을 말한다.

● 분진
- 근로자가 작업하는 장소에서 발생하거나 흩날리는 미세한 분말 상태의 물질을 말한다.

● 분진작업
- 별표5에서 정하는 작업을 말한다.

● 호흡기보호 프로그램

　－ 분진노출에 대한 평가, 분진노출기준 초과에 따른 공학적 대책, 호흡용 보호구의 지급 및 착용, 분진의 유해성과 예방에 관한 교육, 정기적 건강진단, 기록·관리 사항 등이 포함된 호흡기질환 예방·관리를 위한 종합적인 계획을 말한다.

● 밀폐(密閉)공간

　－ 산소결핍, 유해가스로 인한 화재·폭발 등의 위험이 있는 장소로서 별표 18에서 정한 장소를 말한다.

● 유해가스

　－ 밀폐공간에서 탄산가스·황화수소 등의 유해물질이 가스 상태로 공기 중에 발생하는 것을 말한다.

● 적정공기

　－ 산소농도의 범위가 18퍼센트 이상 23.5퍼센트 미만, 탄산가스의 농도가 1.5퍼센트 미만, 황화수소의 농도가 10피피엠 미만인 수준의 공기를 말한다.

● 산소결핍(缺乏)

　－ 공기 중의 산소농도가 18퍼센트 미만인 상태를 말한다.

● 산소결핍증

　－ 산소가 결핍된 공기를 들이마심으로써 생기는 증상을 말한다.

● 사무실

　－ 근로자가 사무를 처리하는 실내 공간(휴게실·강당·회의실 등의 공간을 포함한다)을 말한다.

● 사무실오염(汚染)물질

　－ 법제24조제1항제1호에 따른 가스·증기·분진 등과 곰팡이·세균·바이러스 등 사무실의 공기 중에 떠다니면서 근로자에게 건강장해를 유발할 수 있는 물질을 말한다.

● 공기정화(淨化)설비 등

　－ 사무실오염물질을 바깥으로 내보내거나 바깥의 신선한 공기를 실내로 끌어들이는 급기·배기장치, 오염물질을 제거하거나 줄이는 여과제나 온도·습도·기류 등을 조절하여 공급할 수 있는 냉난방장치, 그 밖에 이에 상응하는 장치 등을 말한다.

● 근(筋)골격(骨格)계부담작업

　－ 법제24조제1항제5호에 따른 작업으로서 작업량·작업속도·작업강도 및 작업장 구조 등에 따라 고용노동부장관이 정하여 고시하는 작업을 말한다.

● 근골격계질환

　－ 반복적인 동작, 부적절한 작업자세, 무리한 힘의 사용, 날카로운 면과의 신체접촉, 진동 및 온도 등의 요인에 의하여 발생하는 건강장해로서 목, 어깨, 허리, 팔·다리의 신경·근육 및 그 주변 신체조직 등에 나타나는 질환을 말한다.

● 근골격계질환 예방관리 프로그램
  - 유해요인 조사, 작업환경 개선, 의학적 관리, 교육·훈련, 평가에 관한 사항 등이 포함된 근골격계질환을 예방관리하기 위한 종합적인 계획을 말한다.

3. 適用範圍(법 제3조)

● 산업안전보건법은 모든 사업 또는 사업장에 적용되는 것이 원칙
  - 유해·위험의 정도, 사업의 종류·규모 및 사업의 소재지 등을 고려하여 대통령령이 정하는 사업에 대하여는 법의 전부 또는 일부만 적용하지 않을 수 있다(법 제3조제1항, 시행령 별표1).
  - 또한, 국가·지방자치단체 및 "공공기관의 운영에관한 법률"에 따른 공기업에도 적용된다(법 제3조제2항).

행정해석

■ 개인이 주거목적으로 시공하는 공사현장의 산업안전보건법 적용 여부

● 건축업자가 아닌 개인이 본인 주거목적의 농가주택을 건축주겸 시공자로서 신축하다가 안전상의 조치 미비로 소속 근로자가 비계상의 작업발판에서 추락하여 사망하였는데, 이 경우 건축주이자 시공자인 개인은 산업안전보건법의 적용을 받아 처벌이 되어야 하는지 여부

◇ 산업안전보건법 제3조에서 "이 법은 모든 사업 또는 사업장에 적용한다"고 규정하고 있으므로 동법이 적용되기 위해서는 사업 또는 사업장에 해당되어야 할 것이며, "사업 또는 사업장"이란 일반적으로 영리 또는 비영리 여부를 불문하고 일정한 장소에서 유기적인 조직하에 업으로서 계속적으로 행해지는 것을 말함

◇ 개인이 자신의 주거를 목적으로 주택을 신축하는 것은 원칙적으로 "업"으로서 계속성을 가지는 사업 또는 사업장에 해당한다고 보기 어려우므로 산업안전보건법이 적용되지 않는다고 사료됨

■ 대기업 본사의 업종 구분 및 법의 일부적용 여부

● 석유정제품 제조를 주 사업으로 하는 기업으로서 회계, 인사, 사업계획, 영업지원 등을 수행하는 서울 본사가 부수 사업으로 수행하는 부동산임대사업으로 인해 산업안전보건법시행령 별표 1의 일부적용 사업장에 해당될 수 없는 지와 차량운전기사가 2명 포함되었다 하여 사무직 근로자만을 사용하는 사업장으로 볼 수 없는지

◇ 산업안전보건법상 사업분류는 둘 이상의 산업활동이 하나의 사업장에서 행하여지는 경우 주된 산업활동을 기준으로 분류하며, 여러 사업체를 관리하는 대기업 본사와 같은 중앙보조단위는 그 보조되는 사업체중 주된 산업체와 동일한 산업으로 분류하게 되므로 귀 서울 본사는 부수 사업으로 운영하는 부동산 임대업이 아닌 주된 산업활동인 석유정제품 제조업에 해당될 것으로 판단됨

◇ 또한 본사의 대표이사 등의 차량운전을 위한 운전기사(2명)는 사무활동을 보조하기 위해 배치된 것이므로 산업안전보건법시행령 별표 1『법의 일부적용대상사업 및 일부적용규정의 구분표』의 대상사업란 제6호(사업장이 분리된 경우로서 사무직근로자만을 사용하는 사업장)에 해당하여 이 법의 일부적용대상 사업장인 것으로 사료됨.

■ 지방자치단체 급식시설의 법 적용

● 지방자치단체가 설치·운영하는 공립초등학교 급식시설에서 산업안전보건법을 위반하였을 경우 과태료를 부과할 수 있는지 여부

◇ 과태료는 행정목적을 달성하기 위하여 부과하는 제재수단으로서 객관적 의무 위반이 있으면 부과할 수 있고, 행위자의 주관적 요건 즉 고의·과실은 문제되지 않으므로 자연인·법인을 막론하고 그 부과대상으로 할 수 있으며

　― 과태료의 책임자는 행위자인지 여부와 관계없이 법령상 책임자(의무자)로 정하 여진 자이므로 산업안전보건법에서 사업주를 의무주체로 규정하고 있는 경우에는 위반행위자와 관계없이 동법상 의무자인 당해 사업주가 과태료 부과대상이 됨

　※ 다만 공법인인 지방자치단체는 일반 사법인과 다르며, 중앙정부와 대등하게 국가의 전체적인 통치기구를 구성히는 기관이라는 점에서 과태료를 부과할 수 없다는 견해가 있으나 참고로 지방자치단체 공무원의 도로법 위반과 관련한 양벌규정의 적용에 관한 판례에서 지방자치단체도 양벌규정의 적용을 받는다는 판례가 있음

◇ 따라서, 공립초등학교는 지방자치단체가 설치·운영하는 기관으로서 산업안전보건법 제3조제2항의 규정에 의하여 산업안전보건법의 적용대상이므로, 지방자치단체 소속 공립초등학교 직원이 산업안전보건법을 위반하였을 경우 산업안전보건법상 의무자에게 과태료를 부과할 수 있음

■ 지하철공사의 현업기관을 각각 하나의 사업장으로 볼 수 있는지

● 대구지하철공사의 현업기관인 시설사업소, 월배 차량기지사업소, 제1기전사업소의 소재지가 같은 경우 동 현업기관들을 하나의 사업장으로 볼 수 있는지의 여부

◇ 현업기관들이 동일 장소에 있더라도 현저하게 근로의 형태가 다른 부문이 있고 그러한 부문이 주된 부문과 비교하여 노무관리, 회계 등이 명확하게 구분 되는 동시에 주된 부문과 분리하여 취급하는 것이 보다 적절한 법적용을 가능케 한다면 그러한 부문을 독립된 사업장으로 보는 것이 타당하며

　― 사업장의 독립성 여부는 근로형태, 규모, 회계, 인사, 조직, 노무관리 및 사무 처리 능력 등을 종합하여 판단하여 결정될 사항임

◇ 한편 각각의 현업기관장은 소속직원에 대한 독립적인 지휘 감독권 및 업무 분장권을 갖고 있으므로 각각의 현업기관을 별개의 사업장으로 보는 것이 타당하다고 사료되나

　― 각각의 현업기관을 하나의 사업장 또는 별개의 사업장으로 볼 것인가의 여부는 근로형태, 노무관리, 회계 등에 대한 보다 구체적인 실사를 통해 결정되어야 할 것으로 판단됨

■ 추가 계약공사의 안전관련 법 적용(안전관리자, 유해·위험방지계획서, 안전관리비 사용 등)

● 플랜트 건설공사 특성상 전체공정이 여러개의 단위설비가 조합되어 진행되는 바, 동일한 건설부지에서 동일한 발주자로부터 동일한 건설조직으로 공사를 수행할 경우 발주자로부터 대표공사명으로 전체 여러 그룹중 우선 그룹 1에 대하여 공사계약을 체결하고 안전관리자 선임신고서와 유해·위험방지계획서를 제출하고 공사를 수행 하던 중에 그룹 2, 3, 4 등이 계속하여 계약이 될 경우 아래 사항에 대한 조치를 어떻게 취하여야 하는지

   1) 관리책임자 및 안전관리자 등 선임보고를 별도 그룹 2, 3, 4에도 재 신고조치를 하여야 하는지(현재는 동일한 지역, 동일한 건설조직에 따라 현장소장 및 안전관리자가 공사를 수행중에 있으며 계약된 그룹별 전체 총괄 공사금액이 추가로 안전관리자를 선임하지 않아도 되는 상황임)

   2) 유해·위험방지계획서의 재작성 여부

     – 추가된 공사의 유해·위험방지계획서를 작성 제출하여야 하는지

   3) 안전관리비 집행관리 문제

     – 각 그룹별 공사건에 대하여 별도로 계상기준에 따라 집행관리를 하여야 하는지, 그렇지 않으면 그룹 전체의 계상금액별 합계를 총괄로 집행관리해도 무방한지

◇ 동일한 부지내에서 추가되는 공사가 동일한 조직·체계 및 관리하에서 수행이 되는 경우라면 기존에 선임된 안전관리자가 추가공사를 포함하여 안전관리 업무수행이 가능하며, 안전관리자 선임보고서를 별도로 제출할 필요는 없지만, 안전관리자 수의 변경 사유가 발생하면 별도로 선임보고서를 제출하여야 함

◇ 2의 경우 추가로 수주한 공사가 유해·위험방지계획서 제출대상에 해당되어 기 제출한 계획서에 포함되지 않은 경우라면 별도로 제출하여 심사를 받아야 함

◇ 3의 경우 산업안전보건관리비는 계약에 의해 이루어지는 공사별로 계상, 사용이 이루어져야 함. 따라서, 동일한 부지내에서 동일 시공사에 의해 공사가 수행된다 하더라도 분리 발주되어 시공되는 경우라면 산업안전보건관리비 집행은 별도로 이루어져야 함

4. 産業災害豫防 責務

가. 사업주의 의무

(1) 산업재해예방시책 등 준수(법 제5조)

   ● 사업주는 이 법과 이 법에 의한 명령에서 정하는 산업재해예방을 위한 기준을 준수하며, 안전·보건에 관한 정보를 근로자에게 제공하고, 근로조건의 개선을 통하여 적절한 작업환경을 조성함으로써

     – 근로자의 신체적 피로와 정신적 스트레스 등으로 인한 건강장해를 예방하고, 근로자의 생명보전과 안전보건을 유지·증진하도록 하여 국가에서 시행하는 산업재해예방시책에 따라야 하며 지속적으로 사업장 유해.위험요인에대한 실태를 파악하고 이를 평가하여 관리.개선하는 등 필

요한 조치를 하여야 한다.(법 세5조세1항)

● 기계·기구 기타 설비를 설계·제조 또는 수입하는 자, 원재료 등을 제조·수입하는 자 또는 건설

물을 설계·건설하는 자는 그 설계·제조·수입 또는 건설을 함에 있어서

— 이 법과 이 법에 의한 명령에서 정하는 기준을 준수하여야 하고, 그 물건의 사용에 의한 산업재

해발생의 방지에 노력하여야 한다.(법 제5조제2항)

(2) 산재발생기록 및 보고 등(법 제10조 제2항)

● 사업주는 산업재해가 발생한 경우 아래와같은 조치를 하여야 한다.

— 사망자 또는 4일 이상의 요양을 요하는 부상 또는 질병에 이환된 자가 발생한 경우 : 1월 이내

에 산업재해조사표 작성·제출(시행규칙 제4조제1항)

— 중대재해발생보고 : 중대재해가 발생한사실을 알게 된 경우 지체 없이 보고(시행규칙 제4조제2

항) → 위반시 1,000만원 이하의 과태료

(3) 산업재해기록·보존(법 제10조 제1항)

● 사업주는 산업재해가 발생한 때에는 재해발생원인 등을 기록하여야 하며, 이를 3년간 보존하여야

한다. → 위반시 300만원 이하의 과태료

▶ 기록·보존해야 할 사항 : ① 사업장의 개요 및 근로자의 인적사항, ② 재해발생 일시·장소, ③ 재해발생

원인 및 과정, ④ 재해 재발방지 계획(시행규칙 제4조의2)

(4) 법령요지 게시 등의 의무(법 제11조)

● 사업주는 이 법과 이 법에 의한 명령의 요지를 상시 각 사업장에 게시 또는 비치하여 근로자로

하여금 알게 하여야 한다. → 위반시 500만원 이하의 과태료

(5) 안전표지 부착 등의 의무(법 제12조)

● 사업주는 사업장의 유해 또는 위험한 시설 및 장소에 대한 경고, 비상시 조치의 안내, 기타 안전의

식의 고취를 위하여 고용노동부령이 정하는 바에 의하여 안전·보건표지를 설치하거나 부착하여

야 한다. → 위반시 500만원 이하의 과태료

— 안전·보건표지의 종류·형태·용도·사용장소 등에 대하여는 시행규칙 제6조 내지 제10조, 시

행규칙 별표1의2 및 별표2에서 상세히 규정

행정해석

■ 산업재해발생 보고의무 위반 관련 질의

● 협력회사(하도급 시공사)가 산업안전보건법 제10조 제2항 위반 과태료 부과처분으로 PQ 신인도 평

가에서 0.2점의 벌점을 받았는 바, 현재 피재 근로자가 근로복지공단에 요양신청을 준비 중인데 당

사에서는 동 재해가 업무상재해가 아니라는 소명을 준비중에 있음

- 동 재해가 근로복지공단 또는 법원으로부터 업무상재해가 아니라고 판단될 경우 기 산업재해 발생미보고에 따른 벌점의 취소가 가능한지와 그 취소를 구하는 절차 또는 방법은 어떻게 되는지

◇ 산업안전보건법 제10조 제2항 및 동법 시행규칙 제4조 규정에 따라 사업주는 산업재해로 사망자가 발생하거나 4일 이상의 요양이 필요한 부상을 입거나 질병에 걸린 사람이 발생한 경우에는 해당 산업재해가 발생한 날부터 1개월 이내에 산업재해조사표를 관할 지방고용노동관서의 장에게 제출하거나 근로복지공단에 요양급여(또는 유족급여)를 신청하여야 합니다.

- 그리고 건설산업기본법 제8조에 따른 종합공사를 시공하는 업체는 하도급업체에서 위법에 의한 산업재해 발생보고를 하지 않은 경우 산업재해 발생 보고 의무 위반건수가 합산되어 조달청 신인도 평가시 보고의무 위반 1건당 0.2점 씩 감점을 받게 됩니다.

◇ 질의와 같이 이미 지방고용노동관서로부터 과태료 처분을 받은 산업재해에 대해 피재근로자가 근로복지공단에 요양신청을 낼 예정인데 이 재해가 귀 사의 소명을 통해 업무상재해가 아닌 것으로 확인된다면

- 지방고용노동관서는 즉시 재조사 등 사실확인을 실시하고 보고대상 재해가 아닌 것으로 확인되면 산재발생 보고의무 위반 감점은 취소하고, 입찰참가자격 사전심사기준에 따른 신인도 평가의 감점대상에서도 제외함이 타당할 것으로 사료됩니다.

◇ 다만, 지방고용노동관서에서 재조사하는 과정에서 피재근로자 또는 관계자가 거짓진술 등을 하였음을 확인했을 경우 그에 따른 법적 책임을 물을 수도 있음.

■ 분담 이행하는 공동도급공사의 사법처리 대상은

● 00가 발주한 00공사를 A사(45%)와 B사(55%)가 공동 도급받았으나 발주처 승인없이(각사 현장소장 합의에 의함) 임의로 구간을 나누어 분담시공 중에 A사의 시공구간에서 협력업체(C)사 근로자 1명이 사망한 경우 법적 처벌 대상은 누구인지

◇ 산업안전보건법상 재해예방의 책임은 사업주에게 있으며 "사업주"라 함은 "근로자를 사용하여 사업을 행하는 자"를 말하는 것으로 재해예방의 책임은 도급계약 등에 관계없이 당해 근로자를 직접 사용하여 사업을 행한 사업주에게 직접적인 책임이 있음

- 다만, 원·하도급 관계에 있어서 수급인 소속근로자에 대한 재해예방은 도급인 사업주에게도 산업안전보건법 제18조(안전보건총괄책임자), 제29조(도급사업에 있어서의 안전·보건조치)에 의하여 2차적인 책임이 있음

◇ 질의에서 2개사가 공동이행방식으로 계약을 체결하였으나 내부협약 등에 의거 별도로 구역을 나누어 분담시공을 함으로써 사실관계에 있어서 고용관계, 작업의 지시, 하도급 등이 각각의 회사 책임 하에 이루어지는 경우라면 각각을 별도의 사업주로 보아 원청에게도 2차적인 책임 여부를 판단하여 법을 위반한 사업주를 처벌하여야 할 것임

■ 내부협약에 의해 분담 이행하는 공동도급 공사의 사법처리 방법

● 공동도급받은 B사가 시공하는 현장에서 견출공 1명이 추락, 사망한 경우 법 적 처벌대상은 누구인지

- 택지개발지구내 9블록(1단지) 및 10블록(2단지)을 공히 3개사가 공동이행방식으로 시공하기로 하고 발주처로부터 아파트 공사를 공동도급 받음(지분율 : A사(주관사) 47%, B사 30%, C사 23%)

- 위 3개사는 도급을 받은 공사에 대하여 『공동수급체 운영협약서』에 의거 1단지(9블록) 전체는 A사가 시공하기로 하고, 2단지(10블록)중 8개동은 지하주차장을 포함하여 B사가 시공하기로 하고, 2단지(10블록)중 6개동은 지하주차장을 포함하여 C사가 시공하기로 하고 분담시행 중에 있음 (발주처에 통보를 하거나 승인을 받지는 않고 임의로 분할함)

- 위 협약에 따라 각사별로 별도의 현장사무소를 설치하고 시공인력을 배치하였으며, 안전보건총괄책임자 및 안전관리자는 별도로 선임보고

◇ 산업안전보건법상 사업주는 사업을 행함에 있어서 자기가 사용하는 근로자에게 위험이 발생하지 않도록 할 의무를 규정하고 있고, 동법 제2조제3호에서 사업주는 근로자를 사용하여 사업을 행하는 자로 규정하고 있는 바, 재해조사와 관련하여 사법처리시에는 구체적인 사실관계를 조사하여 산업안전보건법상 그에 대한 이행의무가 있는 자에게 법적인 책임을 지울 수 있다고 사료됨

◇ 3개사가 공동이행방식으로 계약을 체결하였으나 내부협약 등에 의거 별도로 구역을 나누어 분담시공을 함으로써 사실관계에 있어서 고용관계, 작업의 지시, 하도급 등이 각각의 회사 책임하에 이루어지는 경우라면 각각을 별도의 사업주로 보아 법을 위반한 사업주를 처벌하여야 할 것임

■ 사학연금법 적용 교직원의 재해발생 보고의무

● 사학연금법 적용 교직원의 경우 산업재해조사표를 제출하여야 하는지

◇ 산업안전보건법 제10조 및 동법시행규칙 제4조에 의하면 사업주는 사망 또는 4일 이상의 요양을 요하는 부상을 입거나 질병에 걸린 자가 발생한 때에는 당해 산업재해가 발생한 날부터 1개월 이내에 산업재해조사표를 작성하여 지방고용노동관서에 제출하여야 하며, 이는 근로자 1인 이상 전사업장에 적용됨

◇ 현재 산업재해보상보험법령에 의한 요양신청서를 제출한 경우에는 산업재해조사표 제출을 면제하고 있으나, 공무원연금법, 사학연금법 등에 의한 요양신청서의 경우에는 신청서 기재사항이 산재예방 목적상 필요 정보를 충분히 포함하지 못하는 관계로 현재로서는 산업재해조사표 제출을 면제하기 어려움

■ 근골격계질환의 재해발생 보고시기

● 근골격계질환으로 사내 물리치료실에서 치료를 받고 30일이 경과하였으나 산업재해 발생보고를 하지 않은 경우 위법인지

◇ 질병 또는 질환의 경우 장기간에 걸쳐 이환되는 경우가 많고 업무수행성과 기인성에 대한 정확한 판단이 어려워 산업재해 발생시점을 확정하기 곤란하므로 산업재해여부에 대한 판정권한이 있는 기관(근로복지공단)이 당해 질병에 대해 요양승인을 한 때에 비로소 산업재해로 확인되고 보고의무도 이때부터 발생한다고 봄이 타당함

◇ 근골격계질환으로 사내 물리치료실에서 치료를 받고 30일이 경과하였다 하더라도 권한있는 기관에

의해 업무와 동 질환의 인과관계가 확인되기 전에는 보고 대상인 산업재해로 보기 어려움.

■ 산재보험 적용 제외 사업장에서 발생한 재해의 보고의무

● 산재보험 적용대상이 되지 아니하여 요양신청서를 제출하지 아니하였는 바, 이 경우 관할지방관서에 산업안전보건법시행규칙 제4조의 산업재해조사표를 제출하여야 할 의무가 있는지

◇ 산업안전보건법 제10조(보고의 의무) 적용범위는 동법시행령 별표 1에 의하여 상시근로자 1인 이상을 사용하는 전 사업장에 적용되므로 동법시행규칙 제4조(산업재해발생보고)에 따라 사망 또는 4일 이상의 요양을 요하는 모든 산업재해에 대하여 산업재해조사표를 제출하여야 함

◇ 동법시행규칙 제4조제1항 단서규정의 취지는 요양신청서 제출로 산업재해조사표 제출을 갈음하도록 한 것은 사업주의 이중부담을 경감시켜주기 위한 것으로, 산업재해보상보험법 적용대상 사업장이 아니라 하더라도 산업재해발생보고의무 즉, 산업재해조사표 제출 의무는 존재하는 것임

■ 질병의 경우 산업재해 발생보고 시점에 대하여

● 산업안전보건법상 4일 이상 요양을 요하는 질병이 발생하였을 때 사업주가 산업재해 발생보고의 의무사항을 어떻게 이행해야 하는지 여부

◇ 질병의 경우 장기간에 걸쳐 이환되는 경우가 많고 업무수행성과 업무기인성에 대한 정확한 판단이 어려워 산업재해 발생 시점을 확정하기 곤란하므로 산업 재해 여부에 대한 판정 권한이 있는 기관(근로복지공단)이 당해 질병에 대해 요양승인을 한 때에 비로소 산업재해로 확인되고 이 때부터 발생한다고 봄이 타당함

■ 산업재해 발생보고를 지연하였을 경우 법 위반 여부

● 재해자가 산업재해 발생사실을 회사에 신고하지 아니하여 산업재해발생보고를 늦게 한 경우 법 위반 여부(보고기한을 예외로 두어야 한다고 판단)

◇ 산재요양신청서 제출을 산업재해조사표 제출에 갈음하고 있는 산업안전보건법 규정의 취지로 볼 때, 사업주가 산재발생 보고의무를 위반하지 않기 위해서는 산재발생시 근로자가 산재요양신청서를 제출했는지를 당연히 확인하여야 할 것임

  － 근로자가 산재발생을 보고하지 않았다고 하여 사업주의 산재발생 미보고 책임이 면책되는 것은 아니며, 사업주는 근로자 또는 중간관리자 등에게 산재발생 사실을 반드시 보고토록 평상시 안전교육 등을 통해 주지시키고 있어야 함

  다만, 지연보고의 구체적 사실관계를 조사·파악하여 사업주에게 보고지연에 대해 정당한 사유가 있다고 판단되는 때에는 위법(고의의 성립)을 조각할 수도 있음

■ 산업재해발생보고 방법 및 근골격계 질환 판정기준

● 산업재해 발생보고에 대하여

1. 회사에 사고 보고도 없이 본인 주장에 의해 발생일로부터 30일이 경과하여 회사에 요양신청서를 제출한 경우

2. 회사에 아무런 보고 없이 본인이 요양신청서 및 재해진술서를 작성하여 회사에 늦게 제출하여 30일을 넘긴 경우

3. 사고는 30일 이전에 다쳤으나 재해자 본인이 회사에 보고도 없이 참고 일하다가 증상이 악화되어 근골격계질환으로 요양신청서를 제출하여 재해발생일로부터 30일을 넘긴 경우

4. 근골격계질환의 경우 재해발생일을 판단하기 힘들데 근골격계 산재발생시 노동부 보고기한은 언제까지인지

5. 노동부, 근로복지공단, 한국산업안전공단, 근골격계질환 판정기준이 모두 틀린데 근골격계질환 판정기준은

6. 사고발생시 사고목격자도 없고 업무상재해라고 판단하기도 모호하여 조사하는 과정에서 고의성 없이 재해자가 주장하는 사고발생일을 30일 넘긴 경우

7. 재해발생일로부터 30일 전에 회사에서 우편으로 발송하였으나 휴일, 공휴일, 명절, 휴가로 인해 고의성 없이 1~2일 늦게 근로복지공단에 접수된 경우

8. 휴게시간, 체육대회 중 사고도 30일 이내에 재해발생 신고를 해야 하는지

9. 근로복지공단에서 접수 담당자의 휴가, 실수 등 업무지연으로 1~2일 늦게 접수되는 경우

10. 사고자 본인 또는 회사측의 사정으로 인해 사고자 본인과 회사측에서 합의하여 재해발생일로부터 요양신청서를 30일 늦게 접수한 경우

11. 산업안전보건법 시행규칙 제4조(산업재해 발생보고) 중에 "사업주는 사망자 또는 4일 이상 요양을 요하는 부상을 입거나 질병에 걸린자가 발생한 때에는 1개월 이내에 산업재해조사표를 작성하여 관할 지방고용노동관서의 장에게 제출하여야 한다"고 명시되어 있는데 4일 이상 요양을 요하는 부상의 의미는 무엇인지

◇ 1), 2), 6), 10)에 대하여

　－ 산재요양신청서 제출을 산업재해조사표 제출에 갈음하고 있는 산업안전보건법 규정의 취지로 볼 때, 사업주는 동 규정을 위반하지 않기 위해서는 근로자가 산재요양신청서를 제출했는지를 당연히 확인하여야 할 것임

◇ 근로자가 산재발생을 보고하지 않았다고 하여 사업주의 산재발생 미보고 책임이 면책되는 것은 아니며 사업주는 근로자 또는 중간관리자 등에게 산재발생 사실을 반드시 보고토록 평상시 안전교육 등을 통해 주지시키고 있어야 함

　※ 다만 지연보고의 구체적 사실관계를 파악하여 사업주에게 보고지연에 대한 정당한 사유가 있는 때에는 위법을 조각할 수도 있음

■ 장비임대 및 설치해체 등 소속업체 산재발생 보고의무 위반 입찰 시 감점 적용 여부

● 장비임대 및 설치해체 등 소속업체 산재발생 보고의무위반 입찰시 감점적용 여부

◇ 입찰참가자격사전심사(PQ)시 적용되는 산업재해발생 보고의무 위반건수 산정은 환산재해율 산정시 재해자수 산정방법과 다르게 산업안전보건법 시행규칙 별표1 제7호 나목의 규정에 의하여 일반건설업체의 보고의무 위반건수는 당해 업체로부터 도급받은 업체(그 도급을 받은 업체의 하수급인을 포함한다)의 산업재해발생 보고의무 위반건수 만을 합산하게 되며,

◇ 장비임대 및 설치·해체·물품납품 계약을 체결한 사업주 소속근로자가 당해 건설공사와 관련된 업무 수행중 발생한 산업재해에 대한 발생보고 의무 위반건수는 합산되지 않음(건설업체 환산 재해율 산정시는 원도급 업체의 재해자수에 포함)

■ 요양기간이 불분명한 산업재해의 보고대상 여부 판단은

●「4일 이상의 요양을 요하는 재해」인지의 여부가 분명치 아니한 재해가 산업재해발생보고 대상이 되는지

◇ 산업안전보건법시행규칙 제4조제1항에 따라 사업주는 「4일 이상의 요양을 요하는 부상을 입거나 질병에 걸린 자」에 대하여 산업재해가 발생한 날부터 1월 이내에 산업재해조사표를 작성하여 제출하여야 하는바,

◇ 4일 이상의 요양을 요하는 경우라 함은 일반적으로 입원, 통원을 불문하고 처치·수술 기타의 치료, 약제 또는 진료 재료와 의지 기타 보철구의 사용, 의료시설에의 수용, 개호 등 부상이나 질병을 치유하는데 걸리는 기간이 4일 이상인 경우를 말함

◇ 4일 이상의 요양을 요하는지의 여부가 불분명할 때는 통상 의사의 소견(진단서)에 따라 판단하여야 할 것임

◇ 질병 또는 질환의 경우에는 장기간에 걸쳐 이환되는 경우가 많고 업무기인성에 대한 정확한 판단이 어려워 산업재해 발생시점을 확정하기 곤란하므로 산업재해 여부에 대한 판정권한이 있는 기관(근로복지공단)이 당해 질병에 대한 요양승인을 한 때에 비로소 산업재해로 확인되고 보고의무도 이때부터 발생한다고 봄이 타당함.

■ 산업재해 발생 시 요양일수 산정 방법

● 1월 2일 손가락 베임 사고로 3바늘을 꿰매고 1월 3일 병원에 가서 소독약을 바르고(약 조제는 없음) 1월 10일 손가락 꿰맨 부분의 실밥을 제거하였을 경우 요양일수를 3일로 계산하는지 아니면 9일로 계산해야 하는지

● 1월 2일, 3일, 4일 병원에서 근골격계질환으로 물리치료를 받고 2월 2일, 3일인 같은 병명으로 물리치료를 받았으면 요양일수가 33일인지 아니면 5일인지 그렇다면 보고기한 의무사항을 위반한 경우가 되는지

◇ 산업안전보건법 제10조 및 동법 시행규칙 제4조에 의하면 사업주는 사망 또는 4일 이상의 요양을 요하는 부상을 입거나 질병에 걸린 자가 발생한 때에는 당해 산업재해가 발생한 날로부터 1개월 이내에 산업재해조사표를 관할 지방고용노동관서의 장에게 제출하여야 함

◇ 4일 이상의 요양을 요하는 경우라 함은 일반적으로 입원·통원을 불문하고 처치·수술 기타의 치료, 약제 또는 진료 재료와 의지 기타 보철구의 사용, 의료 시설에의 수용, 개호, 이송, 치료를 위한 투약 등 부상이나 질병을 치유하는데 걸리는 기간이 4일 이상인 경우를 말함

  − 다만, 4일 이상의 요양을 요하는 경우인지 여부에 대해 의문이 있는 경우 최종적으로 의사의 진단서나 소견서를 기준으로 판단할 수 밖에 없을 것으로 사료됨

- 질병 또는 질환의 경우 장기간에 걸쳐 이환되는 경우가 많고 업무수행성과 기인성에 대한 정확한 판단이 어려워 산업재해 발생시점을 확정하기 곤란하므로 산업재해여부에 대한 판정 권한이 있는 기관(근로복지공단)이 당해 질병에 대해 요양승인을 한 때에 비로소 산업재해로 확인되고 보고의무도 이때부터 발생한다고 봄이 타당함

■ **사내 근골격계질환 재활센터를 통해 근골격계질환자를 치료할 경우 산업재해 발생보고를 하여야 하는지 여부**

● 근골격계질환 예방관리를 위해 노·사 공동으로 사업장내에 설치·운영하고 있는 근골격계질환 재활센터를 통해 근골격계질환자를 적절히 치료한 후 작업장에 복귀시킬 경우 산업안전보건법 시행규칙 제4조(산업재해발생보고)에 의거 산업재해발생보고서를 지방고용노동관서에 제출하여야 하는지

◇ 근골격계질환이 발생한 근로자를 사업장내 근골격계질환 재활센터의 재활·복귀프로그램을 통하여 적절히 치료한 후 작업장에 복귀시키는 경우라 하더라도 산업안전보건법 제2조제1호의 산업재해에 해당하면서 4일 이상의 요양을 요하는 근골격계질환자에 대하여는 동법 제10조 및 동법 시행규칙 제4조의 규정에서 정한 바에 따라 산업재해발생보고서를 지방고용노동관서의 장에게 제출하여야 함

■ **사업주의 법 위반이 아닌 재해의 환산 재해율 산정기준**

● 산업안전보건법 시행규칙 별표1. 제3호. 마목의 규정에 열거된 방화, 근로자와 근로자 간 또는 근로자와 타인과의 폭행, 「도로교통법」에 따라 도로에서 발생한 교통사고 외에 사업주의 법위반으로 인한 것이 아닌 재해에 대해서 환산재해자수 산정에서 제외되는지 여부

● 건설현장 내 근로자가 신종인플루엔자 확진을 받고 산재요양승인된 경우 환산재해율 산정시 반영되는지 여부

◇ 산업안전보건법시행규칙 별표 1 『건설업체 산업재해발생률 및 산업재해 발생 보고의무 위반건수의 산정기준과 방법』 제3호에 의거 재해자수는 당해업체가 시공하는 국내의 건설현장에서 산업재해를 입은 근로자수의 합계로 산출하도록 하고 있음

 - 환산재해율 산정은 사망자에 대한 가중치 부여 시 사업주의 법위반 여부를 고려하여 산정하고, 부상이나 질병 재해자에 대해서는 사업주의 법위반 여부와 무관하게 재해율산정에 모두 포함하는 것이 원칙이나,

 - 산업안전보건법 시행규칙 별표1. 제3호. 마목에 규정된 사항은 건설현장을 벗어난 도로교통법상 도로에서 발생(예, 출장 중 재해)하거나 건설현장 내에서 발생하였으나 사업주의 지배관리 영역을 현저히 벗어나 발생하는 방화나 근로자 간 폭행 등에 대해서만 예외적으로 환산재해율 산정대상에서 제외토록 규정하고 있으며, 그 이외의 재해에 대해서는 모두 환산재해율 산정대상에 포함되어야 할 것임

◇ 건설현장 내 근로자가 신종인플루엔자 확진을 받고 산재요양 승인된 경우에는 산재인정은 대면관계 업무종사자 등 제한적으로 인정하고 있는 바, 동 질병이 다른 요인없이 모두 산재로 인정되는지 여부, 전국에서 인정받은 환자수 등을 종합적으로 검토하여 환산 재해율 산정시 반영 또는 미반영 여

부를 검토할 예정임

■ 공동이행방식 공사의 재해율 분배 방법

● 건설공사를 공동이행방식으로 수주하여 공동 도급사 간에 내부 협약을 통해 분담시공방식으로 시행하는 경우에 당해 현장에서 발생한 재해자수를 공동수급업체의 출자비율에 따라 재해자수를 분배하여야 하는지, 아니면 내부 협약에 따라 분담 구간 재해자의 소속사에 재해자수를 귀속하여야 하는지

◇ 산업안전보건법 시행규칙 별표 1 『건설업체 산업재해률 산정기준』 제3호의 규정에 의하면 2 이상의 업체가 공동계약을 체결하여 공동이행방식으로 수행하는 공사의 경우에 당해 현장에서 발생한 재해자수는 공동수급업체의 출자비율에 따라 재해자수를 분담하도록 하고 있음.

◇ 따라서, 공동이행공사에서 발생한 재해에 대하여는 수급업체간 내부협약에 관계없이 출자비율에 따라 재해율을 분배함. 다만, 발주자와의 도급계약서에 각 사간에 분담 이행함이 명기된 경우에는 분담하여 시공하는 공사별로 재해자수를 분리 산정함

■ 전문건설업체의 재해율 산정에 대하여

● 일반건설업과 전문건설업(시설물유지관리업) 등록증을 보유하고 있는 건설업체에서 전문건설면허로 입찰을 보고 해당등록증으로 건설공사를 시공중에 있을 경우 재해율 산정에 대하여

◇ 산업안전보건법시행규칙 별표 1 『건설업체 산업재해발생률 산정기준』 제1호에 의하면 "건설업체의 산업재해발생률은 고용노동부장관이 매년 건설산업기본법 제 23조의 규정에 의하여 건설교통부장관이 고시하는 시공능력 등을 감안하여 정하는 규모에 해당하는 업체의 환산재해율로 산정한다"로 하고 있으며, 제3 호 가.목에 의하면 일반건설업체에서 하도급 받은 전문건설업의 재해자는 당해 일반건설업체 재해자수로 합산하여 산출하도록 하고 있음

  ― 따라서, 재해율 산정대상 건설업체는 고용노동부장관이 규모에 따라 매년 정하고 있으며, 그 대상은 일반건설업체로 하고 있으며, 일반건설업 등록증을 보유하고 있지만 동 등록증이 아닌 전문건설업 등록자격으로 해당 전문건설공사를 발주자로부터 직접 도급을 받아 공사를 시행하던 중에 발생한 재해자는 일반건설업체의 재해자로 볼 수 없으므로 당해 재해자는 건설업체 재해율 산정대상에서 제외됨

■ 공동 도급한 민자 사업을 분할 시공 시 재해율 산정방법

● SOC 민간투자사업인 공사를 발주자의 승인에 의해 구성원간 분할시공의 원칙(시설공사기본도급계약서 제19조) 1차적인 책임은 해당공구 구성원이 지고, 해당공구 구성원만으로 책임을 질 수 없는 사유가 발생하는 경우에는 다른 구성원이 연대하여 책임을 지기로 계약(공동수급협정서 제6조)을 하고, 공구를 분할하여 시공을 하던 중 특정 수급업체의 관할공구가 아닌 공구에서 산업재해가 발생한 경우 책임부담은 출자지분에 따르는지 아니면 재해발생공구 시공사가 일괄 부담하는지

◇ 산업안전보건법 시행규칙 별표 1 『건설업체 산업재해율 산정기준』 제3호의 규정에 의하면 2 이상의 업체가 공동계약을 체결하여 공동이행방식으로 수행하는 공사의 경우에 당해 현장에서 발생한 재해자수는 공동수급업체의 출자비율에 따라 재해자수를 분담하도록 하고 있으며, 2001. 1. 1 이후 발생

한 재해부터 적용됨

◇ 그러나, 공동도급 공동이행방식에 의한 공사라하더라도 공사 참여업체가 공구를 분할하여 분담시공함을 도급계약서 등에 명기한 공사는 사실관계에서 공동이행으로 볼 수 없기 때문에 각 회사별로 재해율을 분리산정하며, 발주자와의 도급계약서에 공동수급 분할시공 내용이 명기되고 공구를 분할하여 시공하는 경우 재해자는 출자 지분율이 아닌 각 회사별로 산정함

■ 원수급 업체 재해율에 산입되는지 여부

● 운송업체 운전기사가 자재하역 중 발생한 산업재해가 원수급업체에 산입되는 지 여부에 대하여

◇ 건설업 재해율 조사기준인 산업안전보건법 시행규칙 별표 1의 제3호 다.목에서 "건설공사를 행하는 자와 장비임대 및 설치·해체·물품 납품 등에 관한 계약을 체결한 사업주의 소속 근로자가 당해 건설공사와 관련된 업무수행중 재해를 입은 경우에는 건설공사를 행하는 자의 재해자수로 계산한다" 하고 제3호 가.목(1)에서 "당해 업체의 소속 재해자수에 당해 업체로부터 도급을 받은 업체의 재해자수를 합산하여 산출한다"고 규정하고 있음

◇ 따라서, B건설업체(하청업체)와 C운수업체가 물품 납품 등 계약을 하였고 당해 현장에서 하차작업 중 산업재해를 입어 별표 1 제3호 가.목(1) 및 다.목의 규정에 의하여 A건설업체(원청업체) 재해자수에 합산함

■ 무재해 인정여부

● 회사의 노·사 화합의 일환으로 사업주 승인아래 축구동호회활동을 하던 중 접촉사고로 4주이상의 요양을 요하는 무릎부상을 입은 경우에 산재보상이 가능한지, 그리고 동 재해로 인하여 사업장 무재해운동 기록이 소멸되는 지 여부

 − 산업재해보상보험법 시행규칙 제37조의 규정에 의하여 근로자가 운동경기·야유회·등산대회 등 각종행사에 참가 중 사고로 인하여 사상한 때에는 사회통념상 당해 행사에 근로자의 참여가 노무관리 또는 사업운영상 필요하다고 인정되는 경우에는 이를 업무상 재해로 볼 수 있다고 규정하고 있고, 또한 사업장무재해운동시행규칙(한국산업안전공단 규정) 제2조의 규정에 의하여 동 규정에 의한 운동경기 등 각종 행사 중 발생한 재해는 무재해로 본다고 규정하고 있음.

■ 사내 협력업체의 산업 재해율이 모기업 재해율에 반영되는 지

● 개별 산재에 가입하는 사내 협력사의 재해율이 대외기관에서 산정하는 모기업의 재해율에 반영되는지

● 모기업 재해율에 반영된다면 협력사의 재해보고서를 모기업에서 받아 볼 수 있는지, 만약 받아 볼 수 없다면 어떤 법에 저촉되는지

◇ 사내 협력사에서 산재보험 가입을 모기업과 당해 협력사 중 어느 쪽으로 하였는지 여부에 따라 재해율은 달리 산정되는 바, 사내 협력사에서 산재보험에 개별 가입한 경우에는 모기업의 재해율에 반영되지 않고 사내 협력사만의 재해율로 별도 산정됨

◇ 사내 협력사에서 산업재해 보고서를 모기업에 보고할 법적 의무는 없음

■ **뇌출혈로 인한 사망 시 가중치 부여 여부**

● 2001년 9월 ○○일 당사 현장에서 하청업체 소속 근로자가 뇌출혈로 인하여 쓰러지는 사고가 있었음. 이 사고는 근로복지공단에 신고되어 산재로 인정을 받았고 이 근로자는 그동안 치료를 받다가 2002년 3월 ○○일 사망한 경우 당사의 재해율에 사망 1건으로 가중치가 부여 되는지

  – 산업안전보건법 시행규칙 별표 1 『건설업체 산업재해발생률 산정기준』 제3호 라목에서 재해자중 사망재해자는 부상자의 10배의 가중치를 부여하도록 하고 있으며, 교통사고, 개인질병에 의한 재해 등 당해 사고의 직접적인 원인이 사업주의 법 위반에 기인하지 아니하였다고 인정되는 사망재해에 대해서는 가중치를 부여하지 아니한다로 규정하고 있음

  – 따라서, 위 재해가 개인질병 등으로 판명되고 사업주의 법 위반에 기인하지 아니하였다고 인정되는 경우를 제외하고 재해율 산정시 가중치가 부여됨

■ **재해율 산정 및 안전관리와 산재보험과의 차이점에 대하여**

● A사(종합건설)는 원도급자로서 전체공종 중 일부 공종을 B사(종합건설)에 하도급계약을 체결하고 B사는 A사로부터 하도급 받은 일부공종을 다시 C사에 하도급 계약을 체결하였을 경우 C사의 재해에 대하여 B사의 책임한계(단, A사에서 모든 작업지시와 근로자에 대한 관리감독을 시행하는 경우일 때)

● 상기와 관련하여 A사에서 모든 안전사고에 대한 처리를 해야한다면 산재보상보험법상에는 종합건설업체인 B사에서 재해처리를 해야 한다는데 양쪽 법 규정에 차이점이 무엇인지

◇ 산업안전보건법 시행규칙 별표 1 『건설업체 산업재해율 산정기준』 제3호에 의하면 건설산업기본법 제29조제3항의 규정에 의한 일반건설업체(A)가 일반건설업체(B)에게 도급을 행한 경우에는 당해 도급을 받은 일반건설업체(B)의 재해자수와 그 업체로부터 도급을 받은 업체(C)의 재해자수를 도급을 행한 일반건설업체(A)의 재해자수에 합산하지 아니하고, 도급을 받은 일반건설업체(B)의 재해자수에 합산하여 산정하도록 하고 있음

◇ 따라서, 일반건설업체인 A사가 원도급자이고, 일반건설업체인 B사가 하도급을 받아 B사가 다시 일부공종을 전문업체인 C사에게 재 하도급하여 C사에서 발생한 재해를 A사가 산재보상보험법에 의하여 보험처리하였다 하더라도 위의 기준에 의하여 일반건설업체인 B사의 재해자수로 산정됨

◇ 또한, 산재보상보험법은 산업재해가 발생한 경우에 그에 대한 보상 관련 사항을 규정하고, 산업안전보건법은 산업재해를 예방하기 위한 각종 사항을 규정하고 있는 바, 산업안전보건법상 사업주는 산재보상과 관계없이 사업을 행함에 있어서 자기가 사용하는 근로자에게 위험이 발생하지 않도록 예방조치를 하여야 할 의무를 부여하고 있으므로 안전조치 등의 이행의무 주체는 근로자를 고용한 사업주에게 있음. 다만, 동일한 장소에서 사업주 일부를 도급에 의하여 행하는 경우에는 산업안전보건법 제29조에서 정하는 도급인으로서의 안전·보건조치를 별도로 행하여야 함

■ **뇌출혈 사고의 재해율 및 환산 재해율 포함 여부**

● 하도급업체 소속 근로자가 현장에서 작업을 하고 있던 중 갑자기 쓰러져서 뇌출혈로 인한 산재로

처리가 되었을 시

- 개인질병 등 사업주의 무과실이 명백한 재해도 매년 실시하는 재해율 및 환산재해율에 포함이 되는지

- 고용노동부에서는 관계전문가 회의를 거쳐 가중치부여를 제외시킨다는데 정확한 기준

◇ 건설현장에서 업무수행중 개인질병에 의한 뇌출혈 사고자가 발생하여 산재보상보험법에 의하여 업무상 재해로 판정된 경우에는 사업주의 과실 여부와 관계없이 건설업체 재해율 산정시 재해자수에 포함됨

◇ 산업안전보건법 시행규칙 별표 1『건설업체 산업재해발생률 산정기준』제3호 라목에 의하면 재해자 중 사망자는 부상재해자의 10배의 가중치를 부여하여 환산재해자수를 산정하도록 하고 있으며, 교통사고, 개인질병에 의한 사고 등 당해 사고의 직접적인 원인이 사업주의 법 위반에 기인하지 아니하였다고 인정되는 사망재해에 대해서는 가중치를 부여하지 아니한다고 규정하고 있음. 이때 가중치 부여 또는 제외 여부가 명확하지 않은 재해에 대해서는 대학교수 등 관계전문가로 구성된 심사단에서 이를 심사하게 됨

■ 재해율 산정 시 소수점 이하의 분배와 출자비율 변경 시 분배 방법

● 공동수급공동이행공사에서 발생된 재해자수는 공동수급업체의 출자비율에 따라 재해자수를 분배하도록 산업안전보건법(시행규칙 별표 1. 건설업체 산업재해발생률 산정기준)에서 정하고 있음

● 재해자수 분배시 출자비율에 따라 분배되므로 소수점 이하의 수가 발생될 수 있는데 이 경우 소수점 이하의 수는 어떻게 처리(또는 몇째자리까지 처리)되는지(예 지분 -A사(76.5%), B사(10.0%) C사(13.5%)이고 일반재해 1건 발생시 분배)

● 부득이 발주자와의 계약시 공동수급업체 출자비율을 공동수급업체간 상호 협약에 의해 출자비율을 계약서와는 상이하게 조정하는 경우 재해자수의 분배시 적용하는 출자비율은 발주자와의 계약서상 출자비율인지 아니면 상호협약에 의해 조정된 출자비율인지(발주자와의 계약서상 출자비율은 변경 없음)

◇ 공동도급 공동이행방식 공사의 재해분배는 사망자 및 일반재해자 공히 소수점 자리수에 제한없이 지분율에 따라 분배(귀 질의의 A사 0.765명, B사 0.1명, C사 0.135명)하며, 이렇게 산정된 재해자수를 기준으로 재해율은 통산 소수점 둘째자리까지 산정함

◇ 공동수급업체간 출자비율을 도급계약서와는 상이하게 참여업체간 상호협약에 의해 조정한 경우 재해자수는 출자비율이 조정되었음을 참여사 전체가 동의하고 발주자가 인정(확인서 등)한 경우에 한하여 변경된 출자비율대로 재해자수를 분배함

■ 본사 소속직원의 현장방문 시 발생 재해에 대한 책임 소재

● 자재(설비) 납품업체가 자재 납품을 완료한 상태로서 납품업체 감리자가 시운전 가동하는 시점이며, 납품된 자재(설비)는 발주자가 가사용 승인을 받은 상태에서

● 납품자재(설비)가 성능에 미달되는 등 사유로 납품업체 본사소속 직원이 현장을 방문하여 점검 중 실족하여 사고(경상, 중상, 사망)가 발생된 경우 사고처리 주체는 누구인지 여부

● 사고자에 대한 산재처리와 보상책임은 누구에게 있는지 여부

● 이 사고와 관련하여 재해율 산정은 어떻게 되는지 여부

● 자재 납품완료, 가 사용승인 완료된 자재(설비)에 대해서 납품업체의 관리감독자에 대한 안전교육 (신규, 정기 등), 보호구 지급·착용, 납품자재(설비)의 안전시설물 설치의무는 누구에게 있는지 여부

● 이렇게 납품업체 및 하도급업체 본사직원이 현장에 방문점검한 경우 해당 현장의 근로자로 보아야 하는지 여부

◇ 자재(설비)의 납품계약이 완료된 상태에서 단순히 납품업체 본사소속 직원이 납품자재(설비)가 설치 된 현장에 출장하여 동 자재(설비)의 성능점검을 하던 중 사고가 발생하였다면 납품업체 본사 본연 의 업무로 일시 출장 중 발생한 재해로 볼 수 있어 동 직원 소속 회사인 납품업체 본사에서 사고처리 와 아울러 사고자에 대한 업무상재해 여부를 판단하여 산재보상 및 보험처리 여부를 결정하여야 할 것으로 사료되며, 동 사고와 관련한 재해율 산정은 산재보상 및 보험처리를 하여야 할 사고자 소속 사업장이 그 주체가 될 것임

◇ 계약된 자재(설비)가 납품이 완료되고 가 사용승인이 완료된 상태에서 납품업체 소속 근로자인 감리 자가 현장에 일시 출장하여 시운전 가동하는 등 납품업체 고유작업을 수행하는 것이라면 동 작업과 관련한 근로자 안전교육, 보호구 지급·착용 및 납품자재(설비)의 안전시설물 설치의무는 동 근로자 소속 사업장인 납품업체 사업주에게 있다고 사료됨

◇ 납품업체 및 하도급업체 본사직원이 현장에 방문점검한 경우 해당 현장의 근로자로 보아야 하는지 여부는 구체적인 계약 및 사실관계 등에 따라 판단하여야 할 것임

■ 본사 근로자의 재해도 환산 재해율에 포함되는지

● 건설회사로서 산재보험 성립이 산업분류에 따라 건설업(현장 일괄가입)과 기타의 각종사업(저의 회 사는 건설본사 해당)에 산재보험 2종류가 가입되어 있음. 본사 직원이 업무상 질병으로 산재(부상 또는 사망)를 입어 산재 승인을 받은 경우에 매년 발표되는 800대 건설업체 재해율에 포함되는지

　－ 산업안전보건법 시행규칙 별표 1 『건설업체 산업재해발생률 산정기준』제3호에 의거 재해자수는 당해업체가 시공하는 국내의 건설현장에서 산업재해를 입은 근로자수의 합계로 산출하도록 하고 있음.

　－ 기타의 각종사업으로 산재보험에 별도 가입한 본사 직원이 업무상 질병을 입은 경우에 건설현장 에서 발생한 재해가 아니라면 위 재해율 산정 시 포함되지 아니함

■ ○○○총협회에서 제출한 조선업 안전관리수준 자율평가 시 사망만인율 산정 범위 질의

● 조선업 안전관리 수준 자율평가 시 사업주의 법 위반 혐의가 없는 사망사고에 대하여 사망만인율 계산에 포함시킨 근거 및 이유

◇ 사업장내에서 발생하는 사망사고는 원칙적으로 사업주의 관리범위 내에 있다고 판단되고 사망사고로 인한 근로손실 및 경제적 손실이 막대하기 때문에 사업주의 적극적인 사망사고 예방 노력을 유도하기 위해서라도 사업장내에서 발생한 사망사고에 대해서는 사업주의 법위반 여부에 관계없이 사망만인율 산정시 포함시킬 방침이며, 다만 단순교통사고 및 개인질병 등은 사업주의 지배관리를 벗어난 영역에서 발생한 것으로 판단되는 경우는 사망만인율 산정에서 제외함

나. 근로자의 의무

- 정부의 산업재해예방정책과 사업주의 안전·보건상의 조치가 효과를 얻을 수 있으려면 근로자의 협조가 필수적이다.
- 이에 따라 산업안전보건법 제6조에서는 "근로자는 이 법과 이 법에 의한 명령에서 정하는 산업재해예방을 위한 기준을 준수하여야 하며, 사업주 기타 관련단체에서 실시하는 산업재해의 방지에 관한 조치에 따라야 한다."라고 규정하여 근로자의 일반적인 의무에 대해 규정하고 있다.

(1) 준수사항

- 법 제25조에서는 근로자의 구체적인 의무(준수사항)을 규정하고 있다. → 위반시 300만원 이하의 과태료
  - 근로자가 준수해야 하는 안전조치 및 보건조치는 「산업안전기준에 관한 규칙」 및 「산업보건기준에 관한 규칙」에서 구체적으로 규정하고 있다.

(2) 기타 의무

- 근로자는 산업안전보건위원회의 심의·의결 또는 결정사항을 성실히 이행하여야 한다(법 제19조제4항, 위반시 500만원 이하의 과태료).
- 사업주가 실시하는 건강진단을 받아야 하고(법 제43조제3항), 역학조사 실시 시 협조하여야 하며(법 제43조의2제4항) → 위반시 300만원 이하 과태료
  - 공정안전보고서의 내용을 준수하여야 하고(법 제49조의2제5항), 안전보건개선계획을 준수하여야 한다.(법 제50조제4항) → 위반시 500만원 이하의 과태료
  - ▶ 근로자 준수사항 신설(보건규칙 제446조, 제447조, 제450조, 제491조, 제492조, 제493조) : 석면 해 체·제거 작업, 관리대상 유해물질 취급작업 등에서 근로자의 보호구 착용 의무와 석면해체 작업장, 관리대상 유해물질의 저장장소 등 출입금지 장소에서 근로자의 출입금지 준수의 무, 흡연 및 음식물 섭취행위 금지 의무를 명시함

5. 公表制度

- 산재예방을 위해서는 사업주의 관심과 투자가 가장 중요하므로 사업주의 명예·신용에 대한 심리적 압박을 통해 산재예방 활동을 유인하기 위해 '02. 12. 30 산업안전보건법 개정 시 산업재해에 관한 공표제도를 도입하였다.

▸ 공표의 정의 : 행정법상의 의무위반 또는 불이행이 있는 경우 그의 성명·위반사실 등을 일 반에게 공개하여 명예 또는 신용의 침해를 위협함으로써 법상의 의무이행을 간접적으로 강제하는 수단

- 이에 따라 고용노동부장관은 산업재해를 예방하기 위하여 필요하다고 인정하는 때에는 대통령이 정하는 사업장의 산업재해 발생건수, 재해율 또는 그 순위 등을 공표할 수 있으며 공표의 절차 및 방법 등에 관하여 필요한 사항은 고용노동부령으로 정한다.(법 제9조의2)

가. 공표대상 사업장(시행령 제8조의4)

● 연간 산업재해율이 규모별 동종업종의 평균재해율 이상인 사업장 중 상위 10% 이내에 해당되는 사업장
● 산업재해로 연간 사망재해가 2명 이상 발생한 사업장으로서 사망 만인율이 규모별 같은 업종의 평균 사망 만인율 이상인 사업장
● 법 제10조에 따른 산업재해의 발생에 관한 보고를 최근 3년 이내 2회 이상하지 않은 사업장
● 법 제49조의2제1항에 따른 중대 산업사고가 발생한 사업장

나. 공표방법(시행규칙 제3조의3)

● 공표는 관보, 「신문 등의 자유와 기능보장에 관한 법률」 제12조제1항에 따라 그 보급지역을 전국으로 하여 등록한 일간신문 또는 인터넷 등에 게재하는 방법으로 한다.

제4장

安全·保健管理體制

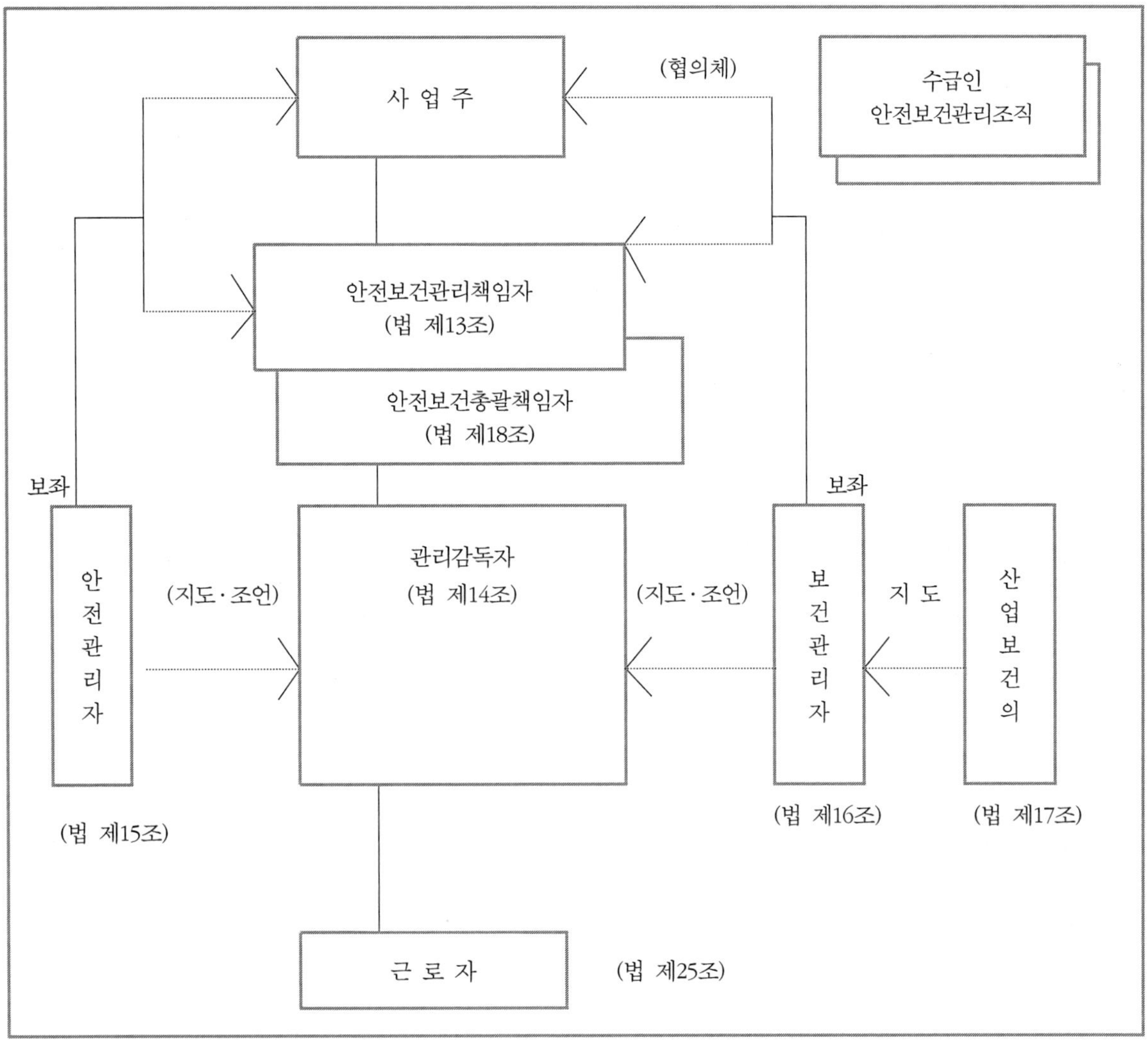

1. 安全保健管理責任者(법 제13조)

● 사업장의 자율적인 재해예방활동을 촉진시키기 위하여 법 제13조에서는 당해 사업을 실질적으로 총괄·관리하는 자를 두어 산업안전보건업무를 총괄·관리하도록 하고 있다. → 위반시 500만원 이하의 과태료

가. 자격

● 안전보건관리책임자는 당해 사업에서 그 사업을 실질적으로 총괄·관리하는 자이어야 한다.
  ▶ 주로 공장장, 지점장, 사업소장, 현장소장 등이 이에 해당

나. 직무

(1) 총괄·관리 업무(법 제13조제1항)
  ● 산업재해예방계획의 수립에 관한 사항
  ● 안전보건관리규정의 작성 및 그 변경에 관한 사항
  ● 근로자의 안전·보건교육에 관한 사항
  ● 작업환경의 측정 등 작업환경의 점검 및 개선에 관한 사항
  ● 근로자의 건강진단 등 건강관리에 관한 사항
  ● 산업재해의 원인조사 및 재발방지대책의 수립에 관한 사항
  ● 산업재해에 관한 통계의 기록·유지에 관한 사항
  ● 안전·보건에 관련되는 안전장치 및 보호구 구입시의 적격품 여부 확인에 관한 사항
  ● 기타 근로자의 유해·위험예방조치에 관한 사항으로서 안전보건규칙에서 정하는 근로자의 위험 또는 건강장해의 방지에 관한 사항(시행규칙 제11조)

(2) 지도·감독 업무
  ● 안전보건관리책임자는 안전관리자 및 보건관리자를 지휘·감독하여야 한다(법 제13조제2항).

다. 건의에 대한 조치의무

● 안전관리자 또는 보건관리자가 법 제13조제1항 각호의 사항(안전보건관리책임자의 총괄·관리 업무) 중 안전 또는 보건에 관한 기술적인 사항에 대하여 안전보건관리책임자에게 건의한 경우에는 안전보건관리책임자는 이에 상응한 적절한 조치를 취하여야 한다(법 제16조의2).

라. 선임대상 사업장(시행령 제9조제1항, 시행규칙 제12조)

● 상시근로자 100인 이상을 사용하는 사업
  다만 시행령 별표 제1호 내지 제20호의 규정에 의한 사업은 50인 이상
  ▶ 시행령 별표3 제1호 내지 제20호의 규정에 의한 사업
    ① 토사석 광업, ② 음·식료품 제조업, ③ 목재 및 나무제품 제조업(가구제외), ④ 펄프, 종이 및 종이제품

제조업, ⑤ 출판, 인쇄 및 기록매체 복제업, ⑥ 코크스, 석유정제품 및 핵연료 제조업, ⑦ 화합물 및 화학제품 제조업, ⑧ 고무 및 플라스틱 제품 제조업, ⑨ 비금속 광물제품 제조업, ⑩ 제1차 금속산업, ⑪ 조립금속제품 제조업(기계 및 가구 제외), ⑫ 기타 기계 및 장비 제조업, ⑬ 컴퓨터 및 사무용 기기 제조업, ⑭ 기타 전기기계 및 전기변환장치 제조업, ⑮ 의료, 정밀, 광학기기 및 시계 제조업, ⑯ 자동차 및 트레일러 제조업, ⑰ 기타 운송장비 제조업, ⑱ 가구 및 기타제품 제조업, ⑲ 재생용 가공원료 생산업, ⑳ 자동차 종합수리업, 자동차 전문수리업

● 총 공사금액(도급에 의한 공사로서 발주자가 재료를 제공하는 경우에는 그 재료의 시가환산액을 포함)이 20억원 이상인 공사를 시행하는 건설업

마. 선임 증명서류비치

● 사업주는 안전보건관리책임자를 선임한 때에는 그 사실을 증명 할 수 있는 서류를 갖춰둬야 한다 (시행령 제9조제3항).

행정해석

■ 관리책임자 선임의 신고자는 누구인지

● 통상 건설현장의 안전보건관계자 선임신고 시에 신고자를 현장소장으로 하고 있음. 산업안전보건법에는 대표가 하도록 되어 있지만 편의상 현장소장을 대리인 신고와 함께 관리책임자 등 선임보고서 등의 신고인으로 하고 있는데 이럴 경우 신고인이 누가 되어야 하는지, 설령 대리인으로 신고가 되어 있지는 않지만 본사로부터 현장소장으로 인사명령을 받고 현장에 부임하는 관계로 법적으로나 실질적으로 현장의 모든 책임을 위임받은 것으로 판단되는데 꼭 대표이사가 신고인이 되어야 하는지

◇ 산업안전보건법 제13조 및 제15조, 동법 시행규칙 제14조의 규정에 의거 지방고용노동관서에 제출하는 관리책임자등선임등보고서의 제출의무 주체는 사업주로 하고 있는 바, 이 때 보고인은 사업주 또는 대표자가 하거나 사업주로부터 위임을 받은 대리인도 가능하다고 사료됨

■ 공사비증액으로 안전보건관리책임자를 선임하여야 할 경우 선임시기

● 최초 13억원 공사에서 매년 7억원, 13억원씩 증액되어 별도 계약을 체결하여 34억원이 되었는 바, 관리책임자선임등보고서에서는 20억원 이상인 공사에 한하여 안전보건관리책임자를 선임하게 되어 있음

　－ 이런 공사에 대해서는 어느 시점을 기준으로 안전보건관리책임자를 신고해야 하는지(공사기간은 총 공사기간으로 적어야 하는지, 공사금액은 어떻게 적어야 하는지, 공사금액에 관급자재비도 따로 적어야 하는지, 공사가 종료되었을 때 관할 노동부에 어떤 양식으로 종료되었다고 신고를 해야 하는지)

◇ 산업안전보건법 시행규칙 제12조에서는 건설업의 안전보건관리책임자 선임대상을 총 공사금액(도급에 의한 공사로서 발주자가 재료를 제공하는 경우에는 그 재료의 시가환산액을 포함)이 20억원 이상

의 공사를 시행하는 경우로 규정하고 있으며, 동 규칙 제14조제1항에서는 선임사유가 발생한 때에 지체 없이 선임하여 선임일로부터 14일 이내에 지방고용노동관서장에게 제출하도록 하고 있음

◇ 안전보건관리책임자 선임은 차수별 공사시에는 총 부기금액(추정계약금액) 기준으로 20억원 이상일 경우에는 공사착공시 선임하여야 하고, 설계변경 등 공사의 추가증액에 의한 공사금액 변경시에는 20억원 이상되는 시점부터 변경된 공사금액에 따라 선임하여야 하며, 선임보고서식의 공사기간은 최초 시작부터 종료시까지 총 공사기간을, 공사금액은 선임보고서 제출 당시의 총 공사금액(관급자재가 있을 경우 당해 금액을 포함한 금액)을 기재하여야 함

◇ 산업안전보건법에서는 안전보건관리책임자 해임 또는 공사종료시 취해야 할 별도의 절차를 규정하고 있지 않으므로 공사종료와 관련하여 산업안전보건법상 별도의 조치를 취하지 않아도 됨

■ 모델하우스 공사의 경우 안전보건관리책임자 선임 대상 여부

● 아파트 도급계약에 포함된 모델하우스 건립공사에도 안전보건관리책임자를 선임하여야 하는지 여부

◇ 모델하우스 건립비용이 도급계약에 포함된 공사에서 모델하우스 공사가 하도급계약에 의하여 수행 중일 경우 본 공사와 시간적·장소적으로 분리된 경우에는 별도의 사업장으로 보고, 동일한 장소에서 시간적으로도 본 공사와 연결되는 경우에는 하나의 사업장으로 보아 당해 사업장의 공사금액에 따라 관리책임자 등 선임 여부를 판단하여야

■ 원·하도급에 있어서 관리책임자등 선임의무 와 안전관리자 업무범위

● 총공사금액 325억원 공사를 시행하는 A건설현장에서 철골 및 골조부분에 대하여 각 B, C업체에 110억원, 200억원 하도급 공사를 체결하였다면 안전보건관리책임자 선임의무는 누구에게 있는지

● 안전관리자 선임대상인 위 C업체에서 선임된 안전관리자는 자체 도급받은 골조공사 부문에 한하여 안전보건관리책임자의 업무를 보좌 또는 지휘, 감독을 받아야 하는지, 아니면 B, C 또는 A업체에서 선임된 안전보건관리책임자의 지휘, 감독도 받아야 하는지

◇ 산업안전보건법 시행규칙 제12조의 규정에 의하여 건설업에 있어서 안전보건관리책임자 선임대상은 총공사금액(도급에 의한 공사로서 발주자가 재료를 제공하는 경우에는 그 재료의 시가 환산액을 포함한다)이 20억원 이상의 공사를 시행하는 경우로 규정하고 있음

◇ 이 때 총 공사금액이라 함은 도급금액을 의미하는 것으로서 수급인 및 하수급인 여부와 관계없이 당해 사업주가 도급 받은 총공사금액이 20억원 이상을 의미함. 따라서 A, B, C사 모두 안전보건관리책임자를 선임하여야 할 것으로 사료됨

◇ 산업안전보건법 제15조의 규정에 의하여 사업주가 선임하는 안전관리자는 사업주 또는 관리책임자를 보좌하고 관리감독자 등에 대해 지도·조언하도록 하기 위하여 선임하는 것이므로 하수급인인 C사에서 선임한 안전관리자의 업무범위도 C사가 시공하는 공사에 한 한다고 할 수 있음

■ 추가공사 수주 시 관리책임자 등 선임여부

● ○○시 건설안전관리본부에서 발주하여 폐사에서 시행중인 도로공사('96. 8~'02. 12 약 890억원)에

연계하여 동일 공사구간내 IC가 추가 발주되어 수의계약('02. 4~'03. 9. 약 140억원)으로 수주한 경우

- 동일한 발주처에 동일한 시공자가 같은 공사조직으로 동일한 작업장내에서 수행하는 공사이므로 하나의 사업장으로 간주하여 이에 해당되는 안전보건총괄책임자 및 안전관리자를 선임하여야 하는지, 아니면 신규공사(약 140억원)를 별개의 건으로 보아 안전관리자(토목공사 150억원 미만)를 추가 선임할 의무는 없으나 별도의 안전보건총괄책임자 선임 및 건설재해예방전문기관의 기술지도를 받아야 하고, 사업개시신고 등 제반사항을 신규로 등록하여야 하는지

● 만약 하나의 사업장으로 간주하여야 한다면 신규공사와 기존공사의 산업안전보건관리비를 별도로 계상 관리해야 하는지 아니면 통합하여 관리해도 되는지 여부

◇ 기존에 시공중인 도로공사 현장내에 추가로 IC설치공사를 수주하여 별도의 계약을 체결하여 시공하는 경우 추가공사가 기존공사와 동일한 공사조직·체계 및 관리하에서 수행되는 경우라면 이를 하나의 사업장으로 보아 개별 공사가 아닌 당해 공사현장 전체에 대하여 안전보건총괄책임자 및 안전관리자 선임이 가능하다고 사료됨

◇ 산업안전보건관리비는 계약에 의해 이루어지는 공사별로 계상 및 사용을 하도록 하고 있으므로, 위 2개의 공사가 동일 시공자에 의해 수행된다고 하더라도 분리 발주된 경우라면 산업안전보건관리비는 각각의 공사에 대하여 사용하여야 함. 다만, 안전관리자 인건비와 같이 산업안전보건관리비의 공동사용에 대해서는 별도로 정한 바는 없으나 당해 현장의 공사비율 등을 고려하여 적절하게 분배하여 사용할 수 있을 것임

■ 재건축공사에서 철거공사금액을 포함하여 관리책임자등 선임여부

● 일반적으로 재건축 아파트는 철거를 포함하여 재건축조합으로부터 일괄 도급을 받고 있는 바, 공사 진행상 건설회사의 여러 가지 여건에 의하여 철거공사 후 신축공사까지는 약간의 시간(대략 1개월 내외)이 소요되고 있음

● 착공신고를 철거공사만 하고 철거완료 후 신축공사에 대한 별도 착공계 제출하는 등 철거공사와 신축공사에 대한 시간적 간격을 두고 별도로 시행할 경우

- 철거공사 금액이 20억원 미만일 경우 안전보건관리책임자 및 안전관리자 선임신고 대상인지 여부

- 철거공사까지 일괄도급이므로 착공신고와는 관계없이 공사금액이 400억이므로 안전관리자를 선임하여 신고하여야 하는지 여부

◇ 산업안전보건법 시행령 제12조, 동법 시행규칙 제12조의 규정에 의거 건설업 안전보건관리책임자 및 안전관리자는 도급계약서상의 총 공사금액(발주자가 재료를 제공한 경우에는 그 재료의 시가환산액을 포함)을 대상으로 당해 공사기간중 선임하여야 함

◇ 따라서, 재건축공사에서 철거 및 신축공사가 동일한 업체에서 수행하는 하나의 공사로서 일괄 계약된 경우에는 철거공사를 포함한 당해 전체 공사기간에 대해 안전보건관리책임자 및 안전관리자를 선임하여야 함

■ 안전보건관리책임자를 선임하였으나 보고하지 않았을 경우 과태료를 부과할 수 있는지 여부

● 공사금액 20억원 이상인 건설공사 현장에 대한 감독결과 현장소장이 변경되었으나 변경일로부터 14
  일 이내에 안전보건관리책임자 선임신고를 이행하지 않아 산업안전보건법 제13조제1항 위반으로 과
  태료 부과에 따른 청문을 하자, 회사측에서 관할지방고용노동관서에 선임신고를 행하지 않았을 뿐
  현장소장을 안전보건관리책임자로 자체적으로 선임하고 업무를 수행하도록 하였으므로 과태료 부과
  에 대하여 재검토를 요청하는 의견을 제출한 상태로 안전보건관리책임자를 자체적으로 선임하고 관
  할 지방고용노동관서에 14일 이내에 신고하지 않은 사항에 대하여 과태료 부과 처분이 타당한지 여
  부

◇ 산업안전보건법 제13조제1항 및 동법 제72조제2항제2호의 규정에 의하여 안전보건관리책임자를 선
  임하지 않은 경우에 한하여 과태료를 부과할 수 있음

2. 管理監督者(법 제14조)

● 사업장내 부서단위에서의 산재예방활동을 촉진시키기 위해 경영조직에서 생산과 관련되는 당해
  업무와 소속 직원을 직접 지휘·감독하는 부서의 장이나 그 직위를 담당하는 자를 관리감독자로
  지정하여 당해 직무와 관련된 안전·보건상의 업무를 수행토록 해야 한다. → 위반시 500만원 이하
  의 과태료
  – 또한 위험방지가 특히 필요한 작업으로서 대통령령이 정하는 작업(시행령 제10조제3항 별표2)
    은 특별교육 등 대통령령이 정하는 안전·보건에 관한 업무(시행령 제10조제4항)를 추가로 수
    행하도록 하고 있다(법 제14조제1항).
● 한편, 산업안전보건법 제14조제1항의 규정에 의한 관리감독자가 있는 경우에는 건설기술관리법
  의한 안전관리책임자 및 안전관리담당자를 둔 것으로 간주함으로써 중복규제 문제를 해소하고 있
  다(법 제14조제2항).

가. 자격(법 제14조제1항)

● 관리감독자는 경영조직에서 생산과 관련되는 당해 업무와 소속 직원을 직접 지휘·감독하는 부서
  의 장이나 그 직위를 담당하는 자 이어야 한다.

나. 직무(시행령 제10조제1항)

● 사업장내 관리감독자가 지휘·감독하는 작업(이하 "당해 작업"이라 함)과 관련되는 기계·기구 또
  는 설비의 안전·보건점검 및 이상유무의 확인
● 관리감독자에게 소속된 근로자의 작업복·보호구 및 방호장치의 점검과 그 착용·사용에 관한 교
  육·지도
● 해당 작업에서 발생한 산업재해에 관한 보고 및 이에 대한 응급조치

- 해당 작업의 작업장의 정리정돈 및 통로확보의 확인 감독
- 해당 사업장의 산업보건의·안전관리자(안전관리대행기관의 당해 사업장 담당자) 및 보건관리자 (보건관리대행기관의 당해 사업장 담당자)의 지도·조언에 대한 협조

다. 사업주의 지원(시행령 제10조제2항)

- 사업주는 관리감독자에게 직무와 관련된 안전·보건상의 업무를 수행할 수 있도록 필요한 권한을 부여하고 시설·장비·예산 기타 업무수행에 필요한 지원을 하여야 한다.

3. 安全管理者(법 제15조)

- 사업장내 산업안전에 관한 기술적인 사항을 관리하고 사업주와 안전보건관리책임자를 보좌하며, 관리감독자에게 지도·조언을 하도록 하기 위해 「안전관리자」제도를 도입 하게 되었다.
  ▶ 법 제15조제1항 : 사업주는 제13조제1항 각호의 사항중 안전에 관한 기술적인 사항에 대 하여 사업주 또 는 관리책임자를 보좌하고 관리감독자 및 안전담당자에 대하여 이에 관 한 지도·조언을 하도록 하기 위 하여 사업장에 안전관리자를 두어야 한다. → 위반시 500만원 이하의 과태료

가. 선임

① 선임대상(시행령 제12조)

- 안전관리자를 두어야 할 사업의 종류·규모와 안전관리자의 수 및 선임방법은 시행령 별표 3에서 상세히 규정하고 있는 데,
  - 안전관리자를 두어야 할 사업의 최소규모는 상시근로자 50인 이상 사업장임(안전관리자를 두 지 않아도 되는 사업의 종류는 시행령 별표 1「법의 일부적용대상사업 및 일부적용규정의 구분 표」 참조)
  - 다만, 안전관리자를 두어야 할 사업 중 상시근로자 300인 이상인 사업장과 공사금액 120억원 (토목공사 150억원) 이상인 건설업에는 안전관리자의 직무만을 전담하는 안전관리자를 두어야 한다(시행령 제12조제2항).
  ▶ 법 제15조제4항 및 시행령 제15조제1항의 규정에 의거 300인 미만 사업장(건설업제외) 의 경우에만 안전 관리대행기관에게 안전관리자의 업무를 위탁할 수 있는데, 「기특법」제 40조제1항제1호의 규정에서 사업 규모에 관계없이 안전관리업무를 위탁할 수 있도록 하 고 있어 사업주의 직무전담 안전관리자 선임의무가 완화되어 있다.

② 공동선임(시행령 제12조제4항)

- 같은 시·군·구(자치구를 말한다) 지역에 같은 사업주가 경영하는 사업장이 둘 이상 있는 경우뿐 만 아니라 사업장 간의 경계를 기준으로 15킬로미터 이내에 같은 사업주가 경영하는 사업장이 둘 이상 있는 경우에도 해당사업장의 상시 근로자수의 합계가 300인을 초과하지 않는 경우에는 안전관리자 1인을 공동으로 선임할 수 있다('10.11.18 개정).

▶「기특법」제36조에서는 동일한 산업단지에서 서로 다른 사업주(근로자수 합계 300인 이내)가 공동으로 안전관리자를 선임할 수 있도록 허용하고 있으나, 회계처리상의 이유로 활용도가 거의 없다는 점을 감안하여 2003.7월 시행령 개정시 동일 사업주가 동일 읍·면·동 지역에 여러 개의 사업장을 갖고 있는 경우 안전관리자를 공동으로 선임할 수 있도록 함으로써 산업현장의 현실을 반영하였음

〈기특법 제36조〉

제36조【산업안전관리자등의 공동채용】동일한 산업단지 등에서 사업을 영위하는 자는 산업안전보건법 제15조 및 동법 제16조의 규정에 불구하고 3이하의 사업장의 사업주가 공동으로 안전관리자 또는 보건관리자를 채용할 수 있다. 이 경우 이들이 상시 사용하는 근로자수의 합계는 300인 이내이어야 한다.

---

③ 도급사업에 있어서의 안전관리자 선임방법(시행령 제12조제3항)

[일반원칙]

• 같은 장소에서 행하여지는 사업의 일부를 도급에 의하여 행하는 사업으로서 대통령령이 정하는 사업은 도급사업의 공사금액 또는 수급인(하수급인 포함)의 근로자수를 해당 사업의 공사금액 또는 근로자수에 포함시켜 해당사업이 안전관리자 선임의무 대상 사업에 해당되는지 여부를 판단한다(시행령 제12조제3항).
  예 도급인의 근로자수가 20명이고, 수급인의 근로자수는 40명인 경우 도급사업의 총 근로자수가 60명이므로, 시행령 별표3의 안전관리자 선임의무 대상 사업에 해당되는 경우라면 도급인이 안전관리자를 선임해야 함

[적용대상 도급사업]

• 법 제18조제1항 및 시행령 제23조의 규정에 따른「안전보건총괄책임자」지정대상 사업과 동일(시행령 제12조제3항)
  ① 근로자수가 50명 이상인 제1차 금속 제조업, 선박 및 보트 건조업, 토사석 광업
  ② 100명 이상인 제조업, 서적, 잡지 및 기타 인쇄물 출판업, 음악 및 기타 오디오물 출판업, 금속 및 비금속 원료 재생업(1차 금속 제조업, 선박 및 보트 건조업, 토사석 광업은 제외)
  ③ 총 공사금액이 20억원 이상인 건설업

[수급인이 안전관리자를 선임하여야 하는 경우(시행령 제12조제3항단서)]

• 수급인이 안전관리자 선임의무 대상사업(시행령 별표 3)에 해당하는 경우에는 수급인이 별도로 안전관리자를 선임해야한다.
  − 이 경우 수급인의 근로자수(공사금액)는 도급인의 근로자수(공사금액)에 포함시키지 않는다.

[수급인이 안전관리자를 선임하지 않아도 되는 경우]

• 안전관리자를 두어야 하는 수급인인 사업주(하수급인 포함)의 경우에도 도급인인 사업주가 다음 요건에 따라 수급인의 근로자에 대한 안전관리를 전담하는 안전관리자를 선임하였다면 별도의 안전관리자를 선임하지 아니할 수 있다(시행령 제12조제5항, 시행규칙 제15조의2).

- ① 도급인인 사업주 자신이 선임하여야 할 안전관리자를 두고,
- ② 안전관리자를 두어야 할 수급인인 사업주의 업종별로 상시 근로자수(건설업의 경우 상시 근로자수 또는 공사금액)를 합계하여 그 근로자수 또는 공사금액에 해당하는 안전관리자를 추가로 선임한 경우

예 제1차 금속산업에 있어서 도급사업의 총 근로자수가 600명이고, 그 중 도급인 근로자는 400명, 수급인 A의 근로자 100명, 수급인 B의 근로자 100명인 경우라면 본래는 도급인·수급인 A·수급인 B 모두가 각각 안전관리자를 1명씩 두어야 하나, 도급인이 안전관리자를 2명 두고 그 중 1명을 수급인(A·B)에 대해 안전관리를 전담하도록 하였다면 수급인은 별도의 안전관리자를 두지 않아도 된다.

나. 자격(법 제15조 제2항, 시행령 제14조)

- 안전관리자의 자격은 산업안전지도사·산업안전기사 이상의 자격을 취득한 자 등이며 시행령 별표 4에서 구체적으로 규정하고 있다.

다. 직무(시행령 제13조)

- 법 제19조제1항에 따른 산업안전보건위원회 또는 법 제29조의2제1항에 따른 안전·보건에 관한 노사협의체에서 심의·의결한 직무와, 법 제20조제1항에 따른 해당 사업장의 안전보건관리규정 및 취업규칙에서 정한 직무
- 법 제34조에 따른 안전인증대상 기계·기구등과 법 제35조에 따른 자율안전확인대상 기계·기구 등의 구입시 적격품의 선정
- 해당 사업장 안전교육계획의 수립 및 실시
- 사업장 순회점검·지도 및 조치의 건의
- 산업재해발생의 원인조사 및 재발방지를 위한 기술적 지도·조언
- 산업재해에 관한 통계의 유지·관리를 위한 지도·조언(안전 분야에 한함)
- 법 또는 법에 따른 명령이나 안전보건관리규정 및 취업규칙 중 안전에 관한 사항을 위반한 근로자에 대한 조치의 건의
- 그 밖에 안전에 관한 사항으로서 고용노동부장관이 정하는 사항

라. 배치 및 지원(시행령 제13조제2항 및 제3항)

- 사업주가 안전관리자를 배치할 때에는 연장·야간 또는 휴일근로 등 당해 사업장의 작업형태를 고려하여야 한다(시행령 제13조제2항).
- 또한, 사업주는 안전관리자에게 해당 업무를 수행할 수 있도록 필요한 권한을 부여하고, 시설·장비·예산 기타 업무수행에 필요한 지원을 하여야 한다(시행령 제13조제3항).

마. 지도·조언

- 안전관리자가 안전보건관리책임자의 총괄·관리업무(법 제13조제1항) 중 안전에 관한 기술적인 사항에 대하여 사업주 또는 관리책임자에게 건의하거나 관리감독자에게 지도·조언하는 경우에는
  - 사업주·관리책임자·관리감독자는 이에 상응한 적절한 조치를 취해야 한다(법 제16조의2).

바. 선임 신고(시행령 제12조제6항, 시행규칙 제14조제2항)

- 사업주가 안전관리자를 선임 또는 교체임명한 때에는 그 날로부터 14일 이내에 관할 지방고용노동관서의 장에게「안전관리자·보건관리자·산업보건의 선임 등 보고서」(시행규칙 별지 제1호의2(1)서식), 안전관리자 선임 등 보고서(건설업)(시행규칙 별지 제1호의2(2)서식)를 제출(전자문서에 의한 제출 포함)하도록 한다.

사. 증원·개임명령(법 제15조제3항, 시행규칙 제15조)

- 고용노동부장관은 산업재해 예방을 위하여 필요하다고 인정할 때에는 안전관리자를 정수 이상으로 하거나 교체임명 할 것을 명령할 수 있다(법 제15조제3항). → 위반시 500만원 이하의 과태료

① 증원·개임명령의 요건(시행규칙 제15조제1항)

- 다음 사유가 발생한 때에는 사업주에게 안전관리자(안전관리자의 업무를 안전관리대행기관에 위탁한 경우에는 그 대행기관)를 정수이상으로 증원 또는 교체임명을 명할 수 있다.
  - 당해 사업장의 연간 재해율이 동종업종 평균재해율의 2배 이상인 때
  - 중대재해가 연간 3건 이상 발생한 때
  - 관리자가 질병 기타의 사유로 3월 이상 직무를 수행할 수 없게 된 때

② 증원·개임명령의 절차(시행규칙 제15조제2항)

- 안전관리자를 정수 이상으로 증원하게 하거나 다시 선임할것을 명하는 때에는 미리 사업주 및 해당 관리자의 의견을 듣거나 소명자료를 제출할 수 있는 기회를 주어야 한다.
  - 다만, 정당한 사유 없이 의견진술 또는 소명자료의 제출을 게을리 한 경우에는 그러하지 아니한다.

아. 선임의무 완화

- 법 제15조제2항 및 시행령 제12조에서 안전관리자를 두어야 하는 사업의 종류·규모·수 및 선임 방법 등을 규정하고 있으나, 고압가스안전관리법의 안전관리책임자 선임제도 등 타 안전관련법상 안전관리자 제도와 중복선임의 문제가 발생한다.

〈국내 안전관련법령상의 안전관리자 제도〉

부 처	근 거 법 령	의무고용사항
고용노동부	산업안전보건법 제15조	안전관리자 1~2명*
지식경제부	전기사업법 제73조	전기안전관리담당자 1~2명*
	고압가스안전관리법 제15조	안전관리책임자 1명 안전관리원 1명 이상
	액화석유가스의 안전관리 및 사업법 제14조	안전관리책임자 1명 안전관리원 1명 이상
	도시가스사업법 제29조	안전관리책임자 1명 안전관리원 1명 이상
	에너지이용합리화법 제59조	검사대상기기 조정자 1명*

부 처	근 거 법 령	의무고용사항
행정안전부	소방법 제9조	방화관리자 1명
	소방법 제20조	위험물안전관리자 1~2명*
	총포·도검·화약류단속법 제27조	제도·관리 보안책임자 각 1명*
환 경 부	유해화학물질관리법 제25조	유독물관리자 1명*
	대기환경보전법 제24조	환경관리인 1명*
	수질환경보전법 제23조	환경관리인 1명*
보건복지부	식품위생법 제34조 및 제35조	영양사·조리사 각 1명*

* : 기업활동규제완화에관한특별조치법 제40조의 규정에 의해 대행기관에 위탁 가능

행정해석

■ 공동대표이사의 경우 대표이사 중 1인을 안전관리자로 선임할 수 있는지에 대한 질의

● 상시 근로자수 140명의 택시운송업체에서 父子가 등기부상 공동대표로 되어 있고, 2인 모두 교통안전관리자 자격을 보유하고 있으며, 업무처리에 있어 아들이 부친의 결재를 받는 등 부친이 대표이사로서 실질적인 권한을 행사하고 있는 경우 아들을 동 업체 안전관리자로 선임할 수 있는지

◇ 단일 회사인 경우 대표이사는 산업안전보건법상 안전보건관리책임자의 지위에 있는 자이므로 안전관리자로 선임할 수 없으나,

◇ 위 질의내용과 같이 공동 대표이사 중 어느 1인이 실질적인 권한과 책임이 없는 경우에는 동인을 안전관리자로 선임할 수 있다고 보는 것이 타당함.

■ 기특법 제29조에 따른 안전관리자 겸직허용 질의

● 안전관리자 2명 선임대상 사업장에서 안전관리자 1명과 방화관리자 또는 위험물안전관리자 중 1명을 선임하여도 되는지

● 산업안전보건법 시행령 [별표 4] 1의2에서 "국가기술자격법에 의한 산업안전기사 이상의 자격을 취득한 자"라 함은 구체적으로 어떤 자격을 의미하는지

◇ 기특법 제29조제1항에서는 고압가스안전관리법 제15조 규정, 액화석유가스의 안전관리 및 사업법 제14조, 도시가스사업법 제29조, 위험물안전관리법 제15조 규정에 따른 안전관리자를 2인 이상 채용하여야 하는 자가 그 중 1인을 채용한 경우 나머지 자와 산업안전보건법상 산업안전관리자 1인도 채용한 것으로 본다고 규정하고 있음

◇ 따라서 귀 사업장이 500인 이상에 해당하여 산업안전보건법 시행령 별표3에 따라 안전관리자를 2명 이상을 선임해야 함

　－ 동 사업장이 기특법 제29조 제1항의 규정에 따른 안전관리자(위험물안전관리 자) 1인을 채용하였다면 산업안전보건법상의 안전관리자를 선임한 것으로 볼 수 있으므로 산업안전보건법상 안전관

리자 1인을 추가하여 선임하여야 함.

◇ 산업안전보건법 시행령 [별표4] 1의2에서 "국가기술자격법에 의한 산업안전기사 이상의 자격을 취득한 자"라 함은 국가기술자격법 시행규칙 제4조 [별표5] "국가기술자격의 직무분야별 종목"에서 안전관리 직무분야의 기술사의 자격을 취득한 자를 말함

◇ 참고로, 안전관리 직무분야의 기술사는 기계안전, 화공안전, 전기안전, 건설안 전, 산업위생관리, 소방, 가스, 인간공학 기술사가 있음)

■ 인접한 공장의 안전관리자 선임

● 재건축(아파트) 건설현장으로써 서로 다른 발주처(조합)로 구성된 같은 단지내 두 개의 현장에서 산재보험은 별도로 가입되어 있고 착공계도 각각 제출하였음. 시공 및 현장관리는 한 개의 회사에서 동일한 현장소장 및 공사조직체계, 관리하에서 시공하고 착공일과 준공일 등 공사기간이 동일함

● 이 경우 안전보건관리책임자 및 안전관리자 선임을 1명씩만 선임하면 되는지 아니면 각각 2명씩 해야 하는지 여부

◇ 산업안전보건법의 적용은 사업 또는 사업장을 대상으로 하고, 동법상 사업장의 개념은 장소적 관념에 따라 결정되는 것으로 장소적으로 분산되어 있으면 별개의 사업장으로 보는 것이 원칙이나 인접한 장소에서 서로 연관되는 조직하에 작업이 이루어지는 경우에는 이를 하나의 사업장으로 볼 수 있는 바, 질의의 2개의 공사가 동일한 단지 내에서 동일한 시공자, 동일한 공사조직 및 체계하에서 시공된다면 이를 하나의 사업장으로 간주하여 안전관리책임자 및 안전관리자를 선임할 수 있다고 사료됨

■ 발주처에서 안전관리자를 감축하라는 지시가 타당한지 여부

● ○○지역 항만공사('98. 11. 9~'02. 12. 30) 현장의 시공사로서 공사금액은 1,224억원이며 공정율이 90%로 현재 안전관리자가 2명 선임이 되어 있는데 산업안전보건법 시행령 제12조제1항의 안전관리자의 선임 등에 의하면 공정율 85% 이상일 경우 1인 이상을 선임할 수 있다고 되어 있어

－ 발주처 및 감리단에서 안전관리자 선임을 2명에서 1명으로 인원축소를 요구하는 바, 당사에서는 원활한 안전관리 업무수행을 위하여 2명을 유지하고 산업안전보건관리비중 안전관계자 인건비로 처리하려고 하는데 발주처 및 감리단에서 인원축소 및 감액조치를 할 수 있는지 여부

◇ 산업안전보건법시행령 별표 3의 건설업에 있어 안전관리자를 2인 이상 선임하여야 하는 경우에 공사기간에 따라 안전관리자 선임을 완화할 수 있는 규정은 임의 사항인 바,

◇ 현장사정에 따라 2인 이상의 안전관리자가 계속하여 필요하다고 판단된다면 2인 이상의 안전관리자가 업무를 수행토록 할 수 있음. 이러한 경우에 발주자 또는 감리자가 일방적으로 안전관리자의 선임축소와 그에 따라 인건비 감액조치를 할 수 없다고 사료됨

■ 동일부지내 추가공사 수주 시 안전관리자 선임여부

● 교사동 개축공사를 시공중에 체육관 증축공사를 수의계약하고 산업안전보건비는 각각 공사별로 계

상하여 계약한 경우

- 동일 부지에 2개 공사를 동일한 시공사가 시공중이므로, 개축공사에 선임된 안전관리자를 체육관 증축공사에도 선임한 바, 2개 현장에 한명의 안전관리자를 배치하면 산업안전보건법상 적법한지 여부

- 이 경우 한 현장에 2개 현장의 안전관리자 인건비를 중복하여 집행(사용)할 수 있는지 여부

◇ 기존에 시공중인 교사 개축공사와 관련하여 동일 부지내에서 추가로 체육관 증축공사를 계약하여 시공하는 경우 추가 공사가 기존 공사와 동일한 조직·체계 및 관리하에서 수행이 되는 경우라면 기존에 선임된 안전관리자가 추가공사를 포함하여 안전관리업무 수행이 가능함

◇ 이 경우 선임된 안전관리자의 인건비 정산에 대해서는 별도로 정하고 있지는 않으나 당해 현장의 공사내역 및 공사비율 등에 따라 적절하게 배분하여 사용하면 될 것임

■ 하도급업체에서 안전관리자 선임 시 적법여부

● 총공사금액이 150억원인 건설현장에서 A하도급자의 공사금액이 102억원과 B하도급자의 공사금액이 20억원인 현재 A하도급자 소속의 안전관리자가 당 현장의 안전관리자로 선임되어 있는 바,

- A하도급자 소속의 안전관리자가 당 현장의 안전관리자로 선임될 수 있는지의 여부

- 선임 후 업무수행이 부적합할 경우 원도급자가 별도의 안전관리자를 선임하여야 하는지 여부

◇ 산업안전보건법 시행령 제12조의 규정에 의하면 공사금액이 120억원(토목공사는 150억원) 또는 상시근로자 300인 이상인 경우에는 안전관리업무만을 전담하는 유자격 안전관리자를 두어야 함

◇ 따라서, 귀 질의와 같이 원도급업체가 도급받은 공사금액이 150억원인 공사현장에서 A하도급업체의 공사금액이 102억원, B하도급업체의 공사금액이 20억원일 경우, 원도급업체에게 안전관리자 선임의무가 있으며 A하도급업체는 선임의무가 없는 바, 설령 A하도급업체에서 자율적으로 안전관리자를 선임하였다 하더라도 원도급업체는 위의 규정에 의한 안전관리자를 별도로 선임하여야 함

■ 석유제품 검사업무를 주로 행하는 경우 안전관리자 선임대상 여부

● (재)○○석유품질검사소는 상시근로자 74명을 고용하여 석유화학 연구개발 및 석유제품의 품질검사·시험조사 등을 하는 사업장으로 석유제품 검사업무를 주로 행하는 경우 안전관리자 선임대상인지

◇ 석유제품의 검사를 주로하는 사업은

- "전문, 과학 및 기술 서비스업(74)" 중 "기술시험, 검사 및 분석업(7441)"에 해당하고, 동 업종은 시행령 별표 1 제1호에 의한 산안법 일부적용 업종임

◇ 따라서 "전문, 과학 및 기술서비스업"에 해당하는 위 품질검사소는 산안법 제15조 및 제16조의 적용이 배제되므로 안전·보건관리자 선임의무가 없는 사업장으로 판단됨.

■ 120억원 미만 2개현장 안전관리자 중복 배치여부

● 120억원 미만 현장이 2개 이상일 때 각각의 현장에 대하여 1명의 안전관리자를 중복 배치할 수 있는

지(각각의 현장에 기술지도계약은 체결되어 있으며, 각각의 현장은 각기 다른 조직에 의해 관리됨)

- 1인의 안전관리자를 2 이상의 현장에 중복 배치할 수 있는 경우가 있는지

- 안전관리자를 중복배치 할 수 있다면 안전관리비 정산시 안전관리자의 급여를 현장수로 나누어 산정할 수 있는지

- 안전관리자를 선임하라는 발주처의 요구시 반드시 선임하여야 하는지(법상 안전관리자 의무선임 대상이 아님)

◇ 산업안전보건법시행령 제12조의 규정에 의거 공사금액이 120억원(토목공사업에 속하는 공사는 150억원) 또는 상시근로자 300인 미만인 건설공사는 안전관리자 선임의무 대상이 아니므로, 이러한 공사현장에서의 안전관리자의 선임여부와 2개 이상의 공사현장에 동일한 안전관리자의 중복 선임여부는 자율적으로 판단할 사항임

◇ 공사금액이 위의 기준 이상일 때에는 당해 현장의 안전관리업무만을 전담하는 안전관리자를 두도록 규정하고 있으나, 2개 이상의 공사가 동일한 시공자, 공사관리 조직 및 체계하에서 시공되고 장소적으로도 근접하는 등의 조건을 갖춘 경우에는 이를 하나의 사업장으로 간주하여 안전관리자를 선임할 수 있다고 사료됨

◇ 이 경우 안전관리자의 인건비 정산에 대해서는 별도로 규정하고 있지는 않으나 해당 현장의 공사비 중 등에 따라 적절하게 배분하여 사용하면 될 것으로 사료됨

◇ 위 에서 언급한 바와 같이 산업안전보건법상 공사금액이 120억원(토목공사는 150억원) 또는 상시근로자 300인 미만인 공사현장은 안전관리자 선임의무가 없음. 따라서, 이러한 공사현장에 대한 발주자의 안전관리의 선임요구에 대한 이행여부는 계약당사자간에 공사계약내용 등에 따라 처리하여야 할 것으로 사료됨

■ 안전관리자 자격요건 중 산업안전관련학과에 "소방안전관리과"가 포함되는지 여부

- 안전관리자 자격요건 중 고등교육법에 의한 전문대학 또는 이와 동등 이상의 학교에서 산업안전관련학과를 전공하고 졸업한 자 중에서 산업안전관련학과 중 "소방안전관리과"가 포함되는지 여부

◇ 산업안전보건법 시행령 별표 4의 5, 6호의 "산업안전관련학과"라 함은 사업장 근로자의 안전에 관한 기술적인 분야를 전공하는 학과로서 통상 산업안전공학과, 안전학과, 건설안전학과, 안전관리과 등 산업안전 관련 명칭을 사용하는 학과 등이 이에 해당됨

◇ "소방안전관리과"는 일반적으로 소방대상물의 방화관리는 물론 소방시설의 설계, 감리, 시공 및 점검 업무를 원활히 수행할 수 있는 기법을 터득하는 학문으로 동학과의 특성상 이를 산업안전보건법 제15조에 의한 안전관리자의 자격인 "산업안전관련학과를 전공하고 졸업한 자"로 보기는 어려울 것으로 사료됨

■ 차수별 공사에서 기 선임된 안전관리자를 별도로 신고하여야 하는지 여부

- ○○지역에서 ○○통신에서 발주한 ○○전화국 연결통신구터널공사(쉴드공법)를 1998년 8월 16일

부터 2003년 1월 1일(2차분 준공예정일) 까지 1차계약분, 2차계약분으로 구분하여 동일한 장소에서 동일한 공종의 터널공사가 진행중인 바

- 당사에서는 1차공사시 상기 안전관리자를 현장에 상주케 하여 안전관리업무를 수행하였으며 지방노동사무소 및 발주처에 안전관리자 선임계를 제출하였음

● 그런데 본공사의 2차계약시 발주처에는 별도의 안전관리자 선임계를 제출하였으나 지방노동사무소에는 동일한 장소에 동일한 공종의 작업이 진행되고 있고 1차공사시 선임된 안전관리자가 2차공사에도 상주하며 안전관리업무를 수행하고 있어 별도의 안전관리자 선임계를 제출하지 않아도 된다고 하였음

- 이런 사유(동일한 공사가 연계되어 진행되고 있지만 별도로 노동부에는 선임신고를 하지 않음)로 발주처인 ○○통신 본사에서 2001년 10월 하순경 현장지도 방문시 안전관리자 선임여부의 적, 부에 대한 유권해석을 요구하여 질의

◇ 공사가 1, 2차로 나누어 계약·시공되고 있으나 하나의 공사이고 최초 공사계약시 선임하고 노동부에 선임보고한 안전관리자가 2차공사시까지 연속하여 안전관리자 업무를 수행하는 경우라면 별도로 안전관리자 선임신고를 하지 않아도 된다고 사료됨

■ 파견근로자를 사용하는 경우의 안전관리자 선임

● 상시근로자 170명인 제조업로 정규직 70명, 용역업체(인력공급) 100명으로 구성되어 있는데 안전관리자의 선임방법에 대하여,

- 용역업체 근로자를 포함하여 상시근로자를 170명으로 보아 안전관리자를 선임하여야 하는지?

- 하청(용역업체) 각각 50인 이상이므로 각각 안전관리자를 선임해야 하는지?

◇ 제조업(봉제의복제조업, 가발 및 유사장식품제조업은 제외)의 안전관리자 선임대상은 상시근로자 50인 이상 사업장이며,

- "용역업체 근로자"가 "인력공급업체에서 파견한 근로자"인 경우, 산업안전보건법상의 사업주는 사용사업주(파견근로자보호등에관한법률 제35조)이므로 인력공급업체에서 파견한 근로자수를 포함하여 전체근로자수에 따라 안전관리자를 선임하여야 함.

■ "산업시스템경영학과"가 산업안전관련학과 인지 여부

● 안전관리자의 자격(영 별표 4) 중 산업안전관련학과에 "산업시스템경영학과"가 포함되는지?

◇ 산업안전보건법 시행령 별표 4(안전관리자의 자격) 제6호에 해당하는 "고등교육법에 의한 전문대학 또는 이와 동등 이상의 학교에서 산업안전관련학과를 전공하고 졸업한 자" 중 "산업안전관련학과"라 함은

• 산업안전(공)학을 전공하는 학과로서 산업안전공학과, 안전학과, 건설안전학과, 안전관리과 등 산업안전 관련명칭을 사용하는 학과를 포괄하는 의미이며, "전공(專攻)"이라 함은 "한 가지 부문을 전문적으로 연구하는 것"으로 정의되고 있음.

- • 따라서 "산업안전관련학과를 전공하고 졸업한 자"라 함은 학과의 명칭에도 불구하고 "산업안전(공) 학을 주로 전공하고 학위를 받은 자(졸업한 자)"로 보아야함.

◇ 또한 "산업시스템경영학과"는 그 명칭만으로 산업안전(공)학을 전공한 학과인지 불분명하나,

- 일반적인 "산업시스템경영학과"는 기업의 품질관리시스템(조직, 자원, 절차) 평가, 효율적인 경영 시스템 구축, 품질향상 및 고객만족을 통한 경쟁력 확보 등을 주로 배우는 학문임.

- 그러므로 이러한 학과는 산업안전보건법시행령 별표4에서 정하는 "산업안전관련학과"로 볼 수 없음.

■ 품질관리사업이 안전관리자 선임 대상인지 여부

● 당사는 건설현장 품질관리 업무를 주로 제공하는 업체로써, 근로자수는 154명이고, 그중 14명은 본 사에서 전 근로자에 대한 노무관리 등 지원업무를 담당, 나머지 140여명은 전국에 산재한 120여 건 설현장에 파견 상주하면서 건설 시공 등과 관련한 품질관리를 주요업무로 수행하고 있음

● 이런 경우 본사 사업장만으로는 근로자 14명으로 산업안전보건법 규정상 안전·보건관리자 선임의 무가 없으나, 전국 건설현장에 산재한 근로자를 묶어 하나의 사업개념으로 보아 산업재해예방계획의 수립, 산업재해원인조사, 사고 재발방지 대책의 수립 등을 위해 안전·보건관리자를 선임하여 그 의 무를 이행하여야 하는지 여부

◇ 산업안전보건법령에 의하면 안전·보건관리자 선임을 위한 사업의 구분은 『한국산업표준분류표(통 계청 고시)』상의 업종 분류에 따르도록 하고 있으며, 동 분류에 의하면 계약에 의해 건설 시공과 관련하여 품질관리 업무를 수행하는 경우 그 사업은 "사업서비스업"에 해당하고, 동 사업은 산업안 전보건법 시행령 별표 1(법의 일부적용대상사업 및 일부적용규정의 구분표) 제1호의 규정에 의하여 안전관리자 및 보건관리자 선임대상에 해당하지 않는다고 사료됨

■ 안전관리자 선임시 공사착공의 의미

● 공사금액 2,300억원의 일괄계약 공사형태의 공사로 공사기간이 2000. 06~2006. 06이고 환경영향평 가는 2000. 06~2001. 11 실시, 실착공 공사기간은 2001. 12~2006. 06인 경우 안전관리자 선임기준 은 4명임

● 공사기간 초기 15, 종료 15에는 안전관리자를 1명만(건설안전) 선임하여도 가능한 것으로 알고 있는 데 여기에서 공사기간을 2000. 06~2006. 06(환경영향평가 기간 포함)으로 해야 하는지 아니면 2001. 12~2006. 06(실착공기간)으로 해야 하는지

◇ 산업안전보건법시행령 제12조제1항 및 별표3 『안전관리자를 두어야 할 사업의 종류·규모 및 안전 관리자의 수·선임방법』에서 공사금액 800억원 이상인 공사의 경우 전체 공사기간 중 안전관리자 선임이 완화되는 기준인 공사 시작 후 및 종료 전 각 15에 해당하는 기간에 있어 공사기간이라 함은 공사착공 후 준공까지의 기간을 말하는 것이며, 당해 공사를 실제로 시작한 날을 착공일로 봄

■ 안전관리자의 외부위탁 및 인건비 적용여부

● 공사비 63억원의 A현장 및 25억원인 B현장은 각각 별개의 현장임. 안전관리자 선임 기준에 의하면

공사비 120억원 이상이 되어야 안전관리자를 선임하도록 하고 있으나 두 개 현장은 120억원 미만으로 안전관리자 미선임 적용대상인데

- 이 경우 안전관리 외주 여부 또는 안전관리자를 현장직원으로 선정할 수 있는지 여부 및 선정이 가능하다면 자격요건은

- 산업안전보건관리비의 인건비 적용대상이 되는지 여부

- 안전관리자를 선임하지 아니하고 안전보건관리책임자만 두어도 되는지 여부

◇ 산업안전보건법 시행령 제15조에 의하면 안전관리자의 업무를 안전관리대행기관에 위탁할 수 있는 사업의 범위에서 건설업은 제외하고 있으므로, 안전관리자를 선임하여야 하는 건설공사 현장에서 안전관리자의 업무를 외부에 위탁할 수 없음

◇ 위의 현장은 공사금액이 각각 120억원 미만이므로 안전관리자 선임의무가 없으며, 자율적으로 안전관리자를 선임하고자 할 경우에는 원칙적으로 자격의 제한을 받지 아니함. 다만, 기술지도를 면제받거나 산업안전보건관리비로 그 인건비를 지급하기 위해서는 "산업안전보건법 시행령 별표 4"에서 정한 자격을 소지한 자를 안전관리자로 선임하여 안전관리업무를 전담토록 하고 지방고용노동관서에 신고하여야 함

◇ 동법 시행규칙 제12소의 규성에 의하면 공사금액이 20억원 이상인 공사를 시행하는 건설업의 경우에는 안전보건관리책임자를 선임하도록 하고 있으므로 위의 A, B 공사현장의 경우 안전관리자 선임 여부와 관계없이 안전보건관리책임자를 두어야 함

■ 지급자재비가 많은 경우 안전관리자 선임

● 아래 두 공사에 안전관리자 선임 여부

- M.Tr 설치조건부 전기공사에서 총공사비 54,948,857,000원, 지급자재비 48,816,000,000원, 도급공사비 6,132,857,000원이고

- GIS 설치조건부 전기공사에서 총공사비 71,389,976,000원, 지급자재비 66,440,000,000원, 도급공사비 4,949,976,000원임.

◇ 산업안전보건법시행령 제12조의 건설업 안전관리자 선임기준이 되는 공사금액은 도급계약상의 총공사금액(발주자가 재료를 제공한 경우에는 그 재료의 시가 환산액을 포함)을 말하는 것으로서

◇ 위 전기공사에서 발주자가 제공한 지급자재비를 포함한 공사금액이 120억원 이상인 경우에는 안전관리업무를 전담하는 자격이 있는 안전관리자를 선임하여야 함

■ 원도급업체에서 하도급업체분까지 안전관리자를 선임하는 방법

● 총 공사계약금액이 2,339억원, 공사기간이 1999. 12~2007. 12까지 총 96개월의 건설공사에서 안전관리자를 원도급업체에서 일률적으로 선임할 경우

- 산업안전보건법 시행령 별표 3에 의거 2,339억원에 해당(800억원 이상 2인, 700억원 추가시마다 1인씩 추가)하는 4인을 선임하여 매년 현장에 상주토록 하여야 하는지(단, 전체공사기간의 시작

과 종료전 15%에 해당하는 기간은 1명 이상으로 함), 아니면 4인을 선임만 해 놓되 년차별 공사
진척에 따른 누계공사비가 800억원 미만일 경우 1인만 상주토록 하면 되는지

◇ 산업안전보건법상 공사금액은 총공사 부기금액을 말하며, 위 공사의 경우 총공사금액인 2,339억원
에 대한 안전관리자를 선임하여야 함

◇ 산업안전보건법 시행령 제12조의 규정에 의거 공사금액이 120억원(토목공사는 150억원) 이상의 공
사현장은 영 별표 4에서 정한 자격이 있는 안전관리자를 선임하여야 하고, 800억원이상일 때에는
2명, 800억원을 기준으로 매 700억원 증가시마다 1인씩 추가로 선임하여야 함. 다만, 하청업체의
공사금액이 위 기준 이상일 때에는 하청업체도 별도로 안전관리자를 선임하여야 하며, 이 경우 하청
업체의 공사금액은 원청업체의 공사금액에서 제외됨

◇ 만약, 귀 공사에서 하청업체의 안전관리자를 원청업체에서 선임하고자 할 경우 산업안전보건법 시행
규칙 제15조의2의 규정에 의거 1. 도급인인 사업주 자신이 선임하여야 할 안전관리자를 두고 2. 안
전관리자를 두어야 할 수급인인 사업주의 공사금액을 합계하여 그 공사금액에 해당하는 안전관리자
를 추가로 선임하여야 함

◇ 전체 공사기간을 100으로 하여 공사시작에서 15에 해당하는 기간과 공사종료전의 15에 해당하는 기
간을 제외하고는 위 기준에 의한 안전관리자 전부가 상주하여 안전관리 업무를 전담 수행하여야 함

■ 대형공사현장 안전관리자 1명 선임 시 공사 초기와 말기 15%의 기준

● 건설현장에서 안전관리자 2명 이상 선임할 현장에서 1명만 선임할 수 있는 기준 15%가 공사기간과
기성 공정율 중 어느 것인지

◇ 산업안전보건법 시행령 별표 3 『안전관리자를 두어야 할 사업의 종류·규모 및 안전관리자 수·선임
방법』제23호에 의하면 공사금액 800억원 이상 또는 상시근로자 600인 이상의 건설현장은 자격이
있는 안전관리자를 2명 이상 선임하도록 하고 있으며, 전체공사기간을 100으로 하여 공사시작에서
15에 해당하는 기간과 공사종료전의 15에 해당하는 기간에는 상시근로자수가 600인 미만인 경우에
1인을 선임할 수 있도록 하고 있음. 이 경우 1인을 선임할 때에는 건설안전(산업)기사 이상의 자격
을 가진 자를 선임하여야 함

※ '03.7.7 산업안전보건법 시행규칙 개정시 의무선임자인 건설안전(산업)기사는 산업안전(산업)기사 등으로 3
년 이상 유경험자도 선임이 가능하도록 완화

■ 안전관리자 2명을 선임하여야 하는 경우 1명은 자체선임하고 1명은 대행기관에 위탁이 가능한지 여부

● 제조업의 상시근로자가 500인 이상인 경우 안전관리자 2인을 선임하게 되어 있는 바, 1명은 산업안
전기사 또는 4년제 대학 이상에서 산업안전관련학과를 전공하고 졸업한 자를 자체선임 하였다면,
나머지 1명은 안전관리대행기관에 위탁이 가능한지 여부

● 위 1)항에서 나머지 1인을 안전관리대행기관에 위탁하여 선임이 가능한다면 안전관리대행계약서상
의 상시근로자수는 500인으로 해야 하는지 아니면 1/2인 250명으로 대행계약을 체결하여 관리해야
하는지

◇ 사업장의 안전관리자 선임은 산업안전보건법 제15조제2항 및 동법 시행령 제 12조제1항 별표 3에 의거 제조업 500인 이상 규모의 사업장의 경우 안전관리 자 2명을 두도록 규정하고 있으나

  − 기업활동규제완화에 관한 특별조치법 제40조(안전관리등의 외부위탁) 규정에 의하여 사업장 규모와 관계없이 안전관리대행기관에 안전관리업무를 대행·위탁이 가능하도록 되어 있음

◇ 위와같이 안전관리자 2인 선임대상 사업장에서 전담 안전관리자 1인과 대행기관에 안전관리업무를 위탁한 경우, 대행기관의 대행사업장 근로자수 산정과 관련하여 산업안전보건법령 등에 명시적으로 규정된 바 없으나

  − 사업장내에 전담 안전관리자 선임 유무는 별론으로 하고, 산업안전보건법시행 규칙 제15조의 5 및 별지 제3호의2의 안전관리대행계약서에 의거 체결된 근로자수를 당해 사업장의 대행 근로자수로 보아야 할 것임

  − 다만, 별도의 특칙으로 대행 근로자수를 정하여 대행계약을 체결하였다면 그에 따르면 될 것으로 사료됨

■ 중단된 공사를 다른 업체가 재계약하여 시공할 경우 안전관리자 배치기준

● 당 현장은 '95. 3월에 착공하여 현재 공정율 80% 정도를 보이고 있는 현장인 바, 처음에 공사금액 153억원으로 착공(건축허가시)하여 지금까지 6번의 공사업체가 부도로 공사가 지연되었음. 이번에 새로이 건설회사와 계약을 체결하여 공사를 하려고 하는데 앞으로 남은 공정이 약 20% 정도로서 공사비 또한 약 20억원 정도임

● 이럴 경우 안전관리자 배치를 처음 공사금액이였던 150억원에 기준으로 하여 안전기사 자격증 소지자를 채용해야 하는지

◇ 산업안전보건법 시행령 제12조의 건설업의 안전관리자 선임기준이 되는 공사금액은 도급계약서상의 총 공사금액(발주자가 재료를 제공한 경우에는 그 재료의 시가 환산액을 포함)을 말하는 것으로, 귀 질의의 공사가 수차에 걸친 시공업체의 부도로 인하여 20억원에 해당하는 잔여공사를 별도의 건설회사와 계약을 체결하고자 할 경우에 이는 별도의 도급계약에 의한 공사로서 안전관리자 선임대상에 해당되지 않는 것으로 사료되지만, 상시 근로자수 300인 이상인 경우에는 안전관리자를 선임하여야 함

◇ 참고로, 산업안전보건법 제30조, 동법 시행규칙 제32조제3항의 규정에 의거 공사금액 3억원 이상 120억원 미만인 건축공사는 재해예방전문지도기관의 기술지도를 받아야 함

■ 800억원 이상의 공사현장에서 공기 연장시 안전관리자 선임방법

● 시행령 제12조 별표 3에 의거 800억원 이상의 건설공사에서 안전관리자의 선임시 2인(800억원 기준으로 매 700억원 증가시 1인 증가)의 안전관리자를 선임하여야 하나, 공사시작 후 및 공사종료 전 15%에 대하여 안전관리자를 1인 이상 선임할 수 있는 바,

  − 15%라는 것이 공사기간을 기준으로 한 것인지 공사의 공정율을 기준으로 한 것인지

– 만약 공사기간이 기준이라면, 당초 공사금액 800억원, 공사기간이 1,000일이었고 850일 후 851일째 안전관리자를 1인만을 선임한 상태에서 공사기간이 900일째에 변경되어 1,100일로 연장되는 경우 85%되는 시점은 935일이 되는 바, 35일간 안전관리자를 재 선임하여야 하는지의 여부

◇ 산업안전보건법시행령 별표 3『안전관리자를 두어야 할 사업의 종류·규모 및 안전관리자 수·선임방법』제23호에 의하면 전체공사 기간을 100으로 하여 공사시작에서 15에 해당하는 기간과 공사종료전의 15에 해당하는 기간에는 공사금액이 800억원 이상인 경우에도 상시 근로자수가 600인 미만인 경우에는 안전관리자 1인을 선임할 수 있는 바,

◇ 이때, "공사시작 후 및 공사종료전 15의 기준"은 공정율이 아닌 공사기간을 말하며, 공사 종료전의 15에 해당되는 기간이라서 안전관리자 1인을 선임하였으나 공사기간이 연장되어 공사종료전의 15에 해당되지 아니하는 기간이 되었을 경우에는 연장사유가 발생한 즉시 안전관리자 1인을 추가로 선임하여야 할 것으로 사료됨

■ 청소, 경비, 시설관리 등을 하는 사업장의 안전관리자 선임여부

● 청소, 경비, 시설관련 용역업체로 전국에 70여개소의 현장이 있고, 총 인원은 970명이며, 50인 이상 현장은 1개소임

– 이런 경우 안전관리자를 회사 전체의 인원으로 보고 선임해야하는지, 아니면 각 현장을 사업장으로 보고 선임해야 하는지, 저희회사가 안전관리자 선임대상 업종인지

※ 산업안전보건법 제15조에 의한 안전관리자의 선임은 개별사업장에 대하여 구체적인 사업의 종류 및 규모 등을 면밀히 파악하여 결정되어야 할 것임.

◇ 사업장의 개념은 주로 장소적 관념에 따라 결정되는 것으로 장소가 분리되어 있는 경우에는 원칙적으로 별개의 사업장으로 보아야 하나, 비록 장소적으로 분산되어 있다 할지라도 각 작업장소에 근무하는 인력의 규모가 적고 조직의 관련성(회계, 인사 등), 사무능력(명의의 독립성 등)을 감안할 때 하나의 사업장이라고 할 수 없을 만큼 독립성이 없고, 거리를 감안할 때 인근에 위치하여 안전·보건관리상 별도 사업장으로 취급하지 않는 것이 합리적인 경우에는 하나의 사업장으로 볼 수 있을 것임.

◇ 선임업종에 대하여

– 위사는 경비, 청소, 시설관리와 관련된 사업을 하고 있어 안전관리자 선임여부는 각 사업장별 주된 사업의 종류(주된 업종)에 따라 결정되어야 하며, 일반적인 시설물관리(청소, 경비, 시설물 관리 등 시설물 종합관리)를 주된 사업으로 하는 경우 동 업종이"부동산업" 중 "부동산관리업(주거용 또는 비주거용)"에 해당하므로 부동산업은 산업안전보건법시행령 별표 1의 제4호에 해당하는 사업으로 가목 내지 바목 중 1이라도 해당되지 않는 경우(예 시설물 전기사용설비의 정격 용량의 합계 또는 계약용량이 300kw 이상인 사업)에는 산업안전보건법 일부 적용 사업장에 해당하지 아니하므로 상시근로자수가 50인 이상을 사용하는 사업장은 안전관리자 선임대상임.

■ 발주처에서 안전관리자 선임요구 시 관리감독자로 가능한지

● 공사금액이 50억원인 토목공사현장으로 착공시 안전관리자를 선임하여 안전관리를 해왔으나 안전관

리자가 사직하여 현재 산안법에 따라 기술지도를 받고 있으며 관리감독자가 안전관리업무를 대신하고 있는데, 감리단 및 발주처에서 안전관리자를 선임하라는데 관리감독자가 안전관리업무를 수행할 수 있는지

◇ 산업안전보건법상의 안전관리자 선임대상이 아닌 공사현장에서 관리감독자가 안전관리 업무를 수행하는 것은 자율적인 사항임. 다만, 발주자의 안전관리자 선임요구에 대한 이행여부는 계약당사자간의 공사계약내용 등에 따라 처리하여야 할 것으로 사료됨

■ 사업장등록번호가 같은 다른 사업장의 안전·보건관리자 공동선임 가능여부

● 상시근로자수가 298명 정도이며, 인접지역에 250미터 정도의 거리를 두고, 각기 번지수가 다른 2개 공장이 위치하고 있으며(1공장, 2공장 형식으로 구성),

● 이 2개의 사업장이 사업자등록번호는 같으며 대표자가 동일인일 경우 안전관리자 및 보건관리자를 공장, 2공장 따로 선임하여야 하는지 아니면 안전관리자 1명 및 보건관리자 1명을 선임하여 1,2공장을 모두 관리 할 수 있는지

◇ 개정(2003.6.30) 산업안전보건법시행령 제12조제4항의 규정에서 "동일 읍·면·동 지역 안에서 동일 사업주가 2 이상의 사업장에서 공동으로 1인의 안전관리자를 둘 수 있으며, 이때 이들 사업장의 상시 근로자수의 합계는 300인 이내이어야 한다."고 규정하고 있으며,

• 이 규정은 동법시행령 제16조제3항의 규정에 의하여 보건관리자에게도 준용하고 있음

◇ 따라서 동일 사업주(동일 개인사업주 또는 동일 법인)가 제1공장과 제2공장을 경영하고 있는 경우에 2개의 공장이 동일 읍·면·동 지역 안에 있고, 이들 공장의 상시근로자수 합계가 300인 미만이라면 제1공장과 제2공장에 대하여 안전·보건관리자를 공동으로 둘 수 있을 것임.

■ 안전관리자 및 안전보조원의 용역계약이 가능한지

● 소규모 공사를 수행하는 현장에서 안전관리자 및 안전보조요원의 인력 수급이 어려워 채용이 계속 지연되므로 기술인력 용역업체를 통하여 인력을 지원할 경우

－ 안전관리자를 용역업체와 계약을 체결하여 인력 용역으로 선임할 수 있는지 여부

－ 안전보조원의 경우 용역업체와 계약을 체결하여 인력 용역으로 고용할 수 있는지 여부(소속은 용역업체 직원임)

◇ 산업안전보건법 제15조 및 동법 시행령 제12조에 의하면 일정규모 이상의 건설공사를 수행하는 사업주는 대통령령이 정하는 자격을 가진 안전관리자를 두어야 한다고 규정하고 있는 바, 이때 "두어야 한다"는 의미는 당해 사업주 소속 근로자로서 안전관리업무를 수행하여야 함을 의미하는 것으로 소속 근로자가 아닌 용역업체 직원은 안전관리자로 선임될 수 없다고 사료됨

◇ 건설현장의 안전보조원이라 함은 건설업산업안전보건관리비계상 및 사용기준(고용노동부고시) 별표 2『안전관리비의 항목별 사용내역 및 기준』에 의거 안전관리자를 보조하여 안전순찰 등 안전관리업무만을 전담하는 자를 말하는 것으로 "파견근로자보호 등에 관한법률" 규정에 의하면 건설현장에서

용역계약에 의해 용역업체 소속 근로자를 안전보조원으로 사용하는 것은 금지되어 있음

■ 일괄하도급 시 안전관리자 선임

● 건설산업기본법 제29조제1항 및 제3항의 규정에 따라 발주자의 서면 동의를 얻어 적법한 절차로 일반 건설업체에 일괄 하도급한 건설공사현장에서 원도급자는 현장대리인 1인만 현장에 상주하고 있으며, 모든 실질적인 작업은 일괄하도급업체에서 수행하는 경우,

  – 안전보건총괄책임자는 원도급자의 현장대리인으로 하되, 안전관리자는 일괄 하도급업체에 소속 된 자를 선임 가능한지

◇ 산업안전보건법시행령 제12조의 규정에 의거 공사금액이 120억원(토목공사는 150억원) 이상이거나 상시근로자 300인 이상을 사용하는 건설현장(하청업체를 포함함)은 영 별표 4에서 정한 자격이 있는 안전관리자를 선임하여야 함. 다만, 하청업체의 공사금액이 위 기준 이상일 때에는 하청업체도 안전 관리자를 선임하여야 하며, 이 경우 원청업체는 안전관리자를 선임한 하청업체의 공사금액 또는 상 시근로자를 제외한 공사금액 또는 상시근로자에 해당하는 안전관리자를 선임하여야 함

◇ 따라서, 안전관리자 선임여부는 일괄하도급 여부와 관계없이 도급받은 공사금액중 원청 또는 하청업 체가 위의 안전관리자 선임대상이 되는 기준에 해당되는가 여부에 따라 판단하여야 함

■ 시공관리책임자의 안전관리업무 겸직 및 인건비 적용여부

● 공공발주공사로 전기공사업법에 따라 전기공사를 분리수주 한 바, 공사금액이 20억원 미만의 공사 로서 재해예방전문기술 지도기관으로부터 기술지도를 받고 있으면 안전관리자 선임대상 공사에 해 당하지 않는 것으로 알고 있는데, 당해 공사에 대한 안전관리를 전기공사업법상 시공관리책임자가 현장 상주하면서 겸직할 수 있는지 여부

● 시공관리책임자가 안전보건관리책임자, 관리감독자, 안전관리자, 안전담당자 기타 중 어느 것에 해 당되는지 여부

● 겸직하게 되면 산업안전보건관리비의 항목 중 안전관리자 등의 인건비 및 각종 업무수당으로 처리 할 수 있는지 여부

◇ 공사금액이 20억원 미만인 공사는 산업안전보건법 제13조 및 제15조의 규정에 의한 안전보건관리책 임자 및 안전관리자를 의무적으로 선임해야 할 공사가 아니므로 시공관리책임자가 안전관리자 업무 까지 수행하는 것은 자율적으로 판단할 사항임

◇ 건설업산업안전보건관리비계상 및 사용기준(고용노동부고시) 별표 2 『안전관리비의 항목별 사용내 역 및 기준』의 규정에 의거 안전관리자의 인건비는 "산업안전보건법 시행령 별표 4"에서 정하는 자 격을 소지한 자를 지방고용노동관서에 선임신고하고 안전관리업무를 전담으로 수행할 때에 지급할 수 있으므로 귀 공사의 시공관리책임자의 인건비 및 업무수당은 산업안전보건관리비로 사용할 수 없음

■ 박물관, 홍보관, 건축·플랜트 모형 제작, 납품 사업장의 안전관리자 선임 대상 여부

● 상시근로자 60여명이고 박물관, 홍보관, 시청각실, 기획설계시공, 건축·플랜트 모형을 제작, 납품하는 사업장도 안전관리자 선임 대상에 포함되는지 여부

◇ 산업안전보건법 제15조에 의한 안전관리자 선임대상 사업은 『한국표준산업분 류(통계청고시)』에 의한 업종분류를 적용하고 있으며

 − 교육용, 전시용 또는 기타 실물 설명용에 적합한 각종 모형을 제조하는 산업활동을 하고 있다면, 『한국표준산업분류(통계청 고시)』상의 제조업(대분류)중 가구 및 기타제품제조업(중분류)으로 세세분류로는 "교시용 모형 제조업(36975)에 해당되는 것으로 판단되고

 − 이 업종은 산업안전보건법 시행령 별표 3 제18호에 해당하는 사업으로 안전 관리자 선임 대상사업장임

■ 안전관리자 선임에 대하여

● 산업안전보건법 영 별표 3의 1-20호에 해당하는 업종으로 근로자수 500명 이상이라면 안전관리자를 2명 선임하게 되어 있는데 이와 관련하여

 − 2명을 선임하는 방법으로 자체채용 1인과 대행기관 대행으로 1명 선임 갈음 가능 여부

 − 또는 대행기관에서 2인 1조를 1팀으로 하여 2팀이 대행 가능한지와 가능하다면 이것으로 안전관리자2인을 선임하였다고 볼 수 있는지

 − 1명은 대행으로 가능하다면 대행계약 인원은 500명으로 해야 하는지, 아니면 1/2인 250명으로 해야 하는지, 아니면 갑과 을의 별칙에 의한 다른 방법으로 해야 하는지

 − 규칙별표 5의 대행인력기준에 1인당 대행사업장수는 30개소 이하, 근로자수 2,000명 이하로 되어 있는 데 대행계약인원을 산정할 때 예를 들어 A씨가 담당하는 대행사업장의 근로자수가 1,700명인 경우 250명으로 대행인원계약을 한다면 2,000명 이하가 되지만 500명으로 계약하면 2,000명이 초과됨. 이런 경우 안전관리자 2명을 선임하여야 하는 사업장에서 그중 1인을 대행으로 하는 경우 대행인원산정을 어떻게 해야 하는지. 또한 만약에 250명 정도로 대행 인원 계약이 가능하다면 대행계약서상 1인당 대행사업장 근로자수 2,000명을 초과하지는 않지만, 실제적으로 사업장의 인원을 500명으로 간주하여 1인당 대행한게 초과로 보는 건 아닌지

◇ 산업안전보건법 제15조 규정에 의거 영 별표 3의 1-20호에 해당하는 업종으로 근로자수가 500명 이상이라면 안전관리자를 2명 선임하게 되어 있으나, 기 업활동규제 완화에 관한 특별조치법 제40조 제1호의 규정에 의거 안전관리대행 기관에 안전관리업무를 대행할 경우 안전관리자를 선임한 것으로 갈음되며 이 경우 대행계약 인원은 500명으로 하여야 할 것이며, 이러한 사업장을 담당하는 대행요원은 담당하는 사업장의 근로자 합이 2,000명을 초과하지 않아야 할 것임

4. 安全管理代行機關

- 사업장의 경제적 사정 등으로 안전관리자를 직접 고용하기 곤란한 중·소규모 사업장의 안전관리 체제를 확립하기 위하여
  - 사업주는 안전관리자를 선임하는 대신 안전관리업무를 전문으로 행하는 기관(안전관리대행기 관)에 안전관리자의 업무를 위탁할 수 있도록 하고 있다(법 제15조제4항).
    - ▸ 법 제15조제4항 : 대통령령이 정하는 종류 및 규모에 해당하는 사업의 사업주는 고용노동 부장관이 지정 하는 안전관리업무를 전문으로 행하는 기관(이하 "안전관리대행기관"이라 한다) 에 안전관리자의 업무를 위탁할 수 있다.

[안전관리자의 업무 위탁 가능 사업(시행령 제15조제1항)]

- 상시근로자 300인 미만을 사용하는 사업(건설업은 제외)
  - ▸ 안전관리자 선임의무 사업장의 최소 규모는 50인 이상 사업장이므로 실무적으로는 건설업을 제외한 50~300인 사업장에서 안전관리자의 업무를 안전관리대행기관에 위탁할 수 있다.
  - 그러나, 기특법 제40조의 규정에서 안전관리자의 업무를 안전관리대행기관에 위탁할 수 있는 사업장 규모를 모든 사업장으로 확대

〈기특법 제40조〉

제40조【안전관리등의 외부위탁】①사업자는 다음 각호의 법률의 규정에 불구하고 다음 각호의 1에 해당하는 자의 업무를 주무부장관이 지정하는 관리대행기관에 위탁할 수 있다.
  1. 산업안전보건법 제15조의 규정에 의하여 사업주가 두어야 하는 안전관리자

---

5. 保健管理者(법제 16조)

- 산업보건에 관한 사항은 전문 기술적 사항이 많으므로 해당 분야의 전문지식을 보유하고 있는 보건관리자를 선임하도록 하고 있다. → 위반시 500만원 이하의 과태료
  - 안전보건관리책임자의 총괄·관리업무(법 제13조제1항) 중 보건에 관한 기술적인 사항에 대하여 사업주 또는 관리책임자를 보좌하고 관리감독자에게 지도·조언을 하도록 하고 있다(법 제16조제1항).

가. 선임대상(시행령 제16조)

- 보건관리자를 두어야 할 사업의 종류·규모와 보건관리자의 수 및 선임방법은 시행령 별표 5에서 상세히 규정하고 있으며, 당해 사업장에는 보건관리자의 직무만을 전담하는 보건관리자를 두어야 한다(보건관리자를 선임하여야 할 사업의 최소규모는 상시근로자 50인 이상 사업장임).
  - 다만, 상시근로자 300인 미만을 사용하는 사업장에서의 보건관리자는 보건관리업무에 지장이

없는 범위안에서 다른 업무를 겸할 수 있다(시행령 제16조제2항단서).

● 한편, 상시근로자수 300인 미만인 사업장으로서 수질환경보전법에 의한 환경관리인·대기환경보전법에 의한 환경관리인·산업안전보건법에 의한 보건관리자 중 2인 이상을 채용하여야 하는 자는
  − 산업안전보건법에 의한 보건관리자와 대기환경보전법에 의한 환경관리인의 기술자격을 함께 보유한 자 1인을 채용한 경우에는 산업안전보건법에 의한 보건관리자와 대기환경보전법에 의한 환경관리인 각 1인을 채용한 것으로 본다(특조법 제29조제4항 및 제5항, 동법 시행령 제12조제7항).

〈기특법 제29조제4항 및 제5항, 동법 시행령 제12조제7항〉

◆ 기특법 제29조(안전관리자의 겸직 허용) ④ 다음 각호의 1에 해당하는 자를 2인 이상 채용하여야 하는 자가 그중 1인을 채용한 경우에는 그가 채용하여야 하는 나머지 자도 채용한 것으로 본다.
  1. 수질환경보전법 제23조의 규정에 의하여 사업자가 임명하여야 하는 환경관리인
  2. 대기환경보전법 제24조의 규정에 의하여 사업자가 임명하여야 하는 환경관리인
  3. 산업안전보건법 제16조의 규정에 의하여 사업자가 임명하여야 하는 환경관리인
⑤ 제1항제1호 내지 제3호 및 제2항제1호 내지 제3호의 규정에 의한 안전관리자의 범위, 제1항제4호 및 제2항제5호의 규정에 의한 취급소의 범위, 제2항, 제3항의 규정에 의한 주된 영업분야들의 기준 및 제4항의 규정에 의한 채용면제 기준등에 관하여 필요한 사항은 대통령령으로 정한다.

◆ 기특법 시행령 제12조(안전관리자의 범위등) ⑦ 상시근로자 300인 미만을 사용하는 사업장에서는 산업안전보건법에 의한 보건관리자와 대기환경보전법에 의한 환경관리인의 기술자격을 함께 보유한 자 1인을 채용한 경우에는 법 제29조제4항의 규정에 의하여 산업안전보건법에 의한 보건관리자와 대기환경보전법에 의한 환경관리인 각 1인을 채용한 것으로 본다.

---

① 보건관리자의 공동선임(시행령 제16조제3항 및 제12조제4항)

● 같은 시·군·구(자치구를 말한다) 지역에 같은 사업주가 경영하는 사업장이 둘 이상 있는 경우뿐만 아니라 사업장 간의 경계를 기준으로 15킬로미터 이내에 같은 사업주가 경영하는 사업장이 둘 이상 있는 경우에도 해당사업장의 상시 근로자수의 합계가 300인을 초과하지 않는 경우에는 보건관리자 1인을 공동으로 선임하도록 함으로써
  − 사업주의 부담을 완화하는 한편, 중소규모 사업장의 보건관리자 활용의 효율성을 제고하고 있다.

② 도급사업에 있어서의 보건관리자 선임방법(시행령 제16조제3항)

● 도급사업에서의 보건관리자 선임방법은 시행령 제16조제3항의 규정에 의해 도급사업에 있어서의 안전관리자 선임방법을 준용하도록 하고 있음

나. 자격

● 보건관리자의 자격은 의사·간호사·산업위생지도사·산업위생관리기사 이상의 자격을 취득한 자 등이며 시행령 별표6에서 구체적으로 규정하고 있다(법 제16조제2항, 시행령 제18조).

[보건관리자의 자격(제18조 관련)]

보건관리자는 다음 각 호의 어느 하나에 해당하는 사람으로 한다.
1. 「의료법」에 따른 의사
2. 「의료법」에 따른 간호사
3. 법 제52조의2제2항에 따른 산업위생지도사
4. 「국가기술자격법」에 따른 산업위생관리기사 또는 환경관리기사(대기 분야만 해당한다) 이상의 자격을 취득한 사람
5. 「국가기술자격법」에 따른 산업위생관리산업기사 또는 환경관리산업기사(대기 분야만 해당한다)의 자격을 취득한 사람
6. 「고등교육법」에 따른 전문대학 또는 이와 같은 수준 이상의 학교에서 산업보건 또는 산업위생 관련 학과를 졸업한 사람
7. 「고등교육법」에 따른 전문대학 또는 이와 같은 수준 이상의 학교에서 보건위생 관련 학과를 졸업한 사람으로서 산업보건위생에 관한 학과목을 12학점 이상 수료한 사람

다. 직무(시행령 제17조)

- 산업안전보건위원회에서 심의·의결한 직무와 안전보건관리규정 및 취업규칙에서 정한 직무
- 단순반복작업 또는 인체에 과도한 부담을 주는 작업에 의한 건강장해를 예방하기 위한 작업관리
- 의무안전인증대상 기계·기구등과 자율안전확인대상 기계·기구 등 중 보건과 관련된 보호구 구입 시 적격품 선정
- 물질안전보건자료의 게시 또는 비치
- 시행령 제22조에 따른 산업보건의의 직무(보건관리자가 의료법에 따른 의사인 경우에 한함)
- 근로자의 건강관리·보건교육 및 건강증진지도
- 해당 사업자의 근로자보호를 위한 다음 조치에 해당하는 의료행위(보건관리자 중 「의료법」에 따른 의사 및 간호사인 경우에 한함)
  - 외상 등 흔히 볼 수 있는 환자의 치료
  - 응급처치가 필요한 사람에 대한 처치
  - 부상·질병의 악화를 방지하기 위한 처치
  - 건강진단결과 발견된 질병자의 요양지도 및 관리
  - 위 의료행위에 따르는 의약품의 투여
- 작업장내에서 사용되는 전체환기장치 및 국소배기장치 등에 관한 설비의 점검과 작업방법의 공학적 개선·지도(보건관리자중 「의료법」에 따른 의사 및 간호사를 제외한 보건관리자인 경우에 한함)
- 사업장 순회점검·지도 및 조치의 건의
- 직업성질환 발생의 원인조사 및 대책수립
- 산업재해에 관한 통계의 유지·관리를 위한 지도·조언(보건 분야만 해당함)
- 법 또는 법에 따른 명령이나 안전보건관리규정 및 취업규칙 중 보건에 관한 사항을 위반한 근로자에 대한 조치의 건의
- 기타 작업관리 및 작업환경관리에 관한 사항

라. 배치 및 지원(시행령 제17조제2항, 제10조제2항 및 제13조제2항)

- 사업주가 보건관리자를 배치할 때에는 연장·야간 또는 휴일근로 등 당해 사업장의 작업형태를 고려하여야 한다(시행령 제13조제2항).
- 또한, 사업주는 보건관리자에게 해당 업무를 수행할 수 있도록 필요한 권한을 부여하고 시설 및 장비를 지원하여야 한다(시행령 제10조제2항).
  - 특히, 보건관리자가 의사 또는 간호사인 경우에는 상담실·양호실 및 처치실과 상하수도 및 냉난방 시설, 외부직통전화, 침대 및 구급용구 등이 갖추어진 건강관리실을 별도로 지원하여야 한다(시행규칙 제16조).

마. 선임신고(시행령 제16조제3항, 제12조제6항)

- 시행령 제16조제3항의 규정에 의해 안전관리자 선임신고 방법을 준용하도록 하고 있다.

바. 증원·개임명령(법 제16조제3항, 시행규칙 제15조)

- 법 제16조제3항의 규정에 의해 보건관리자 증원·개임명령은 안전관리자 증원·개임명령 제도를 준용하도록 하고 있다. → 위반시 500만원 이하의 과태료

사. 보건관리자의 지도·조언(법 제16조의2)

- 보건관리자가 안전보건관리책임자의 관리·총괄업무(법 제13조제1항) 중 보건에 관한 기술적 사항에 대하여 사업주 또는 안전보건관리책임자에게 건의하거나 관리감독자에게 지도·조언하는 경우에는
  - 사업주·안전보건관리책임자·관리감독자는 이에 상응한 조치를 취하여야 한다(법 제16조의2, 기특법 제40조).

아. 선임의무 완화

- 안전관리자 선임의무 완화와 유사(기특법 제29조제4항, 제36조제1항, 제39조 등 참조)

행정해석

■ 지하철공사의 현업기관도 보건관리자 선임대상 사업장인지 여부

- 공사조직 운영 편의상 구분해 놓은 현업기관을 2~3개씩 묶어 보건관리자를 선임할 수 있는지 여부
- 현업기관을 장소적 개념에서 하나의 사업장으로 볼 경우 공사직제 변경으로 일부 현업기관이 통폐합되어도 보건관리자수는 유지되어야 하는지
- 각 현업기관 예하 소속 부서인 역, 분소를 독립적 사업장으로 보고 보건관리자를 각각 선임해야 하는지

◇ 산업안전보건법 제16조 및 동법 시행령 제16조의 규정에 의하여 사업주는 일정한 '사업장'에 보건관리자를 두어야 하는 바

- 사업장 정의는 장소적 관념에 의하여 주로 결정해야 할 사항으로, 동일장소에 있으면 원칙적으로 하나의 사업장으로 보며 장소적으로 분산되어 있는 경우에는 별개의 사업장으로 보아야 할 것임

- 다만 동일 장소에 있더라도 근로의 형태, 규모, 노무관리, 회계, 인사, 조직, 사무처리 능력 등을 종합할 때 서로 연관되는 조직이라고 볼 수 없을 경우에는 독립된 별개의 사업장으로 보아야 할 것임

◇ 장소적으로 분산되어 있더라도 근거리에 있는 출장소, 사업소, 분국, 분소 등과 같이 인력규모가 작고 조직적 관련성(회계, 인사, 조직 등), 사무 처리능력 등을 감안할 때 하나의 사업장이라고 할 수 있을 만큼의 독립성이 없는 경우에는 위 기관들을 직근 상근조직과 일괄하여 하나의 사업장으로 볼 수 있을 것임

- 다만, 동 기관들이 독립성이 없다 하더라도 원거리에 있어 보건관리상 별도의 사업으로 취급하는 것이 합리적일 경우에는 주된 기관과 분리하여 별개의 사업장으로 보아야 할 것임

◇ 또한 산업안전보건법시행령 제16조제3항 및 영 제12조제4항 규정에 의해 동 일 읍·면·동 지역내에서 동일 사업주가 경영하는 2 이상의 사업장으로서 이들 사업장의 상시 근로자수 합계가 300인을 초과하지 않는 경우에는 보건관리자 1인을 공동선임 할 수 있음

◇ 따라서 귀 공사의 현업기관 및 현업 기관의 예하 소속부서인 역, 분소의 사업 장 개념에의 해당 여부는 위의 원칙들이 종합적으로 판단되어 결정되어야 할 것으로서 사료됨

■ 50인 이하 사업장에 대한 보건관리대행업무 수행 시 지정한계에 포함되는 지 여부

● 보건관리자 선임의무가 없는 50인 이하 사업장에 보건관리대행업무를 수행할 경우 지정한계에 포함되는지

● 사업주와 협의하여 보건관리대행기관 법적인력이 아닌자로 하여금 보건관리업무를 수행할 경우 법 위반인지와 이 경우 수수료를 사업주와 협의하여 징수가 가능한지

◇ 보건관리대행기관의 인력기준은 산업안전보건법 시행규칙 제20조 및 같은 법시 행규칙 별표 6에서 「대행하고자 하는 사업장 또는 근로자수」로 구분하여 정하 고 있음. 이는 규정된 사업장 또는 근로자수의 보건관리대행에 필요한 최소한 의 기준을 규정한 것으로 50인 미만 사업장도 지정한계에 포함하여야 할 것임

◇ 산업안전보건법 제16조의 규정에 따라 보건관리자를 두어야 할 사업장이 보건 관리자의 업무를 위탁할 수 있는 기관은 같은법 시행규칙 제20조에 의한 인력·시설 및 장비를 갖추고 지방고용노동관서에서 지정을 받은 보건관리대행기관이므로 지정받은 인력이외의 자가 대행사업장의 보건관리업무를 수행한 경우에는 당해 사업장이 보건관리자를 선임한 것으로 볼 수 없으며

- 보건관리대행수수료에 대해서는 산업안전보건법에서 별도 규정하고 있지 않음

■ 보건관리자 업무위탁이 가능한 사업자의 규모

● 300인 이상 사업장도 보건관리자를 선임하는 대신에 보건관리자의 업무를 보건관리대행기관에 위탁할 수 있는지

◇ 산업안전보건법 제16조 및 같은 법 시행령 제16조의 규정에 의하여 사업주는 사업의 종류 및 규모에 따라 당해 사업장에 보건관리자를 두어야 하며, 같은 법 시행규칙 제16조제3항의 규정에 의거 300인 이하의 사업장의 경우 보건관리대행기관에 보건관리자의 업무를 위탁할 수 있음. 다만, 기업활동규제완화에관한특별조치법 제40조제1항 제2호의 규정에 따라 300인 이상의 사업장의 경우도 보건관리대행기관에 보건관리자의 업무를 위탁할 수 있음

■ 보건관리자 선임대상 업종

● 50인 이상 사업장으로 육상운송업, 호텔업, 방송업 및 골프장운영업이 보건관리자 선임대상 업종에 해당되는지의 여부

◇ 육상운송업(구역내 철도운송업 제외)은 산업안전보건법 시행령 제16조(별표 5 제21호)의 규정에 의하여 보건관리자 선임의무가 없음

◇ 호텔업은 『한국표준산업분류표(통계청고시)』에 의한 업종분류 상 숙박 및 음식점업(대·중분류)중 숙박업(소분류)에 해당되며, 숙박 및 음식점업은 산업안전보건법 제3조 및 동법시행령 제2조의2(별표 1 제4호)의 규정에 의한 다음 각목(전체)에 해당하는 경우 산업안전보건법의 일부(법 제1장, 법 제23조 내지 법 제28조, 법 제33조 내지 법 제41조, 법 제5장 내지 법 제9장)가 적용되어 법 제16조의 적용은 배제됨

가. 최고압력이 매제곱센티미터당 7킬로그램 미만의 증기보일러를 사용하는 사업
나. 연간 1백만킬로와트 미만의 전기를 사용하는 사업
다. 전기사용설비의 정격용량의 합계 또는 계약용량이 300킬로와트 미만인 사업
라. 연간 석유 250톤 미만에 해당하는 에너지를 사용하는 사업
마. 월평균 4천세제곱미터 미만의 도시가스를 사용하는 사업
바. 저장능력 250킬로그램 미만의 고압가스 또는 액화석유가스를 사용하는 사업

※ 상기 각목 중 어느 하나라도 해당 기준을 초과할 경우 산업안전보건법의 전면 적용을 받게 되어 상시근로자 50인 이상 사업장은 보건관리자를 선임하여야 함

◇ 방송업과 골프장 운영업은 산업안전보건법 시행령 제16조(별표 5 제21호)의 규정에 의하여 상시근로자 50인 이상인 경우 보건관리자를 선임하여야 할 의무가 있음

■ 병원의 보건관리자 선임대상 여부

● 근로자를 50인 이상 사용하는 의료기관(종합병원)의 보건관리자선임대상 여부

◇ 병원은 『한국표준산업분류표(통계청고시)』에 의한 업종분류상 보건 및 사회복지사업(대분류) 중 보건업(중분류)에 해당되며,

－ 보건 및 사회복지사업은 산업안전보건법 제3조 및 동법시행령 제2조의2(별표 1 제5호)의 규정에

의한 산업안전보건법 일부적용 대상사업 중 병원은 제외하고 있는 바, 상시근로자 50인 이상인 경우 보건관리자를 선임하여야 함

■ 파견근로자 등에 대한 보건관리자 선임의무

● 종합병원에 140여명의 근로자를 파견 및 위탁하는 인력파견사업장이 보건관리자를 선임하여야 하는지

◇ 파견중인 근로자에 대하여는 「파견근로자 보호등에 관한 법률」제35조의 규정에 의하여 사용사업주가 산업안전보건법에 의한 사업주이기 때문에

　─ 파견근로자는 사용사업주의 근로자수에 포함하여 산업안전보건법시행령 별표 3(안전관리자), 별표 5(보건관리자)에 의거하여 사용사업주가 이에 해당하는 규모 및 근로자수에 따라 안전·보건관리자를 선임하여야 함

6. 保健管理代行機關

● 사업장의 경제적 사정으로 보건관리자를 직접 고용하기 곤란한 중·소규모 사업장의 보건관리체제를 확립하기 위하여

　─ 사업주는 보건관리자를 선임하는 대신 보건관리업무를 전문으로 행하는 기관(보건관리대행기관)에 보건관리자의 업무를 위탁할 수 있도록 하고 있다(법 제16조제3항 및 제15조제4항).

● 지역별 보건대행관리기관과 업종별·유해인자별 보건관리대행기관으로 구분됨(시행령 제19조제1항).

[보건관리자의 업무 위탁 가능 사업]

① 지역별 보건관리대행기관에 위탁 가능한 사업(시행령 제19조제2항)

- 상시 근로자 300인 미만을 사용하는 사업
- 벽지로서 석탄광산 소재지역과 제주도를 제외한 육지와 연결되지 아니한 도서지역에 소재하는 사업(안전·보건관리대행및재해예방전문지도기관관리규정 제3조)
- 그러나, 기특법 제40조의 규정에서 따라 상시 보건관리자의 업무를 보건관리대행기관에 위탁할 수 있는 사업장 규모를 모든 사업장으로 확대하고 있다.

[기특법 제40조]

제40조(안전관리등의 외부위탁)

　① 사업자는 다음 각호의 법률의 규정에 불구하고 다음 각호의 1에 해당하는 자의 업무를 주무부장관이 지정하는 관리대행기관에 위탁할 수 있다

　2. 산업안전보건법 제16조의 규정에 의하여 사업주가 두어야 하는 보건관리자

　② 업종별·유해인자별 보건관리대행기관에 위탁 가능한 사업

(시행령 제19조제3항, 시행규칙 제19조)

○ 업종별 보건관리대행기관 : 광업

○ 유해인자별 보건관리대행기관
- ① 연취급 사업, ② 수은취급 사업, ③ 크롬취급 사업, ④ 석면취급 사업, ⑤ 법 제38조의 규정에 의하여 제조·사용허가를 받아야 할 물질을 취급하는 사업, ⑥ 근골격계 질환의 원인이 되는 단순반복작업·영상표시단말기취급사업·중량물취급작업 등을 행하는 사업

〈보건관리대행기관의 지역별 및 업종·유해인자별 비교〉

보건관리대행기관 구분		지역별	업종별·유해인자별
근 거		시행령 제19조	시행령 제19조, 시행규칙 제19조
사 업 범 위	지역 제한	있음(최초·관외지정 한정)	없음(전국 가능)
	업종 제한	제한 없음	광업 한정
	인자 제한	제한 없음	연·수은·크롬·석면·허가 물질·근골격계 위험요인
지 정 요 건		시행규칙 제20조 및 별표6	시행규칙 제20조 및 별표6
지 정 절 차		시행규칙 제21조	기행규칙 제21조 준용
대 행 한 계		시행규칙 제19조의2	별도 규정 없음
지 정 현 황		83개소	3개소(광업·납·수은)

7. 産業保健醫(법 제17조)

● 사업주는 근로자의 건강관리 기타 의사가 아닌 보건관리자의 업무를 지도하기 위하여 산업보건의를 채용 또는 위촉하여야 한다(법 제17조제1항). → 위반시 500만원 이하의 과태료

가. 선임 대상(시행령 제20조제1항 및 제2항)

● 상시근로자 50인 이상을 사용하는 사업으로서 의사가 아닌 보건관리자를 두는 사업장
  - 다만, 보건관리대행기관에 보건관리자의 업무를 위탁한 경우에는 산업보건의를 두지 아니할 수 있으며, 외부에서 위촉할 수도 있음
  - 그러나, 특조법 제28조에서 산업보건의 선임의무를 면제함으로써 대부분의 사업장에서 선임을 하지 않고 있는 실정임

〈특조법 제28조〉
제28조(기업에 의한 자율고용) ① 다음 각호의 1에 해당하는 자는 해당 각호의 법률의 규정에 불구하고 이를 채용·임명·지정 또는 선임하지 아니할 수 있다.
 1. 산업안전보건법 제17조제1항의 규정에 의하여 사업주가 두어야 하는 산업보건의

나. 자격(시행령 제21조)

● 의료법에 의한 의사로서 산업의학전문의·예방의학전문의 또는 산업보건에 관한 학식과 경험이 풍부한 자

다. 직무(시행령 제22조)

- 건강진단 실시결과의 검토 및 그 결과에 따른 작업배치·작업전환·근로시간의 단축 등 근로자의 건강보호조치
- 근로자의 건강장해의 원인조사와 재발 방지를 위한 의학적 조치
- 근로자의 건강유지와 증진을 위하여 필요한 의학적 조치에 관하여 고용노동부장관이 정하는 사항

라. 담당하는 사업장 및 근로자 수(시행령 제20조제4항)

- 위촉된 산업보건의가 담당할 수 있는 사업장 및 근로자의 수 등은 「위촉된 산업보건의가 담당할 사업장 및 근로자 등에 관한 규정(고용노동부예규)」에서 구체적으로 정하고 있다.

마. 선임보고(시행령 제20조제3항)

- 산업보건의를 채용 또는 위촉한 사업주는 14일 이내에 관할 지방고용노동관서의 장에게 그 사실을 증명할 수 있는 서류를 제출하여야 한다.

8. 安全保健總括責任者(법 제18조)

- 동일 장소에서 행하여지는 도급사업에서는 도급인·수급인 근로자가 동일 장소에서 작업한다는 점을 감안하여 산업재해예방업무를 총괄·관리하게 하기 위해 도급인의 안전보건관리책임자를 안전보건총괄책임자로 지정하도록 한다(법 제18조 제1항). → 위반시 500만원 이하의 과태료

가. 자격(법 제18조제1항)

- 당해 사업의 안전보건관리책임자(도급인의 안전보건관리책임자)
- 안전보건관리책임자를 두지 않아도 되는 사업에서는 당해 사업장에서 사업의 실시를 총괄·관리하는 자.

나. 대상(시행령 제23조)

- ① 제1차 금속제조업 ② 선박 및 보트 건조업 ③ 토사석·광업에 해당하는 사업으로서 수급인 및 하수급인에게 고용된 근로자를 포함한 상시 근로자가 50인 이상인 사업.
  - ①항, ②항 제조업외의 제조업은 100인 이상, 서적, 잡지 및 기타 인쇄물 출판업, 음악 및 기타 오디오물 출판업, 금속 및 비금속 원료 재생업은 100인 이상
- 수급인 및 하수급인의 공사금액을 포함한 당해 공사의 총 공사금액이 20억원 이상인 건설업.

다. 직무(시행령 제24조)

- 산업재해 발생의 급박한 위험이 있을 때 또는 중대재해가 발생하였을 때의 작업의 중지 및 작업의

재개.

● 도급사업에 있어서의 안전·보건조치(법 제29조제1항)

　• 안전·보건에 관한 사업주간 협의체의 구성 및 운영

　• 작업장의 순회점검 등 안전보건관리

　• 수급인이 행하는 근로자의 안전·보건교육에 대한 지도와 지원

　• 작업장소에서 발파작업을 하는 경우 또는 작업 장소에서의 화재가 발생하거나 토석붕괴사고가 발생하는 경우에 대비한 경보의 통일적 운영과 수급인인 사업주 및 근로자에 대한 경보운영사항의 주지

　• 작업환경측정

● 수급업체의 산업안전보건관리비의 집행감독 및 이의 사용에 관한 수급업체간의 협의·조정

● 유해·위험 기계·기구의 방호장치 여부 확인

● 유해·위험 기계·기구 및 설비가 검사를 받고 사용되고 있는지 여부 확인

9. 産業安全保健委員會(법 제19조)

● 산업안전보건위원회는 사업장에서 근로자의 위험 또는 건강장해를 예방하기 위한 계획 및 대책 등 산업안전·보건에 관한 중요한 사항에 대하여 노사가 함께 심의·의결하기 위한 기구로서

　− 산업재해예방에 대하여 근로자의 이행 및 협력을 구하는 한편, 근로자의 의견을 반영하는 역할을 수행

　− 사업주는 산업안전보건에 관한 중요한 사항를 심의·의결 하기위하여 근로자와 사용자가 동수로 구성되는 산업안전보건위원회를 설치 운영하여야 한다(법제19조 제1항).　→ 위반시 500만원 이하의 과태료

가. 설치대상

● 상시근로자 100명 이상 사용하는 사업장

　− 다만, 유해·위험업종은 상시근로자 50명 이상 사용하는 사업장

　▶ 유해·위험업종(시행규칙 제25조) : 토사석 광업, 목재 및 나무제품 제조업(가구 제외), 화 학물질 및 화학제품 제조업(의약품, 세제·화장품 및 광택제 제조업, 화학섬유 제조업 제외), 비금속광물제품 제조업, 1차 금속산업, 금속가공품 제조업(기계 및 가구 제외), 자동차 및 트레일러제조업, 기타 기계 및 장비 제조업(사무용기기 및 장비 제조업 제외), 기타 운송장 비 제조업(전투용 차량 제조업 제외)

　▶ '09. 9. 1부터 산업안전보건위원회 설치대상 사업장은 노사협의회와 관계없이 별도로 설치 해야 함

나. 구성

● 노사동수로 구성하되, 근로자위원 및 사용자 위원은 10명 이내를 원칙으로 한다.

(1) 위원장(시행령 제25조의3)
- 산업안전보건위원회 위원 중에서 호선하며, 이 경우 근로자위원과 사용자위원 중 각 1인을 공동위원장으로 선출할 수 있다.

(2) 근로자위원(10명 이내 : 시행령 제25조의2제1항)
- 근로자대표
  - 근로자의 과반수로 조직된 노동조합이 있는 경우에는 그 노동조합의 대표자, 근로자의 과반수로 조직된 노동조합이 없는 경우에는 근로자의 과반수를 대표하는 자. 다만, 당해 사업장에 단위노동조합의 산하 노동단체가 그 사업장 근로자의 과반수로 조직되어 있는 경우에는 지부·분회 등 명칭여하에 불구하고 당해 노동단체의 대표자를 말한다.
- 명예산업안전감독관(명예산업안전감독관이 위촉되어 있는 사업장의 경우에 한함)
- 근로자대표가 지명하는 9명 이내의 당해 사업장의 근로자
  - 근로자의 과반수 미만으로 조직된 노동조합의 근로자대표는 조합원인 근로자와 조합원이 아닌 근로자의 비율을 반영하여 근로자위원을 지명하도록 노력하여야 한다.
  - 명예감독관이 근로자위원으로 지명되어 있는 경우에는 그 수를 제외한 수의 근로자를 말한다.
  - ▶ 근로자위원은 작업부서별로 근로자수에 비례하여 근로자대표가 지명하되, 전체 근로자의 의사가 반영되도록 하여야 한다.

(3) 사용자위원(10명 이내 : 시행령 제25조의2제2항)
- 사업의 대표자
  - 같은 사업내에 지역을 달리하는 사업장이 있는 경우에는 그 사업장의 최고 책임자
- 안전관리자 1명
  - 안전관리자를 두어야 하는 사업장에 한함. 다만. 안전관리자의 업무를 안전관리대행기관에 위탁한 사업장의 경우에는 그 대행기관의 당해 사업장 담당자를 말한다.
- 보건관리자 1명
  - 보건관리자를 두어야 하는 사업장에 한함. 다만, 보건관리자의 업무를 보건관리대행기관에 위탁한 경우에는 그 대행기관의 당해 사업장 담당자를 말한다.
- 산업보건의1 명(당해 사업장에 선임되어 있는 경우에 한함)
- 당해 사업의 대표자가 지명하는 9인 이내의 당해 사업장 부서의 장
  - 안전관리자, 보건관리자, 산업보건의가 사용자 위원으로 지명되어 있는 경우에는 그 수를 제외한 수의 부서장을 말한다.
  - ▶ 사업장내 선임한 안전·보건담당자(총무부서)를 포함
- 유해위험사업의 경우에는 해당사업장 부서의 장을 제외하고 구성할 수 있다(시행령 제25조의2제2항 단서).

다. 위원회 구성의 예외(근로자·사용자 수는 동일)
- 건설업에 있어서 안전·보건에 관한 사업주간 협의체를 구성한 경우(시행령 제25조의2제3항)

- 건설업은 위에서 말한 위원회의 구성 원칙과 달리 사업주가 사업의 일부를 도급에 의하여 행하는 경우로서 법 제29조의2에 따른 안전·보건에 관한 노사 협의체를 다음의 자를 포함하여 구성한 경우에는 법 제19조제1항에 따른 산업안전보건위원회 및 제29조제1항제1호에 따른 안전·보건에 관한 협의체를 각각 설치·운영하는 것으로 본다.
  ① 사용자위원인 안전관리자
  ② 근로자위원으로서 도급 또는 하도급 사업을 포함한 전체 사업의 근로자대표, 명예감독관 및 근로자대표가 지명하는 해당 사업장의 근로자

라. 위원회의 역할

(1) 다음의 사항에 대한 심의·의결(법 제19조제2항)
  ● 산업재해예방계획의 수립에 관한 사항
  ● 안전보건관리규정의 작성 및 그 변경에 관한 사항
  ● 근로자의 안전·보건교육에 관한 사항
  ● 작업환경의 측정 등 작업환경의 점검 및 개선 사항
  ● 근로자의 건강진단 등 건강관리에 관한 사항
  ● 산업재해에 관한 통계의 기록·유지에 관한 사항
  ● 중대재해의 원인조사 및 재발방지대책수립에 관한 사항
  ● 유해·위험한 기계·기구 그 밖의 설비를 도입한 경우 안전·보건조치에 관한 사항(법 제 19조제2항제3호)

(2) 다음 사항에 대한 심의
  ● 공정안전보고서의 작성(법 제49조의2제2항)
  ● 안전보건개선계획서의 수립(법 제50조제3항)

(3) 사업장 안전·보건에 관한 사항 결정(법 제19조제4항)
  - 해당 사업장의 근로자의 안전과 보건을 유지·증진시키기 위하여 필요하다고 인정되는 사항(법 제19조제3항)

(4) 협의사항(건설업의 노사협의체에 한함)
  - 산업재해 예방방법 및 산업재해가 발생한 경우 대피방법
  - 작업의 시작시간 및 작업장 간의 연락방법
  - 그 밖의 산업재해 예방과 관련된 사항

마. 위원회의 회의 등

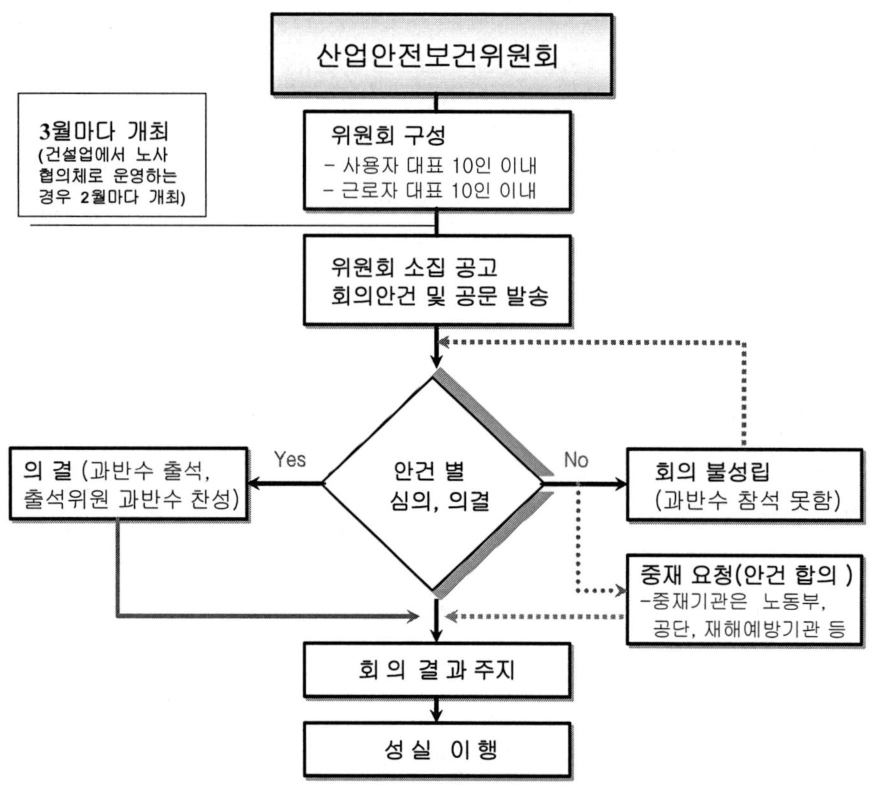

〈산업안전보건위원회 운영 흐름도〉

(1) 회의개최(시행령 제25조의4제1항 내지 제3항)

- 회의는 정기회의와 임시 회의로 구분하고, 정기회의는 3개월마다 위원장이 소집하며, 임시회의는 위원장이 필요하다고 인정할 때에 소집
  - 근로자대표·명예감독관·당해 사업의 대표자·안전관리자 또는 보건관리자가 회의에 출석하지 못할 경우에는 해당 사업에 종사하는 사람중에서 1명을 지정하여 위원으로서의 직무를 대리하게 할 수 있다.
- 회의는 근로자위원 및 사용자위원 각 과반수의 출석으로 개의하며 출석위원 과반수의 찬성으로 의결

(2) 회의록 작성·비치(시행령 제25조의4제4항)

- 위원회는 다음 사항을 기록한 회의록을 작성하여 갖춰 두어야 한다.
  - ▸ 회의록에 포함되어야할 사항 : ① 개최일시 및 장소, ② 출석위원, ③ 심의내용 및 의결·결정사항, ④ 기타 토의사항

(3) 의결되지 아니한 사항 등의 처리(시행령 제25조의5)

- 처리방법
  근로자위원과 사용자위원이 합의하여 위원회에 둔 중재기관에서 결정하거나 제3자의 중재를 받아야 함

> 〈제3자 중재기관〉
>
> 지방고용노동관서의 장, 한국산업안전보건공단 지도원장, 안전·보건관리대행기관의 지부장 또는 사무국장, 작업환경 측정기관의 장, 특수건강진단의 장, 산업안전·산업위생지도사, 기타 지방고용노동관서의 장이 중재 자격이 있다고 인정하는 자 등 산업안전보건에 학식과 경험이 있는 자로서 노사의 합의에 의하여 결정

- 중재를 받아야 할 사항
  ① 심의·의결해야 할 사항에 관하여 위원회에서 의결하지 못한 경우
  ② 의결된 사항의 해석 또는 이행방법 등에 관하여 의견이 일치하지 않는 경우
  - 중재결정이 있는 때에는 산업안전보건위원회의 의결을 거친 것으로 보며 사업주 및 근로자 그 결정에 따라야 한다.

(4) 회의결과의 주지(시행령 제25조의6)
- 위원장은 산업안전보건위원회에서 심의·의결된 내용 등 회의결과와 중재 결정된 내용 등을 사내방송이나 사내보, 게시 또는 자체정례회, 그 밖의 적절한 방법으로 근로자에게 신속히 알려야 한다.

바. 회의록 작성·보존(법 제19조 제3항)

- 산업안전보건위원회 및 노사협의체회의는 그 결과를 회의록으로 작성하여 보존(회의록은 2년) (법 제19조제3항, 제29조의 2 제4항, 제64조)

사. 심의·의결된 사항의 이행(법 제19조제5항)

- 사업주 및 근로자는 산업안전보건위원회가 심의·의결 또는 결정한 사항을 성실히 이행하여야 한다. → 위반시 500만원 이하의 과태료

아. 심의·의결 또는 결정의 효력(법 제19조제6항)

- 산업안전보건위원회의 심의·의결 또는 결정은 이 법과 이 법에 의한 명령·단체협약·취업규칙·안전보건관리규정에 반하여서는 아니된다.

자. 위원회 위원에 대한 불이익 처우 금지 (법 제19조제7항)

- 사업주는 산업안전보건위원회의 위원으로서 정당한 활동을 수행한 것을 이유로 당해 위원에 대하여 불이익한 처우를 하여서는 아니된다.

행정해석

■ **3개의 사업장을 대표하는 하나의 노동조합이 있는 경우 산업안전보건위원회의 근로자대표는**

● 당사는 별도의 3개 사업장(3개의 법인)으로 되어 있으나, 3개 사업장을 대표하여 하나의 노동조합이 설립되어 있으며 각 사업장마다 노동조합원의 수가 과반수 넘음

  – 이 경우 각 사업장의 산업안전보건위원회 근로자대표를 어떻게 선임해야 하는지

◇ 산업안전보건법 제19조에 따른 산업안전보건위원회의 근로자위원인 근로자대표의 정의는 같은 법 시행령 제25조의2제1항제1호에 규정되어 있으며

  – 귀 사업장과 같이 근로자의 과반수로 조직된 노동조합이 있는 경우에는 그 노동조합의 대표자를 의미함

● 질의와 같이 3개 사업장이 장소적으로 분리되어 각각 운영되고 있다 하더라도 민주적인 절차에 따라 근로자의 과반수로 조직된 하나의 노동조합이 설립된 경우, 3개 사업장의 근로자대표는 그 노동조합의 규약에서 별도로 각각 사업장의 근로자대표를 정하지 않는 한 노동조합의 대표자로 보아야 할 것이며

  – 따라서 3개 사업장 산업안전보건위원회의 근로자대표는 3개 사업장이 장소적으로 떨어져 있더라도 근로자 과반수를 대표하는 노동조합의 대표자로 보아야 할 것으로 사료됨

■ **안전보건에 관한 협의체의 구성 특례에서 근로자대표 선출 방법**

● 산업안전보건법 제29조의2(안전보건에 관한 협의체의 구성특례) 및 동법 시행령 제26조의4에 의한 노사협의체 구성은 "도급 또는 하도급 사업을 포함한 전체사업의 근로자대표와 명예산안감독관 1명, 그리고 공사비 20억원 이상 현장근로자 대표를 근로자위원으로 선임"토록 정하고 있으나 근로자대표 선출에 관한 구체적 규정이 없음

● 산업안전보건법 제29조의2에 의한 노사협의체 구성시 동법 제19조제1항 및 동법 시행령 제25조의2 제1항제1호 규정에 의한 노조대표를 근로자위원으로 선임하여야 하는지 여부

  – 아니면 사업장에서 민주적 방식으로 자체 근로자대표 선임규정을 정하여 운용할 수 있는지 여부

◇ 건설업에서 산업안전보건위원회 설치·운영 또는 안전보건에 관한 노사협의체로 구성 운영할 지는 당해 현장에서 선택할 문제임

  – 산안법 시행령 제25조의2에 의한 산안위 근로자위원인 노조대표가 동법 시행령 제26조의4제1항의 노사협의체 근로자위원에 해당하는 경우에는 동 근로자 위원으로 위촉할 수 있을 것으로 사료됨

◇ 또한, 근로자 과반수를 대표하는 자의 선임절차(방법)에 관해서는 산업안전보건법령에 규정하고 있지는 않으나

  – 근로자 과반수가 그를 지지하고 있다고 인정되는 민주적 절차에 의하여 근로자를 자주적으로 선출하면 될 것임

◇ 민주적 선임절차(방법)에 대한 입증은 자필서명 또는 날인된 근로자 명단, 입증사진 등으로 확인이 가능할 것이며 질의내용과 같이 근로자들이 자주적으로 자체 근로자대표 선임규정을 정하여 운영하는 것도 하나의 방법이 될 수 있을 것임

■ 유해요인조사가 산업안전보건위원회 심의·의결사항에 해당되는지 여부

● 산업보건기준에 관한 규칙 제143조에서 정한 사업주의 근골격계질환 유해요인조사가 산업안전보건법 제19조의 규정에 의한 산업안전보건위원회의 심의·의결사항에 해당하는지 여부

◇ 산업안전보건위원회의 심의·의결을 거쳐야 하는 사항은 산업안전보건법 제19 조제2항에 규정되어 있는 바, "근골격계부담작업에 대한 유해요인조사" 실시는 동 위원회의 심의·의결 사항이 아니므로 반드시 동 위원회의 심의·의결을 거쳐야 할 필요는 없으나, 당해 사업장의 노사협의회 규정 또는 안전보건관리 규정 등에 "근골격계부담작업에 대한 유해요인조사"를 동 위원회의 심의·의결을 거치도록 하였다면 이에 따라야 함

■ 작업환경측정 및 검진기관 선정의 산업안전보건위원회 심의·의결 대상여부

● 작업환경측정기관 및 건강진단기관 선정업무가 산업안전보건위원회 심의·의결 대상인지 여부

◇ 산업안전보건법 제19조제2항에 의하여 사업주는 작업환경의 측정 등 작업환경의 점검 및 개선에 관한 사항과 근로자의 건강진단 등 건강관리에 관한 사항에 대하여는 산업안전보건위원회의 심의·의결 절차를 거쳐 처리토록 되어 있으며, 동 조항 적용에는 작업환경측정기관 및 건강진단기관 선정사항도 포함됩니다.

  − 노·사는 상호 신의를 바탕으로 성실하게 산업안전보건위원회 심의·의결사항에 대해서는 동 절차를 거쳐야 하며, 의결이 이루어지지 못할 경우에는 동법 시행령 제25조의5에 따라 근로자위원 및 사용자위원의 합의에 의하여 산업안전 보건위원회에 중재기구를 두어 해결하거나 제3자에 의한 중재를 받아서 처리해야 할 것입니다.

  − 다만, 산업안전보건위원회 심의·의결사항에 대해 노사가 위원회를 운영하였으나 합의에 이르지 못한 경우에 대해서는 별도의 벌칙조항이 없으므로 노사간 성실한 위원회 운영에도 불구하고 합의가 이루어지지 않았다면 사업주에게 부과하고 있는 의무기간내 작업환경측정 및 근로자 건강진단 실시를 위하여 합의없이 작업환경측정 및 건강진단을 실시하였더라도 산업안전보건법 위반으로 처벌되지 아니한다고 사료됨.

■ 안전·보건관리자 부서이동이 산업안전보건위원회 심의·의결 대상인지

● 총무팀 소속 안전관리자 및 보건관리자 각 1인이 동일한 업무를 하는 타 부서로 이동한 경우 산업안전보건위원회 심의·의결을 받아야 하는지 여부

● 산업안전보건법 시행령 제13조제1항제1호에 규정된 법 제19조제1항의 규정에 의한 산업안전보건위원회에서 심의·의결한 직무, 법 제20조제1항의 규정에 의한 당해 사업장의 안전보건관리규정 및 취업규칙에서 정한 직무는 무엇을 말하는지

◇ 산업안전보건법 제19조제2항은 동법 제15조 및 제16조 규정에 의한 안전·보건관리자의 직무 등에 관한 사항을 산업안전보건위원회 심의·의결사항의 하나로 규정하고 있으나 안전·보건관리자의 직무내용의 변경이 없이 부서만을 이동하였다면 이를 동 위원회의 심의·의결을 거쳐야 할 사항으로 보기 어려울 것임

◇ 산업안전보건법 제19조제2항은 "제13조제1항제1호 내지 제5호 및 제7호에 관한 사항" 등 제13조 동항 각호의 사항에 대해 산업안전보건위원회의 심의·의결을 거치도록 규정하고 있고, 동법 제20조제1항은 사업장의 안전·보건을 유지하기 위해 "안전·보건관리조직과 그 직무에 관한 사항" 등 동항 각호의 사항을 포함한 안전보건관리규정을 작성하여 각 사업장에 게시·비치할 의무를 부여하고 있으며, 근로기준법 제96조제8호는 "안전·보건에 관한 사항"에 대하여 취업규칙을 작성하여 신고하도록 규정하고 있으므로

  • 산업안전보건법시행령 제13조제1항제1호의 산업안전보건위원회에서 심의·의결한 직무, 동법 제20조제1항의 안전보건관리규정 및 취업규칙에서 정한 직무란 산업안전보건법 및 근로기준법에서 안전과 보건에 관해 정하도록 한 사항에 대해 귀 사업장에서 노·사가 자율적으로 근로자의 안전·보건에 관해 정한 사항이 있다면 그것을 말함

■ 산업안전보건위원회 안건 의결방법의 적정성

● 노사합의로 체결된 사내규정의 산업안전보건위원회 안건의결방법으로 "노사위원의 의견을 수렴한 양대표의 합의를 의결로 본다"라는 내용이 산업안전보건법시행령 제25조의4제2항의 법의 취지에 위배되는지와 안건 의결 방법을 수정해야 하는지

◇ 산업안전보건법 시행령 제25조의4제2항에서 "회의는 근로자위원 및 사용자위원 각 과반수의 찬성으로 개의하며 출석위원 과반수의 찬성으로 의결한다"라고 규정하고 있음. 따라서 "노·사위원의 의견을 수렴한 양 대표의 합의를 의결로 본다"라고 정한 귀사의 산업안전보건위원회의 의결방법은 동 규정에 위반되므로 시행령 제25조의4제2항의 규정에 따라 이를 변경하여야 할 것임

■ 본사 및 지사를 총괄하는 산업안전보건위원회 설치

● 본사 및 전국 6개 사업장 전체의 상시근로자 수가 1,000명 이상인 경우 본사 및 지방 사업장을 총괄하는 산업안전보건위원회를 본사에 의무적으로 설치하여야 하는지

  － 설치하지 않아도 된다면 노·사가 합의하여 산업안전보건에 관한 협의기구를 두어 사용주가 위임하는 회사 간부를 의장으로 선임하여도 되는지

  － 노사 대표간에 본사 노사협의회에서 산업안전보건규정 등을 제정할 수 있는지

◇ 산업안전보건법 시행령 제25조의 규정에 의하면 산업안전보건위원회를 설치·운영하여야 할 사업은 상시근로자 100인(유해·위험업종은 상시 근로자 50인) 이상을 사용하는 사업장이며, 이러한 설치요건에 해당하는 사업장은 각각 사업장별로 설치하여야 하므로 본사 및 지방사업장을 총괄하는 산업안전보건위원회를 설치하여야 할 법적인 의무는 없음

  － 산업안전보건에 관한 별도의 협의기구의 설치 등에 대해서는 법령에 따로 규정하고 있지 않으므

로 노·사가 자율적으로 정하여 운영하면 될 것임

 – 또한 위의 "산업안전보건규정"이 산업안전보건법 제20조의 규정에 의한 안전보건관리규정을 말하는지 알 수 없으나, 만약 동 안전보건관리규정을 의미한다면 동법 제21조제1항의 규정에 따라 산업안전보건위원회의 심의·의결을 거치거나 동 위원회가 설치되지 않은 경우에는 근로자대표의 동의를 얻어야 함

■ 산업안전보건위원회 근로자위원 불참으로 정기회의 미 개최 시 사업주의 법 위반 여부

● 산업안전보건법 제19조에 의한 산업안전보건위원회 개최와 관련하여 현재 당사의 임단협이 진행되는 과정에서 노동조합에서 일방적으로 불참 통보한 상태로

1. 2분기 산업안전보건위원회를 실시키로 일정까지 확정되어 통보하였으나 조합에서 일방적인 불참으로 미실시시 사업주의 법 위반 여부

2. 정기회의는 3개월마다 개최하도록 시행령에 명시된 상태인 바, 3개월이란 주기의 범위 여부

3. 산업안전보건위원회를 개최하였으나 노조 측의 불참으로 의결정족수가 충족되지 않을 경우라도 회의진행 및 회의록을 작성하였다면 개최로 인정될 수 있는지 여부

◇ 1, 3에 대하여

 – 산업안전보건법 제19조제1항, 시행령 제25조의4제1항에 의거 산업안전보건위원회 정기회의는 3월마다 위원장이 소집하도록 되어 있으며, 시행령 제25조의4제2항에 의하면 회의는 근로자위원 및 사용자위원 각 과반수의 출석으로 개의하며 출석위원 과반수의 찬성으로 의결하도록 되어 있음

 – 따라서, 산업안전보건위원회 위원장이 충분한 시간을 주어 동 위원회 정기회의 개최일시, 장소, 의제 등을 각 위원에게 통보하고 회의 소집을 하였고, 위원장이 이를 증명할 수 있다면 회의 개최일에 근로자측의 일방적인 불참으로 동 위원회가 개의되지 못했다 하더라도 사업주가 산업안전보건법 제19조에 의한 의무를 이행하지 아니하였다고 보기는 어려울 것임

◇ 2에 대하여

 – 정기회의 3개월 주기는 동 위원회 개최일 이후부터 3월을 말함

■ 근로자 위원의 수시변경 가능여부 및 위원 수

● 산업안전보건위원회 근로자위원을 수시로 변경하는 행위와 산업안전보건위원회의 근로자위원 수를 노조규약에 의하여 무한정으로 선임하는 것이 산업안전보건법상 적법한지

◇ 산업안전보건법 제19조제1항의 규정에 의하여 사업주가 설치하여야 할 산업안전보건위원회는 근로자위원(또는 사용자위원)수를 무한정으로 위촉할 수 있는 것이 아니라 10인 이내의 노·사 동수로 구성하여야 함

◇ 산업안전보건법에서는 산업안전보건위원회 근로자위원의 임기에 대해 구체적으로 규정하고 있지 않으므로 동 위원회의 구속요건을 결하지 않는 범위 내에서 그 구성 위원을 수시로 변경하더라도 이를 동법 위반으로 볼 수는 없을 것입니다. 다만, 산업안전보건위원회의 효율적이고 안정적인 운영을

위해서는 동 위원회의 의결이나 동 위원회의 운영규정을 통해 사전에 위원의 임기 등을 정하여 운영하는 것이 바람직함

■ 산업안전보건위원회 회의결과 등의 주지 방법

● 산업안전보건위원회 회의결과를 사내 전자문서(사내 인트라넷 게시판과 비슷하여 직원들의 자유게시판, 회사 공식문서, 회사 절차 등 규정서들이 게시되어 있음)를 이용하여 홍보하는 경우 회의결과 등의 주지 의무를 위반한 것인지 여부

◇ 산업안전보건법 시행령 제26조의6의 규정에 의하면 산업안전보건위원회의 위원장은 산업안전보건위원회에서 심의·의결된 내용 등 회의결과를 사내방송·사내보·게시 또는 자체정례조회 기타 적절한 방법으로 근로자에게 신속히 알려야 할 의무를 규정하고 있음

◇ '사내전자문서'가 사업장의 모든 근로자들이 접속하여 회의결과를 알 수 있도록 되어 있다면 사내전자문서를 통한 회의결과 홍보방법을 산업안전보건법령상의 "회의결과 등의 주지"의 의무를 위반한 것으로 볼 수 없을 것으로 사료됨

■ 산업안전보건위원회 근로자위원의 서명을 받지 않은 회의록의 효력 및 작성시점

● 산업안전보건법 시행령 제25조의6(회의결과 등의 주지)와 관련하여 2005.4.6일과 5.10일에 개최한 산업안전보건위원회와 2005.5.18일과 5.23일에 개최한 산업안전보건위원회 실무회의 개최결과 회의록을 사측위원만 날인을 받아 게시판에 게시하였음

1. 노동조합에서는 노동조합위원의 승인이나 날인을 받지 않고 게시했다고 철회를 요구하는데 철회를 해야 하는지 여부
2. 노동조합의 요구안건은 도저히 의결될 수 없는 안건인데 회의록은 어느 시점에서 작성해야 하는지 여부

◇ 산업안전보건위원회 회의는 산업안전보건법 시행령 제25조의4제2항의 규정에 의거 근로자위원 및 사용자위원 각 과반수의 출석으로 개의하며 출석위원 과반수의 찬성으로 의결하도록 되어 있으며

   － 동법 시행령 제25조의6의 규정에 의하여 심의·의결된 내용 등 회의결과는 사내 방송·사내보·게시 또는 자체정례조회 기타 적절한 방법으로 근로자에게 신속히 알리도록 되어 있음

   － 따라서 산업안전보건위원회의 심의·의결은 산업안전보건법 시행령 제25조의4제2항에 의한 요건을 충족하여야 함. 다만 동 요건을 충족하지 않아 심의·의결되지 않을 경우 회의결과는 동 사항을 적시하여 게시하면 될 것임

   － 산업안전보건위원회 회의록은 회의개최 후에 산업안전보건법 시행령 제25조의4제4항의 규정에 의거 개최일시 및 장소, 출석위원, 심의내용 및 의결·결정사항, 기타 토의사항을 기록하여 비치하여야 함

   ※ 산업안전보건위원회의 심의·의결사항 중 의결하지 못한 사항에 대하여는 회의록 작성 여부와 관계없이 동법 시행령 제25조의5의 규정에 따라 근로자위원 및 사용자위원의 합의에 의하여 산업안전보건위원회에 중재기구를 두어 해결하거나 제3자에 의한 중재를 받아야 함

■ 근로자의 과반수 미만으로 조직된 노동조합 대표자가 근로자위원 지명이 가능한지 여부

● 산업안전보건법 시행규칙 제25조의2(근로자위원의 지명) 중 "근로자의 과반수 미만으로 조직된 노동조합의 대표자"와 관련하여

- "근로자의 과반수 미만으로 조직된 노동조합의 대표자"가 근로자위원을 지명하는 경우가 존재할 수 있다고 보는지 아니면 산업안전보건법 및 동법 시행령 상의 "근로자대표"와 관련된 규정을 위반한 규정으로 무효인지 여부

- "근로자의 과반수 미만으로 조직된 노동조합의 대표자"가 지명한 근로자위원으로 구성된 산업안전보건위원회가 산업안전보건법상 산업안전보건위원회에 해당하는지 여부와 해당하지 아니할 경우 동 산업안전보건위원회에서 결정된 사항을 이행하지 아니한 때에는 산업안전보건법 제72조에 의한 과태료 부과대상인지 여부

◇ 산업안전보건법 시행령 제25조의2제1항제1호의 규정에 의거 산업안전보건위원회 근로자위원으로서 근로자대표는 "근로자의 과반수로 조직된 노동조합이 있는 경우에는 그 노동조합의 대표를, 근로자의 과반수로 조직된 노동조합이 없는 경우에는 근로자의 과반수를 대표하는 자"로 규정하고 있는 바

- "근로자 과반수 미만으로 조직된 노동조합의 대표자"가 산업안전보건위원회의 근로자대표가 되기 위해서는 별도로 근로자 동의 등의 절차를 거쳐 "근로자의 과반수를 대표하는 자"의 지위를 얻어야 할 것임

◇ "근로자의 과반수 미만으로 조직된 노동조합의 근로자대표"가 별도의 근로자 동의 등의 절차를 거쳐 "근로자의 과반수를 대표하는 자"의 지위를 얻지 못한 다면 "근로자 과반수 미만으로 조직된 노동조합의 대표자"가 지명한 근로자위 원으로 구성된 산업안전보건위원회는 산업안전보건법상 산업안전보건위원회에 해당한다고 볼 수 없음

- 따라서, 동 위원회의 결정사항을 이행하지 않을 경우 산업안전보건법 제19조 제4항에 규정된 산업안전보건위원회 심의·의결 또는 결정사항 불이행으로 인한 과태료 부과대상이 되지는 않음. 다만, 이 경우 산업안전보건법 제19조제1항 에서 규정한 산업전보건위원회 설치의무 위반으로 과태료 부과대상이 될 수 있을 것임

제5장

名譽監督官 및 安全保健管理規定

1. 名譽監督官

- 사업장내 산재예방활동에 대한 근로자의 참여를 활성화시키기 위하여 명예감독관제도를 '95. 7월 부터 도입·운영하여 왔으나, 법령상 근거가 없어 사업장의 협조가 미온적이고 명예감독관의 위촉 범위와 권한이 지나치게 제한되어 직무수행에 독립성을 확보하는 데 어려움이 발생
  - 이에따라 '96. 12. 31 법 개정시 고용노동부장관으로 하여금 근로자·근로자단체·사업주단체 및 산업재해예방관련 전문단체에 소속된 자 중에서 명예감독관을 위촉할 수 있도록 하였음(법 제61조의2).

가. 위촉 대상(시행령 제45조의2제1항)

- 산업안전보건위원회 설치대상 사업장의 근로자 중에서 근로자대표가 사업주의 의견을 들어 추천 하는 자(사내 명예감독관)
- 노동조합 및 노동관계조정법 제10조의 규정에 의한 연합단체인 노동조합 또는 그 지역대표기구에 소속된 임·직원 중에서 당해 연합단체인 노동조합 또는 그 지역대표기구가 추천하는 자(사외 명 예감독관)
- 전국규모의 사업주단체 또는 그 산하조직에 소속된 임·직원 중에서 당해 단체 또는 그 산하조직 이 추천하는 자(사외 명예감독관)
- 산업재해예방관련 업무를 행하는 단체 또는 그 산하조직에 소속된 임·직원 중에서 당해 단체 또 는 그 산하조직이 추천하는 자(사외 명예감독관)

나. 추천방법 및 처리절차(명예감독관 운영규정 제4조)

- 명예감독관을 추천하는 자는 명예감독관 추천·동의서를 관할 지방고용노동관서의 장에게 제출하 여야 한다.
  - 이 경우 사내 명예감독관으로 추천되는 자의 수는 1인을 원칙으로 하며, 사외 명예감독관으로 추천되는 자의 수는 2인 이상으로 할 수 있다.
- 지방고용노동관서의 장은 추천서를 접수한 경우 접수일이 속한 달의 다음달 10일 이내에 위촉여

부를 결정하여 위촉장을 수여하고 명예감독관증을 발급(발급대장에 기재)하여야 한다.
- 지방고용노동관서의 장은 사내 명예감독관으로 추천된 자가 산업안전보건위원회의 사용자위원이 거나 또는 이에 준하는 사용자에 해당되는 경우에는 명예감독관으로 위촉할 수 없다.
- 지방고용노동관서의 장은 사내 또는 사외 명예감독관으로 추천된 자가 시행령 제45조의2제2항에 규정된 명예감독관 업무를 수행하는 데 적합하지 아니하다고 인정되는 경우에는 그 사유를 추천 인에게 서면으로 통보하고 위촉하지 아니할 수 있다.

다. 해촉

(1) 해촉 사유(시행령 제45조의3)

- 고용노동부장관(지방고용노동관서의 장)은 다음 사항에 해당하는 때에는 명예감독관을 해촉할 수 있다.
  - 근로자대표가 사업주의 의견을 들어 사내 명예감독관의 해촉을 요청한 때
  - 명예감독관의 업무와 관련하여 부정한 행위를 한 때
  - 사외 명예감독관이 당해 단체 또는 그 산하조직으로부터 퇴직하거나 해임된 때
  - 질병·부상 등의 사유로 명예감독관의 업무수행이 곤란하게 된 때

(2) 해촉 통보(명예감독관 운영규정 제6조)

- 지방고용노동관서의 장은 명예감독관을 해촉할 때에는 당해 명예산업안전감독관 및 그 추천자에 게 해촉 사실을 통보하고 명예감독관증을 즉시 회수하여야 한다.
  - 다만, 추천자의 요청에 따라 후임자를 위촉한 경우에는 해촉 사실을 통보하지 아니할 수 있다.
- 또한, 지방고용노동관서의 장은 해촉 된 명예감독관의 후임자를 빠른 시일내에 위촉하도록 하여야 한다.

라. 직무(시행령 제45조의2제2항)

(1) 사내 명예감독관

- 사업장에서 행하는 자체점검에의 참여 및 근로감독관이 행하는 사업장 감독에의 참여
- 사업장 산업재해예방계획 수립에의 참여 및 사업장에서 행하는 기계·기구 자체검사에의 입회
- 법령위반 사실이 있는 경우 사업주에 대한 개선 요청 및 감독기관에의 신고
- 산업재해 발생의 급박한 위험이 있는 경우 사업주에 대한 작업중지 요청
- 작업환경측정·근로자 건강진단시의 입회 및 그 결과에 대한 설명회 참여
- 직업성질환의 증상이 있거나 질병에 이환된 근로자가 다수 발생한 경우 사업주에 대한 임시건강 진단 실시 요청
- 근로자에 대한 안전수칙 준수 지도
- 안전·보건의식을 북돋우기 위한 활동과 무재해운동 등에 대한 참여와 지원
- 기타 산업재해예방에 대한 홍보·계몽 등 산업재해예방업무와 관련하여 고용노동부장관이 정하는 업무

(2) 사외 명예감독관

- 법령 및 산업재해예방정책 개선 건의
- 안전보건의식 고취를 위한 활동 및 무재해운동 등에 대한 참여와 지원
- 기타 산업재해예방에 대한 홍보·계몽 등 산업재해예방업무와 관련하여 고용노동부장관이 정하는 업무

마. 임기(시행령 제45조의2제3항)

- 명예 감독관의 임기는 2년으로 하되, 연임할 수 있다.
  - ▸ 임기만료일까지 사임의사를 통보하지 않고 추천권자가 후임 명예감독관을 추천하지 않은 경우에는 당해 명예 감독관이 연임된 것으로 봄(명예 감독관운영규정 제15조제1항)
  - ▸ 해촉된 명예감독관의 후임자의 임기는 잔여기간으로 함(명예 감독관운영규정 제6조제3항)

바. 활동 지원

(1) 불이익 처우 금지(법 제61조의2제2항)

- 사업주는 명예감독관으로서 정당한 활동을 수행한 것을 이유로 당해 명예감독관에 대하여 불이익한 처우를 하여서는 아니된다.

(2) 수당 등 경비 지급(시행령 제45조의2제4항)

- 고용노동부장관(지방고용노동관서의 장)은 산업재해예방활동에 참여하는 명예감독관에게 예산의 범위내에서 수당 등을 지급할 수 있다.

(3) 교육 실시(명예안전감독관 운영규정 제8조)

- 고용노동부장관은 명예감독관의 재해예방활동에 필요한 산업안전보건법령 등 재해예방활동관련 교육을 연 1회 이상 실시하여야 하고
  - 명예감독관이 소속한 사업주 및 단체의 장은 명예감독관이 교육을 이수하는 데 따른 임금 등의 불이익이 없도록 교육이수에 적극 협조하여야 한다.

(4) 협의회의 구성 및 운영(명예감독관 운영규정 제9조)

- 명예산업안전감독관의 업무활성화와 산업재해예방을 위한 정보교류 및 정책개선을 위한 건의사항 등을 수렴하기 위하여 지방고용노동관서별로 명예감독관협의회를 구성·운영하여야 하고
  - 협의회는 지역별 협의회, 소구역 협의회 및 업종별 협의회로 구분·운영하되, 지역별 협의회는 반드시 구성하고 소구역 협의회 및 업종별 협의회는 지역특성에 따라 구성·운영
- 지역별 협의회 및 업종별 협의회는 당해 지방고용노동관서의 장이 위촉하는 명예감독관으로 구성하고, 소구역 협의회는 당해 지방고용노동관서 근로감독관별로 담당구역내에 위촉된 명예감독관으로 구성

(5) 사업장 지도(명예감독관 운영규정 제11조)

- 지방고용노동관서의 장은 명예감독관의 원활한 업무수행을 위하여 사업장의 안전보건관리규정 등

에 명예감독관의 업무범위, 활동시간 등을 정하도록 지도하여야 하고

 - 명예감독관이 소속 사업장의 법령위반 사실에 대하여 지방고용노동관서에 신고한 때에는 지방 고용노동관서의 장은 이를 신속히 처리

행정해석

■ 철도본부 노동조합의 대표를 철도청 근로자대표로 볼 수 있는지

● 산업안전보건법 제45조의2(명예감독관 위촉대상등) 제1항제2호의 노동조합및노동관계조정법 제10 조제2항의 규정에 의한 연합단체인 노동조합의 법적의미는 무엇을 말하는지, 단위조합이 모여 지방 본부가 구성되고 지방본부가 모인 철도 노동조합의 경우 동법 제10조제1항의 설립신고에 관한 내용 과 동종산업의 단위노동조합을 구성원으로 하는 산업별 연합단체와는 어떤 관계인지, 산업안전보건 법상 철도청을 하나의 단위 사업장으로 보아 철도본부 노동조합 대표를 철도청의 근로자대표로 볼 수 있는지

◇ 통상 노동조합 및 노동관계조정법상「연합단체인 노동조합」이라 함은 동법 제2조제4호 및 제20조제 2항의 규정에 의거 동종산업의 단위노동조합을 구성원으로 하는 산업별 연합단체와 산업별 연합단 체 또는 전국규모의 산업별 단위노동조합을 구성원으로 하는 총 연합단체를 의미한다 할 것이며, 동법 제10조제2항은 동조 제1항의 연합단체인 노동조합을 분류한 것으로 볼 수 있음

◇ 산업안전보건법령의 적용과 관련하여 철도청을 하나의 단위 사업장으로 보아야 하는지 아니면 전국 의 사업장들을 각각 하나의 단위 사업장으로 보아야 하는지에 대해서는 사업장의 독립성 여부가 관 건이 될 것이므로 철도청 산하 각 사업장별로 아래 사업 또는 사업장 판단기준 중 (가) 및 (나)에 해당하는지를 주된 기준으로 하되, (다) 및 (라)사항을 참고하여 그 여부를 판단하여야 함.

(가) 근로자의 안전·보건관리가 독립적으로 수행되는지

(나) 노무관리, 회계 등이 명확하게 독립적으로 운영되는지

(다) 서로 다른 단체협약이나 취업규칙이 적용되는지

(라) 한국표준산업분류표상 서로 다른 사업인지

◇ 산업안전보건법상 근로자대표란 당해 사업장에 단위 노동조합의 산하 노동단체가 그 사업장 근로자 의 과반수로 조직되어 있는 경우에는 지부나 분회 등의 명칭여하에도 불구하고 철도노동조합의 대 표자가 아니라 그 지부·분회의 대표자를 말하므로, 이를 기준으로 상기 법 적용을 위한 사업 또는 사업장의 판단결과에 따른 당해 사업장의 근로자대표를 판단하시기 바람.

■ 연합단체인 노동조합 등 사업장 외 명예산업안전감독관 위촉 자격

● ○○노총 ○○지역 ○○노동조합이 산업안전보건법 시행령 제45조의2제1항제2호에서 규정하는 "연 합단체인 노동조합 또는 그 지역대표기구"에 해당되는지 여부

● ○○노총 ○○지역 ○○노동조합이 "연합단체인 노동조합 또는 그 지역대표기구"에 해당되지 않을

경우, ○○노총 ○○지역 본부 대표가 상기 ○○노동조합원 중에서 명예산업안전감독관으로 추천한 자의 위촉 가능여부

- 산업안전보건법 시행령 제45조의2제1항제2호의 '연합단체인 노동조합 또는 그 지역대표기구'에서 '연합단체인 노동조합'은 노동조합및노동관계조정법 제10조의 규정에 의한 동종산업의 단위노동조합을 구성원으로 하는 산업별 연합단체와 산업별 연합단체 또는 전국규모의 산업별 단위노동조합을 구성원으로 하는 총연합단체를 말하므로 ○○지역 ○○노동조합의 노조 설립신고서 등 관계서류를 확인한 후 연합단체인 노동조합 또는 그 지역대표기구에 해당되는지 단위노동조합인지를 판단하여야 할 것임.

- 산업안전보건법 제61조의2제1항 및 동법 시행령 제45조의2제1항제2호의 규정에 의해 명예산업안전감독관으로 위촉받기 위해서는 연합단체인 노동조합 또는 그 지역대표기구에 소속된 임·직원 중에서 당해 연합단체인 노동조합 또는 그 지역대표기구가 추천하는 자이어야 함. 따라서 ○○노총 ○○지역본부가 연합단체인 노동조합 또는 그 지역대표기구에 해당되고 추천된 자가 그에 소속된 임·직원인 경우라면 관련규정에 의해 위촉이 가능하므로 노조 설립신고서, 조직현황, 임직원 현황 등 관계서류를 확인한 후 위촉가능여부를 판단하여야 할 것임

■ 명예산업안전감독관의 해촉 가능 여부

● 명예산업안전감독관이 법 기준에 따른 업무(시행령 제45조의2제2항)를 태만히 하였을 때 사업주가 명예산업안전감독관을 해촉 요청을 할 수 있는지

● 규정대로 반드시 근로자 대표가 해촉을 요청해야 해촉이 가능하다면 사업주가 근로자대표에게 해촉을 요구함에도 정당한 사유 없이 근로자대표가 거부한다면 사업주가 해촉을 할 수 있는 방법이 있는지

◇ 산업안전보건법 시행령 제45조의2제2항의 규정에 의한 명예산업안전감독관의 업무는 동 시행령 제45조의2제1항 각 호의 규정에 의해 위촉된 명예산업안전감독관의 업무범위를 정해 놓은 것으로서

- 근로자대표가 사업주의 의견을 들어 추천·위촉된 사업장내 명예산업안전감독관이 업무를 태만히 한다면 사업주는 근로자대표에게 해촉 의견을 제시하여 근로자대표로 하여금 해촉 요청을 하도록 협의하면 될 것임

◇ 그러나 근로자대표에게 명예산업안전감독관의 해촉의견을 제시하였음에도 근로자대표가 해촉을 거부한다면 관할지방고용노동관서에 명예산업안전감독관으로서의 업무수행 곤란여부 등 해촉요건 해당여부 파악을 요청하시기 바람

■ 명예산업안전감독관의 위촉 및 해촉

● 명예감독관의 위촉 및 해촉과 관련하여 사측이 원하지 않더라도 노조위원장이 추천한 명예감독관을 위촉하게 되는지, 한 사업장에 명예감독관을 몇 명 두어야 하는지, 해촉 사유가 없는 명예감독관을 해촉할 수 있는지 여부

◇ 사측의 의사에 반하여 명예감독관을 위촉할 수 있는지와 관련하여 사업장에서 근로자대표가 사업주의 의견을 들어 추천하는 당해 사업장의 근로자를 명예감독관으로 위촉할 수 있도록 규정한 산업안

전보건법시행령 제45조의2제1항제1호는 명예감독관 위촉시 당해 사업장 근로자 중 가장 적임자가 명예감독관으로 위촉될 수 있도록 하기 위한 규정임. 따라서 사업주의견은 지방고용노동관서에서 명예감독관 위촉시 적임자 여부를 판단하는 중요한 참고자료가 되는 것이 현실이나 반드시 사업주의 의견에 따라 위촉여부가 좌우되는 것은 아님.

◇ 하나의 사업장에 몇 명의 명예감독관을 둘 수 있는지에 대하여는 법령상 관련 규정이 없으나 『명예산업안전감독관운영규정(고용노동부예규)』제4조에 의하면 사업장당 명예산업안전감독관은 1인을 위촉하는 것을 원칙으로 하고 있음

◇ 명예감독관의 해촉에 대해서는 산업안전보건법시행령 제45조의3제1호의 규정에 의하면 근로자대표가 사업주의 의견을 들어 해촉을 요청한 때에도 해촉을 할 수 있도록 하고 있으나, 동법 시행령 제45조의2제3항의 규정에서는 명예감독관의 임기를 2년으로 보장하고 있으므로 이러한 규정을 종합적으로 고려하여 지방고용노동관서의 장이 해촉여부를 판단하게 될 것임

■ **울산지역건설플랜트노동조합이 추천하는 자를 명예산업안전감독관으로 위촉이 가능한지 여부**

● 울산지역건설플랜트노동조합은 연합단체인 전국건설산업노동조합연맹 소속 단위노동조합이고, 전국건설산업노동조합연맹은 울산지역에 지역본부 등이 존재하지 아니할 경우 울산지역건설플랜트 노동조합을 산업안진보긴법 시행령 제45조의2제1항제2호의 규정에 의한 "지역대표기구"로 보아 동 노동조합이 추천하는 자를 명예산업안전감독관으로 위촉할 수 있는지 여부

◇ 산업안전보건법 시행령 제45조의2제1항제2호의 규정에 의한 연합단체인 노동조합의 지역대표기구는 특정 지역에서 연합단체인 노동조합의 실질적인 활동을 위하여 연합단체의 조직상 지역본부 또는 지역지부 등으로 조직화된 기구를 말함

　　－ 따라서 울산지역건설플랜트노동조합의 경우 단순히 연합단체인 전국건설산업 노동조합연맹 소속 단위노동조합인지 연합단체인 전국건설산업노동조합연맹의 규약에 의해 울산지역 지부로 설립되어 동 연맹의 노동조합 활동을 위한 지역 대표기구 인지 여부를 확인하여 명예산업안전감독관 위촉 대상인지 여부를 판단하여야 함

■ **사업주 의견 없이 근로자대표가 명예 감독관을 추천할 수 있는지**

● 근로자대표가 명예산업안전감독관을 추천함에 있어 사업주의 의견을 들음이 없이 독자적으로 추천할 수 있는지, 명예산업안전감독관을 현행 1명에서 33명으로 위촉을 받을 수 있는지

◇ 사업장내 명예산업안전감독관의 추천은 당해 사업장의 근로자대표가 사업주의 의견을 들어 추천하는 것을 그 요건으로 규정하고 있으므로 산업안전보건법 시행령 제45조의제2항제1호에 해당하는 사업장의 근로자대표가 명예산업안전감독관을 추천하고자 하는 경우에는 당해 사업주의 의견을 들어야 함.

◇ 『명예산업안전감독관운영규정(고용노동부예규)』제4조에 의하면 산업안전보건법시행령 제45조의2제1항제1호의 규정에 의한 사업장내 명예산업안전감독관은 사업장마다 1인을 추천할 수 있음이 원칙이며, 동 시행령 제45조의2제1항제2호 내지 제4호의 규정에 의한 사업장외 명예산업안전감독관은

2인 이상도 추천할 수 있도록 규정하고 있으니 동 기준에 따라 추천가능 여부를 판다하시기 바람

■ 단위노동조합장의 산하기관 명예산업안전감독관 위촉 권한

● 철도청 각 산하기관의 명예산업안전감독관 위촉과 관련하여 전국철도노동조합이 각 산하기관의 명예산업안전감독관을 추천하는 것이 타당한지

◇ 철도청과 그 산하기관은 시행령 제45조의2제1항제1호 각목의 1에 해당하는 사업장으로서 고용노동부장관이 당해 사업장의 명예산업안전감독관을 위촉하기 위해서는 동법 시행령 제25조의2제1항제1호에 해당하는 당해 사업장의 근로자 대표가 사업주의 의견을 들어 추천하는 것을 그 요건으로 정하고 있음

◇ 따라서 철도청 각 산하기관에 근로자의 과반수로 조직된 지부·분회 등 단위 노동조합의 산하 노동단체가 있는 경우에 당해 사업장의 명예산업안전감독관을 위촉받기 위해서는 전국철도노동조합의 대표자가 아니라 그 지부·분회의 대표자가 당해 사업장의 명예산업안전감독관을 추천하여야 함

2. 安全保健管理規定(법 제20조)

● 사업장의 자율적인 재해예방 활동을 촉진시키기 위해 사업주와 근로자가 협의하여 사업장의 특성에 맞는 산업안전보건에 관한 규정을 작성·게시 또는 비치하고, 이를 사업주와 근로자가 준수토록 함(법 제20조제1항) → 위반시 500만원 이하의 과태료

가. 규정에 포함되어야 할 내용(법 제20조 제1항)

● 사업주는 사업장의 안전·보건을 유지하기 위하여 다음 사항을 포함한 안전보건관리규정을 작성하여 게시 또는 비치하고 근로자에게 알려야 한다(법 제20조제1항).
　－ 안전·보건관리조직과 그 직무에 관한 사항
　－ 안전·보건교육에 관한 사항
　－ 작업장 안전관리에 관한 사항
　－ 작업장 보건관리에 관한 사항
　－ 사고조사 및 대책수립에 관한 사항
　－ 기타 안전·보건에 관한 사항

[안전보건관리규정의 기재내용]

1. 총칙
　가. 안전보건관리규정 작성의 목적 및 적용범위에 관한 사항
　나. 사업주 및 근로자의 재해예방책임과 의무 등에 관한 사항
　다. 하도급 사업장에 대한 안전보건관리에 관한 사항

2. 안전·보건 관리조직과 직무

　가. 안전·보건관리 조직의 구성방법, 소속, 업무분장 등에 관한 사항

　나. 안전보건관리책임자(안전보건총괄책임자), 안전·보건관리자, 관리감독자(위험작업에서의 안전담당자)의 직무 및 선임에 관한 사항

　다. 산업안전보건위원회의 설치·운영에 관한 사항

　라. 명예산업안전감독관의 직무 및 활동에 관한 사항

　마. 작업지휘자 배치 등에 관한 사항

3. 안전·보건교육

　가. 근로자 및 관리감독자의 안전·보건교육에 관한 사항

　나. 교육계획의 수립 및 기록 등에 관한 사항

4. 작업장 안전관리

　가. 안전·보건관리에 관한 계획의 수립 및 시행에 관한 사항

　나. 기계·기구 및 설비의 방호조치에 관한 사항

　다. 유해 또는 위험한 기계·기구 및 설비의 검사 등에 관한 사항

　라. 근로자의 안전수칙 준수에 관한 사항

　마. 위험물질의 보관 및 출입제한에 관한 사항

　바. 중대재해 및 중대산업사고 발생, 급박한 산업재해발생의 위험이 있을 경우 작업중지에 관한 사항

　사. 안전표지·안전수칙의 종류 및 게시 그 밖에 안전관리에 관한 사항

5. 작업장 보건관리

　가. 근로자 건강진단, 작업환경측정의 실시 및 조치절차 등에 관한 사항

　나. 유해물질의 취급에 관한 사항

　다. 보호구의 지급 등에 관한 사항

　라. 질병자의 근로금지 및 취업제한 등에 관한 사항

　마. 보건표지·보건수칙의 종류 및 게시 그 밖에 보건관리에 관한 사항

6. 사고조사 및 대책수립

　가. 산업재해 및 중대산업사고의 발생시 처리절차 및 긴급조치에 관한 사항

　나. 산업재해 및 중대산업사고의 발생원인에 대한 조사 및 분석, 대책수립에 관한 사항

　다. 산업재해 및 중대산업사고 발생의 기록관리 등에 관한 사항

7. 보 칙

　가. 무재해운동 참여, 안전·보건관련 제안 및 포상·징계 등 산업재해예방을 위하여 필요하다고 판단하는 사항

　나. 안전·보건관련 문서의 보존에 관한 사항

　다. 그 밖의 사항

　　사업장의 규모·업종 등에 적합하게 작성하되, 필요한 사항을 추가하거나 그 사업장에 관련되지 아니하는 사항은 제외할 수 있다.

나. 작성대상(규칙 제26조제1항)

● 상시근로자 100인 이상을 사용하는 사업의 사업주(시행규칙 제26조제1항)

　– 사업주는 작성 또는 변경사유 발생일로부터 30일 이내에 안전보건관리규정을 작성·변경하여야 한다(시행규칙 제26조제2항).

　– 안전보건관리규정을 작성할 경우 소방·가스·전기분야 등의 다른 법령(소방법·고압가스안전

관리법·전기사업법)에서 정하는 안전관리규정과 통합작성할 수 있다(시행규칙 제26조제3항).

<타 안전보건관련법령상의 안전관리규정>

규 정 명	근 거 법	관 할 부 문
안전보건관리규정	산업안전보건법	안전일반, 가스, 전기, 화재·폭발, 보건·위생 등 전 부문
가스안전관리규정	고압가스안전관리법	고 압 가 스
전기안전관리규정	전기사업법	전 기
예 방 규 정	소 방 법	화재·폭발 등

다. 작성·변경 절차(법 제21조 제1항)

● 사업주가 안전보건관리규정을 작성 또는 변경할 때에는 산업안전보건위원회의 심의·의결을 거쳐야 한다.
  - 다만, 산업안전보건위원회가 설치되어 있지 아니한 사업장에 있어서는 근로자대표의 동의를 얻어야 함(법 제21조제1항) → 위반시 500만원 이하의 과태료

라. 효력(법 제20조 제2항)

● 안전보건관리규정은 당해 사업장에 적용되는 단체협약 및 취업규칙에 반할 수 없으며
  - 안전보건관리규정 중 단체협약 또는 취업규칙에 반하는 부분에 관하여는 당해 단체협약 또는 취업규칙에 정한 기준에 의한다(법 제20조제2항).

마. 규정준수(법 제22조)

● 사업주 및 근로자는 안전보건관리규정을 준수하여야 한다(법 제22조제1항).
● 안전보건관리규정에 관하여 산업안전보건법에 규정한 것을 제외하고는 그 성질에 반하지 아니하는 한 근로기준법상의 취업규칙에 관한 규정을 준용함(법 제22조제2항).

정해석

■ 사업장의 안전보건관리규정의 내용 및 신고의무 존재여부

● 안전보건관리규정의 내용에 개정(2003.7.7) 시행규칙 별표 6의2의 내용이 모두 포함되어야 하는 것인지

● 사내안전보건규정 개정시 노사가 합의하여 <시행규칙 제26조 관련 별표 6의4>의 일부내용을 삭제하고, "명시되어 있지 않는 부분은 산업안전보건법 등의 관계법령에 따른다."라고 했을 때 산업안전보건법에 위배되는지

● 사내 안전보건관리규정을 개정하면 관할 지방고용노동관서에 꼭 신고를 해야 하는지

◇ 사업장의 안전보건관리규정은 산업안전보건법 제20조제1항 각호 및 시행규칙) 제26조제2항(별표 6 의2)에 의한 세부내용이 포함되어야 하나,

   − 사업장의 특성에 따라 시행규칙 별표 6의2에서 정한 사항중에서 제외 또는 그 외 사항을 추가할 수도 있도록 규정(별표 6의2 제7호 "다" 참조)하고 있으므로 안전보건위원회의 심의·의결(법 제 21조)을 거쳐 정하면 될 것으로 판단되고,

◇ 현행 산업안전보건법 제20조의 규정에 의한 안전보건관리규정은 작성하여 사업장에 게시 또는 비치 하고, 이를 근로자에게 알리도록 규정하고 있으므로 지방고용노동관서에 제출할 필요가 없음(종전의 심사제도는 폐지)

제6장
有害·危險 豫防措置

1. 安全上의 措置(법 제23조)

- 산업재해 예방을 위해 사업주가 안전상의 조치를 취해야 할 유해·위험요인의 범위를 정하여 이를 준수하도록 규정(법 제23조)
  - 이와 관련하여 사업주가 강구하여야 할 구체적인 안전상의 필요한 조치사항은 「산업안전보건기준에 관한 규칙」(고용노동부령)으로 정함
  - 법 제23조제1항부터 제3항까지를 위반하여 근로자를 사망에 이르게 한 자에 대하여는 가중처벌(법 제66조의2) → 위반 시 7년 이하의 징역 또는 1억원 이하의 벌금

가. 위험요인의 유형 및 필요조치사항

(1) 설비·물질·에너지 등에 의한 위험(법 제23조제1항)
- 사업주는 사업을 행함에 있어서 발생하는 다음 위험을 예방하기 위하여 필요한 조치를 취하여야 한다.
  - 기계·기구 기타 설비에 의한 위험
  - 폭발성, 발화성 및 인화성 물질 등에 의한 위험
  - 전기, 열 기타 에너지에 의한 위험

(2) 불량한 작업방법 등에 기인하여 발생하는 위험(법 제23조제2항)
- 사업주는 굴착·채석·하역·벌목·운송·조작·운반·해체·중량물 취급 기타 작업에 있어 불량한 작업방법 등에 기인하여 발생하는 위험을 방지하기 위하여 필요한 조치를 하여야 한다.

(3) 작업 수행 상 위험발생이 예상되는 장소에서 발생하는 위험(법 제23조제3항)
- 사업주는 작업 중 근로자가 추락할 위험이 있는 장소, 토사·구축물 등이 붕괴할 우려가 있는 장소, 물체가 낙하·비래할 위험이 있는 장소 기타 천재지변으로 인하여 작업수행상 위험발생이 예상되는 장소에는 그 위험을 방지하기 위하여 필요한 조치를 취하여야 한다.

나. 주요 사고유형별 안전조치기준

- 산업안전보건법 위반사건은 대부분 법 제23조의 위반이며
  - 그 중 추락, 붕괴·낙하, 협착, 감전등으로 인해 발생하는 재해사건이 주종을 이루고 있다.

(1) 추락(墜落)

추락의 방지(규칙제42조)

- 근로자가 추락하거나 넘어질 위험이 있는 장소[작업발판의 끝·개구부(開口部) 등을 제외한다]또는
  기계·설비·선박블록 등에서 작업을 할 때에 근로자가 위험해질 우려가 있는 경우 비계(飛階)를
  조립하는 등의 방법으로 작업발판을 설치 조치
- 위항의 작업발판을 설치하기 곤란한 경우 다음 각 호의 기준에 맞는 안전방망(安全防網)을 설치
  (다만, 안전방망을 설치하기 곤란한 경우에는 근로자에게 안전대를 착용하도록 하는 등 추락위험
  을 방지하기 위하여 필요한 조치)
  1. 안전방망의 설치위치는 가능하면 작업면으로부터 가까운 지점에 설치하여야 하며, 작업면으로
     부터 망의 설치지점까지의 수직거리는 10미터를 초과하지 아니할 것
  2. 안전방망은 수평으로 설치하고, 망의 처짐은 짧은 변 길이의 12퍼센트 이상이 되도록 할 것
  3. 건축물 등의 바깥쪽으로 설치하는 경우 망의 내민 길이는 벽면으로부터 3미터 이상 되도록 힐
     것. 다만, 그물코가 20밀리미터 이하인 망을 사용한 경우에는 제14조제3항에 따른 낙하물방지
     망을 설치한 것으로 본다.

개구부등의 방호조치(규칙제43조)

- 작업발판 및 통로의 끝이나 개구부로서 근로자가 추락할 위험이 있는 장소에는 안전난간, 울타리,
  수직형 추락방망 또는 덮개 등(이하 이 조에서 "난간등"이라 한다)의 방호 조치를 충분한 강도를
  가진 구조로 튼튼하게 설치하여야 하며, 덮개를 설치하는 경우에는 뒤집히거나 떨어지지 않도록
  설치, 이 경우 어두운 장소에서도 알아볼 수 있도록 개구부임을 표시하여야 한다.
  - 난간등을 설치하는 것이 매우 곤란하거나 작업의 필요상 임시로 난간등을 해체하여야 하는 경
    우 제42조제2항 각 호의 기준에 맞는 안전방망을 설치. 다만, 안전방망을 설치하기 곤란한 경우
    에는 근로자에게 안전대를 착용하도록 하는 등 추락할 위험을 방지하기 위하여 필요한 조치를
    하여야 한다.

안전대의 부착설비 등(규칙제44조)

- 추락할 위험이 있는 높이 2미터 이상의 장소에서 근로자에게 안전대를 착용시킨 경우 안전대를
  안전하게 걸어 사용할 수 있는 설비 등을 설치. 안전대 부착설비로 지지로프 등을 설치하는 경우
  에는 처지거나 풀리는 것을 방지하기 위하여 필요한 조치를 하여야 하며,
  - 위항에 따른 안전대 및 부속설비의 이상 유무를 작업을 시작하기 전에 점검하여야 한다.

(2) 붕괴(崩壞)등

붕괴·낙하에 의한 위험 방지(규칙제50조)

● 지반의 붕괴, 구축물의 붕괴 또는 토석의 낙하 등에 의하여 근로자가 위험해질 우려가 있는 경우 그 위험을 방지하기 위하여 다음 각 호의 조치를 하여야 한다.

1. 지반은 안전한 경사로 하고 낙하의 위험이 있는 토석을 제거하거나 옹벽, 흙막이 지보공 등을 설치할 것
2. 지반의 붕괴 또는 토석의 낙하 원인이 되는 빗물이나 지하수 등을 배제할 것
3. 갱내의 낙반·측벽(側壁) 붕괴의 위험이 있는 경우에는 지보공을 설치하고 부석을 제거하는 등 필요한 조치를 할 것

구축물 또는 이와 유사한 시설물의 안전성 평가(규칙제52조)

● 구축물 또는 이와 유사한 시설물이 다음 각 호의 어느 하나에 해당하는 경우 안전진단 등 안전성 평가를 하여 근로자에게 미칠 위험성을 미리 제거하여야 한다.

1. 구축물 또는 이와 유사한 시설물의 인근에서 굴착·항타작업 등으로 침하·균열 등이 발생하여 붕괴의 위험이 예상될 경우
2. 구축물 또는 이와 유사한 시설물에 지진, 동해(凍害), 부동침하(不同沈下) 등으로 균열·비틀림 등이 발생하였을 경우
3. 구조물, 건축물, 그 밖의 시설물이 그 자체의 무게·적설·풍압 또는 그 밖에 부가되는 하중 등으로 붕괴 등의 위험이 있을 경우
4. 화재 등으로 구축물 또는 이와 유사한 시설물의 내력(耐力)이 심하게 저하되었을 경우
5. 오랜 기간 사용하지 아니하던 구축물 또는 이와 유사한 시설물을 재사용하게 되어 안전성을 검토하여야 하는 경우
6. 그 밖의 잠재위험이 예상될 경우

(3) 협 착(狹窄)

원동기·회전축등의 위험방지(규칙제87조)

① 기계의 원동기·회전축·기어·풀리·플라이휠·벨트 및 체인 등 근로자가 위험에 처할 우려가 있는 부위에 덮개·울·슬리브 및 건널다리 등을 설치,
② 회전축·기어·풀리 및 플라이휠 등에 부속되는 키·핀 등의 기계요소는 묻힘형으로 하거나 해당 부위에 덮개를 설치
③ 벨트의 이음 부분에 돌출된 고정구를 사용해서는 아니된다.
④ 위항의 건널다리에는 안전난간 및 미끄러지지 아니하는 구조의 발판을 설치
⑤ 연삭기(研削機) 또는 평삭기(平削機)의 테이블, 형삭기(形削機) 램 등의 행정끝이 근로자에게 위험을 미칠 우려가 있는 경우에 해당 부위에 덮개 또는 울 등을 설치
⑥ 선반 등으로부터 돌출하여 회전하고 있는 가공물이 근로자에게 위험을 미칠 우려가 있는 경우에 덮개 또는 울 등을 설치
⑦ 원심기(원심력을 이용하여 물질을 분리하거나 추출하는 일련의 작업을 하는 기기를 말한다.

이하 같다)에는 덮개를 설치

⑧ 분쇄기·파쇄기·마쇄기·미분기·혼합기 및 혼화기 등(이하 "분쇄기등"이라 한다)을 가동하거나 원료가 흩날리거나 하여 근로자가 위험해질 우려가 있는 경우 해당 부위에 덮개를 설치하는 등 필요한 조치

⑨ 근로자가 분쇄기등의 개구부로부터 가동 부분에 접촉함으로써 위해(危害)를 입을 우려가 있는 경우 덮개 또는 울 등을 설치

⑩ 종이·천·비닐 및 와이어 로프 등의 감김통 등에 의하여 근로자가 위험해질 우려가 있는 부위에 덮개 또는 울 등을 설치

⑪ 압력용기 및 공기압축기 등(이하 "압력용기등"이라 한다)에 부속하는 원동기·축이음·벨트·풀리의 회전 부위 등 근로자가 위험에 처할 우려가 있는 부위에 덮개 또는 울 등을 설치

(4) 감전(感電)

전기기계기구 등로 인한 위험방지(규칙301조~312조)

- 전기기계·기구 등의 충전부에 대한 방호조치
  ▶ 충전부가 노출되지 아니하도록 폐쇄형 외함이 있는 구조로 설치 등
- 누전에 의한 감전을 방지하기 위하여 전기기계·기구 등에 대한 접지
- 전기기계·기구를 적절하게 설치하고, 인증기관의 인증받은 제품을 사용
  ▶ 전기용량 및 기계적 강도, 습기·분진 등 사용장소의 주위 환경 등을 고려
- 대지전압이 150볼트를 초과하는 이동형 또는 휴대형의 전기기계·기구에 누전차단기를 접속하고, 전기기계·기구 사용전에 누전차단기 작동상태 점검 등
- 과전류 보호장치 설치
- 기계·설비 정지 시 비상전력 공급
- 절연내력 및 내열성을 갖춘 용접봉 홀더 사용
- 임시 사용전등 등의 위험방지를 위한 보호망 부착
- 전기기계·기구 조작 시 적당한 조도 유지 등의 안전조치
- 폭발위험이 있는 장소의 설정 및 관리
- 가스 또는 분진폭발 위험장소에서는 그 증기·가스 또는 분진에 대하여 적합한 방폭성능을 가진 방폭구조 전기기계·기구를 선정·사용
- 가스 또는 폭발위험이 있는 장소에 변전실 등의 설치 금지
- 인화성 액체·가연성 가스 등을 수시로 취급하는 장소에서는 환기가 불충분한 상태에서 전기기계·기구 작동 금지

배선 및 이동전선으로 인한 위험방지(규칙313조~317조)

- 배선 등의 절연피복 등
  - 절연피복의 손상·노화로 인한 감전위험 방지조치
  - 전선접속 시 충분히 피복하거나 적합한 접속기구 사용
- 습윤한 장소에서의 이동전선에 대해 충분한 절연효과가 있는 것 사용

- 통로바닥에서의 전선 또는 이동전선 설치·사용금지
- 이동중에나 휴대장비 등을 사용하는 작업시
  - 근로자가 착용하거나 취급하고 있는 도전성 공구·장비 등이 노출 충전부에 닿지 않도록 조치
  - 근로자가 사다리를 노출 충전부가 있는 곳에서 사용하는 경우에는 도전성 재질의 사다리를 사용하지 않도록 조치
  - 근로자가 젖은 손으로 전기기계·기구의 플러그를 꽂거나 제거하지 않도록 조치등

전기작업에 대한위험방지(규칙318조~320조)

- 근로자가 감전위험이 있는 전기기계·기구 또는 전로의 설치·해체·정비·점검(설비의 유효성을 장비, 도구를 이용하여 확인하는 점검으로 한정한다) 등의 작업 하는 경우에는「유해위험작업의 취업제한에 관한 규칙」제3조에 따른 자격·면허·경험 또는 기능을 갖춘 사람이 작업을 수행하도록 조치하여야 한다.
- 근로자가 노출된 충전부 또는 그 부근에서 작업함으로써 감전될 우려가 있는 경우에는 작업에 들어가기 전에 해당 전로를 차단.
- 전로 차단은 다음 각 호의 절차에 따라 시행하여야 한다.
  1. 전기기기등에 공급되는 모든 전원을 관련 도면, 배선도 등으로 확인
  2. 전원을 차단한 후 각 단로기 등을 개방하고 확인
  3. 차단장치나 단로기 등에 잠금장치 및 꼬리표를 부착
  4. 개로된 전로에서 유도전압 또는 전기에너지가 축적되어 근로자에게 전기위험을 끼칠 수 있는 전기기기등은 접촉하기 전에 잔류전하를 완전히 방전조치
  5. 검전기를 이용하여 작업 대상 기기가 충전되었는지를 확인
  6. 전기기기등이 다른 노출 충전부와의 접촉, 유도 또는 예비동력원의 역송전 등으로 전압이 발생할 우려가 있는 경우에는 충분한 용량을 가진 단락 접지기구를 이용하여 접지
- 작업 중 또는 작업을 마친 후 전원을 공급하는 경우에는 작업에 종사하는 근로자 또는 그 인근에서 작업하거나 정전된 전기기기등(고정 설치된 것으로 한정한다)과 접촉할 우려가 있는 근로자에게 감전의 위험이 없도록 다음 각 호의 사항을 준수
  1. 작업기구, 단락 접지기구 등을 제거하고 전기기기등이 안전하게 통전될 수 있는지를 확인
  2. 모든 작업자가 작업이 완료된 전기기기등에서 떨어져 있는지를 확인
  3. 잠금장치와 꼬리표는 설치한 근로자가 직접 철거
  4. 모든 이상 유무를 확인한 후 전기기기등의 전원을 투입

정전기로 인한 재해예방조치(규칙325조, 326조)

- 정전기에 의한 화재 또는 폭발 등의 위험이 발생할 우려가 있는 경우에는 해당 설비에 대하여 확실한 방법으로 접지를 하거나, 도전성 재료를 사용하거나 가습 및 점화원이 될 우려가 없는 제전(除電)장치를 사용하는 등 정전기의 발생을 억제하거나 제거하기 위하여 필요한 조치를 하여야 한다.
  1. 위험물을 탱크로리·탱크차 및 드럼 등에 주입하는 설비

2. 탱크로리·탱크차 및 드럼 등 위험물저장설비

3. 인화성 액체를 함유하는 도료 및 접착제 등을 제조·저장·취급 또는 도포(塗布)하는 설비

4. 위험물 건조설비 또는 그 부속설비

5. 인화성 고체를 저장하거나 취급하는 설비

6. 드라이클리닝설비, 염색가공설비 또는 모피류 등을 씻는 설비 등 인화성유기용제를 사용하는 설비

7. 유압, 압축공기 또는 고전위정전기 등을 이용하여 인화성 액체나 인화성 고체를 분무하거나 이송하는 설비

8. 고압가스를 이송하거나 저장·취급하는 설비

9. 화약류 제조설비

10. 발파공에 장전된 화약류를 점화시키는 경우에 사용하는 발파기(발파공을 막는 재료로 물을 사용하거나 갱도발파를 하는 경우는 제외한다)

● 인체에 대전된 정전기에 의한 화재 또는 폭발 위험이 있는 경우에는 정전기 대전방지용 안전화 착용, 제전복(除電服) 착용, 정전기 제전용구 사용 등의 조치를 하거나 작업장 바닥 등에 도전성을 갖추도록 하는 등 필요한 조치

● 화약류 또는 위험물을 저장하거나 취급하는 시설물에 낙뢰에 의한 산업재해를 예방하기 위하여 피뢰설비를 설치

행정해석

■ 타워크레인 와이어 브레싱 관련

● 건설 현장에서 타워크레인을 설치하고 작업중 층고가 올라감에 따라 타워크레인을 인상 후 와이어를 이용 브레싱을 설치하는데 와이어를 이어서 사용이 가능한지

－ 와이어 대 와이어 이음은 안되는데 중간 이음부에 팀블을 사용하면 가능하다는 이야기도 있고, 팀블을 사용해도 안된다는 이야기도 있고해서 질의함

◇「산업안전기준에 관한 규칙」제105조에 규정에 의거 사업주는 산업안전보건법 제34조 제1항에 따라 고용노동부 장관이 정하는 안전인증기준(위험기계·기구 의무 안전인증 고시(고용노동부 고시 제2010-12호, 2010.2.19))에 적합하지 아니한 크레인을 사용해서는 안됨.

－ 그리고 위의 고시 [별표2] 크레인 제작 및 안전기준 제12-다-6에 와이어로 프로 지지하는 경우에는 와이어로프에는 중간 이음매가 없을 것이라고 규정되어 있는 바, 질의와 같이 자립고 이상으로 설치되는 타워크레인을 와이어로프로 지지하는 경우라면 팀블 등으로 이은 와이어로프는 사용할 수 없을 것으로 사료됨.

■ 작업장소에 적합한 보호구

● 지게차 등으로 자동차부품을 취급할 때에 낙하물에 의한 위험방지를 위하여 종사 근로자에게 현재

"보통작업용 안전화"를 착용토록 하고 있으나, 작업자들이 발의 피로를 호소하고 있어 이를 "경작업용 안전화"로 교체하여 착용토록 하여도 무방한지 여부

◇ 산업안전보건기준에관한규칙 제32조의 규정에 의하여 사업주는 위험작업에 근로자를 종사시키는 때에는 당해 작업조건에 적합한 보호구를 착용토록 규정하고 있는 바, 지게차 등을 이용하여 자동차부품을 운반하는 일반작업장에는 보통작업용 이상의 등급을 가지는 안전화를 사용하여야 할 것으로 판단되고, 단순히 금속제품 등을 선별 또는 조립하거나 식품가공물 취급 등 비교적 경량의 물체를 취급하는 작업을 하는 때에는 경작업용 안전화를 착용토록 할 수 있을 것임.

■ 사업장내 샤워장에서의 감전사고에 대한 법 적용 여부

● 향료 제조업체 여성 근로자가 근무를 미친 후 사업장내 샤워실에서 샤워 중 피복이 노후된 인근 전원배선에서 누전이 발생하여 감전사망한 사고에 대해 아래 두 가지 경우에도 안전보건규칙 제313조(배선등의 절연피복 등)가 적용 가능 한지

① 근로자가 작업 또는 통행 등이 아닌 작업 종료 후 샤워 중 발생한 사고의 경우,
② 배선 또는 이동전선에 직접적인 접촉이 아닌, 건물벽 내에 매설된 전선피복의 손상으로 전선관 (STEEL) → 벽체(혹은 땅속) → 수도관 → 샤워기 순으로 전 류가 흘러 감전사고가 발생한 경우

◇ 향료생산 사업장에서 작업 후 근로자의 몸에 밴 냄새제거를 위해 모든 근로자가 사내에서 샤워를 하는 것은 업무의 연장으로서 동 규칙 제313조(배선등의 절연피복 등) 제1항에 따른 "근로자가 작업 또는 통행 등"으로 보는데 무리가 없는 것으로 판단됨

◇ 동 규칙 제313조의 내용 중 "직접접인 접촉" 이라는 표현은 없으므로 "접촉"이 직접적인지, 간접적인지 여부와는 무관한 것으로 판단됨

■ 유압기구 특장차량이 이동식크레인에 해당되는지 여부

● 화물자동차에 장착한 물품적재장치(유압크레인)를 이용하여 중량물을 상하 및 좌우로 이동시켜 적재함에 싣는 차량(차종 : 11톤 카고트럭)은 산업안전보건법상의 이동식크레인에 해당하는지 여부

◇ 산업안전보건기준에관한규칙 제132 및 제147조의 규정에 의하여 이동식크레인이라 함은, 동력을 사용하여 중량물을 매달아 상하 및 좌우(수평 또는 선회)로 운반하는 것을 목적으로 하는 기계장비로서, 크레인 스스로가 불특정장소로 이동이 가능한 것을 말하는 바,

◇ 중량물을 양중 할 수 있는 유압기구가 탑재된 특장화물자동차는 비록 유압기구의 동작방식이 크레인과 유사하다고는 하나 동 차량이 육상운반을 주목적으로 하는 용구로 보아 건설기계관리법상의 관리대상인 이동식크레인으로 분류하지 아니하고 현재 자동차관리법에 의한 화물자동차로 분류하여 등록관리하고 있으므로, 동 특장차량은 산업안전보건기준에관한규칙 제10장의 차량계하역운 반기계(화물자동차)로 봄이 타당할 것으로 봄.

◇ 다만, 카고트럭에 탑재된 양중기능을 가진 유압기구에 대해서는 동 규칙 제1장 1절(기계 등의 일반기준)의 규정에 의하여 방호장치의 해체금지·제어장치의 기능유지 등 필요한 안전조치를 하도록 하여야 함

■ 리프트카를 운전자가 없는 상태에서 무인시스템에 의해 작동이 가능한지 여부

● 최근 개발된 리프트카 무인시스템을 산안법에서 정하는 설계검사와 현장설치시 완성검사를 필한 상태에서 많이 적용하고 있는 추세로 알고 있음. 이와 관련 현행법조항을 볼 때, 안전보건규칙 86조에는 "사업주는 운반구의 내부에만 탑승조작장치가 설치되어 있는 리프트를 사람이 탑승하지 아니한 상태로 작동하게 하여서는 아니된다."라고 되어 있음

● 현장에서도 무인작동시스템 적용을 고려중인데, 규칙에서 정한 항목에 위배되지는 않는지 여부(참고로, 이 시스템은 탑승대기실에서 호출버튼을 누르면 작동하게 되어있음)

◇ 산업안전보건기준에규칙 제86조에서 "사업주는 운반구 내부에만 탑승조작장치가 설치되어 있는 리프트를 사람이 탑승하지 아니한 상태로 작동하게 하여서는 아니된다"는 규정은 리프트 내부의 탑승조작장치를 임의로 조작하여 무인으로 운행하는 것을 방지하기 위한 것으로써 각 층마다 호출버튼이 있어 운반구 외에도 탑승조작장치가 있는 경우에는 위 규정에 해당되지 않음

■ 양중기에 해당 여부

● 조명탑 구조물을 승하강 시키는 장치가 산업안전보건법상 "양중기"에 해당하는지 여부

◇ 양중기란 산업안전보건기준에 관한 규칙 제132조의 규정에 의거 크레인, 리프트(이사짐용은 0.1톤 이상), 곤돌라, 승강기(최대하중 0.25톤 이상인 것)를 말함

◇ 지상에서 25m 상부에 설치된 등기구 부착 전용구조물로서 첫 번째 가이드 레일이 없으며, 두 번째 사람이나 화물을 운반하기 위한 목적으로 설치되지 않았고, 세 번째 단순히 고정설치된 등기구를 수리·점검하기 위한 장치이므로 구조 및 기능 특성을 고려해 볼 때 양중기에 해당하지 않을 것으로 판단됨

◇ 양중기의 종류

① 크레인 : 동력을 사용하여 중량물을 매달아 상하 및 좌우(수평 또는 선회를 말한다)로 운반하는 것을 목적으로 하는 기계 또는 기계장치를 말함

② 리프트 : 동력을 사용하여 가이드레일을 따라 상하로 움직이는 운반구를 매달 아 사람이나 화물을 운반하는 것을 목적으로 하는 기계설비로서 건설작업용, 일반작업용 및 간이리프트를 말함

③ 곤돌라 : 달기발판 또는 운반구·승강장치 기타의 장치 및 이들에 부속된 기계 부품에 의하여 구성되고, 와이어로프 또는 달기강선에 의하여 달기발판 또는 케이지가 전용의 승강장치에 의하여 상승 또는 하강하는 설비를 말함

④ 승강기 : 동력을 사용하여 운반하는 것으로서 가이드레일을 따라 상승 또는 하강하는 운반구에 사람이나 화물을 상·하 또는 좌·우로 이동·운반하는 기계·설비로서 탑승장을 가진 승용승강기, 인화공용승강기, 화물용승강기 및 에스컬레이터를 말함

■ 산업안전보건기준에 관한 규칙 제301조에 대한 질의

● 24시간 운영하는 폐수 하수처리장의 변전실에 산업안전보건기준에 관한 규칙(이하 "안전보건규칙") 제301조 제4호의 관계근로자외 출입금지 장소에 일반 교대근무자가 출입하여 비상조치를 할 수 있

는지와 교대근무로 인한 감시운영근무자가 안전보건규칙에 따른 관계근로자인지 여부

● 관계근로자의 자격요건 및 일반 감시운영근무자가 교육을 통해 변전실 출입이 가능한지 여부

◇ 안전보건규칙 제301조는 사업주가 근로자의 전기기계·기구에 접촉·접근에 따른 감전의 위험을 예방하기 위한 조치 및 의무사항을 정해놓은 것으로서 관계근로자의 구체적인 범위 및 자격요건은 법령에서 별도로 정하고 있지 않으며, 사업장의 시설물의 용도, 관리형태, 작업내용에 따라 사업주가 전기안전분야 관계법령 등을 참고하여 회사 내부규정으로 정하고 운영해야할 사항으로 판단됩니다. 다만, 관계근로자는 자격 및 사전교육을 통해 해당 설비 및 작업의 위험성에 대해 인지할 수 있는 능력을 갖춘 근로자에 한해 선정하여 운영할 필요가 있다고 사료됨

■ 아파트 측벽 낙하물방지망을 1단만 설치해도 가능한지 여부

● 15층 아파트 신축공사의 갱폼공법 사용시 측벽낙하물 방지망을 10m마다 설치·해체가 대단히 위험하여 지상에서 3m높이에 1단만 하고, 전·후면은 발코니 부분만 10m 이내마다 3개소 설치해도 적합한지

◇ 산업안전보건법 산업안전보건기준에관한규칙 제14조(낙하·비래에 의한 위험방지) 규정에 의거 사업주는 작업으로 인하여 낙하 또는 비래의 위험이 있는 경우에는 낙하물방지망 또는 방호선반의 설치, 출입금지구역의 설정 등의 조치를 하여야 하며, 낙하물방지망을 설치할 때에는 매10m 이내마다 설치하도록 규정하고 있음

◇ 이때 낙하물방지망은 측벽 등 장소나 갱폼 등 공법의 종류에 상관없이 당해 현장의 여건에 따라 진행작업과 후속적으로 이루어지는 작업에 대해 낙하 또는 비래의 위험이 있는지 여부를 종합적으로 판단하여 설치여부를 결정하여야 함. 예를 들어, 측벽의 경우 갱폼사용으로 인하여 골조공사에서 완벽하게 낙하·비래 및 추락의 위험을 방지하고 이후 이루어지는 마감작업시 페인트 작업 등으로 이러한 위험이 전혀 없는 작업이라면 설치하지 않아도 된다고 사료됨

■ 타워크레인 안전조치

● 타워크레인 2대를 같은 높이로 설치, 서로 충돌이 발생되도록 설치하였을 때 위법한지 여부

◇ 산업안전보건법 제34조제1항 및 크레인제작기준·안전기준및검사기준 제56조제12항제5호의 규정에 의하여 타워크레인을 설치하는 때에는 선회시 근접하여 설치된 각 크레인과의 충돌이 발생되지 않도록 충돌방지장치를 설치하거나 크레인 사이의 충분한 거리유지 또는 각 크레인의 설치높이를 다르게 하는 등 필요한 조치를 하여야 함.

■ 철골공사장 안전방망 설치 기준

● 철골공사 현장에서 1절 공사후 하부에 설치하는 망이 추락방지망으로 설치해야 하는지 아니면 낙하물방지망으로 설치해야 하는지 또는 설치기준은 어떻게 되는지

1. 산업안전보건기준에관한규칙 제42조, 제43조의 규정에 의거 추락에 의하여 근로자에게 위험을 미칠 우려가 있는 때에는 작업발판을 설치하거나 안전난간·울 등을 설치하여야 하나 이와 같은 조치가

곤란할 경우에는 추락방지용 방망을 설치하도록 하고 있으며,

2. 동 규칙 제14조의 규정에 의거 작업으로 인하여 물체가 낙하 또는 비래할 위험이 있는 경우에는 낙하물방지망 또는 방호선반의 설치 등 필요한 위험방지 조치를 하도록 하고 있음

◇ 따라서, 추락방지망 또는 낙하물방지망의 설치여부는 공사진행에 따른 위험요소를 기준으로 판단하여야 하는 바, 근로자의 추락위험이 있는 장소에는 위 "1"의 기준에 의한 추락방지망을, 물체의 낙하 위험이 있는 장소에는 위 "2"의 기준에 의한 낙하물방지망을 설치하여야 하며,

◇ 낙하물방지망을 설치할 경우 그 설치높이는 10m 이내마다 설치하여야 하고, 내민길이는 벽면으로부터 2m 이상으로 수평면과의 각도는 20도 내지 30도를 유지해야 함

■ 파이프 써포트를 3본까지 이어서 사용할 수 있는지

● 산업안전보건기준에관한규칙 제332조(거푸집 동바리등의 안전조치) 제8호 가목 "파이프 받침은 3본 이상 이어서 사용하지 아니하도록 한다"에 대해

(갑설)

－ 파이프 받침은 강관 동바리의 상·하에 붙어있는 연결 받침판으로써 연결 받침판의 이음부가 2회까지는 가능하므로 강관 동바리를 3본까지는 이어서 사용할 수 있는 것인지(층고 10m에 대해 강관동바리를 3본 연결하여 시공할 수 있다)

(을설)

－ 아니면 파이프 받침은 V1, V2, V3, V4를 일컫는 강관 동바리로써 3본 이상은 이어서 사용할 수 없는 것인지(층고 10m에 대해 강관동바리를 3본 연결하여 시공할 수 없다)

◇ 귀사에서 산업안전기준에관한규칙 제332조(거푸집 동바리 등의 안전조치) 제8호가목 "파이프받침을 3본이상 이어서 사용하지 아니하도록 할 것"과 관련하여

－ 위 규정의 파이프받침은 동바리인 파이프써포트로서 2본까지만 이어서 사용할 수 있음. 따라서, "을"설이 타당함

■ 산업안전보건기준에 관한 규칙 제21조(통로의 조명)에 대한 적용여부 질의

● 사업장(제조업)내 공장동과 별도로 기숙사동을 설치·운영하고 있을 때 근로시간이 아닌 새벽에 기숙사동 2층으로 오르내리는 계단에도 75럭스 이상 조명시설의 설치의무가 부여되는지?

－ 조명시설이 설치되었을 때 그 작동스위치가 1층 계단입구에만 설치되어 2층 근로자가 계단을 내려올 때 작동할 수 없다면 법 위반이라 할 수 있는지?

◇ 산업안전보건기준에 관한규칙 제21조(통로의 조명)규정에 사업주는 근로자가 안전하게 통행할 수 있도록 통로에 75럭스 이상의 채광 또는 조명시설을 하도록 규정하고 있으므로 이는 근로자가 통행하는 모든 장소에 적용되는 것이므로 기숙사동 계단통로에도 근로자가 안전하게 통행할 수 있도록 통로에 75럭스 이상의 채광 또는 조명시설을 설치하여야 합니다.

－ 아울러, 사업주는 조명시설을 설치한 경우에도 항상 통로에 75럭스 이상의 채 광 또는 조명시설

이 항상 유지되도록 작동스위치 등을 설치하여야 합니다.

■ 프레스에서 발생한 중대재해 관련 질의

● 사고 시 직접 사용기계인 열간 단조프레스가 「산업안전보건기준에 관한 규칙」 제103조(프레스등의 위험방지)의 프레스에 해당하는지의 여부

◇ 「산업안전보건기준에 관한 규칙」 제103조에서 프레스를 사용하는 근로자의 신체일부가 위험한계내에 들어가지 않도록 해당부위에 필요한 방호조치를 하는 것은 「산업안전보건법」 제34조에 따른 의무 안전인증대상인 프레스를 포함한 모든 프레스에 적용될 것으로 판단됨

■ 낙하물방지망을 설치해야 되는지

● 수직으로 안전그물망을 설치한 경우 낙하물방지망을 설치해야 되는지

◇ 산업안전보건기준에 관한 규칙 제14조(낙하 등에 의한 위험방지) 규정에 의하면 사업주는 작업으로 인하여 물체가 떨어지거나 날아올 위험이 있는 때에는 낙하물방지망, 수직보호망 또는 방호선반 설치, 출입금지 등 필요한 조치를 하도록 규정하고 있음

◇ 따라서, 수직보호망을 설치하여 물체가 떨어지거나 날아 올 위험이 없다면 별도의 낙하물방지망을 설치할 필요는 없다고 사료 됨.

■ 구조물의 높이가 2m이상이면 반드시 비계 및 작업발판을 설치하여야하는지

● 산업안전보건기준에 관한 규칙 제7장 비계 제1절 재료 등에서 비계에 관한 사항이 있는데 제56조에 비계의 높이가 2m 이상인 작업장소에는 다음 각 호의 기준에 적합한 작업발판을 설치하여야 한다로 규정하고 있어, 그러면 우선 구조물의 높이가 2m이면 비계는 당연히 설치하고 추가로 작업발판까지 설치해야 한다는 설명인지 원초적으로 구조물의 높이가 2m이면 비계부터 설치해야 하는 것인지

◇ 산업안전보건기준에관한규칙 제7장의 '비계'에 관한 규정은 비계의 재질, 작업발판, 조립·해체 및 변경시 준수사항 등 비계의 설치가 요구되는 경우(구조물이 2m 이상이라 하더라도 작업의 성질상 비계의 설치가 요구되지 않는 경우도 있음)에 그 설치에 관한 기준을 정한 사항이고

◇ 동 규칙 제56조는 "사업주는 비계의 높이가 2미터 이상인 작업장소에서 각호의 기준에 적합한 작업 발판을 설치하여야 한다"고 규정하여 비계의 높이, 다시 말하여 작업장 높이가 2m 이상인 경우에는 작업발판을 설치해야 함을 정함과 동시에 작업발판에 대한 설치기준을 정한 것임

■ 위험물질 보관

● 인화물 보관의 경우 어떤 물질을 얼마나 보관할 수 있는지

● 산화성·발화성 물질등과 같이 보관하면 안되는 물질이 있는지

◇ 산업안전보건법상 위험물질의 종류는 산업안전보건기준에관한규칙 별표1에서 규정하고 있는 바, 폭발성물질·발화성물질·산화성물질·인화성물질·가연성가스·부식성물질·독성물질 등으로 구분하고 있으며, 동 규칙 제225조에서는 이와 같은 물질을 제조 또는 취급하는 때에는 폭발·화재 및 누출

을 방지하기 위한 적절한 방호조치를 취하지 아니하고서는 위험한 행위를 못하도록 규정하고 있음.

◇ 또한, 동 규칙 제235조에서는 서로 다른 물질끼리 접촉함으로 인하여 당해물질이 발화하거나 폭발할 위험이 있는 때에는 당해 물질을 근접하여 저장하거나 동일한 운반기에 적재하지 않도록 규정하고 있음.

◇ 참고로 위험물질의 저장방법 또는 혼합금지물질 등에 관한 정보는 각 물질별 물질안전보건자료 (MSDS : Material Safety Data Sheet)에서 확인할 수 있는데, 동 자료는 고용노동부 산하 한국산업안 전공단 홈페이지에서 찾아볼 수 있음

■ 안전보건기준 제301조(전기기계·기구 등의 충전부 방호)를 위반한 외부인에 대해 처벌이 가능한지 여부

● 특별고압변전실은 자격있는 자만이 출입가능한 것인지 여부 및 무자격자 출입 시 벌칙규정 여부

● 전기실 출입문 및 전기시설물(큐비클) 파손행위 처벌가능 여부

◇ 산업안전보건법 제23조제1항 및 같은 법 시행규칙 제301조의 규정에 의거 사업주는 소속근로자가 전기기계기구 등에 접촉 또는 접근함으로써 감전의 위험이 있는 변전소 및 개폐소 등 구획되어 있는 장소에는 관계근로자외의 자의 출입금지 및 위험표시 등의 방법으로 방호조치를 하도록 규정되어 있으며, 위반 시 5년 이하의 징역 또는 5천만원 이하의 벌금에 처하도록 규정하고 있음.

  − 다만 동 규정은 소속 근로자의 감전위험 방지를 위해 사업주에게 의무를 부여한 것으로 입주업체 대표자 등 근로자의 신분에 있지 아니한 경우에는 적용되지 않음.

◇ 전기실 출입문 및 전기시설물(큐비클) 파손행위와 관련하여 산업안전보건법 상 처벌규정이 없음

■ 리프트 전담 운전원을 반드시 배치하여야 하는지

● 산업안전보건기준에 관한규칙 제41에서 "사업주는 양중기의 운전도중에 당해 운전자로 하여금 운전 위치로부터 이탈하도록 하여서는 안된다"라고 규정하고 있고, 제152에서 "사업주는 운반구 내부에만 탑승조작장치가 설치되어 있는 리프트를 사람이 탑승하지 아니한 상태로 작동하게 하여서는 안되 다"라고 규정하고 있음

● 이와 관련하여 운반구 외에도 탑승조작장치가 있는 무인작동시스템으로 리프트를 운행시에도 위의 규정을 적용하여 전담 운전원을 반드시 배치하여야 하는지 여부

◇ 산업안전보건기준에 관한규칙 제152조제1항에서 "사업주는 운반구 내부에만 탑승조작장치가 설치되 어 있는 리프트를 사람이 탑승하지 아니한 상태로 작동하게 하여서는 아니된다"라고 규정되어 있음

◇ 따라서, 리프트 무인작동시스템은 리프트 운반구 외부에 탑승조작장치가 있는 경우이므로 위 규정에 해당되지 아니함

■ 와이어로프를 이용한 안전 난간 대 사용가능 여부

● 철골공사 시 안전 난간 대 대신에 와이어로프를 이용하여 안전난간대로 사용 가능 여부

◇ 근로자의 추락 등 위험을 방지하기 위하여 설치하는 안전난간은 「산업안전보건기준에 관한 규칙」제

13조에서 규정하고 있는 구조 및 설치요건에 적합하여야 하는 바, 와이어로프를 안전난간대로 사용하는 것은 동 규정을 충족하기 어려우므로 사용이 곤란함

■ 추락 등 위험요인이 없는 경우에도 보호구를 착용하여야 하는지

● 현장조건이 추락, 낙하, 비래, 감전과 전혀 관련이 없을시 안전모 사용을 강제하지 않아도 되는지

◇ 산업안전보건기준에 관한규칙 제32조의 규정에 의하면 사업주는 근로자를 유해·위험작업에 종사시키는 때에는 당해 작업조건에 적합한 보호구를 동시에 작업하는 근로자수 이상으로 지급하고 이를 착용하도록 하여야 함

◇ 안전모는 물체의 낙하·비래·감전·충돌 또는 추락할 위험이 있는 작업에서 머리를 보호하기 위한 보호구로서 이와 같은 위험요인이 있는지 여부에 따라 지급·착용여부를 결정하여야 할 것으로 이러한 위험요인이 전혀 없는 경우에는 착용하지 아니하여도 된다고 사료됨

■ 위험물 취급공장 내 전동기의 방폭 구조 적용여부

● 가솔린 저장탱크 등을 취급하는 공장내에 가연성가스가 체류되지 않도록 가연성가스의 배출설비가 소방기술기준에 의해 설치되어 있고, 배출설비의 구동부는 방폭구역으로 부터 방화벽 외부에 설치되어 있으며(지상으로부터 9M 이상 이격, 방화벽으로부터 2M 이상 이격), 임펠러 설치부위는 닥트내부에 위치하고 있으나 전동기는 닥트내장형이 아닌 바, 이와 같은 조건하에서 배출설비의 전동기(FAN)를 방폭형으로 적용해야 하는지 여부

◇ 가연성가스 배출설비의 구동부(전동기, 축, 등)가 지상으로부터 9M 이상 이격 및 방화벽으로부터 2M 이상 이격 등으로 정확하게 설치되어 있다면, 동 설비의 주변(4.5M이내)에만 방폭지역이 됩니다. 그러므로 배출설비의 전동기는 비방폭형으로 사용해도 무방하나 전폐형 유도전동기를 추천합니다. 다만, 닥트내부는 1종 장소이므로 FAN의 임펠러는 NON-SPARK 재질을 사용하여야 함

■ 산업안전보건법 시행규칙 제30조의 규정에 의한 '공중전선'의 범위에 대하여

● 산업안전보건법 시행규칙 제30조제5항제14호에서 정한 "공중전선"의 의미와 범주에 대하여

  - 공중전기라 함은 공중에 저절로 생기는 온갖 전기현상의 총칭을 말하므로 공중전선은 옥내·외 전기배선을 총 망라한 전기배선을 총칭하는 것인지, 아니면 전기배선이 사적 또는 공적 용도에 인입되기 이전 즉, 개인 또는 법인, 단체 등이 사용하기 위하여 배전판에 인입하기 이전까지의 모든 전선을 총칭하는 것인지 여부

◇ 산업안전보건법시행규칙 제30조제5항제14호의 "공중전선에 근접한장소로서 시설물의 설치·해체·점검 및 수리 등의 작업을 함에 있어서 감전의 위험이 있는 작업장소"에서 공중전선이라 함은 사업장 내·외를 불문하고 나무기둥, 콘크리트 기둥, 철탑 등의 지지물을 이용하여 공중에 가설한 가공전선(overhead wire)을 말함

■ 산업안전보건기준에 관한 규칙 제270조(내화기준)의 해석과 관련하여

● 규칙 제270조에 규정된 "건축물 등"과 "위험물 저장·취급용기"의 범위

● 가스 또는 분진폭발위험장소에 설치되는 건축물 등의 내화성능 기준

◇ "건축물 등"이라 함은 건축법 등에서 규정하고 있는 건축물 및 위험물의 저장·취급용기의 지지대, 배관·전선관 등의 지지대를 모두 포함하며, "위험물 저장·취급용기"는 안전보건규칙 별표 1에 규정된 물질을 저장·취급하는 용기를 말함

◇ 건축물 등의 내화처리에 사용하는 내화재료는 산업표준화법에 의한 한국산업 규격에 규정된 성능 이상을 갖추어야 함

■ 안전보건기준에 관한규칙 제26조 내지 제30조(계단)의 규정을 건설현장에도 적용이 가능 한지 여부

● 산업안전보건기준에 관한 규칙 제26조 내지 제30조의 사업장 계단 설치 기준이 건설현장에서 가설통로로 사용하는 가설계단에도 적용되는지 여부

◇ 산업안전보건기준에 관한 규칙 제26조 내지 제30조의 규정은 사업장 내에 계단을 설치할 경우에 계단의 강도·폭·높이 및 난간 설치기준 등에 대하여 정하 고 있는 바, 그 적용 범위에 대한 명문의 규정이 없으므로 당연히 건설현장에 도 적용될 것으로 판단됨

◇ 다만, 건설현장에서 가설통로를 설치할 경우에는 동 규칙 제23조【가설통로의 구조】에서 정하고 있는 기준을 준수하여야 함

■ 설계도에 의한 작업수행 중 재해발생시 책임한계 여부

● 지하철 상수도 관로이설공사현장에서 설계도에 굴착깊이 6.5m, 굴착면의 구배기준 1 : 0.3(경암기준)으로 되어 있어 설계도대로 작업시 토사붕괴 재해발생 우려가 있어 자체적으로 작업장소의 지질을 조사한 결과 보통 흙(토사 및 매립토)으로 판정되어 발주처에 관련근거(구조계산, 안전성검토)를 첨부하여 기존 설계도대로 작업시 안전상의 문제가 있어 설계변경을 요청하였으나 발주처에서 이것이 계약조건이라는 이유로 반영이 안되어 설계도대로 작업 수행 중 근로자가 사망 또는 중상자가 발생시 그 책임 한계가 어떻게 되는지

◇ 산업안전보건법상 재해예방 책임은 근로자를 사용하여 사업을 행한 사업주(시공자)에게 있으며, 사업주는 산업안전보건기준에관한규칙 제2절 "굴착작업 등의 위험방지"에서 정한 토질에 따른 구배를 준수하거나 지반의 붕괴 또는 토석의 낙하에 의하여 근로자에게 위험을 미칠 우려가 있을 때에는 미리 흙막이 지보공의 설치, 방호망의 설치 및 근로자의 출입금지 등 당해 위험을 방지하기 위하여 필요한 안전상의 조치를 하여야 함

■ 정비 등의 작업 시 안전조치대상에 섬유가공기계도 포함되는지 여부

● 산업안전보건기준에관한규칙 제92조제1항의 규정에 의하여 공작기계·수송기계·건설기계 등을 정비·청소·급유·검사·수리 기타 이와 유사한 작업을 함에 있어서 근로자에게 위험을 미칠 우려가 있는 때에는 당해 기계의 운전을 정지하여야 하는 바, 이 경우 동 안전조치를 하여야 할 대상에 부로아성형기 및 섬유가공기계도 포함되는지 여부

◇ 산업안전보건기준에관한규칙 제92조제1항의 규정을 적용받는 대상기계는 공작기계(날부분을 제외

한다)·수송기계·건설기계 뿐만 아니라 기타 이와 유사한 기계를 포함하고 있는 것으로 보아야 하고, 부로아성형기 또는 섬유원단가공기계를 정비·청소 등의 작업을 하는 과정에서 근로자에게 위험을 미칠 우려가 있는 때에는 사업주는 동 규정에 의하여 필요한 안전조치를 하여야 함.

■ **차량계운반하역기계 등의 취급작업 시 작업계획서 작성 의무**

● 산업안전보건기준에 관한 규칙 제38조의 규정에 의한 작업계획서 작성을 원도급업체가 작성하였는데 별도로 하도급업체에서도 작업계획서를 작성하여야 하는지

◇ 사업주라 함은 산업안전보건법 제2조제3호의 규정에 의하여 근로자를 사용하여 사업을 행하는 자를 말하는 것으로, 사업주로 하여금 차량계하역운반기계 등을 사용 시 작업계획을 작성하고 당해 근로자에게 교육을 하도록 하고 있는 바

    – 사업주인 하도급업체가 작업계획을 작성하는 것이 타당하다고 사료되며, 이 경우 원청업체가 작성한 작업계획에 당해공정을 보완하여 활용할 수 있음

■ **리프트에 설치해야 할 방호장치와 관련하여**

● 2층 높이(27.5m) 리프트에 비상정지버튼을 3개소(운반구 내부, 1층 외부DOOR, 2층외부DOOR) 설치하여 운행 중인데 안전상의 이유로 1층과 2층의 비상정지스위치를 제거하여도 법적으로 문제가 없는지

◇ 현행 「리프트 제작기준·안전기준 및 검사기준(고용노동부 고시)」은 안전을 위한 방호장치로 비상정지장치를 설치하여야 한다고 정하고 있을 뿐 리프트 외부 에 추가로 설치된 비상정지장치에 대해서는 별도로 정한 바가 없음

◇ 다만, 운행 중인 리프트가 원격제어기가 설치된 리프트라면 운반구내의 비상 정지스위치 외에 운반구의 각 출입문 및 건물 각층에 있는 호출 송신기 설치 장소 등에 1개 이상 설치하여야 하오니 참고하시기 바람

■ **낙하물 방지망 및 안전난간대를 추가로 설치하여야 하는지 여부**

● 수직보호망을 아파트 발코니 및 개구부 주위 전체에 설치하였을 경우 낙하물방지망 및 안전난간 대 설치 여부

◇ 작업으로 인하여 물체가 떨어지거나 날아 올 위험이 있는 때에는 낙하물방지망, 수직보호망 또는 방호선반을 설치토록 하고 있는 바, 수직보호망을 사용하여 낙하 또는 비래 위험이 충분히 예방된다면 추가로 낙하물방지망 설치는 필요하지 않으며

◇ 안전난간대는 근로자의 추락방지를 위하여 설치하는 것으로 낙하 또는 비래 예방과 별개로 추락위험이 있는 장소에는 설치하여야 함

2. 保健上의 措置(법 제24조)

- 근로자의 건강장해 예방을 위해 사업주가 보건상의 조치를 취해야 할 유해·위험요인의 범위를 정하여 이를 준수하도록 하고 있다(법 제24조).
  - 이와 관련하여 사업주가 강구하여야 할 구체적인 보건상의 필요한 조치사항은 「산업안전보건기준에 관한규칙」(고용노동부령)으로 정함 → 5년이하의 징역 또는 5,000만원 이하의 벌금
- 산업안전보건기준에 관한규칙에서 보건기준에서는
  - 관리대상유해물질, 허가대상유해물질, 금지유해물질, 소음·진동, 이상기압, 온·습도, 방사선, 근골격계부담작업, 병원체, 분진, 밀폐공간 작업, 사무실오염, 그 밖의 유해인자로 구분하여 근로자의 건강장해를 예방하기 위해 취해야할 조치를 규정하고 있다.

가. 건강장해예방을 위한 필요조치사항(법 제24조제1항 각호)

- 사업주는 사업을 행함에 있어서 발생하는 다음의 건강장해를 예방하기 위한 필요한 조치를 하여야 한다.
  - 원재료·가스·증기·분진·흄(fume)·미스트(mist)·산소결핍공기·병원체 등에 의한 건강장해
  - 방사선·유해광선·고온·저온·초음파·소음·진동·이상기압 등에 의한 건강장해
  - 사업장에서 배출되는 기체·액체 또는 잔재물 등에 의한 건강장해
  - 계측감시·컴퓨터 단말기 조작·정밀공작 등의 작업에 의한 건강장해
  - 단순 반복작업 또는 인체에 과도한 부담을 주는 작업에 의한 건강장해
  - 환기·채광·조명·보온·방습 및 청결 등에 대한 적정기준을 유지하지 아니함으로 인하여 발생하는 건강장해

나. 주요 유해 인자별 보건상의 조치

잔재물 등의 발산 억제조치 및 잔재물 처리(규칙 제83조, 85조)

- 인체에 해로운 기체, 액체, 잔재물 등이 발산되는 실내 작업장은 공기 중에 해당 물질의 발산을 억제하기 위한 설비나 발산원을 밀폐하는 설비 또는 국소배기장치나 전체환기장치 설치
- 잔재물 등으로 인하여 건강장해발생하지 않도록 중화·침전·여과 등 적절한 조치, 병원체에 오염된 기체 또는 잔재물 등은 소독, 살균 기타 적절한 방법으로 처리

관리대상유해물질(규칙 제422조~451조)

- 관리대상물질의 가스, 증기 또는 분진이 발생되는 작업장소에는 발산원 밀폐설비 또는 국소배기장치 설치(규칙 제422조)
- 작업장 바닥은 불침투성 재료를 사용하고 청소하기 쉬운 구조로 하고, 접촉설비는 녹슬지 않는 재료로 만드는 등 부식방지조치(규칙 제431조,432조)
  - 취급설비의 뚜껑·플랜지, 밸브·코크 등 누출방지를 위한 필요한 대책 강구(규칙제 433조)
  - 관리대상 유해물질이 새지 않도록 밸브 등의 조작·응급조치 등이 포함된 작업수칙을 정하여

작업하도록 조치(규칙 제436조)

- 관리대상물질 중 발암성물질 취급 시에는 물질명, 사용량 및 작업내용 등이 포함된 취급일지를 작성하여 갖춰두고 발암성 물질임을 게시판 등을 통해 근로자에게 알려야함(규칙 제439조, 440조)
- 관리대상물질 취급 시에는 당해 물질의 명칭, 인체에 미치는 영향과 증상, 취급상 주의사항, 착용하여할 보호구와 착용방법, 위급상황시의 대처방법과 응급조치요령 등을 작업배치 전에 근로자에게 알려야 함(규칙 제449조)
- 유기화합물을 넣었던 탱크 내부에서의 세정 및 페인트칠업무, 밀폐설비·국소배기장치가 설치되지 아니한 장소, 증기 발산원을 밀폐하는 설비의 개방업무등에서는 송기마스크 방독마스크 등을 지급착용조치(규칙 제450조)
- 피부자극성 또는 부식성 물질은 보호복, 보호장갑, 보호장화, 피부 보호용 바르는 약품 등을, 유해물질이 흩날리는 업무는 보안경을 지급하는 등 취급물질 및 작업형태별 적절한 보호구를 지급하는 등조치(규칙 제451조)

허가대상물질(규칙 제453조~470조)

- 허가대상물질(베릴륨 및 석면은 제외)을 제조, 사용하는 경우(규칙 제453조)
  - 작업장소는 격리시키고 바닥과 벽은 불침투성 재료로 하되, 해당 물질 제거가 쉬운 구조로 하고 원재료의 공급·운반은 근로자에게 직접 닿지 않는 방법으로 하고
  - 발열반응 또는 가열을 동반하는 반응에 의하여 교반기 등의 덮개 부분으로 부터 가스, 증기가 새지 않도록 가스켓 등으로 접합부를 밀폐시키고
  - 분말상의 물질로 근로자가 직접 사용하는 경우에는 습윤 상태로의 사용, 격리실에서 원격조작 또는 분진의 흩날림을 방지할 수 있는 방법을 사용
- 허가대상유해물질 취급시에는 당해 물질의 명칭, 인체에 미치는 영향, 취급상 주의사항, 착용하여야 할 보호구, 응급처치 및 긴급방재요령 등을 근로자가 보기 쉬운 곳에 게시 및 주지(규칙 제460조, 제461조)
- 허가대상물질 취급작업장소와 격리된 장소에 탈의실·목욕실 및 작업복 갱의실을 설치하고 필요한 용품과 용구를 갖춰두고, 긴급 세척시설과 세안설비를 설치하고, 맑은 물이 나올 수 있도록 유지(규칙 제464조, 465조)
- 허가대상물질 취급 시는 방독마스크, 불 침투성 보호복, 보호장갑, 보호장화, 피부보호용 약품을 갖춰두고 사용토록 하여야 함(규칙 제470조)

제조금지물질/승인(규칙 제499조~511조)

- 금지물질을 시험·연구 목적으로 제조하거나 사용하는 자는 설비는 밀폐식 구조로 하고 유해물질 특성에 맞는 적절한 소화설비를 갖추어야 하며(규칙 제499조)
  - 설비가 설치된 장소의 바닥과 벽은 불침투성 재료로 하되, 물청소가 가능한 구조로 하는 등 해당물질을 제거하기 쉬운 구조로 하여야함(규칙 제501조).
- 금지물질을 제조·사용하는 때에는 금지물질의 물리·화학적 특성, 인체에 미치는 영향, 취급상 주의사항, 응급처치요령 등을 근로자에게 주지(규칙 제502조)

- 보관용기는 금지유해물질이 새지 않도록 견고한 용기를 사용하고 경고표지를 붙여야 하며 관계근로자 외의 자가 취급할 수 없도록 일정한 장소에 보관하고 그 사실을 보기 쉬운 장소에 게시(규칙 제503조, 504조)
- 사업주는 담배를 피우거나 음식물 먹지 않도록 하고 그 내용을 보기 쉬운 장소에 게시 하고(규칙 제506조)
  - 응급 시 근로자가 쉽게 사용할 수 있도록 긴급세척시설 등 설치(규칙 제508조)
- 피부노출을 방지할 수 있는 불침투성 보호복·보호장갑 등을 개인전용의 것으로 지급하고 평상복과 분리·보관할 수 있도록 전용보관함을 갖추고 별도의 정화통을 갖춘 호흡용보호구를 지급·착용토록 하여야 함(규칙 510조, 511조).

소음에 의한 건강장해예방(규칙 제513조~517조)

- 강렬한 소음작업/충격소음작업 장소는 기계·기구 등의 대체, 시설의밀폐·흡음 또는 격리 등 조치를 하고(규칙 제513조)
  - 작업장소의 소음수준, 인체에미치는 영향과 증상, 보호구 선정 및 착용방법 등에 관한 사항을 근로자에게 주지(규칙 제514조)
- 소음성 난청으로 건강장해 발생 또는 발생우려가 있는 경우 소음성난청 발생 원인조사, 작업전환 등 의사 소견에 따른 조치, 청력손실감소 및 재발방지를 대책마련 등 조치(규칙 제515조)
- 소음작업자에게 개인전용의 청력보호구를 지급·착용토록 하고, 상시 점검하여 이상이 있는 것은 보수하거나 다른 것으로 교환(규칙 제516조)
- 작업환경측정결과 소음 수준이 90dB을 초과한 사업장, 소음으로 인한 근로자에게 건강장해가 발생한 사업장은 청력보존프로그램 수립·시행(규칙 제517조)

진동에 의한 건강장해예방(규칙 제518조~520조)

- 작업자에게 방진장갑 등 진동보호구를 지급·착용토록 조치(규칙 제 518조)
- 진동이 인체에 미치는 영향과 증상, 보호구 선정과 착용방법, 진동 기계·기구관리방법, 진동장해 예방방법 등에 관한 사항을 주지(규칙 519조)
- 진동기계·기구의 사용설명서 등을 작업장 내에 갖춰두고 상시 정상적으로 유지·관리 조치(규칙 제520조)

이상기압에 의한 건강장해 예방(규칙 제523조~555조)

- 고압작업 시 작업실의 공기의 부피가 근로자 1인당 4세제곱미터 이상 되도록 하고(규칙 제523조),
  - 기압조절실의 바닥면적과 공기의 부피를 근로자1인당은 0.3제곱미터 이상과 부피 0.6세제곱미터 이상되도록 하여야 하고, 기압실내의 탄산가스로 인한 건강장해를 방지하기위해 탄산가스의 분압이 제곱미터당 0.005킬로그램을 초과하지 않도록 환기 등 필요한 조치(규칙 제524조)
- 공기를 보내는 송기관 중간에 공기청정장치를, 작업실·기압조절실에 대하여는 각각 전용 배기관을, 외부 밸브 또는 코크에는 압력계를, 공기의 온도가 비정상적일 때 상승한 경우 알릴 수 있는 자동경보장치를 설치하여야 하며, 호흡용 보호구·섬유로프 등 피난용구를 갖춰두어야 함(규칙 제525조~529조)

- 잠수작업자에게 공기를 보내는 경우에는 공기량을 조절하기 위한 공기조 와 사고 시에 필요한 공기를 저장하기 위한 예비 공기조를 설치((규칙 제530조)
  - 공기압력이 제곱미터당 10킬로그램 이상인 호흡용 공기통의 공기를 잠수작업자에게 보내는 경우에 2단 이상의 감압방식에의한 압력조정기를 작업자에게 사용토록하여야 함(규칙 제531조)
- 가압을 하는 경우 1분에 제곱센티미터당 0.8킬로그램 이하의 속도로 하고, 감압을 하는 경우 고용노동부장관이 정하는 고시기준에 맞도록 감압속도 준수(규칙 제532조, 제533조)
- 감압하는 경우 조도를 20럭스 이상, 온도가 섭씨 10도이하가 되는 경우 모포 등 적절한 보온용구 지급, 감압에 1시간이상 소용되는 경우 의자 또는 휴식용구 지급 사용 조치, 감압에 필요한 시간을 해당 작업자에 미리주지(규칙 제535)
- 고압작업을 하는 경우 기압조절실에 자동기록 압력계를 갖춰두고 감압상황을 기록한 서류, 작업자 성명과 감압일시 등을 기록한 서류작성 5년 보존 조치(규칙 제536조)
- 잠수작업자를 수면으로 올라 오게하는 경우 그 속도 준수(고용노동부장관 고시)(규칙 제537조)
- 공기압축기나 수동펌프에 의하여 공기를 보내는 경우 잠수작업자마다 그 수심의 압력아래에서 분당 송기량을 60리터 이상 되도록 조치(규칙 제544조)
- 잠수작업자에게 고농도 산소만을 들이 마시도록 하여서는 아니되며, 잠수작업자와의 연락을 담당하는 감시인을 잠수작업자 2명당 1명씩 배치하여 적정잠수, 필요한 양의 공기 송급, 위험 등 장해 우려 시 신속연락조치 등 조치(규칙 제546조, 547조)
- 고압작업설비, 잠수작업설비 등을 점검 한 경우 점검년월일, 방법, 구분, 결과, 점검자 등 점검결과를 5년간 기록·보관(규칙 제555조)

온도·습도에의한 건강장해 예방(규칙 제560조~569조)

- 고열, 한냉, 다습작업이 실내인 경우에는 다음에 따라 냉·난방 또는 통풍을 위한 온·습도조절장치를 설치하여야 한다(규칙 제560조).
- 실내 고열작업은 고열감소를 위한 환기장치 설치, 열원과의 격리, 복사열의 차단 등 필요한 조치를 하고 방열장갑과 방열복, 방한장갑과 방한복, 방한화, 방한모 등 필요한 보호구 지급 착용토록 하고(규칙 제561조, 제572조)
- 근로자를 새로 배치시 고열에 순응할 때까지 작업시간을 매일 단계적으로 증가시키는 등 필요한 조치를 하고, 한랭작업은 혈액순환을 원활히 하기 위한 운동지도, 적절한지방 등 섭취를 위한 영양지도, 체온유지를 위한 더운물 준비 등 조치를 하고, 다습작업은 습기제거를 위하여 환기하는 등 적절한 조치를 하여야 한다(규칙 제562조~제564조).
- 고열·한랭·다습 작업장근로자에 대한 적절한 휴식조치와 작업장과 격리된 휴게시설 설치하고(규칙 제566조, 제567조)
- 고열이 발생하는 갱내 온도는 37도 이하로 유지, 다량의 고·저온물체 취급 또는 현저히 뜨겁거나 차가움 장소는 관계자외 출입금지 조치를 하여야한다(규칙 제568조, 제569조).

방사선에 의한 건강장해예방(규칙 제574조~591조)

- 방사선물질 취급 시 방사성물질의 밀폐, 차폐물 설치, 국소배기장치 설치, 경보시설의 설치 등 필요

한 조치를 하여야 하며, 방사선 관리구역을 지정한 후 측정용구착용·업무상주의사항과 응급조치에 관한 사항 등을 게시하고 관계근로자 외의 자 출입을 금지하여야 한다(규칙 제574조, 제575조).

● 엑스선 장치, 입자가속장치, 방사성물질을 내장하고 있는 기기 등의 방사선 장치를 설치하는 경우 전용의 작업실을 설치하여야 한다(규칙 제576조).

● 방사선 장치실, 방사성물질 취급 작업실, 방사성 물질저장시설, 방사성물질 저장시설 또는 보관·폐기시설에 근로자가 상시 출입하는 경우 차폐벽, 방호물 기타 차폐물 설치 등 필요한 조치를 하여야 한다(규칙 제580조).

● 방사성물질이 가스·증기 또는 분진으로 발생할 우려가 있을 경우 발산원을 밀폐하거나 국소배기 장치 등을 설치하고, 신체 또는 의복, 보호장구 등에 부착할 우려가 있을 때는 판 또는 막 등의 방지설비를 설치하고, 방사성물질 취급에 사용되는 국자, 집게 등의 용구에는 동 취급용구임을 표시하고 다른 용도에 사용하여서는 아니된다(규칙 제581조~제583조).

● 방사성물질에 오염된 보호복, 보호장갑, 호흡용 보호구 등을 즉시 적절하게 폐기하고, 세면·목욕·세탁 및 건조시설 등을 설치하고, 근로자가 담배를 피우거나 음식물을 먹지 않도록 그 내용을 보기쉬운 장소에 게시하여야 한다(규칙 제588조~제590조).

● 방사성물질취급 작업자에게 방사선이 인체에 미치는 영향, 안전한 작업방법, 건강관리 요령 등 유해성 등을 주지시켜야 한다(규칙 제591조).

병원체에 의한 건강장해 예방(규칙 제594조~604조)

● 감염병 예방을 위하여 계획 수립, 보호구 지급 및 예방접종, 감염발생시 원인 조사 및 대책수립, 적절한 처치 등을 이행(규칙 제594조)

● 근로자에게 감염병의 종류와 원인, 전파 및 감염경로, 감염병 증상과 잠복기, 예방방법 등을 알려야 함(규칙 제595조)

● 환자의 가검물 처리자는 보호앞치마, 보호장갑, 보호마스크 등 보호구착용(규칙 제596조)

● 매개원(혈액, 공기, 곤충 및 동물)별 감염위험이 있는 장소에서는 흡연·취식 금지, 세척시설 등 설치, 보안경과 보호마스크, 보호장갑, 보호앞치마 등 보호구 지급, 신속한 의사의 진료 등 적절한 조치(규칙 제601조~제604조)

분진에 의한 건강장해 예방(규칙 제607조~617조)

● 실내 분진작업장(갱내를 포함)은 밀폐설비 또는 국소배기장치를 설치하여야 하며, 분진발산 면적이 넓은 경우 전체환기장치를 설치하고, 분진이 심하게 흩날리는 경우 물을 뿌리는 등 조치하여야 한다(규칙 제607조, 제606조, 제610조).

● 실내 작업장은 매일 작업 시작 전에 청소를 실시하고, 매월 1회이상 진공청소기 또는 물을 이용하여 분진이 흩날리지 않는 방법으로 청소를 실시하여야 한다(규칙 제613조).

● 작업환경측정결과 분진노출기준 초과사업장, 분진으로 인한 건장장해 발생 사업장 등은 호흡기보호프로그램을 작성·시행하여야 한다(규칙 제616조).

● 분진작업 근로자에게는 호흡용 보호구를 지급하고 착용토록 조치하고,개인 전용보호구를 지급하고, 보관함을 설치하는 등 오염방지조치를 하여야 한다(규칙 제617조).

밀폐공간작업으로인한 건강장해예방(규칙 제619조~631조)

- 밀폐공간에서 작업 하도록 하는 경우 작업 시작전 공기 상태가 적정한지를 확인하기 위한 측정·평가, 응급조치 등 안전보건교육 및 훈련, 공기호흡기나 송기마스크 등 착용과 관리 등의 내용이 포함된 『밀폐공간 보건작업프로그램』을 수립·시행(규칙 제619조)
- 작업 시작 전 및 작업 중에 적정공기상태가 유지되도록 환기조치, 폭발·산화 등 위험으로 환기가 불가능할 경우 송기마스크 등 지급·착용토록 하고, 입장 및 퇴장 시 인원점검을 실시하고 송기마스크, 섬유로프, 사다리 등 피난·구출기구 비치(규칙 제620조, 제621조)
- 작업자외의 자는 출입을 금지시키고 그 뜻을 보기 쉬운 장소에 게시하고 밀폐공간 작업 시는 작업장과 외부의 감시인 간에 상시 연락을 취할 수 있는 설비를 설치 (규칙 제622조, 제623조)
- 터널·갱 등을 파는 작업은 유해가스에 노출되지 않도록 사전에 유해가스 농도를 조사하고 유해가스처리방법, 터널·갱 등을 파는 시기 등을 정한 후에 이에 따라 작업(규칙 제627조)
- 헬륨, 질소, 프레온, 탄산가스 등 불활성기체를 내보내는 배관이 있는 보일러·탱크·반응탑 또는 선창 등에서 작업하는 경우에는 불활성기체가 누출되지 않도록 차단판 설치, 장금장치를 임의로 개방 금지조치, 기체의 명칭과 개폐 방향 등에 관한 표지 게시 등 조치 및 해당 불활성기체의 잔류 방지 조치(규칙 제630조, 제631조)

사무실에서의 건강장해 예방조치(규칙 제649조~655조)

- 사무실 공기를 측정·평가하고 그 결과에 따라 공기정화설비 등을 설치 하거나 개·보수 조치(규칙 제649조)
- 실외로부터 자동차매연, 그 밖의 오염물질이 들어올 우려가 있는 경우에는 통풍구·창문·출입문 등의 공기 유입구 재배치 등 조치(규칙 제650조)
- 분진발생을 최대한 억제할 수 있는 방법을 사용 청소, 미생물로 인한 오염과 해충발생 우려가 있는 화장실, 목욕시설 등은 소독하는 등 조치(규칙 제653조)
- 공기정화설비 등의 청소·개·보수작업에 보안경·방진마스크 등 적절한 보호구 지급 착용조치하고, 개인전용의 것으로 지급하고, 오염물질의 유해성·보호구 착용방법·응급조치요령 등 주지(규칙 제654조, 제655조)

근골격계부담작업으로 인한 건강장해의 예방 (규칙 제657조~662조)

- 근골격계부담작업에 대하여 매 3년마다 설비·작업공정·작업량·작업속도 등 작업장 상황, 작업시간 등 작업조건, 근골격계질환 징후와 증상 유무 등 유해요인조사 실시, 근로자의 면담·증상설문조사·인간공학적 측면을 고려한 조사 등 적절한 방법으로 조사(규칙 제657조, 제658조)
- 유해요인조사 결과 근골격계질환 발생 우려가 있는 경우 인간공학적으로설계된 인력작업 보조설비 및 편의설비 설치 등 작업환경개선 조치(규칙 제659조)
- 근골격계부담작업으로 인해 운동범위의 축소, 쥐는 힘의 저하, 기능의 손실 등의 징후 시 사업주에게 통지 할수 있으며, 동 근로자에 대하여는 의학적 조치(휴식, 보조대 착용 등)를 하고 필요한 경우 작업환경개선 등 조치(규칙 제660조)
- 유해요인조사 및 그 결과, 유해요인, 징후 및 증상, 질환발생시 대처요령, 올바른 작업자세 및 작

업시설의 올바른 사용방법 등을 주지(규칙제661조)
- 동 질환으로 업무상 질병으로 인정받은 근로자가 연간 10인 이상 발생, 5인 이상으로 근로자수의 10%이상 발생한 사업장 등은 노사협의를 거쳐 근골격계질환 예방관리프로그램 작성·시행(규칙 제662조)

중량물을 들어올리는 작업에 관한 특별조치(규칙 제664,665조)

- 취급물품의 중량, 취급빈도, 운반거리, 운반속도 등 작업조건에 따라 작업시간과 휴식시간 등을 적정 배분하고 근로자에게 신체에 부담을 감소시킬 수 있는 자세에 관하여 주지(규칙 제664조)
- 5kg 이상의 중량물을 들어 올리는 작업을 하는 경우에는 주로 취급하는 물품에 대하여 근로자가 쉽게 알 수 있도록 물품의 중량과 무게중심에 대해 작업장 주변에 안내표시하고, 취급하기 곤란한 물품은 손잡이 부착, 갈고리·진공빨판 부착 등 적절한 보조도구 활용 조치(규칙 제665조)

컴퓨터 단발기 조작업무(규칙 제667조)

- 실내는 명암의 차이가 심하지 않도록 하고 직사광선이 들어오지 않는 구조로 하고, 저휘도형 조명기구, 창·벽면등은 반사되지 않는 재질 사용
  - 컴퓨터 단말기와 키보드를 설치하는 책상 및 의자는 높낮이 조절 가능하도록 하고 연속작업시는 작업시간에 적정한 휴식시간 부여

비전리전자기파(규칙 제668조)

- 발생원 격리, 차폐, 보호구 착용, 발생장소 경고문구 표시 등 적절한 조치를 하고 인체에 미치는 영향, 안전작업 방법 등에 대한 근로자 주지

직무스트레스(규칙 제669조)

- 장시간 근로, 야간작업을 포함한 교대작업, 차량운전, 정밀기계의 조작 및 감시 작업 등 직무스트레스(신체적·정신적 스트레스)가 높은 작업에 근로자를 종사하게 하는 때에는 그 요인 조사 및 개선대책을 마련·시행하고, 뇌·심혈관질환 발병 위험도 평가 및 건강증진프로그램을 시행

농약원재료 방제작업(규칙 제670조)

- 농약 살포·훈증·주입 등 방제업무 종사자에게는 안전조치교육실시하고, 농약 주입 시 역류하지 않도록 하며, 혼합에 따른 화학반응 등의 위험성을 확인하고, 취급자는 흡연과 음식물 섭취 등을 하지 않도록 하고, 폭발 등의 방지조치를 하여야 함
  - 농약원재료 배합 시는 깔때기 등 배합기구 사용방법 및 배합비율 등을 근로자에게 알리고 농약원재료의 분진, 미스트의 발생을 최소화
  - 농약원재료를 다른 용기에 옮겨 담는 경우는 안전성이 확인된 용기를 사용하고, 담는 용기에 적합한 경고 표지 부착

행정해석

■ **반자동 케리지 용접작업장에서의 국소배기장치 설치 여부**

● 반자동 케리지 용접기(용접흄 발생)에 국소배기장치를 설치하여야 하는지

◇ 반자동 케리지 용접기를 사용하는 작업은 산업안전보건기준에 관한 규칙 제605조에서 규정하고 있는「실내 작업장에서 금속을 용접 또는 용단하는 분진작업」에 해당하므로 같은 규칙 제607조에 의한 밀폐설비 또는 국소배기장치를 설치하여야 할 것으로 사료됨

    – 다만, 같은 규칙 제608조에 따라 분진 발산면적이 넓어 같은 규칙 제607조의 규정에 의한 설비의 설치가 곤란한 경우에 해당되어 전체환기장치를 설치해도 되는지 여부는 현장 실정(사실관계)에 따라 판단되어야 할 것임

■ **허용소비량 단위 및 사용량의 적용방법**

● 산업안전보건기준에 관한 규칙 제421조에서 1시간당 허용소비량을 계산할 때 단위 및 사용량의 적용방법은 취급근로자 전체에 대한 사용량인지 근로자 1명에 대한 사용량인지

● 환기가 불충분한 실내작업장의 명확한 기준은 무엇인지

◇ 산업안전보건기준에 관한 규칙 제421조의 규정에 의한 허용소비량의 단위는 그램(g)이며, 사용량은 작업장 체적 내에 근로하는 전체 근로자에 적용하는 사용량임

    – 환기가 불충분한 실내작업장 여부는 작업장의 크기, 유해물질 사용량, 작업장의 환기량, 전체환기장치 및 국소배기장치의 유무 및 성능 등을 고려하여 종합적으로 판단해야 할 것으로 사료됨

■ **방진마스크 사용 작업장 기준**

● 보호구성능검정규정(구 노동부 고시 제2000-15호)에서 기계적으로 생기는 분진발생작업장소는 어떤 곳이며 오일 미스트(oil mist) 발생장소도 이에 포함되는지, 포함된다면 얼만큼이 발생되는 작업장을 말하는지, 그리고 노동부의 사업장 점검 시 어떤 기준이 적용되는지

◇ 보호구성능검정규정(고용노동부 고시)에서 정하는 "기계적으로 생기는 분진 등 발생장소"라 함은 재료 등에 압박·충격·전단(剪斷) 또는 마찰 등으로 인해 분진이 발생할 수 있는 장소를 포괄적으로 의미하고

    – 보호구의 착용은 근로자 건강보호를 위한 차선책으로 국소배기장치의 설치 등 시설개선이 선행되어야 하며, 인체에 유해한 가스·증기·미스트·흄 또는 분진이 발생되어 보호구를 지급할 경우 당해 유해물질의 농도와 무관하게 지급되어야 하며 점검은 유해물질의 특성을 고려한 보호구의 선정여부, 검정보호구의 지급여부 등을 중심으로 사업장 지도·점검을 실시하고 있음

■ **분진작업과 상시 분진작업의 차이**

● "분진작업" 및 산업안전보건기준에 관한 규칙 제614조의 "상시 분진작업"은 어떤 것인지

◇ 분진작업은 산업안전보건법 산업보건기준에 관한 규칙 별표 1(분진작업의 종류)에서 정하는 작업을

말하며

- 상시분진 작업에 대하여 산업안전보건법에서 직접적으로 정의하고 있지 않으나 산업안전보건기준에 관한 규칙에 "작업시간이 월 24시간 미만의 임시분진 작업"에 대한 규정을 감안할 때 이와 같은 임시분진작업이 아닌 상시적으로 이루어지는 분진작업을 의미하는 것임

■ 산업안전보건기준에 관한 규칙 "컴퓨터단말기 조작업무에 대한 조치" 관련

● 본 조의 적용대상은

● 근로자에 따라 높낮이를 조절할 수 있는 작업기기의 구체적 조건은

● 연속적인 컴퓨터 단말기 조작근로자에 대하여 작업시간 중 적정 휴식을 부여토록 하고 있는데, 연속적인 작업 및 적정휴식의 구체적인 기준은

◇ 산업보건기준에 관한규칙 "컴퓨터단말기 조작업무에 대한 조치"의 적용대상은영상표시단말기(VDT)취급근로자작업관리지침(고용노동부고시) 제3조에 의거 영상표시단말기 연속작업자 중 작업량·작업속도·작업강도 등을 근로자 임의로 조정하기 어려운 자임

- '작업량·작업속도·작업강도 등을 근로자 임의로 조정하기 어려운 자'란 다른 근로자와 보조를 맞춰 공동으로 진행되는 업무를 수행하는 자로 당해 근로자의 작업량, 작업속도, 작업시간의 변화가 다른 근로자의 업무에 영향을 주어 자율적으로 휴식시간을 활용할 수 없는 자를 의미함

◇ 영상표시단말기(VDT)취급근로자작업관리지침(고용노동부고시)에서는 사업주가 행하여야 할 조치에 관한 기술상의 지침 또는 작업환경의 표준을 지도·권고하고 있는 바, 이를 참고할 수 있음

◇ 연속적인 컴퓨터단말기작업이란 휴식시간을 갖지 않고 컴퓨터단말기를 취급하는 일련의 반복작업으로 동 근로자의 건강장해 예방을 위해서는 1회 연속작업이 1시간을 넘지 않도록 하고 다음 연속작업이 시작되기 전 10~15분의 휴식시간을 부여함이 바람직함

■ 황산 발생 시 측방형 후드의 제어풍속

● 측방형 후드가 설치되어 있고 유해물질로 황산이 발생될 경우 후드의 제어풍속은 어떤 기준을 적용하는지

◇ 산업안전보건법 산업안전보건기준에 관한 규칙 별표 2(관리대상유해물질 관련 국소배기장치 후드의 제어풍속)에 의거

- 후드 형식이 외부식 측방흡인형 후드일 때, 황산의 발생이 입자상(후드로 흡입될 때의 상태가 미스트)이면 제어풍속은 1.0m/sec가 되며, 가스상(후드의 흡인될 때의 상태가 가스 또는 증기인 경우)이면 제어풍속은 0.5m/sec가 됨

■ 산업안전보건기준에 관한 규칙 제421조 허용소비량의 해석

● 산업안전보건기준에 관한 규칙 제421조 관련 작업장 체적을 감안한 허용소비량이 10g이고, 10명이 하루 총 1시간 미만으로 관리대상유해물질을 취급하며, 10명이 하루 사용하는 양을 모두 합한 것이 30g인 경우, 허용소비량 초과 유무

◇ 허용소비량을 계산하기 위한 공식은「허용소비량(g/hr) = 작업장체적/15」임 귀하가 체적을 감안하여 계산한 허용소비량 값이 10g/hr로 계산되었다면 하 루 8시간 동안은 80g/day이며, 만약 8시간 동안 사용한 관리대상 유해물질의 총량이 30g/day라면 허용소비량 미만이라고 사료됨

3. 근골격계 질환 예방의무(筋骨格系 疾患 豫防義務)

● 근골격계질환이 지속적으로 증가함에 따라 이를 종합적이고 체계적으로 예방하기 위하여 '02.12.30 산업안전보건법 개정시 사업주의 근골격계질환 예방 의무를 신설함
　▸ 사업주는 단순반복작업 또는 인체에 과도한 부담을 주는 작업에 의한 건강장해예방을 위해 필요한 조치를 취해야 함(법 제24조 제1항제5호)
● 사업주의 구체적인 예방의무의 내용은 「안전보건기준에관한규칙」 제12장 제656조부터 제666조까지에서 상세히 규정

가. 구체적인 조치기준

● 근골격계부담작업에 대해서는 '04. 6. 30까지 최초 유해요인조사를 실시하고, 그 이후 3년마다 실시하여야 함(규칙 제270조)
● 유해요인 조사결과 근골격계질환자가 발생할 우려가 있는 경우 보조설비 및 편의설비 설치 등 작업환경개선 조치를 하여야 함(규칙 제659조)
● 근골격계부담작업으로 인하여 운동범위 축소, 쥐는 힘의 저하 등의 징후가 나타날 경우 사업주는 의학적 조치를 취하고, 필요한 경우 보건규칙 제659조에 따른 작업환경개선 등 적절한 조치를 취하여야 함(규칙 제660조)
● 사업주는 근골격계부담작업에 근로자를 종사하도록 하는 때에는 다음의 사항 및 유해요인조사와 그 결과, 조사방법 등을 근로자에게 널리 알려주어야 함(보건규칙 제661조)
　① 근골격계부담작업의 유해요인
　② 근골격계질환의 징후 및 증상
　③ 근골격계질환 발생시 대처요령
　④ 올바른 작업작세 및 작업도구, 작업시설의 올바른 사용방법
　⑤ 그 밖에 근골격계질환 예방에 필요한 사항
● 아래의 사업장에 해당하는 사업주는 노사협의를 거쳐 근골격계질환 예방관리프로그램을 수립·시행하여야 함(규칙 제662조)
　− 근골격계질환으로 요양결정을 받은 근로자가 연간 10명 이상 발생한 사업장
　− 근골격계질환 5명 이상이 발생하고, 발생 비율이 그 사업장 근로자수의 10% 이상인 사업장
　− 근골격계질환 예방과 관련하여 노사간의 이견이 지속되어 고용노동부장관이 필요하다고 인정하여 수립·시행을 명령한 사업장

나. 근골격계 부담작업의 범위

- 사업주의 근골격계질환 예방의무의 전제가 되는 근골격계부담작업의 범위에 대해서는 보건규칙에서 고용노동부장관이 정하여 고시하도록 규정하고 있음

근골격계부담작업의 범위(고용노동부고시)

> "근골격계부담작업"이라 함은 다음 각 호의 1에 해당하는 작업을 말한다. 다만, 단기간작업 또는 간헐적인 작업은 제외한다.

- 단기간작업은 2개월 이내에 종료하는 작업을 말하며
  - 간헐적인 작업은 정기적·부정기적으로 이루어지는 작업으로서 연간 총 작업기간이 총 60일을 초과하지 않는 작업을 말함.
- 근골격계부담작업은 단기간작업 또는 간헐적인 작업에 해당되지 않는 작업 중에서 각 호의 1에 해당하는 작업이 주당 1회 이상 지속적으로 이루어지거나 연간 총 60일 이상 이루어지는 작업을 말함.

근골격계부담작업 제1호

하루에 4시간 이상 집중적으로 자료입력 등을 위해 키보드 또는 마우스를 조작하는 작업

- "하루"란 잔업근무시간을 포함한 1일 총 근무시간을 의미함.
- "4시간 이상"은 근골격계부담작업에 실제 노출된 전체 누적시간을 의미함.
- "집중적 자료입력"이란 키보드 또는 마우스로 하는 동작이 지속적으로 이루어지는 것을 의미함.
  - 컴퓨터를 통한 검색이나 해독 작업에서 일어나는 간헐적 입력작업, 쌍방향 통신, 정보 취득 작업 등은 포함되지 않음.
  - 근로자가 임의로 자료입력 시간을 조절할 수 있는 경우에는 집중적으로 수행되는 작업으로 보지 아니함.
- 키보드 또는 마우스를 조작하는 작업이므로 판매대에서 스캐너를 주로 활용하는 작업은 본 호의 적용대상이 아님.
  - 다만, 고시 제2호, 제7호 등에 따른 근골격계부담작업 여부 확인 필요

근골격계부담작업 제2호

하루에 총 2시간 이상 목, 어깨, 팔꿈치, 손목 또는 손을 사용하여 같은
동작을 반복하는 작업

- "총 2시간 이상"은 근골격계부담작업에 실제 노출된 전체 누적시간을 의미함
- "같은 동작"은 동작이 동일할 필요는 없으나, 해당 동작들이 같은 근육군(筋肉群)을 사용하여 이루어지는 것을 의미함.
  - 예 • 손 뻗기 : 근로자가 상, 하, 좌, 우 어느 쪽으로 손을 뻗느냐와 무관하게 항상 상완근과 어깨 근육을 사용
    - 손가락으로 잡기 : 어떤 동작을 취하든 언제나 손과 전완의 근육을 사용

근골격계부담작업 제3호

하루에 총 2시간 이상 머리 위에 손이 있거나, 팔꿈치가 어깨 위에 있거나, 팔꿈치를
몸통으로부터 들거나, 팔꿈치를 몸통뒤쪽에 위치하도록 하는 상태에서 이루어지는 작업

- 팔꿈치를 몸통으로부터 드는 경우란 팔꿈치가 몸통에서부터 어깨높이의 범위에 위치한 상태에서 상지에 부담을 주게되는 작업을 말함.
- 제3호의 범위 내에서 손이나 팔꿈치의 위치가 변경되는 경우에는 주로 사용되는 신체부위가 같은지에 따라 판단.
  - 머리위에 손이 있거나 팔꿈치가 어깨위에 있는 작업인 경우에는 통산하여 작업시간 계산 가능함.
  - 예 하루에 총 1시간은 머리 위에 손이 있는 작업을 수행하고 총 1시간은 팔꿈치가 어깨 위에 있는 상태에서 작업을 할 경우 총 2시간이 되는 것으로 계산함

근골격계부담작업 제4호

지지되지 않은 상태이거나 임의로 자세를 바꿀 수 없는 조건에서, 하루에 총
2시간 이상 목이나 허리를 구부리거나 트는 상태에서 이루어지는 작업

● "지지되지 않은 상태이거나 임의로 자세를 바꿀 수 없는 조건"이란 근로자 자신의 선택에 의한 것이 아니라 근로자의 작업 위치가 본인에게 부적절한 자세를 취하게 만드는 경우를 의미.

● "목이나 허리의 굽힘"은 특별한 사정이 없는 한 수직상태를 기준으로 목이나 허리를 30도 이상으로 구부리는 작업을 의미함.

  ▸ 기는 자세의 경우 수직상태를 기준으로 허리가 90도 이상 굽혀진 것이나, 허리 굽힘으로 보지 않음

● "트는 상태"는 정도의 차이와 무관하게 비트는 동작이 포함되면 근골격계부담작업에 포함됨.

근골격계부담작업 제5호

하루에 총 2시간 이상 쪼그리고 앉거나 무릎을 굽힌 자세에서 이루어지는 작업

● "쪼그리고 앉기"는 근로자가 무릎을 굽힌 상태에서 인체 중량을 주로 발이 감당하고 있는 자세를 말함

  ▸ 무릎이 발가락보다 튀어나올 만큼 구부러진 경우는 언제든지 해당

● "무릎을 굽힌 자세"는 근로자가 바닥면에 한쪽이나 양쪽 무릎을 대고 있는 자세로, 한쪽 혹은 양쪽 무릎이 인체 중량의 상당부분을 지탱하고 있어야 함

근골격계부담작업 제6호

하루에 총 2시간 이상 지지되지 않은 상태에서 1kg 이상의 물건을 한손의 손가락으로 집어 옮기거나, 2kg 이상에 상응하는 힘을 가하여 한손의 손가락으로 물건을 쥐는 작업

● "2kg이상에 상응하는 힘"이란 A4용지 약 250매를 집는데 사용되는 힘에 해당됨

  ▸ 물건의 무게와 무관하게 어느 정도의 쥐는 힘이 사용되는지는 비교평가 방법을 사용함(근로 자에게 해당 작업을 여러번 반복하게 한 다음 A4용지 약 250매 정도를 다루는 힘과 비교하게 함)

근골격계부담작업 제7호

하루에 총 2시간 이상 지지되지 않은 상태에서 4.5kg 이상의 물건을 한손으로 들거나 동일한 힘으로 쥐는 작업

- "지지되지 않은 상태"이란 근로자 자신의 선택에 의한 것이 아니라 작업 상황 등이 근로자에게 작업대 등에 의해 지지되지 않은 상태를 발생시키는 경우를 의미함
- "동일한 힘"이란 소형 자동차용 점프선 집게를 쥐는 힘에 해당됨
  - ▶ 물건의 무게와 무관하게 어느 정도의 쥐는 힘이 사용되는지는 비교평가방법을 사용함(근로자에게 해당 작업을 여러 번 반복하게 한 다음 소형 자동차용 점프선 집게를 쥐는 힘과 비교하게 함)

근골격계부담작업 제8호

하루에 10회 이상 25kg 이상의 물체를 드는 작업

- "물체를 드는 작업"에는 밀거나 당기기, 중력을 이용한 낙하(기울임) 등은 포함되지 않음
- 근로자 2인 이상이 작업을 하는 경우 특별한 사유가 없는 한 작업자수로 나눈 물체의 무게로 계산함
  - 예시 30kg의 물체를 근로자 2명이 드는 작업의 경우 특별한 사유가 없는 한 근로자 1명이 부담하는 물체의 무게는 15kg이 되어 제8호의 적용을 받지 아니함
- 다만, 2명 이상이 실시하는 중량물 취급작업의 경우 개인의 무게부하에 대하여 노사간 이견이 있는 경우에는 실제 부하를 평가하여 근골격계부담작업 여부 결정

근골격계부담작업 제9호

하루에 25회 이상 10kg 이상의 물체를 무릎 아래에서 들거나, 어깨 위에서 들거나, 팔을 뻗은 상태에서 드는 작업

- "무릎 아래에서 들거나 어깨 위에서 들거나"는 물체가 무릎 아래 혹은 어깨 위에 있는 것이 아니라, 물체를 들고 있는 손의 위치가 무릎 아래 혹은 어깨 위에 있는 '상태'를 의미함
- "팔을 뻗은 상태"라 함은 중력에 반하여 팔을 들어 팔꿈치를 편 상태를 의미하며 중력의 방향으로 늘어뜨린 경우(중립자세)는 제외함

근골격계부담작업 제10호

하루에 총 2시간 이상, 분당 2회 이상 4.5kg 이상의 물체를 드는 작업

- 분당 2회 이상 4.5kg 이상의 물체를 드는 경우 노출시간은 1분으로 계산

> **근골격계부담작업 제11호**
>
> 하루에 총 2시간 이상 시간당 10회 이상 손 또는 무릎을 사용하여 반복적으로 충격을
> 가하는 작업
>
> 

- 근로자가 강하고 빠른 충격을 전달하기 위하여 손 또는 무릎을 망치처럼 사용하는 작업을 말함
  - 예시 단단하게 끼워지는 부품 조립, 카펫 까는 작업

4. 作業中止(법 제26조)

- 산업재해발생의 급박한 위험이 있거나 중대재해가 발생하였을 경우 제2의 위험을 예방하기 위해 사업주에게 작업중지 의무를 부과하고 필요한 안전보건조치를 하도록 함(법 제26조제1항)
  - ▶ 법 제26조제1항 : 사업주는 산업재해 발생의 급박한 위험이 있는 때 또는 중대재해가 발생하였을 때에는 즉시 작업을 중지하고 근로자를 작업장소로부터 대피시키는 등 필요한 안전·보건상의 조치를 행한 후 작업을 재개하여야 한다. → 위반시 5년이하의 징역 또는 5,000만원 이하의 벌금

가. 작업중지 후의 조치사항

(1) 사업주
- 근로자를 작업장소으로부터 대피시키는 등 필요한 안전·보건상의 조치를 취한 후 작업을 재개하여야 한다(법 제26조제1항).

(2) 근로자·직상급자
- 근로자가 산업재해발생의 급박한 위험으로 인하여 작업을 중지하고 대피한 때에는
  - 직상급자에게 이를 보고하여야 하고 직상급자는 이에 대한 적절한 조치를 취해야 한다(법 제26조제2항).

(3) 중대재해 발생현장 보존
- 누구든지 중대재해가 발생된 경우에는 근로감독관과 관계전문가의 원인조사를 방해할 목적으로 재해발생현장을 훼손하여서는 아니된다(법 제26조제5항).

나. 근로자의 보호

- 사업주는 산업재해발생의 급박한 위험이 있다고 믿을 만한 합리적인 사유로 작업을 중지하고 대피한 근로자에 대해 해고 기타 불이익 처우를 하여서는 안된다(법 제26조제3항).
- 고용노동부장관은 중대재해가 발생한 경우 근로자 보호를 위해 근로감독관과 관계 전문가로 하여금 재해원인조사, 안전보건진단 기타 필요한 조치를 하게 할 수 있다(법 제26조제4항).

행정해석

■ 신설사업장 유해요인조사

- 동일 사업장(공장) 내에 위치한 다른 사업장(공장)을 인수한 경우 해당 사업장(공장)을 신설사업장으로 보아 인수한 날부터 1년 이내에 유해요인조사를 실시해도 되는지 아니면 새로운 작업 설비를 도입한 경우이기 때문에 지체없이 유해요인조사를 실시해야 되는지의 여부

- 만일, 새로운 작업·설비를 도입한 경우로 보아 지체없이 유해요인조사를 실시해야 한다면 전체 공정 중 실제 가동 중인 작업에 대해서만 유해요인조사를 실시해도 되는지의 여부

◇ 동일 사업장(공장) 내에 위치한 다른 사업장(공장)을 인수·합병하면서 근골격 계부담작업에 해당하는 새로운 작업·설비가 도입된 경우에는 산업안전보건기준에 관한 규칙 제657조제2항의 규정에 의하여 지체 없이 유해요인조사를 실시하여야 하며,

  - 유해요인조사를 새로 도입된 작업·설비 중 실제 가동 중인 작업·설비에 대해서만 실시할 수 있음(그러나 실제 가동되지 않아 유해요인조사를 실시하지 않은 작업·설비가 추후 가동되는 경우에는 해당 작업·설비에 대해서도 지체없이 유해요인 조사를 실시하여야 함)

  - 한편, 인수된 날부터 최근 3년 이내에 인수·합병된 사업장(공장)의 작업·설비에 대한 유해요인조사가 이미 실시된 바 있고, 그 이후부터 지금까지 해당 작업·설비에 대해 근골격계부담작업에 해당하는 업무의 양과 작업공정 등 작업환경이 변경된 사실이 없는 경우에는 산업안전보건기준에 관한규칙 제657조제1항의 규정에 의하여 이전 유해요인조사가 실시된 날부터 매 3년마다 유해요인조사를 실시해도 무방함

■ 생산량의 증감에 따라 수시 유해요인조사를 실시하여야 하는지 여부

- 시간당 자동차 생산대수가 증가 또는 감소될 경우 변경 시 마다 수시유해요인조사를 실시하여야 하는지

- 신 차종 생산시 이전작업과 동일한 상태에서 부품이 추가되거나 부품이 다를 경우에도 수시유해요인조사를 실시하여야 하는지

◇ 동일 차종으로써 시간당 생산량이 증가하여 근골격계부담작업에 해당하는 업무의 양이 증가한 경우에는 지체없이 유해요인조사를 실시하여야 함. 다만, 최근 3년 이내에 동일 차종의 시간당 동일 생산량의 근골격계부담작업에 대한 유해요인조사를 실시한 결과가 있는 경우에는 그 결과로 갈음하여

유해요인조사를 실시하지 아니할 수 있음

- 참고로 동일한 작업조건에서 시간당 생산량의 감소로 근골격계부담작업에 해당하는 업무의 양이 감소한 경우에는 유해요인조사를 실시하지 아니할 수 있음

◇ 차종 교체에 따른 부품의 추가 또는 변경으로 근골격계부담작업에 해당하는 작업동작 및 작업자세 등의 빈도가 증가한 경우에도 지체없이 유해요인조사를 실시하여야 함

■ 근골격계질환 예방관리프로그램 시행명령에 따른 유해요인조사 실시 여부

● "근골격계질환 예방관리프로그램 시행을 명령받은 사업장이 유해요인조사의 시기가 도래되지 않았는 데도 불구하고 재조사를 하여야 하는지" 및 "만약, 재조사를 해야 한다면 관련 법적 근거는 무엇인지"

● "유해요인조사를 다시 실시한 경우 3년 주기로 실시하는 차기 유해요인조사의 시점은 언제인지"

◇ 산업안전보건기준에 관한 규칙(이하 "보건규칙"이라 함) 제657조의 규정에 의한 유해요인조사가 적 법하게 실시된 후 재실시의 주기가 도래되지 않았거나 수시 유해요인조사의 요건에 해당되지 않는 다면 동 규칙 제662조의 규정에 의한 근골격계질환 예방관리프로그램을 수립·시행하는 경우에도 유해요인조사를 다시 실시할 필요가 없으나,

- 동 규칙 제657조제1항제2호의 규정에 의한 "근골격계질환예방과 관련하여 노사간의 이견이 지속 되는 사업장으로서 고용노동부장관(지방고용노동관서의 장)이 필요하다고 인정하여 명령한 경우" 에 해당되므로 유해요인조사 재실시와 관련된 구체적인 판단은 명령을 한 관할 지방고용노동관서 의 장에게 문의하여야 할 것으로 사료됨

◇ 동규칙 제657조의 규정에 의한 근골격계부담작업에 대한 유해요인조사는 해당 근골격계부담작업 각 각에 대하여 이전 유해요인조사를 완료한 날(이와는 별도로 수시유해요인조사를 한 경우에는 수시 유해요인조사를 완료한 날)부터 3년 이내에 실시하여야 함

■ 유해요인조사 시 근로자대표 등의 참여 방법

● 산업안전보건기준에 관한 규칙(이하 "안전보건규칙"이라 함) 제657조제3항에 의한 유해요인조사를 함에 있어 근로자대표 또는 당해 작업 근로자의 참여는 어떤 방법으로 하여야 하는지

● 동규칙 제662조 제1항 제2호의 규정에 의한 근골격계질환 예방관리프로그램 수립·시행 명령을 지 방고용노동관서의 장이할 수 있는지

◇ 사업주가 규칙 제657조제1항·제2항의 규정에 의하여 실시하는 유해요인조사에 작업별로 근로자를 참여(보건규칙 제657조제3항)시키도록 하는 것은 특정 작업에 내포되어 있는 근골격계질환의 위험 요인은 그 작업을 직접 수행하는 근로자가 가장 잘 알고 있기 때문으로 유해요인조사가 종료된 후에 는 조사의 정확성 및 객관성을 담보하기 위하여 그 결과와 조사방법 등을 당해 근로자에게 알려주도 록 하고 있음(규칙 제274조제2항)

- 다만, 유해요인조사 대상작업에 직접 종사하는 근로자가 참여할 수 없는 경우가 발생할 수 있으 므로 이 경우에는 근로자대표를 대신 참여시키도록 하고 있는 것임(규칙 제657조제3항)

특정 작업에 대한 유해요인조사를 하는 때에 다음 각 호의 1에 해당하는 경우에는 보건규칙 제657조제3항의 규정에 의한 근로자 참여가 이루어진 것으로 판단할 수 있음

1. 당해 작업 종사근로자와의 면담 및 증상설문조사를 포함한 조사를 실시한 경우(규칙 제658조)

2. 합리적인 사유로 당해 작업 종사근로자와의 면담 및 증상설문조사가 실시되지 않았으나 근로자대표가 대신 유해요인조사에 입회한 경우

3. 사업주가 참여를 요청했음에도 당해 작업 종사근로자 또는 근로자대표가 정당한 사유없이 조사나 참여에 응하지 않아 관할 지방고용노동관서의 장에게 이 사실을 통보한 후 중재를 받아 유해요인조사를 실시한 경우

보건규칙 제662조제1항제2호의 규정에서 근골격계질환 예방과 관련하여 노사간의 이견이 지속되는 사업장으로서 필요하다고 인정되는 경우에 근골격계질환 예방관리프로그램을 수립·시행 명령의 주체를 고용노동부장관으로 규정하고 있으나

> - 동 규정의 신설에 따라 작성·시달된 「개정 산업안전보건기준에 관한 규칙 해설 및시행지침」에서 "근골격계질환 예방과 관련하여 노·사간 이견 지속으로 협의가 이루어지지 않는 경우 지방고용노동관서의 장은 당해 사업장에 대한 예방관리 프로그램 작성·시행의 필요성을 전문가의 자문을 받아 검토하고 필요시 신속히 조치"하도록 하고 있으며

> - 동 행정명령이 개별 사업장을 대상으로 행사되는 만큼 동 규정에 의한 실질적인 명령권자는 지방고용노동관서의 장으로 보는 것이 타당하다고 사료됨

■ 산업안전보건기준에 관한 규칙 제657조(유해요인조사)의 범위

● 산업안전보건기준에 관한 규칙 제657조(유해요인조사)제2항제1호와 관련하여, 산재요양결정자 발생 시 유해요인조사는 해당 공정에 대해서 실시하는지, 회사 전체 공정에 대해서 실시하는지

◇ 산업안전보건기준에 관한규칙 제657조제2항제1호에 의하여 근로자가 근골격계질환으로 요양결정을 받은 경우 사업주가 실시하여야 하는 유해요인조사는 당해 근로자가 종사하는 작업을 대상으로 함

■ 수시 유해요인조사의 법적 실시요건

● 노사가 공동으로 예방관리프로그램을 수립·시행하는 과정에서 '04년 1월 중 정기 유해요인조사를 실시한 작업에서 그 이후 근골격계질환자가 신규로 발생하였을 때 해당 작업에 대한 수시 유해요인조사를 실시해야 하는지의 여부

◇ '04년 1월 중 유해요인조사가 완료된 부담작업에서 그 이후 산업안전보건법 제 43조의 규정에 의한 건강진단 또는 산업재해보상보험법시행규칙 제39조의 규정에 의해 근골격계질환자가 신규로 발생한 경우에는 산업안전보건기준에 관한규칙 제657조제2항의 규정에 의하여 이전 유해요인조사의 실시 여부와 관계없이 지체없이 수시 유해요인조사를 실시하여야 함

■ 근골격계부담작업 유해요인조사 실시방법

● 대형할인매장 캐셔(계산대작업) 작업이 부담작업이라면, 10개의 캐셔작업대 각각에 3명씩 3교대로

30명이 부담작업을 행하고 있는 경우 유해요인조사의 방법은

◇ 한 단위작업장소 내에서 10개 이하의 부담작업이 동일 작업으로 이루어지는 경우에는 작업강도가 가장 높은 2개 이상의 작업을 표본으로 선정하여 유해요인조사를 실시해도 전체 동일 부담작업에 대한 유해요인조사를 실시한 것으로 인정받을 수 있음

　－ 다만, 한 단위작업장소 내에 동일 부담작업의 수가 10개를 초과하는 경우에는 초과하는 5개의 작업당 작업강도가 가장 큰 1개의 작업을 추가하여 유해요인 조사를 실시하여야 함

　※ 예 주조 1공장에 동일 작업인 부담작업이 16개 있는 경우에는 모두 4개(10개 작업에 대해 2개 선정, 초과 6개 작업에 대해 2개 추가) 이상의 작업을 표본으로 선정하여 유해요인 조사를 실시해야 함
　　 한편, 교대제 작업은 교대 근무조 각각을 동일 작업으로 간주하고 유해요인조사를 실시하여야 함
　　 따라서, 대형할인매장 캐셔작업(캐셔자업대 10개, 3명 3교대)은 전체 동일 작업 수가 30개에 해당되므로, 작업강도가 높은 순으로 6개 이상의 작업을 표본으로 선정하여 유해요인조사를 하여야 함

　※ 처음 10개 작업에 대해 2개작업 이상을 표본선정, 10개를 초과하는 작업에 대해 4개 작업이상을 표본에 추가

5. 有害·危險作業의 都給禁止(법 제28조)

● 동일 사업장내에서 도급받은 사업장은 대체로 영세할 뿐만 아니라 자기 사업장이 아니기 때문에 독자적인 노력만으로는 유해·위험작업과 관련되는 작업환경의 개선을 할 수 없는 실정
　－ 동일 사업장내 도급 사업장 근로자의 안전보건을 위하여 안전·보건상의 유해 또는 위험한 작업중 대통령령이 정하는 작업은 고용노동부장관의 인가를 받지 아니하고는 그 작업만을 분리하여 도급(하도급 포함)을 줄 수 없도록 함(법 제28조제1항) → 위반시 5년이하의 징역 또는 5,000만원 이하의 벌금

가. 대상(시행령 제26조)

● 동일한 사업장내에서 공정의 일부분을 도급하는 경우로서
　－ 도급작업
　－ 수은·납·카드뮴 등 중금속을 제련·주입·가공 및 가열하는 작업
　－ 허가대상 물질의 제조·사용 하는 작업
　　▶ 허가대상물질: (법 제38조제1항, 시행령 제30조제1항) 디클로로벤지딘과 염, 크롬산 아연, 베릴륨 등 14종
　－ 기타 유해 또는 위험한 작업으로서 정책심의위원회의 심의를 거쳐 고용노동부장관이 정하는 작업

나. 도급인가의 절차

(1) 신청

● 유해·위험작업의 도급에 대한 인가를 받고자 하는 자는 도급인가신청에 다음의 서류를 첨부하여 지방고용노동관서의 장에게 제출하여야 한다(시행규칙 제27조제1항).
- 도급대상작업의 공정도(기계·설비의 종류 및 운전조건, 유해·위험물질의 종류·사용량, 유해·위험요인의 발생실태 및 종사근로자수 등에 관한 사항 포함)
- 도급계획서(도급 사유, 도급시의 안전·보건관리 및 도급작업에 대한 안전·보건시설 등에 관한 사항 포함)

(2) 인가기준

● 유해 또는 위험한 작업의 도급시 준수하여야 할 안전·보건조치의 기준
▸ 도급시 준수해야 할 안전·보건조치의 기준(시행규칙 제28조제1항각호)

(3) 인가방법

● 지방고용노동관서의 장은 도급인가신청서가 접수된 때에는 접수된 날로부터 10일 이내에 신청서를 반려하거나 인가증을 신청자에게 발급(시행규칙 제27조 제2항)
- 지방고용노동관서의 장이 도급인가를 신청한 사업장이 제28조에 따른 도급 인가의 기준을 지키고 있는지 확인할 필요가 있는 경우 공단으로 하여 기술적 사항을 확인하게 할 수 있음(시행규칙 제27조 제3항).
- 지방고용노동관서의 장은 도급인가신청의 내용 및 산업안전공단의 확인결과가 인가의 기준에 적합한 경우가 아니면 인가하여서는 아니 됨(시행규칙 제28조 제2항)
● 한편, 「특조법」제55조의5의 규정에서는 법 제28조제3항의 적용을 배제하도록 규정하고 있어 고용노동부장관의 유해·위험작업 도급인가시 안전보건평가를 실시할 수 없음

〈특조법 제55조의5〉

제55조의5 다음 각호의 법률의 규정에 의한 관계행정기관의 장의 시정지시등의 권한은 이를 행사하지 아니한다.
  5. 산업안전보건법 제28조제3항

6. 都給事業에 있어서의 安全·保健 措置(법 제29조)

● 동일 사업장에서 도급이 확산되고 있으나, 하청기업은 그 작업장소가 원청기업의 사업장내라는 점에서 독자적인 노력만으로 충분한 재해예방조치의 효과를 거둘 수 없다는 점을 감안하여
- 대통령령이 정하는 도급사업주에게 당해 사업장내 모든 근로자의 산업재해를 예방하기 위한 안전·보건조치를 하도록 함.

가. 안전·보건조치를 취해야 하는 사업주 범위(시행령 제26조제2항 및 제23조 각호)

- 동일한 장소에서 행하여지는 사업의 일부를 도급에 의하여 행하는 사업으로서
  - 건설업
  - 수급인과 하수급인에게 고용된 근로자를 포함한 상시근로자가 50인 이상인 제1차 금속산업, 선박 및 보트건조업, 토사석 광업
  - 수급인과 하수급인에게 고용된 근로자를 포함한 상시근로자가 100인 이상인 제조업

나. 도급사업주의 안전·보건 조치내용

(1) 당해 사업장 전체근로자의 산재예방을 위한 조치

- 안전·보건에 관한 사업주간 협의체의 구성 및 운영
- 작업장의 순회점검 등 안전·보건관리
- 수급인이 행하는 근로자의 안전·보건교육에 대한 지도와 지원
- 기타 산업재해예방을 위하여 고용노동부령이 정하는 사항

① 안전·보건에 관한 사업주간 협의체의 구성 및 운영

- 협의체는 도급인인 사업주 및 그의 수급인인 사업주 전원으로 구성하여야 함(시행규칙 제29조제1항).
- 협의체는 작업의 시작시간, 작업장간의 연락방법 및 재해발생위험시의 대피방법 등을 협의하여야 함(시행규칙 제29조제2항).
- 협의체는 매월 1회 이상 정기적으로 회의를 개최하고 그 결과를 기록·보존하여야 함(시행규칙 제29조제3항).

② 작업장의 순회점검 등 안전·보건관리

- 도급인인 사업주는 법 제29조제1항제2호의 규정에 의하여 작업장을 2일에 1회 이상 순회점검을 하여야 하고(시행규칙 제30조제1항)
  - 수급인인 사업주는 도급인인 사업주가 실시하는 순회점검을 거부·방해 또는 기피하여서는 아니되며, 점검결과 도급인인 사업주의 시정요구가 있는 때에는 이에 응하여야 함(시행규칙 제30조제2항)

③ 수급인이 행하는 근로자의 안전·보건교육에 대한 지도와 지원

- 도급인인 사업주는 수급인인 사업주가 행하는 근로자의 당해 안전·보건을 위한 교육과 관련하여 그 교육에 필요한 장소의 제공, 자료의 제공 등 필요한 조치를 하여야 함(시행규칙 제30조제3항).

④ 기타 산업재해예방을 위하여 고용노동부령이 정하는 사항(시행규칙 제30조제4항)

- 작업장소에서 발파작업을 하는 경우, 작업장소에서 화재가 발생하거나 토석붕괴사고가 발행하는 경우 경보의 통일적 운영과 수급인인 사업주 및 근로자에 대한 경보운영사항의 주지
- 작업환경측정 → 위반시 500만원 이하의 벌금

(2) 산재발생 위험장소에 대한 안전보건조치

- 도급인인 사업주는 그의 수급인이 사용하는 근로자가 산업재해 발생위험이 있는 장소에서 작업을

할 때에는 산업재해예방을 위한 조치를 취하여야 함
▸산업재해발생위험이 있는 장소 (시행규칙 제30조제5항)
① 토사·구축물·공작물 등이 붕괴될 우려가 있는 장소
② 기계·기구 등이 전도 또는 도괴될 우려가 있는 장소
③ 안전난간의 설치가 필요한 장소
④ 비계 또는 거푸집을 설치하거나 해체하는 장소
⑤ 건설용리프트를 운행하는 장소
⑥ 지반을 굴착하거나 발파작업을 하는 장소
⑦ 엘리베이터홀 등 근로자가 추락할 위험이 있는 장소
⑧ 영 제26조제1항의 규정에 의한 도급금지 작업을 하는 장소
⑨ 화재·폭발 우려가 있는 선박내 또는 특수화학설비에서의 용접·용단작업을 하는 장소
　　－ 인화성 물질을 취급·저장하는 설비 및 용기에서의 용접·용단작업 장소
⑩ 산소결핍위험이 있는 작업을 하는 장소
⑪ 석면이 붙어 있는 물질을 파쇄 또는 해체하는 작업을 하는 장소
⑫ 안전규칙 별표1의 규정에 의한 위험물질 제조 또는 취급하는 장소
⑬ 보건규칙 제117조제7호의 규정에 의한 유기화학물취급 특별장소
⑭ 공중 전선에 근접한 장소로서 시설물의 설치·해체·점검 및 수리 등의 작업을 함에 있어서 감
　　전의 위험이 있는 장소
⑮ 물체가 떨어지거나 날아올 위험이 있는 장소
⑯ 프레스 또는 전단기를 사용하여 작업을 하는 장소
▸도급인이 해야할 산재예방조치(시행규칙 제30조제2항)
－ 도급인인 사업주가 해야 할 조치는 시행규칙에서 정한 사항을 제외하고는 안전규칙·보건규칙
　　및 시행령 제26조의2제3호의 규정에 의하여 고용노동부장관이 고시하는 건설공사표준안 전시방서
　　의 내용에 의함(시행규칙 제30조제6항). → 위반시 1년 이하의 징역 또는 1,000만원 이하의 벌금

(3) 도급사업의 합동 안전·보건점검

● 도급사업의 사업주는 그가 사용하는 근로자, 그의 수급인 및 그의 수급인이 사용하는 근로자와
함께 정기 또는 수시로 작업장에 대한 안전·보건점검을 실시하여야 함

① 점검반 구성

● 도급인인 사업주가 안전·보건점검을 행할 때에는 점검반을 구성(시행규칙 제30조의2제1항)
－ 도급인인 사업주(동일사업 내에 지역을 달리하는 사업장이 있는 경우 그 사업장의 최고책임자)
－ 수급인인 사업주(동일사업 내에 지역을 달리하는 사업장이 있는 경우 그 사업장의 최고책임자)
－ 도급인 및 수급인의 근로자 각 1인(수급인의 근로자의 경우에는 해당 공정에 한함)

② 안전보건점검의 실시횟수(시행규칙 제30조의2제2항)

－ 건설업, 선박 및 보트 건조업 : 2월 1회 이상
－ 토사석 광업 및 제조업(선박 및 보트 건조업을 제외함) : 분기별 1회 이상 → 위반시 500만원
　　이하의 벌금

(4) 건설공사 등의 사업을 타인에게 도급하는 경우의 조치

● 건설공사 등의 사업을 타인에게 도급하는 자는 그 시공방법, 공기 등에 관하여 안전하고 위생적인 작업수행을 저해할 우려가 있는 조건을 붙여서는 아니된다.
● 안전하고 위생적인 작업수행을 저해할 우려가 있는 조건이라 함은 다음에 해당하는 사항 또는 이와 유사한 사항을 그 내용으로 하는 조건을 말한다(시행령 제26조의2).
 - 설계도서 등에 의하여 선정된 공사기간의 단축
 - 공사비절감 등을 위하여 위험성이 있는 공법을 사용하거나 정당한 사유없이 공법을 변경하는 경우
 - 고용노동부장관이 정하여 고시하는 건설공사표준안전시방서에 현저히 위배되는 사항 → 위반시 1,000만원 이하의 벌금

(5) 수급인 및 수급인 근로자에 대한 시정요구

● 도급인인 사업주는 그의 수급인 또는 수급인의 근로자가 당해 작업과 관련하여 이 법 또는 이 법에 의한 명령을 위반한 경우로서 산업재해 예방을 위하여 필요하다고 인정하는 경우에는 그 위반행위의 시정을 요구할 수 있으며(법 제29조제4항)
 - 수급인 및 수급인의 근로자는 정당한 사유가 없는 한 법 제29조제1항 내지 제4항의 규정에 의한 조치 또는 요구에 따라야 한다. → 위반시 500만원 이하의 과태료

(6) 안전·보건에 관한 협의체의 구성·운영에 관한 특례

● 공사금액 120억원(토목공사업은 150억원)이상인 건설업을 하는 사업주는 근로자와 사용자가 같은 수로 구성되는 안전·보건에 관한 노사협의체(이하 "노사협의체"라 한다)를 구성·운영

【근로자위원】

① 도급 또는 하도급 사업을 포함한 전체사업의 근로자 대표
② 근로자대표가 지명하는 명예산업안전감독관 1명. 다만, 명예감독관 이 위촉되어 있지 않은 경우에는 근로자대표가 지명하는 해당 사업장 근 로자 1명
③ 공사금액 20억 이상인 도급 또는 하도급 사업의 근로자대표

【사용자위원】

① 해당 사업의 대표자, ② 안전관리자 1명,
③ 공사금액이 20억원 이상인 도급 또는 하도급 사업의 사업주
 ▸ 노사협의체의 근로자 위원과 사용자위원은 합의를 통하여 노사협의체에 공사 금액이 20억원 미만인 도급 또는 하도급 사업의 사업주 및 근로자대표를 위원으로 위촉할 수 있음.

● 노사협의체를 구성·운영(2월 1회 이상)하는 경우에는 제19조 제1항에 따른 산업안전보건위원회 및 제29조제1항 제1호에 따른 안전·보건에 관한 협의체를 각각 설치·운영하는 것으로 봄.
● 노사협의체를 구성·운영하는 사업주는 제19조제2항 각 호의 사항에 대하여 노사협의체의 심의·의결을 거쳐야 함. 이 경우 노사협의체에서 의결되지 아니한 사항에 대한 처리방법은 제25조의

3, 제25조의4제2항부터 제4항까지, 제25조의 5 및 제25조의6을 준용한다.

● 노사협의체는 그 사업장의 근로자의 안전 과 보건을 유지·증진시키기 위하여 필요하다고 인정하는 경우 그 사업장의 안전·보건에 관한 사항을 정할 수 있음.

● 노사협의체의 협의 사항

① 작업의 시작시간 ② 작업장 간의 연락방법 ③ 재해발생 위험이 있는 경우의 대피방법 등 산업재해 예방과 관련된 사항

행정해석

■ 사업주간 안전보건협의체 운영 시 일부 수급인이 불참한 경우 벌금부과 등 처벌이 가능한지

● 산업안전보건법 제29조의 규정에 의한 안전보건협의체 운영 및 도급사업 합동 안전·보건 점검 실시에 일부 수급인이 불참한 경우 벌금부과 등 처벌 여부

◇ 산업안전보건법 제29조의 규정은 동일한 장소에서 작업의 일부를 도급을 주어 행하는 사업주에게 소속 근로자와 그의 수급인의 소속 근로자의 재해예방을 위하여 사업주 간 협의체 구성·운영, 필요한 안전·보건상의 조치 및 합동 안전·보건점검 실시 등의 의무를 부여하고 있음

◇ 수개의 수급업체 중 일부가 불참한 상태에서 사업주간 협의체가 운영되었고, 도급사업의 합동 안전·보건점검이 이루어진 경우에는 불참한 수급업체의 공사 종류, 소속 근로자 수, 불참이유, 협의체 및 합동점검실태 등을 종합적으로 고려하여 처벌 여부를 판단하여야 할 것으로 사료되며, 사업주간 협의체 구성·운영 및 도급사업 합동 안전·보건점검 의무를 이행하지 않을 경우 각각 500만원 이하의 벌금에 처하게 됨

■ 도급사업주의 산업안전보건법 제29조(도급사업에 있어서의 안전·보건 조치) 적용에 대하여

● 배양기 등 제조설치를 도급받은 하도급업체 소속근로자가 산안법 제30조 제5항제10호에 의한 "산소결핍위험이 있는 장소"에서 용단작업을 하던 중 화재가 발생하여 화상으로 사망하였을 경우 도급인 사업주에게 화재 발생 위험이 있는 작업에 대한 안전상 조치의무가 있는지 여부

◇ 산업안전보건법상의 "사업주"는 "근로자를 사용하여 사업을 행하는 자(법 제2조제3호)"이므로 자기가 직접 사용하지 않는 근로자에 대한 위험예방 조치 책임을 부과하고 있는 법 제29조는 예외적 규정이라고 볼 수 있는 바

 − 동조 제2항의 입법취지는 도급사업에 있어서 수급인인 사업주의 재해예방 조치 능력이 미약한 점을 감안하여 특히 산업재해 발생위험 장소에 있어서는 도급인인 사업주에게도 이를 보완할 책임을 부여토록 한 것으로

 − 법 제29조제2항 및 같은법 시행규칙 제30조제5항 각 호에 열거된 장소에서의 작업과 관련하여 도급인 사업주의 안전·보건조치 의무는 엄격하고 제한적으로 해석하여 산재발생 위험장소의 해당 작업으로 보아야 할 것임

■ 아파트 건설을 자회사에 하도급 시 안전관리 책임한계 여부

● 법인 A는 APT를 건설하여 분양하는 업체로서 APT를 건설함에 있어, 골조공사 도급계약을 자회사인 법인 B와 체결하면서 안전시설의 설치 및 관리는 물론 안전점검 및 교육도 모두 법인 A가 담당하는 것으로 약정하고 관련된 안전관리비 역시 A가 사용하는 것으로 도급계약서에 체결하였고 실제로도 그대로 이행하고 있는 경우 안전시설의 일부가 미설치되어 관계기관의 점검시 적발되었을 때 위 법 제67조와 제71조의 적용에 있어서

 − 안전시설의 미설치 책임은 법인 A와 그 대리인인 현장감독만이 져야하는지 아니면 안전시설의 미설치 책임은 법인 A는 물론 법인 B 및 각 대리인이 모두 져야하는 것인지 여부

◇ 산업안전보건법상 사업주는 사업을 행함에 있어서 자기가 사용하는 근로자에게 위험이 발생하지 않도록 예방조치를 하여야 할 의무를 규정하고 있으므로 안전조치 등의 이행의무 주체는 근로자를 고용한 사업주에게 있음. 다만, 동일한 장소에서 사업의 일부를 도급에 의하여 행하는 경우에는 동법 제29조의 규정에 의한 도급인으로서 안전·보건조치가 별도로 행하여져야 함

◇ A업체가 공사현장 전체를 계획·관리하고 시공하면서 공사의 일부를 B업체에게 도급을 주어 시행하는 경우라면 당사자간 계약여부와 관계없이 B업체 작업장소에 대한 안전시설 설치의무는 B업체에 있으며, A업체는 법 제29조의 규정에 의한 도급사업에 있어서의 안전·보건조치 의무를 지게 됨

■ 도급업체 합동 안전보건 점검반 구성

● 당사는 조립금속제조업으로써 사내에 3개의 수급업체가 있으며 작업의 단위공정은 300여개 이상이며, 각각의 업체 소속 근로자는 80명, 77명, 13명임.

 − 산업안전보건법 시행규칙 30조의2제1항제3호에서 점검반 구성원중 도급인 및 수급인의 근로자 각 1인을 포함하게 되어있는바 도급인과 수급인의 근로자 각1인은 각각의 사업주가 소속 근로자를 지정할 수 있는지

 − 1의 점검은 회사와 회사의 위치에서 동일장소에서 일할때 생기는 산업재해를 예방하기 위하여 점검을 실시하는 것으로 판단되어지는데 합동안전보건점검과 관련하여 노동조합의 명예산업안전감독관을(산안법시 행령 45조의2제2항 직무와 관련) 반드시 참석시켜야 하는지

 − 산업안전보건법 시행규칙 제30조의2제1항제3호의 도급인 및 수급인의 근로자 각 1인의 괄호안에서 "수급인의 근로자의 경우에는 해당하는 공정에 한한다."라는 문항이 있는데, 여기서 "수급인에 해당하는 공정"이라 함은 수급인이 맡고 있는 모든 단위공정(3개 업체 100여개 내외 단위공정)을 말하는 것인지?, 아니면 저희 회사내에 일하는 각각의 수급업체별로 1명씩 참석시키면 되는지

◇ 시행규칙 제30조의2제1항제3호에 규정한 "도급인 및 수급인의 근로자 각 1인"에 대하여는 규정상 도급사업주에게 그 의무를 부과하고 있으나 그 선정절차에 대하여는 특별히 정한 바 없으므로 가능한 도급인 또는 수급인의 각 안전보건위원회에서 자율 결정토록 하거나 사업주간 협의체 등에서 협의하여 정하는 것이 타당할 것으로 사료됨

◇ 사업주에게 명예산업안전감독관을 위 "도급사업의 합동안전·보건점검"에 반드시 참석시켜야 할 법

상 의무는 부여되어 있지 아니하나, 점검의 실효성 확보를 위하여 가급적 참여시키는 것이 명예산업 안전감독관제도의 취지에 부합할 것으로 판단됨

◇ 시행규칙 제30조의2제1항제3호의 단서규정(수급인의 근로자의 경우에는 해당 공정에 한한다.)은 점검반원으로 구성된 각 수급인(협력업체)의 근로자대표 중 수급인의 작업공정에 대한 점검시에 반드시 당해 수급인 소속근로자대표가 포함되어야함을 의미함.

■ 건설기계 임대업체 소속 근로자 사망사고에 대한 하도급업체(장비임차인)의 법적 책임

● 장비임차인이 산업안전보건법상 도급사업주로서의 안전보건조치 의무주체자인지에 대하여

◇ 산업안전보건법 제18조 및 제29조에 의하여 동일한 장소에서 행하여지는 사업의 일부를 도급에 의하여 행하는 사업의 사업주는 그가 사용하는 근로자와 그의 수급인이 사용하는 근로자가 동일한 장소에서 작업을 할 때에 생기는 산업재해를 예방하기 위해 도급사업에 있어서 안전·보건조치 의무를 이행하도록 하고 있는 바

    − 중장비(천공기) 임대업체가 건물신축공사의 토목공사를 도급받은 하도급업체와 중장비 임대만을 약정하고 당해 공사의 원도급업체에게 공사현장 내 별도 장소를 임차하여 장비 조립작업을 수행하던 중 임대업체의 소속근로자가 추락사고를 당하였다면

    − 하도급업체(중장비 임차인)를 "도급사업에 있어서의 안전보건 조치를 강구하여야 할 "사업주"로서의 법적 책임을 물을 수 없을 것으로 사료됨

    ※ 참고로, 도급은 민법 제664조 및 건설산업기본법 제2조에 의하여 "일(건설공사)을 완성할 것을 약정하고 그 일의 결과에 대해 보수(대가)를 지급할 것을 약정"하는 것을 조건으로 하고 있고, 임대차는 「민법」 제618조에 의하여 "당사자 일방이 상대방에게 목적물을 사용, 수익하게 할 것을 약정하고 상대방이 이에 대하여 차임을 지급할 것을 약정"함으로써 효력 발생

■ 도급사업에서의 하도급업체 소속 근로자에 대한 안전보호구 지급, 안전교육 및 건강진단 실시 주체

● 건설현장에서 원도급업체 "갑"과 하도급업체 "을"의 계약관계에서 하도급업체 소속 근로자의 안전보호구 지급, 건강진단 실시, 안전교육 실시 의무 주체는

● "을" 소속 근로자들의 건강진단 등의 서류를 "갑"이 의무적으로 구비하여야 하는지, 이에 대한 "갑"의 법률 위반여부는 어떻게 되는지에 대하여

● "갑"이 "을"에게 산업안전보건관리비를 지급하였을 경우에 안전보호구 지급, 건강진단 실시 의무주체와는 어떤 상관관계가 있는지, 산업안전보건관리비를 지급하지 않은 경우 원수급인이 안전보호구 지급, 건강진단 실시의무 등을 지게 되는지 여부에 대하여

● "을" 소속 근로자가 안전보호구 미착용으로 인한 산업재해발생시 "갑"의 안전 보호구 미착용에 대한 법률위반 여부 등에 대하여

◇ 산업안전보건법 제2조의 규정에 의거 "사업주"라 함은 근로자를 사용하여 사업을 행하는 자를 말하고 대부분의 규정에서 사업주는 사업을 행함에 있어서 자기가 사용하는 근로자에게 위험이 발생하지 않도록 예방조치를 하여야 할 의무를 규정하고 있으므로 안전조치 등의 이행의무 주체는 근로자

를 고용한 사업주에게 있음.

- 따라서, 안전보호구 지급의무, 일반건강진단 등 각종 건강진단 실시의무, 정기 교육 등 각종 교육 실시의무, 산업재해발생에 대한 보고의무, 산업재해기록 의 무 등은 근로자를 고용하여 사용한 하도급업체 "을"이 이행의무 주체가 됨.
  다만, 동법 제29조의 규정에 의거 동일한 장소에서 행하여지는 사업의 일부를 도급에 의하여 행하는 경우 동 사업주는 그의 수급인이 행하는 근로자의 안전·보건교육에 대한 지도와 지원을 할 의무가 있음

◇ 건강진단, 안전보호구 지급, 안전교육 관련 서류는 "을" 사업주가 구비·보관하면 될 것임

◇ 법령에서 규정한 안전보호구 지급 등 위험예방조치 의무는 산업안전보건관리 비 유무에 관계없이 이행하여야 하므로 산업안전보건관리비에 관계없이 이행 의무 주체는 변동이 없으며, 산업안전보건관리비는 안전시설 등의 조치에 소요되는 비용으로 사용할 수 있음

◇ 산업안전보건법에서는 사업주 외에도 동일한 장소에서 사업의 일부를 도급에 의하여 행하는 경우 동법 제18조 및 제29조의 규정에 의한 도급인(원도급업 체)에게도 안전·보건조치를 별도로 행하도록 하고 있는 바, 일반적으로 개인 보호구 미착용에 대해서는 하도급업체의 책임으로 볼 수 있으나 재해발생시 구체적인 책임한계는 그 원인, 작업내용, 작업장소 및 작업지시 등에 따라 법 적용 여부를 판단하여야 할 것으로 사료됨

■ 법제29조제1항에서 "동일한 장소"와 "작업"의 범위는

● 법제29조제1항의 규정에서 "동일한 장소의 범위"는 공장의 울타리 개념인지, 공장건물 단위인지 건물내의 칸막이 개념인지

● 법제29조제1항의 규정에서 작업에 대한 범위는 지속적으로 작업을 하는 것인지, 일시적으로 몇 회 작업하는 것까지 포함하는지?

◇ 29조제1항에서 정하는 "동일한 장소"는 특정한 장소를 말하는 것으로 보기 어렵고 동 장소에서 무엇을 행하는가에 따라 판단해야 할 사안임

- 법문 중 ㉮는 "동일한 장소에서 행하여지는 사업"으로 정의되고 있는 것으로 볼 때 동 장소는 도급인의 사업을 수행하는 장소 즉 사업장의 개념으로 보아야 하며,

- 법문 중 ㉯는 "동일한 장소에서 작업을 할 때 생기는 산업재해를 예방하기 위하여"로 정의되고 있어 작업과정상에서 서로 혼재되어 작업이 이루어질 수 있는 작업공간 즉 실제 작업이 이루어지는 특정한 장소를 의미함

◇ 법문에서 "그가 사용하는 근로자와 그의 수급인이 사용하는 근로자가 동일한 장소에서 작업을 할 때에 생기는 산업재해를 예방하기 위하여" 라고 하여 도급인의 근로자와 수급인의 근로자가 동일한 장소에서 작업을 할 경우 발생하는 위험에 대비하기 위한 것으로 보아야 함으로

- 법문 중 ㉯의 "작업"은 도급인과 수급인의 근로자가 동일한 장소에서 작업하는 경우를 말하는 것으로 그 횟수에는 무관함

◇ 산안법 제29조제1항의 규정은 동항 각호에서 도급인인 사업주의 의무로서 정하는 사업주간 협의체, 작업장의 순회점검, 교육지원, 경보의 통일, 작업환경측정 등은 동일한 장소 내에서 사업의 일부를 도급에 의하여 행하는 경우 수급인과의 혼재된 작업에서 발생할 수 있는 재해에 대비하기 위한 것으로 판단되므로

— 상태적으로 도급인이 사용하는 근로자와 수급인이 사용하는 근로자가 동일한 장소에서 작업하는 경우라면 사업의 일부를 도급에 의하여 수행하는 사업의 사업주는 제29조제1항 각호의 사항을 준수하여야 함.

■ 원수급업체 대표이사와 현장소장이 안전상 조치 의무 위반으로 고발되었을 경우 대표이사가 반드시 출석하여 조사를 받아야 하는지

● 건설현장의 안전상조치 의무위반 관련하여 원수급업체 대표이사와 현장소장이 고발된 경우 피고발인인 원수급업체 대표이사가 피의자로서 반드시 출석조사를 받아야 하는지 여부

◇ 고발이란 제3자가 수사기관에 범죄사실을 신고하여 소추를 구하는 의사 표시로서 고발사건이 제기될 경우 피고발인은 피의자 신분이 되고 해당 기관은 피의자에 대한 신문조서를 작성하여 관할 검찰에 사건송치하게 되며, 피의자신문 조서는 해당 피의자 외 누구도 대리할 수 없음

— 다만, 고발의 남용에 의한 피고발인의 인권침해 등을 방지하기 위하여 고발장의 기재 또는 고발인의 진술만으로도 기소를 위한 수사의 필요성이 없다고 명백하게 인정되는 경우로서 고발각하사유에 해당할 경우 피의자 신문조서의 작성없이 사건송치가 가능할 수 있음

— 참고로, 각하사유에 대하여는 검찰청의 검찰사건사무규칙 제15조(수사관계사항의 조회) 및 같은 규칙 제69조(불기소처분)를 참조하시기 바람

7. 産業安全保健管理費

● 건설업 등에서 재해예방활동을 체계적으로 수행할 수 있도록 도급금액 또는 사업비 중 일정금액을 안전관리자 인건비·안전시설비·기술지도비 등 재해예방에만 사용하도록 「산업안전보건관리비」 제도를 도입

가. 계상의무

● 건설업, 선박건조·수리업 기타 대통령령이 정하는 사업을 타인에게 도급하는 자와 자체사업으로 영위하는 자는 도급계약을 체결하거나 자체사업계획을 수립할 경우

— 고용노동부장관이 정하는 바에 의하여 산업재해예방을 위한 산업안전보건관리비를 도급금액 또는 사업비에 계상하여야 한다(법 제30조제1항). → 위반시 1,000만원 이하의 과태료

▶ 현재 건설업에 대해서만 산업안전보건관리비 계상기준 등에 대해 정하고 있어(「건설업산업안전보건관리

비계상및사용기준」, 고용노동부고시 제2010-10호, 2010. 8. 9) 건설업외 다른 업종에는 산업안전보건관리비 제도가 적용되고 있지 않음.
- "기타 대통령령이 정하는 사업"에 대해 시행령 제26조의3에서는 유해 또는 위험한 사업으로서 정책심의위원회의 심의를 거쳐 고용노동부장관이 정하는 사업으로 규정하고 있으나, 그 사업에 대해 구체적으로 정한 바는 없음.

나. 사용기준

- 고용노동부장관은 산업안전보건관리비의 효율적 집행을 위하여 다음 사항에 관한 기준을 정할 수 있다(법 제30조제2항).
  - 공사의 진척별 사용기준
  - 사업의 규모별·종류별 사용방법 및 내역
  - 기타 산업안전보건관리비의 사용에 관하여 필요한 사항
- 이에 따라 「건설업산업안전보건관리비계상 및 사용기준」(고용노동부고시 제2010-10호, 2010. 8. 9)에서 총 공사금액 4천만원 이상인 건설공사의 산업안전보건관리비 계상 및 사용기준에 대해 상세히 규정

건설업산업안전보건관리비계상 및 사용기준

① 계상기준

- 발주자 및 자기 공사자는
  - 대상액이 5억원 미만 또는 50억원 이상일 때에는 대상액에 별표 1에서 정한 비율을 곱 한 금액
  - 대상액이 5억원 이상 50억원 미만일 때에는 대상액에 별표 1에서 정한 비율(X)을 곱한 금액에 기초액(C)을 합한 금액
  - 다만, 발주자가 재료를 제공할 경우 당해 금액을 대상액에 포함시킬 때의 안전관리비는 당해 금액을 포함시키지 않은 대상액을 기준으로 계상한 안전관리비의 1.2배를 초 과할 수 없음
  - ▸ 대상액 : 재료비 + 직접노무비(고시 제2조제1항제2호)
  - ▸ 예시 직접노무비 40억원, 재료비 50억원인 아파트신축공사(일반공사장)의 계상의무액 : 대상액(40억원 + 50억원) × 1.88 = 1,692만원

〈공사 종류 및 규모별 안전관리비 계상기준표(별표1)〉

공사종류 \ 대 상 액	5억원미만	5억원이상 50억원미만		50억원이상
		비율(X)	기초액(C)	
일반건설공사(갑)	2.48(%)	1.81(%)	3,294천원	1.88(%)
일반건설공사(을)	2.66(%)	1.95(%)	3,498천원	2.02(%)
중 건 설 공 사	3.18(%)	2.15(%)	5,148천원	2.26(%)
철도·궤도신설공사	2.33(%)	1.49(%)	4,211천원	1.58(%)
특수및기타건설공사	1.24(%)	0.91(%)	1,647천원	0.94(%)

② 사용기준

- 수급인 또는 자기공사자는 별표 2의 사용내역에 따라 안전관리비를 사용하여야 함.

● 다만, 별표 2의 사용내역에 해당한다 할지라도 공사설계내역서에 명기되어 있는 사항은 안전관리비로 사용할 수 없음(고시 제7조제2항).

<안전관리비의 항목별 사용내역 및 기준(별표2)>

항 목	사 용 내 역
1. 안전관리자 등의 인건비 및 각종 업무수당 등	• 전담안전관리자의 인건비 및 업무수행 출장비 등 • 유도 또는 신호자의 인건비 등
2. 안전시설비 등	• 추락방지용 안전시설비 • 낙하·비래물 보호용 시설비 등
3. 개인보호구 및 안전장구구입비 등	• 각종 개인보호구의 구입, 수리, 관리 등에 소요되는 비용 등
4. 사업장의 안전진단비 등	• 사업장의 안전 또는 보건진단에 소요되는 비용 등
5. 안전보건교육비 및 행사비 등	• 안전보건관리책임자, 안전관리자, 근로자 교육비 등
6. 근로자의 건강관리비 등	• 근로자 건강진단, 구급기재 등에 소요되는 비용
7. 건설재해예방기술지도비	• 재해예방전문지도기관에 지급하는 대가
8. 본사사용비	• 본사 안전전담부서 활동 비용

● 별표2의 본사사용은 시행령 제14조의 규정에 의한 안전관리자의 자격을 갖춘 자(시행령 별표4 제10호 및 제11호에 해당하는 자를 제외한다) 1인 이상을 포함하여 3명 이상의 안전전담직원으로 구성된 안전만을 전담하는 과·팀 이상의 별도조직(이하 "안전전담부서"라 한다)을 갖춘 건설업체에 한하여 사용할 수 있음(고시 제7조제4항).
  ▶ 시행령 별표4
  − 제10호 고압가스안전관리법에 의한 안전관리책임자, 액화석유가스안전및사업관리법에 의한 안전관리책임자, 도시가스사업법에 의한 안전관리책임자, 교통안전법에 의한 교통안전관리자, 총표·도검·화약류단속법에 의한 화약제조보안책임자 및 화약류관리보안책임자, 전기사업법에 의한 전기안전관리담당자
  − 제11호 산업안전보건법에 의한 전담 안전관리자를 두어야 하는 사업장(건설업은 제외)에 서 안전관련업무를 10년 이상 담당한자
● 본사에서 안전관리비를 사용하는 경우 1년간(1.1~12.31) 본사안전관리비 실행예산 및 사 용금액은 전년도 미사용금액을 합산하여 5억원을 초과할 수 없음(고시 제7조제5항)

다. 목적외 사용금지 등

● 산업안전보건관리비 계상의무를 갖는 수급인 또는 자체 사업을 행하는 자는 당해 산업안전보건관리비를 다른 목적으로 사용하여서는 아니되며
  − 고용노동부장관이 정하는 사용기준이 정하여져 있는 산업안전보건관리비에 대하여는 그 기준에 따라 사용하고, 그 사용 내역서를 작성하여 공사종료 후 1년간 보존하도록 규정(법 제30조 제3항 규칙 제30조 제2항) → 위반 시 1,000만원 이하의 과태료 부과

행정해석

■ 단가계약 공사에서 개별 단위공사의 의미는

● 연간 단가계약공사를 체결하고 구체적인 작업지시에 따라 개별 단위공사별로 시공시 개별단위 총공사금액이 4천만원 이상인 경우에 산업안전보건관리비를 계상할 의무가 있는데 개별단위공사의 의미는(작업지시 1건, 동일장소 작업지시 1건, 1회 준공기준 1건)

◇ 산업안전보건관리비는 건설업 산업안전보건관리비 계상 및 사용기준(고용노동부고시) 제3조의 규정에 의하여 산업재해보상보험법의 적용을 받는 공사중 총공사금액 4천만원 이상인 공사에 적용하고 있으며, 단가계약공사라 하더라도 고압 및 특별고압 전기공사, 지하맨홀·관로 및 통신주에서 작업이 이루어지는 정보통신공사는 총계약금액을 기준으로 적용여부를 판단하고 있음

◇ 일반적으로 단가계약 공사에 있어서의 안전관리비는 일부 전기공사 및 정보통신공사를 제외하고는 개별 단위공사를 기준으로 공사금액이 4천만원 이상일 공사에 한해 계상의무가 있으며,

  – 발주자가 공사내용, 물량, 공사기간 및 장소를 구체적으로 정하여 작업지시를 하고 시공사가 해당 작업지시서에 따라 시공하는 경우에는 작업지시서에 따른 공사를 "개별 단위공사"로 보아 산업안전보건관리비 계상여부를 판단하는 것이 타당하다고 사료됨

■ 산업안전보건관리비 계상 및 사용기준 관련 질의에 대한 회신

● 안전관계자 인건비 및 각종 업무수당의 항목으로 실제 사용한 안전관리비가 동 항목의 사용비율(40%)를 초과하였을 경우 발주처에서는 자체 내규 및 안전관리비 사용계획서에 의거 초과 사용한 금액에 대해서는 안전관리비로 인정할 수 없다고 하는데 이러한 발주처의 견해가 적합한지

● 발주처에서는 안전시설물 설치중에는 단가가 낮은 조공이 할 수 있는 일이 대부분인데, 단가가 높은 가시설공이나 목공이 작업을 하게하는 것은 안전관리비를 필요 이상으로 과다하게 지출하는 행위이므로 누가 안전시설물을 설치했다 하더라도 조공의 노임단가로 계산하여야 한다고 하는데 합당한 것인지

◇ 건설업 산업안전보건관리비 계상 및 사용기준」(고용노동부 고시 제2010-10호, 2010.8.9.) [별표 2]에 항목별 사용기준은 별도로 규정되어 있지 않습니다('05.3.17. 이후 폐지). 따라서 전담안전관리자를 선임하여 현장의 안전관리업무만을 전담하게 하였다면 이에 소요되는 인건비 및 업무수행 출장비 등에 대해 안전관리비로 사용할 수 있습니다.

◇ 산업안전보건관리비는 공사계약이 이루어진 경우에는 시공업체에 귀속되는 비용이고 발주자에게는 이를 제대로 사용하고 있는지 확인의무만을 부여하고 있으므로 발주처 자체 사규(내규)에 규정된 항목별 지급비율을 근거로 시공업체에서 적법하게 사용한 안전관리비를 인정하지 않을 수는 없을 것으로 보여집니다.

◇ 건설업 산업안전보건관리비 계상 및 사용기준」(고용노동부 고시 제2010-10호, 2010.8.9.) [별표 2] 항목 2(안전시설비 등)에 안전보건시설의 구입·설치·유지·보수에 소요되는 인건비 또는 장비사용료 등은 산업안전보건관리비로 사용할 수 있으나 사용내역별 금액에 대해서는 별도로 규정하지 않

고 있으므로 실제 사용한 비용에 대해 정산처리 하면 될 것입니다.

◇ 따라서 질의와 같이 현장사정에 의해 목공 또는 가시설공으로 하여금 안전시설을 설치하였다면 이에 소요되는 인건비는 조공 단가가 아닌 목공 또는 가시설공 단가의 인건비로 집행하면 될 것입니다.

■ 갱폼 안전인양 시스템에 대한 안전보건관리비 사용 관련

● 갱폼의 탈락을 방지하기 위한 안전장치 설치에 소요되는 인건비와 자재비를 산업안전보건관리비로 사용할 수 있는지

◇ 귀 질의의 갱폼 탈락방지 장치는 갱폼을 인양장비에 매달기전 볼트 등을 임의로 해체하여 발생하는 갱폼낙하에 의한 재해를 예방하기 위한 목적의 장치로 판단되므로 동 장치를 설치하기 위해 소요되는 인건비와 자재비는 산업안전보건관리비로 사용이 가능함

■ 선로 유지보수의 적용 업종(산업안전보건관리비 계상 관련)

● 선로의 유지보수업무를 행하는 시설관리사무소의 업종을 운송지원서비스가 아닌 건설업으로 분류하여 산업안전보건관리비를 계상해야 하는지

◇ 한국표준산업분류표에 의하면 철도터미널에서의 철도차량에 대한 일상적 유지 및 수리는 "운송지원서비스"로, 철도 등의 건설은 "토목시설물 건설업"으로 분류하고 있음. 따라서 주된 업무가 철도건설이 아닌 선로의 단순한 유지 및 보수업무라면 운수업 중 『철도 운송지원서비스업』에 해당될 것으로 사료됨. 또한 당해 선로의 유지·보수업무가 건설공사에 해당하지 아니하거나 공사금액 총액이 4천만원 미만의 건설공사인 경우에는 산업안전보건법 제30조의 규정에 의한 산업안전보건관리비 계상 등의 의무는 발생하지 않을 것임

■ 추락방지용 안전발판의 안전보건관리비 사용가능 여부

● "건설용리프트 추락방지용 안전발판"을 산업안전보건관리비 중 추락방지용 안전시설비로 사용이 가능한지

◇ 건설업 산업안전보건관리비 계상 및 사용기준(고용노동부고시) 별표 2 안전관리비의 항목별 사용내역 2호(안전시설비)에 의하면 추락방지용 안전시설비는 산업안전보건관리비로 사용이 가능하나 작업발판 등의 용도로 사용하는 경우는 제외된다고 규정되어 있음

　− 그러나 귀하의 질의에서와 같이 "건설용리프트 추락방지용 안전발판"은 그 설치목적이 발판상부에서 특정 작업을 수행하기 위한 작업발판에 해당하지 않고 건설용리프트와 건설물 벽체사이에 형성되는 개구부에 의한 추락위험을 방지하기 위해 설치하는 시설이므로 추락방지용 안전시설비의 사용이 가능할 것으로 사료됨

■ 공사현장내 안전감시용 CCTV 설치시 안전관리비 사용가능 여부

● 공사현장에서 근로자들의 안전사고 예방을 위하여 작업자의 안전사고 및 위험장소에 안전감시용으로 CCTV를 설치할 경우 안전관리비 사용 가능 여부

● 질의 2: CCTV 전담감시(모니터링)할 인원을 상주시켜야 하는지 아니면 기존 상주인원이 감시를 해

도 되는지

● 질의 3: CCTV 감시인원을 전담으로 할 경우 그 인원에 대한 비용(급여 등)은 안전관리비로 사용이 가능한지

◇ 건설업 산업안전보건관리비 계상 및 사용기준(고용노동부 고시 제2010-10호, 2010.8.9.) 별표 2「안전관리비의 항목별 사용내역」항목 2(안전시설비 등)에 "안전감시용 케이블 TV 등에 소요되는 비용"은 산업안전보건관리비로 사용이 가능합니다. 따라서 귀 질의의 CCTV가 공사 목적물의 품질 확보 또는 건설장비 자체의 안전운행 감시, 공사 진척상황 확인 등의 목적이 아닌 근로자의 안전작업 수행여부의 확인 및 관리감독을 목적으로 설치하는 것이라면 산업안전보건관리비로 사용이 가능함

◇ 안전감시용 CCTV 감시용 인원을 별도 상주시켜야 하는지 또는 기존 인원이 수행해도 되는지의 여부는 현장여건 등을 종합적으로 판단하여 결정해야할 사안이나 기존 상주 인원이 감시업무를 병행해도 가능할 것으로 사료됨

◇ 따라서, CCTV 전담감시원에 대한 인건비는 병행수행 또는 기존 인원이 수행 시 안전관리비에서 사용할 수 없음

■ 용접작업 안전장구의 산업안전보건관리비 사용 및 집행

● 배관 매설공사장에서 지반을 굴착하여 배관용접 작업시에 굴착부 용접작업자 가 낙석 및 중량물 낙하에 따른 중대사고 위험에 노출되어 있으므로 ― 용접작 업자 안전 확보를 위해 방호시설인 "용접작업자 보호용 안전 Shelter(또는 Welding House)"를 산업안전보건관리비로 제작 설치하여 사용하고 있으며, 토류벽은 단기간의 굴착 및 복구, 2m 이하의 굴착심도를 고려하여 연약지반을 제외하고는 설치하고 있지 않고 있는 경우 동 안전 Shelter가 산업안전보건관 리비에 해당되는지 여부

◇ 산업안전기준에 관한 규칙(제383조)에 의하면 지반 등을 굴착하는 때에는 토질에 따라 굴착면에 적정한 기울기를 주거나 흙막이 지보공을 설치하여야 함

 ― 귀 질의의 "용접작업자 보호용 안전 Shelter(또는 Welding House)"는 관로 매설공사에서 굴착저면의 주요작업이 이루어지는 부위(관과 관을 연결하는 용접작업부위)에 설치하여 낙석, 붕괴 등에 의한 재해를 예방하는 조치로서 산업 안전보건법에 의한 적정한 기울기 또는 토류벽을 설치한 상태에서 이루어지는 시설이라면 산업안전보건관리비로 사용이 가능할 것이나

 ― 기울기 미준수 또는 흙막이 시설이 없는 굴착장소에서 사용할 경우에는 이는 당연히 설계에 반영되어야 할 시설이 반영되지 아니하여 이를 대체하기 위한 가시설로 판단되므로 설계에 반영하여 공사비로 집행하여야 할 것임

 ― 따라서, 산업안전보건관리비로 사용할 수 없음('10.7.1. 이후 발주되는 공사에 대해 적용)

■ 공동도급 공사에 있어서의 산업안전보건관리비 계상 기준

● 주계약자 공동도급 발주공사의 경우 건설업 산업안전보건관리비 계상 대상공사 금액은 「총공사금액」기준인지, 아니면 시공비율에 따른 공동수급체 구성원별(주계약자, 부계약자 등) 「지분금액」인지

◇ 산업안전보건법 제30조제1항에 따라 건설업을 타인에게 도급하는 자는 도급계약을 체결할 경우 고용노동부 장관이 정하여 고시하는 바에 따라 산업재해예방을 위안 산업안전보건관리비를 도급금액에 계상하여야 하고,

- 발주자는 건설업 산업안전보건관리비 계상 및 사용기준(고용노동부 고시 제 2010-10호, 2010.8.9)에 따라 전체 공사를 기준으로 산업안전보건관리비를 산정하여야 함

- 다만, 주계약자 관리방식의 도급계약은 주계약자가 전체 건설공사계약의 수행에 관하여 종합적인 계획·관리 및 조정을 하나 계약상의 시공, 제조, 용역의무 이행의 책임에 대해서는 구성원 각자가 자신이 분담한 부분에 대하여 책임을 지는 방식이므로 전체 공사를 기준으로 산정된 산업안전보건관리비를 구성원 각자의 분담비율에 따라 사용하면 될 것임

■ 안전관리시스템 설치비용의 산업안전보건관리비 사용가능 여부

● 터널공사장에 설치하여 근로자의 위치파악, 외부인의 출입통제, 비상상황 발생 시 알림 등의 기능을 수행하는 안전관리시스템의 설치비용을 산업안전보건관 리비로 사용할 수 있는지

◇ 동 시스템이 재해예방에 일정부분 사용되는 점은 인정되나 근로자의 위치파악 및 호출, 외부인의 출입통제 등의 업무를 수행하기 위한 목적으로 사용된다고 판단되므로 동 시스템에 소요되는 비용은 산업안전보건관리비로 사용할 수 없음

■ 가설 구조물 안전성검토 비용의 산업안전보건관리비 사용가능 여부

● 가설구조물에 대한 안전성 확보를 위해 실시하는 검토 비용을 산업안전보건관 리비로 사용할 수 있는지

◇ 건설업 산업안전보건관리비는 건설현장에서 발생하는 산업재해의 예방을 위하여 법령에 규정된 사항의 이행에 필요한 비용을 말하는 것으로서

- 가설구조물은 본 구조물과 관계가 없는 시설로서 안전성 평가차원에서 이루어지는 것이라면 동 비용은 산업안전보건관리비로 사용할 수 있음

■ 안전관리자 초과 선임 및 그에 따른 인건비의 안전보건관리비 계상

● 공사금액 또는 상시근로자수를 기준으로 법적 안전관리자를 선임하는 경우 1 인이 여러 지역에 대한 안전관리업무를 수행하여야 하는 등 정상적인 안전관리업무 수행이 불가할 경우 각 사업장(현장)별로 안전관리자를 선임할 수 있는지

● 안전관리자를 추가로 선임하는 경우 안전관리자 인건비가 법적 안전관리비를 초과할 수 있어 산업안전보건관리비를 법적기준을 초과하여 공사비에 계상하고 실투입 비용을 정산할 수 있는지

● 산업안전보건법에 의한 안전관리자 선임과 별도로 도시가스사업법, 고압가스 안전관리법, 소방법, 전기공사업법 등에 의거 추가로 선임되는 안전관리자의 인건비도 안전관리비로 집행해야 하는지 여부

◇ 산업안전보건법 적용은 사업 또는 사업장을 대상으로 하고, 사업장의 개념은 주로 장소적 관념에 따라 결정되는 것으로 장소적으로 분산되어 있으면 별개의 사업장으로 보는 것이 원칙이므로 산업

안전보건법 제15조의 규정에 따른 안전관리자는 사업장(현장) 단위로 공사금액 또는 근로자수를 기준으로 선임하는 것이 원칙임. 다만, 장소적으로 인접하면서 동일한 공사조직 및 관리체계 하에서 시공되는 경우라면 이를 하나의 사업장으로 보아 안전관리자를 선임할 수 있음

◇ 산업안전보건법에서는 안전관리자 선임 및 산업안전보건관리비 계상과 관련하여 최저기준을 정하고 있을 뿐으로 법상 기준을 초과하여 안전관리자를 선임하거나 산업안전보건관리비를 추가로 계상하는 것을 금지하고 있지 아니하므로 공사 위험도, 작업 특성 등을 고려하여 안전관리자를 추가로 선임토록 하고 산업안전보건관리비를 법적기준 이상으로 지급하는 것은 발주자가 자체적으로 판단하여 처리할 사항이라고 사료되며, 안전관리자 인건비는 안전관리자 자격을 갖춘 자를 지방고용노동관서에 선임 보고한 경우에 한하여 산업안전보건관리비로 사용할 수 있음

◇ 또한, 산업안전보건법외 다른 법 적용 안전관리자 인건비는 산업안전보건관리비로 사용할 수 없음

■ AED(외부자동심장 충격기)의 산업안전보건관리비 사용 가능 여부

◇ 건설업 산업안전보건관리비 계상 및 사용기준(고용노동부고시) 별표2 「안전관리비의 항목별 사용내역」 항목6 (근로자의 건강관리비 등)에 의하면 구급기재 등에 소요되는 비용은 산업안전보건관리비로 사용이 가능하도록 규정하고 있음

　－ 귀 질의의 AED(외부자동심장 충격기)는 건설현장에서 근로자들의 심장박동 정지 등 위급한 상황에서 심폐소생 실시로 근로자의 돌연사 등을 예방하기 위한 응급처치에 필요한 구급기재로 판단됨으로 안전관리비로 사용이 가능할 것으로 사료됨

■ 안전시설물 공동 설치 시 산업안전보건관리비 분담방법

● 도급사업주가 건설공사, 전기공사, 통신공사를 별도 발주 하였으나, 현장에서 공동으로 사용하는 안전시설물에 대하여 그 비용을 건설공사 시공업체가 부담해 왔으나, 안전시설물 초과투입으로 인해 부족한 산업안전관리비를 별도 시공업체(전기공사, 통신공사)로 하여금 일부 부담토록 한 절차가 정당한지 여부

◇ 건설업 산업안전보건관리비 계상 및 사용기준(고용노동부고시)에는 산업안전보건관리비의 그 정산방법 및 절차 등에 대해서는 별도로 규정하고 있지 않으나, 동일한 작업장(소)에서 안전시설물을 공동으로 사용하면서 동 시설물의 설치 및 유지·보수에 소요되는 비용을 안전관리비로 분담하여 집행하고자 하는 경우에는 설치계획 수립 시 미리 발주자 또는 감리원의 확인을 받은 후 동 시설물에 대한 설치 및 유지·보수방법, 각 사의 분담금액 및 정산방법 등에 협약을 하였다면 집행이 가능할 것으로 사료됨

　－ 이때, 미리 발주자 또는 감리원의 확인을 받도록 하는 것은 발주자 또는 감리원이 고시 제9조에 의한 산업안전관리비 사용내역을 확인과정에서 분담집행에 따른 마찰을 줄이기 위한 것으로, 발주자 또는 감리원이 독자적으로 판단하여 각 시공사로 하여금 안전시설물의 공동설치를 주문할 수 없을 것임

　－ 한편, 위와 같이 각 사업주가 고용한 근로자가 동일한 작업장(소)에서 작업장소·통로·시설물 등

을 공동으로 사용하면서 산업재해를 예방하기 위해 안전시설 물을 공동으로 설치하고 동 시설물의 설치 및 유지·보수방법 등에 관한 사항이 협약이 있었다 하더라도 각 사업주의 재해예방 조치 의무가 분담되는 것은 아니며, 당해 사업장 소속 근로자는 물론 타사업장 근로자에 대한 재해예방 의 무조치가 추가된 것으로 보아야 할 것임

■ 가설울타리의 산업안전보건관리비 사용가능 유무

● 가설울타리 설치비용을 산업안전보건관리비로 사용할 수 있는지

● 산업안전관리비를 목적외로 사용하였을 경우에 과태료 대상인지

　　– 목적 외 사용금액이 산업안전보건관리비에서 감액조정이 되는지

　　– 목적 외 사용 시 다른 불이익은 없는지

◇ 현장에 설치하는 가설울타리는 현장의 경계를 표시하고 외부인의 출입을 통제하는 등의 용도이므로 산업안전보건관리비로 사용할 수 없음

◇ 산업안전보건법 제30조제2항에 위반하여 산업안전보건관리비를 다른 목적으로 사용한 경우에는 동법 제72조제3항에 따라 과태료 처분을 받게 되고,

　　– 발주자는 목적외 사용금액에 대하여 계약금액에서 감액조정하거나 반환을 요구할 수 있음

　　– 또한, 목적 외 사용 금액이 1,000만원을 초과할 경우에는 입찰참가자격사전심 사시 감점을 받게 됨

■ 대상액이 구분되지 않을 경우 안전관리비 계상 및 70%의 의미

● 발주(도급)금액은 평당 단가로 산정하여 총 발주금액으로 정하여지게 되다보니 대상액이 구분되어지지 않아 공사초기에 안전관리비 계상을 총 도급금액(VAT 포함)에서 대지비, 설계비, 감리비, 이주비 등을 제외한 금액의 70%에 요율 1.88%를 적용하여 사용하다가 본사에서 실행예산이 확정되면, 대상액(재료비 + 직접노무비)에 요율을 적용한 금액으로 사용하려고 하는데 어느 금액으로 사용하여야 하는지

● 안전관리비 계상 대상금액 중 재료비 + 직접노무비에는 부가가치세(VAT) 등이 포함된 금액을 말하는 것인지 또한 도급금액의 70%와 재료비 + 직접노무비와의 관계는 어떤 수치적 근거에 의하여 나오게 된 산식인지

◇ 건설업산업안전보건관리비계상 및 사용기준(고용노동부고시) 제5조 규정에 의하여 발주자는 원가계산에 의한 예정가격 작성시 제4조(계상기준)에 따라 안전관리비를 계상하여야 하고, 대상액이 구분되어 있지 아니한 공사는 도급계약서상 총 공사금액의 70퍼센트를 대상액으로 보아 안전관리비를 계상하도록 하고 있는 바, 공사금액이 평당단가로 산정되어 공사내역상 대상액의 구분없이 총 도급금액만 정해진 경우라면 산업안전보건관리비는 총 공사금액(귀 질의의 대지비, 설계비, 감리비, 이주비 제외)의 70퍼센트를 대상액으로 하여 계상하고 이렇게 계상된 금액이 당해 공사의 산업안전보건관리비가 됨

◇ 산업안전보건관리비의 계상 시기는 원가계산에 의한 예정가격 작성시이므로 산업안전보건관리비 계

상시 대상액인 재료비 및 직접노무비를 합한 금액에는 부가가치세가 포함되지 않음

◇ 대상액이 구분되지 않은 공사에 있어 산업안전보건관리비 계상시 총 공사금액의 70퍼센트를 대상액으로 보는 것은 일반 건설공사의 경우 재료비와 직접노무비를 합한 금액이 통상적으로 총 공사금액의 70퍼센트 정도에 해당하는데 따른 것임

■ 철탑 송전케이블 간섭예방 안전시설물의 산업안전보건관리비 사용 가능 여부

● 공사현장에서 크레인을 사용하여 작업시 현장 외부에 있는 철탑(높이 32m) 송 전케이블과 간섭의 우려가 있어 작업을 위해 위험을 표시할 만한 안전시설물을 설치하여야 하는데, 이에 소요되는 비용을 산업안전보건관리비로 사용 가능 여부(사고발생 시 근로자 안전사고 및 주변지역의 정전사태 등의 위험이 있음)

◇ 비록 철탑이 현장 외부에 설치되어 있다고는 하나 현장 여건 상 대형크레인을 사용할 수 밖에 없고 이 경우 중량물 양중작업을 할 경우 크레인과 철탑 송전케이블이 접촉함으로써 작업 근로자가 감전될 위험이 있는 경우라면 감전방지 조치에 소요되는 비용을 안전관리비로 사용할 수 있습니다. 따라서 안전조치의 주된 목적이 근로자 감전재해 예방 차원인지 아니면 공사장 주변지역의 공중의 안전조치 차원인지를 판단하여 결정하여야 할 사항이라고 사료되며, 귀 질의와 같이 근로자 안전을 위하여 설치하는 경우라면 산업안전보건관리비에서 사용할 수 있음

■ 전자식 인력관리 시스템의 산업안전보건관리비 사용가능 여부

● 건설현장에서 근로자의 안전관리(개인 보호구지급, 개인별점부과, 교육이수, 무재해 달성), 보건관리(건강진단, 건강유소견자 관리), 출·퇴근관리, 노임지급 관리 등을 위해 사용하고 있는 "전자적인력관리 시스템"의 설치 및 유지관리 비용을 산업안전보건관리비로 사용가능 한지 여부

◇ 건설업 산업안전보건관리비는 건설업에 있어서 근로자의 산업재해 및 건강장해 예방을 위하여 법령에 규정된 사항의 이행에 필요한 비용을 말합니다.

　－ "전자적 인력관리 시스템"은 근로자의 출퇴근 관리, 노임관리, 공사관리와 근로자 개인보호구 지급관리, 근로자 건강관리 등 안전·보건관리에도 활용이 가능한 것으로 보여집니다.

　－ 따라서, "전자적 인력관리 시스템의 설치 및 유지관리비용"을 산업안전보건관리비로 사용이 가능한지 여부는 동 비용의 사용목적을 종합적으로 판단하여 근로자 안전·보건관리에 주된 목적이 있다면 산업안전보건관리비로 사용이 가능하나 그러하지 않는 경우 사용이 불가할 것으로 사료됨

■ 타포린의 산업안전보건관리비 사용가능 여부

● "안전벨트용 LED 부착 밴드 및 추락위험지역 안전 LED 타포린"의 산업안전보건관리비 사용가능 여부

◇ 건설업 산업안전보건관리비는 건설사업장에서 산업재해의 예방을 위하여 법령에 규정된 사항의 이행에 필요한 비용을 말하고, 이의 사용가능 여부도 이를 바탕으로 판단하여야 함

　－ 귀 질의의 "안전벨트용 LED 부착밴드"의 경우 야간작업, 터널 및 지하철 작업, 실내·선박내부·탄광 작업시 근로자의 안전벨트 착용여부 등을 확인할 수 있는 표식으로서 이에 소요되는 비용

은 산업안전보건관리비로 사용할 수 있으며,

– 추락의 위험이 있는 어두운 장소에 대해 근로자가 쉽게 위험지역을 식별할 수 있는 "안전 LED 타포린"도 산업안전보건관리비로 사용이 가능함

■ 방염천막의 산업안전보건관리비 사용 가능 여부

● 플랜트 현장에서 용접작업 중 불꽃으로 인한 화재를 예방하기 위한 방염천막과 현장내 보관중인 자재에 덮는 방염천막을 산업안전보건관리비로 사용할 수 있는지

◇ 귀 질의의 방염천막이 설계내역서상에 포함되어 있지 않고, 용접작업 중 불꽃으로 인한 화재를 예방하여 근로자를 보호하기 위한 목적으로 사용된다면 화재예방시설로 보아 산업안전보건관리비로 사용이 가능함

– 다만, 자재를 덮는 방염천막은 근로자의 보호보다는 자재의 보호를 위한 용도로 판단되므로 산업안전보건관리비로 사용할 수 없음

■ Turnkey 계약공사 시 안전관리비 계상방법

● 설계10%, 구매60%, 공사30% 정도의 비율을 가진 Turnkey계약을 진행할 경우 안전관리비 계상을 위한 총공사금액에 설계비용, 구매비용도 포함시켜야 하는지

◇ 산업안전보건관리비 계상시 총 공사금액이라 함은 공사 도급계약서상의 공사금액(발주자가 재료를 제공하는 경우 그 시가 환산액 포함)을 말하는 것으로 당해 공사의 시공과 관련되는 제 비용이 이에 포함됨

◇ Turnkey 계약 공사의 경우도 산업안전보건관리비 계상을 위한 공사금액은 공사원가계산서상의 총 공사 구성원가상의 비목 등을 검토하여 공사비에 포함되지 않으나 구매비용의 경우는 동 금액 중 공사수행을 위해 발주자가 제공해 주는 재료에 해당하는 부분은 공사비에 포함될 수 있을 것으로 사료됨

■ 연간단가 계약 공사에 대한 산업안전보건관리비 계상 및 사용기준

● 연간단가계약 공사 현장에서 작업지시서별 공사금액은 4천만원이 되지 않지만 여러 개의 작업지시서 상의 공사기간이 연결되어 진행되는 경우 하나의 공사로 보아 산업안전보건관리비를 계상할 수 있는지

◇ 산업안전보건관리비는 산업재해보상보험법의 적용을 받는 공사중 총 공사금액 4천만원 이상인 공사에 적용되고, 단가계약 공사의 경우는 개별 단위 공사금액을 기준으로 적용여부를 판단하여야 할 것임(일부 전기공사 및 정보통신공사 제외)

– 이때 개별 단위 공사라 함은 장소·시간적 개념에 따라 구별되는 것으로서 각각의 작업지시서에 따라 작업이 이루어지지만 공사기간이 서로 연결되어 있고 하나의 공사조직에 의해 공사가 수행되고, 별도의 작업장소로 보기 어려운 경우 하나의 공사로 보아 총공사금액이 4천만원 이상인 경우에는 산업 안전보건관리비를 계상하여야 할 것으로 사료됨

■ 산업안전보건관리비의 본사 사용비 관련 질의회신

● 본사 사용 안전관리비와 관련된 증빙서류를 현장에 보관해야 하는지

● 본사 사용 안전관리비 중 소속 현장 안전점검을 위한 업무출장비에서 '소속현장'은 당해 현장만을 의미하는지

◇ 건설업 산업안전보건관리비 계상 및 사용기준(고용노동부 고시) 별표2 안전보건관리비의 항목별 사용내역에 계상된 안전관리비의 5%이내에서 본사에서 사용할 수 있음

　－ 본사 사용 안전관리비와 관련하여 현장에서는 전체 안전관리비의 5%이내에서 배정되었음을 확인할 수 있는 서류를 구비하면 되고, 본사에서 사용한 내역을 현장에서 별도로 보관할 필요는 없음

　－ 본사 사용 안전관리비항목 중 업무수행 출장비는 당해 현장뿐 아니라 해당 업체의 소속 전체 현장 모두를 말하는 것임

■ 신호수 인건비의 산업안전보건관리비 사용

● 현장 게이트 앞에 배치하여 현장출입 덤프트럭의 신호를 하는 신호수와 덤프 트럭의 신호수 역할을 겸하는 차량집계원의 인건비를 산업안전보건관리비로 사용할 수 있는지

◇ 건설업 산업안전보건관리비 계상 및 사용기준(고용노동부고시) 별표2 안전관리비의 항목별 사용내역에 따라 유도 또는 신호수의 인건비는 산업안전보건관리비로 사용이 가능하나

　－ 질의의 게이트에 배치된 신호수는 근로자의 보호를 위한 목적보다는 공사차량의 원활한 흐름과 통제를 위한 목적이 더 크므로 동 신호수의 인건비는 산업안전보건관리비로 사용할 수 없음

　－ 차량집계원이 현장내에서 근로자의 보호를 위해 덤프트럭의 신호수로 근무하는 경우 신호수로서 업무를 수행하는 동안에 발생되는 인건비에 대해서는 산업안전보건관리비로 사용이 가능함

■ 안전띠가 일체화된 작업복의 안전보건관리비 사용가능 여부

● 건설현장 근로자의 추락방지를 위해 "안전대가 일체화된 작업복"을 제작·보급할 예정인 바, 산업안전보건관리비로 구입이 가능한지 여부

◇ 건설업 산업안전보건관리비 계상 및 사용기준(고용노동부고시) 별표2 「안전관리비의 항목별 사용내역」 항목3(개인보호구 및 안전장구 구입비 등)에는 안전대, 안전모 등 안전보호구의 구입 등에 소요되는 비용은 산업안전보건관리비로 사용이 가능토록 규정하고 있으며,

　－ 산업안전보건법 제35조(보호구의 검정)에 따르면 근로자의 작업상 필요한 보호구인 안전모, 안전대, 안전화 등 보호구를 제조 또는 수입하고자 하는 자는 노동부장관이 실시하는 검정을 받아야 하는 바,

　－ 귀 질의의 안전대(조끼가 부착된 일체형 안전대)가 추락에 의한 위험을 방지하기 위한 것으로서 노동부장관이 실시하는 보호구 성능검정 결과 합격한 경우라면 동 제품의 구입비는 산업안전보건관리비로 사용할 수 있을 것임

■ 대상액이 구분되지 않은 경우 안전관리비 계상방법

● 도급계약시 연면적 × 평당공사비로 계약했을 경우 안전관리비 계상을 어떻게 해야 하는지

 - 도급계약서상 총공사금액의 70%를 대상액으로 보고 안전관리비를 계상하여 공사종료시까지 집행하는 것이 타당한지

 - 당사의 실행편성이 완료되면 안전관리비 대상액이 (직접노무비 + 재료비) 확정되므로 안전관리비를 재 계상하여 집행하는 것이 타당한지

◇ 건설업산업안전보건관리비계상및사용기준(고용노동부고시) 제5조 규정에 의하여 발주자는 원가계산에 의한 예정가격 작성시 제4조(계상기준)에 따라 안전관리비를 계상하여야 하고, 대상액이 구분되어있지 아니한 공사는 도급계약서상 총 공사금액의 70퍼센트를 대상액으로 보아 안전관리비를 계상하도록 하고 있음

◇ 공사금액이 평당 단가로 산정되어 공사내역상 대상액의 구분없이 총도급금액만 정해진 경우 산업안전보건관리비는 귀사의 자체 실행예산이 아닌 도급계약서상 총 공사금액의 70퍼센트를 대상액으로 하여 계상하고 이렇게 계상된 금액이 당해 공사의 산업안전보건관리비가 됨

■ 일괄발주공사에서 물품구매 비용을 포함한 안전관리비 계상방법

● 물품구매(플랜트 프로세스 설비) 및 설치시공을 일괄하여 도급계약을 체결한 경우

 - 도급형태 : 시설공사 일괄계약(설계, 구매, 설치시공) / 국내건설회사

 - 도급비용구성 : 물품구매비용(60%) + 설치시공비용(40%, 설계비용포함)

 - 물품구매방식 : 발주처가 지명한 스위스 제조업체로부터 구매

● 프로세스 설비의 물품구매 및 설치시공을 포함하여 일괄계약을 체결하는 경우 산업안전보건관리비 계상을 위한 대상액의 적용기준

◇ 설계, 구매 및 설치시공을 일괄 계약하여 수행하는 공사에 있어 산업안전보건관리비는 계약형태에 상관없이 설치시공을 위해 완제품의 형태로 구매하는 자재에대해서는 건설업산업안전보건관리비계상및사용기준(고용노동부고시) 제4조에서 규정하고 있는 "발주자가 제공하는 재료"로 보아 당해 금액을 포함시킬 때의 산업안전보건관리비와 당해 금액을 포함시키지 않은 대상액을 기준으로 계상한 산업안전보건관리비의 1.2배중 작은 금액을 산업안전보건관리비로 계상하는 것이 타당하다고 사료됨

■ 아파트 평당단가계약시 안전관리비 계상방법

● 분양계획 수립, 모델하우스 건립 및 운영, 광고, 아파트공사, 입주까지 평당단가로 계약하여 도급을 받았음.

 - 안전관리비 계상시 대상액이 평당 단가로 계약한 도급액이 되는지, 아니면 도급액중 아파트 공사비만을 대상액으로 안전관리비를 계상하여야 하는지

 - 안전관리비 계상시 총 공사비에 VAT를 포함하여 안전관리비를 계상하여야 하는지

– 매월 작성하는 안전관리비 사용내역서 작성시 VAT 포함관계는 어떻게 하여야 하는지

◇ 건설업산업안전보건관리비계상및사용기준(고용노동부고시)에 의하면 산업안전보건관리비 계상시 대상액이 구분되어 있지 않은 경우에는 총공사금액의 70%를 대상액으로 보고 계상을 하도록 하고 있는 바, 공사금액이 평당단가 등으로 산정되어 대상액이 구분되어 있지 않다면 산업안전보건관리비는 도급계약상 공사금액의 70%를 대상액으로 보고 계상하여야 하며,

◇ 산업안전보건관리비 계상시 총공사금액이라 함은 공사 도급계약서상의 금액을 말하는 것으로 여기에는 부가가치세가 포함되고 당해 공사의 시공과 관련되는 모든 비용을 포함하는 것으로 분양계획 수립 및 운영비, 광고비, 입주비용 등은 공사비에 포함되지 않으나 모델하우스 건립비용은 동 공사가 다른 업체에 별도로 발주되지 아니하고 본 공사와 함께 계약되어 시공되는 경우에는 위 총공사금액에 포함된다고 사료됨

◇ 총공사금액에는 부가가치세가 포함되어 있으나 이를 기준으로 계상한 산업안전보건관리비에는 부가가치세가 포함되어 있지 않은 바, 부가가치세가 포함되지 아니한 금액을 산업안전보건관리비로 보는 경우 정산시 부가가치세를 제외하여야 하고, 부가가치세를 포함한 금액을 산업안전보건관리비로 볼 경우에는 정산시 부가가치세를 포함하는 등 계상과 정산을 동일한 방법으로 하여야 함

■ 관급자재비 누락시 안전관리비 계상방법

● 공사금액이 당초76억에서 150억원으로 증액되었으며 발주자가 재료를 제공하는 관급자재비가 별도인 토목현장에서 당초 설계당시 안전관리비 계상에 있어서(직접노무비 + 재료비) × 1.88%로 되었을 경우 정확한 계상방법은

– 참고로, 직접노무비는 5,775,704,869원, 재료비는 4,673,928,736원, 관급자재비는 3,030,000,000원임

◇ 건설업산업안전보건관리비계상 및 사용기준(고용노동부고시)에 의하면 산업안전보건관리비는 공사원가계산서상의 재료비와 노무비를 합한 금액(대상액)에 해당 공사의 요율을 곱하여 계상하되, 발주자가 재료를 제공할 경우에는 당해 금액 대상액에 포함시킬 때의 안전관리비는 당해 금액을 포함시키지 않은 대상액을 기준으로 계상한 안전관리비의 1.2배를 초과할 수 없다고 규정되어 있고, 설계변경 등으로 대상액의 변동이 있는 경우에는 발주자는 지체없이 안전관리비를 조정 계상하여야 한다고 규정되어 있음

◇ 따라서, (직접노무비 + 재료비 + 관급자재비) × 1.88%과[(직접노무비 + 재료비) × 1.88%] × 1.2 중 작은 금액이 당해 공사의 산업안전보건관리비에 해당하며, 설계변경시에도 위 기준을 적용하여 산업안전보건관리비를 계상하면 될 것임

■ 일괄발주 계약의 안전관리비 계상방법

● Plant 건설 Turnkey 공사시 설계와 자재조달이 한건 계약이고 건설공사가 따로 계약되어 공사를 수행한다면 이런 경우 어떻게 안전관리비를 책정해야 되는지 (설계/자재조달, 건설공사는 같은 회사에서 수행하고 있음)

– 이런 경우 건설공사에 대하여만 계상하는지

− 아니면 건설공사비에 1.2배로 계상해야 하는지

◇ 건설업산업안전보건관리비계상 및 사용기준(고용노동부고시) 제3조에 의하면 산업안전보건관리비
는 산재보상보험법의 적용을 받는 공사중 총공사금액 4천만원 이상인 공사에 적용되고, 그 계상은
『공사원가계산서』상의 재료비와 노무비를 합한 금액(발주자가 재료를 제공할 경우에는 당해 비용을
포함한 금액)에 해당 공사 요율을 곱하되, 발주자가 재료를 제공할 경우에 당해 금액을 대상액에
포함시킬 때의 안전관리비는 당해 금액을 포함시키지 않은 대상액을 기준으로 계상한 안전관리비의
1.2배를 초과할 수 없다고 규정하고 있음

◇ 따라서, 귀 질의의 산업안전보건관리비는 설치를 위해 구매한 자재를 발주자가 제공하는 재료로 보
아 당해 금액을 대상액에 포함시킬 때의 산업안전보건관리비와 이를 포함하지 않은 대상액을 기준
으로 계상한 산업안전보건관리비의 1.2배중 작은 금액이 동 설치공사의 산업안전보건관리에 해당됨

■ 택지조성공사의 안전관리비 요율 계상방법

● 공유수면매립공사에는 어떤 요율을 적용할 것인지(참고로 공유수면매립은 택지조성이 목적이며 매
립, 우·오수시설, 도로, 전기, 상하수도, 조경공, 기타부대공사로 이루어져 있음)

◇ 건설업산업안전보건관리비계상 및 사용기준(고용노동부고시) 별표 5『건설공사의 종류 예시표』상
의 "특수 및 기타 건설공사"는 건설산업기본법에 의한 준설공사, 조경공사, 택지조성공사(경지정리공
사 포함), 포장공사, 전기공사 및 정보통신공사로서 다른 공사와 분리 발주되어 시간·장소적으로
독립하여 행하는 공사를 말함

◇ 공유수면매립공사가 택지의 조성을 목적으로 하여 오수시설, 전기, 상·하수도, 조경, 기타 부대공사
등 일반적인 택지조성공사의 형태로 다른 공사와 분리 발주되어 시간·장소적으로 독립적으로 행하
는 공사라면 특수 및 기타건설공사에 해당하므로 이에 따른 공사요율을 적용하여 계상하면 될 것임

■ 재료비를 포함하지 아니할 때 1.2배의 의미

● 건설업산업안전보건관리비계상 및 사용기준 제4조제1항의 규정에 "발주자가 제공하는 재료를 포함
한 안전관리비 대상금액이 포함시키지 않은 대상액을 기준으로 계상한 안전관리비의 1.2배를 초과
할 수 없다"라고 규정하고 있음

− 이 경우 "1.2배 범위내에서 안전관리비를 적용할 수 있다."라는 의미로도 해석이 가능하다고 보아
지는데 발주자가 제공하는 재료비를 포함하지 않을 경우 절대값으로 1.2배 곱하여 주어야 하는지
아니면 1.2배 이하로도 적용이 가능한지

− 위에서 1.2배를 곱하지 않고 안전관리비를(노무비 + 재료비 − 관급비포함) 원가계산서에 적용하
였을 경우 산업안전보건법 제72조제1항의 규정에 의한 과태료 부과 대상이 될 수 있는지

◇ 건설업산업안전보건관리비계상 및 사용기준(고용노동부고시) 제4조에 의하면 발주자가 재료를 제공
할 경우 당해 금액을 대상액에 포함시킬 때의 안전관리비는 당해 금액을 포함시키지 않은 대상액을
기준으로 계상한 안전관리비의 1.2배 초과할 수 없다고 규정을 하고 있음

◇ 이는 발주자가 제공하는 재료를 공사비에 포함할 경우 안전관리비가 필요이상으로 많아지는 것을

방지하기 위한 규정으로, "1.2배를 초과할 수 없다"는 내용은 산업안전보건관리비를 1.2배 이하로 계상할 수 있다는 의미가 아니라 대상액을 포함한 산업안전보건관리비와 포함하지 않은 금액의 1.2 배 중 작은 금액이 이에 해당한다는 의미임

◇ 따라서, 위 규정을 이행하지 않아 산업안전보건관리비를 부족하게 계상하였다면 산업안전보건법 제 72조(과태료) 규정에 의하여 과태료 처분을 받을 수 있음

■ 적게 계상된 안전관리비의 계상된 금액만 사용하여도 위법이 아닌지

● 관 발주공사로 책임 감리원이 상주하고 있으나 공사내역서상의 안전관리비산정자체가 당사의 입찰 시 착오로 법정요율 산출에 미달하여 발주처에서는 예산회계법에 의거 변경시켜 줄 수 없기에 당사 실행예산에 반영하여 법정요율 적용 산출금액을 사용하고자 하는 바, 감리원은 내역서상의 안전관리 비 이상은 사용할 수 없다고 하고 당사는 산업안전보건법에 의거 미달금액을 당연히 반영하여야 할 입장임. 이러한 경우 도급 내역서에 산정되어 있는 안전보건관리비만 사용하여도 법에 저촉을 안 받는 것인지

● 산업안전보건법 제30조에 의하면 건설공사를 타인에게 도급하는 자는 도급계약 체결시 고용노동부 장관이 정하는 바에 의하여 산업재해 예방을 위한 산업안전보건관리비를 도급금액에 계상하여야 하 고 수급인은 사용기준을 준수하는 등 당해 산업안전보건관리비를 나른 목적으로 사용하여서는 아니 된다고 규정하고 있는 바,

 - 안전관리비의 계상의무는 발주자에게 있으며 부족하게 계상된 경우 적법하게 재계상하여야 하고 이를 지키지 아니할 때에는 발주자가 1000만원 이하의 과태료 처분을 받을 수 있으며,

 - 시공자는 부족하게 계상된 경우라 하더라도 당해 안전관리비를 적법하게 사용하였다면 그와 관련 하여 위법한 행위에 해당되지 아니함. 다만, 적정한 안전관리비의 확보를 위하여 발주자에게 재계 상 등을 요구할 수 있다고 사료됨

■ 안전보건총괄책임자 인건비의 산업안전보건관리비 사용가능 여부

● 안전보건총괄책임자 인건비의 산업안전보건관리비 사용가능 여부

◇ 「건설업 산업안전보건관리비 계상 및 사용기준(고용노동부 고시)」별표 2 "산업안전보건관리비의 항 목별 사용내역" 항목1.(안전관리자 등의 인건비 및 각종 업무수당 등)에 의하면 "전담안전관리자, 유 도 또는 신호자 및 안전보조원의 인건비"는 산업안전보건관리비로 사용이 가능토록 규정하고 있음

◇ 따라서, 안전보건총괄책임자의 인건비는 산업안전보건관리비로 사용이 불가함

■ 사급자재비가 안전관리비 계상 대상액에 포함되는지

● 공사계약금액에 포함되어 있지 아니한 관급자재대와 같이 당해 공사에 소요되는 제품을 발주자가 제공하는 것과는 달리 시공자가 직접 구입하여 공사에 투입하는 사급자재는 재료비에 해당하므로 산업안전보건관리비 계상시 관급자재대를 제외한 안전관리비 대상액에 사급자재대를 합산하여 산업 안전보건관리비를 계상하여야 하는지

◇ 건설업산업안전보건관리비계상 및 사용기준(고용노동부고시) 제2조 및 제4조에 의하면 산업안전보건관리비 계상을 위한 대상액은 원가계산에 의한 예정가격작성준칙(재경부 회계예규) 별표 2의 공사원가계산서에서 정하는 재료비와 직접노무비를 합한 금액으로 발주자가 재료를 제공할 경우에는 당해 비용을 포함한 금액을 말함

◇ 따라서, 관급자재가 공사에 필요한 자재 및 기구 등 발주자가 직접 제공한 것을 말하고 사급자재가 당해 공사에 소요되는 제품을 시공자가 직접 구입하여 공사에 투입한 것을 말한다면 관급자재 및 사급자재 모두 산업안전보건관리비 계상을 위한 대상액에 포함됨. 이 경우, 산업안전보건관리비는 발주자가 제공하는 재료(관급자재)를 포함하여 계상한 금액과 이를 포함하지 않은 대상액(질의의 경우 사급자재비 포함)을 기준으로 계상한 산업안전보건관리비의 1.2배 중 작은 금액이 당해 공사의 산업안전보건관리비에 해당된다고 사료됨

■ 안전관리비 법정기준을 초과하여 계약한 경우 감액이 가능한지

● 구획정리사업으로 당초 발주 계약 당시의 안전관리비 산정기준은 50억원 이상 일반건설공사(갑) 기준인 {직접노무비 + 재료비 + [관급자재비 − (레미콘 + 아스콘 + 투스콘)]} × 1.88%로 원가 계산되었으며 금번 설계변경에도 당초 설계기준과 동일하게 적용하여 순공사비 증가분만큼의 비율로 적용 산정

  1) 건설업산업안전보건관리비계상 및 사용기준 제2장제4조(계상기준) "…발주자가 재료를 제공할 경우에 당해 금액을 대상액에 포함시킬 때의 안전관리비의 1.2배를 초과할 수 없다"항목 관련으로
   − 당초 계약당시 설계 기준에 따라 안전관리비를 산출하였을 때 위 항의 1.2배를 초과하게 되는데 이 사항에 대하여 감리단의 의견은 1.2배를 초과할 수 없기 때문에 초과 금액은 감액하라는 입장임.
   하지만 위 법적근거는 안전관리비 계상의 최소 기준을 명시한 것이기 때문에 감액하지 않아도 법적으로도 아무 문제가 없고 당초 산출기준대로 산출하는 것이 옳은 것으로 사료됨

  2) 위 제4조의 명확한 해석과 이러한 경우 당초 산출기준을 따라가야 옳은 것인지 아니면 감액을 해야 되는지의 여부. 참고적으로 현재까지 안전관리비 사용금액(98.7%)이 1.2배 금액을 초과한 상태임

◇ 건설업산업안전보건관리비계상 및 사용기준(고용노동부고시) 제4조에 의하면 "발주자가 재료를 제공할 경우에 당해 금액을 대상액에 포함시킬 때의 안전관리비는 당해 금액을 포함시키지 않은 대상액을 기준으로 안전관리비의 1.2배를 초과할 수 없다"고 규정하고 있음

◇ 이때, "1.2배를 초과할 수 없다"는 내용은 관급자재를 대상액으로 포함한 산업안전보건관리비와 이를 포함하지 않은 금액의 1.2배중 적은 금액이 산업안전보건관리비에 해당한다는 의미이며, 이는 산업안전보건관리비의 최소한을 정한 것이므로 위 기준에서 정한 금액 이상을 산업안전보건관리비로 계상한 경우 법을 위반한 것은 아니며, 이의 감액 등에 대하여 별도로 정하고 있지 아니함

■ 현장에서 설치하는 완성제품도 안전관리비 대상액에 포함되는지

● 당 현장은 외주설계용역 감독에 의하여 설계도서를 작성하는 업무를 담당하고 있는 바, 설계도서의

내역서에 의한 공사원가예산의 안전관리비 계상시 대상액(재료비 + 직접노무비)에 법정요율을 적용하여 산정하고 있음

● 그러나, 상기 대상액 범위 중 당 부대에서 별도 단가계약으로 중앙계약하여 각 공사현장에서 직접 납품받아 시행하고 있는 완성제품(합성수지창호, 조립식 욕실, 프라스틱 도아, 철재관물함, 총기보관함, 온수 AL방열기, 강관기둥철망 울타리, 콤테이너 탄약/무기고 및 무기운반상자)류의 금액도 대상액에 포함해야 되는지 여부

◇ 건설업산업안전보건관리비계상 및 사용기준(고용노동부고시) 제2조에 의하면 "안전관리비 대상액"이라 함은 『원가계산에의한 예정가격작성준칙(재경부 회계예규)』 별표 2의 공사원가계산서에서 정하는 재료비와 직접노무비를 합한 금액(발주자가 재료를 제공할 경우에는 당해 비용을 포함한 금액)을 말한다고 규정되어 있는 바,

◇ 합성수지창호 및 조립식욕실 등과 같이 완제품의 형태로 현장에 납품되어 시공되는 자재의 경우, 그의 시공과 관련한 공사계약시 이를 발주자가 제공하는 재료로 보아 산업안전보건관리비 계상을 위한 대상액에 포함하여야 할 것으로 사료됨

■ 모델하우스 건립 비용등이 안전관리비 계상 시 포함되는지

● 공사비용이 구분이 되어 있지 않은 공사에서는 도급액의 70%중 1.88%를 안전관리비로 계상을 하였는데 도급액에 분양계획 수립, 모델하우스 건립 운영, 광고, 공사비 등이 모두 포함되어 있는 평당 단가로 계상이 되어 있는 사업비라고 할 수 있음. 공사비만을 따로 구분 지을 수 없는 상황인데 안전관리비 계상 방법은

◇ 산업안전보건관리비 계상시 총 공사금액이라 함은 공사 도급계약서상의 금액을 말하는 것으로 여기에는 당해 공사의 시공과 직접적으로 관련된 모든 비용이 포함되는 바,

　－ 공사금액이 구분되어 있지 않고 분양계획수립비, 모델하우스 건립·운영비 및 광고비 등을 포함한 총 사업비만 책정된 공사의 경우, 동 항목중 분양계획 수립비, 광고비, 모델하우스 건립비(본 공사의 일부로 계약시는 포함) 등 본공사의 시공과 직접적인 관련이 없는 항목을 제외한 금액을 안전관리비 계상을 위한 총공사금액으로 산정하는 것이 타당하며, 공사 실행금액이 당해 공사와 관련된 이윤, 일반관리비, 경비 등을 포함한 개념이라면 총공사금액을 산정하는 기준으로 볼 수 있다고 사료됨

■ 시공사 구매자재를 지급자재로 볼 수 있는지

● 병원 운송설비(물품계약)관련하여 계약(1999년 12월 ₩2,000,000,000/ VAT포함)을 하여 현재 공사 진행 중이며, 산업안전보건관리비 관련하여 병원 감리단과 이견이 발생

● 당사에서는 현장설치 자재는 당사가 구매하여 현장에 공급하고 있으며, 현장에서는 자재 조립 및 설치 위주로 공사가 진행 중임. 이에 따라 산업안전보건관리비 계상방법에 있어서 당사가 설치를 위해 구매한 자재를 발주자가 제공하는 재료로 볼 수 있는지

◇ 건설업산업안전보건관리비계상 및 사용기준(고용노동부고시)제2조제1항제2호의 "안전관리 대상액"

에서 발주자가 제공하는 재료라 함은 공사계약일반조건(재경부회계예규 '99.9.9) 제13조에서 정하는 발주기관이 공사의 수행에 필요하여 계약 상대방에게 공급하는 특정자재 또는 기계·기구 등을 말하는 것으로, 시공사가 공사에 투입하기 위해 공사에 필요한 자재를 직접 구매한 경우라면 이는 발주자가 제공하는 재료로 볼 수 없다고 사료됨

■ 총 공사금액의 70%와 자체 실행예산 중 어느 것을 적용해야 하는지

● APT공사 현장으로 착공전 총공사비의 70%에 1.88%를 적용하여 안전관리비를 사용하던 중 기성내역이 확정되어 안전관리비를 현장의 기준으로 계상할 시

- 자재비 : 50,067,033,594원   - 노무비 : 179,224,100원
- 외주비 : 57,280,224,134원   - 경 비 : 4,510,736,050원

● 자재비와 노무비는 그대로 계상하고 외주비에서 직접노무비와 간접노무비, 자재비를 구분하기 어려워 총 외주비(장비대 포함)의 70%만 적용하여 법정안전관리비 = (자재비 + 노무비 + 외주공사비의 70%) × 0.0188을 적용해도 되는지

◇ 건설업산업안전보건괄비비계상 및 사용기준(고용노동부고시) 제5조(계상시기 등)에 의하면 『자기공사는 원가계산에 의한 계정가격을 작성하거나 자체사업계획을 수립하는 때에 제4조(계상기준)의 규정에 의하여 안전관리비를 계상하여야 한다』고 규정되어 있고, 『대상액이 구분되어 있지 아니한 공사는 자체사업계획상의 총 공사금액의 70퍼센트를 대상액으로 하여 제4조의 규정에 따라 안전관리비를 계상하여야 한다』고 규정하고 있음

◇ 따라서, 자체 시공하는 공사로 대상액이 구분되어 있지 않은 경우라면 산업안전보건관리비는 자체 실행예산을 적용하여 산출된 금액이 아닌 자체 사업계획서상 총 공사금액의 70퍼센트를 대상액으로 보아 계상된 금액이 이에 해당한다고 사료됨.

■ 안전관리비 초과계약시 법 위반여부 등

● 총공사금액을 표기할 때 관급재료비도 포함하여야 하는지

● 안전관리비의 대상액을 산출할 때 재료비 + 직접노무비 + 관급자재비 + 사급자재비를 대상액으로 하여야 하는데 관급자재비 + 사급자재비를 제외한 대상액에서 산출한 안전관리비보다 1.2배를 초과할 수 없는 것인지 아니면 관급자재비만 제외한 대상액에서 산출한 안전관리비 보다 1.2배를 초과할 수 없는 것인지

● 위 경우 발주처(관)에서 1.2배를 초과하여 안전관리비를 책정하여 회사와 계약하고 지급한다면 법 위반으로 간주되는 것인지

● 안전관리비 산출시 꼭 부가세를 포함하여야 하는지 아니면 안전관리비 산출시 부가세를 제외하고 산출하여 사용내역서 작성시에도 부가세를 제외하고 작성한다면 법 위반이 안되는 것인지

◇ 산업안전보건법상 총공사금액이라 함은 "서면상 계약한 금액은 물론 별도로 재료를 제공받을 때는 그 재료의 시가환산액을 포함한 금액"을 말하는 바, 귀 질의의 관급자재가 당해 공사에 소요되는 재료로서 발주자가 제공하는 것을 말한다면 이는 총공사금액에 포함됨

◇ 관급자재가 공사에 필요한 자재 등을 발주자가 직접 제공한 경우를 말하고, 사급자재가 당해 공사에 소요되는 물품으로 시공자가 직접 구입하여 공사에 투입한 것을 말한다면 이는 산업안전보건관리비 계상을 위한 대상액에 포함되며, 이때 산업안전보건관리비는 발주자가 제공하는 재료(관급자재)를 포함하여 계상한 금액과 이를 포함하지 않은 대상액(사급자재비 포함)을 기준으로 계상한 안전관리비의 1.2배중 작은 금액을 말하고 발주자가 위 금액 이상을 산업안전보건관리비로 계상해 주었다면 법 위반은 아님

◇ 부가가치세는 공사원가계산서상 총원가 구성후 일률적으로 부과하는 것으로 원가계산서상의 안전관리비 항목에는 부가가치세가 포함되어 있지 아니함. 따라서, 부가가치세가 포함되지 않은 원가계산서상의 금액을 당해 공사의 안전관리비로 보는 경우 사용 후 정산시에도 부가가치세를 제외하고 정산하면 되고, 부가가치세가 포함된 금액을 산업안전보건관리비로보는 경우 사용 후 부가가치세를 포함하여 정산하면 될 것으로 사료됨

■ 안전관리비 계상에서 낙찰률 적용이 타당한지 여부

● 안전관리비계상에 있어 최초 예정가격상에 계상된 안전관리비가 있고, 공사입찰시 수급인은 낙찰율(예 80%)을 적용하여 도급받았으며 도급계약서상의 안전관리비가 100만원이라면 수급인이 사용하여야 할 법적 안전관리비를 다음과 같이 계상할 수 있는지

　－ 산업안전보건법 제30조에 의한 건설업의 안전관리비는 발주자가 원가계산에 의한 예정가격작성시 안전관리비를 계상하여야 하나 공사낙찰시 도급계약서상의 안전관리비 대상액을 기준으로 조정할 수 있으므로 발주기관에서 낙찰된 도급금액을 기준으로 안전관리비(예100만원)를 계상한다면 그 금액을 법적 안전관리비로 볼 수 있는지

◇ 건설업산업안전보건관리비계상 및 사용기준(고용노동부고시) 제5조에 의하면 "발주자는 원가계산에 의한 예정가격 작성시 동 고시 제4조(계상기준)의 규정에 따라 안전관리비를 계상하여야 한다. 다만, 도급계약상의 대상액을 기준으로 제4조의 규정을 적용하여 안전관리비를 조정할 수 있다."고 규정하고 있음

◇ 따라서, 발주자가 낙찰률이 적용된 공사 도급계약서상의 도급금액을 기준으로 그에 따른 대상액에 해당 공사요율을 곱하여 산업안전보건관리비를 재계상하였다면 이는 적정하게 계상된 것이라고 볼 수 있음

■ 자체공사에서 외주비가 안전관리비 대상액에 포함되는지

● 건설회사의 경우 자체적으로 아파트공사 등을 수행할 경우 도급계약서에 의하지 않고 실행내역서를 기준으로 안전관리비를 작성할 수 밖에 없는데(자체공사는 도급계약서가 없음) 회사마다 틀릴 수는 있지만 실행내역 비목을 구분하면 재료비, 노무비, 외주비, 장비비, 공사경비 등으로 구분해서 실행내역서를 작성함

● 법정안전관리비란 대상액(재료비 ＋ 직접노무비) × 요율로 계상을 하는데 문제는 대부분 외주비가 전체공사금액의 50% 이상을 차지하는데 외주비의 경우 분명 하도업체의 장비, 공사경비, 이윤을 포함하고 있으며 외주비 대부분이 노무비와 재료비로 구성되어 있어 외주비 전체를 대상액에 포함하

여 대상액을 산출해야 하는지 아니면 공사금액이 확정되지 않을 경우 미확정 공사금액의 70%를 대상액으로 추정하여 계상하는 방법을 인용하여 외주비도 70%정도만 대상액에 포함해야 하는지

◇ 건설업산업안전보건관리비계상 및 사용기준(고용노동부고시) 제5조(계상시기 등)에 의하면 "자기공사는 원가계산에 의한 예정가격을 작성하거나 자체사업 계획을 수립하는 때에 제4조의 규정에 의해 안전관리비를 구성하여야 한다"고 규정하고 있고, "대상액이 구분되어 있지 아니한 공사는 자체사업 계획상의 총 공사금액의 70퍼센트를 대상액으로 하여 제4조의 규정에 따라 안전관리비를 계상하여야 한다"고 규정하고 있음

◇ 따라서, 자체 사업계획서상의 재료비 및 노무비를 대상액으로 보고 해당 공사 요율을 곱하여 산업안전보건관리를 계상하여야 할 것으로 사료됨. 다만, 공사내역 중 대상액에 포함되지 않는 "외주가공비"의 경우 동 비용이 위 공사와 관련하여 협력업체가 시공하는 부분을 의미한다면 동 비용은 산업안전보건관리비계상을 위한 대상액에 포함되어야 할 것으로 사료되는 바, 이때 외주가공비의 세부내역이 구분되어 있지 않다면 산업안전관리비는 자체 사용계획서상 총 공사금액의 70퍼센트를 대상액으로 보아 계상하면 될 것으로 사료됨

■ 건설중장비에 의한 재해를 예방하고자 후방 안전시그널 설치비용이 산업 안전 보건관리비로 사용이 가능한지

● 건설현장에서 사용하는 건설중장비에 의한 산업재해를 예방하기 위한 "후방 안전시그널" 설치비용을 산업안전보건관리비로 사용이 가능한지

◇ 산업안전보건관리비라 함은 건설공사에 있어 근로자의 산업재해 및 건강 장해를 예방하기 위해 법령에 규정된 사항의 이행에 필요한 제반 비용을 말하는 것으로, 이때 차량계 건설기계에 의한 충돌·협착등의 사고를 예방하기 위하여 건설기계에 설치하는 "후방 안전시그널" 경고장치의 산업안전보건관리비 사용 가능 여부도 동 설비의 목적과 용도에 따라 판단하여야 할 것임

  − 따라서, "후방 안전시그널"의 경우, 건설현장에서 차량계건설기계에 의한 충돌재해 등을 방지하기 위한 목적으로 설치하는 것이라면 당해 비용은 산업안전 보건관리비로 사용이 가능할 것으로 사료됨

■ 공사설계내역서에 낙하물방지망 등의 공사내역이 포함되어 있다면 당해 비용을 산업안전보건관리비로 사용이 가능

● 「건설업 산업안전보건관리비 계상 및 사용기준(고용노동부 고시)」 제7조제2항 규정의 공사설계내역서란 원도급계약서상의 공사설계내역서를 의미하는지 아니면 하도급계약서상의 공사설계내역서를 의미하는지

● 원도급계약서상의 공사설계내역서에는 안전시설물에 대한 사항이 명기되어 있지 않으나 하도급계약서상의 공사설계내역서에 낙하물방지망 등의 공사내역이 포함되어 있다면 당해 비용을 산업안전보건관리비로 사용이 가능한지

◇ 「건설업 산업안전보건관리비 계상 및 사용기준(고용노동부 고시)」 제7조의 규정에 의거 수급인 또

는 자기공사자는 동 규정 별표 2 "산업안전보건관리비의 항목별 사용내역"의 사용내역에 따라 산업안전보건관리비를 사용하여야 하고, 별표 2의사용 내역에 해당한다 할지라도 공사설계 내역서에 명기되어 있는 사항은 산업안전보건관리비로 사용할 수 없도록 규정하고 있음

◇ 이때, 제7조제2항의 규정에 의한 공사설계내역서란 원도급계약서상의 공사설계내역서를 말하는 것으로 원도급계약서상에 낙하물방지망 등의 공사내역이 명기되어 있지 않다면 당해 비용은 산업안전보건관리비로 사용이 가능할 것으로 사료됨

■ 실적공사비 방식 산업안전보건관리비 계상방법

● 재료비와 노무비의 구분이 되지 않은 실적공사비 방식의 경우 산업안전보건관리비 계상방법은

◇ 산업안전보건법 제30조의 규정에 의거 건설업을 타인에게 도급하는 자와 이를 자체사업으로 영위하는 자는 도급계약을 체결하거나 자체사업계획을 수립할 경우 고용노동부장관이 정하는 바에 의하여 산업재해예방을 위한 산업안전보건관리비를 도급금액 또는 사업비에 계상토록 하고 있고, 「건설업 산업안전보건관리비 계상 및 사용기준(고용노동부 고시)」에 계상기준 등에 대해 구체적으로 정하고 있음

◇ 실적공사비에 의한 예정가격 산정방식은 건설공사의 일부 또는 모든 공종에 관하여 재료비·직접노무비·산출경비를 포함(직접공사비)한 시공단위당 가격을 이미 수행한 유사공사의 계약단가 등을 토대로 공사규모, 특성 등을 고려하여 예정가격결정의 기초자료로 활용 하는 방식으로 국가를 당사자로 하는 계약에 관한 법률 시행령 제9조제1항제3호, 동 법률 시행규칙 제5조제2항 및 실적공사비에 의한 「예정가격작성준칙(회계예규 2200-04-157)」에 의거 일정규모 이상의 대형공사에 적용하고 있음

◇ 다만, 산업안전보건관리비의 계상에 있어서는 「건설업 산업안전보건관리비 계상 및 사용기준(고용노동부 고시)」 제7조제5항의 규정에 따라 대상액이 구분되어 있지 아니한 경우라면 총 공사금액(관급자재대 포함)의 70퍼센트를 대상액으로 하여 제4조의 규정에 따라 산업안전보건관리비를 계상하여야 할 것으로 사료됨

■ 산업안전보건관리비의 계상의무

● 관공사 수주시 산업안전보건관리비가 법적금액 이하로 계상되었을 경우 재계상의 의무가 발주처에 있는 것인지 아니면 시공사에게 있는지

● 공사시행중 일부 분양세대주의 추가 옵션공사(기존계약된 주방기구, 도배지, 기교체 및 전동블라인드 등) 요구가 있어 조합이 아닌 각각의 세대주와 별도의 계약을 체결한 후 옵션공사를 수행하고자 하는데 옵션공사 금액을 설계변경으로 간주하여 산업안전보건관리비를 추가 계상하여야 하는지

◇ 산업안전보건법 제30조(산업안전보건관리비의 계상 등)의 규정에 의거 건설공사를 타인에게 도급하는 자는 도급계약 체결시 노동부장관이 정하는 바에 의하여 산업재해 예방을 위한 산업안전보건관리비를 도급금액에 계상하도록 규정하고 있음

　　－ 따라서, 산업안전보건관리비의 계상의무는 발주자에게 있으며, 산업"안전보건관리비가 부족하게 계상된 경우라면 즉시 적법하게 재계상하여야 함

◇ 또한, 「건설업 산업안전보건관리비 계상 및 사용기준(고용노동부 고시)」 제4조 제3항의 규정에 의거 발주자 및 자기공사자는 설계변경 등으로 대상액의 변동이 있는 경우에는 지체없이 산업안전보건관리비를 조정 계상하여야 함

  – 따라서, 아파트 공사시행 중 일부 세대주와 별도의 계약을 체결하고 추가 옵션 공사를 행한다 하더라도 발주자인 당해 조합의 구성원과 계약이 이루어지는 것으로 이는 설계변경으로 보여지는 바, 대상액의 변동이 있는 경우라면 산업안전보건관리비를 조정 계상하여야 할 것으로 사료됨

■ 안전관리비 계상시 낙찰율 적용여부

● 당현장은 ○○시에서 발주한 내역 입찰대상공사임. 당초 예정가격에 의해 낙찰율을 곱하여 계약완료후 공사수행중인데 계약시 산출내역서상 다른 항목은 낙찰율을 곱하여 작성하는데 안전관리비도 낙찰율을 곱하여 작성하여야 하는지

◇ 건설업산업안전보건관리비계상및사용기준(고용노동부고시) 제5조에 의하면 발주자는 원가계산에 의한 예정가격 작성시 동 기준 제4조(계상기준)에 따라 안전관리비를 계상하여야 하고, 도급계약서상의 대상액을 기준으로 안전관리비를 조정할 수 있다고 규정을 하고 있음

◇ 도급계약 시 산업안전보건관리비를 조정하는 경우 당초의 산업안전보건관리비에 낙찰율을 적용할 수 있는지 여부는 대상액의 구분이 없거나 대상액의 구분이 있다 하더라도 대상액(재료비 + 직접노무비)이 전체 공사비에서 차지하는 비율에 변동이 없다면 당초의 산업안전보건관리비에 낙찰율을 적용하여 계상할 수 있다고 사료됨

■ 본사 사용한 산업안전보건관리비의 정산방법

● 건설현장 공사종료시점에서 산업안전보건관리비의 2%를 상회하는 금액을 본사 사용비로 배정하고 본사에서 사용한 내역(타 건설현장 및 본사 안전전담부서에서 사용한 산업안전보건관리비)에 대하여 배정금액을 근거로 발주자에게 기성청구시 적법성 여부

◇ 「건설업 산업안전보건관리비 계상 및 사용기준(고용노동부 고시)」별표 2 "산업안전보건관리비의 항목별 사용내역" 8호(본사 사용비)에 의하면"제1호 내지 제7호 사용항목 및 본사 안전전담부서의 안전전담직원 인건비·업무수행 출장비"는 산업안전보건관리비로 사용이 가능토록 규정하고 있음

  – '05.3.17. 「건설업 산업안전보건관리비 계상 및 사용기준(고용노동부 고시)」 개정으로 항목별 사용기준이 폐지됨에 따라 안전전담부서를 갖춘 건설업체 본사에서 소속현장별로 산업안전보건관리비를 배정할 경우 소속현장의 산업안전보건관리비 총액의 2%를 초과하여 배정하는 것도 가능할 것이나 소속현장의 공사특성 및 여건 등을 고려하여 당해 현장의 안전관리에지장이 없는 범위 내에서 적정 금액을 배정·사용하되 총 배정금액은 5억원을 초과할 수 없음

  – 다만, 산업안전보건관리비의 본사 사용분에 대한 배정·정산시기 및 방법 등에 대해서는 별도로 정하고 있지는 않으나 산업안전보건관리비 사용내역서에 본사 사용비의 배정사실 및 금액을 명기하고, 본사에서 당해 산업안전보건관리비를 적법하게 사용하였음을 입증할 수 있는 내역 등을 근거로 발주자에게 산업안전보건관리비를 청구하는 방법도 가능할 것으로 사료됨.

■ 근로자 호출 및 긴급사항 전달 등의 용도로 사용하는 위치 추적시스템이 산업 안전보건관리비로 사용 가능한지

● 실시간 작업자·방문자의 이동경로·위치 모니터링, 현장 반입 기계·기구의 이동경로 확인, 지정통로 및 위험기계·기구 무단반출시 경보작동, 근로자 호출 및 긴급사항 전달 등의 용도로 사용하는 위치추적시스템의 산업안전보건관리비 사용 가능 여부

◇ 산업안전보건관리비라 함은 건설공사에 있어 근로자의 산업재해 및 건강 장해를 예방하기 위하여 법령에 규정된 사항의 이행에 필요한 비용을 말하는 것으로 "위치 추적시스템"의 산업안전보건관리비 사용가능 여부도 이의 사용목적 과 용도에 따라 판단하여야 함

◇ 다만, 위"위치추적시스템"의 경우 근로자의 위험장소 접근시 경보 작동 등 재해예방 등에 일부 활용되는 점은 인정되나 주로 작업자·방문자·기계기구의 이동 경로 확인, 기계기구의 무단 반출방지, 근로자 호출 및 긴급사항 전달 등의 업무를 수행하기 위한 목적으로 사용된다고 판단되므로 당해 비용은 산업안전 보건관리비로 사용이 불가할 것으로 사료됨

■ 노반신설공사의 공사종류 적용

● 발주처(철도시설공단)에서 노반신설공사(궤도설치는 없음)의 공사종류를 철도, 궤도신설공사로 적용하였으나 공사의 특성상 교량(일반건설 갑)의 공사금액이 45%, 터널공사금액이 9%를 차지하고 있는데 당해 요율 적용이 타당한지

● 시공사가 입찰시(설계시) 공사종류를 잘못 판단하여 산업안전보건관리비를 부족하게 계상하였다면 책임은 누구에게 있는지

◇ 「건설업 산업안전보건관리비 계상 및 사용기준(고용노동부 고시)」별표 5「건설공사의 종류 예시표」에 의하면 "철도 또는 궤도신설에 관한 공사와 이에 부대하여 행하는 공사"는 별표 1「공사 종류 및 규모별 산업안전보건관리비 계상기준표」의 공사종류 중 '철도·궤도신설공사'에 해당되며, 아울러 궤도 설치를 위한 노반신설공사의 경우도 이에 해당됨

◇ 또한, 산업안전보건법 제30조(산업안전보건관리비의 계상 등)의 규정에 의거 산업안전보건관리비의 계상의무는 발주자에게 있는 바, 만일 발주자는 위 고시 별표 1"공사 종류 및 규모별 산업안전보건관리비 계상기준표"상의 공사종류를 잘못 적용하여 산업안전보건관리비가 적게 계상된 경우라면 위 기준에 따라 적법하게 재계상하여야 하고, 시공자는 산업안전보건관리비의 확보를 위하여 발주자에게 재계상 등을 요구할 수 있을 것임

■ 연차공사에서 안전관리비 계상 및 이월 사용가능 여부

● 1999년 총괄계약하여 연차공사를 시행중에 있으며, 3차년도까지는 안전관리비 계상시 공사금액 대상액을(직접노무비 + 재료비 : 관급자재대 및 사급자재대 미포함) × 비율로 적용하여 준공된 현장으로

　－ 기준공된 공사에 대하여는 당초대로 안전관리비를 적용하고 금회(4차)분 이후의 안전관리비 대상액에 대하여는 ① 직접노무비 + 재료비(사급자재 및 관급자재대 포함) ② 관급자재대를 포함시

키지 않은 대상액(사급자재 포함)으로 계상한 금액의 1.2배 이내에서 계상되어야 하는지 여부

◇ 수차에 걸쳐 장기간 계속되는 공사에 있어 산업안전보건관리비는 총 공사부기금액을 대상으로 하여 계상·사용하도록 하고 있음. 따라서, 산업안전보건관리비는 차수별 공사가 아닌 총 공사를 기준으로 대상액에 해당 공사의 요율을 곱하여 계상 하여야 하고, 이렇게 계상된 산업안전보건관리비는 전체 공사금액에 대하여 계상된 산업안전보건관리비의 범위 내에서 해당 차수를 이월하여 사용이 가능함

■ 일반건강진단 비용을 산업안전보건관리비로 정산 가능한지

● 채용시 건강진단이 폐지됨에 따라 근로자에 대한 건강상태를 파악하기 위하여 채용을 결정한 후(예 : 2주 후) 일반건강진단을 실시하여도 되는지 여부와 동 비용(국민건강보험법에 의한 비용은 제외)을 산업안전보건관리비로 사용이 가능한지 여부

◇ 산업안전보건법상 일반건강진단은 상시 사용하는 근로자의 건강관리를 위해서 사업주가 주기적으로 실시하는 건강진단으로서 1년 1회 이상(사무직은 2년 1회 이상)실시하여야 하므로, 동 조건에 해당되는 근로자에 대하여는 1년 1회 이상 일반건강진단을 실시할 수 있으며, 동 건강진단에 소요된 비용은 산업안전보건관리비로 사용이 가능함

■ 보온재 사용작업시 암면에 의한 작업자의 피부 알레르기 방지를 위한 분진복이 산업안전보건관리비로 사용이 가능한지

● 암면 등의 보온재 사용작업시 암면에 의한 작업자의 피부 알레르기 방지를 위한 분진복의 산업안전보건관리비 사용가능 여부

◇ 「건설업 산업안전보건관리비 계상 및 사용기준(고용노동부 고시)」 별표 2 "산업안전보건관리비의 항목별 사용내역 및 기준" 항목 6. (근로자의 건강관리비 등)에 의하면 '기타 작업의 특성상 근로자 건강보호를 위해 소용되는 비용'은 산업안전보건관리비로 사용이 가능토록 규정하고 있음

 − 따라서, 암면 등의 보온재를 사용하여 설비 보온작업 시 암면에 의한 피부 발진 및 가려움증 등을 예방하기 위하여 당해 작업에종사하는 근로자에 대하여 분진복을 지급하는 경우라면 당해 비용은 산업안전보건관리비로 사용이 가능할 것으로 사료됨

■ 굴착작업 가시설이 산업안전보건관리비로 사용이 가능한지

● 하수관거 설치공사에서 2.5m 이상의 굴착작업에는 가시설이 설계내역에 포함되어 있으나 2.5m 이하의 굴착작업에는 가시설이 설계내역에 포함되어 있지 않은 경우 당해 가시설 미설치 구간중 붕괴위험이 있는 장소에 대해 버팀대 등 설치비용을 산업안전보건관리비로 사용이 가능한지

◇ 산업안전보건관리비라 함은 건설공사에 있어 근로자의 산업재해 및 건강장해를 예방하기 위하여 법령에 규정된 사항의 이행에 필요한 비용을 말하는 것으로 사용내역은 「건설업 산업안전보건관리비 계상 및 사용기준(고용노동부 고 시)」 별표 2 "산업안전보건관리비의 항목별 사용내역"에 규정하고 있음

— 하수관거 매설 등을 위한 굴착공사의 흙막이 가시설에 대해서는 설계내역 변경 등을 통해 공사비에 반영하여 사용하는 것이 타당할 것으로 사료됨

■ 유해·위험방지계획서 작성비용의 산업안전보건관리비 사용가능 여부

● 유해·위험방지계획서 확인검사를 외부 전문기관에 의뢰하여 실시하는 경우 당해 비용의 산업안전보건관리비 사용 가능 여부

◇ 「건설업 산업안전보건관리비 계상 및 사용기준(고용노동부 고시)」 별표 2 "산업안전보건관리비의 항목별 사용내역" 항목 4.(사업장의 안전진단비등)에 의하면 법 제48조의 규정에 의한 유해·위험방지계획서의 작성, 심사, 확인에 소요되는 비용"은 산업안전보건관리비로 사용이 가능토록 규정하고 있음

   — 따라서, 유해·위험방지계획서 확인검사를 외부 전문기관에 의뢰하여 실시하는 경우 당해 비용은 산업안전보건관리비로 사용이 가능할 것으로 사료됨

■ 안전관리자 업무용 책상 및 의자 구입비용이 산업안전보건관리비로 사용이 가능한지

● 현장에서 안전관리자 업무용 책상 및 의자 구입비용을 산업안전보건관리비로 사용이 가능한지

◇ 「건설업 산업안전보건관리비 계상 및 사용기준(고용노동부 고시)」 별표 2 "산업안전보건관리비의 항목별 사용내역" 항목 3.(개인보호구 및 안전장구 구입비 등)에 의하면 안전관리자 전용의 무전기, 카메라, 컴퓨터 및 프린터 등 안전관리를 위한 업무용 기기는 산업안전보건관리비로 사용이 가능하나 안전관리자가 사용하는 책상 및 의자는 사무용 집기로서 동 물품의 구입에 소요되는 비용은 산업안전보건관리비에서 사용할 수 없을 것으로 사료됨

■ 산업안전보건관리비 계상방법

● 공사를 시공하던 ○○건설(주)가 부도·폐업하여 그 잔여공사를 타회사에서 발주자와 별도의 계약을 체결하여 시공한다면 산업안전보건관리비는 전체공사를 대상으로 계상하여야 하는지

● 부도·폐업한 ○○건설(주)가 사용한 산업안전보건관리비 사용내역 서류 일체를 확보하지 못했는데 어떻게 처리하여야 하는지

◇ 산업안전보건법 제30조의 규정에 의한 산업안전보건관리비의 계상·사용과 정산은 도급계약에 의해 구분되는 공사별로 이루어져야 함

   — 따라서, 공사시공업체인 ○○산업(주)(전 시공사)가 부도·폐업함에 따라 잔여 공사를 타회사가 발주처와 별도의 도급계약을 체결하고 당해 공사를 수행하게 되었다면 산업안전보건관리비도 당해 잔여공사를 기준으로 계상되어야 할 것임

◇ 또한, 산업안전보건관리비의 사용에 있어서도 전 시공사로부터의 관련서류 인수여부와 무관하며, 당해 공사에 대해 계상된 산업안전보건관리비를 관련규정에 따라 적합하게 사용하면 될 것으로 사료됨

■ 일반건강진단 항목 외 검사 비용의 산업안전보건관리비 사용 가능 여부

● 일반건강진단 항목 외에 요추검사 및 심전도검사 비용의 산업안전보건관리비사용 가능 여부

◇「건설업 산업안전보건관리비 계상 및 사용기준(고용노동부 고시)」별표 2 "산업 안전보건관리비의 항목별 사용내역" 항목 6(근로자의 건강진단비등)에 의하면 "법제43조의 규정에 의한 근로자의 건강진단에 소요되는 비용"만을 산업안전 보건관리비로 사용이 가능토록 규정하고 있음

- 따라서, 산업안전보건법시행규칙 제100조의 규정에 의한 검사 항목 외에 추가 항목에 대해서는 산업안전보건관리비로 사용이 불가할 것으로 사료됨

■ 현장내 가설도로상에 설치하는 반사경 구입·설치비용이 산업안전보건관리비로 사용이 가능한지

◇「건설업 산업안전보건관리비 계상 및 사용기준(고용노동부 고시)」별표 2 "산업안전보건관리비의 항목별 사용내역" 항목 2.(안전시설비 등)에 의하면 "공사 현장에 중장비로부터 근로자보호를 위한 교통안전 표지판 및 휀스 등 교통안전 시설물"은 산업안전보건관리비로 사용이 가능토록 규정하고 있음

- 따라서, 건설장비(굴삭기, 덤프)에 의한 충돌 등의 산업재해를 예방하기 위하여 현장내 가설도로상의 사각지대에 교통안전시설물(반사경)을 설치하는 경우라면 당해 비용은 산업안전보건관리비로 사용이 가능할 것으로 사료됨

■ 안전작업대가 산업안전보건관리비 적용대상인지

● 공사현장의 사다리 대용으로 개발한 안전작업대가 산업안전보건관리비 적용대상인지

◇「건설업 산업안전보건관리비 계상 및 사용기준(고용노동부 고시)」별표 2 "산업안전보건관리비의 항목별 사용내역" 항목2.(안전시설비 등)에 의하면 추락재해 예방을 위한 안전난간 설치비용은 산업안전보건관리비로 사용이 가능하나 작업발판은 산업안전보건관리비로 사용할 수 없도록 정하고 있음

- 따라서, "안전작업대"는 작업에 필수불가결한 작업발판의 기능을 갖고 있으므로 안전작업대 구입비용 전액을 산업안전보건관리비로 사용할 수 없을 것이나 동 작업대의 안전난간을 설치하는 비용은 산업안전보건관리비로 사용할 수 있을 것으로 사료됨

■ 철선커터기 등 기계·공구의 산업안전보건관리비 사용가능 여부

● 근로자의 안전을 위한 안전난간 및 개구부 덮개 등의 안전시설을 설치 또는 유지보수를 위한 철선커터기, 그라인더, 팬치, 용접기, 드라이버 등의 공구(또는 도구)와 고정용철선(반생), 콘크리트 못 등의 부자재가 산업안전보건관리비로 사용이 가능한지

◇「건설업 산업안전보건관리비 계상 및 사용기준(고용노동부 고시)」별표 2 "산업안전보건관리비의 항목별 사용내역" 항목2.(안전시설비 등)에 의하면 "추락 방지용 안전시설비"는 산업안전보건관리비로 사용이 가능한 바, 안전난간 등을 설치하기 위한 고정용철선(반생), 콘크리트 못 등의 부자재는 산업안전보건 관리비로 사용이 가능할 것으로 사료됨

- 다만, 철선커터기, 그라인더, 팬치, 용접기, 드라이버 등과 같이 공사에 보조적으로 소비되는 공구(또는 도구) 등은 산업안전보건관리비로 사용이 불가할 것임

■ 안전관리자 안전순찰차량 리스비용의 산업안전보건관리비 사용가능 여부

● 본사 안전전담직원이 현장 지원 및 점검을 목적으로 차량을 리스할 경우 당해 리스비용 및 유류비를 산업안전보건관리비로 사용이 가능한지 여부

◇ 「건설업 산업안전보건관리비 계상 및 사용기준(고용노동부 고시)」별표 2 "산업안전보건관리비의 항목별 사용내역" 항목 4.(사업장의 안전진단비 등)에 의 하면"안전관리자용 안전순찰차량의 유류비, 수리비, 소모품교환비, 보험료"는 산업안전보건관리비로 사용이 가능토록 규정하고 있음

◇ 다만, 당해 안전관리자용 안전순찰차량의 구입 또는 임대(리스)비용은 산업안전보건관리비로 사용이 불가하며, 임대차량의 유류비, 수리비, 소모품교환비, 보험료는 사용이 가능할 것으로 사료됨

■ 엘리베이터 핏트 내부에 근로자 추락 및 낙하방지를 위해 매층 20cm 간격으로 철근을 배근하고 합판을 설치할 경우 산업안전보건관리비로 사용이 가능한지

● 엘리베이터 피트 내부에 근로자 추락 및 낙하물 방지를 위해 매층 20센티미터 간격으로 철근을 배근하고 합판으로 막는 경우 당해 비용이 산업안전보건관리비로 사용이 가능한지 여부

◇ 「건설업 산업안전보건관리비 계상 및 사용기준(고용노동부 고시)」 별표 2 "산업안전보건관리비의 항목별 사용내역" 항목 2.(안전시설비 등)에 의하면 "추락 방지용 안전시설비"는 산업안전보건관리비로 사용이 가능함

　　－ 따라서, 근로자의 추락 등을 방지하기 위한 목적으로 엘리베이터 내부에 매층마다 철근을 배근하고 합판으로 막을 경우 당해 내역이 공사설계내역서에 명기되어 있지 않은 경우라면 이는 산업안전보건관리비로 사용이 가능할 것으로 사료됨

■ 고용노동부 지정검사기관의 소속 직원을 상주하여 장비점검 등의 업무를 수행케 하는 경우 당해 직원의 인건비를 산업안전보건관리비로 사용이 가능한지

● 타워크레인 등 건설기계를 다수 사용하는 현장에서 노동부 지정검사기관의 소속 직원을 상주하여 장비점검 등의 업무를 수행케 하는 경우 당해 직원의 인건비를 산업안전보건관리비로 사용이 가능한지 여부

◇ 「건설업 산업안전보건관리비 계상 및 사용기준(고용노동부 고시)」 별표 2 "산업안전보건관리비의 항목별 사용내역" 항목 1.(안전관리자 등의 인건비 및 각 종 업무수당 등)에 의하면 "전담 안전관리자, 유도 또는 신호자 및 안전보조원의 인건비"만을 산업안전보건관리비로 사용이 가능토록 규정하고 있음

　　－ 따라서, 지정검사기관 소속직원의 인건비는 산업안전보건관리비로 사용이 불가함

■ 타워크레인에 안전 홍보용 간판설치 비용이 산업안전보건관리비로 사용이 가능한지

● 건축구조기술사의 구조검토가 있으면 지브에 간판설치가 가능한지 여부와 전국 여러 곳에 설치된 것은 풍압에 대한 구조검토 후 설치된 것인지 여부

● 안전홍보용으로 사용할 경우 산업안전보건관리비로 처리가 가능한지 여부

◇ 크레인제작기준 안전기준 및 검사기준 제52조제4항에서는 풍압에 의해 구조부에 부가응력을 발생시킬 수 있는 광고판 등의 설치를 금지하고 있으나

- 구조기술사 등 전문가에 의해 구조계산을 실시한 결과 풍압에 의한 부가 응력의 영향이 없다는 것을 입증할 경우에 한하여 예외를 인정하고 있음

◇ 산업안전보건관리비는 건설업 산업안전보건관리비 계상 및 사용기준에 규정된 안전표지 등을 설치할 경우에만 사용이 가능함

■ 전기집진기 구입비용의 산업안전보건관리비 사용가능 여부

● 기전공사 중 현장 내로 유입된 먼지, 용접작업잔매물, 보온재 부스러기 등을 정리정돈 중 빗자루로 쓸어내고 있으나 유해물질이 많이 날리고 또한 살수효과로 미흡하여 이동식 전기집진기를 구매하여 사용하는 경우 산업안전보건관리비로 사용이 가능한지 여부

◇ 산업안전보건관리비라 함은 건설공사에 있어 근로자의 산업재해 및 건강 장해를 예방하기 위하여 법령에 규정된 사항의 이행에 필요한 비용을 말하는 것으로 "이동식 전기집진기"의 산업안전보건관리비 사용가능 여부도 이의 사용목적과 용도에 따라 판단하여야 함

- 다만, 현장내로 유입된 먼지, 용접작업잔매물, 보온재 부스러기 등의 청소 등을 용이하게 하기 위한 이동식 전기집진기의 구입비용은 산업안전보건관리비로 사용이 불가할 것으로 사료됨

■ 안전시설재 및 가설재가 산업안전보건관리비로 사용이 가능한지

● 안전시설재 및 가설재를 판매·공급하고 있으나 노동부고시 별표 2에는 별도로 규정하고 있지 않음. 동 제품을 산업안전보건관리비로 사용하려면 어떤 절차와 방법을 거쳐야 하는지

◇ 산업안전보건관리비라 함은 건설공사에 있어 근로자의 산업재해 및 건강장해를 예방하기 위해 법령에 규정된 사항의 이행에 필요한 비용을 말하는 것으로, 그 사용내역 등에 대하여는 「건설업 산업안전보건관리비 계상 및 사용기준(고용노동부 고시)」 별표 2 "산업안전보건관리비의 항목별 사용내역 및 기준"에 규정하고 있음

◇ 따라서, 당해 안전시설재 및 가설재 등이 동 고시 별표 2 "산업안전보건관리 비의 항목별 사용내역 및 기준"에 해당되지 않는 경우라면 이는 산업안전보건 관리비로 사용이 불가할 것으로 사료됨. 다만, 산업안전보건관리비의 사용가능 여부는 당해 제품의 사용 목적과 용도에 따라 구체적으로 판단되어야 할 것으로 사료됨

■ 안전감시용 케이블 TV 설치비용 및 감리단 직원에게 지급하는 안전화 등 개인보호구 구입비용의 산업안전보건관리비 사용 가능 여부

● 현장내의 위험요소 파악 또는 근로자의 불안전한 행동 등 작업상황 감시 등을 목적으로 감리단에 안전감시용 케이블 TV를 설치할 경우 당해 비용이 산업안전보건관리비로 사용이 가능한지

● 감리단 직원에게 지급하는 안전화 등 개인보호구 구입비용을 산업안전보건관리비로 사용이 가능한지

◇ 「건설업 산업안전보건관리비 계상 및 사용기준(고용노동부 고시)」 별표 2 "산업안전보건관리비의

항목별 사용내역" 항목 2.(안전시설비 등)에 의하면 "안전 감시용 케이블 TV 등에 소요되는 비용"은 산업안전보건관리비로 사용이 가능토록 규정하고 있음

◇ 따라서, 같이 감리단도 현장 내의 위험요소 파악 또는 근로자의 불안전한 행동 등 작업상황 감시 등을 목적으로 설치하는 경우라면 당해 비용도 산업안전보건관리비로 사용이 가능할 것으로 사료되며, 다만, 감리단 직원에게 지급 하는 안전화 등 개인보호구 구입 비용은 사용이 불가할 것으로 사료됨

■ 휴대용천공기 안전커버의 산업안전보건관리비 사용가능 여부

● 건축공사현장의 천정 부위 앙카천공 등의 작업시 발생되는 먼지 또는 각종 이물질의 낙하·비래에 의한 눈·얼굴 외상 등의 재해를 방지하기 위해 휴대용천공기에 안전커버를 부착하는 경우 산업안전보건관리비로 사용이 가능한지

◇ 산업안전보건관리비라 함은 건설공사에 있어 근로자의 산업재해 및 건강 장해를 예방하기 위해 법령에 규정된 사항의 이행에 필요한 비용을 말하는 것으로 "휴대용천공기 안전커버"의 산업안전보건관리비 사용가능 여부도 이의 사용목적과 용도에 따라 판단하여야 함

  − 따라서, "휴대용천공기 안전커버"의 경우, 건축공사현장의 천정 부위 앙카천공 등의 작업시 발생되는 먼지 또는 각종 이물질의 낙하·비래에 의한 눈·얼굴 외상 등의 재해를 방지하기 위한 목적으로 사용되는 경우라면 이는 산업안전보건관리비로 사용이 가능할 것으로 사료됨

■ 리프트 호출장치를 포함, 임대하여 건설용리프트 운전원을 배치할 경우 산업 안전보건관리비를 정산할 수 있는지

● 리프트 호출장치를 포함, 임대하여 건설용리프트 운전원을 배치할 경우 산업안전보건관리비를 정산할 수 있는지 여부와 리프트 운전원을 전문용역업체와 계약할 경우 산업안전보건관리비 사용 여부

◇ 「건설업 산업안전보건관리비 계상 및 사용기준(고용노동부 고시)」별표 2 『산업안전보건관리비의 항목별 사용내역 및 기준』1. 안전관리자 인건비 및 각종 업무수당 등에서 건설용 리프트 운전자의 인건비와 2. 리프트 무선 호출기·자동운전장치는 산업안전보건관리비에서 사용이 가능하도록 하고 있으며, 기성 제품에 부착된 안전장치 비용은 제외하도록 하고 있음

  − 따라서, 리프트에 호출장치가 부착되어 임대할 경우에는 호출장치 비용은 산업안전보건관리비에서 사용할 수 없으나 이 경우에도 전담 운전자를 배치할 경우 그 인건비는 산업안전보건관리비에서 사용이 가능함

  − 또한, 리프트 전담운전자를 전문용역업체에서 계약에 의해 사용할 경우에 파견 근로자보호등에관한법률 위반 여부는 별개로 하고 당해 운전자의 인건비는 산업안전보건관리비에서 사용이 가능함 (파견근로자보호등에관한법률 제5조제2항의 규정에 의거 건설공사현장에서 이루어지는 업무는 파견근로 절대금지업무임)

■ 사업비 중 부지매입비, 시행비, 감리비, 분양비, 제세공과금, 금융비용 등을 제외한 공사성 금액을 대상으로 하는 산업안전보건관리비 계상방법

● 아파트 재건축공사 등에서 공사원가계산에 의한 재료비와 직접노무비가 명확하지 아니할 경우 도급

금액 또는 총 사업비 중 부지매입비·시행비·감리비·분양비·제세공과금·금융비용 등을 제외한 공사성 금액을 대상으로 하는 산업안전보건관리비 계상방법에 대하여

◇ 「건설업 산업안전보건관리비 계상 및 사용기준(고용노동부 고시)」 제5조 규정에 의하여 발주자는 원가계산에 의한 예정가격 작성시 제4조(계상기준)에 따라 산업안전보건관리비를 계상하여야 하고, 대상액이 구분되어 있지 아니한 공사는 도급계약서상 총 공사금액의 70%를 대상액으로 보아 산업안전보건관리 비를 계상하도록 하고 있는 바

◇ 자체 사업계획에 의해 이루어지는 재건축아파트 공사에서 대상액이 구분되지 아니한 경우에는 부가가치세를 포함한 공사금액(제외사항으로 분류한 제세공과금은 당해 시공과 관련된 부분은 포함하여야 함)의 70%를 대상으로하여 산업안전보건관리비를 계상하여야 함

■ 안전 시설재를 현장에서 반출시 운송비용등이 산업안전보건관리비에 해당 되는 지

● 현장에서 사용한 안전시설재를 타현장으로 보내는 시점이 맞지 않아 당사 창고로 보내기 위해 사용한 인건비, 지게차사용료, 트레일러 사용료 등을 산업안전보건관리비로 사용이 가능한지, 현장에서 사용한 안전시설재를 타현장으로 보내는 시점이 맞지 않아 회사 창고로 보내기 위해 사용한 인건비, 지게차 사용료, 트레일러 사용료 등을 산업안전보건관리비로 사용이 가능한지 여부

◇ 산업안전보건관리비 중 시설설치 등에 소요되는 자재는 원칙적으로 신규 구입 자재를 대상(손료 미적용)으로 하고 있으며, 「건설업산업안전보건관리비계상 및 사용기준(고용노동부 고시)」 별표 2 『산업안전보건관리비 항목별 사용내역 및 기준』 항목 2.(안전시설비 등)에 의하면 "타 현장에서 전용하는 안전시 설의운반비"는 타 현장의 산업안전보건관리비로 사용이 가능토록 하고 있으나,

◇ 타 현장으로 보내는 시점이 맞지 않아 동 자재를 임시로 회사창고에 보관할 경우 이에 소요되는 비용은 산업안전보건관리비로 사용할 수 없으며, 회사 창고에 보관하던 안전시설을 필요한 현장으로 반출할 경우에 소요되는 비용은 반입을 받은 공사현장의 산업안전보건관리비로 사용할 수 있음

■ 의료시설 사용비가 산업안전보건관리비로 사용이 가능한 지

● 수중공사 시 잠수부의 산소감압의료시설사용료가 산업안전보건관리비로 계상이 되는지. 수중공사에 있어서 잠수부는 잠수병의 위험에 항상 노출이 되어 있음.

● 표준잠수시간을 지키고 현장에서 감압을 하지만 시간이 많이 걸릴 뿐만 아니라 100% 효과를 얻을 수 없음. 의료시설(병원)에 있는 산소감압장치를 정기적으로 이용하여 잠수병의 원인인 체내의 질소를 배출시켜 잠수병을 예방하려고 하는데, 이에 사용되는 의료시설 사용비가 표준산업안전보건관리비로 사용이 가능한지

◇ 산업안전보건관리비라 함은 건설공사에 있어 근로자의 산업재해 및 건강장해를 예방하기 위해 법령에 규정된 사항의 이행에 필요한 비용을 말하는 것으로, 그 사용은 건설업 산업안전보건관리비 계상 및 사용기준 별표 2 "산업안전보건관리비의 항목별 사용내역 및 기준"에 의거 사용하도록 하고 있음

◇ 수중공사에 있어 잠수작업에 종사하는 근로자에게 감압을 하기 위한 산소감압 장치의 경우, 잠수작업자가 당해 잠수작업을 위해서는 반드시 갖추어야 할 필수장치인 바, 이는 산업안전보건관리비로

사용이 불가할 것으로 사료됨

■ 발주자의 실수로 누락된 산업안전보건관리비 재 계상 요구가 가능한지

● 발주자가 총액입찰시 산업안전보건관리비를 내역합산 과정에서 누락하여 발주하였을 경우 시공자는 산업안전보건관리비의 계상을 요구할 수 있는지

◇ 산업안전보건법 제30조제1항의 규정에 의거 건설업을 타인에게 도급하는 자와 이를 자체사업으로 영위하는 자는 도급계약을 체결하거나 자체사업계획을 수립할 경우 고용노동부장관이 정하는 바에 의하여 산업재해예방을 위한 산업안전보건관리비를 도급금액 또는 사업비에 계상하도록 규정하고 있으며, 산업안전보건관리비가 계상되지 않았거나 부족 계상된 경우라면 발주자는 위 기준에 따라 적법하게 재계상하여야 함

　– 따라서, 총액 입찰시 발주자가 산업안전보건관리비를 공사원가계산에 반영하지 아니하여 산출내역에 누락된 경우라면 발주자는 관련규정에 따라 산업안전보건 관리비를 적법하게 재계상하여야 할 것으로 사료됨

■ 산업안전보건관리비 정산 시 부가가치세 포함 여부

● 부가가치세를 포함한 총공시금액의 70%를 대상액으로 히여 산업안전보건관리비를 계상한 경우, 정산시에는 부가가치세를 포함하여 정산하여야 하는지 여부

◇ 산업안전보건관리비의 정산방법 등에 대해서는 산업안전보건법령에 별도로 정하고 있지는 않으나 산업안전보건관리비는 원가계산에 의한 예정가격 작성준칙(재경부회계예규)상 경비항목의 세비목으로 부가가치세가 포함되지 않은 상태의 금액이므로 부가가치세를 제외한 금액으로 정산하여야 함

　– 다만, 대상액이 구분되지 않은 공사에 있어 부가가치세가 포함된 총공사금액의 70%를 대상액으로 하여 산업안전보건관리비를 계상토록 하고 있으나 이는 단지 대상액이 구분되어 있는 공사의 재료비와 직접노무비를 합한 금액이 통 상적으로 총공사금액의 70% 정도에 해당하는데 따른 것이므로 산업안전보건 관리비의 정산에 있어서도 위와 같이 동일한 방법(부가가치세를 제외한 금액)으로 정산하여야 할 것으로 사료됨

■ 인접한 공장의 안전관리비의 정산

● 재건축(아파트) 건설현장으로써 서로 다른 발주처(조합)로 구성된 같은 단지내 두 개의 현장에서 산재보험은 별도로 가입되어 있고 착공계도 각각 제출하였음. 시공 및 현장관리는 한 개의 회사에서 동일한 현장소장 및 공사조직체계, 관리하에서 시공하고 착공일과 준공일 등 공사기간이 동일함

● 이 경우 안전보건관리책임자 및 안전관리자 선임을 1명씩만 선임해도 된다면 안전관리비는 합쳐서 정산해야 하는지 아니면 둘로 나누어서 정산해야 하는지 여부

◇ 산업안전보건관리비는 계약에 의해 이루어지는 공사별로 계상·사용 및 정산하도록 하고 있음. 따라서, 귀 공사가 분리 발주된 경우라면 산업안전보건관리비는 원칙적으로 각 공사별로 계상·사용 및 정산하여야 함. 다만, 공동으로 선임된 안전관리자의 경우 그 인건비 사용 및 정산 등에 대해서는

별도로 정하고 있지는 않으나, 당해 현장의 공사비율 등을 고려하여 적절하게 분배하여 사용 및 정산 할 수 있을 것이나 동 비용이 이중으로 정산되지 않도록 유의하여야 함

■ 목적 외 사용한 산업안전보건관리비의 처리방법

● 본사의 공사현장에 대한 자체감사시 산업안전보건관리비를 목적외 사용한 사실이 확인되어 당해 금액에 대해 자체시정하려고 하는데 그 방법은

◇ 산업안전보건관리비는 「건설업 산업안전보건관리비 계상 및 사용기준(고용노 동부 고시」 제4조에서 정하는 기준에 따라 계상하고, 그 사용은 별표 2 "산업 안전보건관리비의 항목별 사용내역"에 따라 사용토록 규정하고 있음

　　－ 다만, 그 정산방법 및 절차 등에 대해서는 산업안전보건법령에 별도로 정하고 있지 않으나 위 현장에 대한 본사의 자체점검시 산업안전보건관리비를 목적 외사용한 사실이 확인되어 당해 금액에 대해 자율적으로 시정코자 하는 경우라면 당해 목적 외 사용한 사실을 확인한 해당월의 산업안전보건관리비사용 내역서 작성시 동일금액을 제외하는 방법이 적정할 것으로 사료됨

■ 성과급의 산업안전보건관리비 사용가능 여부

● 안전관리자에게 경영성과에 따른 성과급을 지급한 경우 이를 산업안전보건관리비 사용 가능 여부

◇ 「건설업 산업안전보건관리비 계상 및 사용기준(고용노동부 고시)」 별표 2 "산업안전보건관리비의 항목별 사용내역" 항목 1.(안전관리자 등의 인건비 및 각종 업무수당 등))에 의하면 "전담 안전관리자의 인건비 및 업무수행출장비"는 산업안전보건관리비로 사용이 가능토록 규정하고 있으며, 인건비라 함은 근로 기준법 제18조의 규정에 의한 임금과 당해 현장에 근무하는 기간동안의 퇴직 급여충당금을 말함

　　－ 다만, 경영성과(매출액, 이익금, 생산성 등) 평가결과에 따라 지급여부가 결정되는 성과급의 경우, 근로기준법상 임금성을 갖는 것으로 보기 어려우므로 이는 산업안전보건관리비로 사용이 불가할 것으로 사료됨

■ 건설안전(전산)관리시스템의 산업안전보건관리비 사용가능 여부

● 건설안전(전산)관리시스템의 산업안전보건관리비 사용가능 여부

◇ 산업안전보건관리비라 함은 건설공사에 있어 근로자의 산업재해 및 건강장해예방을 위해 「건설업 산업안전보건관리비 계상 및 사용기준(고용노동부 고시)」 별표 2 "산업안전보건관리비의 항목별 사용내역 및 기준"에 규정된 사항의 이행에 필요한 비용을 말하는 것으로 이때 전산관리시스템의 산업안전보건관리비 사용가능 여부도 그 내용 및 활용목적에 따라 판단하여야 함

　　－ 따라서, 당해 전산관리시스템이 근로자의 안전교육 이수 여부, 개인보호구 지급관리, 질병유소견자 관리 등 근로자의 안전·보건관리만을 위한 목적으로 활용되는 경우라면 이를 설치하는데 소요되는 비용은 산업안전보건관리비로 사용이 가능할 것으로 사료됨

■ 설계 시 미 반영된 외부비계공사를 산업안전보건관리비로 사용가능한지

● ○○공사의 건설공사 설계시 미 반영된 외부비계공사가 공사진행 중 안전관리상 꼭 시공하여야 하는 바, 시공사에서 외부비계공사를 시공하고 그 비용을 산업안전보건관리비로 정산할 수 있는지

◇ 산업안전보건관리비라 함은 건설공사에 있어 근로자의 산업재해 및 건강장해를 예방하기 위해 법령에 규정된 사항의 이행에 필요한 비용을 말하는 것으로, 그 사용내역 등에 대하여는 「건설업 산업안전보건관리비 계상 및 사용기준(고용노동부 고시)」 별표 2 "산업안전보건관리비의 항목별 사용내역 및 기준"에 규정하고 있음

◇ 따라서, 외부비계의 경우, 외부공사에 있어 작업수행을 위해 설치되는 시설에 해당하므로 이에 소요되는 비용은 공사비 등에 반영하여 사용하는 것이 타당할 것으로 사료됨

■ 자동 탈착식 방호덮개의 산업안전보건관리비 사용가능 여부

● 터널상부 부석제거작업 시 부석낙하 등에 의한 근로자의 위험을 방지하기 위하여 차징카의 작업발판 상부에 자동찰탁식 방호덮개를 설치하는 경우라면 산업안전보건관리비로 사용이 가능한지

◇ 「건설업 산업안전보건관리비 계상 및 사용기준(고용노동부 고시)」 별표 2 " 산업안전보건관리비의 항목별 사용내역 및 기준" 항목 2.(안전시설비 등)에 의거 '낙하·비래물 보호용 시설비'는 산업안전보건관리비로 사용이 가능함

 − 따라서, 터널상부 부석제거작업시 부석낙하 등에 의한 근로자의 위험을 방지하기 위하여 차징카의 작업발판 상부에 자동찰탁식 방호덮개를설치하는 경우라면 당해 비용은 산업안전보건관리비로 사용이 가능할 것으로 사료됨

◇ 또한, 부석낙하 또는 낙반에 의한 운전자의 위험방지를 위해 당해 차징카의 운전석 상부에 보호덮개를 설치하는 경우라면 당해 비용도 사용이 가능할 것으로 사료됨

■ 조끼형 안전벨트의 산업안전보건관리비 사용가능 여부

● 근로자의 안전대 착용기피 현상을 방지하고 착용을 간편하게 하여 추락재해 예방을 목적으로 안전벨트를 안전조끼와 일체식으로 제작된 조끼형 안전벨트를 산업안전보건관리비로 사용이 가능한지

◇ 산업안전보건관리비라 함은 건설공사에 있어 근로자의 산업재해 및 건강 장해를 예방하기 위해 법령에 규정된 사항의 이행에 필요한 비용을 말하는 것으로 이때 조끼형 안전벨트의 산업안전보건관리비 사용가능 여부도 이의 사용목적과 용도에 따라 판단하여야 함

 − 따라서, 조끼형 안전벨트의 경우, 근로자의 안전대 착용 기피 현상을 방지하고 착용을 간편하게 하여 추락재해 예방을 목적으로 안전벨트를 안전조끼와 일체 식으로 제작된 것이라면 이는 산업안전보건관리비로 사용이 가능할 것으로 사료됨

■ 긴급상황 호출장치의 산업안전보건관리비 사용가능 여부

● 건설현장에서 차량계건설기계 등에 의한 충돌재해 등을 방지하기 위한 목적으로 작업지휘자(또는 신호수)와 운전자에게 송·수신기(긴급상황호출장치)를 지급하는 경우 산업안전보건관리비로 사용

이 가능한지

◇ 산업안전보건관리비라 함은 건설공사에 있어 근로자의 산업재해 및 건강 장해를 예방하기 위해 법령에 규정된 사항의 이행에 필요한 비용을 말하는 것으로 이때 긴급상황호출장치의 산업안전보건관리비 사용가능 여부도 이의 사용목적과 용도에 따라 판단하여야 함

　— 따라서, 긴급상황호출장치의 경우, 건설현장에서 차량계건설기계등에 의한 충돌재해 등을 방지하기 위한 목적으로 작업지휘자(또는 신호수)와 운전자에게 송·수신기(긴급상황호출장치)를 지급하는 경우라면 당해 비용은 산업안전보건 관리비로 사용이 가능할 것으로 사료됨

■ 노동조합과 임단협 시 임금인상 부족분을 보존해주기로 하여 노임부족분에 대한 격려금을 지급할 경우

● 노동조합과 임단협시 임금인상 부족분을 보존해주기로 하여 노임부족분에 대한 격려금을 지급할 경우 안전관리자 등의 인건비를 산업안전보건관리비에서 집행이 가능한지 여부

◇ 「건설업 산업안전보건관리비 계상 및 사용기준(고용노동부 고시)」 별표 2 『산업안전보건관리비의 항목별 사용내역 및 기준』에서 규정하고 있는 안전 관리자 등(전담안전관리자, 유도 또는 신호자, 안전보조원)의 인건비에서 인건비라 함은 근로기준법 제18조 규정에 의한 근로의 대가인 임금의 성질을 갖는 금품을 말하는 것인 바

　— 금년도 임금인상 부족분을 보전하기 위한 격려금은 임금의 성질을 갖는 금품이라기 보다는 1회적인 금품으로써 성과배분 상여금으로 보여지므로 산업안전 보건관리비에서 사용할 수 없을 것으로 사료됨

■ 크레인에 설치하는 감시용 카메라의 산업안전보건관리비 사용가능 여부

● 타워크레인을 이용한 자재인양 등의 작업시 자재의 낙하·비래 및 충돌 등에 의한 위험을 방지하기 위한 목적으로 크레인의 붐대 끝단에 감시용 카메라를 부착하는 경우 산업안전보건관리비로 사용이 가능한지

◇ 산업안전보건관리비라 함은 건설공사에 있어 근로자의 산업재해 및 건강장해를 예방하기 위해 법령에 규정된 사항의 이행에 필요한 비용을 말하는 것으로 이때 타워크레인 감시카메라의 산업안전보건관리비 사용가능 여부도 이의 사용목적과 용도에 따라 판단하여야 함

◇ 따라서, 타워크레인을 이용한 자재인양 등의 작업시 자재의 낙하·비래 및 충돌 등에 의한 위험을 방지하기 위한 목적으로 당해 크레인의 붐대 끝단에 감시용 카메라를 부착하는 경우라면 당해 비용은 산업안전보건관리비로 사용이 가능할 것으로 사료됨

■ 건설재해예방 기술지도비 조정방법

● 건설재해예방 기술지도비는 산업안전보건관리비 총액의 20% 범위 내에서 기술지도 횟수를 조정할 수 있는데 그 방법은

◇ 「건설업 산업안전보건관리비 계상 및 사용기준(고용노동부 고시)」 제11조제2항의 규정에 따라 총 기술지도 대가가 산업안전보건관리비 총액의 20%를 초과할 때에는 그 이내에서 기술지도 횟수를

조정할 수 있도록 규정하고 있음

◇ 다만, 「산업안전보건법 시행규칙 개정(고용노동부령)」으로 재해예방전문지도기관이 수행하는 건설 재해예방 기술지도 대가에 관한 근거규정이 삭제됨에 따라 기술지도 횟수는 당사자간 1회당 계약금 액을 기준으로 산업안전보건관리비 총액의 20% 범위 내에서 조정하여야 할 것으로 사료됨

8. 災害豫防專門指導機關

● 자율안전관리 능력이 부족한 중·소규모 건설현장에 대하여 안전관리비의 효율적 집행 및 산업재 해 예방을 위하여 일정한 공사에 대해서는 산업안전보건관리비를 사용하고자 하는 경우에
 − 재해예방전문지도기관으로 하여금 기술지도를 받도록 함(법 제30조제4항) → 위반 시 300만원 이하의 과태료 부과

가. 기술지도 대상(시행규칙 제32조제3항)

● 공사금액 3억원 이상 120억원(토목공사업은 150억원) 미만인 일반건설공사
● 공사금액 1억원 이상 120억 미만인 전기공사 및 정보통신공사
● 다만, 기술지도대상에 해당하는 공사임에도 불구하고, 다음 공사는 기술지도대상에서 제외함(시행 규칙 제32조제3항단서)
 − 공사기간이 3월 미만인 공사
 − 육지와 연결되지 아니한 도서지역(제주도 제외)에서 행하여지는 공사
 − 사업주가 시행령 별표4의 규정에 의한 안전관리자의 자격을 가진 자를 선임(동일한 광역자치단 체의 지역에서 동일한 사업주가 경영하는 3 이하의 공사에 대하여 공동으로 안전관리자의 자격 을 가진 자 1인을 선임한 경우도 포함)하여 시행령 제13조제1항 각호의 규정에 의한 안전관리 자의 직무만을 전담하도록 하는 공사. 이 경우 사업주가 지방고용노동관서의 장에게 안전관리 자 선임보고서를 제출하여야 함
 − 유해·위험방지계획서를 제출하여야 하는 공사

나. 기술지도 기준(시행령 제26조의8, 시행규칙 별표 6의4)

● 기술지도의 계약
 − 기술지도를 받아야 하는 수급인 또는 자체공사를 행하는 자는 공사착공 후 14일 이내에 재해예 방전문지도기관과 기술지도 계약을 체결하고 그 증빙서류를 비치하여야 한다.
● 기술지도 횟수
 − 기술지도는 월 1회 이상 실시하되, 공사금액 40억원 이상의 공사는 각 지도분야별로 시행규칙 별표6의3의 인력기준란 각호의 1에 해당하는 자가 4회중 1회 이상 방문지도하여야 한다.
 − 다만, 공사의 조기 준공, 기술지도 계약체결 지연, 공사기간이 현저히 짧은 경우 등으로 지도횟

수 준수가 어려울 경우 당해 공사의 공사감독자(없는 경우 감리자)의 승인을 얻어 횟수 및 대가를 조정할 수 있음.

● 기술지도의 한계 및 지도지역

- 지도 담당요원 1인당 사업장 수는 30개소로 하되, 총공사금액이 3억원 미만인 사업장은 3개소를 1개소로, 3억원 이상 40억원 미만인 사업장은 2개소를 1개소로 계산함.
- 지도지역은 재해예방전문지도기관으로 지정을 받은 지방고용노동청 소속 사무소 관할 지역으로 함.

● 기술지도 범위 및 준수의무

- 지도기관은 공사의 종류·공사규모·담당사업장 수 등을 고려하여 담당요원을 지정
- 담당요원은 해당 사업주에게 산업안전보건관리비 집행 및 산업재해 예방을 위해 필요한 사항을 권고
- 지도기관은 해당 사업주에게 산업안전보건관리비 집행 및 산업재해 예방을 위해 필요한 사항을 권고함에 있어서
  - 법·시행령·시행규칙·안전규칙·보건규칙·법 제27조의 규정에 의한 기술상의 지침·시행령 제26조의2제2항제3호의 규정에 의하여 고용노동부장관이 고시하는 건설공사 표준안전시방서를 고려하여야 함
- 지도기관의 개선권고를 받은 사업주는 그 사항을 이행하여야 하며
  - 지도기관은 사업주가 기술지도 결과 권고사항을 2회 이상 이행하지 아니하거나 추락·붕괴 등 중대위험요인이 발견된 경우에는 즉시 관할 지방고용노동관서의 장에게 보고하여야 하고
  - 지방고용노동관서의 장은 지체없이 사실여부를 확인하고 필요한 조치를 하여야 함.

● 기술지도 결과의 기록 및 서류의 보존

- 지도기관이 기술지도를 실시한 경우에는 기술지도결과보고서 2부를 작성하여 공사관계자의 확인을 받은 후 1부는 당해 사업장에 교부하고 1부는 비치하여야 하며
- 사업장 안전시설 개선권고사항에 대한 사진 등의 근거가 첨부된 사업장관리카드를 작성하여 비치하여야 한다.
- 지도기관은 기술지도계약서, 기술지도결과보고서, 사업장관리카드 및 기타 기술지도업무 수행에 관한 서류를 기술지도 종료후 3년간 보존하여야 한다.

행정해석

■ 발주처에서 안전관리자를 선임한 공사금액 120억 미만 기술지도 대상 공사에 대하여, 기술지도를 면제할 수 있는지에 대한 질의

● 공사금액 69억5천만원의 기계설비공사로서 기술지도 계약을 체결하여 안전기술 지도를 받고 있는 현장에 대하여 발주처에서 안전관리자를 직접 고용하여 일괄 감독하는 경우에 시공사의 기술지도 계약을 해지하여 안전기술 지도를 받는 것을 중단할 수 있는지 여부

◇ 산업안전보건법상 안전관리자는 근로자를 사용하여 사업을 하는 사업주가 직접 선임하도록 규정하고 있고, 이 경우에 한하여 재해예방 전문지도기관으로부터 받아야 하는 기술지도가 면제되기 때문에 귀 현장과 같이 발주처에서 안전관리자를 선임한 경우에는 기술지도가 면제되지 않는다고 판단됩니다.

■ 안전관리자가 동일 시공사의 인접현장에 기술지도 실시 여부

● 같은 시에 2개의 아파트공사 현장이 있을 경우 A현장은 150억원이 넘는 안전관리자 선임의무 현장이고(자체공사), B현장은 약 50억원 정도로 안전관리자 선임의무현장이 아님

● 거리로는 약 3~4㎞정도 떨어져 있는데 안전관리자가 B현장의 기술지도를 할 수 있는지

◇ 산업안전보건법시행령 제12조제2항의 규정에 의하여 건축공사에서 공사금액이 120억원(토목공사는 150억원) 이상인 경우에는 안전관리업무만을 전담하는 안전관리자를 두도록 하고 있고, 동법 시행규칙 제32조제3항의 규정에 의하여 공사금액이 120억원(토목공사는 150억원) 미만인 공사는 재해예방전문지도기관에 의한 기술지도를 받도록 하고 있음

◇ 따라서, 150억원 이상에 선임된 안전관리자는 당해 현장에서 안전관리업무를 전담하여야 하므로 동일한 시공사라 하더라도 다른 현장의 안전관리업무를 수행할 수 없음

◇ 또한, 공사현장이 동일한 공사조직, 관리체계하에서 장소적으로도 인접한 경우에 한하여 하나의 사업장으로 보고 안전관리자를 공동으로 선임할 수 있도록 하고 있는 바, 별개의 조직에 의해 관리되는 50억원인 공사현장에서 기술지도를 면제받고자 할 경우에는 별도로 안전관리자를 선임하여야 함

■ 건설재해예방 기술지도 대상과 관련하여

● 조달청과 버스안내정보시스템 물품납품계약을 체결하고 대전-청주구간 버스정류장 편의시설 설치공사를 행할 경우 재해예방전문지도기관으로부터 건설재해예방 기술지도를 받아야 하는지

◇ 산업안전보건법 제30조제4항 및 같은 법 시행규칙 제32조제3항의 규정에 의거 공사금액 3억원(전기공사 및 정보통신공사는 1억원) 이상 120억원(토목공 사업은 150억원) 미만인 공사를 행하는 자는 산업안전보건관리비를 사용하고자 하는 경우 미리 그 사용방법·재해예방조치 등에 관하여 재해예방전문지도기관의 기술지도를 받아야 함

◇ 따라서, 조달청과 버스안내정보시스템 물품납품 계약으로 체결하였다 하더라도 "산업재해보상보험법" 제5조의 규정에 의하여 "산업재해보상보험법"의 적용을 받는 공사로 총공사금액이 3억원 이상이라면 재해예방전문지도기관으로부터 기술지도를 받아야 할 것으로 사료됨

■ 공사기간이 3개월 이상으로 연장된 경우 기술지도를 받아야 하는지 여부

● 당초 공사계약시 공사기간이 3월 미만이어서 재해예방전문지도기관의 기술지도를 받지 않아도 되는 공사에 해당되었으나 당해 공사시공 중 공사기간이 연장되어 3월 이상이 되었을 경우 기술지도를 받아야 하는지 여부

◇ 산업안전보건법 제30조제4항 및 동법 시행규칙 제32조제3항제1호의 규정에 의하면 공사금액 3억원

(전기공사·정보통신공사는 1억원) 이상 120억원(토목공사는 150억원) 미만인 공사는 재해예방전문지도기관의 기술지도를 받아야 하며, 공사기간이 3월 미만인 공사는 기술지도를 받지 않아도 됨

- 다만, 단순 공사 중단등의 사유로 공사기간이 연장된 것이 아닌 설계변경 또는 공사물량 증가 등의 사유로 공사기간이 3월이상으로 연장되었다면 당해 연장 사유를 알게 된 시점을 기준으로 남은 기간에 대해 산업안전보건법 시행규칙 별표 6의4(재해예방전문지도기관의 지도기준)제3호의 규정에 따라 기술지도를 받아야 할 것으로 사료됨

■ 공동도급 분담이행공사에서 유자격 안전관리자 선임 시 기술지도 면제 여부

● 당 현장은 정보통신공사현장으로 3개사가 '공동도급 분담이행방식'으로 총 공사금액은 140억원 정도임. 3개사 각각의 공사금액은 30~70억원 가량이 됨

- 안전보건관리책임자는 3개사 모두 선임신고를 했고, 안전관리자는 1개사에서 대표로 유자격자를 전담안전관리자로 선임을 하였음

● 1억~120억원 미만 전기, 정보통신공사는 재해예방전문 지도기관으로부터 기술지도를 받아야 하는데, 1개사가 유자격자를 전담안전관리자로 선임했다면 다른 2개사도 기술지도가 면제되는지, 면제가 되지 않는다면 어느 곳에서 기술지도를 받아야 하는지 여부

◇ 공동도급 분담이행방식에 의해 수행하는 공사라 함은 각 구성원이 공사를 미리 분할하여 각각의 분담공사에 대해 책임을 지고 시공하는 경우를 말하는 것으로, 안전관리자 선임에 대해서도 공사별로 각 분담내역의 공사규모에 따라 그 여부를 결정하여야 하는 바, 안전관리자를 선임하지 않은 다른 2개의 공사에 대해서는 개별 공사의 공사금액에 따라 재해예방전문지도기관의 기술지도를 받아야 할 것으로 사료되며, 안전교육 및 점검 등도 각 공사별로 실시하여야 할 것으로 사료됨

■ 기술지도 대상공사에서 안전관리자 퇴직 시 기술지도 가능여부

● 공사금액이 150억원 이하인 토목공사로서 당초에 안전관리자가 상주하였으나 퇴직으로 인한 미상주 시 건설재해예방전문지도기관에 기술지도를 받을 경우 안전관리자 상주 의무는 없는지

● 건설업의 경우 안전관리자를 배치함에 있어 준수하여야 할 법령이 산업안전보건법외 어떠한 것이 있는지 여부

- 토목공사의 경우 산업안전보건법시행령 제12조의 규정에 의하여 150억원 이상은 자격이 있는 안전관리자를 선임하여 안전관리업무를 전담하도록 하여야 하고, 동법 시행규칙 제32조제4항의 규정에 의하면 공사금액 3억원 이상 150억원 미만의 공사는 재해예방전문지도기관의 기술지도를 받아야 하며, 이 경우 전담 안전관리자를 선임한 경우에는 기술지도가 면제되도록 하고 있음

◇ 따라서, 귀 질의의 토목공사가 공사금액 150억원 미만에 해당된다면 선임된 안전관리자가 퇴직할 경우 그 이후에는 기술지도로 대체가 가능함

◇ 도시가스사업법 등 일부 법률에서 안전관리자 선임규정을 두고 있으나, 건설현장에서 근로자 재해예방을 위한 안전관리자 배치는 산업안전보건법에서만 규정하고 있음을 알려드림

9. 事業場내 安全保健敎育(법 제31조)

● 근로자가 작업장의 유해·위험요인 등 안전보건에 관한 지식을 습득하고, 이에 적절히 대응할 수 있는 능력을 배양케 함으로써
  − 근로자 스스로 자신을 보호하기 위하여 재해를 사전에 예방하기 위한 차원에서 사업주에게 근로자에대한 각종 안전·보건교육을 시키도록 의무화하고 있음(법 제31조) → 위반 시 500만원 이하의 과태료

가. 교육의 유형 및 대상(법 제31조)

● 정기교육: 사업주는 당해 사업장의 근로자에 대하여 정기적으로 안전보건에 관한 교육을 실시(법 제31조제1항)
● 채용시 교육 : 근로자를 신규 채용할 때 당해 업무과 관계되는 안전보건교육
● 작업내용 변경교육 : 작업내용을 변경할 때 당해 업무와 관계되는 안전보건교육을 실시
● 특별교육 : 유해·위험작업에 근로자를 종사하게 할 때 당해 업무와 관계되는 안전보건에 관한 특별교육을 실시

나. 교육실시자의 자격기준(시행규칙 제33조제3항)

● 자체적으로 실시하는 경우에 교육을 실시할 수 있는 자는 다음 각 호의 어느 하나에 해당하는 자를 말함.
  ① 당해 사업장의 안전보건관리책임자·관리감독자·안전관리자(안전관리대행기관의 종사자를 포함)·보건관리자(보건관리대행기관의 종사자를 포함) 및 산업보건의
  ② 공단에서 실시하는 당해 분야의 강사요원교육과정을 이수한 자
  ③ 산업안전지도사 또는 산업위생지도사
  ④ 산업안전·보건에 관하여 학식과 경험이 있는 자로서 고용노동부장관이 정하는 기준에 해당하는 사람
  − 위탁교육기관 강사와 동등 이상의 자격을 가진 자
  − 7급 이상 공무원으로서 산업안전보건분야 실무경력 3년 이상인 자
  − 사업장내 관리감독자 또는 안전(보건)관리자 등 안전관계자의 지위에 있는 자 또는 교육대상 작업에 3년이상 근무한 경력이 있는 자로서 사업주가 강사로서 적정하다고 인정하는 자

다. 교육방법

● 자체 교육을 실시할 때에는 적합한 교육교재와 적절한 교육장비 등을 갖추고 다음의 어느 하나의 방법으로 교육을 실시하고, 자체 교육이 어려운 경우에는 안전보건교육 위탁전문기관에 위탁하여 실시
  ▸ 직무교육 교재를 작성할 수 있는자 : 사업주, 안전공단, 지정교육기관
  (1) 집체교육 : 교육전용시설 또는 그 밖에 교육을 실시하기에 적합한 시설(생산시설 또는 근무장

　소 제외)에서 실시하는 교육

(2) 현장교육 : 산업체의 생산시설 또는 근무 장소에서 실시하는 교육

(3) 인터넷 원격교육 : 전산망을 이용하여 멀리 떨어져 있는 근로자에게 실시하는 교육

● 다만, 인터넷 원격교육을 실시하는 경우에는 다음의 요건을 갖추고 실시하여야 함

(1) 시행규칙 별표 8 소정의 교육시간에 상당하는 분량의 자료 제공(게시된 자료의 1시간 학습 분량은 10프레임 이상 또는 200자 원고지 20매로 하되, 사진 또는 [그림 1장]은 200자 원고지 1/2매로 본다. 다만, 동영상 자료는 실제 상영시간을 적용)

(2) 교육대상자가 전산망에 게시된 자료를 열람하고 필요한 경우 질의·응답을 할 수 있는 시스템

(3) 교육근로자의 수강 정보 등록(ID, Password), 교육시작 및 종료시각, 열람여부 확인 등을 위한 관리시스템

(4) 법 제31조제4항에 따른 근로자 안전·보건교육 위탁전문기관이 교육을 실시할 때에는 규칙 별표 8의2에 따른 교육내용이 포함된 교육과목을 편성하고 별표 1의 기준에 적합한 강사를 배치하여 교육목적을 효과적으로 달성할 수 있도록 하여야 한다.

(5) 근로자 안전·보건교육 위탁전문기관이 규칙 제33조제1항에 따른 관리감독자 교육을 실시할 때에는 규칙 별표 8의2에서 정한 교육내용의 범위에서 통계법」제22조에 따라 통계청장이 고시한 한국표준산업분류표(통계청 고시 제2007-53호)에 따른 대분류별로 구분하여 실시

행정해석

■ 건설현장 근로자의 안전보건교육 실시 방법 등

● 산업안전보건법상 근로자 정기안전보건교육과 관련하여

－ 건설현장에서 사무실에 종사하는 관리, 공무, 경리 등의 사람들이 매월 2시간 이상 또는 매분기 6시간 이상의 정기교육을 받아야 하는지

－ 관리감독자는 연 16시간 교육을 받았을 경우 매월 2시간 또는 매분기 6시간 이상의 근로자 정기교육을 면제할 수 있는지

－ 건설업에서 관리감독자의 범위는

◇ 산업안전보건법 제31조 및 같은 법 시행규칙 별표 8에 따른 근로자 안전보건교육 중 정기교육과 관련하여

－ 사무직 종사 근로자는 매월 1시간 이상 또는 매분기 3시간 이상, 사무직 종사 근로자 외의 근로자(판매업무 및 특별안전보건교육 대상 작업 종사자는 제외)는 매월 2시간 이상 또는 매분기 6시간 이상의 정기교육을 실시하여야 합니다.

－ 여기서, 사무직근로자라 함은 같은 법 시행규칙 제99조제1항에 따라 공장 또는 공사현장과 같은 구역에 있지 아니한 사무실에서 서무·인사·경리·판매·설계 등의 사무업무에 종사하는 근로자(판매업무에 직접 종사하는 사람은 제외한다)를 말합니다.

- 따라서 사무실에서 근무하는 근로자라도 사무직근로자 기준에 해당하지 않는다면 매월 2시간 이상 또는 매분기 6시간 이상의 정기교육을 실시하여야 함

◇ 관리감독자의 직위에 있는 사람에 대해서는 매반기 8시간 이상 또는 연간 16시간 이상의 정기교육만 실시하면 되며

- 건설업에 있어서의 관리감독자는 산업안전기준에 관한 규칙 제31조의2의 규정에 따라 직장·조장 및 반장의 지위에서 그 작업을 직접 지휘·감독하는 관리감독자를 말함

■ 고용유지 훈련 중인 근로자의 안전보건교육 실시 여부

● 고용유지 훈련 중인 관리감독자, 근로자의 경우 정기교육 또는 특별안전보건교육은 어떻게 실시해야 하는지

예 1월부터 6월까지 고용유지 훈련을 한 경우 7월부터 근로자 교육을 연간 의무 교육시간의 1/2만 하면 되는지

◇ 고용보험법에 따라 고용유지를 위해 훈련 중인 관리감독자나 근로자의 경우 훈련기간 동안에는 산업안전보건법령에 따른 안전보건교육을 실시하지 않아도 될 것으로 판단됨

- 따라서 귀 질의와 같이 고용유지를 위한 훈련기간을 제외한 기간에 대하여 산업안전보건법에 적합한 근로자 안전보건교육을 실시하면 될 것으로 사료됨

● 다만, 훈련 중인 자가 훈련시간 외의 시간에 현업에 종사하는 경우에는 고용 유지 훈련시간 외의 시간에 산업안전보건법령에 적합한 안전보건교육을 실시하여야 함

■ 자체 개발한 시청각교육으로 신규채용 시 및 정기교육을 갈음할 수 있는지 여부

● 건설현장에서 자체 개발한 시청각교육(안전관리자의 참관없이 근로자 스스로 개별 PC로 교육받고 교육종료 후 교육내용에 대한 테스트 후 일정 점수 이상시 교육이수 인정)으로 신규채용 시 및 정기 안전보건교육을 갈음할 수 있는지 여부

◇ 산업안전보건법 제31조 및 같은 법 시행규칙 제33조, 산업안전보건교육규정(노동부고시 제2006-28호, 2006. 9. 29) 제3조에 따라 사업주가 사업장내에서 전산망을 활용하여 교육을 실시하는 경우에는 ① 산업안전보건법 시행규칙 별표8 소정의 교육시간에 상당하는 분량의 자료(제시된 자료의 1시간 학습분량은 10프레임 이상 또는 200자 원고지 20매로 하되, 사진 또는 그림 1장은 200자 원고지 ½매로 보고, 동영상자료는 실제 상영시간을 적용)를 제공하고, ② 교육대상자가 전산망에 게시된 자료를 열람하고 필요한 경우 질의·응답을 할 수 있는 시스템과 ③ 교육근로자의 수강정보 등록(ID, Password), 교육시간 및 종료시각, 열람여부 확인 등을 위한 관리시스템을 갖추도록 규정하고 있습니다.

◇ 따라서, 시청각교육이 위의 요건을 갖추어 운영한다면 법정 안전보건교육으로 인정될 수 있으나, 교육강사의 참여없이(질의·응답을 할 수 없는) 단순히 PC를 이용한 시청각교육인 경우 이를 인정하기 곤란할 것으로 사료됨

■ 분할 실시한 정기 안전보건교육의 인정여부

● 안전·보건관리자가 체조나 작업지시와는 별도로 교육안을 관리감독자에게 배포하여 관리감독자가 근로자에게 5~10분 교육을 실시하였을 경우 정기안전보건교육 인정여부

◇ 산업안전보건교육규정(고용노동부고시) 제3조제2항은 산업안전보건법 제31조 및 동법 시행규칙 제33조의 교육중 "근로자 정기교육에 대하여는 사업장의 실정에 따라 그 시간을 적절히 분할하여 실시할 수 있다."라고 규정하고 있으므로

    – 시행규칙 제33조의 규정에 의하여 교육내용, 교육방법, 교육실시자 자격 등을 갖춘 경우라면 분할 실시된 교육은 해당월의 정기교육시간으로 인정될 수 있음

■ 작업내용 변경 없이 이전 부서로 재배치된 경우 교육의무는

● "A" 직무를 담당하다가 "B" 직무를 수행하면서 관련 작업내용 변경시 교육을 받은자가 다시 "A" 직무를 담당하게 되는 경우 작업내용 변경시 교육을 이수해야 하는 지(단, 작업내용이 변경된 것은 없음)

◇ 산업안전보건법 제31조제2항에서 규정하는 안전·보건에 관한 교육중 "작업내용을 변경할 때"란 직무의 변경을 말하는 것이 아니라 "다른 작업으로 전환하였을 때"와 "작업설비, 작업방법 등에 대하여 대폭적인 변경이 있을 때" 등 결과적으로 근로자의 안전보건을 확보하기 위해 실질적인 교육이 필요하다고 인정되는 경우를 의미함

◇ 따라서 직무변경에 따른 작업내용의 변경이 없다면 같은 법 제31조제2항의 규정에 의한 작업내용 변경시 교육의 이수 의무는 없다고 사료됨

■ 아파트관리사무소 소속직원도 관리감독자 교육을 받아야 하는지 여부

● 아파트관리사무소는 직접 직원을 채용하여 관리하는 경우가 있고, 건물을 관리하는 용역회사와 아파트관리사무소 대표자간에 용역계약을 체결하여 건물을 관리하는 경우가 있는데

    1. 산업안전보건법은 전체 직원이 몇 명 이상일 때 적용되며, 아파트 건물관리 용역업체(산재보험가입)에도 관리감독자 교육이 적용되는지 여부

    2. 건물관리 용역업체에도 관리감독자(직장, 조장, 반장부터 부장까지) 교육대상이 적용된다면 분야별 근무자 중 기관실에 근무하는 기계, 전기, 영선, 기전, 설비, 기관(과장, 계장, 주임) 등 담당자가 교육에 참석하면 되는지 여부

◇ 산업안전보건법은 원칙적으로 1인 이상 근로자를 사용하는 모든 사업장에 적용됨

    – 다만, 산업안전보건법 제3조 및 동법 시행령 제2조의2의 규정에 의하여 유해·위험의 정도, 사업의 종류·규모 등에 따라 법의 적용범위가 달라지며, 사업의 분류는 통계청장이 고시한 한국표준산업분류표에 의하도록 규정하고 있음

◇ 아파트 건물관리는 한국표준산업분류표상 부동산업에 속하므로 귀사가 산업안전보건법 시행령 별표 1(법의 일부적용대상사업 및 일부적용규정의 구분표)제4호 가 내지 바목에 해당하지 않는 경우에는 법 제31조(안전·보건교육)가 적용되어 관리감독자 교육을 실시해야 함

◇ "관리감독자"란 산업안전보건법 제14조의 규정에 의하면 "경영조직에서 생산과 관련되는 당해 업무와 소속 직원을 직접 지휘·감독하는 부서의 장이나 그 직위를 담당하는 자"를 말하므로

- 귀하가 질의한 기관실의 경우 과장, 계장, 주임 중 실질적으로 작업을 지휘·감독하는 자가 관리감독자 교육대상이 되며, 교육은 사업장에서 자체 실시하거 나 지정교육기관에 위탁하여 실시할 수 있음

■ 안전보건교육의 면제 인정범위는

● 고소위험공정작업에 따른 특별안전교육을 2시간 이수한 근로자는 월 정기교육을 면제할 수 있는지

● 산업안전보건법에서 정한 특별위험작업 이외의 건설현장 안전관리 수칙 미준수 등으로 특별교육을 시킬 경우 정기안전교육으로 갈음할 수 있는지와 특별안전교육 대상 직종의 정확한 구분은

● 산업안전보건법 시행규칙 제33조의2(안전보건교육의 면제) 항목 중 건설업 관리감독자는 노동부장관이 따로 정하는 교육을 이수한 때에는 정기적인 안전보건교육을 면제할 수 있다고 명시되어 있는데 이 경우 관리감독자 교육도(반기 8시간, 년 16시간) 면제되는지

◇ 사업장내 모든 근로자에게 매월 정기적으로 실시하여야 할 교육과 유해 또는 위험작업이 있을 때에 그 위험의 예방을 위해 실시하여야 할 특별안전교육 내용이 서로 다르므로 특별안전보건교육을 실시한 근로자라 하더라도 당월의 정기교육을 실시하여야 함

◇ 건설현장 안전수칙 미준수 등 특정 근로자에 대해 자체적으로 특별히 실시한 교육이 사업장의 정기교육으로 볼 수 있는지는 법령상에 규정된 교육내용, 시간, 강사의 자격, 교재 등이 적합한 지를 종합적으로 검토하여 판단하여야 함

◇ 산업안전보건법령에 의하여 사업주가 실시하여야 할 특별안전보건교육은 직종에 의하여 구분되는 것이 아니라 유해·위험작업에 따라 실시하도록 규정하고 있으므로 대상작업에 대해서는 산업안전보건법 시행규칙 별표 8의2 라호에 규정하고 있는 "특별안전보건교육대상작업별 교육내용"을 참고하시기 바람.

◇ 사업장내 정기교육은 생산직, 사무직, 관리감독자의 지위에 있는 자로 구분하고 있으므로 관리감독자의 지위에 있는 자가 고용노동부장관이 따로 정하는 교육을 받았다면 그 시간만큼 당해 연도에 관리감독자가 받아야 할 교육은 면제될 수 있다고 사료됨

■ 안전·보건교육 등의 실시결과 입증 및 보존방법

● 현행 산안법에 의해 실시되는 교육·점검·회의결과 등을 종이문서로 관리하고 있는데 이를 전산 입력하여 관리하는 경우에도 법적인 효력이 발생하는지 여부

- 교육·점검·회의 등에 대한 참석자 명단을 싸인 후 스캔하여 관리하는 경우도 법적인 효과를 발생하는지 여부

◇ 사업주는 산업안전보건법령에 근거한 법적서류를 정해진 기간 또는 일정기간 동안 기록·보존할 경우 문서 또는 전산입력 자료(스캔 포함)의 형태여부에 관계없이 이들 서류가 사업주의 법 이행사실

을 입증할 수 있다면 유효할 것임

■ 작업환경측정결과 설명회를 정기교육으로 대체 가능한지

● 작업환경측정결과 설명회 개최시간은 정기교육 2시간 중 1시간으로 대체할 수 있는지 여부

◇ 사업주는 산업안전보건법 제31조제1항 및 동법 시행규칙 제33조제1항의 규정에 따라 근로자에 대하여 교육대상별로 일정시간 이상 정기 안전·보건교육을 실시하도록 하고 있으며, 교육내용은 산업안전보건법령에 관한 사항, 작업공정의 유해·위험에 관한 사항 등 산업안전보건법 시행규칙 별표 8의 2 제1호 가. 목에서 규정한 내용을 교육하여야 함

◇ 따라서, 귀 질의와 같이 작업환경측정결과에 대한 설명회를 해당 시간 동안 정기 안전·보건교육으로 인정받을려면 상기 교육내용에 대한 요건을 충족하여야 할 것임

■ 사무직 근로자가 생산작업에 투입될 경우 작업내용 변경 시 교육을 실시하여야 하는지 여부

● 노동조합의 잦은 파업으로 인해 사무직 인원이 현장으로 투입될 경우 직무 전환교육을 매회 실시하여야 하는지 여부

● 파업으로 인해 사무직 인원이 과거 투입된 해당직무의 직무전환교육을 받았을 경우 일정기간 후 또다시 파업으로 인해 해당직무로 투입되는 경우 재교육을 실시하여야 하는지 여부

● 직무전환교육은 실시후 유효기간이 있는지 여부

● 일상적인 업무전환을 6개월에 한 번씩 같은 직무를 맞교대(정기적인 직무전환)하는 경우 매회 교육을 실시하여야 하는지 여부

◇ 산업안전보건법 제31조제2항에 의해 사업주가 당해 소속 근로자에 대하여 실시하여야 할 안전·보건교육 중 직무전환 등으로 작업내용을 변경하는 때에는 작업내용 변경시 교육을 실시하도록 규정되어 있는 바

　－ "작업내용을 변경하는 때"라 함은 "다른 작업으로 전환한 때"와 "작업설비나 작업방법 등의 변경이 있는 때" 등 근로자의 안전보건 확보를 위하여 실질적으로 안전·보건교육이 필요한 경우를 말함

◇ 따라서 노동조합의 파업으로 사무직 인원을 현장에 투입할 때에는 반드시 작업내용 변경시 교육을 실시하여야 하며

　－ 과거 투입되었던 사무직 인원의 현장 재투입시 작업내용 변경시 교육의 재실시 여부와 작업내용 변경시 교육 실시 후 유효기간이 있는지 여부에 대해서는 위에서 언급한 바와 같이 작업내용 변경시 교육은 기간에 의해서가 아니라 "작업내용을 변경하는 때"에 해당하는지 여부에 따라 동 교육 실시여부를 판단하여야 함

◇ 정기적인 직무전환에 따라 작업내용의 변경이 없는 상태에서 이전 작업으로 배치된 경우에는 최초 작업내용 변경시 교육 이후 매회 동 교육을 실시할 필요는 없음

■ 토출압력이 9kg/cm² 이하인 공기압축기 취급근로자도 특별교육을 받아야 하는지 여부

● 산업안전보건법 제31조 관련 동법 시행규칙 제33조는 '94.3.29일 개정되었는데 현 시점에서 특별교육 대상 인원이 법 개정전인 '83년에 입사하여 특별교육을 받지 않았다면 법을 위반한 것인지 여부

● 법에는 압력용기를 설치·취급하는 인원은 특별교육을 받도록 되어 있는데 만약, 구 설비가 철거되고 새롭게 압력용기가 설치되었다면 작업내용 변경시 교육대상에 포함되는지 여부와 신 설비가 설치되었다면 특별교육을 재실시하여야 하는지 여부

● 토출압력이 9kg/㎠ 이하인 공기압축기를 운전하는 작업자에 대하여 산업안전보건법 제31조 동법 시행규칙 제33조제1항 별표 8의2의 특별교육 실시대상에 포함되는지 여부

◇ 유해·위험작업에 종사하는 근로자에 대한 사업주의 특별교육 실시의무는 '81.12.31 산업안전보건법 제정 이후 전문개정 등 법 개정을 거치면서도 현행 동법 제31조에 규정되어 있는 내용이 변경되지 않았는 바

　– 특별교육 실시 대상자임에도 동 교육을 실시하지 않았다면 법을 위반한 것임

◇ 산업안전보건법 제31조제2항에 의한 작업내용 변경시 교육은 작업설비, 작업내용이 변경되는 등으로 근로자의 안전보건 확보를 위하여 실질적인 교육이 필요한 경우 실시하여야 하고, 동조 제3항에 의한 특별교육 역시 작업설비, 작업내용 변경이 있는 경우 새로운 유해·위험요인으로부터 근로자의 안전보건 확보를 위하여 동 교육을 실시하여야 함

◇ "토출압력이 9kg/㎠ 이하인 공기압축기"의 정확한 게이지 압력을 알 수는 없으나

　– 산업안전보건법 시행규칙 제33조제1항 관련 별표 8의2(교육대상별 교육내용) 제1호 라목(특별안전보건교육대상작업별 교육내용)의 규정에 의해 압력용기의 경우 "게이지 압력이 1kg/㎠ 이상으로 사용하는 압력용기의 설치 및 취급작업"에 종사하는 근로자에 대하여는 안전시설 및 안전기준에 관한 사항 등의 내용에 대하여 특별교육을 실시하여야 하므로

　– 공기압축기가 동 기준에 해당하는지 여부에 따라 특별교육 실시 여부를 판단하여야 할 것임

■ 택지개발지구내 여러 사업장의 통합 안전교육 가능여부

● 택지개발지구내 블록별 별도의 사업허가를 받아 시공하는 아파트 건설공사를 하면서 통합사무실을 운영하는 경우 안전교육을 통합하여 실시할 수 있는지 여부

◇ 산업안전보건법령에 의하여 사업주가 실시하여야 하는 교육은 사업장별 구분실시, 교육장소 등에 대해 특별한 제한을 두고 있지 않으므로 귀 질의의 경우 소속 근로자에 대해 통합하여 교육을 실시할 수 있다고 사료됨

■ 특별안전·보건교육 이수 근로자의 교육면제 범위

● 사업주는 유해 또는 위험한 작업에 근로자를 사용할 때에는 특별안전보건교육을 16시간 실시하도록 되어 있고 산업안전보건법 시행규칙 제33조의2제2항에 의거 특별안전보건교육을 한 때에는 신규채용 및 작업내용 변경시 교육은 면제할 수 있다고 되어 있는데

- 근로자가 입사 후 특별교육을 1번만 받으면 퇴사시까지 작업내용이 변경되더라도 작업내용 변경교육이 면제되는지 아니면 해마다 특별교육을 받아야만 작업내용 변경시 교육이 면제가 되는지?

◇ 산업안전보건법 시행규칙 제33조의2제2항의 규정에 의하여 특별안전보건교육을 받은 자에 대한 채용시 교육 또는 작업내용 변경시 교육을 면제한다는 의미는 신규채용자가 채용과 동시에 특별안전보건교육대상 작업(동법 시행규칙 별표 8의2제1호라목에서 규정한 유해·위험작업)에 종사하게 되어 특별안전보건교육을 받거나, 변경된 작업내용이 특별안전보건교육대상 작업에 해당하여 작업내용을 변경하면서 해당작업에 대한 특별안전보건교육을 받은 경우에 특별안전보건교육의 일부 내용에 해당하는 채용시 교육 또는 작업내용 변경시 교육을 중복하여 실시하도록 할 필요성이 없어 이를 면제해 주고자 하는 것임

- 또한 작업내용 변경이라 함은 "다른 작업으로 전환하였을 때"와 "작업설비, 작업방법 등에 대하여 대폭적인 변경이 있을 때" 등 결과적으로 근로자의 안전·보건을 확보하기 위해 실질적인 교육이 필요하다고 인정되는 경우를 의미함

◇ 따라서 사업주는 특별안전보건교육을 받고 해당작업에 종사하던 자가 작업내용이 변경될 경우에는 이전에 특별안전보건교육을 받았다 하더라도 새로이 변경되는 작업에 해당하는 작업내용 변경시 교육을 실시하여야 하며

- 변경된 작업내용이 이전의 작업과 다른 특별안전보건교육대상 작업에 해당될 경우에는 변경된 작업에 해당하는 특별안전보건교육을 실시하여야 함

■ 생산직 근로자 정기교육 이수 관리감독자에 대한 교육 면제 여부

● 매월 2시간이상 생산직 근로자에 대한 정기교육을 받은 관리감독자에 대하여 별도로 관리감독자교육을 실시하여야 하는지, 매월 2시간씩 관리감독자교육을 실시하고 있는 자에게 법에서 규정하고 있는 반기 8시간 이상 또는 연간 16시간 이상의 관리감독자 교육을 추가로 실시하여야 하는 지

◇ 산업안전보건법 제31조제1항의 정기교육을 동법 시행규칙 별표 8과 별표 8의2에 의해 생산직, 사무직, 관리감독자의 지위에 있는 자의 교육으로 구분하고 교육시간, 교육내용을 각각 다르게 규정한 것은 각 교육대상에 적합한 내용의 교육을 실시하도록 하는데 그 목적이 있을 것이므로

- 교육대상자의 구분없이 관리감독자를 생산직교육에 포함하여 실시하였다 할지라도 이를 이유로 당해 관리감독자교육을 면제할 수는 없을 것으로 사료됨

◇ 다만, 교육실시 방법과 관련하여 산업안전보건교육규정(고용노동부고시) 제3조에서 근로자 정기교육에 대해 사업장의 실정에 따라 그 시간을 적절히 분할하여 실시할 수 있도록 규정하고 있으므로

- 관리감독자의 지위에 있는 자에 대한 교육을 매달 2시간씩 정기적으로 실시하여 교육시간의 총합이 법정교육시간을 충족한다면 동 교육(관리감독자의 지위에 있는 자에 대한 반기 8시간 이상 또는 연간 6시간 이상)을 별도로 실시할 필요는 없을 것임

■ 특별안전·보건교육 실시 시기 및 대상 판단 기준

● 신규 채용 및 작업을 전환하는 자에 대한 특별안전·보건교육은 대상 작업장에 배치하는 경우에 하

여야 하는지, 매년 실시하여야 하는지 여부

● 별도로 구획된 각 부서별 호이스트를 보유(가공1반 2대, 가공3반 3대)하고 각 반별로 작업이 이루어지는 경우 특별안전보건교육을 실시하여야 하는지 여부와 호이스트를 취급하지 않는 사상, 조립 등의 작업자에 대한 동 교육 실시의무 여부

◇ 특별안전보건교육은 유해 또는 위험한 작업에 근로자를 사용할 때에 실시하여야 하므로 매년 실시할 필요는 없으며 유해 또는 위험한 작업에 근로자를 사용할 때 실시하면 됨

◇ 산업안전보건법시행규칙 별표 8의2 제1호 라목 특별안전보건교육 대상 작업 중 「호이스트를 5대 이상 보유한 사업장에서 당해 기계에 의한 작업」은 특별안전보건교육을 실시하도록 규정하고 있으므로 별도로 구획을 정하여 각 부서별로 작업을 하더라도 귀 사업장에 보유한 호이스트가 5대라면 당해 기계에 의한 작업을 수행하는 근로자에 대해 특별안전교육을 실시하여야 하며, 호이스트를 취급하지 않는 사상, 조립 등의 작업자에 대해서는 동 교육을 실시할 의무는 없음

■ 철도안전법상 철도안전교육을 산업안전보건법에 의한 정기교육으로 인정되는지 여부

● 철도안전법에 따라 운전업무종사자 및 관제업무종사자(분기별 6시간 교육), 여객을 상대로 승무 및 역무서비스를 제공하는 자, 철도시설의 건설 또는 관리와 관련한 작업의 현장 감독업무를 수행하는 자 등(분기별 3시간 교육) 철도종사자에 대하여 실시하는 철도 안전교육을 산업안전보건법에 의한 정기교육으로 인정받을 수 있는지 여부

◇ 산업안전보건법 제31조의 규정에 따라 사업주는 당해 사업장의 근로자에 대하여 동법 시행규칙 제33조 및 동 규칙 별표 8, 별표 8의2의 규정에 따라 안전 보건교육을 실시하여야 함

◇ 산업안전보건법상 정기안전보건교육의 내용은 산업안전보건법령, 작업공정의 유해·위험, 표준안전작업방법, 안전사고사례 및 산재예방대책, 기타 안전·보건 관리에 필요한 사항 등으로 구성되어 있는 바

  − 철도안전법령에 따라 철도운영자 등이 실시하는 철도종사자에 대한 안전교육 내용 중 안전관련 제 규정, 철도운전 및 관제이론 일반, 사고사례 및 사고예방 대책, 비상시 응급조치, 안전관리의 중요성, 근로자의 건강관리 및 기타 안전 및 보건관리에 관하여 필요한 사항은 산업안전보건법상 정기교육으로 인정될 수 있다고 사료됨

  − 다만, 교육대상 및 시간은 해당 근로자의 직종 및 철도산업의 업종분류[산안 68320-90('02.2.28), 구 철도청에 사업장별 적용업종을 회신한 바 있음]에 따라 산업안전보건법 시행규칙 별표 8의 규정에 따른 교육대상 및 시간을 준수하여야 함

◇ 산업안전보건법은 단위 사업장별로 그 업종, 규모 등에 따라 적용하므로 본사, 공장, 지점, 영업소, 출장소 등이 장소적으로 분산되어 있는 경우에는 원칙적으로 각각 별개의 사업장으로 보아야 함

  − 다만, 장소적으로 분산되어 있다 할지라도 지점, 영업소 등의 노무관리, 회계 등이 명확하게 독립적으로 운영되지 않는 등 업무처리 능력을 감안할 때 하나의 사업장이라고 말할 정도의 독립성이 없는 경우에는 직근상위조직과 일괄하여 하나의 사업으로 보아야 함

◇ 따라서, 귀사 영업지점들이 동법 시행령 별표 1 제4호에 해당된다 하더라도 국내 영업본부가 당연히 동법 시행령 별표 1 제4호에 해당된다고 볼 수는 없음

◇ 산업안전보건법 시행령 별표 1 제6호에서 규정하고 있는 「사무직 근로자만을 사용하는 사업장」이라 함은 일반적으로 사무실에서 인사, 서무, 경리, 회계, 기획 등의 사무업무만을 하는 경우를 말함

  − 따라서 국내 영업본부, 영업소 등 단위사업장에서 근무하는 근로자가 동 기준에 해당할 경우에만 사무직 근로자로 볼 수 있을 것임

■ 간호사면허증을 소지한 노동조합 간부가 사업 내 교육 강사 기준에 적합한지 여부

● 근로자 정기교육을 외부 강사를 초빙하여 노동조합 주관하에 집합교육을 실시하기로 산업안전보건위원회에서 합의하였는데, 노동조합에서 추천한 강사가 노동조합 기획위원(간호사면허증 소지)인 건강한 노동세상 자원임. 이 경우 산업안전보건교육규정 제6조 별표 1에 의한 사내 강사 기준에 적합한지 여부

◇ 「산업안전보건교육규정(고용노동부 고시)」 별표 1에 의한 사업 내 교육 강사 기준은 아래 기준을 충족하여야 함

  − 지정 및 위탁교육기관 강사와 동등 이상의 자격을 가진 자(제2호 및 제3호)

  − 7급 이상 공무원으로서 산업안전보건분야 실무 경력 3년 이상인 자

  − 사업장 내 관리감독자 또는 안전(보건)관리자 등 안전관계자의 지위에 있는 자로서 사업주가 강사로서 적정하다고 인정하는 자

◇ 따라서, 귀 병원의 노동조합 기획위원이 간호사면허증을 소지한 것과 관계없이 위 기준에 해당하는지 여부에 따라 사내 강사 적합성을 판단하여야 함

■ 유해·위험작업 특별안전보건교육 실시 시기

● 특별안전교육은 법에서 정한 유해·위험 작업자에 대하여 2시간 이상 실시하게 되어 있는 바, 그 횟수가 예를 들면 거푸집지보공 조립자 10명에 대한 특별안전교육을 ○월에 실시하였다면 이것으로 10명에 대한 특별안전교육이 끝난 것인지, 아니면 매일해야 하는 것인지 한달에 한번 해야 하는 것인지 여부

◇ 산업안전보건법 제31조에 의거 사업주는 유해 또는 위험한 작업에 근로자를 사용할 때에는 노동부령이 정하는 바에 의하여 당해 업무와 관계되는 안전·보건에 관한 특별교육을 실시하여야 하고, 이 때 교육은 동법 시행령 별표 2 각호의 작업에 종사하는 근로자로서 건설업의 경우에는 2시간을 실시하도록 하고 있는 바,

◇ 교육이 위 규정에서 말하는 유해·위험작업(거푸집지보공의 조립 또는 해체작업)에 해당하고 동 작업에 종사하는 근로자들을 대상으로 동법 시행규칙 [별표 8]에서 정하는 시간 및 [별표 8의 2]에서 정하는 내용을 포함하여 실시하였다면 동 작업과 관련하여 추가로 특별교육을 실시하지 않아도 됨

■ 작업선임자의 강사 적정여부 및 교육 실시 시기

● 산업안전보건법에 규정된 근로자 채용 시 및 작업내용 변경시 안전교육을 위험포인트를 가장 잘 아는 작업선임자가 관리감독자를 대신하여 실시한 경우 교육으로 인정받을 수 있는지와 채용시, 작업내용 변경시, 특별안전·보건교육의 실시기한은?

◇ 산업안전보건법시행규칙 제33조제3항제3호 및 산업안전보건교육규정(노동부고시)은 관리감독자와 관련한 교육을 실시할 수 있는 자의 범위로 『사업장내 관리감독자 또는 안전(보건)관리자 등 안전관계자의 지위에 있는 자로서 사업주가 강사로서 적정하다고 인정하는 자』를 규정하고 있으므로 귀 질의상의 작업선임자가 소속근로자에 대한 교육을 실시할 수 있는 자로 인정을 받으려면 관리감독자, 안전(보건)관리자, 산업보건의, 명예산업안전감독관 등 안전관계자의 지위에 있는 자에 해당하여야 할 것임.

◇ 산업안전보건법 제31조제2항 및 제3항의 규정에 의하여 사업주가 실시하여야 할 근로자에 대한 교육은 근로자를 채용할 때와 작업내용을 변경할 때, 유해·위험한 작업에 근로자를 사용할 때에 실시하도록 규정하고 있으므로 동 교육은 각각 당해작업을 실시하기 전에 실시하여야 함

■ 근골격계부담작업 유해요인조사 방법 등에 대한 사전교육이 안전보건교육에 해당되는지 여부

● 근로자 및 관리감독자를 대상으로 보건관리자가 실시한 "근골격계부담작업 유해요인조사의 방법 및 부서별 협조사항"에 대한 사전교육이 법률상의 안전보건교육에 해당될 수 있는지의 여부

● 안전보건교육에 해당된다면, 산업안전보건위원회의 심의·의결을 거쳐야 하는지의 여부

◇ 근로자 및 관리감독자를 대상으로 보건관리자가 실시하는 "근골격계부담작업 유해요인조사의 방법 및 부서별 협조사항"의 내용을 구체적으로 제시하지 아니하여 알 수 없으나 동 교육내용이 산업안전보건법(이하 "법"이라 함) 제31조, 같은 법 시행규칙 제33조 및 별표 8의2의 규정에서 정한 교육내용에 부합된다면 법률상의 안전보건교육에 해당될 수 있음

◇ 이와는 별도로 제31조의 규정에 의한 근로자의 안전보건교육에 관한 사항은 법 제19조제2항제1호의 규정에 의하여 산업안전보건위원회의 심의·의결을 거쳐야 함

10. 管理責任者 등에 대한 職務教育(법 제32조)

● 관리책임자, 안전관리자 등은 직무교육 향상을 위해 고용노동부장관이 실시하는 안전·보건에 관한 교육을 받아야 함(법 제32조제1항)

가. 교육대상(법 제32조제1항)

● 관리책임자·안전관리자·보건관리자 → 위반 시 500만원 이하의 과태료
● 재해예방전문지도기관의 종사자 → 위반 시 300만원 이하의 과태료

나. 교육이수 시기

- 해당직위에 선임된 후 3개월(보건관리자가 의사인 경우 1년)이내에 직무교육을 수행하는데 필요한 신규교육을 받아야 하며, 신규교육을 이수 한 후 매2년이 되는 날을 기준으로 전후 3개월 사이에 고용노동부장관이 실시하는 안전·보건에 관한 보수교육을 받아야함(규칙 제39조 제1항).
  - ▸ 관리책임자등 직무교육 대상중 산업보건의, 안전관리 대행기관 종사자는 직무교육대상 제외(규칙 제39조)

다. 재해예방전문지도기관 종사자에 대한 교육내용 및 교육시간(시행규칙 별표8제3호사목 및 별표8의2제3호)

교 육 내 용	교 육 시 간
• 산업안전보건법령 및 정책에 관한 사항 • 분야별 재해사례연구에 관한 사항 • 신공법 소개에 관한 사항 • 사업장 안전관리기법에 관한 사항 • 기타 직무향상을 위하여 필요한 사항	입사후 매2년이 경과한 날의 3월전부터 매2년이 되는 날 사이에 24시간 이상

라. 직무교육의 면제

- 다른 법령에 따라 교육을 받는 등 고용노동부령으로 정하는 경우에는 직무교육의 전부 또는 일부를 면제할 수 있다.
- 영 별표 4 제8호 및 9호 중 어느 하나에 해당하는 사람 및 재해예방 전문지도기관에서 지도업무를 수행하는 사람에 대해서는 직무교육 중 신규교육을 면제(규칙 제40조 제1항)
- 영 별표 4 제11호 각목의 어느 하나에 해당하는 사람. "기업활동 규제완화에 관한 특별조치법" 제30조 제3항제4호 또는 제5호에 따라 안전관리자로 채용된 것으로 보는 사람. 보건관리자로서 영 별표 6 제1호 또는 제2호에 해당하는 사람이 해당 법령에 따른 교육기관에서 39조제2항의 교육 내용 중 고용노동부장관이 정하는 내용이 포함된 교육을 이수하고 해당 교육기관에서 발행하는 확인서를 제출하는 경우에는 직무교육 중 보수교육을 면제(규칙제40조 제2항)
- 제39조 제1항 각 호의 어느 하나에 해당하는 사람이 고용노동부장관이 정하여 고시하는 안전.보건에 관한 교육을 이수 한 경우에는 직무교육 중 보수교육을 면제(규칙제40조 제3항).

행정해석

■ 안전공단의 전문화교육 이수 시 안전관리자 보수교육 면제 여부

- '09년 1월 1일 『기업활동 규제완화에 관한 특별 조치법』에 의거 면제되어 있던 안전보건관리책임자, 안전관리자, 보건관리자에 대한 법정직무교육 복원 실시와 관련하여 산업안전보건교육원에서 실시하는 전문화교육이 보수교육으로 인정이 되는 것으로 알고 있음
  - '10년에 산업안전보건교육원에서 당사의 안전관리자가 전문화교육(20시간)을 수료하였는데 법정보수교육(24시간)보다 4시간이 부족한데 상기사항이 보수 교육 면제에 해당이 되는지

    - 안전보건관리책임자, 안전관리자, 보건관리자 보수교육이 2년 마다 실시해야 하는데 당해년도의 교육사항(산업안전보건교육원)만 면제가 되는지? 전년도에 실시한 교육도 해당이 되는지

◇ 산업안전보건법 제32조에 따른 관리책임자 등의 직무교육과 관련하여

    - 산업안전보건교육규정(고용노동부 고시 제2010-35호) 제26조에서 같은 규정 제25조에 따른 전문화교육 과정을 이수한 사람은 같은 법 제32조에 따른 관리책임자 등의 직무교육 중 보수교육을 면제하고 있으므로 전문화교육을 이수하였다면, 교육시간과 관계없이 당해 보수교육이 면제됨

    - 직무교육 중 보수교육을 받아야 하는 사람이 신규교육을 이수한 날로부터 2년 사이에 전문화교육을 이수하였다면, 전문화교육 이수일로부터 2년이 되는 날을 기준으로 전후 3개월 사이에 차기 보수교육을 받으시면 됨

■ 퇴사 후 사업장 전직 시 안전관리자 신규교육 이수 여부

● 2008년 1월에 최초로 안전관리자(건설현장)로 선임되어 당시 직무교육(신규)은 받지 않은 사람으로 중간에 사업부를 옮겨서 퇴사 처리한 적이 있으며 업종도 제조로 변경됨

● 산업안전공단에 문의한 결과 보수교육 대상자라고 하며, 대한산업안전협회에 문의한 결과 중간에 퇴사한 경우는 신규교육대상자라고 함

● 2009년 1월을 기준으로 이전에 신규 교육을 받지 않은 사람도 지금은 보수교육 대상자라고 들었는데, 이에 대한 답변은

◇ 산업안전보건법상 안전관리자로 신규로 선임이 된 사람은 선임일로부터 3개월 이내에 직무교육 중 신규교육을 받아야 하고, 신규교육을 이수한 후 매 2년이 되는 날을 기준으로 전후 3개월 사이에 보수교육을 받아야 함

    - 다만, 같은 법 시행규칙 제39조제6항에 따라 직무교육을 이수한 사람이 다른 사업장으로 전직하여 신규로 선임된 경우로서 선임신고 시 전직 전에 받은 교육이수증명서를 제출하면 해당 교육을 이수한 것으로 봄

    - 따라서 2009. 1. 1. 이전에 안전관리자로 선임된 사람이 직무교육을 받지 않고 다른 사업장으로 전직한 경우라면 이전에 직무교육을 받은 사실이 없으므로 신규교육을 받아야 함

■ 인사이동으로 인한 사업장 이동 시 안전관리자 신규교육 이수 여부

● '08.12.31일 이전에 관리책임자 등으로 선임되어 보수교육대상자이던 자를 '09.1.1.~'09.12.31. 기간 동안 단순히 동일회사의 다른 지역 사업장으로의 인사이동으로 인해 선임이 변경되었다는 이유로 신규교육대상자로 적용하는 것은 무리가 있으며

    - 관할 노동관서에 보수교육대상자였다는 것에 대한 증빙 등을 제출하면 기존에 보수교육대상자의 자격 유지가 되는지

◇ 「산업안전보건법 시행규칙」 제39조에 따라 관리책임자 등이 해당직위에 선임된 후 3개월(의사인 보건관리자는 1년) 이내에 고용노동부장관이 실시하는 신규교육을 받아야 하며

‒ 신규교육을 이수한 후 매 2년이 되는 날을 기준으로 전후 3개월 사이에 고용 노동부장관이 실시하는 보수교육을 받아야 함.

◇ 다만, '09.1.1. 이전에 관리책임자 등으로 선임된 자는 같은 법 시행규칙 부칙(제308호, '08.9.18.) 제3조 규정에 따라 '09. 1.1.(규칙 시행일)부터 2년이 되는 '11. 1.1.을 기준으로 전후 3개월 사이에 보수교육을 받아야 함

◇ 관리책임자 등이 사업주의 인사명령에 따라 해당직위는 그대로 유지한 채 근무지만 변경된 경우에는 신규선임으로 볼 수 없을 것임

‒ 지방관서에 변경선임보고시 사업주의 인사명령 공문과 '09.1.1. 이전에 관리책임자 등으로 선임되어 안전보건 활동을 하였다는 근거자료를 제출하면 신규선임에 따른 교육은 이수하지 아니하여도 될 것으로 사료됨

■ 관리책임자 등 직무교육 관련 질의

● 관리책임자 등 보수교육을 받아야 할 기간(신규교육을 이수한 날로부터 매 2년이 되는 날의 전·후 3개월 이내) 이전에 보수교육을 이수할 경우 법정 보수교육으로 인정되는지 여부, 인정된다면 다음 보수교육 기산일은?

● 2008.12.31 이전 선임자는 시행규칙 부칙에 의거 보수교육 대상자이나 본인이 희망할 경우 신규교육을 이수할 수 있는지 여부, 이수할 수 있다면 법정 신규교육으로 인정되는지 여부?

◇ 관리책임자 등 직무교육의 목적은 직무능력 향상을 통하여 산업현장의 산재예방 활동 중 전문지식 하에 기술을 요하는 산재예방 활동의 이해를 높이고 근로자에게 산재예방기법을 제공하는데 있음

◇ 위 직무교육의 목적을 고려할 때, 관리책임자 등 보수교육을 받아야 할 기간 이전이라 하더라도 본인이 직무능력 향상을 위하여 희망하는 경우 법정 보수교육을 이수할 수 있음

‒ 이 경우의 교육을 법정 보수교육으로 갈음 할 수 있고, 다음 보수교육 기산일은 같은 교육을 이수한 날임

◇ 위 회신내용과 같이 본인이 직무능력 향상을 위하여 희망하는 경우 법정 신규교육을 이수할 수 있음

‒ 이 경우의 교육을 법정 신규교육으로 갈음할 수 있고, 다른 사업장으로 전직하여 신규로 선임된 경우 같은 교육이수증명서를 제출하면 해당 신규교육을 이수한 것으로 봄

11. 有害·危險 기계·기구의 防護措置(법 제33조)

● 유해·위험 기계·기구 등으로 인한 재해를 예방하기 위해 유해·위험한 작업을 필요로 하거나 동력으로 작동하는 기계·기구로서 대통령령이 정하는 것은

‒ 고용노동부장관이 정하는 유해·위험방지를 위한 방호조치를 하지 아니하고는 이를 양도·대여·설치 또는 사용하거나 양도·대여의 목적으로 진열하여서는 아니된다(법 제33조제1항). →

위반 시 5년 이하의 징역 또는 5,000만원 이하의 벌금

방호조치의 내용

● 유해 또는 위험방지를 위한 방호조치 대상 기계·기구는 시행령 제27조제1항 및 별표 7에,
  - 방호조치 대상 기계·기구 유형에 따른 방호장치에 대해서는 시행규칙 제46조에 각각 상세히 규정되어 있음

방호조치 대상 기계·기구 (시행령 별표 7)	기계·기구에 설치하여야 할 방호장치 (시행규칙 제46조)
1. 프레스 또는 전단기(근로자의 신체 일부가 위험구역에 들어 갈 수 없도록 제작된 것)	방호장치
2. 아세틸렌용접장치 또는 가스집합용접장치	안전기
3. 방폭용 전기기계·기구	방폭구조 전기기계·기구
4. 교류아아크 용접기	자동전격방지기
5. 크레인, 승강기, 곤도라, 리프트	과부하 방지장치 및 노동부장관이 고시하는 방호장치
6. 압력용기	압력방출장치
7. 보일러	압력방출방치 및 압력제한스위치
8. 롤러기(근로자의 신체 일부가 말려 들어갈 위험이 없도록 제작된 것 제외)	급정지장치
9. 연삭기	덮개
10. 목재가공용 둥근톱	반발예방장치 및 날접촉예방장치
11. 동력식 수동대패	칼날의 접촉예방장치
12. 복합동작을 할 수 있는 산업용 로봇	안전매트 또는 방호울
13. 정전 및 활선작업에 필요한 절연용 기구	절연용방호구 및 활선작업용 기구
14. 추락 및 붕괴위험장소에 설치하기 위한 가설기자재로 고용노동부장관이 정하는 것	고용노동부장관이 정하는 규격에 적합한 제품

● 유해·위험기계기구 중 동력에 의하여 작동되는 기계·기구에는 아래와 같은 방호조치를 하여야 한다(시행규칙 제46조제2항).
  - 작동부분상의 돌기부분은 묻힘형으로 하거나 덮개를 부착할 것
  - 동력전달부분 및 속도조절 부분에는 덮개를 부착하거나 방호망을 설치할 것
  - 회전기계의 물림점(로울러, 기어 등)에는 덮개 또는 울을 설치할 것

정해석

■ 비상방수문이 위험기계·기구에 해당되는지 여부

● 강을 횡단하는 위치적인 특성으로 인하여 지하철 개통후 홍수시 지하철 구간 내부로의 범람을 방지하기 위하여 영구적인 구조물인 비상방수문을 시공토록 되어 있는 바, 비상방수문이 산업안전보건법 제33조(유해·위험기계·기구 등의 방호조치 등)의 각 항에 적용되는지 여부

◇ 비상방수문 그 자체는 산업안전보건법 제33조, 동법 시행령 제27조 별표 7에서 규정한 유해·위험방지를 위하여 방호조치가 필요한 기계·기구에 해당되지 아니함

 － 다만, 비상방수문을 작동하는 기계장치가 호이스트(양중기로 크레인의 일종)인 경우 당해 기계는 방호조치가 필요한 위험기계·기구에 해당됨

12. 有害·危險 機械·器具 등의 대여 시 安全措置

● 유해·위험 기계·기구 등의 대여로 인한 재해를 예방하기 위하여 기계·기구·설비 및 건축물 등으로서 대통령령이 정하는 것을 타인에게 대여하는 자 및 대여를 받는 자는
 － 고용노동부령이 정하는 유해·위험방지를 위한 필요한 조치를 하여야한다(법 제33조제2항).
  → 위반 시 3년 이하의 징역 또는 2,000만원 이하의 벌금

가. 유해 또는 위험방지를 위한 필요한 조치를 하여야 할 기계·기구·설비 및 건축물(시행령 제27조제2항 및 별표 8)

 － ① 사무실 및 공장용건축물, ② 이동식크레인, ③ 타워크레인, ④ 불도우저, ⑤ 모터그레이더, ⑥ 로우더, ⑦ 스크레이퍼, ⑧ 스크레이퍼 도우저, ⑨ 파워쇼벨, ⑩ 드래그라인, ⑪ 크렘셀, ⑫ 버킷굴삭기, ⑬ 트렌취, ⑭ 항타기, ⑮ 항발기, ⑯ 어어스드릴, ⑰ 천공기, ⑱ 어어스오우거, ⑲ 페이퍼드레인머신, ⑳ 리프트, ㉑ 지게차, ㉒ 로울러, ㉓ 콘크리트 펌프, ㉔ 기타 산업안전보건정책심의위원회 심의를 거쳐 고용노동부장관이 정하는 기계·기구·설비 및 건축물 등

나. 기계·기구 및 설비 대여시 유해·위험방지를 위한 조치사항

(1) 대여자의 조치

● 유해·위험방지를 위한 필요한 조치를 하여야 할 기계·기구 및 설비를 타인에게 대여하는 자는 다음 각호의 조치를 취해야 한다(시행규칙 제49조제1항).
 － ① 해당 기계 등을 미리 점검하고 이상을 발견한 때에는 즉시 보수 기타 필요한 정비
 － ② 해당 기계 등의 대여를 받는 자에 대하여 다음 사항을 기재한 서면을 교부
  • 해당 기계 등의 능력 및 방호장치의 내역
  • 해당 기계 등의 특성 및 사용상의 주의사항
  • 해당 기계 등의 수리·보수 및 점검내역과 주요 부품의 제조일
● 다만, 해당 기계 등의 구입을 위한 기종의 선정 등을 위하여 대여받는 경우에는 위의 조치를 하지 않아도 됨(시행규칙 제49조제2항)
● 기계 등을 대여하는 자는 당해 기계 등의 대여에 관한 사업상황을 기계등대여사항기록부(시행규칙 별지 제10호서식)에 기록·보존(시행규칙 제52조)

(2) 대여받는 자의 조치

● 기계 등을 대여받는 자는 그가 사용하는 근로자가 아닌 자로 하여금 당해 기계 등을 조작하도록
하는 때에는 다음의 조치를 취해야 한다(시행규칙 제50조제1항).

 — 당해 기계 등을 조작하는 자가 관계법령에서 정하는 자격이나 기능을 가진 자인지의 여부를
   확인

 — 당해 기계 등을 조작하는 자에 대하여 다음의 사항을 주지

 • 작업의 내용, 지휘계통, 연락·신호 등의 방법

 • 운행경로·제한속도 기타 당해 기계 등의 운행에 관한 사항

 • 기타 당해 기계 등의 조작에 의한 산업재해를 방지하기 위하여 필요한 사항

● 기계 등을 대여받는 자가 기계 등을 대여한 자에게 반환하는 경우에는 당해 기계 등의 수리·보수
및 점검내역과 부품교체 사항 등을 기재한 서면을 교부하여야 한다(시행규칙 제50조제2항).

(3) 기계 등을 조작하는 자의 의무

● 기계 등을 조작하는 자는 기계조작을 위해 주지해야 할 사항(시행규칙 제50조제1항제2호각목)에
규정된 사항을 준수하여야 한다(시행규칙 제51조).

다. 건축물의 대여 등에 대한 조치사항

(1) 피난용 출입구 등 설치

● 건축물을 타인에게 대여하는 자는 당해 건축물에 피난용 출입구와 통로의 미끄럼방지대·피난용
사다리 등을 설치하여야 하며

 — 2인 이상의 사업주에게 건축물을 대여하여 공용으로 사용하도록 하는 경우에는 당해 출입구
   등에 "피난용"이란 취지를 표시하여 쉽게 사용할 수 있도록 관리하여야 한다(규칙 제53조).

(2) 경보용 설비·기구 비치

● 건축물을 대여하는 자는 당해 건축물을 대여받은 사업주가 위험물 기타 폭발성·발화성 물질을
제조·취급하거나 대여받는 사업주 소속 근로자로서 당해 건축물의 내부 종사 근로자가 50명 이상
일 경우에는

 — 비상시 관계근로자에게 신속하게 알릴 수 있는 자동경보설비·비상벨 등의 경보용 설비 또는 휴
   대용 확성기 등의 경보용 기구를 비치하여 유효하게 작동되도록 유지하여야 한다(규칙 제54조).

(3) 국소배기장치 등의 점검·보수

● 공용으로 사용하는 공장건축물로서 국소배기장치·전체환기장치·배기처리장치 중 하나의 장치를
설치한 것을 대여하는 자는 당해 건축물을 대여받은 자가 2인 이상인 경우로서 국소배기장치 등
중 하나의 장치 전부 또는 일부를 공용으로 사용하는 때에는

 — 그 공용부분의 기능이 유효하게 작동되도록 하기 위하여 점검·보수 등 필요한 조치를 하여야
   한다(규칙 제55조).

(4) 편의제공 요구에 응할 의무

- 건축물을 대여하는 자는 당해 건축물을 대여받는 사업주로부터 국소배기방치, 소음방지를 위한 격벽 기타 산업재해를 방지하기 위하여 필요한 설비의 설치에 관하여
  - 당해 설비의 설치에 수반된 건축물의 변경승인, 당해 설비의 설치공사에 필요한 시설의 이용 등 편의제공을 요구받은 때에는 이에 응하여야 함(규칙 제56조)

(5) 비상사태시의 경보 주지

- 건축물을 대여하는 자는 대여하는 건축물에 있어서 화재가 발생하는 때 또는 유해한 화학물질의 누설 등 비상사태가 발생하는 때에 사용하는 경보를 통일적으로 정하여 당해 건축물을 대여받은 사업주에게 주지시켜야 함(규칙 제57조)

13. 安全認證(법 제34조)

- 유해 또는 위험한 기계·기구·설비의 사용전 안전성 확인 및 방호장치·보호구의 불량품 생산 및 유통을 근절하여 제조·유통단계에서부터 근원적인 안전성 확보를 위함
  - ▸ 법 제34제2항 : 안전인증대상기계·기구등으로서 근로자의 안전·보건에 필요하다고 인정되어 대통령령으로 정하는 것을 제조하는 자는 의무안전인증대상기계·기구등이 안전인증기준에 맞는지여부에 대하여 고용노동부장관이 실시하는 안전인증을 받아야함.다만, 중고품인 의무안전인증대상기계·기구를 외국으로부터 수입하는 경우, 고용노동부장관이 고시하는 수량이하로 의무안전인증 대상기계·기구 등을 수입하는 경우, 기계·기구 및 설비를 서면심사와 개별 제품심사를 받고 수입하는 경우에는 수입하는 자가 안전인증을 받을수 있음. → 위반 시 3년 이하의 징역 또는 2천만원이하의 벌금

가. 안전인증을 받을 수 있는 기계·기구 등(시행령 제28조)

해당 기계기구 및 설비	해당 방호장치	해당 보호구
가. 프레스 나. 전단기 다. 크레인 라. 리프트 마. 압력용기 바. 로울러기 사. 사출성형기 아. 고소작업대	가. 프레스 및 전단기 방호장치 나. 양중기용 과부하방지장치 다. 보일러 압력방출용 안전밸브 라. 압력용기 압력방출용 안전밸브 마. 압력용기 압력방출용 파열판 바. 절연용 방호구 및 활선작업용 기구 사. 방폭구조 전기기계·기구 및 부품 아. 추락·낙하 및 붕괴 등의 위험방호에 필요한 가설기자재로서 노동부장관이 고시하는 것.	가. 추락 및 감전위험 방지용 안전모 나. 안전화 다. 안전장갑 라. 방진마스크 마. 방독마스크 바. 송기마스크 사. 전동식 호흡보호구 아. 보호복 자. 안전대 차. 차광 및 비산물 위험방지용 보안경 카. 용접용 보안면 타. 방음용 귀마개 또는 귀덮개

나. 안전인증의 면제(시행규칙 제58조의2)

- 연구·개발을 목적으로 제조·수입하거나 수출을 목적으로 제조하는 경우

● 고압가스안전관리법, 에너지이용합리화법, 전기사업법, 항만법, 광산보안법, 건설기계관리법, 선박
안전법, 원자력법, 소방시설설치유지 및 안전관리에 관한법, 방위사업법 제 규정에 의거 검사를
받은 경우

다. 안전인증 절차

(1) 신 청

● 안전인증대상 기계·기구 등을 제조하는 자가 안전인증을 신청하고자 하는 경우에는 안전인증신
청서와 다음의 첨부서류를 안전인증기관(안전인증업무를 위탁받은 기관)에 제출하여야 함(시행규
칙 제58조의3제1항)

심사종류	기계·기구 및 설비	방호장치 및 보호구
예비심사	1. 인증대상 제품의 용도·기능에 관한 자료 2. 제품사양서 3. 제품의 외관도 및 배치도	왼쪽 란과 같음
서면심사	다음 각호의 서류 각2부 1. 사업자등록증 사본 2. 수입을 증명할 수 있는 서류 3. 대리인임을 증명하는 서류 4. 기계·기구 및 설비의 명세시 및 사용방법 설명시 5. 기계·기구 및 설비를 구성하는 부품목록이 포함된 조립도 6. 기계·기구 및 설비에 포함된 방호장치 명세서 및 방호장치와 관련된 도면 7. 기계·기구 및 설비에 포함된 부품·재료 및 동체 등의 강도계산서 및 이와 관련된 도면	다음 각호의 서류 각2부 1. 사업자등록증 사본 2. 수입을 증명할 수 있는 서류 3. 대리인임을 증명하는 서류 4. 방호장치 및 보호구의 명세서 및 사용방법 설명서 5. 방호장치 및 보호구의 조립도·부품도·회로도와 관련된 도면 6. 방호장치 및 보호구의 정면·측면 사진 및 주요 부품사진
기술능력 및 생산체계 심사	다음 각 호의 내용을 포함한 서류 1부 1. 품질경영시스템의 수립·이행방법 2. 구매한 제품의 안전성 확인 절차 및 내용 3. 공정 생산관리 및 제품 출하 전 사후관리 절차 및 내용 4. 생산 및 서비스 제공에 대한 보완시스템 5. 부품 및 제품의 식별관리체계 및 제품의 보존방법	왼쪽 란과 같음

(2) 심사기간

● 예비심사 : 7일
● 서면심사 : 15일(외국에서 제조한 경우는 30일)
● 기술능력 및 생산체계 심사 : 30일(외국에서 제조한 경우는 45일)
● 제품심사
 - 개별 제품 심사 : 15일
 - 형식별 제품 심사 : 30일
  • 방폭구조 전기기계·기구 및 부품 : 30일
  • 추락 및 감전위험 방지용 안전모, 안전화, 안전장갑, 방진마스크, 방독마스크, 송기마스크, 전
동식 호흡보호구, 보호복 : 60일

라. 안전인증 표시 등

- 안전인증을 받은 자는 안전인증대상기계·기구 등이나 이를 담은 용기 또는 포장에 안전인증표시를 하여야 한다(법 제34조의2제1항, 시행규칙 제58조의6). → 위반 시 1천만원 이하의 과태료 부과
- 안전인증을 받은 안전인증대상 기계·기구 등이 아닌 것은 안전인증표시 또는 이와 유사한 표시를 하거나 안전인증에 관한 광고를 할 수 없다(법 제34조의2제2항). → 위반 시 1년 이하의 징역 또는 1,000만원 이하의 벌금

마. 안전인증의 취소 등(법 제34조의3)

- 고용노동부장관은 안전인증을 받은 자가 다음에 해당하는 경우에는 안전인증을 취소하고, 고용노동부령이 정하는 바에 따라 이를 공고하여야 한다.
  - 거짓이나 그 밖의 부정한 방법으로 안전 인증을 받은 경우
  - 안전인증을 받은 안전인증대상 기계·기구등의 안전에 관한 성능이 안전인증기준에 맞지 아니하게 된 경우
  - 정당한 사유 없이 확인을 거부, 기피 또는 방해 하는 경우 → 위반 시 1년 이하의 징역 또는 1,000만원 이하의 벌금
- 고용노동부장관은 안전인증이 취소된 제품에 대하여는 인증을 취소한 날부터 30일 이내에 그 안전인증 대상기계·기구 등의 명칭 및 형식, 안전인증번호, 제조·수입자명, 대표자, 소재지, 인증취소일자, 인증취소사유 등을 관보·『신문 등의 자유와 기능보장에 관한 법률』 제12조제1항의 규정에 따라 그 보급지역을 전국으로 하여 등록한 일간신문 또는 인터넷 등에 공고하여야 함(시행규칙 제58조의7 제2항)

바. 안전인증 대상기계·기구등의 제조·수입·등의 금지 등

- 안전인증을 받지 않았거나 안전인증이 취소 되 거나 안전인증표시의 사용금지명령을 받은 경우 의무안전인증대상기계·기구 등을 제조·수입·양도·대여·사용하거나 양도·대여의 목적으로 진열 할 수 없다(법제 34조의4 제1항).

행정해석

■ **차량탑재 크레인의 안전인증 시행일자 법해석 관련 질의**

- 차량 탑재 크레인의 의무 안전인증 적용시점 관련규정인 "2009년 10월1일 출고분부터 적용한다"에서"출고"의 법해석 및 시행일 이전 출고한 제품의 법 적용 여부

◇ 산업안전보건법의 목적은 근로자의 안전과 보건을 유지·증진함에 있고 일반적으로 출고(出庫)란 생산자가 생산품을 시장에 내는 것(사전적 의미)을 말하므로, 생산품(완제품)이 제조사에서 국내현장에 설치·사용될 목적으로 반출되는 시점으로 적용(차량탑재시점과는 무관)함이 타당하며, 시행일

이전에 출고한 제품의 경우에는 적용되지 않을 것으로 사료됩니다.

■ 굴절식 크레인에 대한 크레인의 안전인증 대상 여부

● 한국환경공단에서 운용중인 굴절식 크레인 20기에 대하여, 산업안전보건법 개정(법률 제6847호, '02.12.30개정) 전 및 이후 설치된 크레인의 안전인증 대상 여부 및 안전인증 의무자

◇ 위 공단에서 설치하여 사용중인 고정크레인은 종전 설계검사·완성검사 및 현재 안전인증 대상(정격하중 0.5톤 이상)으로서, 설계검사 후 완성검사를 받지 않은 기계·기구 및 설비는 안전인증을 받은 후에 사용하여야 함.

◇ 안전인증을 받아야 하는 자는 기계·기구 및 설비를 제조(설치 또는 주요 구조 부분의 변경을 포함)하는 자이며, 단, 법률 제6847호 산업안전보건법 시행 ('03.7.1)전 설치된 크레인이 주문자의 시방서에 의하여 주문되지 않았다면 제조 또는 설치한 자가 안전인증을 받아야 하는 것으로 사료됨.

■ 사출성형기 안전인증 적용에 따른 질의 회신

● 현행 안전인증·안전검사 대상인 사출성형기가 법 시행 이전에 설치된 경우에 추가로 안전인증을 받아야 하는지

● '09.1.1이전에 종전 설계·완성검사를 받지 않고 사용 중이던 설비(현재 안전검사는 수검을 완료한 상태)에 대해 추가로 안전인증을 받아야 하는지

● 사출성형기가 수입품인 경우 안전인증 방법

● 외국의 안전인증기관에서 인증받은 경우 주요 구조부가 변경되면 안전인증을 받아야 하는지

● 알루미늄 용탕을 가져와 용탕을 주입시켜 고압으로 분사하여 사출하는 경우도 사출성형기에 해당되는지

◇ '09.1.1부로 시행된 안전인증·안전검사 제도에서 사출성형기가 새로 포함되었으나 안전검사와 달리 안전인증은 제작단계에서 수검받아야 하는 제도이므로 법 시행 이후(즉, '09.1.1) 제작·설치되는 것만 안전인증을 받아야 함

◇ 안전인증(종전 설계·완성검사)을 받아야 하는 자는 대상을 제조(설치 포함)하는 자이며 사용하는 자는 안전인증을 받은 제품을 사용하거나 안전검사를 받아야 함

◇ 안전인증을 받아야 하는 주체는 제조자이므로 수입품은 해외 제조자가 형식별로 안전인증을 받아야 하고 다만, 수입업자가 안전인증을 받을 수 있으나 수입되는 전체 품목에 대해 안전인증을 받아야 함

◇ 외국의 안전인증기관에서 인증받았더라도 주요 구조부가 변경되면 그 변경주체가 다시 안전인증을 받아야 함

◇ 사출성형기 적용범위는 플라스틱 또는 고무 등을 성형하는 사출성형기를 규정하고 있으므로 알루미늄 용탕을 가져와 용탕을 주입시켜 고압으로 분사하여 사출하는 경우는 안전인증 및 안전검사 사출성형기에 해당되지 않음.

14. 自律 安全 確認 申告(법 제35조)

● 종전 검사·검정제도 대상품목에서 생산기술이 보편화되어 제품의 시험만으로 안전관리가 가능한
  제품과 기계·기구의 위험도를 고려 안전성의 확인이 필요한 대상을 자율안전확인 신고대상으로
  선정하여 안전인증 제도와의 차별화 및 제품의 특성에 맞는 효율적인 제도운영을 위함
  – 자율안전확인 대상 기계·기구 등을 제조 또는 수입하는 자는 동 기계·기구 등의 안전에 관한
    성능이 고용노동부장관이 고시하는 자율안전기준에 맞는 것임을 확인하여 고용노동부장관에
    신고하여야 함(법제35조제1항). → 위반 시 1천만원이하의 벌금

가. 자율 안전 확인 대상기계·기구 등(영제28조의 2 제1항)

기계·기구 및 설비	방호장치	보호구
가. 원심기 나. 공기압축기 다. 곤돌라	가. 아세틸렌 용접장치 또는 가스집합용접장치용 안전기 나. 교류아크 용접용 자동전격방지기 다. 로울러기 급정지장치 라. 연삭기 덮개 마. 목재가공용 둥근톱 반발예방장치 및 날 접촉 예방장치 바. 동력식 수동대패용 칼날 접촉방지장치 사. 산업용 로봇안전매트 아. 추락·낙하 및 붕괴 등의 위험방호에 필요한 가설기자재(고소 　　작업대의 가설기자재는 제외)	가. 안전모(추락 및 감 전방지 　　용 안전모 제외) 나. 보안경(차광 및 비산물 위 　　험방지용 보안경 제외) 다. 보안면(용접용 보안면 제외)

나. 신고의 면제(규칙제 60조)

● 품질경영 및 공산품 안전관리법 제 규정에 따른 안전인증을 받은 경우
● 산업표준화법 제 규정에 의한 인증을 받은 경우
● 국가표준기본법에 따른 시험·검사기관에서 실시하는 시험을 받은 경우
● 국제전기기술위원회의 국제 방폭전기기계·기구 상호인증제도에 따라 인증을 받은 경우

다. 신고 방법(규칙제 61조)

● 자율안전확인 신고서에 다음 각호서류 첨부하여 신고수리기관에 신고
  – 제품의 설명서
  – 자율안전확인 대상 기계·기구 등의 자율안전기준을 충족함을 증명하는 서류

라. 자율안전확인의 표시 등

● 신고를 한 자는 자율안전확인 대상 기계·기구 등이나 이를 담은 용기 또는 포장에 고용노동부령
  이 정하는 바에 따라 자율안전확인 표시를 하여야 함(제35조의2 제1항, 규칙제62조). → 위반 시
  1천만원이하의 벌금

> **[자율안전확인 표시(안전인증마크와 동일)]**
> ▶ 시행규칙 별표 9(국가표준기본법에 따른 통합인증 마크를 준용)

- 신고를 하지 않은 자율안전확인대상 기계·기구등은 자율안전확인표시 또는 이와 유사한 표시를 하거나 자율안전확인에 관한 광고를 할 수 없다(법 제35조의2제2항).
  - 신고한 자율안전확인대상 기계·기구 등을 제조·수입·양도·대여하는 자는 자율안전확인 표시를 임의로 변경하거나 제거하여서는 아니됨(법 제35조의2제3항).
- 고용노동부장관은 자율안전확인의 신고를 하지 않고 부착한 자율안전확인표시 및 유사 자율안전확인표시를 한 경우와 거짓이나 그 밖의 부정한 방법으로 자율안전확인의 신고를 하거나 자율안전확인표시 사용금지명령을 받은 경우에 해당 표시의 제거를 명할 수 있다(법 제35조의2제4항).

마. 자율안전확인표시의 사용금지

- 고용노동부장관은 자율안전확인의 신고를 한 자에 대해 6개월 이내의 기간을 정히여 자율안전확인표시의 사용을 금지하거나 자율안전기준에 맞게 개선하도록 명할 수 있음(법 제35조의3)

바. 미신고품·부적합 제품에 대한 조치

(1) 제조·수입 등의 금지

- 자율안전확인의 신고를 하지 않거나(법 제35조제1항의 단서에 따라 신고가 면제된 것은 제외) 거짓이나 그 밖의 부정한 방법으로 자율안전확인의 신고를 한 경우와 제35조제1항에 따라 고용노동부장관이 정하여 고시하는 자율안전기준에 맞지 아니한 경우(미달한 경우) 또는 자율안전확인표시 사용금지명령을 받은 자율안전확인대상기계·기구 등을 제조·수입·양도·대여·설치·사용하거나 양도·대여의 목적으로 진열하여서는 아니된다(법 제35조의4제1항). → 위반시 1년이하의 징역 또는 1,000만원 이하의 벌금

(2) 수거·파기명령

- 고용노동부장관은 자율안전확인의 신고를 하지 않거나(법 제35조제1항의 단서에 따라 신고가 면제된 것은 제외) 거짓이나 그 밖의 부정한 방법으로 자율안전확인의 신고를 한 경우와 제35조제1항에 따라 고용노동부장관이 정하여 고시하는 자율안전기준에 맞지 아니한 경우(미달한 경우) 또는 자율안전확인표시 사용금지명령을 받은 자율안전확인대상기계·기구 등을 제조·수입·양도·대여하는 자에게 그 해당제품을 수거하거나 파기할 것을 명할 수 있음(법 제35조의4제2항).
  - → 위반시 1년이하의 징역 또는 1,000만원 이하의 벌금
- 지방고용노동관서의 장은 법 제35조의4제2항에 따라 수거·파기 명령을 할 때에는 그 사유와 이행에 필요한 기간을 정하여 제조·수입·양도·대여하는 자에게 알려야 함(시행규칙 제63조제1항)

- 다만, 수거·파기명령을 받은 자가 그 제품을 구성하는 부분품을 교체하여 결함을 개선하는 등 안전인증기준의 부적합 사유를 해소할 수 있는 경우에는 해당 부분품에 대해서만 수거·파기할 것을 명할 수 있음(시행규칙 제63조제2항)
- 수거·파기명령을 받은 자가 명령에 따른 필요한 조치를 이행하면 그 결과를 관할 지방고용노동관서의 장에게 보고하여야 하고(시행규칙 제63조제3항)
  - 지방고용노동관서의 장은 수거·파기명령 및 이행결과보고의 내용을 고용노동부장관에게 보고하여야 함(시행규칙 제63조제4항)

15. 安全檢査(법 제36조)

- 사업장에서 사용하는 유해하거나 위험한 기계·기구·설비의 지속적인 안전성을 유지하기 위해
  - 유해 또는 위험한 기계·기구 및 설비의 안전에 관한 성능에 관한 검사기준을 고용노동부장관이 정하여 고시하고
  - 대통령령으로 정하는 기계·기구·설비를 사용하는 사업주는 고용노동부장관이 실시하는 안전검사를 받아야 함(법 제36조제1항) → 위반시 1,000만원 이하의 과태료

가. 안전검사 대상 유해·위험기계 등(영제 28조의3)

- 프레스, 전단기, 크레인(이동식 및 정격하중 2톤 미만인 호이스트는 제외), 리프트, 압력용기, 곤돌라, 국소배기장치(이동식은 제외), 원심기(산업용에 한정), 화학설비 및 그 부속설비, 건조설비 및 그 부속설비, 로울러기(밀폐형구조는 제외), 사출형 성형기(형체결력 294킬로 뉴톤 미만은 제외)

나. 안전검사의 면제(규칙 제73조)

- 고압가스안전관리법, 에너지이용합리화법, 전기사업법, 항만법, 광산보안법, 건설기계관리법, 선박안전법, 원자력법 제 규정에 의거 검사를 받은 경우

다. 신청(규칙 제73조의 2)

- 안전검사신청서를 검사주기 30일전에 안전검사기관에 제출

라. 검사주기(규칙 제73조의 3)

- 크레인, 리프트, 곤돌라 : 사업장에 설치가 끝난 날부터 3년 이내 검사실시하고 그 이후 매2년 (건설현장은 설치한 날부터 매6개월)
- 그 밖의 기계등 : 사업장에 설치가 끝난 날부터 3년 이내 검사실시하고 그이후 매2년(공정안전보고서를 제출하여 확인을 받은 압력용기는 4년)

마. 자율검사프로그램인정(법제36조의2 제1항)

- 사업주가 근로자대표와 협의하여 검사기준 및 검사방법, 검사주기 등을 충족하는 자율 검사프로 그램을 정하고 고용노동부장관의 인정을 받아 안전에 관한 성능검사를 실시하면 인정(자율 검사 프로그램의 유효기간은 2년임)

바. 안전검사 합격의 표시(법제36조의2 제2항)

- 안전검사에 합격한 유해.위험기계기구 등을 사용하는 사업주는 안전검사에 합격한 것임을 나타내 는 표시를 해야 함

사. 미검사품·불합격품의 사용금지

- 안전검사를 받지 않거나(법 제36조제1항 단서에 따라 안전검사가 면제되는 것은 제외) 안전검사 에 불합격한 유해·위험기계·기구·설비는 사용하여서는 아니 됨(법 제36조제3항) → 위반시 1,000 만원 이하의 과태료

행정해석

■ 안전검사 실시 주체 및 자율검사프로그램 도입관련

- 2009.1.1일부터 시행하는 안전검사의 실시 주체는 현행 자체검사와 다르게 사업주가 아닌 노동부장 관이 지정한 검사기관입니다.

  1. 그렇다면 위험설비의 소유주(임대인)와 실제 사용자(임차인) 중 임대인이 검사를 신청하고, 검사 기관으로부터 안전검사를 받은 경우, 임차인이 검사를 신청하지 않았다하여 안전검사 미실시로 처벌되는지 여부?
     지역을 완전히 달리하는 곳에 공장부지와 위험설비를 100% 임차하고, 원청사 직원은 일부 관리 자만 파견되어 있으며, 작업은 100% 협력업체 근로자가 실시하는 경우, 자율검사프로그램 도입과 관련한 질의

  2. 법 제36조의2제1항에 의거, 사업주와 근로자대표가 협의하여 법규정을 만족하는 자율검사프로그 램을 도입해야 하는데, 상기와 같은 곳에서 사업주와 근로자대표를 누구로 해석해야 하는지 여부?

  3. 상기와 같은 상황에서 공장 및 위험설비의 소유자(임대인)가 시행규칙 제74조의 자격을 갖춘 검 사원을 고용하고 있는 경우, 소유자(임대인)의 검사원을 포함시켜 자율검사프로그램을 인정받을 수 있는지 여부?

- ◇ 안전검사는 설비소유와는 상관없이 위험설비를 사용하는 사업주가 받아야 하며, 안전검사를 받아야 하는 사람이 신청해야 함
  - 사용하는 사업주란 실제적으로 설비에 대해 안전관리를 행하는 개념을 포함하며, 검사를 받는 시

점의 사용자를 의미

◇ 자율검사프로그램을 노사협력을 통한 사업장의 자율안전관리 능력을 제고하기 위한 것으로 인정받은 경우에 한해 안전검사가 면제되므로 실시주체는 안전검사와 동일

   - 장소구분에는 상관없이 작성시점에서 위험설비를 사용하는 사업주(실질적인 안전관리 행위 주체를 의미)와 당 설비를 통해 작업하는 근로자의 대표가 협의하여 작성하는 개념임

◇ 검사원은 사용하는 사업주와 고용관계가 있는 근로자가 자율검사프로그램에 따른 검사를 실시해야 함.

■ KS인증을 받은 안전화도 성능검정을 받아야 하는지 여부

● KS인증을 받은 안전화의 경우 산업안전보건법에 의한 성능검정을 받아야 하는지 여부

◇ 「산업안전보건법 제35조제1항 및 보호구성능검정규정(노동부고시 제2004-49호)」 제12조의 규정에 의하여 산업표준화법 제11조제1항 및 제13조 제1항의 규정에 의하여 KS인증을 받은 제품으로 그 성능과 규격이 이 규정에서 정하는 성능 및 규격과 동등하거나 그 이상인 보호구에 대하여는 성능검정을 면제토록 하고 있는 바

◇ 산업안전보건법 시행규칙 별지 제9호의2 서식의 성능검정 신청서에 면제대상임을 확인할 수 있는 서류를 첨부하여 한국산업안전공단에 제출하시어 성능 검정 일부 또는 전부를 면제 받으시기 바람

■ 압력용기 안전검사대상 적용범주 관련 질의

● 안전검사 대상인 압력용기의 적용범위 중 '산업용 이외의 밀폐형 팽창탱크는 제외'라는 내용에서 '산업용'의 구체적인 정의에 관해 질의

◇ 산업용이란 산업현장(생산공정)등에 설치·사용되는 것을 의미하며, 일반적으로 생산과 관련이 없는 난방·급수 등의 용도로 사용되는 팽창탱크는 적용되지 않을 것으로 사료됨.

16. 有害物質 製造·使用等의 禁止(법 제37조)

● 근로자의 건강장해 예방을 위하여 발암성 물질 등 인체에 매우 유해한 물질의 제조·사용 등을 금지하고 있으며

   - 다만, 시험·연구용으로 사용하고자 하는 경우에만 승인을 받아 제조·사용 등을 할 수 있도록 함(법 제37조) → 위반시 5년이하의 징역 또는 5,000만원 이하의 벌금

   ▶ 대체물질이 개발되어 있는 유해물질의 제조·사용 등을 금지함으로써 근로자의 건강을 확보하기 위한 취지임

가. 제조·사용 등이 금지되는 물질 선정기준

● 다음 기준에 해당되는 물질로서 대통령령이 정하는 것은 제조·수입·양도·제공 또는 사용하여서

는 아니됨(법 제37조)
- 직업성 암을 유발하는 것으로 확인되어 근로자의 보건상 특히 해롭다고 인정되는 물질
- 법 제39조(유해인자의 관리 등)의 규정에 의하여 유해·위험성을 평가하거나 법 제40조(신규화
  학물질의 유해·위험성 조사)의 규정에 의하여 유해·위험성을 조사한 유해인자 가운데 근로자
  에게 중대한 건강장해를 일으킬 우려가 있는 물질
- 그 밖에 근로자에게 중대한 건강장해를 일으킬 우려가 있는 물질

나. 제조·사용 등이 금지되는 유해물질

● 법 제37조의 선정기준에 해당하는 물질로서 제조·수입·양도·제공 또는 사용이 금지되는 유해물
  질은 다음과 같음(시행령 제29조제1항)

  ① 황린 성냥 ② 백연을 함유한 페인트(함유된 용량비율이 2% 이하인 것은 제외) ③ 폴리클로리네
  이티드터페닐(PCT) ④ 4-니트로디페닐과 그 염 ⑤ 악티노라이트석면, 안소필라이트석면 및 트레
  모라이트석면 ⑥ 베타-나프틸아민과 그 염 ⑦ 청석면 및 갈석면 ⑧ 벤젠을 함유하는 고무풀(함유
  된 용량의 비율이 5%이하인 것은 제외) ⑨ ③ 내지 ⑦ 의 1의 물질을 함유한 제제(함유된 중량의
  비율이 1% 이하인 것은 제외) ⑩ 유해화학물질관리법 제11조제1항의 규정에 의한 제조·수입 또
  는 사용금지 물질 ⑪ 기타 보건상 해로운 물질로서 정책심의위원회의 심의를 거쳐 고용노동부장
  관이 정하는 유해물질

  ▶ 유해화학물질관리법 제11조제1항 : 환경부장관은 제8조의 규정에 의하여 유해성조사를 한 화학물질이 사
    람의 건강이나 환경에 심각한 위해를 미칠 우려가 있다고 인정되는 경우에는 관계중앙행정기관의 장과
    협의하여 그 제조·수입 또는 사용을 금지하거나 제한할 수 있다. 다만, 시험·연구 또는 검사용 시약을
    그 용도로 제조·수입 또는 사용하는 경우에는 그러하지 아니하다.

다. 시험·연구용 유해물질의 사용승인

(1) 제조 등이 금지되는 유해물질 중 제조 등이 가능한 경우

● 제조 등이 금지되는 물질이라 하더라도 시험·연구용으로 불가피하게 제조·수입 또는 사용하는
  경우에는 미리 고용노동부장관의 승인을 얻어 제조·수입 또는 사용을 할 수 있음(법 제37조단서
  및 시행령 제29조제2항)

(2) 신청방법 및 처리절차

● 시험·연구용으로 제조금지물질의 제조·수입 또는 사용승인을 얻고자 하는 자는 제조금지물질 제
  조·수입·사용 승인 신청서와 아래의 첨부서류를 관할 지방고용노동관서의 장에게 제출(시행규칙
  제78조제1항)

  ① 시험·연구계획서(제조·수입·사용의 목적·양 등에 관한 사항을 포함)
  ② 산업보건관련조치를 위한 시설·장치의 명칭·구조·성능 등에 관한 서류
  ③ 당해 시험·연구실(작업장)의 전체 작업공정도, 각 공정별로 취급하는 물질의 종류·취급량 및
    공정별 종사 근로자수에 관한 서류

● 지방고용노동관서의 장은 신청서가 접수된 때에는 다음 사항을 심사하여 신청서가 접수된 날부터

20일 이내에 승인서를 신청인에게 교부하거나 불승인 사실을 통지하여야 함(시행규칙 제78조제2항)

① 신청서 및 첨부서류의 내용이 적정한지 여부

② 제조·사용설비 등이 보건규칙 제105조 내지 제118조의 규정(시설·설비기준 및 성능 등)에 적합한지 여부

③ 수입하고자 하는 물질이 사용승인한 물질과 동일한지 여부, 사용승인한 양을 초과하는지 여부 기타 사용승인 신청내용과의 적합여부(수입승인의 경우에 한함)

- 다만, 수입승인의 경우에는 이미 사용승인을 하였거나 사용승인을 하는 경우에 한하여 승인할 수 있음

- 승인을 받은 자가 승인서를 재교부(분실 또는 훼손의 경우) 받고자 할 때에는 시행규칙 제18조제3항의 규정에 의한 안전관리대행기관의 규정을 준용함

라. 승인 취소 등

- 지방고용노동관서의 장은 승인을 받은 자의 제조·사용설비 또는 작업방법이 승인기준에 적합하지 아니하게 된 때에는 그 승인을 취소할 수 있으며(시행규칙 제80조제1항)
  - 승인이 취소되거나 당해 업무를 폐지한 경우에는 승인서를 관할 지방고용노동관서의 장에게 반납하여야 함(시행규칙 제78조제3항)

---

17. 有害物質製造·使用等의 許可(법제 제38조)

- 근로자의 건강장해를 예방하기 위해 대체물질이 개발되어 있지 아니한 석면·베릴륨 등 유해물질을 제조·사용 또는 해체·제거하고자 하는 자에게 사전에 고용노동부장관의 허가를 받도록 하고 시설·설비 유지 등 적절한 조치를 취하도록 함(법 제38조) → 위반시 5년 이하의 징역 또는 5,000만원 이하의 벌금

가. 허가대상 유해물질

(1) 『제조·사용』시 허가대상 유해물질의 종류(시행령 제30조제1항)

① 디클로로벤지딘과 그 염 ② 알파-나프틸아민과 그 염 ③ 크롬산 아연 ④ 오로토-톨리딘과 그 염 ⑤ 디아니시딘과 그 염 ⑥ 베릴륨 ⑦ 비소 및 그 무기화합물 ⑧ 크롬광(열을 가하여 소성처리하는 경우에 한함) ⑨ 6가크롬 ⑩ 휘발성 콜타르피치 ⑪ 황화니켈 ⑫ 염화비닐 ⑬ 벤조트리클로리드 ⑭ 석면(악티노라이트석면, 안소필라이트석면, 트레모라이트석면, 청석면 및 갈석면은 제외함) ⑮ ①내지 ⑫의 1의 물질을 함유한 제재(함유된 중량의 비율이 1퍼센트 이하인 것은 제외함) ⑬의 물질을 함유한 제재(함유된 중량의 비율이 0.5퍼센트 이하인 것은 제외함)

그 밖에 보건상 해로운 물질로서 고용노동부장관이 정책심의위원회의 심의를 거쳐 정하는 유해물질

(2) 『해체·제거』 시 허가대상 유해물질(시행령 제30조제2항)
- 설비 또는 건축물에 함유된 석면(함유된 중량의 비율이 1퍼센트 이하인 것은 제외)

나. 제조 등의 허가

(1) 신 청
- 유해물질의 제조·사용허가(석면의 해체·제거의 경우는 제외)를 받고자 하는 자는 제조 등의 허가
  물질 제조·사용허가 신청서에 필요한 서류를 첨부하여 관할 지방고용노동관서의 장에게 제출(시
  행규칙 제79조제1항)
  ① 사업계획서(제조·수입·사용의 목적·양 등에 관한 사항을 포함)
  ② 산업보건관련조치를 위한 시설·장치의 명칭·구조·성능등에 관한 서류
  ③ 당해 사업장의 전체작업공정도, 각 공정별로 취급하는 물질의 종류·취급량 및 공정별 종사
     근로자수에 관한 서류
- 석면이 함유된 설비 또는 건축물의 해체·제거 허가를 받고자 하는 자는 석면 해체·제거작업 허가
  신청서에 아래의 서류를 첨부하여 관할 지방고용노동관서의 장에게 제출(시행규칙 제79조제2항)
  ① 석면해체·제거 작업계획서
  ② 석면해체·제거 설비 및 보호구 등에 관한 서류
  ③ 석면의 비산방지 및 폐기방법 등에 관한 서류

(2) 처 리
- 지방고용노동관서의 장은 제조·사용 또는 해체·제거 허가 신청서가 접수된 때에는 다음 사항을
  심사하여 신청서가 접수된 날부터 20일이내에 허가증을 신청인에게 교부하거나 불허가 사실을 통
  지하여야 함(시행규칙 제79조제3항)
  ▸ 심사하여야 할 사항
    ① 신청서 및 첨부서류의 내용이 적정한지 여부
    ② 제조·사용 또는 해체·제거설비 등이 보건규칙의 관련 규정에 적합한지 여부

(3) 허가증 재교부 등
- 허가를 받은 자가 허가받은 사항을 변경하고자 하거나 허가증을 재교부(분실 또는 훼손의 경우)
  받고자 할 때에는 시행규칙 제18조제3항의 규정에 의한 안전관리대행기관의 경우를 준용함(시행
  규칙 제79조제6항)

다. 허가 받은 자의 준수 사항
- 유해물질 제조·사용 등에 대한 허가를 받은 자(유해물질 제조·사용자 등)는 그 제조·사용·해체
  ·제거설비를 고용노동부장관이 정한 허가기준에 적합하도록 유지하여야 하며,
  − 그 기준에 적합한 방법에 의하여 물질을 제조·사용 또는 해체·제거하여야 함(법 제38조제3항)
    → 위반시 3년 이하의 징역 또는 2,000만원 이하의 벌금
  ▸ 고용노동부장관이 정하는 허가기준 및 그 기준에 적합한 방법에 대해서는 보건규칙 제3장(허가대상 유해

물질 및 석면에 의한 건강장해의 예방)에 상세히 규정되어 있음(기존의 「유해물질 제조·사용허가기준」 (고시 제97-47호)을 폐지하고, 그 내용을 보건규칙에 규정)

행정해석

■ 석면이 함유된 슬레이트 지붕을 단순 분리작업만 행할 경우 허가를 받아야 하는지 여부

● 석면이 함유된 슬레이트 지붕 철거 시 파쇄가 아닌 분리작업만을 하고 분진의 위험을 철저한 살수 등의 작업을 통해 제거할 경우 노동부장관의 허가가 필요한지

● 슬레이트 철거와 관련하여 자세한 처리지침은 무엇인지

◇ 석면이 1% 이상 함유된 슬레이트의 분리작업도 석면분진이 흩날릴 우려가 있으므로 동 건축물을 해체·제거하고자 하는 때에는 사전에 관할지방고용노동관서에 허가를 받아야 함

※ "해체·제거 작업"이란 석면함유설비 또는 건축물의 파쇄, 개·보수 등으로 인하여 석면분진이 흩날릴 우려 가 있고 작은 입자의 석면폐기물이 발생되는 작업

◇ 석면 해체·제거작업의 조치기준은 산업안전보건법 산업보건기준에 관한 규칙 제95조(석면해체·제 거작업 계획수립), 제96조(경고표지의 설치), 제101조(석면해체·제거작업시의 조치), 제102조(석면 함유 잔재물 등의 처리) 및 제103조(잔재물의흩날림방지)에 규정되어 있음

■ 백석면이 5% 함유된 천장재료를 시공할 경우 허가를 받아야 하는지

● 백석면이 5% 함유된 천장재료를 시공하고 해체·제거하는 작업도 허가를 받아야 하는지

● 측정자의 자격을 당해 사업장 소속 산업위생관리산업기사 이상인 자격을 가진 자로 제한하였는데 이는 지정측정기관 소속한 산업위생관리기사는 측정을 제한한다는 의미인지

● 임시작업, 단시간작업 및 분진작업 적용제외 작업장은 측정대상에서 제외하였는데 이에 대한 구체적 인 기준이 무엇인지

● 개정된 측정횟수 조정제도는 공정별, 유해인자별로 하는지

◇ 1%이상의 석면이 함유된 설비 또는 건축물을 해체·제거하는 경우에는 허가를 받아야 하므로 5% 이상이 함유된 천장 재료를 해체·제거하는 작업(시공은 제외)은 허가를 받아야 함.

◇ 측정자의 자격을 당해 사업장 소속 산업위생관리산업기사 이상의 자격을 가진 자로 한 것은 사업주 가 산업위생관리산업기사 이상인 자를 고용하여 자체적으로 측정을 할 경우의 자격을 말하는 것임. 지정측정기관은 현행과 같음.

◇ 임시작업, 단시간작업에 관하여는 산업보건기준에관한규칙 제166조에 규정되어 있는 바와 같이 임 시작업은 월24시간 미만작업(단, 월10시간 이상 24시간 미만 작업이 매월 행하질 경우는 제외)을 말하며, 단시간 작업은 1일 1시간 미만(단, 매일 행하여지는 작업은 제외), 분진적용제외 작업장은 동 규칙 제4조(고용노동부 홈페이지)를 참조하여 주시기 바람.

◇ 산업안전보건법 시행규칙 제93조의4제2항 각 호의 1에 해당하는 경우에는 종전에 작업공정별, 유해인자별로 횟수를 조정한 것과 달리 사업장 전체 단위로 횟수조정이 되며, 반대로 제1항에 의한 주기단축 시에도 전체 사업장을 대상으로 함(참고로 유해인자별, 공정별로 횟수조정을 승인받은 사업장은 기한이 만료될 때까지 유효함).

■ 1년단위의 계약 체결 시에 1건으로 허가가 가능한지 여부

● 학교의 석면 함유 천장텍스 유지·보수공사 등 시행 시에 공사건마다 허가를 받지 않고 1년 단위의 계약 체결 시에 1건으로 허가가 가능한지 여부

◇ 소규모의 작업이 반복되는 유지·보수공사 등에 대한 허가방법을 따로 정한 바는 없으나 관련 작업에 대한 공사계약기간, 작업의 종류·방법 등의 동일성, 작업공간의 범위, 작업의 지속기간 등을 고려하여 반복되는 작업에 대하여 일괄 허가를 검토할 수 있을 것으로 사료됩니다.

  − 이와 관련 특정 허가신청에 대한 심사시 여러 사항을 종합적으로 검토하여 허가여부를 판단하여야 하므로 구체적인 사항은 허가업무를 담당하는 관할 지방고용노동관서와 협의하여 처리

■ 채석장에서 생산되는 석재가 석면함유 제품에 해당되는지 여부

● 산업안전보건법 제37조 및 동법 시행령 제29조제1항제10호 규정에 의한 노동부 고시(제2007-26호) "석면함유제품의 제조·수입·양도·제공 또는 사용금지에 관한 고시" 제2조의 규정과 관련하여 채석장에서 생산되는 석재가 석면함유 제품에 해당되는지 여부

◇ 원석(原石)과 같이 자연적(비의도적)으로 석면이 포함되어 있는 것은 산업안전보건법 제37조, 동법 시행령 제29조 및 "석면함유제품의 제조·수입·양도·제공 또는 사용금지에 관한 고시" 제2조의 규정에 의한 석면함유제품에 해당되지 않는 바, 채굴과정을 거쳐 나온 석재도 그 속에 석면이 자연적(비의도적)으로 포함되어 있다면 동 규정에 따른 석면함유제품으로 볼 수 없을 것임.
다만, 자연적으로 석면이 함유된 석재라도 분쇄 등의 인위적 가공과정을 거쳐서 분말 등과 같이 제제(製劑)가 되는 것은 동법의 적용대상이 될 것임 "제제"란 어떤 물질의 유용성을 이용하기 위해 물리적으로 배합·가공된 물질을 말함

■ 건물 내에 석면제품 사용가능 여부 및 석면의 유해성

● 1일 수십만 명이 이동하는 건물, 직원들의 근무처소 및 숙직실 등의 공사에 석면을 사용할 수 있는지와 공사시공자는 석면을 왜 사용하는지

● 석면이 인체에 어느 정도 나쁜 것인지

◇ 산업안전보건법상 석면 중 백석면에 대해서는 제조·사용시 허가 (제38조)를 받아 사용될 수도 있으나 백석면보다 위험성이 큰 것으로 알려진 청석면, 갈석면 등에 대해서는 제조·사용 등이 금지(제37조)되어 있음

◇ 산업안전보건법상 석면의 노출기준은 0.1개/㎤이며 석면의 제조·사용 등 작업 과정에서 근로자가 석면을 흡입할 경우 악성중피종, 석면폐, 폐암 등을 유발할 수 있는 것으로 알려져 있음

18. 石綿調査 等(법 제38조의2)

● 석면이 함유된 건축물 등의 철거·해체 작업에 따른 근로자의 건강장해를 예방하기 위해 건축물이나 설비를 철거·해체하려는 자는 작업 전에 고용노동부장관이 지정하는 석면조사기관을 통해 해당 건축물 등의 석면 함유 여부 등을 조사하도록 함(법 제38조의2) → 위반 시 5,000만원 이하의 과태료

가. 조사대상

(1) 건축물 및 설비(시행령제 30조의3 제1항)

● 건축물의 연 면적 합계가 50제곱미터 이상이면서, 그 건축물의 철거·해체하려는 부분의 면적 합계가 50제곱미터 이상인 경우

● 주택의 연 면적 합계가 200제곱미터 이상이면서, 그 주택의 철거·해체하려는 부분의 면적 합계가 200제곱미터 이상인 경우

● 설비의 철거·해체하려는 부분에 다음 각목의 어느 하나에 해당하는 자재(물질을 포함)를 사용한 면적의 합이 15제곱미터 이상 또는 그 부피의 합이 1세제곱 미터 이상인 경우
① 단열재 ② 보온재 ③ 분무재 ④ 내화피복재 ⑤ 게스킷 ⑥ 패킹재 ⑦ 실링재 ⑧ 그 밖에 고용노동부장관이 정하여 고시한 자재

● 파이프 길이의 합이 80미터 이상이면서, 그 파이프의 철거·해체하려는 부분의 보온재로 사용된 길이의 합이 80미터 이상인 경우

(2) 석면함유가 명백한 경우란(석면조사 생략대상)

● 건축물이나 설비의 철거·해체 부분에 사용된 자재가 설계도서, 자재 이력 등 관련 자료를 통해 석면을 함유하고 있지 않음이 명백한 경우

● 건축물이나 설비의 철거·해체 부분에 석면이 1퍼센트(무게 퍼센트) 초과하여 함유된 자재를 사용하였음이 명백하다고 인정되는 경우

나. 석면조사기관의 지정요건등

● 석면조사기관으로 지정 받을 수 있는 자는 다음 각호의 어느 하에 해당하는 자로 산업위생관리기사 또는 대기환경기사 등 석면조사업무에 필요한 전문인력 및 채취펌프, 평광현미경 등 석면조사를 할 수 있는 시설과 장비를 모두 갖추고 고용노동부장관이 실시하는 석면조사 능력 평가에 적합 판정을 받은 자(시행령제 30조의4 제1항)
① 국가 또는 지방자치단체의 소속 기관
② "의료법"에 따른 종합병원 또는 병원
③ "고등교육법" 제2조제1호부터 제6호까지의 규정에 따른 대학 또는 그 부속기관
④ 석면조사 업무를 하려는 법인

다. 작업중지 명령

- 건축물등 철거·해체자가 석면조사를 하지 않고 건축물이나 설비를 철거·해체하는 경우에는 작업 중지를 명할 수 있음(법제 30조의2 제3항). → 위반시 3년이하의 징역 또는 2,000만원이하의 벌금

라. 석면조사기관의 지정 신청

- 석면조사기관으로 지정받으려는 자는 고용노동부령으로 정하는 바에 따라 석면조사기관 지정신청 서를 제출하여야 함(시행령 제30조의 5 제1항)
- 석면조사기관의 인력·시설·장비기준(규칙 제80조의3 및 별표10의3)

구분	세 부 내 용
인력기준 (가, 나, 다 각각 보유)	가. 다음 각 호의 어느 하나의 자격을 가진 사람으로서 석면제품의 구별, 석면 시료의 채취·분석 등에 관하여 노동부장관이 정하여 고시하는 교육(이하 "석면조사자과정 교육"이라 한다)을 이수한 사람 중 1명 이상 1) 산업위생관리기사 또는 대기환경기사 이상인 사람 2) 산업위생관리산업기사 또는 대기환경산업기사로 해당 분야에서 2년 이상 실무에 종사한 사람 나. 「초·중등교육법」에 따른 공업계 고등학교 또는 이와 같은 수준 이상의 학교를 졸업했거나 산업보건 (위생)·환경보건(위생) 분야에서 2년 이상 실무에 종사한 사람으로서 석면조사자과정 교육을 이수 한 사람 1명 이상 다. 「고등교육법」 제2조제1호부터 제6호까지의 규정에 따른 대학 또는 이와 같은 수준 이상의 학교에서 산업보건(위생)학·환경보건(위생)학·환경공학·위생공학·약학·화학·화학공학을 전공한 사람 또는 화학 관련 학과를 전공한 사람 1명 이상
시설기준	분석실 및 조사준비실
장비기준	① 지역시료 채취펌프 ② 유량보정계 ③ 입체현미경 ④ 편광현미경 ⑤ 위상차현미경 ⑥ 흄 후드[고성능필터(HEPA필터) 이상의 공기정화장치가 장착된 것] ⑦ 진공청소기[고성능필터(HEPA필터) 이상의 공기정화장치가 장착된 것] ⑧ 아세톤 증기화 장치 ⑨ 전기로(600℃ 이상까지 작동 가능한 것) ⑩ 필터 여과추출장치 ⑪ 저울(0.1 밀리그램 이하까지 측정 가능한 것)
비고	시설과 장비기준의 ①, ②를 제외한 장비는 해당 기관이 제96조에 따른 지정측정기관, 제103조에 따른 특수건강진단기관, 제128조에 따른 안전·보건진단기관으로 지정을 받으려고 또는 지정을 받아 그 장비 를 보유하고 있는 경우에는 분석능력 등을 고려하여 이를 공동 활용할 수 있다. 이 경우 공동활용될 수 있는 시설 및 장비는 필요한 지정 기준에 포함되는 것으로 인정한다.

마. 석면조사방법

- 건축물 및 설비를 철거·해체하는 경우 석면함유 여부를 조사하는 방법을 정하기 위함(규칙 제80 조의4)
- 석면조사방법
  ① 건축도면, 설비제작도면 또는 사용자재의 이력 등을 통해 석면함유 여부에 대한 예비조사를 실시
  ② 건축물이나 설비의 해체·제거할 자재 등에 대해 성질과 상태가 다른 부분들을 각각 구분
  ③ 시료채취는 제2호에 따라 구분된 부분들 각각에 대하여 그 크기를 고려하여 채취 수를 달리하 여 조사
- 조사방법, 판정의 구체적 사항, 크기별 시료채취 수, 석면조사결과서 작성 등 필요한 사항은 고용 노동부장관이 고시

바. 석면해체·제거 작업기준 준수(법 제38조의3, 보건규칙 제83조~103조)

- 건축물 또는 설비에 함유된 석면을 해체·제거하는 때에는 근로자 보호를 위하여 고용노동부령에 정한 작업기준을 준수하도록 함(법 제38조의3) → 위반 시 3년 이하의 징역 또는 2,000만원 이하의 벌금
  - ▸ 석면함유 건축물 등의 유지·관리의무 신설(보건규칙 제93조) : 석면을 함유한 건축물 등에서 석면분진을 발생시킬 우려가 있을 경우 해당 자재를 제거, 대체 또는 보호막 등 조치
  - ▸ 석면사전조사대상 범위 및 조사방법 명확화, 관리감독자 직무 신설, 산소농도 측정기관 추가(보건관리대행기관)

행정해석

■ **임차인이 개인 공사업자를 통해 석면조사 없이 건축물 철거공사를 실시한 경우 과태료 부과 여부**

- 임차인(개인병원)이 임대차 계약 해지 후 건물의 원상복구를 위해 개인 공사업자를 통해 석면조사 없이 건축물 철거공사를 실시한 경우 과태료 부과대상(건물주, 임차인, 개인 공사업자)이 누구인지와 부과시 「산업안전보건업무담당 근로감독관 집무규정」 제41조, 제42조 적용방법이 무엇인지

◇ 석면조사 의무 위반에 대한 과태료는 산업안전보건법 제72조제1항제1호의 규정에 의거 석면조사를 하지 아니하고 건축물을 철거한 자에게 부과하도록 되어 있으므로 원상복구 의무가 있는 임차인에게 부과하여야 할 것으로 판단됨

- 산업안전보건법 제72조제1항부터 제5항에 따라 과태료 부과대상이 되는 경우에는 동법 시행령 별표 13 및 「산업안전보건업무담당 근로감독관 집무규정」 제41조를 적용토록 규정하고 있고,

  - 사전조사의무 위반에 관하여 예외적으로 적용을 배제하는 근거가 없으므로, 동 집무규정 제41조를 적용, 공사 금액에 따라 과태료를 부과하는 것이 타당하다고 판단됨

- 또한, 동법 시행령 제48조제2항은 "위반행위의 정도와 위반횟수 등을 고려하여 과태료 부과기준의 2분의 1 범위 내에서 금액을 줄일 수 있다"고 규정하고 있으며, 특별히 배제하는 예외조항을 두고 있지 않으므로 동 건도 집무규정 제42조를 적용하는 것이 타당하다고 사료됨

■ **석면함유 자재에 나사를 박는 작업이 석면 해체·제거 작업에 해당 하는지 여부**

- 작업면적의 합이 50㎡ 이상이고 석면이 함유된 천정텍스에 석고보드를 덧입히기 위해 피스(나사)로 고정시키는 작업의 경우 등록업체를 통해 작업을 해야 하는지

◇ 천정텍스에 석고보드를 피스(나사)로 고정시키기 위한 작업을 할 경우 석면분진이 발생되어 작업장 외부로 비산될 우려가 있으므로 등록된 업체를 통해 작업을 하여야 함

■ **석면조사 의무주체**

- 산업안전보건법제38조의2에 따른 석면조사의무의 주체는

◇ 석면조사라 함은 건축물이나 설비를 철거 전 석면함유 여부를 확인하여 석면으로부터 근로자의 건

강을 보호하기 위함이 목적으로 건축물이나 설비를 철거하거나 해체하려는 자로 하여금 석면함유 여부 등을 조사토록 법적 의무를 부여하고 있음

◇ 여기서 말하는 "건축물 등을 철거하거나 해체하려는 자"는 해당 건축물의 철거·해체 권한과 의도가 있어야 하는 바, 건축물의 소유주, 임차인, 사업시행자, 재개발 조합 등이 이에 해당된다고 볼 수 있음

■ 석면이 함유된 슬레이트의 폐기 방법

● 슬레이트에 사용되는 석면의 구성비율은 어떻게 되는지

● 슬레이트 지붕을 하고 사는 사람들의 슬레이트에 포함된 석면으로 인한 피해 여부(피부 또는 호흡기를 통하여 흡입되어지는지)

● 일본에서는 '08년까지 건축물에 쓰여진 석면 자재를 모두 수거폐기 한다는 뉴스가 있었는데 여기에 슬레이트가 포함되어지는지

　– 우리나라에서도 건축물에 쓰여진 석면자재를 수거 폐기할 계획이 있는지 여부와 그 시기는 어떻게 되는지

◇ 지붕재로 사용되는 슬레이트의 석면 함유량은 제조업체마다 다르며 과거 생산 업체인(주)금강고려화학(☎031-299-2000)또는 (주)벽산(☎063-830-8800)으로 문의하시기 바람

◇ 석면이 슬레이트 등 고형화 상태의 물질에 함유되어 흩날리지 않아 흡입되지 않는다면 건강에 영향을 미치지 않는다고 볼 수 있으나, 슬레이트 지붕을 파쇄, 개·보수 등의 작업을 하는 경우 동 작업 근로자에게 석면이 호흡기를 통하여 흡입될 수 있음

◇ 석면이 함유된 건축자재 폐기계획 등에 관한 사항은 환경부(산업폐기물과 2110-6937)로 문의하시기 바람

■ 석면 해체·제거 작업 해당 여부

● 환경부에서 허가 받은 지정폐기물 중간처리업체로 폐기물 처리에 대한 작업공정은 건축폐기물 입고 (석면함유) → 분쇄 → 혼합 → (콘베이어 이송후 물, 시멘트와 혼합) → 성형(자동성형기를 이용하여 벽돌형태의 고형물 생산)하는 공정으로 이루어져 있는 바 상기 공정이 산업보건기준에 관한 규칙에 정한 제조에 해당되는지 또는 해체·제거 작업에 해당되는지

◇ 당해 지정폐기물 중간처리업체의 폐기물 처리과정은 『건축물의 파쇄, 개·보수 등으로 인하여 석면 분진이 흩날릴 우려가 있고 작은 입자의 석면폐기물이 발생되는 작업』인 석면 해체·제거 작업으로 사료됨.

■ 폐석면의 적절한 처리절차

● 철거된 폐석면은 2중으로 봉합하여 지정폐기물로 구분 매립 처리하는 것이 맞는지

● 고형화된 건축자재는 철거시에 분진이 발생되지 않도록 습식방법과 철거부분을 비닐등 차단막을 이용하여 차단하여 분진이 밖으로 나오지 않는 방법을 택하여 처리하고 철거된 석면포함 고형폐기물

은 일반 건축폐자재와 같이 매립 처리하는 것이 맞는지

● 석면 폐기물의 처리방법과 종류구분은 어떻게 되며 건물내 자재 중 석면 포함여부를 확인하기 위한 방법은 무엇인지

◇ 철거된 폐석면(석면포함 고형폐기물)의 매립처리 및 처리방법 등 폐기물관리에 관한 사항은 환경부 산업폐기물과 소관사항임

◇ 석면 해체·제거작업의 조치기준은 작업방법, 작업절차 등이 포함된 석면해체·제거작업의 계획수립, 경고표지의 설치, 습식작업, 장소밀폐, 음압유지, 전면형 이상의 방진마스크 및 보호의 착용, 잔재물의 흩날림 방지조치 등이 있으며 산업보건기준에 관한 규칙에 상세히 규정되어 있음

◇ 건물내 자재 중 석면 포함 여부를 확인하는 방법은 편광현미경법, 전자현미경법등이 있으며 전문기관에 의뢰할 수 있음

■ 불법으로 매립된 석면 처리방법

● 토지의 굴착과정 중 과거에 불법으로 매립된 폐 슬레이트가 발생되어 처리할 경우 석면해체·제거작업에 해당되는지 여부

◇ 질의한 바와 같이 이미 해체·제거되어 매립된 폐 슬레이트(석면이 1% 초과 함유된 경우)를 처리하는 경우에는 석면해체·제거작업으로 볼 수 없음

  − 다만, 석면함유물질의 위치와 범위 등을 조사하기 위해 토지를 굴착하거나 폐 석면을 수거하는 과정에 근로자가 석면분진에 노출될 우려가 있는 경우에는 방진마스크, 보호의 지급·착용 등 적절한 보호조치를 취하여야 할 것으로 사료됨

◇ 수거된 폐석면은 폐기물관리법(환경부소관)에 따라 지정폐기물로 처리하여야 하며, 구체적인 처리절차·방법 등은 환경부에 문의하시기 바람

19. 石綿 解體·除去 작업자를 통한 석면의 해체·제거(법 제38조의4)

● 건축물 등에 대통령령이 정하는 기준 이상의 석면이 함유된 경우 고용노동부장관에게 등록한 전문 석면해체·제거업자를 통해 석면을 해체·제거하도록 함(법 제38조의 4 제1항) → 5년이하의 징역 또는 5,000만원 이하벌금

  − 해당 건축물 등에 대한 석면조사기관과 동일한 석면해체·제거업자에게 해체·제거작업을 위탁하지 못하도록 함(법 제38조의 4 제2항). → 500만원 이하의 과태료

가. 대상(영 제30조의7)

● 철거·해체하려는 벽체재료, 바닥재, 천장재 및 지붕재 등의 자재에 석면이 1퍼센트(무게 퍼센트)

를 초과하여 함유되어 있고 그 자재의 면적의 합이 50제곱미터 이상인 경우

- 석면이 1퍼센트(무게 퍼센트)를 초과하여 함유된 분무재 또는 내화피복재를 사용한 경우
- 석면이 1퍼센트(무게 퍼센트)를 초과하여 함유된 제30조의3제1항제3호 각 목의 어느 하나(분무재 및 내화피복재는 제외한다)에 해당하는 자재의 면적의 합이 15제곱미터 이상 또는 그 부피의 합이 1세제곱미터 이상인 경우
- 파이프에 사용된 보온재에서 석면이 1퍼센트(무게 퍼센트)를 초과하여 함유되어 있고, 그 보온재 길이의 합이 80미터 이상인 경우
- 다만, 석면해체·제거 작업을 스스로 하려는 자가 석면해체·제거업자의 등록요건(인력·시설 및 장비)과 동등능력을 갖춘 경우 증명서류를 첨부해 작업신고를 하는 경우는 직접 해체·제거할 수 있도록 함

나. 신고 등

- 석면해체·제거업자는 석면 해체·제거 작업을 하기전에 고용노동부장관에 신고하여야 하며 고용노동부령으로 정하는 사항을 기재한 서류를 보존(법제38조의4 제3항) → 300만원 이하의 과태료

행정해석

■ 석면함유 제품을 해체 후 재부착시키는 경우 등록된 업체를 통해 작업해야 하는지 여부

- 작업면적의 합이 50㎡이상이나 작업이 전기공사, 배관공사, 경비시스템 설치, 에어컨 설치 등을 위해 석면함유 제품을 해체 후 재 부착시키는 경우 등록된 업체를 통해서 해야 하는지

◇ 산업보건기준에 관한 규칙 제101조제4호에 따른 "해체·제거"라 함은 석면함유 건축물 또는 설비의 파쇄, 개·보수 등으로 인하여 석면분진이 흩날릴 우려가 있고 작은 입자의 석면폐기물이 발생되는 작업을 말하는 바, 전기공사 등을 위한 석면함유제품의 해체작업 시 석면분진이 비산될 우려가 있고 해당 작업 면적의 합이 50㎡ 이상인 경우라면 등록된 업체를 통해 안전하게 작업하여야 함

20. 石綿 濃度 基準 遵守 等(법 제38조의5)

- 석면해체·제거 작업을 마친 후 작업장의 공기 중 석면농도기준과 석면농도 측정자의 자격 등을 정하기 위함(법 제38조의5)
  - 석면해체·제거 작업 완료 후 작업장의 공기 중 석면농도가 기준을 초과한 경우 건축물 등 철거·해체하는 자는 해당 건축물이나 설비를 철거하거나 해체하여서는 안 됨(법제38조의 5 제3항). → 5,000만원이하 과태료

가. 석면농도 및 측정 자격 자

- 석면농도(규칙 제80조의9)
  - 법 제38조의5제1항에서 "고용노동부령으로 정하는 기준"(석면농도기준)은 1세제곱 센티 미터당 0.01개를 말함

- 석면농도를 측정 할 수 있는 자(규칙 제80조의10)
  - 법 제38조2제2항에 따른 석면조사기관에 소속된 산업위생관리산업기사 또는 대기환경산업기사 이상의 자격을 가진 사람
  - 법 제42조제4항에 따른 지정측정기관에 소속된 산업위생관리산업기사 이상의 자격을 가진 사람

나. 석면농도 측정 결과표 제출

- 석면해체·제거업자는 석면해체·제거작업 완료 후 석면농도측정 결과보고서에 석면농도측정 결과표를 첨부하여 지체 없이 석면농도기준준수 여부에 대한 증명자료로 관할 지방고용노동관서의 장에게 제출(전자문서에 의한 제출 가능)(규칙 제80조의12) → 500만원 이하 과태료

행정해석

■ 작업 후 공기 중 석면농도 측정대상 기준

- 등록된 석면 해체·제거업체가 하여야 하는 작업대상이 아닌 경우에도 "작업 후 공기 중 농도측정"을 해야 하는지

◇ 작업 후 석면농도 측정대상은 산안법 시행령 제30조의7에서 정하고 있는 일정량의 석면이 함유되어 있어 등록된 석면 해체·제거업자를 통해 석면 해체·제거(신고대상)를 한 경우에만 해당됨

■ 종전 법에 따라 석면해체·제거 허가를 받은 사업장도 개정법에 따라 작업완료 후 석면농도측정을 하여야 하는지?

- 종전 법에 따라 석면해체·제거 허가를 받은 사업장도 개정법에 따라 작업완료 후 석면농도측정을 하여야 하는지?

◇ 개정법 부칙 제2조에 "종전의 규정에 따라 석면 해체·제거 허가를 받은 자는 이법 시행 후 3개월까지 석면 해체·제거를 할 수 있다"고 규정하고 있는 바,

  - 이는 허가받은 사항에 대해 법 시행 후 3개월 까지 석면해체·제거 작업을 수행할 수 있음을 의미하는 것으로 개정법의 적용을 배제한다는 의미는 아님(현행법 적용을 배제하기 위해서는 명시적인 규정 필요)

◇ 따라서 개정법 시행 전에 허가를 받았더라도 개정법에서 규정하고 있는 "석면 해체·제거 이후 공기 중 석면농도측정"을 하고 일정 기준이하가 되도록 해야 할 의무가 있음

21. 新規化學物質 有害·危險性 調査(법 제39조)

● 국내에서 최초로 제조·수입되는 신규화학물질에 의한 근로자의 건강장해를 예방하고, 우리나라가 유해물질 독성 실험 장소로 사용되는 것을 방지하기 위해

  − 신규화학물질 제조·수입자에 대해 유해·위험성 조사보고서 제출의무를 부과

  − 다만 다음 각호의 1에 해당하는 경우에는 유해·위험성 조사보고서를 제출하지 않을 수 있음

  1. 일반 소비자의 생활용으로 제공하기 위하여 신규화학물질을 수입하는 경우로서 고용노동부령이 정하는 경우

  2. 신규화학물질의 수입량이 소량이거나 기타 위해의 정도가 적다고 인정되는 경우로서 고용노동부령이 정하는 경우(법 제40조제1항) → 위반 시 300만원 이하의 과태료

● 유해·위험성 조사에 따라 당해 신규화학물질에 의한 근로자의 건강장해 예방을 위하여 즉시 필요한 조치를 하도록 하고 있음(법 제40조제2항) → 위반 시 1,000만원 이하의 벌금

가. 유해·위험성 조사보고서의 제출 및 처리

(1) 유해·위험성 조사보고서의 제출

『고용노동부장관에게 제출하는 경우』

● 신규화학물질을 제조 또는 수입하고자 하는 사업주(수입을 대행하는 자가 따로 있는 경우에는 당해 수입을 대행하는 자를 말함)는

  − 제조 또는 수입하고자 하는 날 45일전까지 유해·위험성조사보고서에 필요한 서류를 첨부하여 고용노동부장관에게 제출하여야 함(법 제40조제1항, 시행규칙 제86조제1항)

  ▶ 첨부서류
    ① 신규화학물질의 안전보건에 관한 자료
    ② 신규화학물질의 제조 또는 사용·취급방법을 기록한 서류
    ③ 신규화학물질의 제조 또는 사용공정도 기타 관련 서류

『환경부장관에게 제출하는 경우』

● 신규화학물질이 유해화학물질관리법 제7조의 규정에 의한 유해성 심사대상에 해당되는 경우에는 그 유해·위험성 조사보고서를 환경부장관에게 제출할 수 있으며(시행규칙 제86조제1항 단서)

  − 환경부장관은 유해·위험성 조사보고서를 제출받은 경우에는 그 보고서 및 그 물질에 대한 「유해화학물질관리법」에 의한 유해성 심사결과를 고용노동부장관에게 송부하여야 함(시행규칙 제86조제2항)

(2) 검토방법

● 고용노동부장관은 유해·위험성 조사보고서를 검토할 때에는 당해 물질에 대한 환경부장관의 유해성 심사결과를 참고하거나 안전공단 기타 관계전문가의 의견을 들을 수 있음(시행규칙 제92조제1항)

(3) 사업주에 대한 시설·설비의 설치 등 명령

- 고용노동부장관은 신규화학물질의 유해·위험성 조사보고서에 따라 근로자의 건강장해방지를 위하여 필요하다고 인정할 때에는 당해 사업주에게 시설·설비의 설치 또는 정비, 보호구의 비치 등의 조치를 하도록 명령할 수 있음(법 제40조제4항) → 위반 시 1,000만원 이하의 벌금
- 고용노동부장관이 접수된 보고서를 검토한 결과 법 제40조제4항의 규정에 의하여 필요한 조치를 명하고자 할 때에는 당해 보고서를 제출한 자에게 『유해·위험성 조치사항 통보서(시행규칙 별지 제18호의2서식)』를 작성하여 통보하여야 하며(시행규칙 제86조제3항)
  - 환경부장관으로부터 관련서류 등을 받은 경우로서 그 서류 등을 검토한 결과 법 제40조제4항의 규정에 따라 필요한 조치를 명하고자 하는 때에는 유해·위험성 조치사항 통보서를 작성하여 환경부장관에게 송부하여야 함(시행규칙 제86조제3항단서)
  - 환경부장관은 고용노동부장관으로부터 유해·위험성 조치사항 통보서를 송부받은 때에는 이를 그 사업주에게 통보하여야 함(시행규칙 제86조제4항)
- 지방고용노동관서의 장은 유해·위험성 조치사항 통보서를 고용노동부장관으로부터 통보받거나 또는 제조·수입자로부터 교부받은 사업장에 대하여 근로자 건강장해방지를 위한 필요한 조치의 이행여부 등의 지도·점검을 실시하여야 하며
  - 신규화학물질을 다른 사업장에 양도·제공하는 경우에 유해·위험성 조치사항 통보서를 함께 교부하는지 여부를 확인해야 함

(4) 신규화학물질의 명칭 등의 공표

- 고용노동부장관은 신규화학물질의 유해·위험성 조사보고서가 제출된 때에는 이를 지체없이 검토한 후
  - 법 제40조제3항의 규정에 따라 그 신규화학물질의 명칭, 유해·위험성 및 조치사항 등을 관보 또는 『신문 등의 자유와 기능보장에 관한 법률』제12조제1항의 규정에 따라 그 보급지역을 전국으로 하여 등록한 일간신문 등에 공표하고 관계부처에 통보하여야 함(법 제40조제3항, 시행규칙 제91조)
- 다만, 사업주가 신규화학물질의 명칭·CAS번호·구조식 또는 분자식 등 그 신규화학물질의 정보보호를 요청한 경우에는 그 타당성을 평가하여 상품명 등으로 공표할 수 있으며(시행규칙 제91조제1항단서)
  - 정보보호의 타당성 평가기준 등에 관하여 필요한 사항은 고용노동부장관이 정하여 고시함(시행규칙 제91조제2항)
  - ▶ 신규화학물질의 유해·위험성조사 등에 관한 규정(노동부고시 제2003-13호) 제5조 참조

(5) 사업주의 조치사항

- 사업주는 법 제40조제1항의 규정에 의한 유해·위험성조사에 따라 당해 신규화학물질에 의한 근로자의 건강장해를 방지하기 위하여 즉시 필요한 조치를 하여야 함(법 제40조제2항) → 위반 시 1,000만원 이하의 벌금
- 사업주가 신규화학물질을 양도 또는 제공하는 경우에는 근로자의 건강장해방지를 위하여 조치하

여야 하는 사항을 기록한 서류를 함께 제공하여야 함(법 제40조제5항) → 위반 시 300만원 이하의 과태료

나. 유해·위험성조사 제외대상 화학물질

(1) 기존 화학물질 또는 타 법령 관리대상물질 등(시행령 제32조)

① 원소 ② 천연으로 산출된 화학물질 ③ 방사성 물질

④ 법 제40조제3항의 규정에 의하여 고용노동부장관이 명칭을 공표한 물질

⑤ 고용노동부장관이 환경부장관과 협의하여 고시하는 화학물질 목록에 등재되어 있는 물질

⑥ 유해화학물질관리법시행령 제4조제5호의 규정에 의한 화학물질

▸ 시행령 제32조의 규정에 의한 유해·위험성 조사 제외대상은 기존 화학물질이거나 (④, ⑤) 다른 법령에 의해 관리되고 있는 물질(③, ⑥) 또는 사업장에서 거의 사용되고 있는 물질(①, ②) 등임

(2) 신규 화학물질

① 일반소비자의 생활용 신규화학물질(법 제40조제1항단서제1호)

● 조사제외 대상물질

– 일반 소비자의 생활용으로 제공하기 위하여 신규화학물질을 수입하는 경우로서 고용노동부장관의 확인을 받은 다음의 경우(시행규칙 제88조제1항)

• 당해 신규화학물질이 완성된 제품으로서 국내에서 이를 가공하지 아니하는 경우

• 당해 신규화학물질의 포장 또는 용기를 국내에서 변경하지 아니하거나 국내에서 포장을 하거나 용기에 담지 아니하는 경우

• 당해 신규화학물질이 직접 소비자에게 제공되고 국내의 사업장에서 사용되지 아니하는 경우

● 조사제외 확인방법

– 고용노동부장관에게 신규화학물질 유해·위험성조사 제외 확인을 받고자 하는 자는 최초로 신규화학물질을 수입하고자 하는 날 20일전까지 유해·위험성조사 제외확인신청서에 제외 대상물질에 해당하는 사실을 증명하는 서류를 첨부하여 고용노동부장관에게 제출하여야 함(시행규칙 제88조제2항)

② 수입량이 소량인 신규화학물질(법 제40조제1항 단서 제2호)

● 조사제외대상물질

– 신규화학물질의 연간 수입량이 100kg 미만인 경우로서 고용노동부장관의 확인을 받은 경우(시행규칙 제89조제1항)

– 고용노동부장관의 확인은 1년간 유효한 것으로 함(시행규칙 제89조제4항)

● 조사제외 확인방법

– "일반소비자 생활용의 신규화학물질"에 대한 조사제외 확인 방법과 동일(시행규칙 제89조제3항)

– 그러나, 조사제외 확인을 받은 자가 100kg 이상의 신규화학물질을 수입하였거나 수입하고자 하는 때에는 그 사유가 발생한 날부터 30일 이내에 유해·위험성조사보고서를 고용노동부장관에게 제출하여야 함(시행규칙 제89조제2항)

③ 기타 위해의 정도가 적다고 인정되는 경우(법 제40조제1항단서제2호)

● 조사제외 대상물질

– 제조 또는 수입하고자 하는 신규화학물질이 시험·연구를 위하여 사용되는 경우로서 고용노동
부장관의 확인을 받은 경우(시행규칙 제89조의2제1항)

● 조사제외 확인방법

– "일반소비자 생활용의 신규화학물질"에 대한 제외확인 방법과 동일(시행규칙 제89조의2제2항)

④ 확인 및 결과통보

● 유해·위험성조사 제외 확인을 받아야 할 자가 유해화학물질관리법시행령 제5조제1항의 규정에
의하여

– 환경부장관으로부터 유해성심사 면제 대상에 해당하는 증명서를 발급받은 경우에는 이의 확인
을 받은 것으로 간주함(시행규칙 제89조의3)

22. 有害인자 許容基準의 준수(법 제39조의2)

● 발암성물질 등 근로자에게 중대한 건강 장해를 유발할 우려가 있는 유해인자에 대하여 작업장내
유해인자의 농도를 노동부령으로 정하는 허용기준이하로 유지토록 함 → 위반 시 1,000만원 이하의
과태료

가. 허용기준 및 대상 유해인자(규칙 제81조의4 제1항)

유해인자	허용기준			
	시간가중평균값(TWA)		단시간 노출값(STEL)	
	ppm	mg/㎥	ppm	mg/㎥
1. 납 및 그 무기화합물		0.05		
2. 니켈(불용성 무기화합물)		0.5		
3. 디메틸포름아미드	10	30		
4. 벤젠	1	3		
5. 2-브로모프로판	1	5		
6. 석면(제조·사용하는 경우만 해당)		0.1개/㎤		
7. 6가크롬 화합물 — 불용성		0.01		
7. 6가크롬 화합물 — 수용성		0.05		
8. 이황화탄소	10	30		
9. 카드뮴 및 그 화합물		0.03		
10. 톨루엔-2,4-디이소시아네이트	0.005	0.04	0.02	0.15
11. 트리클로로에틸렌	50	270	200	1,080
12. 포름알데히드	0.5	0.75	1	1.5
13. 노말헥산	50	180		

23. 物質安全保健資料(법 제41조)

- 근로자에게 자신이 취급하는 화학물질의 유해·위험성 등을 알려줌으로써 근로자 스스로 자신을 보호하도록 하여 화학물질 취급 시 발생될 수 있는 산업재해나 직업병을 사전에 예방하고 불의의 사고에도 신속히 대응하도록 하기 위해
  - 사업주에게 화학물질의 성분·안전보건상의 취급주의사항 등에 관한 사항을 기재한 자료(물질안전보건자료/MSDS : Material Safety Data Sheets)를 작성·비치토록 의무를 부과하고 있음(법 제41조제1항)
    - ▸ 법 제41조제1항 : 사업주는 화학물질 또는 화학물질을 함유한 제제(대통령령이 정하는 제제를 제외한다. 이하 같다)를 제조·수입·사용·운반 또는 저장하고자 할 때에는 미리 다음 각호의 사항을 기재한 자료(이하 "물질안전보건자료"라 한다)를 작성하여 취급근로자가 쉽게 볼 수 있는 장소에 게시 또는 비치하여야 한다. → 위반 시 500만원 이하의 과태료

기재하여야 할 사항(법 제41조제1항 및 시행규칙 제92조의2)

- 화학물질의 명칭·성분 및 함유량
- 안전·보건상의 취급주의 사항
- 인체 및 환경에 미치는 영향
- 물리·화학적 특성
- 독성에 관한 정보
- 폭발·화재시의 대처방법
- 응급조치 요령
- 기타 고용노동부장관이 정하는 사항

가. 작성요령

- 사업주는 물질안전보건자료를 작성하는 경우에는 그 물질안전보건자료의 신뢰성이 확보될 수 있도록 인용된 자료의 출처를 함께 기재하여야 함(시행규칙 제92조의3)
- 물질안전보건자료는 한글로 작성하는 것을 원칙으로 하되 화학물질명·외국기관명 등의 고유명사는 영어로 표기할 수 있으며
  - 세부작성방법·용어 등 필요한 사항은 고용노동부장관이 정함
    - ▸ 화학물질의 분류·표시 및 물질안전보건자료에 관한기준(고용노동부고시)에서 상세히 설명하고 있음

나. 경고표시의 부착

(1) 의 의

- 사업주는 화학물질 또는 화학물질을 함유한 제제를 취급하는 근로자의 안전·보건을 위하여 이를 담은 용기 및 포장에 경고표시를 하여야 함(법 제41조제2항) → 위반 시 300만원 이하의 과태료

(2) 경고표시 작성방법

- 경고표시는 화학물질 또는 화학물질을 함유한 제제 단위로 작성하여 이를 담은 용기 및 포장에 부착하여야 함
  - 다만, 다음과 같이 별도의 표시를 한 경우에는 경고표시를 하지 아니할 수 있음(시행규칙 제92 조의4제1항)
    - ▶ 경고표시 제외대상
      ① 유해화학물질관리법 제28조의 규정에 의한 유독물의 표시
      ② 소방기술기준에관한규칙 제278조제3호의 규정에 의한 표시
      ③ 고압가스안전관리법 제17조제4항의 규정에 의한 합격용기 등의 표시
      ④ 위험물선박운송및저장규칙 제6조제1항 및 동규칙 제26조제1항의 규정에 의한 표시(동 규칙 제26조제1 항의 규정에 의하여 해양수산부장관이 고시하는 수입물품에 대한 표시는 최초의 사용사업장으로 반입 되기 전까지에 한함)
      ⑤ 항공법시행규칙 제188조의 규정에 의한 국제민간항공기구에서 정한 위험물항공운송에 관한 기술상의 기준에 의한 표시(수입물품에 대한 표시는 최초의 사용사업장으로 반입되기 전까지에 한함)
- 경고표시에는 당해 화학물질 또는 화학물질을 함유한 제제의 명칭, 취급상의 주요 유의사항, 경고 내용을 나타내는 그림 등을 포함하여야 하며(시행규칙 제92조의4제2항)
  - 경고표시의 규격, 경고내용을 나타내는 그림의 종류 기타 필요한 사항은 고용노동부장관이 정 함(시행규칙 제92조의4제3항)

다. 근로자에 대한 교육

- 사업주는 화학물질 또는 화학물질을 함유한 제제를 취급하는 근로자에 대하여 물질안전보건자료 의 내용 기타 필요한 사항에 관한 교육을 실시하여야 한다(법 제41조제3항 후단, 시행규칙 제92조 의5제1항). → 위반 시 300만원 이하의 과태료
- 사업주는 근로자에 대한 교육을 실시한 때에는 교육시간 및 내용 등을 기록하여 근로자대표의 확 인을 받아 보관하여야 하며(시행규칙 제92조의5제3항)
  - 교육시기·내용 등에 관하여 필요한 사항은 고용노동부장관이 정함(시행규칙 제92조의5제3항)

라. 물질안전보건자료의 제출·변경 명령

- 지방고용노동관서의 장은 화학물질 또는 화학물질을 함유한 제제를 취급하는 근로자의 안전·보 건을 유지하기 위하여 다음 경우에 해당하는 때에는 사업주에게 물질안전보건자료의 제출을 명할 수 있음(법 제41조제5항, 시행규칙 제92조의6제1항)
  ① 유통 및 게시·비치되고 있는 물질안전보건자료의 내용에 이상이 있다고 판단되는 경우
  ② 근로자의 안전보건에 중대한 영향을 미치는 유해한 화학물질을 포함하고 있는 경우
  ③ 그 밖에 화학물질로 인한 사고 등 중대재해로부터 근로자의 안전·보건을 유지하기 위하여 필 요한 경우 → 위반 시 1,000만원 이하의 과태료
  - 사업주는 물질안전보건자료의 변경명령을 받은 경우에는 그 명령을 받은 날부터 30일이내에 그 결과를 지방고용노동관서의 장에게 보고하여야 함(시행규칙 제92조의6제4항)

마. 작업공정별 관리요령 게시

- 사업주는 화학물질 또는 화학물질을 함유한 제제를 취급하는 작업공정별로 관리요령을 게시하여야 한다(법 제41조제6항).
  - 작업공정별 관리요령에는 화재·폭발시 방재요령, 취급·저장시 주의사항 등을 포함하여야 하며, 작업공정별 관리요령은 물질안전보건자료에 포함하여 게시할 수 있음(시행규칙 제92조의7)

바. 관련자료의 제공

- 고용노동부장관은 근로자의 안전·보건의 유지를 위하여 필요한 경우에는 안전공단으로 하여금 물질안전보건자료와 관련된 자료를 근로자 및 사업주에게 제공할 수 있음(법 제41조제7항, 시행규칙 제92조의8제1항)
- 고용노동부장관 또는 공단은 근로자 또는 사업주에게 물질안전보건자료와 관련된 자료를 제공하기 위하여 필요하다고 인정하는 경우에는
  - 화학물질 또는 화학물질을 함유한 제제를 제조 또는 수입하는 자에게 물질안전보건자료와 관련된 자료를 요청할 수 있음(시행규칙 제92조의8제2항)

사. 물질안전보건자료에 기재하지 아니한 정보의 제공

- 근로자를 진료하는 의사, 산업보건의, 보건관리자(법 제16조제3항의 규정에 따른 보건관리대행기관을 포함) 또는 근로자 대표 등은 근로자의 안전·보건을 유지하기 위하여 근로자에게 중대한 건강장해가 발생하는 등 고용노동부령이 정하는 경우 영업 비밀에 대한 정보 제공을 요구할 수 있음(법 제41조제8항)
- 고용노동부령이 정하는 경우라 함은,
  - 보건관리자가 화학물질로 인하여 근로자에게 직업병발생 등 중대한 건강상의 장해가 발생할 우려가 있다고 판단하는 경우
  - 의사 또는 산업보건의가 근로자의 치료를 위하여 필요하다고 판단하는 경우
  - 화학물질로 인하여 근로자에게 중대한 건강상의 장해가 발생하여 근로자 대표가 정보제공을 요구하는 경우

아. 물질안전보건자료의 양도·제공

- 사업주는 화학물질 또는 화학물질을 함유한 제제를 양도하거나 제공하는 경우 물질안전보건자료를 함께 양도하거나 제공하여야 함(법 제41조제4항) → 위반 시 300만원 이하의 과태료

자. 물질안전보건자료의 작성·비치 제외대상(시행령 제32조의2)

① 원자력법에 의한 방사성 물질 ② 약사법에 의한 의약품·의약부외품 및 화장품 ③ 마약법에 의한 마약 ④ 농약관리법에 의한 농약 ⑤ 사료관리법에 의한 사료 ⑥ 비료관리법에 의한 비료 ⑦ 식품위생법에 의한 식품 및 식품첨가물 ⑧ 향정신성의약품관리법에 의한 향정신성의약품 ⑨ 총포·도검·화약

류등단속법에 의한 화약류 ⑩ 폐기물관리법에 의한 폐기물 ⑪ 위의 물질외의 물질로서 사업장에서 사용하지 아니한 일반소비자용 제제 ⑫ 기타 고용노동부장관이 독성·폭발성 등으로 인한 위해의 정도가 적다고 인정하여 고시하는 제제

> ▸「화학물질의 분류·표시 및 물질안전보건자료에관한기준」(고용노동부고시) 제3조제2항 : 대상화학물질을 1% 미만 함유한 물질(단, 발암성물질은 0.1%미만 함유한 물질)과 고형화된 완제품으로서 취급 근로자가 작업시 그 제품에 함유된 대상화학물질에 노출될 우려가 없는 제제(단, 발암성물질이 함유된 제품은 제외)

행정해석

■ 원료의약품의 물질안전보건자료 작성대상 여부

● 원료의약품이 MSDS 작성대상인지

◇「산업안전보건법」시행령 제32조의2제2항에 따라서「약사법」에 따른 의약품 및 의약외품은 물질안전보건자료의 작성·비치 대상 제외 제제입니다.

  −「약사법」에서 의약품은 대한약전에 실린 물품 중 의약외품이 아닌 것으로 정의하고 있습니다.

  − 이에 따라 원료의약품이 대한약전에 실려 있다면 의약품으로 분류되어 물질안 전보건자료 작성·비치 제외 제제로 볼 수 있음

■ 화학물질 경고표시의 "공급자 정보"기재 방법

● 경고표시 기재항목인 "공급자 정보"를 일본의 제조자, 한국의 수입자 중 어느 곳을 기재하여야 하는지 여부

  ※ UN GHS 지침서에 따르면 "공급자 정보"를 제조자 또는 공급자의 명칭, 주소 및 전화번호를 표기하도록 정하고 있음

◇ 경고표시의 "공급자 정보"는 해당 화학물질을 양도·제공받은 자가 필요시 상대방에게 연락할 수 있도록 명칭, 주소, 전화번호 등을 기재한 정보를 말함

◇ 경고표시의 "공급자 정보"에는 제조자 또는 수입자의 정보를 기재할 수 있으며, 해외 제조자 도 포함될 수 있음

  − 다만, "공급자 정보"를 표시하는 취지에 미루어 볼 때에 해외 제조자 관련 정보를 기재하는 경우에는 국내 사업주가 필요 시 연락하여 상담을 받을 수 있는 명칭, 주소, 전화번호 등을 기재하여야 하며

  − 그러하지 아니한 경우에는 "공급자 정보"에 국내 수입자에 관한 정보를 기재하여야 함

◇ 참고로, 경고표시를 하는 경우에는 「화학물질의 분류·표시 및 물질안전보건자료에 관한 기준」(고용노동부고시) 제5조제1항에 따라 반드시 한국어로 기재하여야 함

■ 화학물질 경고표시 의무위반 여러 건에 대한 과태료 부과

● 하나의 공정에서 하나의 화학물질을 여러 용기에 담아 사용하면서 여러 용기에 경고표시를 하지 않은 경우 과태료를 부과하는 방법

● 하나의 공정에서 여러 화학물질을 여러 용기에 담아 사용하면서 각 화학물질별로 여러 용기에 경고표시를 하지 않은 경우 과태료를 부과하는 방법

● 여러 공정에서 여러 화학물질을 여러 용기에 담아 사용하면서 각 화학물질별·공정별로 여러 용기에 경고표시를 하지 않은 경우 과태료를 부과하는 방법

◇ 현행 산업안전보건법 제41조제3항에 대한 과태료 부과기준(시행령 별표13 제 42호)에서는 화학물질의 종수, 용기수 및 공정수에 따른 위반건수 산정을 별도로 규정하고 있지 않음

　－ 따라서 화학물질 종수, 용기수 및 공정수에 관계없이 경고표시 미실시 자체를 하나의 위반행위로 판단하여 과태료를 부과하여야 할 것으로 판단됨

■ 물질안전보건자료(MSDS) 비치 장소

● 각 공정별 교육장에 물질안전보건자료를 비치할 경우 법규 충족 여부

◇ 「산업안전보건법」제41조제1항에 따라서 물질안전보건자료는 취급 근로자가 쉽게 볼 수 있는 장소에 게시하거나 갖춰두어야 함

　－ 또한, 「화학물질 분류·표시 및 물질안전보건자료에 관한 기준(노동부고시 제 2009-68호)」제12조 제1항에서 취급근로자가 쉽게 볼 수 다음 각 호의 장소 중 어느 하나 이상의 장소에 물질안전보건자료를 게시 또는 갖추어 두라고 명시되어 있음

　1. 대상화학물질 취급작업 공정 내
　2. 안전사고 또는 직업병 발생우려가 있는 장소
　3. 사업장 내 근로자가 보기 쉬운 장소

　－ 따라서 귀 사업장의 각 공정별 교육장이 상기 각호 중 어느 하나에 해당하고 그 교육장에 물질안전보건자료를 비치하였다면 법규를 충족한 것이라고 볼 수 있음

■ 물질안전보건자료 개정 시 재교육 실시 여부 및 사용 사업주의 수정 가능 여부

● GHS MSDS로 개정하였을 경우 물질안전보건자료 재교육을 실시해야 하는지

● 화학물질 공급업체의 사정으로 개정된 GHS MSDS를 양도받지 못하는 경우 사용 사업장에서 직접 MSDS를 작성 또는 수정하여 사용가능한지

◇ 근로자에 대한 물질안전보건자료의 교육은 법 제41조제3항 및 시행규칙 제92 조의5에 규정되어 있으며

　－ 물질안전보건자료가 변경된 경우 재교육 여부에 관한 사항은 규정되어 있지 않음

　－ 하지만 근로자에 대한 정보전달 차원에서 물질안전보건자료가 변경된 경우에는 이를 근로자에게

　　교육하는 것이 필요할 것으로 사료됨

● 법 제41조 제1항에 따라서 모든 사업주에게 물질안전보건자료의 작성·비치 의무가 규정되어 있으므로

　－ 불가피하게 물질안전보건자료를 제공받을 수 없는 경우 해당 화학물질을 사용하는 사업주가 물질안전보건자료를 직접 작성하여야 함

■ 시행일 이전 판매된 제품에 대한 GHS 기준 적용 여부

● 2010년 7월 이전에 생산되어 이미 판매가 완료된 제품에 대해서 GHS 기준에 따른 경고표지를 부착하여야 하는지

● 2010년 7월 이전에 생산되었으나 창고에 재고로 보관중인 제품에 대해서 GHS 기준에 따른 경고표지를 부착하여야 하는지

● GHS 기준에 따라 아무런 유해성·위험성 분류 결과에 해당하지 않는 경우 GHS에 기준에 따른 경고표지를 부착하여야 하는지

◇ 2010.6.30. 이전에 이미 유통되었거나 사용 중인 단일물질에 대해서 기존 경고표지를 추가로 1년간 사용할 수 있음

◇ 2010년 7월 1일부터 단일물질에 대해 GHS에 따른 경고표시를 하도록 규정하고 있으므로

　－ 2010년 6월 30일 이전에 생산되어 판매되지 않고 제품창고에 재고로 보관 중인 단일물질에 대해서도 경고표시를 하여야 함

◇ 화학물질의 분류·표시 및 물질안전보건자료에 관한 기준(노동부고시 제 2009-68호)」 제3조에 따른 유해성·위험성 분류기준에 해당되는 화학물질에 대해서는 물질안전보건자료 및 경고표시를 이행하여야 함

　－ 다만, 유해성·위험성 분류기준에 해당되지 않는 경우에는 제조 또는 수입자로부터 이를 입증할 수 있는 근거를 서면으로 통보받아 사업장내에 갖춰 두어야 함

■ 물질안전보건자료 작성 시 혼합물의 독성시험은

● 물질안전보건자료 작성시 혼합물의 독성 시험은 어떤 기관에서 이루어져야 하는지와 수입품의 경우 해당 제조국가의 공인 실험결과로 대체가 가능한지 여부

● 일반소비자용 주방용 세척제를 슈퍼마켓에 판매했을 경우 물질안전보건자료를 제공해야 하는지 여부

◇ 물질안전보건자료 작성시 혼합물(수입물질인 경우를 포함함)의 시험은 우량실험실기준에 따라 수행한 시험결과를 우선적으로 고려하여야 함

◇ 일반소비자용 주방용 세척제에 대해서는 물질안전보건자료의 양도대상에서 제외됨

■ GHS에 따른 물질안전보건자료 및 경고표시 이행 주체

● GHS 시행 전에 해외 해상 선적한 물품이 국내 GHS 시행 이후에 들어온다면 GHS에 따른 경고표지

　를 부착해야 하는지

● 수입 시 해외 공급자가 GHS MSDS 및 경고표지를 제공하지 않는 경우 수입자가 MSDS 작성 및 경고표지를 부착해야 하는지

● 국내 및 국외의 원료 공급자가 GHS 경고표지를 부착하지 않은 경우 고용부 사업장 점검 시 과태료 부과대상은 수입자인지 공급자인지

● 하반기 사업장 점검 시 GHS에 따른 경고표지가 부착되어 있지 않은 경우 과태료가 부과되는지

◇ 산업안전보건법은 국내에서 적용되는 법으로서

　－ 해당 화학제품의 국내 반입 일자가 2010.7.1 이후라면 GHS에 따른 MSDS 및 경고표지를 이행하여야 함

◇ 해외 공급자가 GHS에 따른 MSDS 및 경고표지를 제공하지 않는 경우 국내로 수입하는 사업주가 GHS에 따른 MSDS 및 경고표시를 이행하여야 함

◇ 산업안전보건법 제41조제1항 및 제3항에 따라서 국내에서 화학물질을 제조·수 입·사용·운반 또는 저장하려는 사업주는 MSDS 및 경고표시 의무가 있으므로

　－ 위반 시 국내에서 제조·수입하는 사업주와 사용사업주 모두에게 과태료가 부과될 수 있음

◇ 2010.7.1. 부터 단일물질에 대하여 GHS에 따른 경고표지가 부착되어 있지 않은 경우

　－ 산업안전보건법 제41조제3항에 따라서 과태료가 부과됨

■ 일반소비재도 MSDS를 작성하여야 하는지 여부

● 사업장내 설비 유지·보수를 위해 사용되는 일반소비재의 MSDS 작성 대상여부와 부탄가스, 프레온가스 등의 MSDS 작성 대상 여부

◇ 일반소비재도 사업장에서 공업용으로 다량 사용할 경우에는 MSDS 작성대상임

　－ 참고로 산업안전보건법 제41조, 동법 시행령 제32조의2, 「물질안전보건자료의 작성·비치 등에 관한 기준(고용노동부 고시)」에서 MSDS 작성·비치 제외대상을 정하고 있음

　－ 사업장에서 작업시 지속적으로 사용되는 가스의 경우 MSDS 작성대상임

제7장

勤勞者의 保健管理

1. 作業環境測定(법 제42조)

● 사업장에서 작업시 발생되고 있는 소음, 분진, 화학물질 등의 유해인자에 근로자가 얼마나 노출되는지를 측정·평가한 후 시설·설비 등 적절한 개선을 통하여 쾌적한 작업환경을 조성
  - 근로자의 건강보호를 위해 사업주로 하여금 인체에 해로운 작업을 하는 작업장에 대해 작업환경측정을 실시하고, 그 결과를 기록·보존하며 고용노동부장관에게 보고하도록 의무화하고 있음(법 제42조제1항)
  ▶ 법 제42조제1항 : 사업주는 인체에 해로운 작업을 행하는 작업장으로서 고용노동부령이 정하는 작업장에 대하여 고용노동부령이 정하는 자격을 가진 자로 하여금 작업환경측정을 하도록 한 후, 그 결과를 기록·보존하고 고용노동부령이 정하는 바에 의하여 고용노동부장관에게 보고하여야 한다. 이 경우 근로자대표의 요구가 있을 때에는 작업환경측정시 근로자대표를 입회시켜야 한다. → 위반 시 1,000만원 이하의 과태료 부과(측정결과보고 불이행 시 300만원이하의 과태료, 근로자대표 입회요구 시 불응 500만원 이하의 과태료)

가. 작업환경측정대상 작업장 및 측정제외대상 사업장

(1) 측정대상 작업장(법 제42조제1항, 시행규칙 제9 3조제1항)
  ● 시행규칙 별표 11의4의 작업환경측정대상 유해인자에 노출되는 근로자가 있는 작업장

〈작업환경측정대상 유해인자(시행규칙 별표 11의4)〉

유해인자 분류		종류
화학적 인자	유기화합물	113종
	금속류	23종
	산 및 알칼리류	17종
	가스상 물질류	15종
	시행령 제30조의 규정에 의한 허가대상 유해물질	14종
	분진	6종
	금속가공유	1종

유해인자 분류		종류
물리적 인자	8시간 시간가중평균 80㏈ 이상의 소음	1종
	보건규칙 제7장의 규정에 의한 고열	1종
기타 고용노동부장관이 정하여 고시하는 인체에 해로운 유해인자	현재까지는 없음	

▶ 정 의
- 유기화합물, 금속류, 산 및 알칼리류, 가스상 물질류 : 보건규칙 제420조 참조
- 분진 : 보건규칙 제605조 참조

(2) 측정 제외 작업장(시행규칙 제93조 제1항)

- 보건규칙 제420조제8호에 따른 임시 작업 및 같은 조 제9호에 따른 단시간 작업을 하는 작업장(발암성 물질을 취급하는 작업은 제외한다.
- 보건규칙 제420조제1호에 따른 관리대상 유해물질의 허용소비량을 초과하지 아니하는 작업장(그 관리대상 유해물질에 관한 작업환경측정만 해당한다)
- 보건규칙 제605조제2호에 따른 분진작업의 적용 제외 작업장(분진에 관한 작업환경측정만 해당한다)
- 그 밖에 작업환경측정 대상 유해인자의 노출 수준이 노출기준에 비하여 현저히 낮은 경우로서 고용노동부장관이 정하여 고시하는 작업장

나. 측정방법 및 횟수

(1) 측정방법(시행규칙 제93조의3제1항)

- 작업환경측정을 실시하기 전에 예비조사를 실시할 것
- 작업이 정상적으로 이루어져 작업시간과 유해인자에 대한 근로자의 노출정도를 정확히 평가할 수 있을 때 실시할 것
- 모든 측정은 개인시료 채취방법으로 실시하되, 개인시료 채취방법이 곤란한 경우에는 지역시료 채취방법으로 실시할 것(이 경우 그 사유를 시행규칙 별지 제21호서식의 작업환경측정결과표에 명시하여야 함)
  ▶ 유해인자별 세부측정방법 등에 관하여 필요한 사항은 고용노동부장관이 따로 정하도록 하고 있으며(시행규칙 제93조의3제2항), 측정방법과 관련한 자세한 내용은 「작업환경 측정 및 정도관리규정」(고시 제2011-25호) 참조

(2) 측정 횟수

① 원칙

- 작업장 또는 작업공정이 신규로 가동되거나 변경되는 등으로 작업환경측정대상 작업장이 된 경우에는 그 날부터 30일 이내에 작업환경측정을 실시하고, 그 후 매 6월에 1회 이상 정기적으로 작업환경을 측정하여야 함
  - 다만, 보건진단기관이 보건진단을 실시할 때에 작업장의 유해인자 전체에 대하여 고용노동부장관이 정하는 방법에 의하여 작업환경을 측정한 경우에는 사업주는 당해 측정주기에 실시하여야

할 당해 작업장의 작업환경측정을 별도로 실시하지 아니할 수 있음(시행규칙 제93조제2항)

② 주기 단축(화학적 인자 측정치가 노출기준을 초과한 경우)
- 작업환경측정결과가 다음 경우에 해당하는 작업장 또는 작업공정은 해당 유해인자에 대하여 그 측정일부터 3월에 1회 이상 작업환경측정을 실시하여야 함
  - 화학적 인자(발암성 물질에 한함)의 측정치가 노출기준을 초과하는 경우
  - 화학적 인자(발암성 물질을 제외)의 측정치가 노출기준을 2배 이상 초과하는 경우

③ 주기 연장
- 최근 1년간 작업공정에서 공정 설비의 변경, 작업방법의 변경, 설비의 이전, 사용 화학물질의 변경 등으로 작업환경 측정결과에 영향을 주는 변화가 없는 경우로서 다음 각호의 어느 하나에 해당하는 경우에는 해당 유해인자에 대한 작업환경측정을 1년에 1회 실시할 수 있음(발암성물질을 취급하는 작업공정은 제외)
  - 작업공정 내 소음의 작업환경측정결과가 최근 2회 연속 85데시벨(dB) 미만인 경우
  - 작업공정 내 소음 외의 다른 모든 인자의 작업환경측정결과가 최근 2회 연속 노출기준 미만인 경우

다. 측정자의 자격(시행규칙 제93조의2)

- 그 사업장에 소속된 자로서 산업위생관리산업기사 이상의 자격을 가진 자
- 지정측정기관(법 제42조제4항)

라. 사업주의 의무

(1) 작업환경측정 실시
- 사업주는 측정대상 작업장에 대하여 측정자의 자격을 가진 자로 하여금 측정을 하도록 한 후 그 결과를 기록·보존하여야 함(법 제42조제1항)
  - ▶ 지정측정기관에 위탁시 작업환경측정 및 작업환경측정에 따른 시료의 분석까지를 위탁할수 있음(법 제42조제4항)

(2) 결과 보고
- 사업주는 측정을 실시한 때에는 작업환경측정결과보고서(시행규칙 별지 제20호서식)에 작업환경측정결과표(시행규칙 별지 제21호서식)를 첨부하여 시료채취를 마친 날로부터 30일 이내에 관할 지방고용노동관서의 장에게 제출하되,(시행규칙 제94조제1항)
- 지정측정기관이 작업환경측정을 한 경우에는 시료채취를 마친 날부터 30일 이내에 작업환경측정결과표를 전자적 방법으로 지방고용노동관서의 장에게 제출하여야 한다. 다만, 시료분석 및 평가에 상당한 시간이 걸려 시료 채취를 마친 날부터 30일 이내에 보고하는 것이 어려운 지정측정기관은 고용노동부장관이 정하여 고시하는 바에 따라 그 사실을 증명하여 지방고용노동관서의 장에게 신고하면 30일의 범위에서 제출기간을 연장할 수 있다(시행규칙 제94조제2항).
  - ▶ 기타 작업환경측정 결과의 보고내용 및 절차에 관하여는 「작업 환경측정 및 정도관리규정(고용노동부고

시)」 참조
- 사업주는 작업환경측정 결과 노출기준을 초과한 작업공정이 있는 경우에는 법 제42조제3항에따라 해당 시설 및 설비를 설치하거나 개선 등 적절한 조치를 하고 제93조의3제1항제3호에 따른 시료채취를 마친 날부터 60일 이내에 해당 작업공정의 개선을 증명할 수 있는 서류 또는 개선계획을 관할 지방고용노동관서의 장에게 제출하여야 함(시행규칙 제 94조제3항)

(3) 서류보존(법 제42조제1항 및 제64조제1항, 시행규칙 제144조)
- 법 제42조의 규정에 의한 작업환경측정에 관한 서류 : 3년간 보존
- 시행규칙 제94조의 규정에 의한 작업환경측정결과를 기록한 서류 : 5년간 보존
  - 다만, 고용노동부장관이 고시하는 발암성 확인 물질에 대한 기록이 포함된 서류는 30년간 보존

(4) 근로자대표 입회(법 제42조제1항)
- 사업주는 근로자대표의 요구가 있을 때에는 작업환경측정 시 근로자대표를 입회시켜야 한다.

(5) 측정결과에 따른 조치(법 제42조제3항)
- 사업주는 작업환경측정결과를 당해 작업장 근로자에게 알려야 하며
  - 그 결과에 따라 근로자의 건강을 보호하기 위하여 당해 시설 및 설비의 설치 또는 개선 등 적절한 조치를 하여야 함 → 위반 시 1,000만원 이하의 벌금

(6) 설명회 개최(법 제42조제5항)
- 사업주는 산업안전보건위원회 또는 근로자대표의 요구가 있는 경우에는
  - 직접 또는 작업환경측정을 실시한 기관으로 하여금 작업환경측정결과에 대한 설명회를 개최하여야 함 → 위반 시 500만원 이하의 과태료

행정해석

■ 국고지원을 받지 않는 5인 미만사업장에 대하여 1인 1일 2개소 측정이 가능한지

- 국고지원을 받지 아니하는 5인 미만 사업장에 대하여 1인 1일 2개소까지 측정이 가능한지

◇ 현행산업안전보건법상작업환경측정및정도관리규정제4장에 의한 작업환경측정 방법(1일 6시간 이상 측정, 예비조사 및 사업장 관리 등)을 준수하도록 규정 되어 있고, 1인이 1일 1개소만 측정하도록 한 규정은 없음.

■ 병원 및 의원의 작업환경측정 대상 여부

- 병원 및 의원이 작업환경측정 대상인지

◇ 산업안전보건법 제42조에 따라 사업주는 작업환경측정 대상 유해인자(글루타르알데히드 등 190종)

에 노출되는 근로자가 있는 작업장은 6개월에 1회 이상 정기적으로 작업환경측정을 실시하여야 함 (산업보건기준에 관한 규칙 제22조 규정에 의한 임시작업 및 단시간 작업을 행하는 작업장은 제외)

- 해당 유해인자를 취급하는 근로자가 있는 사업 또는 사업장이라면 모두 작업 환경측정을 실시하여야 하며, 이는 사업주의 의무사항이므로 예외적으로 적용될 수 없음

■ 공기업의 작업환경측정 대상 및 미실시 시 조치사항

● 공기업도 작업환경측정 대상이 될 경우 실시하여야 하는지와 예산 등의 사유로 미실시시 조치 사항은 무엇인지

● 분석 등 유해인자 업무에 종사하는 공무원이 있는 사업장의 경우 행정요원도 전원 비사무직으로 분류하여야 하는지

◇ 산업안전보건법 제3조제2항의 규정은 국가·지방자치단체·정부투자 기관에도 적용하고 있으므로, 공기업 등이 예산 부족 등의 사유가 있다 하더라도 작업환경측정 대상일 경우 이를 실시하여야 하며, 미실시의 경우 의법 조치될 수 있음.

◇ 산업안전보건법 시행규칙 제99조제2항의 규정에 의한 사무직은 공장 또는 공사현장과 동일한 구내에 있지 아니한 사무실에서 서무·인사·경리·판매·설계 등 사무업무(판매업무 등에 직접 종사하는 근로자는 제외)에 종사하는 근로자로 정의하고 있는 바,

- 따라서 "분석 등의 업무가 아닌 행정요원"의 사무직, 비사무직 분별 여부는 개별 직원의 구체적인 근무환경 및 직무내용에 따라 구분되어야 할 것으로 판단됨.

■ 단일물질 초과가능에 대한 판단

● 노동부고시에 의하면 유해물질이 노출기준 초과가능으로 나타나면 사업주는 재측정을 실시하라고 되어 있는 바 이는 측정기관에서 초과가능으로 발송된 측정결과보고서를 받은 후의 조치인지의 여부와 단일물질을 1개의 시료포집으로 측정할 경우 재평가 방법이 있는지의 여부와 이를 어떻게 판단해야 하는지

◇ 작업환경측정기관이 송부한 작업환경측정결과표에 "노출기준 초과가능"으로 평가된 경우 사업주는 당해 작업장소에 대하여 조속한 시일내에 재측정을 하여야 하며 재측정이 완료된 날을 작업환경측정 완료일로 볼 수 있음.

- 작업시간 전체를 1개의 시료로 측정하든, 작업시간 전체를 측정하되 여러번 시료를 나누어 측정하든 관계없으며 재측정에 따른 평가방법도 동일함. 따라서 재측정한 값이 "노출기준 초과가능"으로 평가될 경우 사업주는 다시 재측정할 필요는 없으며 그 자체로 작업환경을 관리하면 될 것임.

■ 건설현장의 작업환경측정 대상 여부

● 제철소 제강공장 내에서 노후설비의 개·보수 작업을 수행하는 건설작업현장에서 발주처(도급인)가 실시한 작업환경측정으로 동일 장소에서 작업하고 있는 수급인의 작업환경측정을 갈음할 수 있는지

● 도급공사의 전체 공사기간은 6개월 이상이나 하수급업체 근로자가 연속된 기간으로 3~4개월 미만의

기간 동안 동 작업장에서 작업을 하는 경우에 산업보건기준에 관한규칙의 분진작업의 적용제외에 해당되는지

◇ 동일한 장소에서 원수급인의 근로자와 하수급인의 근로자가 작업시 원수급인에게 당해 장소에서의 안전보건관리의무 부과를 규정하고 있는 산업안전보건 법 제29조의 규정은 제강업으로서 발주자의 지위에 있고, 노후 설비의 개·보수 작업을 위하여 건설업자에게 도급을 준 경우라면 동 조항은 해당되지 않음. 따라서 발주자가 행한 작업환경측정으로 원수급인(건설업자)이행하여야 할 작업환경측정을 갈음할 수 없다고 판단됨.

※ 원수급인 : 발주자로부터 직접 어느 일을 완성할 것을 약정하고 도급을 받는 자

◇ 개정 전 산업보건기준에관한규칙 제33조의 규정에 의한 분진작업이라면 제 34조의 제2항의 규정에 의하여 작업시간이 짧거나 6월 미만의 기간에 걸친 분진작업에 있어 사업주가 적절한 호흡용 보호구를 지급하여 착용토록 한 경 우에는 작업환경측정 의무 적용은 제외('03.12.31까지 유효함)될 수 있음. 그러나 동 규칙의 개정(노동부령제195호, '03.7.12)으로 인하여 분진작업 적용제외(개정 규정 제4조 제2항)는 작업시간이 월24시간 미만의 임시분진 작업에 있어서 사업주가 근로자에게 적절한 호흡용 보호구를 지급하여 착용하도록 한 때로 규정(다만 월10시간 이상 24시간 미만인 임시분진작업이 매월 행하여지는 경우에는 제외)하였음

■ 소음 노출기준 초과 시 초과공정만 측정하는지 전 공정을 측정 하는지

● 개정된 산업안전보건법 시행규칙 제93조의4(작업환경측정횟수)에 따라 소음이 100dB을 초과하면 3월에 1회 이상 측정을 실시하도록 하고 있는데, 소음 초과 공정만 측정을 하는지 아니면 모든 공정을 대상으로 측정을 실시해야 하는지

◇ 산업안전보건법 시행규칙 제93조의4(작업환경측정횟수)에 의하여 3월에 1회 이상 측정을 실시하는 경우는 다음 각호와 같으며,

가. 발암성물질의 측정치가 노출기준을 초과

나. 화학적인자(발암성물질 제외)의 측정치가 노출기준을 2배 이상 초과

◇ 소음은 3월에 1회 이상의 측정실시 대상에 해당되지 않음.

■ 석면 포 취급 작업의 작업환경측정 대상 여부

● 용접 작업 시 또는 산소절단 작업시 화재예방을 위하여 석면포를 바닥에 깔거나 또는 간이 방화벽으로 사용하는 기능적 작업자인 경우 작업환경측정 대상 여부

◇ 산업안전보건법 제42조, 시행규칙 제93조 (작업환경측정)의 규정에 의하여 사업주가 특정화학물질(석면은 특정화학물질 제1류 물질) 등을 제조 또는 사용하는 작업장에 대하여는 6월에 1회 이상 정기적으로 작업환경측정을 하도록 규정되어 있고, 또한 작업 시 또는 산소절단 작업시 화재예방을 위하여 바닥에 깔거나 또는 간이 방화벽으로 사용할 경우 사용으로 인하여 석면분진이 발산될 수 있으므로 작업환경측정 대상이 된다고 판단됨.

■ 측정결과 노출기준 초과 공정에 대하여 사업주가 개선하도록 하는 등의 근거 조항은 무엇인지

● 측정결과 노출기준 초과공정에 대하여 사업주가 개선하여 노출기준 미만으로 유지하여야 하는 산업안전보건법에서의 근거조항은

● 예비조사의 실시와 측정결과서내의 측정위치도의 작성주체는

● 사업장에서 유기용제 GC분석 Back data를 요청하였을 경우 측정기관에서 Data를 거부할 수 있는지

● 측정 시 측정자의 수를 규정하고 있는지와 규정한다면 내용이 무엇인지

◇ 사업주는 작업환경측정결과를 당해 근로자에게 알려야 하며 그 결과에 따라 근로자의 건강보호를 위한 적절한 조치를 하여야 함(산업안전보건법 제42조 제3항).

◇ 측정대상 사업장에 대한 예비조사, 측정계획서 및 작업환경측정결과표의 작성 등은 측정자가 하여야 함(작업환경측정 및 정도관리규정 제17조, 제39조)

◇ 산업안전보건법령 및 하위규정에서는 측정기관이 측정(분석)결과에 대한 근거자료를 제출하도록 규정하고 있지 않으나,

  – 작업환경측정의뢰서(계약서)에 이를 명시하거나 작업환경측정결과 설명회(산업안전보건법 제42조제5항)시 측정(분석)결과에 대한 근거자료의 제시를 요청할 수 있을 것으로 사료됨

◇ 또한, 작업환경측정시 측정자의 수도 별도로 규정된 바 없으며, 대상 작업장의 규모 및 유해인자의 종류 등에 측정기간 및 측정자의 수가 달라지게 되므로 반드시 작업환경측정의뢰(계약)전에 예비조사를 실시한 후 사업주와 측정기관이 상호협의하여 결정하는 것이 바람직한 것으로 사료됨.

■ 작업환경측정에서 서류상 예비조사의 실시란

● 작업환경측정 및 정도관리규정 제17조제2항의 내용중 공정 및 취급인자의 변동이 없는 경우에는 서류상의 예비조사만을 실시할 수 있다에서 서류상의 의미가 작업환경측정결과표 별지 제21호 서식상의 예비조사 결과를 말하는 것인지 아니면 별도의 예비조사표를 작성한 것을 말하는지

◇ 작업환경측정 및 정도관리규정 제17조제1항의 규정에 의해 측정자는 측정대상 사업장의 측정을 하기 전에 예비조사를 실시하고 측정계획서를 작성하여야 하나, 제2항의 규정에 해당하는 경우에는 서류상의 예비조사만을 실시할 수 있음.

  ※ 서류상 예비조사만 실시할 수 있는 경우
    – 보건관리자로 선임된 자가 당해 사업장에 대한 측정계획서를 작성하여 측정기관에 제공한 경우
    – 또는 측정기관이 전회 측정을 실시한 사업장으로서 공정 및 취급인자 변동이 없는 경우

◇ 동 규정상 "예비조사"라 함은 사업장방문에 의한 조사를 의미하며, "서류"라 함은 작업환경측정결과표(별지 제21호서식)가 포함된 관련자료 등을 의미함.

■ 작업환경측정결과표에 종합의견은 노출기준을 초과한 유해인자만 작성하는 것인지

● 산업안전보건법 시행규칙 별지 제21호 서식 작업환경측정결과표중 3. 측정결과에 따른 종합의견은 노출기준을 초과한 유해인자를 중심으로 작성하도록 규정하는 바 이는 노출기준을 초과한 유해인자

만 작성하라는 것인지 아니면 노출기준 미만의 사항에 대한 의견도 작성 가능하다는 것인지

◇ 작업환경측정결과표(산업안전보건법시행규칙 별지 제21호서식) 중 "3. 측정결과에 따른 종합의견" 작성요령은 동 서식 하단에 기재되어 있으며, 그 내용은 살펴보면,

> ※ 측정농도의 평가결과 노출기준을 초과한 유해인자를 중심으로 다음과 같이 작성합니다.
>   1. 측정결과의 평가 : 고용노동부장관이 정하는 측정농도의 평가방법에 의하여 노출기준 초과여부를 상세히 기재합니다.
>   2. 작업환경설비 실태 및 문제점
>   3. 대책 : 공학적·관리적·개인위생적 측면으로 제시하되, 필요시 별지에 작성합니다.

- 즉, 노출기준 초과 유해인자를 중심으로 종합의견을 작성하라는 의미이나, 노출기준 미만으로 평가된 경우에도 필요한 의견은 기재할 수 있음.

■ 소음이 노출되는 실시간 작업이 8시간이 아니고 10시간이면 보정해야 하는지

● 귀하가 소음측정평가와 관련하여 소음폭로 량 측정기로 연속측정(6시간 이상)한 결과 Dose가 85% 일 경우 식 5에 의하여 Leq는 약 88.8dB(A)이고, 6회 측정한 경우에도 평균치가 89.0dB(A)로 나타났을 경우, 이때의 실시간 작업은 8시간이 아니고 10시간이면

1. 연속 측정한 경우 8-TWA는 어떻게 해야하는지
2. 6회 측정한 경우 8-TWA는 어떻게 해야하는지

● 고시 4의 등가소음레벨을 이용하여 n(각 소음레벨측정치의 발생시간)을 10시간으로 하고 분모의 각 소음레벨측정치의 발생기간 합을 8시간으로 하여 평가하여야 하는지

◇ 8-TWA는 1일 8시간 작업일 때의 기준이므로 소음 폭로량 측정기로 8시간 동안 측정하여 평가하는 것이 원칙이나

- 우리나라의 소음발생사업장수, 측정기관의 소음 폭로량 측정기 보유 대수 등 현실적 여건을 고려하여 1일 작업시간 동안 6시간 이상 측정하거나 작업시간을 1시간 간격으로 6회 이상 측정한 값을 8시간 측정한 값으로 인정하고 있음

- 따라서 비정상적인 작업시간 즉 1일 10시간에 대한 노출기준을 보정하는 기준은 정하지 않고 있음

- 참고로, 미국산업안전보건법 CFR 1910.95의 부록A(소음노출 계산)에서 정하고 있는 공식을 이용하여 평가할 수 있고 그 결과를 토대로 근로자의 건강보호 자료로 활용할 수 있을 것임

◇ 작업시간 10시간에 대하여 보통소음계로 6회 측정한 경우의 계산은 상기 답변내용과 같이 작업환경측정및정도관리규정(고용노동부 고시 제2011-25호) 제36조(소음수준의 평가) 등가소음레벨 방법을 적용하여 1일 10시간을 적용하지 않고, 1일 8시간을 기준으로 하여 평가하여야 할 것임.

■ 파견(용역)업체의 근로자에 대한 작업환경측정은 누가 실시해야 하는지

● 작업환경측정 시 파견업체 근로자가 포함되는지

◇ 파견근로자의 안전보건에 대하여는 "파견근로자보호등에관한법률" 제35조의 규정에 의하여 파견중인 근로자의 파견근로에 관하여는 사용사업주를 산업안전보건법 제2조제3호의 규정에 의한 사업주

로 보고 있음을 알려드리며, 따라서 용역업체 근로자도 포함하여 측정하여야 함.

※ "파견근로자보호 등에관한 법률 제35조 및 시행규칙 제18조"를 참조하시기 바람(고용노동부홈페이지, 부서별홈페이지, 고용정책심의관실, 법령자료, 소관 법령 참조).

■ 작업환경측정대상 유해인자 중 분진의 올바른 노출기준 적용 등은 무엇인지

● 목재가구공장에서 도장 후 사상작업 시 발생되는 페인트분진의 법적 측정대상 여부 및 노출기준의 적용은 어떻게 하는지

● 18명의 작업자가 3교대로 일할 경우 작업환경측정결과표에 근로형태란과 근로자수는 어떻게 기재하고 올바른 측정시료 수는 몇개인지

● 작업환경측정결과보고서상 작업공정의 변경은 단순한 기기위치 변경 등도 포함되는지

◇ 목재가구공장의 사상작업 시 발생되는 페인트 분진은 시행규칙 별표 11의3 작업환경측정대상 유해인자에서 규정한 분진이 아니므로 측정대상물질에는 해당 되지 아니하나

  – 페인트분진에는 목분진과 함께 여러 가지 화학물질이 혼합되어 있으므로 목분진은 물론 그 이외 화학물질의 구성 및 비율을 조사하여 측정대상 물질을 선정하고 동 물질에 대한 노출기준을 적용함이 타당함.

◇ 18명의 작업자가 3교대로 작업할 경우 산업안전보건법 시행규칙 별지21호서식 나-1. 단위작업장소별 작업환경측정결과의 『근로자수』란에 전체 근로자 18명이라 기재하시고, 『근로형태 및 실근로시간』란에는 교대작업(6명씩 3교대)으로 작성하시면 됨

◇ 시행규칙 별지 제20호서식의 ⑱ 최근 1년간 작업장 또는 작업공정의 신규가동 또는 변경여부에서 『작업공정의 변경』이라 함은 새로운 유해물질의 사용, 유해물질 또는 유해인자의 추가, 공정체계의 변화 등으로 인하여 작업환경이 근로자 건강에 나쁜 영향을 미칠 가능성이 있는 변화를 말하며

  – 여타 공정의 변화 없이 일부 공정만 폐쇄되어 없어진 경우에는 작업공정의 변화라고 볼 수는 없으며 마찬가지로 작업공정에는 변화 없이 타사업장으로 외주만 준 경우에도 작업공정의 변화라고 볼 수는 없음.

■ 염화비닐의 작업환경측정 및 건강진단 대상 여부

● PVC 수지를 이용한 압출 또는 성형작업 시 발생하는 염화비닐에 관한 작업환경측정 및 특수건강진단 대상 여부

◇ 산업안전보건법 시행규칙 별표 11의3(작업환경측정대상 유해인자) 및 별표 13(특수건강진단·배치전 건강진단·수시건강진단의 검사항목)에 의거 염화비닐이 PVC 수지내 중량비율로서 1% 이상 함유되었다면 작업환경측정 및 특수건강진단 대상에 해당된다고 사료됨

■ 사업장 자체측정을 할 경우 반드시 산업안전보건위원회에서 노·사 심의를 거쳐야 하는지

● 작업환경측정을 외부 지정측정기관에 위탁하여 실시하다가 보건관리자에 의하여 사업장자체측정을 실시하려고 할 경우 반드시 산업안전보건위원회에서 노·사 심의를 거쳐야 하는지

◇ 산업안전보건법 제19조제2항에 의하여 사업주는 "법 제42조의 규정에 의한 작업환경의 측정 등 작업환경의 점검 및 개선에 관한 사항"에 대하여는 산업 안전보건위원회의 심의·의결 절차를 거쳐 처리토록 되어 있으며, 동 조항 적용에는 작업환경측정기관 선정사항도 포함됨.

■ 사업장과 지정측정기관에서 작업환경측정결과표 보존 연한

● 산업안전보건법 제64조제1항의 규정에서는 사업주는 작업환경측정에 관한 서류를 3년간 보존하도록 규정되어 있고, 제2항에서는 지정측정기관은 작업환경측정에 관한 사항으로 노동부령이 정하는 사항을 기재한 서류를 3년간 보존하도록 되어 있는데, 사업장과 지정측정기관에서는 작업환경측정 결과표를 몇 년간 보존하여야 하는지

◇ 사업주는 작업환경측정에 관한 서류를 5년간 보존(산업안전보건법 제64조의 단서 규정에 의거 시행규칙 제144조제1항에서 5년으로 규정)하여야 하고, 다만 노동부장관이 고시하는 발암성확인 물질은 30년 간 보존하여야 하며,

 – 측정기관은 법 제64조제2항의규정에 의하여 작업환경측정결과표를 3년간 보하도록 규정되어 있음.

■ 본사 및 5개 사업소를 본사에서 총괄하여 측정을 실시할 수 있는지

● 지역적으로 분리된 본사 및 5개 사업소에서 사업소별로 실시하는 작입환경측징을 본사에서 총괄하여 작업환경측정을 실시할 수 있는지

◇ 작업환경측정 및 정도관리규정에 의하여 사업주가 노·사합의로 관내 측정기관 이외의 지정측정기관에서 측정을 받고자 관할 지방고용노동관서의 장에게 신고한 경우에는 지역에 관계없이 측정이 가능합니다. 다만, 작업환경측정결과보고서는 당해 사업장을 관할하는 지방고용노동관서의 장에게 보고하여야 함

■ 한 공정에서 5명씩 3교대로 작업을 할 경우 측정결과표상 표시

● 사업장의 한 작업공정 전체인원이 15명이고, 3교대 작업인 경우 작업환경측정결과표에는 어떻게 기재해야 하는지

◇ 산업안전보건법 시행규칙 별지 제20호 서식 나-2. 단위작업 장소별 작업환경측정결과의 "근로자수" 란에 전체 근로자 15명이라고 기재하고, "근로형태 및 실 근로시간"란에는 교대작업(5명씩 3교대) 및 실 근로시간을 기재하시면 될 것임.

■ 그라인딩 작업 시 발생 되는 분진의 노출기준은 어떻게 적용하는 지

● 자동차공업사의 판금부에서 그라인딩작업 시 발생되는 분진의 노출기준의 적용은

● 가구공장의 유해요인에 노출되는 작업장에 사업주만 근무하는 경우 작업환경 측정 및 특수건강진단의 대상이 되는지

◇ 자동차공업사의 판금부에서 그라인딩작업 시 발생되는 분진은 화학물질 및 물리 적인자의노출기준(고용노동부고시)중 산화철에 적용하는 것이 타당함.

◇ 사업주만이 유해요인에 노출되는 작업을 수행하고 있다면 산업안전보건법 제 42조에 의한 작업환경 측정 및 같은법 제43조에 의한 특수건강진단은 대상이 되지 않음.

■ 원재료가 점토와 고령토를 사용할 경우 몇 종 분진으로 평가해야 하는지

● 벽돌제조 공장에서 사용하는 원재료가 점토와 고령토를 반반정도 섞어서 사용할 경우 발생되는 분진은 1종 또는 3종인지

◇ 분진 종류는 유리규산 함유량에 따라 1종(유리규산 함유량 30%이상) 또는 2종으로 구분하고 있으므로 유리규산 함유량을 분석한 후 판단하여야 할 것임.

■ 허용소비량의 작업시간 및 정확한 단위환산 여부

●「작업시간」 1시간의 의미가 유해물질 취급업무인지 또는 8시간 중 평균 1시간을 의미하는지

● 작업시간 1시간당 유해물질 사용량의 근거 무엇인지

● 유해물질 양의 단위는 그램(g)으로 표기하는데 리터(ℓ)나 밀리리터($m\ell$)인 경우 어떻게 환산해야 하는지

● 허용소비량의 정의 및 작업환경측정 적용범위와 관련규정은 무엇인지

◇ 산업보건기준에 관한 규칙 제23조제1항에 "관리대상 유해물질 취급업무에 근로자를 종사하도록 하는 경우로"로 규정되어 있으므로「작업시간」이란「유해물질을 취급하는 시간」을 의미함

◇ 사용량의 근거 및 허용소비량의 정의는 산업보건기준에 관한 규칙 제23조에 규정되어 있으며 이와 관련된 작업환경측정은 산업안전보건법 시행규칙 제93 조제1항제2호에 규정되어 있음

◇ 무게(g)를 부피(ℓ나 $m\ell$)로 환산할 경우 유해물질의 비중을 고려하여야 함

■ 발암성물질 초과 시 해당 유해인자만 측정하여야 하는지

● 개정된 산업안전보건법 시행규칙과 관련하여

 – 작업환경 측정결과 발암성물질 초과, 화학적 인자 2배 초과일 경우 해당작업장 또는 작업공정의 해당 유해인자만 3월에 1회 측정하는 것인지

 – 시행일자는 시행규칙을 공포한 날인지

 – 측정결과 일부 공정에서 물리적 인자 초과, 화학적 인자가 초과(2배 미만)되었을 경우 해당 작업장 및 작업공정의 해당유해인자만 6월에 1회 이상 측정하면 되는지 아니면 측정주기 완화에는 적용되지 않고 사업장 전체공정에 대해서 6월에 1회 이상 측정을 실시해야 하는지

 – 발암성물질을 취급하는 작업공정의 경우 해당유해인자(발암성물질)만 6월에 1회 이상 측정대상인지, 아니면 해당공정 전체 유해인자인지 아니면 사업장 전체가 6월에 1회 이상 측정대상인지

◇ 산업안전보건법 시행규칙과 제93조와 관련하여

 – 작업환경측정결과 화학적 인자(발암성 물질에 한함)의 측정치가 노출기준을 초과하는 경우 또는 화학적 인자(발암성 물질을 제외)의 측정치가 노출기준을 2배 이상 초과하는 경우에 해당하는 작

업장 또는 작업공정은 해당 유해인자에 대하여 그 측정일부터 3월에 1회 이상 작업환경측정을 실시하여야 함

- 개정된 산업안전보건법 시행규칙은 공포한 날부터 시행함

- 작업환경측정 횟수가 3월에 1회 이상 또는 1년에 1회 이상에 해당되지 않는 경우 작업환경측정대상 작업장은 매 6월에 1회 이상 정기적으로 작업환경측정을 실시하여야 함

■ 노출수준을 달리하는 작업장이 혼재할 경우 작업환경측정 주기는

● 다음과 같이 각기 다른 3개의 작업장을 가진 동일사업장의 작업환경측정 주기는 어떻게 되는지

- "가" 작업장 : 모든 공정에서 작업환경측정 결과가 최근 2회 연속 노출기준 미만이며 최근 1년간 그 작업장에서 공정 설비의 변경, 작업방법의 변경, 설비의 이전, 사용 화학물질의 변경 등으로 작업환경측정 결과에 영향을 주는 변화가 없음

- "나" 작업장 : 노출기준을 초과하는 화학적 인자(발암성물질 제외)가 있으나 노출기준 2배 미만임

- "다" 작업장 : 노출기준을 2배 이상 초과하는 화학적 인자가 있음

◇ 산업안전보건법 제93조의4(작업환경측정 횟수)에서 정하고 있는 작업환경측정 횟수의 조정은

- 동조 단서규정에서 정하고 있는 "화학적인자(발암성물질에 한함)의 측정치가 노출기준을 초과하거나, 발암성물질을 제외한 화학적인자의 측정치가 노출기준을 2배 이상 초과"하여 측정 주기를 6월에서 3월에 1회 이상으로 단축하는 경우(이 경우 측정대상은 해당 작업장 또는 작업공정의 해당 유해인자)를 제외하고는 노출기준을 초과하는 유해인자가 있을 경우 모든 유해인자에 대해 6월에 1회 이상 정기적으로 작업환경측정을 실시하여야 함

- 따라서, "나"작업장에서 화학적인자가 노출기준을 초과(2배 미만)하므로 모든 작업장에 대해 6월에 1회 이상 작업환경측정을 실시하되, 화학적인자가 노출 기준을 2배 초과하는 "다"작업장에 대해서만 해당공정의 당해 유해인자에 한하여 3월에 1회로 단축하여 실시하면 됨

■ 시멘트 분진의 작업환경측정 대상 여부

● 시멘트의 성분 분석표상 금속류인 산화알루미늄 성분이 65% 미만, 산화마그네슘 8.2%, 산화제2철 5.0% 미만이 함유되어 있다고 한다면 작업환경측정 대상이 되는지

● 시멘트 성분 중 크롬이 포함되어 있다고 하는데 작업환경측정 대상이 되는지

● 사업주가 5개의 측정대상 물질중 3개의 물질에 대해서만 측정을 해달라고 요구했을 때 측정기관도 책임이 있는지

◇ 산업안전보건법 시행규칙 별표 11의3(작업환경측정대상 유해인자)에 의거 시멘트 성분내 알루미늄 및 그 화합물, 산화마그네슘, 산화철 분진 및 흄이 중량 비율 1% 이상 함유되어 있다면 작업환경측정 대상이 됨

◇ 시멘트 성분 중 크롬과 그 무기화합물이 중량비율 1% 이상 포함되어 있다면 작업환경측정대상이 됨

◇ 측정대상 유해인자를 일부 누락시킨 경우에 사업주는 산업안전보건법 시행령 별표 13(과태료의 부과기준)에 의거 100만원 이하의 과태료를 부과 받게 되며 측정기관도 측정대상항목을 누락한 때에는 산업안전보건법 시행규칙 별표 20(행정처분기준)에 따라 업무정지 1월의 행정처분을 받게 됨

■ 토목현장의 작업환경측정 대상 여부를 자체적으로 판단할 수 있는지

● 토목현장에서 발생되는 소음이 산업안전보건법 시행규칙 별표 11의3에서 정한 작업환경측정대상(8시간 시간가중평균 80dB 이상의 소음)에 해당되는 지를 판단하기 위해 소음측정기를 자체구입한 후 산업위생기사가 아닌자로 하여금 8시간 시간가중평균을 측정한 결과 80dB을 넘지 않을 경우 측정을 실시하지 않아도 되는지

◇ 산업안전보건법 시행규칙 제93조의4(작업환경측정 횟수) 제1항에 의해 사업주는 작업장 또는 작업공정이 신규로 가동되거나 변경되는 등으로 제93조제1항의 규정에 의한 작업환경측정 대상 작업장이 된 경우에는 그 날부터 30일 이내에 작업환경측정을 실시하고, 그 후 매 6월에 1회 이상 정기적으로 작업환경을 측정하여야 함

　　— 이 경우『작업환경측정을 실시할 수 있는 자』의 자격은 산업안전보건법 시행 규칙 제93조의2(작업환경측정자의 자격)에 따라 그 사업장에 소속된 자로서 산업위생관리산업기사 이상의 자격을 가진자이며 노동부장관이 지정하는 측정 기관에 위탁하여 실시할 수도 있는 바, 소음을 측정할 경우 같은법 시행규칙 제93조의3(작업환경측정방법) 및 "작업환경측정 및 정도관리규정 제26조(소음의 측정방법), 제36조(소음수준의 평가) 규정을 준수하여 측정·분석하여야 함

◇ 그러나 위 규정은 작업환경측정대상 유해인자에 해당되는 경우로 작업환경측 정대상이 아닌 80dB 미만 발생소음에 대해서는 측정자의 자격과 측정방법을 별도로 규정하고 있지 않음. 따라서 측정대상 여부의 명확한 판단을 위해서는 자격있는 자로 하여금 측정토록 하고, 그 결과를 기록·보존하는 것이 바람직할 것으로 사료됨

■ 작업환경측정 미실시 사업장의 향후 측정 시기는

● 1년에 1회로 횟수조정을 받은 A사업장(최근 1년간 공정설비 등의 변경은 없는 상태)은 '02년은 측정을 실시하였으나 '03년에는 측정 미 실시로 지방고용노동관서의 시정지시 후 '04년 상반기에 측정을 실시하였을 때 향후 측정시기는 언제인지(1년에 1회 측정주기 완화가 가능한지)

◇ 산업안전보건법 시행규칙 제93조의4제1항에 따라 작업환경측정대상 작업장은 매 6월에 1회 정기적으로 측정을 하여야 하며 다음 동조 제2항 각 호에 해당되는 경우 1년에 1회로 측정횟수가 완화됨

　① 최근 1년간 그 작업공정에서 공정설비의 변경, 작업방법의 변경, 설비의 이전, 사용 화학물질의 변경 등으로 작업환경측정결과에 영향을 주는 변화가 없을 것
　② 작업환경측정결과가 최근 2회 연속 노출기준 미만일 것

◇ 따라서, A사업장의 경우 '03년 측정 미실시로 동조 제2항제2호 작업환경측정 결과 최근 2회 연속 노출기준 미만을 만족하지 못하므로 동조 제1항에 따라 6월에 1회(2004년 하반기) 측정을 실시하여야 하며, '04년 상반기와 하반기 연속 노출기준 미만이고 동조 제2항1호를 만족할 경우 '05년부터

1년에 1회로 측정횟수가 완화됨

■ 작업환경측정주기를 연장하는 경우 작업장별로 적용할 수 있는지

● 산업안전보건법 시행규칙 제93조의4(작업환경측정 횟수) 제2항에 의해 6개월에서 1년에 1회 이상으로 작업환경측정주기를 연장하는 경우(발암성물질은 제외) 사업장 전 공정이 아닌 "해당 작업 또는 작업공정의 해당 유해 인자"별로 적용해도 되는지

● 측정주기 연장(6월에서 1년)요건 중의 하나인 "최근 1년간 그 작업공정에서 공정 설비의 변경, 작업 방법의 변경, 설비의 이전, 사용 화학물질의 변경 등으로 작업환경측정결과에 영향을 주는 변화가 없을 것"을 사업주가 입증하기 위한 별도의 절차가 필요한지

◇ 산업안전보건법 시행규칙 제93조의4(작업환경측정 횟수) 제2항에 의한 1년에 1회 이상 작업환경측정주기의 조정(연장)은 『작업장』 단위로 적용됨

　－ 질의와 같이 '해당 작업장 또는 작업공정의 해당 유해인자'로 적용되는 경우는 제1항 단서규정에 의해 '발암성물질을 제외한 화학적인자의 측정치가 노출기준을 2배 이상 초과'하거나 '화학적인자 (발암성물질)가 노출기준을 초과'하여 측정주기가 3월에 1회 이상으로 단축되는 경우의 기준임

◇ 측정주기 조정(연장)을 위해 사업주가 조정기준 해당여부를 입증하기 위한 별도의 절차가 필요한 것은 아니나 조정기준에 해당하지 않음에도 작업환경측정을 누락한 경우에는 500만원 이하의 과태료가 부과될 수 있음

■ 용역업체 근로자에 대하여 측정 실시주체가 어느 회사인지

● 종합병원의 시설관리 및 보수에 관한 업무를 용역업체에 위탁하고, 용역업체 소속 근로자의 안전보건관리도 동 업체가 책임지는 내용으로 계약을 체결하였을 경우 작업환경측정을 실시하여야 할 책임 주체가 어느 회사인지

◇ 사업의 일부를 용역(도급)에 의하여 행하는 경우 산업안전보건법의 실시 주체는 당해 근로자를 고용한 사업주임. 따라서 작업환경측정도 근로자를 고용한 용역(수급)업체 사업주가 실시하여야 함. 다만, 작업환경측정결과 개선사항에 대해서는 도급업체와 수급업체간의 계약사항에 따라야 할 것으로 판단됨

■ 소음 측정치가 90dB이면 노출기준 초과에 해당되는지

● 우리나라 소음의 기준이 90데시벨로 되어 있는데 만일 측정치가 정확히 90데시벨일 때 어떻게 판단해야 하는지

◇ 소음에 대한 작업환경측정결과 측정치가 정확히 90dB일 경우, 현행 산업안전보건법상(소음 노출기준 90dB) 초과라고 해석하지 않음.

　－ "노출기준"이라 함은 근로자가 유해요인에 노출되는 경우 노출기준이하 수준에서는 거의 모든 근로자에게 건강상 나쁜 영향을 미치지 아니하는 기준을 말함(화학물질 및 물리적인자의노출기준, 고용노동부고시)

■ 작업환경측정결과표상 평면도의 구체적인 의미 등

● 작업환경측정결과표상 평면도의 구체적인 의미, 기준 및 동 기준의 미준수시 처벌내용과 근거, 사례는

◇ 작업환경측정결과표 서식 제2면에 기재하여야 할 사항은 동 면 최하단 별표로 표시한 바와 같이 "측정대상 부서의 평면도와 단위작업장소별 측정위치를 표시"하도록 되어 있고 평면도는 작업장을 가장 잘 표현할 수 있는 대표적인 건축설계 기법중의 하나로서 채택된 것으로 동 평면도상에 측정위치를 표시하도록 되어 있음

　　－ 이에 대한 더 세부적인 기준을 별도로 정한 것은 없으며, 미 준수한 사실이 적발될 경우에는 1차로 시정 등의 조치를 하도록 하고 있으며 1차 시정에도 불응 시 업무정지 등의 조치를 할 수 있음.

■ 레이저 절단기로 절단작업 시 발생되는 물질은 무엇이며 어떤 분진에 해당되는지

● '04년도에 일본에서 수입하려는 레이저 절단기로 철판소재를 절단작업 시 발생되는 물질은 무엇이며, 일본에서 동 기계를 이용하여 절단 작업 시 발생되는 분진을 측정한 결과 관리농도가 $2.9mg/m^3$으로 통보받았는데 어떤 분진을 말하는 것인지

◇ 레이저로 절단시 발생되는 분진의 종류는 모재의 성분에 따라 달라지는 것으로, 일본에서 사용하는 관리농도란 "작업환경관리를 추진하는 과정에서 유해물질에 관한 작업환경의 상태를 파악하기 위하여 작업환경측정 기준에 따라 단위 작업장소에 대하여 실시한 결과로부터 당해 단위 작업장소의 작업환경 관리의 양부(良否)를 판단할 때의 관리구분을 결정하기 위한 지표"를 의미함. 관리농도가 $2.9mg/m^3$라는 의미는 광물성(유리규산) 분진이 포함되지 않는 금속 등의 분진의 기준농도임.

■ 분진의 중량분석 시 시료채취 분석오차는

● 산업안전보건법 시행규칙 별표 11의3 제1호 바.목의 (1) 분진을 중량분석했을 경우 시료채취분석오차(SAE)는 어떻게 되는지

● 탈크(활석) 등을 투입·배합하는 작업에서 분진평가는 어떻게 해야 하는지

◇ 분진(산업안전보건법 시행규칙 별표 11의3 제1호 바.목의 (1))에 대한 측정 농도 평가시 규산(호흡성 석영), 용접흄 등은 시료채취분석오차(SAE)가 규정 되어 있으며 곡물분진, 면분진, 목분진 등은 규정되어 있지 않음

◇ 「작업환경측정 및 정도관리규정(고용노동부 고시)」 제21조제2호에 의거 탈크(활석) 등이 혼합된 광물성분진은 석영 등 규산의 함유량을 분석하여 평가하여야 함

■ 작업환경측정 주기 완화 및 단시간 작업의 작업환경측정 대상 여부

● 유해인자가 소음과 목분진인데 측정결과 최근 2회 이상 노출기준 미만이고, 작업공정의 변화가 없는 경우 1년에 1회 측정이 가능한지

● 유해인자 노출시간이 1일 1시간 이내의 경우 측정대상 여부

● 측정대상 제외 신청절차가 있는지

● 작업환경측정기준이 지방관서마다 다른지

◇ 작업공정의 변화가 없고 소음과 목분진 등 모든 측정대상 유해인자(발암성물 질은 예외)에 대하여
 최근 2회 측정한 결과 2회 모두 노출기준 미만인 경우에는 1년 1회 측정이 가능함

◇ 유해인자에 노출되는 시간이 1일 1시간 미만일 경우에는 산업안전보건법 시행 규칙 제93조제1항제1
 호의 "단시간작업"에 해당되어 작업환경측정 의무가 없음

◇ 측정대상 제외 신청절차에 대해 별도의 규정은 없으나 측정대상 여부 판정이 곤란한 경우에는 관할
 지방고용노동관서에 대상 여부 판정을 요청할 수는 있을 것임

◇ 작업환경측정대상 기준은 지방고용노동관서마다 다를 수 없음

■ 단시간 납땜업무가 측정대상 등이 되는지

● 옥내 작업장에서 장비수리를 위해 납땜업무를 1일 30분미만으로 작업하되 매일 작업하는 것이 아닐
 때 작업환경측정, 특수건강진단 대상 여부와 국소배기장치 설치 의무 여부는

● 공기청정기와 같이 재순환방식의 국소배기장치가 국소배기시설로서 인정받을 수 있는지

◇ 산업안전보건법 시행규칙 제93조제1항제1호에 의거 임시작업(일시적으로 행하는 작업 중 월 24시간
 미만인 작업. 다만, 월 10시간 이상 24시간 미만인 작업이 매월 행하여지는 작업은 제외) 및 단시간
 작업(납 취급에 소요되는 시간 이 1일 1시간 미만인 작업. 다만, 1일 1시간 미만인 작업이 매일 행하
 여지는 작업은 제외)을 행하는 작업장은 작업환경측정을 실시하지 않을 수 있으며

 － 임시작업 및 단시간 작업에 해당된다면 보건규칙 제25조(임시작업인 경우의 설비특례) 및 제26조
  (단시간작업인 경우의 설비특례)의 규정에 따라 국소배기 장치를 설치하지 않을 수 있으나 같은
  법 시행규칙 제98조에 의거 특수건강 진단 대상에는 해당됨

◇ 국소배기장치는 후드, 닥트, 배풍기 등의 구조로 되어 있는 것으로서 보건규칙 별표 2에 따른 후드의
 제어풍속을 유지할 수 있으면 국소배기시설로서 인정될 수 있음

■ 일부 유해인자만 측정 횟수 조정이 가능한지

● 당 사업장은 자체측정기관을 운영하고 있고, 약 250만평의 부지에 수십개의 단위공정으로 이루어져
 있으며, 전 공정의 소음, 분진, 화학물질 유해인자에 대하여 연 2회 작업환경측정을 실시하고 있는
 데, 소음의 경우 최근 2회 연속 노출기준 미만일 경우 작업공정별로 1년 1회로 횟수를 조정할 수
 있는지

● 자체검사규정(노동부 고시) 제4조(유효자체검사)제2항제1호 및 제2호와 관련하여 대기환경보전법
 시행규칙 제33조 배출시설 및 방지시설의 운영일지를 매일 기록하고 최종기재 한 날부터 1년간 보
 존하는 경우 이를 산업안전보건법 제36조의 규정에 의한 자체검사로 대체할 수 있는지

◇ 특정 작업공정의 유해인자가 비록 최근 2회 노출기준이 미만인 경우라 하더라도 당해 유해인자에
 대해서만 횟수를 1년 1회로 할 수 없음. 즉 전공정의 모든 유해인자가 최근 2회 측정결과 노출기준
 미만이어야 횟수를 1년 1회로 할 수 있음(단, 이 경우에도 발암성물질은 횟수 조정에서 제외)

◇ 자체검사규정(고용노동부 고시) 제4조제2항의 규정에 의한 유효자체검사는 다른 법령에 의한 검사
주기가 자체검사 실시시기와 같거나 짧은 기계·기구 및 설비나 다른 법령에 의한 검사주기가 자체
검사 실시시기와 중복되어 다른 법령에 의한 검사를 받은 기계·기구 및 설비를 의미하는 바

 — 대기환경보건법에 의한 배출시설 및 방지시설의 운영기록 의무는 주로 대기환경보존을 목적으로
대기 중으로 배출되는 오염물질량 등을 기록관리하는 것으로 이는 산업안전보건법에 의한 자체검
사의 목적, 검사항목, 검사방법 등이 전혀 다른 점을 감안할 때 대체가 곤란하다고 사료됨

■ 소독약 제조업체에서 취급하는 메탄올 등이 작업환경측정 대상 여부

● 소독약 제조업체로서 메탄올(120kg/월), 디클로로벤젠(1,930kg/월), 크레졸(200kg/월)을 사용하고
월평균 1.5일 가량(약 8~16시간) 작업이 이루어질 때 작업환경측정 및 특수건강진단 대상이 되는지

◇ 메탄올, 디클로로벤젠, 크레졸은 산업안전보건법 시행규칙 별표 11의3에 의거 작업환경측정 대상에
해당되며 작업환경측정 대상 유해인자에 노출되는 근로자가 있는 작업장은 작업환경측정을 하여야 함

 — 다만, 임시작업(일시적으로 행하는 작업중 월 24시간 미만인 작업. 단, 월 10시간 이상 24시간
미만인 작업이 매월 행하여지는 작업은 제외함) 및 단시간 작업(1일 1시간 미만인 작업. 단, 1일
1시간 미만인 작업이 매일 행하여지는 작업을 제외함)을 행하는 작업장은 시행규칙 제93조에 따
라 작업환경측정을 실시하지 않을 수 있음

◇ 동 사업장은 산업안전보건법 시행규칙 제98조에 따라 특수건강진단 대상에도 해당됨

■ 측정자 1인이 2개소 이상 측정이 가능한지

● 작업환경측정자 1인이 1일 5인 이상 사업장 2개소 이상 및 보건관리기술지원 대상 5인 미만 사업장
1개소와 5인 이상 사업장 1개소의 병행 측정이 가능한지

◇ 사업장에 대한 작업환경측정은 「작업환경측정 및 정도관리규정」 제4장에 의한 측정방법(예비조사
수행, 1일 6시간 이상 측정 및 사업장관리 등)을 준수하도록 하고 있고, 1인이 1일 1개소만 측정하도
록 한 규정은 없음

 — 다만, 보건관리기술지원사업의 5인 미만 사업장 측정에 대하여는 1인이 1일 2개소까지 측정이
가능함

■ 혼합유기용제의 평가 방법

● 혼합유기용제 평가결과 노출기준 미만이지만 개별 항목 단일물질 평가시 노출기준 초과가능으로 평
가되었을 경우 어떻게 해야 하는지

◇ 작업환경측정 및 정도관리규정 「측정결과의 평가」는 작업시간동안 채취된 시료의 개수에 따라 평가
하는 방법에 대한 규정으로서 그 평가대상이 단일물질 또는 혼합물질 여부와 상관없이 모두 적용하
여 평가하여야 함

 — 따라서 2개 이상의 유해물질로 구성된 혼합물질의 측정농도 평가시에는 각각의 유해물질별로 노
출기준 초과여부를 평가하는 「1. 측정결과의 평가」와 「2. 혼합물질에 대한 평가」를 모두 적용하

여 판단하여야 함

■ 노출근로자가 1인이고 지역시료채취 할 때 시료수는

● 단위작업장소의 노출근로자가 1인일 때 지역시료채취를 할 경우 시료수 2개 이상에 대하여 동시에 측정하여야 하는지

◇ 지역시료채취방법은 장소적 개념으로 노출근로자가 1인이라 할지라도 「작업환경측정 및 정도관리 규정」 제19조(시료채취 근로자수)제2항에 따라 단위작업 장소에서 2개 이상에 대하여 동시에 측정하여야 함

■ 발암성물질 취급공정의 측정주기 및 범위

● 발암성 취급 공정이 있을 경우 작업환경 측정을 취급공정만 2회 측정하는 것인지, 아니면 전 공정을 2회 측정하는 것인지

◇ 발암성 물질을 취급하는 공정이 있는 경우 사업장내 발암성 물질을 취급하지 않는 다른 공정의 유해인자에 대한 최근 2회 측정결과 노출미만 등 규칙 제 93조의4제2항의 각호 모두를 충족하는 경우에는 발암성 물질 취급 공정에 대해서만 6월 1회 이상 작업환경측정을 실시함

2. 作業環境測定指定機關

● 개별사업장마다 작업환경측정 자격자와 장비 등을 보유하기 곤란한 현실을 감안하고 측정의 내실화를 기하기 위하여 대통령령으로 정한 자격을 갖춘 지정측정기관에 작업환경측정을 위탁할 수 있다(법 제42조제6항).

3. 근로자 健康診斷(법 제43조)

● 근로자들은 작업환경과 관련된 다양한 유해인자에 노출됨에 따라 본인의 의사와 관계없이 직업성 질환 발생 위험에 직면하게 됨
  - 이에 따라 건강진단을 통해 질병 또는 직업성질환을 초기단계에서 찾아내어 진행을 사전에 예방하는 것이 필수적이므로 사업주에게 근로자에 대한 건강진단 실시의무를 부과하고 있다(법 제43조).
  ▶ 법 제43조제1항 : 사업주는 근로자의 건강을 보호·유지하기 위하여 고용노동부장관이 지정하는 기관 또는 「국민건강보험법」에 따른 건강검진을 하는 기관에서 근로자에 대한 건강진단을 하여야 한다. 이 경우 근로자대표의 요구할 때에는 건강진단 시 근로자대표를 입회시켜야 한다.

● 근로자에 대한 건강진단 종류로는 건강진단의 실시시기 및 대상을 기준으로 일반건강진단·특수건강진단·배치 전 건강진단·수시건강진단 및 임시건강진단(5종류)이 있음(시행규칙 제98조의2제1항)

가. 건강진단의 종류·실시시기 및 대상

〈근로자건강진단 종류별 대상, 시기 및 주기 비교〉

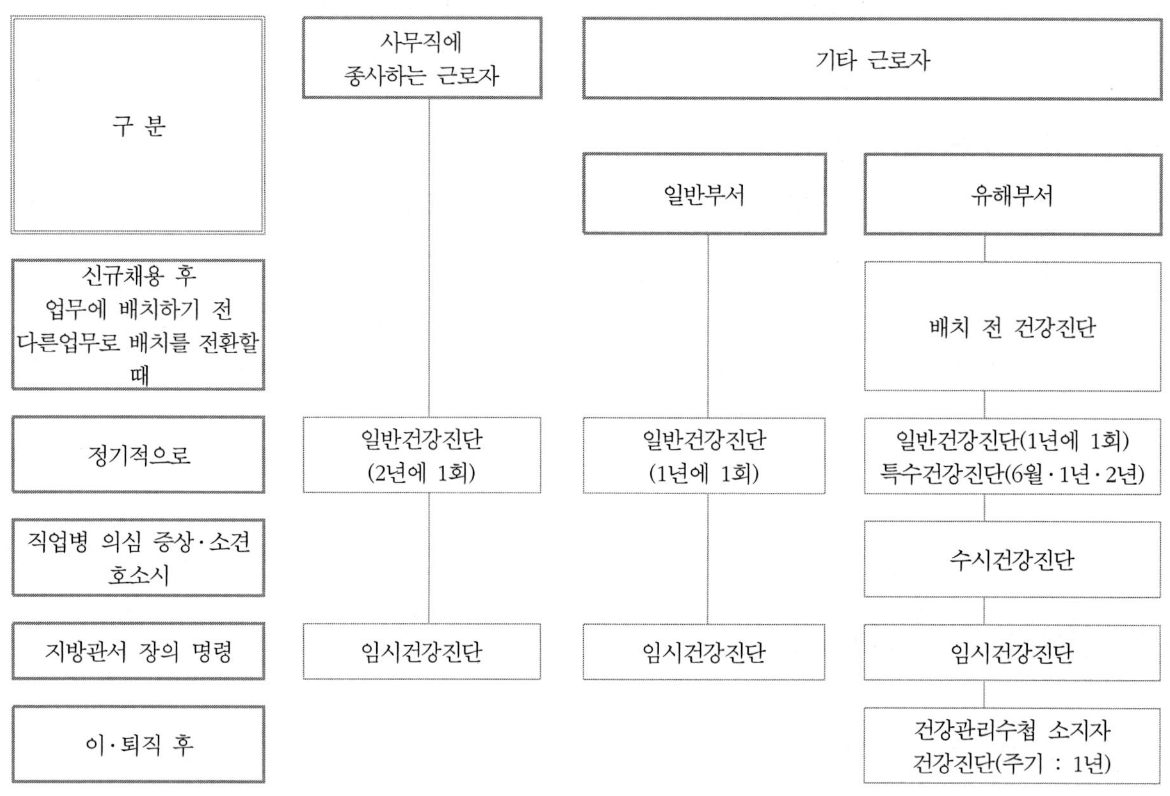

(註) 유해부서 : 특수건강진단 대상유해인자(177종)에 노출되는 부서 또는 업무

(1) 일반건강진단(시행규칙 제98조제2호 및 제99조제2항)

● 상시 사용하는 모든 근로자를 대상으로 건강관리를 위하여 사업주가 주기적(사무직 근로자 : 2년에 1회 이상, 기타 근로자 : 1년에 1회 이상)으로 실시하는 건강진단
  ▸ 사무직에 종사하는 근로자 : 공장 또는 공사현장과 같은 구역에 있지 아니한 사무실에서 서무·인사·경리·판매·설계 등의 사무업무에 종사하는 근로자를 말하며, 판매업무 등에 직접 종사하는 근로자는 제외
    − 다른 법령의 규정에 따라 일반건강진단에 준하는 건강진단을 받은 경우에도 일반건강진단을 실시한 것으로 봄(시행규칙 제99조제1항 및 제6항)
  ▸ 일반건강진단에 준하는 건강진단 :「국민건강보험법」에 따른 건강 검진,「항공법」에 따른 신체검사,「학교보건법」에 따른 건강검사,「진폐의 예방과 진폐근로자의 보호 등에 관한 법률」에 따른 정기건강진단,「선원법」에 따른 건강진단, 그 밖에 일반건강진단의 검사항목을 모두 포함하여 실시한 건강진단, 그 밖의 다른 법령에 따른 건강진단(중복되는 검사항목에 한 함)

(2) 특수건강진단(시행규칙 제98조제2호 및 제99조제2항)

- 직업병 발생원인이 되는 유해인자에 노출되는 업무에 종사하는 근로자 및 근로자건강진단 실시결과 직업병 유소견자로 판정받은 후 작업전환을 하거나 작업장소를 변경하고 직업병 유소견판정의 원인이 된 유해인자에 대한 건강진단이 필요하다는 의사의 소견이 있는 근로자를 대상으로 사업주가 실시하는 건강진단
  - ▸ 특수건강진단 대상여부는 사업주가 물질안전보건자료 또는 작업환경측정결과 등을 토대로 결정
  - ▸ 해당 유해인자에 대하여 특수건강진단을 실시한 것으로 보는 건강 진단 :「원자력법」에 따른 건강진단(방사선),「진폐의 예방과 진폐근로자의 보호 등에 관한 법률」에 따른 정기건강진단(광물성 분진), 「진단용 방사선 발생장치의 안전관리규칙」에 따른 건강진단 (방사선), 그 밖에 특수건강진단의 검사항목을 모두 포함하여 실시한 건강진단 (해당유해 인자)
- 특수건강진단 대상업무
  - 시행규칙 제98조제2호에 따른 유해인자에 노출되는 업무이며, 시행규칙 별표 12의2에서는 특수건강진단 대상업무와 관련되는 유해인자 177종을 규정하고 있음

〈특수건강진단 대상 유해인자(시행규칙 별표12의2)〉

	특수건강진단 대상 유해인자	종류
1	유기화합물	108종
2	금속류	19종
3	산 및 알카리	8종
4	가스상 물질	14종
5	허가대상물질	13종
6	금속가공류	1종
7	분진	6종
8	물리적인자	8종
		177종

- 실시시기
  - 배치 전 건강진단을 실시한 날로부터 유해인자별로 정해져 있는 시기에 첫 번째 특수건강진단을 실시하고,
  - 이후 정해져 있는 주기에 따라 정기적으로 실시(시행규칙 별표12의3)

〈특수건강진단의 시기 및 주기(시행규칙 별표12의3)〉

구분	대상 유해인자	배치 후 첫 번째 특수건강진단 시기	주기
1	N,N-디메틸아세트아미드, N,N-디메틸포름아미드	1월 이내	6월
2	벤젠	2월 이내	6월
3	1,1,2,2-테트라클로로에탄·사염화탄소·염화비닐·아크릴로니트릴	3월 이내	6월
4	석면·면분진	12월 이내	12월
5	광물성분진, 나무분진, 소음 및 충격소음	12월 이내	24월
6	제1호 내지 제5호의 대상유해인자를 제외한 별표 12의2 모든 대상 유해인자	6월 이내	12월

- 실시주기 일시 단축(시행규칙 제99조의2)
  - 작업환경측정결과 노출기준 이상인 작업공정에서 당해 유해인자에 노출되는 근로자, 특수·수시·임시건강진단 실시결과 직업병유소견자가 발견된 작업공정에서 당해 유해인자에 노출되는 모든 근로자, 특수건강진단 또는 임시건강진단을 실시한 결과 당해 유해인자에 대하여 특수건강진단 실시시기를 단축해야 한다는 의사의 판정을 받은 근로자에 대하여는 관련 유해인자별로 다음회에 한하여 특수건강진단 실시주기를 1/2로 단축하여야 함

(3) 배치 전 건강진단(시행규칙 제98조제3호 및 제99조제4항)

- 특수건강진단 대상업무에 종사할 근로자에 대하여 배치 예정 업무에 대한 적합성 평가를 위하여 실시하는 건강진단으로 해당 작업에 배치하기 전에 실시
- 면제대상(시행규칙 제99조제4항 단서)
  - 최근 6월 이내에 당해 사업장 또는 다른 사업장에서 당해 유해인자에 대한 배치 전 건강진단에 준하는 건강진단을 받은 경우
    - ▶ 배치 전 건강진단에 준하는 건강진단 : 해당 유해인자에 대한 배치 전 건강진단, 배치 전 건강진단의 제1차 검사항목을 모두 포함하는 특수건강진단·수시 건강진단 또는 임시건강진단(해당 유해인자에 한함), 해당 유해인자에 대하여 배치 전 건강진단의 제1차 검사항목 및 제2차 검사항목을 포함하는 건강진단

(4) 수시건강진단(시행규칙 제98조제4호 및 제99조제5항)

- 특수건강진단대상업무로 인하여 해당 유해인자에 의한 직업성 천식·직업성 피부염 기타 건강장해를 의심하게 하는 증상을 보이거나 의학적 소견이 있는 근로자를 대상으로 실시하는 건강진단으로 해당근로자의 신속한 건강관리를 위해 실시
- 실시시기(「근로자 건강진단 실시기준(고용노동부고시)」 제9조의2)
  - 수시 건강진단 대상근로자가 직접 또는 근로자대표나 명예산업안전감독관을 통하여 수시건강진단의 실시를 서면으로 요청하거나
  - 당해 사업장의 산업보건의 및 보건관리자(보건관리대행기관을 포함)가 당해 수시대상 근로자에 대한 수시건강진단의 실시를 서면으로 건의한 때
- 면제대상(「근로자 건강진단 실시기준」 제9조의2)
  - 사업주가 수시건강진단의 실시를 서면으로 요청 또는 건의 받았으나, 특수건강진단을 실시한 의사로부터 당해 근로자에 대한 수시건강진단의 실시가 필요치 않다는 자문을 서면으로 받은 경우에는 당해 수시건강진단을 실시하지 아니할 수 있음

(5) 임시건강진단(「근로자 건강진단 실시기준(고용노동부고시)」 제9조의2)

- 특수건강진단대상 유해인자 또는 그밖에 유해인자에 의한 중독의 여부, 질병의 이환여부 또는 질병의 발생원인 등을 확인하기 위하여 다음의 경우에 지방고용노동관서의 장의 명령에 따라 실시하는 건강진단
  - 동일부서에 근무하는 근로자 또는 동일한 유해인자에 노출되는 근로자에게 유사한 질병의 자각 및 타각증상이 발생한 경우

- 직업병 유소견자가 발생하거나 다수 발생할 우려가 있는 경우
- 기타 지방고용노동관서의 장이 필요하다고 판단하는 경우

나. 건강진단 종류별 실시기관·검사항목 및 실시방법

(1) 일반건강진단

- ● 실시기관

  특수건강진단기관 또는 국민건강보험법에 의한 건강진단을 실시하는 기관(시행규칙 제98조의3제2항)

- ● 검사항목(시행규칙 제100조제1항 및 제2항)

  ① 과거병력·작업경력 및 자각·타각증상(시진·촉진·청진 및 문진)

  ② 혈압·요당·요단백 및 빈혈검사 ③ 체중·시력 및 청력 ④ 흉부방사선 간접 촬영

  ⑤ 혈청 G·O·T, G·P·T 및 총콜레스테롤(고용노동부장관이 따로 정하는 자에 한함)

- ● 실시방법

  - 검사결과 질병의 확진이 곤란한 경우에는 제2차 건강진단을 받아야 하며, 제2차 건강진단의 범위·검사항목·방법 및 시기 등을 고용노동부장관이 따로 정함(시행규칙 제100조제3항)

(2) 배치 전 건강진단, 특수건강진단 및 수시건강진단

- ● 실시기관 : 특수건강진단기관(시행규칙 제98조의3제1항)

- ● 검사항목 : 제1차검사항목과 제2차검사항목으로 구분되며, 유해인자별 세부검사항목은 시행규칙 별표13에서 상세히 규정하고 있음(시행규칙 제100조제4항)

- ● 실시방법(시행규칙 제100조제5항 및 제6항)

  - 제1차 검사항목은 해당 건강진단 대상자 전체에 대하여 실시하고
  - 제2차 검사항목은 제1차검사항목에 대한 검사결과 건강수준의 평가가 곤란하거나 질병이 의심되는 사람에게 고용노동부장관이 정하여 고시하는 바에 따라 실시하되, 건강진단 담당의사가 해당 유해인자에 대한 근로자의 노출정도·과거병력 등을 고려하여 필요하다고 인정하는 경우에는 제2차검사항목의 일부 또는 전부를 제1차검사항목 검사시에 추가하여 실시할 수 있음

  ▶ 2차 검사항목 실시기준(고시 제5조의2)

    - 제1차 검사항목에 대한 검사결과 평가가 곤란하거나 질병이 의심되는 경우 해당 신체기관에 대한 2차 검사항목을 실시하되 일부 항목(고시 별표 1)의 의심되는 질병에 따라 건강진단을 실시하는 의사가 필요하다고 판단되는 경우 실시
    - 다만, 기존에 가지고 있던 비직업성 질환이나 소견으로 인한 것이 명백한 경우, 이상소견의 원인 및 상태를 확인하는 데 불필요하다고 판단되는 경우에는 그 사유를 기재해고 실시하지 않을 수 있음

(3) 임시건강진단

- ● 실시기관 : 특수건강진단기관

- ● 검사항목 : 시행규칙 별표13의 규정에 의한 특수건강진단의 검사항목중 그 전부 또는 일부와 건강

진단 담당의사가 필요하다고 인정하는 검사항목(시행규칙 제100조제7항)

다. 건강진단 비용

- 근로자건강진단의 비용은 「국민건강보험법」에 따라 보건복지부장관이 고시하는 기준에 따름(시행규칙 제101조)

라. 건강진단결과의 보고 등(시행규칙 제105조)

(1) 건강진단기관이 사업주·근로자·공단에 결과 송부 및 지방고용노동관서의 장에 대한 보고

- 근로자에 대한 송부 : 건강진단기관이 건강진단을 실시한 때에는 그 결과를 건강진단개인표에 기록하고, 건강진단 실시일로부터 30일이내에 근로자에게 송부하여야 함(시행규칙 제105조제1항)
- 공단에 대한 송부 : 특수·수시 또는 임시건강진단을 실시한 건강진단기관은 건강진단개인표 전산입력자료를 매분기 1회 공단에 송부하여야 함(고시 제19조의2)
- 사업주에 대한 송부 : 건강진단기관이 건강진단을 실시한 날부터 30일 이내에 건강진단결과표(실시현황, 사후관리소견서)를 송부(시행규칙 제105조제3항)
- 특수건강진단기관은 특수·수시·임시건강진단을 실시하고 건강건강진단을 실시한 날부터 30일 이내에 건강진단결과표를 지방고용노동관서의 장에게 제출하여야 함(시행규칙 제105조제5항)
  - 다만, 건강진단개인표 전산자료를 공단에 송부한 경우에는 그러하지 아니함(시행규칙 제105조 제5항 단서)
- 사업주는 일반건강진단결과표를 제출할 의무는 없으나
  - 지방고용노동관서의 장은 근로자의 건강을 유지하기 위하여 필요하다고 인정하는 사업장의 경우 해당 사업주에 대하여 일반건강진단결과표(시행규칙 별지 제22호(1)서식)를 제출하게 할 수 있음(시행규칙 제105조제6항)

마. 사업주의 의무

(1) 건강진단 실시(법 제43조제1항)

- 사업주는 근로자의 건강보호·유지를 위하여 근로자에 대한 건강진단을 실시하여야 함 → 위반시 1,000만원 이하의 과태료

(2) 근로자대표 입회(법 제43조제1항)

- 사업주가 건강진단을 실시할 경우 근로자대표의 요구가 있을 때에는 건강진단에 근로자대표를 입회시켜야 함 → 위반시 500만원 이하의 과태료

(3) 임시건강진단 실시 명령 이행(법 제43조제2항)

- 사업주는 지방고용노동관서의 장이 근로자의 건강을 보호하기 위하여 특정 근로자에 대한 임시건강진단 실시 기타 필요한 사항을 명령한 경우 이 명령에 따라야 함 → 위반시 3년 이하의 징역 또는 2,000만원 이하의 벌금

(4) 건강진단결과 조치이행(법 제43조제5항) → 위반시 1,000만원 이하의 벌금
- 사업주는 이 법령 또는 다른 법령의 규정에 의한 건강진단결과 근로자의 건강을 유지하기 위하여 필요하다고 인정할 때에는
  - 작업장소의 변경, 작업의 전환, 근로시간의 단축 및 작업환경측정의 실시, 시설·설비의 설치 또는 개선 기타 적절한 조치를 하여야 함

(5) 설명회 개최(법 제43조제6항)
- 사업주는 산업안전보건위원회 또는 근로자대표의 요구가 있을 때에는 직접 또는 건강진단을 실시한 건강진단기관 등으로 하여금 건강진단결과에 대한 설명을 하여야 함 → 위반시 500만원 이하의 과태료
  - 다만, 본인의 동의 없이는 개별근로자의 건강진단결과를 공개하여서는 아니된다.

(6) 목적외 사용금지(법 제43조제7항)
- 사업주는 건강진단 결과를 근로자의 건강보호·유지 외의 목적으로 사용하여서는 아니된다.
  → 위반시 300만원 이하의 과태료

(7) 건강진단 실시시기의 명시(시행규칙 제99조의4)
- 일반건강진단 또는 특수건강진단을 실시하여야 할 사업주는
  - 건강진단 실시시기를 안전보건관리규정 또는 취업규칙에 명시하는 등 일반건강진단 또는 특수건강진단이 정기적으로 실시되도록 적극 노력하여야 한다.

(8) 건강진단결과의 보존(법 제64조제1항, 시행규칙 제107조)
- 사업주는 시행규칙 제105조제3항에 따라 건강진단기관으로부터 송부받은 건강진단결과표, 법제43조제3항 단서에 따라 근로자가 제출한 건강진단결과를 증명하는 서류 또는 전산입력자료 5년간 보존
- 발암성확인물질을 취급하는 근로자에 대한 건강진단결과서류 또는 전산입력자료 : 30년간 보존
- 그 밖의 법 제43조에 따른 건강진단에 관한 서류 : 3년간 보존

바. 근로자의 의무(법 제43조제3항)
- 근로자는 이 법령의 규정에 의하여 사업주가 실시하는 건강진단을 받아야 함
  - 다만, 사업주가 지정한 의사·치과의사 또는 건강진단기관의 건강진단을 희망하지 아니하는 경우에는 다른 건강진단기관 등으로부터 이에 상응하는 건강진단을 받아 그 결과를 증명하는 서류를 사업주에게 제출할 수 있음

행정해석

■ 교원의 사무직 여부

● 건강진단 시 교원의 사무직, 비사무직 여부

◇ "사무직에 종사하는 근로자"라 함은 산업안전보건법 시행규칙 제99조 제1항에 따라 공장 또는 공장현장과 같은 구역에 있지 아니한 사무실에서 서무·인사·경리·판매·설계 등의 사무업무에 종사하는 근로자(판매업무 등에 직접 종사하는 근로자는 제외)를 말합니다.

 − "같은 구역"이라 함은 담 또는 울타리를 경계로 하여 '동 경계 안'을 의미하며, 생산동과 사무동이 동일 건물에 있지 아니하고 충분한 이격거리를 두고 있는 경우는 같은 구역으로 보지 아니함

 − 그리고 "사무직 근로자"는 일반적으로 사무실 등에서 주된 업무가 주로 정신적인 근로를 하는 자이며, 그 외 현장에 종사하는 근로자 또는 사무실에서 단순 반복업무를 하면서 업무 중에 자유롭게 움직이기 곤란한 업무(교대하지 않는 한 자리를 비울 수 없는 업무) 등 주로 육체적인 업무를 하는 근로자는 "비사 무직 근로자"로 분류할 수 있습니다.

 − 따라서, 교육기관에 종사하는 교원의 경우 그 주된 업무의 성격으로 보아 주로 수업 및 행정업무 등을 수행하는 일반교원의 경우는 사무직 근로자로 판단되고, 이공계 실습 등 육체적인 근로를 주로 하는 실습교사나 기능강사는 비사무직 근로자로 분류할 수 있을 것으로 판단됩니다.

■ 사무직과 기타직 근로자 구분 방법

● 사무직과 기타직 근로자의 구분 기준

◇ "상시 사용하는 근로자 중 사무직에 종사하는 근로자(공장 또는 공사현장과 같은 구역*에 있지 아니한 사무실에서 서무·인사·경리·판매·설계 등에 직접 종사하는 근로자는 제외한다)에 대하여는 2년에 1회 이상, 그 밖의 근로자에 대하여는 1년에 1회 이상 일반건강진단을 실시"하도록 규정(시행규칙 제99조)

 ※ "같은 구역"이라 함은 담 또는 울타리를 경계로 하여 '동 경계 안'을 의미하며, 생산동과 사무 동이 동일 건물에 있지 아니하고 충분한 이격거리를 두고 있는 경우는 같은 구역으로 보지 아니함

 − "사무직 근로자"는 사무실 등에서 주된 업무가 주로 정신적인 근로를 하는 자이며, 그 외 현장에 종사하는 근로자 및 사무실에서 단순 반복업무를 하면서 업무중에 자유롭게 움직이기 곤란 한 업무(교대하지 않는 한 자리를 비울 수 없는 업무) 등을 하는 근로자는 "기타직 근로자"로 분류
 → 아래표를 참고하여 사례별로 개별적·구체적으로 판단

〈사무직과 기타직 구분(예시)〉

사무직	그 밖의 근로자(기타직)
○ 사무실에서 서무·인사·경리·판매·설계 등 사무업무 종사자 ○ 임원, 관리자(관리팀장, 인사팀장 등)	○ 공장 또는 공사현장과 같은 구역에 있는 사무실 종사자 ○ 제조·건설작업 종사자, 단순노무 종사자 ○ 장치, 기계조작 및 조립 종사자 ○ 현장을 수시 출입하는 생산팀장, 공무팀장 등의 현장 관리자 ○ 안전관리자, 방화관리자 등

사무직	그 밖의 근로자(기타직)

○ 총무, 서무, 인사, 기획, 노무, 홍보,경리, 회계, 판매, 설계, 영업 등 사무업무 종사자
  - 고객 서비스 사무 종사자
    • 방문·전화·인터넷 민원 일반 상담업무 종사자
    • 호텔·음식점 접수원 등
  - 병원 행정, 원무, 보험 사무원
  - 일반 사무 보조원, 비서 등
	○ 영업 등 직접 종사자
	  - 직접 판매에 종사하는 자
	  - 방문 주문 및 수금업무 등을 주업무로 하는 영업직 근로자
	  - 114 안내업무, 전화고장 접수 등 TM 전담상담원
	  - 항공기승무원, 선원, 자동차 운전원
	  - 이·미용사, 조리사
	  - 의사, 간호사, 약사, 의료기사 등

○ 내근기자	○ 외근기자

○ 교육기관 종사자 중
  - 학원강사, 유치원교사, 보조교사, 일반교사 등
	○ 교육기관 종사자 중
	  - 기능강사, 실습강사, 이공계 학교실습교사, 어린이집 보육교사 등

○ 문화예술, 방송, 공연관련 종사자 중
  - 방송작가, 아나운서, 디자이너
	○ 문화예술, 방송, 공연관련 종사자 중
	  - 프로듀서, 연기자, 안무가
	  - 촬영, 녹음 등 방송관련 기사

○ 금융, 증권, 보험업 종사자
  - 은행원, 증권중개인, 손해사정인 등
	○ 보험업 종사자 중
	  - 보험모집인 등 현장 종사자

○ 건축설계사, 제도사	

○ 건물관리업 중
  - 소장, 경리 등 일반 행정업무 종사자
	○ 건물관리업 중
	  - 경비, 청소, 시설관리 등 현장업무 종사자

■ 건강보험에 가입되지 않은 근로자의 근로자건강진단 실시대상 여부

● 계약기간 및 고용특성에 따른 근로유형별 사업주 의무 건강진단 실시 대상 여부 및 사업주 의무 건강진단 대상에는 속하나 건강보험에 가입되지 않은 근로자의 건강진단 실시절차 및 처리방법

◇ 「산업안전보건법」제43조에 따라 사업주는 근로자의 건강을 보호·유지하기 위하여 근로자에 대한 건강진단을 하여야 하는바, 기간제나 단시간 근로자라 하여 동법상의 건강진단 대상에서 제외되어 있지 않음

  - 상시 사용하는 근로자의 정기 일반건강진단은 사무직 근로자의 경우 2년에 1회 이상, 그 밖의 근로자에 대해서는 1년에 1회 이상 실시하여야 함

◇ 상시 사용하는 근로자는 근로시간에 무관하게 모두 동법에 따른 정기 일반건강진단 대상이 되며

  - 또한 상시 사용하는 근로자 중 국민건강보험법에 가입되어 있지 아니한 근로자라 하더라도 동법상의 정기 일반건강진단의 대상이 되고, 이런 경우에는 사업주의 부담으로 건강진단을 실시하여야 함

■ 제조공정 근무관리자의 특수건강진단 대상 여부

● 제조 관련 관리자의 특수건강진단 대상여부

◇ 특수건강진단 대상 근로자는 "특수건강진단대상 유해인자에 노출되는 업무에 종사하는 근로자" 등을 말하는 것(시행규칙 제98조제2호)이므로

  - 제조공정의 관리자가 상시 근무하는 장소(별도의 사무실이 있는 경우에도 제조 공정과 동일한

건물 내에 인접한 경우)에 수시 출입하여 생산 등과 관련하여 업무지시, 감독, 교육, 감시 등의 업무를 수행한다면 소속근로자와 동일한 유해 인자에 노출되는 업무에 종사하는 근로자로 보아야 할 것이며

- 제조공정의 관리자가 해당공정과 일정거리 떨어진 사무실(다른 건물)에 주로 상주하면서 필요에 따라 해당공정에 수시 출입하여 위와 같은 업무를 수행하는 경우에도 그 관리자의 업무가 해당공정의 유해인자에 거의 매일 노출되는 정도라면 시간에 무관하게 해당 업무에 종사하는 근로자와 같은 특수건강진단 대상이라고 판단하고

- 간헐적으로 생산공정에 출입하여 업무지시만 하는 등 해당공정에의 출입이 당해 유해인자에의 노출로 인한 건강장해가 발생할 우려가 없을 정도로 제한적인 경우에는 해당공정의 유해인자에 대한 특수건강진단 실시대상에서 제외될 수 있을 것임(**예** 생산과장은 대상, 자재과장은 비 대상)

■ 근골격계질환에 대한 임시건강진단명령 가능여부 및 진단대상의 범위

● 근골격계질환의 경우 건강진단 검사항목, 검사방법, 판정기준 등이 정해져 있지 않은데도 임시건강진단명령을 할 수 있는지, 임시건강진단을 받아야 할 특정근로자를 어떻게 정할 것인지

◇ 임시건강진단은 산업안전보건법 시행규칙 제98조제6호의 규정에 의해 특수건 강진단대상 유해인자 또는 기타 유해인자에 의한 질병의 이환 여부 또는 질병 의 발생원인 등을 확인하기 위해 주로 직업병 발생위험성이 높은 작업부서에 종사하는 근로자를 대상으로 긴급하게 지방고용노동관서장의 명령에 따라 사업주 가 실시하는 건강진단이므로

- 지방고용노동관서장은 직업성으로 의심되는 근골격계질환 증상자가 발생하거나 다수 발생할 우려가 있어 근로자의 건강을 긴급히 보호하기 위하여 필요하다고 판단되는 경우 사업주에 대해서 임시건강진단 명령을 내릴 수 있으나,

◇ 의사의 소견서 등 별다른 요청근거가 없이 다수의 근로자가 집단으로 임시건 강진단명령을 요청하는 경우

- 지방고용노동관서장이 임시건강진단명령의 대상 근로자 및 긴급성 등을 판단할 수 있도록 요청자로 하여금 의사의 소견서 등 요청근거를 제출토록 하고

◇ 아울러 지방고용노동관서장은 요청근거를 바탕으로 산업의학 및 인간공학 전문가 등으로부터 의견을 들어 임시건강진단명령 조치를 취하는 것이 바람직하다고 판단됨.

■ 건강진단 실시결과 송부 및 보고기한

● 산업안전보건법 제43조 및 동법시행규칙 제105조제1항에 의거 건강진단기관은 건강진단 실시 후 그 결과를 실시 일로부터 30일 이내에 사업주에게 송부토록 되어 있는데, 상기의 실시일 기준은

● 산업안전보건법 제43조 및 동법시행규칙 제105조제4항에 특수건강진단시 질병유소견자가 발생될 경우 당해 근로자에 대하여 건강진단 실시 일로부터 30일 이내에 의학적 소견 및 이에 필요한 사후관리내용과 업무수행 적합여부를 설명하고 건강진단개인표를 직접 교부하여야 한다고 되어 있는데 상기에서 언급한 질병유소견자의 범위는

◇ 산업안전보건법 시행규칙 제105조제1항 및 제4항의 규정에 의하여 특수건강 진단기관은 특수건강진단의 필수검사(일반건강진단 등은 1차검사)를 실시한 날로부터 30일 이내에 사업주 및 근로자에게 특수건강진단 실시결과를 통보하여야 함.

◇ 특수건강진단은 해당 유해인자의 표적장기에 대한 건강장해를 예방하거나 조기 발견하기 위한 목적으로 실시하기 때문에 특수건강진단에서 일반질병유소 견자로 판정 받았다는 것은 직업성은 아니나 해당 유해인자의 표적장기에 이상이 있다는 것을 알려주는 것이므로 이에 대해서도 적절한 사후관리조치를 받아야 함

■ 종합건강진단의 일반건강진단 갈음 여부 및 보건관리자 선임자격

● 근로자 일반건강진단을 사외 종합검진센터에서 종합검진으로 실시하는 경우 일반건강진단으로 대체 가능여부

● 본인이 임의로 종합검진센터에서 종합검진 결과를 받아오는 경우와 회사가 주관하는 종합검진을 실시하는 경우 공단에 검진결과 보고는 누가해야 하는지 여부

● ○○○직원(의료인력, 산업위생관리인력)이 자체 사업장 부속 특수검진기관 또는 작업환경측정기관 인력으로 선임된 경우 사업장 보건관리자 중복 선임 가능 여부

◇ 산업안전보건법 시행규칙 제100조제2항에서 정한 일반건강진단 검사항목을 모두 포함한 종합건강진단은 일반건강진단으로 갈음 받을 수 있음

◇ 산업안전보건법 시행규칙 제105조제5항의 규정에 의하여 사업주는 지방노동 관서장의 요구가 없는 경우에는 일반건강진단결과를 제출하지 아니하여도 되며,

　－ 다만, 일반건강진단으로 갈음 받는 종합건강진단을 실시한 건강진단기관은 산업안전보건법 시행규칙 제105조제1항의 규정에 의하여 일반건강진단결과표 또는 그 전산입력자료를 한국산업안전공단에 송부하여야 함

◇ 산업안전보건법 제16조 및 동법 시행령 제16조 규정에 의하여 사업주는 보건에 관한 기술적인 사항에 대하여 사업주 또는 관리책임자를 보좌하고 관리 감독자 및 안전담당자에 대하여 이에 관한 지도·조언을 하기 위하여 보건관리자를 두도록 되어있으므로 귀사 직원이 자체 부속 특수검진기관 또는 작업환경측정기관 인력(의사, 산업위생관리기사 등)으로 선임될 경우 보건관리자 중 복선임이 되므로 선임이 불가함

　－ 다만, 산업안전보건법 시행령 제16조제2항의 규정에 의해 상시근로자 300인 미만을 사용하는 사업의 사업장에서의 보건관리자는 보건관리 업무에 지장이 없는 범위 안에서 다른 업무를 겸할 수 있음.

■ 일반건강진단 대신 종합건강진단 실시 및 보고 등

● 종합건강진단이 일반건강진단을 대신할 수 있는지의 여부

◇ 산업안전보건법에서 정하고 있는 검사항목 및 실시기준 등을 모두 준수하여 종합건강진단 등을 실

시한 경우에도 일반건강진단을 실시한 것으로 갈음받을 수 있으며,

  – 이 경우, 종합건강진단 실시결과 중 일반건강진단에 해당되는 결과는 산업안전보건법 제43조 및 동법시행규칙 제107조의 규정에 의거 5년간 보존하여야 함

■ 근로자대표의 권한 위임가능 여부

● 산업안전보건법 제43조제1항의 규정에 의하여 노조위원장(근로자대표)이 공문으로 위임장을 첨부하여 사업주에게 건강진단시 동 노조 산업안전보건부장의 입회를 요청하였으나 사업주가 산업안전보건부장은 근로자대표가 아니라는 이유로 입회를 거부하였을 경우, 동법 제43조제1항 위반으로 보아 사업주에게 과태료를 부과해야 하는지 여부(근로자대표에게 부여되어 있는 건강진단 입회권을 노조 산업안전보건부장에게 위임할 수 있는지 여부)

◇ 사업주는 산업안전보건법 제43조제1항의 규정에 의하여 근로자대표의 요구가 있을 때에는 건강진단에 근로자대표를 입회시킬 의무가 있는바, 이는 건강진단에 대한 근로자의 참여 및 감시 역할을 부여하기 위한 규정으로서

  – 근로자대표는 본건과 같이 근로자 과반수로 조직된 노동조합이 있는 경우에는 동법 제2조제4호의 규정에 의하여 그 노동조합을 말하는 것임

◇ 그런데 노동조합은 스스로 행위(업무집행)를 할 수 없으므로 현실적으로는 그 대표자(당해 사안의 경우 노조위원장)가 대외적으로 노동조합을 대표하여 노동조합의 제반 업무를 수행하게 되는바, 이 경우 제반 행위를 반드시 노동조합 대표자(위원장) 본인이 직접 수행해야 하는 것은 아니며

  – 건강진단시 근로자대표 입회와 관련해서도 현재 산업안전보건법에서 근로자대표(노조위원장)의 권한 위임을 제한하는 규정이 없고 동 입회가 성격상 본인 스스로 의사결정을 해야 하는 일신전속적인 행위 또한 아니기 때문에 노조가 조합규약 또는 총회 의결 등으로 노조위원장의 권한위임을 별도로 제한하고 있지 않다면 동 권한을 타인에게 위임할 수 있다고 보아야 할 것임

◇ 근로자대표의 권한 수행과 관련하여 근로자대표(당해사안의 경우 노동조합)의 위임을 받을 수 있는 자에 대해서는 현행 법령상 별도로 규정된 자격제한은 없는바,

  – 노동조합이 규약 등에서 자치적으로 제한하지 않는 한 산업안전보건법상 근로자대표 제도의 취지로 판단컨대, 수임인은 당해 사업장에 소속한 근로자로서 근로자의 이익(의사)을 대표 또는 주장할 수 있는 지위에 있는 자라면 무방하다고 할 수 있음

◇ 따라서 당해 사안에 있어 노조위원장은 건강진단시 입회행위를 타인에게 위임할 수 있고 수임인인 노동조합 산업안전보건부장의 경우 근로자대표로서의 자격에 문제가 없다고 판단되므로, 사업주는 노조위원장(위임인)을 대신하여 산업안전보건부장(수임인)을 근로자 건강진단에 입회시켜야 할 것이며 사업주가 이를 위반할 경우 산업안전보건법 제43조제1항 위반으로 과태료 부과대상이 될 수 있다고 사료됨

※ 관련조항
  – 법 제2조(정의) 제4호 "근로자대표"라 함은 근로자의 과반수로 조직된 노동조합이 있는 경우에는 그 노동조합을, 근로자의 과반수로 조직된 노동조합이 없는 경우에는 근로자의 과반수를 대표하는 자를 말한다.

- 법 제43조제1항 사업주는 근로자의 건강보호·유지를 위하여 근로자에 대한 건강진단을 실시하여야 한다. 이 경우 근로자대표의 요구가 있을 때에는 건강진단에 근로자대표를 입회시켜야 한다.

■ 1차 및 2차 검사의 건강진단기관 분리실시 가능 여부

● 산업안전보건법 제43조의 규정에 의한 건강진단 중 1차검사(필수검사)를 받은 근로자가 타지역 전출 또는 기타사유 등으로 1차검사(필수검사)를 실시한 기관에서 2차검사(선택검사)를 받을 수 없을 때, 다른 기관에서 2차검사(선택검사)를 받을 수 있는지

◇ 산업안전보건법 제43조의 규정에 의한 근로자건강진단은 의학적선별검사로 1차검사(필수검사)와 2차검사(선택검사)의 두 단계로 실시되며,

- 1차검사(필수검사)는 실시대상 근로자 중 이상소견을 보이는 근로자를 1차 선별하기 위한 목적으로, 2차검사(선택검사)는 1차검사(필수검사)에서 이상소견을 보인 근로자 중 의학적으로 정상임에도 1차검사(필수검사)에서 가짜 이상소견을 보인 근로자를 찾아내거나 진짜 이상소견 근로자의 건강보호를 위하여 필요한 사후관리조치의 내용을 정하기 위한 목적으로 실시됨

◇ 이와 같이, 1차검사(필수검사)의 결과와 2차검사(선택검사)의 결과는 서로 연계되어 있을 뿐 아니라, 동일한 목적의 의학적 검사라 하더라도 건강진단기관을 달리하여 실시하는 경우에 검사인력, 검사장비, 검사기기 및 해석기준 등의 차이로 인하여 그 결과가 달라질 가능성이 있기 때문에,

- 이러한 문제점을 미연에 방지하고, 검사의 연속성을 통한 건강진단의 정확성 및 신뢰성을 확보하기 위해서 1차검사(필수검사)와 2차검사(선택검사)는 반드시 동일 건강진단기관에서 정해진 기간 내에 실시하도록 하고 있음

■ 병원 및 방사선사에 대한 특수건강진단 실시

● 의료기관의 방사선사가 특수건강진단의 실시대상에 해당되는 지

● 산업안전보건법시행령 제2조의2 및 별표 1의 규정에서 시용된 병원의 정의

◇ 의료기관 종사자로서 작업 중 전리방사선에 노출되는 근로자는 산업안전보건법 시행규칙 제98조, 제99조 및 별표 13에서 정한 바에 따라 전리방사선 특수건강진단을 실시하여야 함

- 다만, 의료법 진단용방사선발생장치의안전관리에관한규칙 제13조의 규정에 의한 방사선관계종사자에 대한 건강진단을 노동부장관이 지정하는 특수건강진단기관에서 받을 경우에는 산업안전보건법 시행규칙 제99조제9항의 규정에 의거 전리방사선 특수건강진단 검사항목과 중복되는 항목에 한하여 실시한 것으로 갈음받을 수 있음

◇ 산업안전보건법상 사업의 분류는 통계법의 규정에 의하여 통계청장이 고시하는 한국표준산업분류표에 의하도록 규정하고 있으며, 동 분류표에 의한 병원이란 종합병원, 병원, 정신질환, 결핵병원, 나병원 및 유사보건의료기관에서 입원시설을 갖추고 의사가 입원환자를 위주로 진료행위를 하는 의료기관을 의미함

■ 동일 구역 내 사내 외주업체 근로자에 대한 특수건강진단 등의 책임주체는

● 일반 제조업체의 경우 동일 구역내 사내 외주업체 근로자의 작업환경측정, 특수건강진단, 물질안전
보건자료 비치의무에 대한 산업안전보건법상 책임주체는

◇ 산업안전보건법 제41조, 제42조 및 제43조에 규정하고 있는 물질안전보건자료의 작성·비치, 작업환
경측정 및 특수건강진단은 아래의 경우를 제외하고는 같은법 제2조에 규정된 사업주(근로자를 사용
하여 사업을 행하는 자)가 이행하여야 함

　　－ 산업안전보건법 제29조에서 정하고 있는 사업, 즉 동일한 장소에서 행하는 사업의 일부를 도급에
의하여 행하는 사업으로서 대통령령으로 정하는 사업 의 사업주(제조업의 경우 수급인 및 하수급
인에게 고용된 근로자를 포함한 상시 근로자가 100인 이상인 사업, 제1차 금속산업과 선박 및
보트건조업은 50인 이상)는 그가 사용하는 근로자와 그의 수급인이 사용하는 근로자가 동 일한
장소에서 작업을 할 때에 생기는 산업재해를 예방하기 위해 작업환경측정, 작업장의 순회점검 등
안전·보건관리를 실시(도급이외의 단순 장소임대 등은 제외)

　　－ 파견근로자의 보호 등에 관한 법률 제5조에서 정하는 근로자파견대상업무에 파견근로자를 사용
하는 경우에는 같은 법 제35조에 따라 사용사업주가 특수 건강진단을 실시

■ 주유원도 배치 전 건강진단을 받아야 하는지 여부

● 1. 주유소에 근무하는 주유원들도 배치 전 건강진단을 받아야 하는지
　2. 배치 전 건강진단을 받아야 한다면 아르바이트생들도 받아야 하는지
　3. 배치 전 건강진단을 받은 아르바이트생이 다른 주유소로 이동한 경우 받은 배치 전 건강진단 결
　　과에 유효기간이 있는지

◇ 1. 산업안전보건법 제43조의 규정에 의한 건강진단은 근로자에 대하여 적용하고 있으며, 가솔린 등
　　의 특수건강진단대상업무에 종사할 근로자에 대하여는 배치 전에 배치 전 건강진단을 실시하여
　　야 함
　2. 산업안전보건법령에서는 고용형태, 고용기간에 따라 건강진단 실시의무를 별도로 배제하고 있지
　　않음
　3. 다른 사업장 또는 당해 사업장에서 당해 유해인자에 대한 배치 전 건강진단을 받았거나 배치 전
　　건강진단의 필수검사항목을 모두 포함하는 특수건강진단 등을 받고 6월이 경과하지 아니한 경우
　　에는 산업안전보건법 시행규칙 제99조제 6항의 규정에 의하여 배치 전 건강진단을 실시하지 아니
　　할 수 있음

■ 근로자의 건강진단 거부

● 근로자가 개인사정으로 이유를 불문하고 사업주가 산업안전보건법 제43조의 규정에 의하여 실시하
는 건강진단을 거부하는 경우, 사업주가 조치할 수 있는 사항은?

◇ 사업주는 산업안전보건법 제43조제1항의 규정에 의하여 근로자에 대한 건강 진단을 실시토록 규정
되어 있으며, 근로자는 같은 법 제43조제2항의 규정에 의하여 사업주가 실시하는 근로자건강진단을

받도록 되어 있으며,

◇ 정당한 사유 없이 이 규정을 위반한 경우, 사업주와 근로자는 산업안전보건 법 위반으로 불이익(사업주-법 제68조의 규정에 의하여 1년 이하의 징역 또는 1천만원 이하의 벌금, 근로자-법 제72조제2항제2호의 규정에 의하여 300만원 이하의 과태료)을 받게 됨을 알려 드리며, 근로자가 끝까지 근로자 건강진단을 거부하는 경우에는 관할지방고용노동관서 산업안전보건감독관의 자문 또는 지도를 받으시기 바람

■ 근골격계질환자의 근로금지·제한 대상 여부

● 근골격계질환이 산업안전보건법 제45조 및 같은 법 시행규칙 제116조의 규정에 의하여 근로를 금지·제한하여야 하는 질병에 포함되는지 여부

◇ 같은 법 시행규칙 제116조제1항제3호의 「심장·신장·폐등의 질환」에서 "등"에 포함되는 대상은 앞에서 예시한 질병과 유사하여야 한다고 사료되므로 근골격 계질환은 이에 포함되지 않는다고 사료됨

◇ 또한 같은 법 시행규칙 제116조제1항제4호의 "고용노동부장관이 정하는 질병"에 대해서는 정해진 바 없음

■ 취급 유해인자의 변경 시 배치 전 건강진단의 실시 여부

● 전기용접작업에 사용하는 용재의 재료가 연 함유물질에서 카드뮴 함유물질로 변경된 경우 당해 근로자에 대해 카드뮴에 대한 배치 전 건강진단을 실시하여야 하는 지의 여부

◇ 산업안전보건법 시행규칙 제99조【건강진단의 실시시기】제6항에 의하면, 『사업주는 특수건강진단 대상업무에 근로자를 배치하고자 하는 때에는 당해 작업에 배치하기 전에 배치 전 건강진단을 실시하여야 한다고 규정되어 있고, 또한, 당해 사업장에서 당해 유해인자에 대한 배치 전 건강진단을 받았거나 배 치전건강진단의 필수검사항목을 모두 포함하는 특수건강진단·수시건강진단 또는 임시 건강진단을 받고 6월이 경과하지 아니한 근로자에 대하여는 배치 전 건강진단을 실시하지 아니할 수 있다』고 규정하고 있으므로

－ 동일부서에서 근로자의 취급물질(유해인자)이 변경되었다면 해당 물질에 대한 배치 전 건강진단을 실시하여야 함

■ 파견근로자의 건강진단

● 파견근로자를 소음발생공정에 사용할 경우에 건강진단의 실시주체와 사용업체가 건강진단을 실시하지 않았을 경우의 위법 여부

◇ 파견근로자에 대한 건강진단은 파견근로자보호 등에 관한 법률 제35조의 규정에 의하여 일반건강진단의 경우에는 파견사업주가, 특수건강진단인 경우에는 사용사업주가 실시하여야 하며

◇ 파견사업주와 사용사업주가 산업안전보건법(이하 '법'이라 함)을 위반하는 내용을 포함한 근로자파견계약을 체결하고 그 계약에 따라 파견근로자를 근로하게 함으로써 법을 위반한 경우에는 그 계약 당사자 모두를 법 제2조제3호의 규정에 의한 사업주로 보아 해당 벌칙 규정을 적용함

■ 건강진단 2회 연속 미실시의 의미(해석)

● 산업안전보건업무담당 근로감독관 집무규정 별표 2 중 건강진단 미실시의 조치기준으로 '최근 2회 이상 연속하여 건강진단을 미실시한 경우에는 즉시 과태료를 부과'한다고 규정되어 있는데, 이때 2회 연속이라는 의미가 사업장을 기준으로 하는지 또는 해당 근로자를 기준으로 하는지 여부

◇ 상기 규정에서 '2회 연속 미실시'의 의미는 해당 사업장을 기준으로 건강진단의 종류별로 2회 연속하여 건강진단을 실시하지 아니한 경우로 사료됨

■ 특수건강진단 신규대상 물질 사용 사업장의 특수건강진단 실시시기는

● 지난 해 산업안전보건법 시행규칙 개정으로 추가된 특수건강진단 대상물질을 이전부터 사용하고 있는 사업장의 경우 올 해부터 특수건강진단을 실시할 때 정기 특수건강진단 주기에 따라 하면 되는지, 아니면 배치 전 건강진단을 포함하여 배치 후 첫 검진까지 모두 다 해야 하는지

◇ '05.10.7 산업안전보건법 시행규칙 개정으로 새로이 추가된 특수건강진단대상 업무 종사 근로자에 대한 특수건강진단 실시시기에 대하여는 별도의 경과규정을 두고 있지 아니하므로

  − 추가된 특수건강진단 대상 업무에 동 규칙 시행 전부터 종사하고 있는 근로자는 동 규칙의 시행 시점을 기준으로 하여 산업안전보건법 시행규칙 별표 12의3에 규정한 대상 유해인자별 특수건강진단 시기 및 주기에 따른 배치 후 첫 번째 특수건강진단 시기내에 실시하면 될 것임

■ 작업환경측정 대상에서 제외되는 임시작업 등의 특수건강진단 대상 여부

● 산업안전보건법 시행규칙 제93조제1항의 규정에 의해 작업환경측정 대상에서 제외되는 경우, 같은 법 제98조제3호의 특수건강진단을 실시해야 하는지 여부

◇ 산업안전보건법 시행규칙 제93조제1항의 규정에 의한 단시간 작업, 임시 작업 등이라 하더라도 같은 법 시행규칙 제98조제3호의 특수건강진단대상업무에 종사하는 근로자에 대해서는 특수건강진단의 대상이 됨

■ 직업병유소견자 발생 시 그에 따른 행정조치는

● 특수건강진단 실시결과, 직업병유소견자가 발생한 경우에 취해지는 지방고용노동관서 등의 행정조치는

◇ 특수건강진단에서 "소음성난청유소견자(D1)"가 발생한 사업장의 사업주는 근로자건강진단실시기준(고용노동부고시) 제19조제4항의 규정에 의거 건강진단기관으로부터 받은 "질병유소견자사후관리소견서"를 건강진단 실시결과를 통보 받은 날로부터 20일 이내에 관할지방고용노동관서의장에게 제출하여야 하며,

  − 지방고용노동관서의 장은 필요한 경우 질병유소견자의 사후관리조치 이행여부 등에 대한 지도·감독을 실시할 수 있음

■ 배치 전 건강진단의 보고 시기

● 배치 전 건강진단의 실시결과는 지방고용노동관서에 언제까지 보고하여야 하며, 법정기간 미 준수

시 어떤 조치가 있는지

◇ 배치 전 건강진단은 산업안전보건법(이하"법"이라 함)제43조제1항, 동법시행규칙(이하"규칙"이라 함)
제98조제4호 및 제99조제6항의 규정에 의하여 직업병 발생의 원인이 될 수 있는 유해인자(120종)에
노출되는 업무(이하 "유해업무"라 함)에 신규로 배치되는 근로자의 직업병에 관한 기초건강자료 확
보 및 배치예정 유해업무에 대한 의학적 적합성 평가를 목적으로 사업주가 해당 근로자를 업무를
배치하기 전에 실시하는 건강진단으로,

  - 사업주가 배치 전 건강진단을 실시한 때에는 법 제43조제4항 및 규칙 제105조제3항의 규정에 의하
    여 건강진단기관으로부터 배치 전 건강진단의 결과를 송부받은 날로부터 30일 이내에 규칙 별지
    제22호(2)서식의 배치 전 건강진단결과표를 작성하여 관할 지방고용노동관서의 장에게 보고하여
    야 함

  - 다만, 배치 전 건강진단은 그 속성상 연중 수시로 실시될 수 있으므로 사업주가 그때마다 보고하
    여야 하는 불편을 해소하기 위하여 특수건강진단 실시결과 보고 시에 그 때까지 실시한 배치 전
    건강진단의 실시결과를 함께 보고할 수도 있도록 하고 있음

■ 채용 시 건강진단이 폐지되어 일반건강진단을 받아야 하는데, 일반건강진단의 실시 시기를 언제로 하여
야 하는지

● 채용 시 건강진단이 폐지되어 일반건강진단을 받아야 하는데, 일반건강진단의 실시 시기를 언제로
하여야 하는지와 근로자 채용시점 또는 현장 전입 일자를 기준으로 하여 1년 이내 건강진단을 받지
않은 경우에 전입 시 건강진단을 실시하여야 하는지 여부

● 산업안전보건법 시행규칙 제100조제2항에 의하여 채용시 건강진단 항목인 치과검사항목이 빠져있
는데 이를 실시하지 않아도 되는지 여부와 일반건강 진단시 치과검사를 할 경우 산업안전보건관리
비로 사용이 가능한지 여부

◇ 일반건강진단은 상시 사용하는 근로자에 대하여 1년에 1회 이상(사무직은 2년 1회 이상) 실시하여야
하므로 당해 사업장에 채용된 날을 기준으로 1년 이내 (사무직은 2년 1회)에 실시하면 됨. 다만,
채용일을 기준으로 타 사업장에서 1년(사무직은 2년 이내) 이내 건강진단을 실시한 결과를 근로자가
제출한 경우에는 실시일로부터 1년 이내(사무직 2년 이내)에는 실시를 하지 않을 수 있음

◇ 일반건강진단에 치과검사항목은 포함되어 있지 않으므로 실시하지 않아도 되며, 일반건강진단 시
자율적으로 치과검사를 실시한 경우「건설업 산업안전보건관리비 계상 및 사용기준(별표 2 제6호)」
에 의하여 치과검사에 소요되는 비용을 산업안전보건관리비로 집행할 수 없음

■ 건강진단 실시결과에 따른 사후관리조치의 범위

● 건강진단을 실시한 의사가 다수의 사후관리조치를 판정하였을 때 사업주가 이를 모두 이행하여야
하는 지 아니면 선택적으로 이행할 수 있는지

◇ 사업주는 건강진단을 실시한 결과, 의사가 특정 근로자에 대하여 판정한 사후관리조치 또는 그에
준하는 조치를 모두 이행하여야 하며, 다만, 의사가 제시한 사후관리조치 중 택일하여 실시하도록

판정한 경우에는 선택하여 실시할 수 있음

◇ 만일 사업주가 건강진단 실시의사가 판정한 사후관리조치를 이행하지 않아 근로자의 건강에 문제가 발생한 경우에는 산업안전보건법 제43조제5항의 위반에 해당됨

■ 근골격계질환자의 근로금지·제한 대상 여부

● 근골격계질환이 산업안전보건법 제45조 및 같은 법 시행규칙 제116조의 규정에 의하여 근로를 금지·제한하여야 하는 질병에 포함되는지 여부

◇ 같은 법 시행규칙 제116조제1항제3호의 「심장·신장·폐등의 질환」에서 "등"에 포함되는 대상은 앞에서 예시한 질병과 유사하여야 한다고 사료되므로 근골격 계질환은 이에 포함되지 않는다고 사료됨

◇ 또한 같은 법 시행규칙 제116조제1항제4호의 "고용노동부장관이 정하는 질 병"에 대해서는 정해진 바 없음

4. 疫學調査(법 제43조의2)

● 기존의 작업환경측정 또는 건강진단 등을 통하여 발생원인 등을 규명하기 어려운 신종 직업성질환을 밝혀내기 위해 고용노동부장관으로 하여금 역학조사(Epidemiologic survey)를 실시할 수 있도록 함

　▶ 법 제43조의2제1항 : 고용노동부장관은 직업성 질환의 진단 및 발생원인의 규명 또는 직업성질환의 예방을 위하여 필요하다고 인정하는 때에는 근로자의 질병과 작업장 유해요인의 상관관계에 관한 직업성질환 역학조사(이하 "역학조사"라 한다)를 실시할 수 있다.

　▶ 역학(疫學, Epidemiology)이란 인구집단을 대상으로 질병의 분포 및 그 병원인 등의 규명을 통하여 질병예방·관리에 필요한 지식 및 방법을 찾는 학문

가. 대상(시행규칙 제107조의2)

● 작업환경측정 또는 건강진단의 실시결과만으로 직업성질환 이환여부의 판단이 곤란한 근로자의 질병에 대하여 사업주·근로자대표·보건관리자(보건관리대행기관을 포함) 또는 건강진단기관의 의사가 요청하는 경우

● 근로복지공단이 고용노동부장관이 정하는 바에 따라 업무상 질병여부의 결정을 위하여 역학조사를 요청하는 경우

● 직업성질환여부로 사회적 물의를 일으킨 질병에 대하여 작업장내 유해요인과의 연관성 규명이 필요한 경우 등으로서 지방고용노동관서의 장이 요청하는 경우

나. 실시기관(시행규칙 제107조의3)

● 역학조사는 공단 산업안전보건연구원에 위탁하여 실시하는데

－ 역학조사 실시기관은 역학조사결과의 공정한 평가 및 그에 따른 건강 보호방안 개발 등을 위하여 「역학조사평가위원회」를 설치·운영하여야 함

다. 역학조사의 절차

● 사업주 또는 근로자대표가 역학조사를 요청하는 때에는 산업안전보건위원회의 의결을 거치거나 각각 상대방의 동의를 받아야 한다.
  － 다만, 관할지방고용노동관서의 장이 역학조사의 필요성을 인정하는 경우에는 예외로 함(시행규칙 제107조의2제2항)
● 역학조사기관은 사업주 또는 근로자대표의 요구가 있는 때에는 역학조사에 사업주 또는 근로자대표를 입회시켜야 함(시행규칙 제107조의2제3항)

라. 역학조사에 협조할 의무

● 사업주 및 근로자는 역학조사에 적극적으로 협조하여야 함(법 제43조의2제2항) → 위반 시 300만 원 이하의 과태료

5. 健康管理手帖 制度(법 제44조)

● 건강장해 발생 우려가 높은 업무에 종사하는 근로자의 직업성질환 조기 발견 및 지속적인 건강관리를 위해 건강관리수첩제도를 도입(법 제44조제1항)
  ▸ 법 제44조제1항 : 고용노동부장관은 건강장해를 발생할 우려가 있는 업무로서 고용노동부 령이 정 하는 업무에 고용노동부령이 정하는 기간이상 종사한 근로자에 대하여 건강관리 수첩을 교부 하여야 한다.

가. 교부대상(법 제44조제1항, 시행규칙 제108조 및 제109조제1항)

● 건강관리수첩 교부대상 근로자는 다음의 업무에 일정 기간 이상 종사한 근로자임

〈건강관리수첩 교부 대상(시행규칙 별표14조의2)〉

구분	발급대상 업무(시행규칙 제108조)	대상근로자(시행규칙 제109조제1항)
1	베타-나프틸아민 또는 그 염(같은 물질 함유중량 1% 초과 제재 포함) 제조 또는 취급 업무	3개월 이상 종사한 사람
2	벤지딘 또는 그 염(같은 물질 함유중량 1% 초과 제재 포함) 제조 또는 취급 업무	3개월 이상 종사한 사람
3	베릴륨 또는 그 화합물(같은 물질 함유중량 1% 초과 제재 포함) 또는 그 밖에 베릴륨 함유물질(같은 물질 함유중량 3% 초과 물질만 해당) 제조 또는 취급 업무	양 폐야에 베릴륨에 의한 만성 결정성 음영이 있는 사람
4	비스-(클로로메틸) 에테르(같은 물질 함유중량 1% 초과 제재 포함) 제조 또는 취급 업무	3년 이상 종사한 사람

구분	발급대상 업무(시행규칙 제108조)	대상근로자(시행규칙 제109조제1항)
5	가. 석면 또는 석면방직 제품을 제조하는 업무 나. 다음의 어느 하나에 해당하는 업무 (1) 석면함유제품(석면방직제품을 제외한다)을 제조하는 업무 (2) 석면함유제품(석면을 1% 초과하여 함유한 제품에 한한다. 이하 다목에서 같다)을 절단 등 가공하는 업무 (3) 설비 또는 건축물에 분무된 석면을 해체·제거 또는 보수하는 업무 (4) 석면이 1% 초과하여 함유된 보온재 또는 내화피복제의 해체·제거 또는 보수하는 업무 다. 설비 또는 건축물에 포함된 석면시멘트, 석면마찰제품 또는 석면개스킷제품 등 석면함유제품을 해체·제거 또는 보수하는 업무 라. 나목 내지 다목 중 하나 이상의 업무에 중복하여 종사한 경우	3개월 이상 종사한 사람 1년 이상 종사한 사람 10년 이상 종사한 사람 다음의 계산식으로 산출한 숫자가 120을 초과하는 사람 : (나목의 업무에 종사한 월수) × 10 + (다목의 업무에 종사한 월수)
6	벤조트리클로리드 제조(태양광선에 의한 염소화 반응 제조에 국한) 또는 취급 업무	3년 이상 종사한 사람
7	특정분진작업에 관계되는 업무	3년 이상 종사한 사람 중 흉부방사선 사진상 진폐가 있다고 인정되는 자(진폐법 적용대상 근로자 제외)
8	염화비닐 중합 업무 또는 밀폐되어 있지 아니한 원심분리기를 사용하여 폴리염화비닐의 현탄액을 물에서 분리시키는 업무	4년 이상 종사한 사람
9	크롬산·중크롬산과 그 염(같은 물질 함유중량 1% 초과 제재 포함) 제조(광석으로부터 제조하는 경우에 국한) 또는 취급 업무	4년 이상 종사한 사람
10	삼산화비소 제조공정에서 배소 또는 정제하거나 비소가 함유된 중량비율이 3%를 초과하는 광석을 제련하는 업무	5년 이상 종사한 사람
11	니켈(니켈카르보닐을 포함) 또는 그 화합물을 광석으로부터 제조하거나 취급하는 업무	5년 이상 종사한 사람
12	카드뮴 또는 그 화합물을 광석으로부터 제조하거나 취급하는 업무	5년 이상 종사한 사람
13	벤젠을 제조하거나 사용하는 업무(석유화학업종에 한함)	6년 이상 종사한 사람
14	제철용 코오크스 또는 제철용 발생로 가스를 제조하는 업무(코우크스 또는 가스발생로 상부에서의 업무 또는 코우크스로에 근접하여 행하는 업무에 국한)	6년 이상 종사한 사람

나. 건강관리수첩의 교부절차

(1) 신 청

- 수첩을 발급받고자 하는 자 또는 사업주(재직중인 자가 사업주에게 의뢰하는 경우)는 안전공단에 수첩발급 신청을 하여야 함(시행규칙 제109조제1항)
  - ▶ 수첩발급 신청서류(시행규칙 제109조제2항) : 건강관리수첩발급신청서(시행규칙 별지 제 23호서식), 대상 업무 및 종사기간을 증명하는 서류, 사진 2매

(2) 발 급

- 안전공단은 사업주(근로자가 이직한 경우에는 이직 당시의 사업주)에 대하여 당해 근로자의 건강진단개인표를 제출하도록 하고, 이에 따라 수첩을 작성·발급하여야 함(시행규칙 제109조제3항)

▸ 수첩발급신청을 대행한 사업주는 수첩을 발급받은 때에는 이를 지체 없이 당해 근로자에게 전달하여야 함(시행규칙 제109조제4항).

▸ 건강관리수첩을 발급 받은 자는 타인에게 양도하거나 대여하여서는 안 됨(법 제44조 제2항). → 위반시 500만원 이하 과태료

– 안전공단은 수첩을 발급받은 근로자에 대하여 건강진단의 수진 기타 건강보호에 필요한 조치를 권고할 수 있음(시행규칙 제111조).

다. 수첩 소지자의 건강진단

(1) 무료 건강진단

● 수첩소지자는 수첩의 발급대상 업무에서 더 이상 종사하지 않는 경우에는 매년 1회 공단이 실시하는 건강진단을 무료로 받을 수 있음(시행규칙 제110조의2, 「근로자건강진단실시기준」 제20조)

▸ 수첩발급대상자가 동일업무에 재취업하고 있는 기간 중에는 제외

(2) 수첩건강진단의 실시절차 및 결과통보

● 수첩소지자가 수첩건강진단을 받는 때에는 건강진단기관에 수첩을 제출하여야 하고(시행규칙 제112조제1항)

– 건강진단기관은 건강진단 실시결과를 수첩에 기록하여야 함(시행규칙 제112조제2항)

라. 수첩의 용도

● 수첩소지자가 산업재해보상보험법에 의한 요양급여를 신청하는 경우에는 동 수첩을 제출함으로써 동 재해에 관한 의사의 초진소견서 제출에 갈음할 수 있음(시행규칙 제113조)

6. 疾病者의 근로금지·制限(법 제45조)

● 근로로 인한 질병의 악화를 방지하기 위하여 질병이 현저히 악화될 우려가 있는 경우 의사의 진단에 따라 근로를 금지·제한할 수 있도록 함(법 제45조제1항)

▸ 법 제45조제1항 : 사업주는 전염병, 정신병 또는 근로로 인하여 병세가 현저히 악화될 우려가 있는 질병으로서 고용노동부령이 정하는 질병에 이환된 자에 대하여는 의사의 진단에 따라 근로를 금지하거나 제한하여야 한다. → 위반시 1,000만원 이하의 벌금

가. 근로를 금지해야 할 경우(시행규칙 제116조제1항)

① 전염의 우려가 있는 질병에 걸린 자(다만, 전염을 예방하기 위한 조치를 한 때에는 예외)

② 정신분열증·마비성치매 기타 정신질환에 걸린 자

③ 심장·신장·폐 등의 질환이 있는 자로서 근로에 의하여 병세가 악화될 우려가 있는 자

④ ①내지 ③에 준하는 질병으로서 고용노동부장관이 정하는 질병에 걸린 자

나. 건강악화 우려가 있는 업무에의 근로 금지(시행규칙 제117조제1항)

- 사업주는 건강진단결과 ① 유기화합물·금속류 등의 유해물질에 중독된 자, ② 진폐의 소견이 있는 자, ③ 방사선에 피폭된 자를 당해 유해물질 또는 방사선을 취급하거나 당해 유해물질의 분진·증기 또는 가스가 발산되는 업무 또는 당해 업무로 인하여 근로자의 건강을 악화시킬 우려가 있는 업무에 종사하도록 하여서는 아니된다.

다. 고기압 업무에의 근로금지대상 질병(시행규칙 제117조제2항)

- 사업주는 다음에 해당하는 질병이 있는 근로자를 고기압업무에 종사하도록 하여서는 아니됨
  ① 감압증 기타 고기압에 의한 장해 또는 그 후유증
  ② 결핵·급성상기도감염·진폐·폐기종 기타 호흡기계의 질병
  ③ 빈혈증·심장판막증·관상동맥경화증·고혈압증 기타 혈액 또는 순환기계의 질병
  ④ 정신신경증·알코올중독·신경통 기타 정신신경계의 질병
  ⑤ 메니에르씨병·중이염 기타 이관협착을 수반하는 이질환
  ⑥ 관절염·류마티스 기타 운동기계의 질병
  ⑦ 천식·비만증·바세도우씨병 기타 알레르기성·내분비계·물질대사 또는 영양장해등에 관련된 질병

라. 건강회복시의 조치

- 사업주는 근로를 금지 또는 제한받은 근로자가 건강을 회복한 때에는 지체없이 취업하게 하여야 함(법 제45조제2항)

마. 근로금지·재개시의 절차

- 사업주는 근로를 금지하거나 근로를 재개하도록 하는 때에는 미리 보건관리자(의사인 보건관리자에 한한다)·산업보건의 또는 건강진단을 실시한 의사의 의견을 들어야 함(시행규칙 제116조제2항)

 **7. 勤勞時間 延長의 制限 및 無資格者 등의 就業制限(법 제46조)**

가. 근로시간 연장의 제한 등

- 유해 또는 위험한 작업 시 그 작업에 직접 종사하는 시간을 제한하지 않으면 당해 근로자의 건강을 해치고 직업병에 이환될 가능성이 크다는 점을 감안하여
  - 사업주로 하여금 유해 또는 위험한 작업으로서 대통령령이 정하는 작업에 종사하는 근로자에 대하여 1일 6시간, 1주 34시간을 초과하여 근로하게 하지 못하도록 함(법 제46조) → 위반시 3년 이하의 징역 또는 2,000만원 이하의 벌금

(1) 근로시간이 제한되는 작업

- 잠함·잠수작업 등 고기압하에서 행하는 작업(시행령 제32조의8제1항)

(2) 근로자의 건강 보호조치를 해야 할 작업

- 사업주는 다음의 유해·위험작업에 대하여는 안전·보건상의 조치 외에 작업과 휴식의 적정한 배분 기타 근로시간과 관련된 근로조건의 개선을 통하여 근로자의 건강보호를 위한 조치를 하여야 함(시행령 제32조의8제3항)

　① 갱내에서 행하는 작업

　② 다량의 고열물체를 취급하는 작업과 현저히 덥고 뜨거운 장소에서 행하는 작업

　③ 다량의 저온물체를 취급하는 작업과 현저히 춥고 차가운 장소에서 행하는 작업

　④ 라듐방사선·엑스선·기타 유해방사선을 취급하는 작업

　⑤ 유리·토석·광물의 분진이 현저히 비산하는 장소에서 행하는 작업

　⑥ 강렬한 소음을 발하는 장소에서 행하는 작업

　⑦ 착암기 등에 의하여 신체에 강렬한 진동을 주는 작업

　⑧ 인력에 의하여 중량물을 취급하는 작업

　⑨ 연·수은·크롬·망간·카드뮴 등의 중금속 또는 이황화탄소·유기용제 기타 고용노동부령이 정하는 특정화학물질의 분진·증기 또는 가스를 현저히 발산하는 장소에서 행하는 작업

행정해석

■ 화학물질에 대한 수질검사 등을 1일 9시간으로 연장근무가 가능한지

- 상시근로자 25인을 고용하여 환경오염 측정사업을 경영하는 업체에서 여성환경수질 검사원에게 클로로포름 등 55종(붙임1-2)의 화학물질에 대한 수질검사 등을 1일 9시간(때로는 22 : 00까지 연장)으로 근로시킬 수 있는지와 관계법령은 무엇인지

- 유해·위험한 장소는 구체적으로 어떠한 장소에서의 작업환경이며, 붙임 1-2의 화공약품 취급업무도 해당하는지

◇ 근로기준법제49조의규정에 의한 법정 근로시간은 1일 8시간, 1주 44시간이며, 제52조의 규정에의하여 당사자간의 합의가 있는 경우에는 1주간의 12시간 한도로 법 제49조의 근로시간을 연장할 수 있음. 한편, 법제68조의 규정에 의하여 18세 이상의 여성을 오후10시부터 오전6시까지 사이 및 휴일에 근로시키고자 하는 경우에는 당해 근로자의 동의를 얻어야 함. 그러나 임신중인 여성과 산후 1년이 경과하지 아니한 여성(임산부) 근로자에 대해서는 근로기준법 제63조(사용금지) 및 동법시행령 제37조에 의하여 별표 2와 같은 업무에는 배치할 수 없으므로 동기간에는 다른 업무로 전환시켜주어야 함. 따라서 귀하가 임신중이거나 임산부 또는 18세 미만의 여성이 아니라면 귀하가 제시한 화학물질(55종)에 대해서는 1주간 12시간 한도 내에서 당사자간의 합의에 의하여 연장 근로가 가능하다고 판단됨.

◇ 산업안전보건법 제46조 및 같은법 시행령 제32조의8제3항에 규정된 "갱내에서의 작업" 등 9개의 유해·위험작업이 나열되어 있으며, 귀하가 제시한 55종의 화학물질 중 "수산화나트륨" 등 14개 물질이 그 분진·증기 또는 가스를 현저히 발산하는 장소에서 행하는 작업이라면 유해·위험작업이라고 할 수 있을 것임. 한편, "현저히 발산하는 장소"라 함은 위 화학물질의 증기 또는 가스의 발산 정도가 근로자의 보건상 유해할 정도로 심한 상태의 작업 장소를 말하는 것임.

나. 무자격자 등의 취업제한

● 유해 또는 위험한 작업으로서 노동부령이 정하는 작업에 있어서는 그 작업에 필요한 자격·면허·경험 또는 기능을 가진 근로자외의 자를 당해 작업에 임하게 하여서는 아니됨(법 제47조제1항)
  - 이와 관련하여 취업제한의 대상작업 및 자격·면허·경험·기능에 대한 세부사항은 「유해·위험작업의취업제한에관한규칙」제3조에서 규정(법 제47조제3항)

자격취득 등을 위한 교육기관

● 고용노동부장관은 자격·면허 취득자의 양성 또는 근로자의 기능습득을 위하여 교육기관을 지정할 수 있으며(법 제47조제2항)
  - 이와 관련된 세부사항은 「취업제한규칙」제4조 내지 제13조에서 규정(법 제47조제3항)
● 지정교육기관의 지정요건·지정절차 등에 대하여는 「취업제한규칙」에서 구체적으로 규정하고 있으며(법 제47조제3항)
  - 업무정지 등 행정처분은 안전관리대행기관에 대한 사항을 준용함(법 제47조제4항)

행정해석

■ 사업장내 3톤 미만 지게차 운전 중 사고발생 시 운전자 및 사업주의 책임

● 사업장내에서 지게차(3톤 미만)운전 중 사고 시 운전자 및 사업주의 처벌 여부

◇ 산업안전보건법 제47조 및 유해·위험작업취업제한에관한규칙 제3조에 의하여 "사업주는 유해·위험한 작업에 있어서는 그 작업에 필요한 자격·면허·경험 또는 기능을 가진 근로자외의 자를 당해 작업에 임하게 하여서는 아니된다"라고 규정하고 있는 바,
  - 동 규정에 의하면 건설기계관리법에 의한 건설기계(지게차)를 사용하여 행하는 작업에는 건설기계관리법에서 규정하는 자격 또는 면허를 가진 경우에 가능하도록 되어 있음.
  - 건설기계관리법 제26조, 동법 시행규칙 제73조에 의하여 3톤 이상의 지게차인 경우 건설기계조종면허를 받아야 하고, 3톤 미만의 지게차인 경우 건설기계조종에 관한 교육과정을 이수한 때에는 조종사 면허를 받은 것으로 보나, 이 경우 자동차운전면허를 소지하도록 규정되어 있음.

◇ 따라서, 사업주가 면허를 소지하지 않은 근로자로 하여금 지게차를 운전토록 한 때에는 산업안전보건법 제47조제1항 및 동법 제67조의2에 의거 3년 이하의 징역 또는 2천만원 이하의 벌금에 처하게 됨.

◇ 또한, 재해 발생원인이 산업안전보건법에 규정된 의무사항을 위반한 것으로 나타날 경우에는 관련규정에 따라 처벌을 받게 되고,

　－ 근로자는 사업주가 행한 안전·보건조치를 준수하여야 하며 이를 위반한 경우에는 산업안전보건법 제25조 및 동법 제72조의 규정에 의한 처벌(300만원 이하의 과태료)을 받을 수 있음.

■ 소화배관 등의 용접작업은 자격증을 소지한 자가 실시하여야 하는지 여부

● 소화배관, 오·배수, 우수배관 용접시 반드시 자격증을 소지한 자가 용접해야 하는지, 아니면 감리협의하에 현장 용접테스트를 실시 후 통과된 자를 사용해도 되는지의 여부

◇ 산업안전보건법 제47조 및 「유해·위험작업의 취업제한에 관한 규칙(노동부령 제140호, 1999.1.14)」에 의하여 20개 유해 또는 위험작업에 대해서는 그 작업에 필요한 자격·면허·경험 또는 기능을 가진자가 아니면 작업을 할 수 없도록 취업제한을 하고 있음

◇ 산업안전보건법상 소화배관, 오·배수, 우수배관 용접작업시 특별히 해당 자격증 등을 소지한 자가 용접해야 하는 등으로 규정하고 있지 않음. 다만, 설계서 및 시방서(일반, 특별)에 별도로 용접작업 자격이 명시되지 않았다면 공사 감독자(감리자 포함)와 자율적으로 협의하여 실시하면 될 사항으로 판단됨

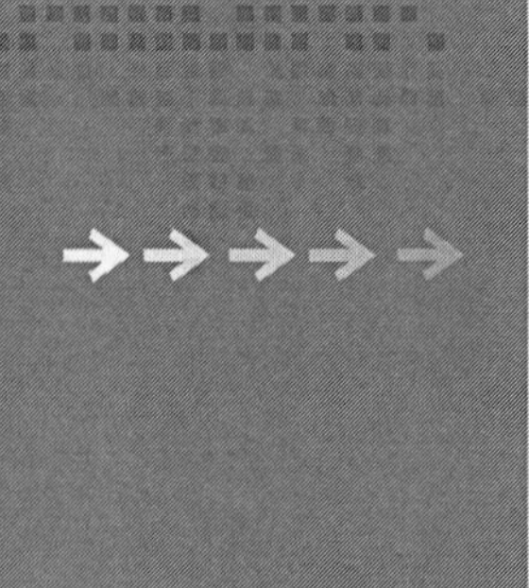

제8장

監督과 命令

1. 有害·危險防止計劃書(법 제48조)

● 재해위험이 높은 건설물·기계·기구·설비 등의 설치·이전·변경으로 인해 근로자의 안전과 보건을 해칠 우려가 있다는 점을 감안하여 유해·위험요인을 사전에 평가하기 위해 「유해·위험방지계획서」제출제도를 도입(법 제48조)

　－ 즉, 사업주에게 미리 유해·위험방지계획을 수립·제출하도록 하여 정부가 이를 심사·확인함으로써 유해·위험요인으로부터 근로자를 보호하고자 하는 것임

　▸ 법 제48조

　① 대통령령으로 정하는 업종 및 규모에 해당하는 사업의 사업주는 당해 사업에 관계있는 건설물·기계·기구 및 설비 등을 설치·이전하거나 그 주요구조부분을 변경하는 때에는 이 법 또는 이 법에 의한 명령에서 정하는 유해·위험방지사항에 관한 계획서(이하 "유해·위험방지계획서"라 한다)를 작성하여 고용노동부령이 정하는 바에 의하여 고용 노동부장관에게 제출하여야 한다. ➔ 위반시 1,000만원 이하의 과태료

　② 제1항의 규정은 기계·기구 및 설비 등으로서 유해 또는 위험한 작업을 필요로 하는 것, 유해 또는 위험한 장소에서 사용하는 것 또는 건강장해를 방지하기 위하여 사용하는 것으로서 고용노동부령이 정하는 것을 설치·이전하거나 그 주요구조부분을 변경하고자 하는 사업주에 대하여 준용한다. ➔ 위반시 1,000만원 이하의 과태료

　③ 건설업중 고용노동부령이 정하는 공사를 착공하려고 하는 사업주는 노동부령이 정하는 자격을 갖춘 자의 의견을 들은 후 이 법 또는 이 법에 의한 명령에서 정하는 유해·위험방지계획서를 작성하여 고용노동부령이 정하는 바에 의하여 고용노동부장관에게 제출하여야 한다. ➔ 위반시 1,000만원 이하의 과태료, 유자격자의견 듣지 않고 작성·제출 시 300만원 이하 과태료

가. 제출대상 사업장(시행규칙 제120조제4항)

(1) 제조업

●「통계법」에 따라 통계청장이 고시한 표준산업분류에 따라 금속가공제품 제조업(기계 및 가구는 제외) 및 비금속광물제품 제조업으로 전기사용설비의 정격용량의 합이 300킬로와트 이상인 사업(법 제48조제1항 및 시행령 제33조의2)

> • 신규설치 · 이전 : 전기사용설비의 정격용량의 합이 300킬로와트 이상인 사업장
> • 주요 구조부분 변경 : 해당업종에서 제품생산량의 증가 또는 제품의 변경을 위하여 설비증설 · 교체 또는 개조 등으로 변경설비 및 부대설비 등의 전기 정격용량의 증가의 합이 100kw 이상인 경우

● 유해 또는 위험한 작업 및 장소에서 사용하는 것 또는 건강장애를 방지하기 위한 기계 · 기구 및 설비(법 제48조제2항 및 시행규칙 제120조제2항)

  － ① 금속이나 그 밖의 광물의 용해로 ② 화학설비 ③ 건조설비 ④ 가스집합용접장치 ⑤ 허가대상 · 관리대상 유해물질 및 분진작업 관련설비(국소배기장치)

  － 제출대상 기계 · 기구 · 설비의 구체적인 대상범위는 고용노동부장관이 정하여 고시함

  ▶ 제조업 유해 · 위험방지계획서 제출 · 심사 · 확인에 관한 고시(고용노동부고시)

신규설비 · 이전

• 금속이나 그 밖의 광물의 용해로 : 용량 3톤 이상

• 화학설비 : 안전규칙 제292조의 특수화학설비로 안전규칙 별표3의3 기준량이상 사용

① 발열반응이 일어나는 반응장치 ② 증류 · 정류 · 증발 · 추출 등 분리를 행하는 장치 ③ 가열시켜주는 불질의 온도과 가열되는 위험물질의 분해온도 또는 발화점보다 높은 상태에서 운전되는 설비 ④ 반응폭주 등 이상화학 반응에 의하여 위험물질이 발생할 우려가 있는 설비 ⑤ 온도가 섭씨 350도 이상이거나 게이지압력이 제곱센티미터당 10킬로그램 이상인 상태에서 운전되는 설비 ⑥ 가열로 또는 가열기

• 건조설비 : 연료 최대 사용량 50 kg/hr 이상 또는 전열 최대 소비전력 50 kw 이상

① 건조물에 포함되는 수분, 용제를 건조하는 경우 ② 도료, 피막제의 도포코팅 등 표면을 건조하여 가연성 가스를 발생하는 경우 ③ 건조를 통한 가연성 분말로 인해 분진이 발생하는 설비

• 가스집합용접장치 : 고정식 가스집합장치로 가스집합량 1000 kg이상

• 허가 · 관리대상 유해물질 및 분진작업 관련 설비 : 안전검사대상 국소배기장치, 그 밖의 국소배기장치 송풍량 150 세제곱미터/min이상

주요 구조부분 변경

• 용해로 : 용해용량 증가, 열원의 종류 또는 내화물 등 내부구조 교체 · 변경

• 화학설비 : 생산량 증가, 원료 또는 제품의 변경을 위하여 대상 특수화학설비를 교체 · 변경 · 추가하는 경우

• 건조설비 : 건조부의 내용적의 증가 또는 열원의 종류를 변경

• 가스집합용접장치 : 용량의 증가 또는 주(main)관 변경

• 허가 · 관리대상 유해물질 및 분진작업 관련설비 : 후드형식, 덕트형식, 공기정화장치, 송풍기 신설 · 추가 · 변경하는 경우

  ▶ 1997년 「기특법」 제55조의3의 규정에 따라 건설업을 제외한 타 업종은 동 계획서의 제출의무(법 제48조제1항 및 제2항)가 면제되었으나 동 조항이 삭제되어 2009.1.1부로 복원됨

(2) 건설업

- 지상높이가 31미터 이상인 건축물 또는 인공구조물, 연면적 3만 제곱미터 이상인 건축물 또는 연면적 5천 제곱미터 이상의 문화 및 집회시설(전시장 및 동물원·식물원을 제외)·판매시설 및 운수시설(고속철도의 역사 및 집배송시설을 제외), 종교시설, 의료시설 중 종합병원·숙박시설 중 관광숙박시설 지하도상가 또는 냉동·냉장창고시설의 건설·개조 또는 해체
- 연면적 5천 제곱미터 이상의 냉동·냉장창고 시설의 설비공사 및 단열공사
- 최대지간길이가 50미터 이상인 교량건설 등 공사
- 터널건설 등의 공사
- 다목적댐·발전용댐 및 저수용량 2천만톤 이상의 용수전용댐·지방상수도 전용댐 건설 등의 공사
- 깊이 10미터 이상인 굴착공사

나. 제출 서류 및 절차 등

(1) 제조업

- 법 제48조제1항 및 제2항에 따라 유해·위험방지계획서를 제출하려면 시행규칙 별지 제25호서식의 제조업 등 유해위험방지계획서에 다음 서류를 첨부하여 해당 공사 착공 15일 전까지 공단에 2부를 제출하여야 함(시행규칙 제121조제1항)
  - 제출서류 : ① 건축물 각 층의 평면도 ② 기계·설비의 배치도면 ③ 제조공정 및 기계·설비규모 ④ 방호장치 그 밖에 유해·위험방지에 관하여 고용노동부장관이 정하는 도면 및 서류(참고6)
  - 유해·위험방지계획서의 작성기준, 작성자, 심사기준 그 밖에 심사에 필요한 사항은 고용노동부장관이 정하여 고시함
  - ▶ 제조업 유해·위험방지계획서 제출·심사·확인에 관한 고시

- 작성자 : 보고서 작성시 아래 자격을 갖춘자 또는 공단에서 실시하는 교육을 20시간 이수해야 함
  ① 기계·금속·화공·전기·안전관리·산업보건관리·산업위생 또는 환경분야 기술사 자격 취득자
  ② 기계·전기·화공안전 등 산업안전지도사 또는 산업위생지도사 자격 취득자
  ③ 관련분야 기사 자격 취득한자로 해당분야 5년 이상 근무경력자
  ④ 관련분야 산업기사 자격 취득한자로 해당분야 7년 이상 근무경력자
  ⑤ 공단 교육이수자(제조업 유해·위험방지계획서 및 공정안전보고서 작성과 관련된 교육과정 이수자)

- 작성기준 및 심사기준 : 계획서 제출·심사·확인 고시[별표 2] 참조
- 제조업 유해위험방지계획서 제출도면 및 서류

〈제조업 유해·위험방지계획서 제출·심사·확인에 관한 고시 제5조(별표 1)〉

제출 서류	제출 서류에 포함되어야 할 주요내용
1. 사업의 개요	고용노동부고시(별지 제3호서식)에 의함 공사 작업일정표를 첨부(확인일자를 정하기 위해 시운전단계를 반드시 명시)
2. 건축물 각 층의 평면도	건축물 각층의 평면도(작업장 통로, 비상출입구, 추락방지 등을 포함)
3. 기계·설비의 배치도면	1. 기계·설비 배치도면 2. 소화설비, 화재탐지·경보설비(가스누출 감지설비 포함) 설치계획 및 도면
4. 제조공정 및 기계·설비 규모	1. 제조공정 설명서 및 흐름도(Process Flow Diagram, PFD) 2. 공정배관·계장도(Piping & Instrument Diagram, P&ID) 3. 별지 제4호서식의 설비 및 기계 목록표 4. 별지 제5호서식의 유해·화학물질 목록표 5. 작업장 안전보건 확보계획(작업공사 중 안전계획 포함) 6. 전기단선도 및 접지계획 등 전기관련 도면(전기보호장치 포함) 7. 폭발위험장소가 있을 경우 위험장소 구분도 및 별지 제6호서식 8. 국소배기장치가 설치되어 있는 경우 별지 제7호서식 9. 안전밸브(파열판)를 설치해야 할 설비가 있을 경우 별지 제8호서식 10. 안전성 분석 및 설비유지관리 계획
5. 기 타	1. 비상상태 발생시를 대비한 비상조치계획 2. 그 밖의 「산업안전기준에 관한 규칙」 및 「산업보건기준에 관한 규칙」 준수를 위한 안전대책

(2) 건설업

● 법 제48조제3항에 따라 유해·위험방지계획서 제출대상 건설공사를 착공하려는 사업주는 고용노동부령이 정하는 자격을 갖춘 자의 의견을 들은 후

　▶ 고용노동부령이 정하는 자격을 갖춘 자(시행규칙 제120조제3항)

　　• 건설안전분야 산업안전지도사, 건설안전기술사 또는 토목·건축분야 기술사

　　• 건설안전산업기사 이상으로서 건설안전관련 실무경력 7년(기사는 5년) 이상인 사람

　– 사업장별로 건설공사 유해·위험방지계획서(별지 제26호서식)에 시행규칙 별표15의 서류를 첨부하여 해당 공사의 착공전일까지 공단에 2부를 제출하여야 한다(법 제48조제3항 및 시행규칙 제121조제2항).

　– 위항에 불구하고 산업재해 발생률이 낮은 업체로서 고용노동부장관이 지정하는 건설업체(이하 "자체심사 및 확인업체"라 한다)의 사업주는 유해·위험방지계획서를 자체적으로 심사하고 해당 공사의 착공 전날까지 별지 제26호의2서식의 유해·위험방지계획서 자체심사서를 공단에 제출하여야 한다(규칙 제121조제4항).

　▶ 착공의 의미 : 유해·위험 방지계획서 작성대상 시설물 또는 구조물의 공사를 시작 하는 것을 말함. 이 경우 대지정리 및 가설사무소 설치 등의 공사 준 비기간은 착공으로 보지 않음.

　– 제출서류(시행규칙 별표 15 참조) : ① 공사개요서 ② 산업안전보건관리비 사용계획 등의 안전보건관리계획 ③ 작업공종별 유해위험방지계획 ④ 작업환경 조성계획

● 같은 사업장내에서 공사의 착공시기를 달리하여 행하는 사업의 사업주는 해당 사업별 또는 해당 사업의 작업공종별로 유해·위험방지계획서를 분리하여 제출할 수 있으며

　– 이 경우 이미 제출한 유해·위험방지계획서의 첨부서류와 중복되는 서류는 제출하지 않을 수

있음(시행규칙 제121조제3항)

다. 계획서의 심사

(1) 심사 기간

- 안전공단은 유해·위험방지계획서 및 그 첨부서류를 접수한 때에는 접수일부터 15일 이내에 심사하여 사업주에게 그 결과를 통지하여야 함(시행규칙 제122조제1항)

(2) 심사결과 구분 및 조치

- 안전공단은 계획서 심사결과에 따라 다음과 같이 구분·판정함(시행규칙 제123조제1항)
  ① 적정 : 근로자의 안전과 보건상 필요한 조치가 구체적으로 확보되었다고 인정될 때
  ② 조건부 적정 : 근로자의 안전과 보건을 확보하기 위하여 일부 개선이 필요하다고 인정될 때
  ③ 부적정 : 기계·설비 또는 건설물이 심사기준에 위반되어 공사착공 시 중대한 위험발생의 우려가 있거나 계획에 근본적 결함이 있다고 인정될 때
- 심사결과 적정 또는 조건부 적정 판정을 한 경우에는 공단은 심사결과통지서를 해당 사업주에게 교부하고, 관할 지방고용노동관서의 장에게 보고하여야 함(시행규칙 제123조제2항)
  ▸ 조건부 적정 판정일 경우 심사결과통지서에 보완사항을 포함하여 통지
- 부적정 판정을 한 경우에는 공단은 지체없이 심사결과(부적정)통보에 그 이유를 기재하여 지방고용노동관서의 장에게 통보하고 사업장 소재지 시장·군수·구청장에게 그 사실을 통보하여야 함(시행규칙 제123조제3항)
  − 통보를 받은 지방고용노동관서의 장은 사실여부를 확인한 후 공사착공 중지명령·계획변경명령 등 필요한 조치를 하여야 하며(법 제48조제4항 및 시행규칙 제123조제4항)
  − 지방고용노동관서의 장으로부터 공사착공 중지명령 또는 계획변경명령을 받은 사업주는 계획서를 보완 또는 변경하여 공단에 제출하여야 함(시행규칙 제123조제5항) → 위반시 5년 이하의 징역 또는 5,000만원 이하의 벌금

(3) 계획서의 비치

- 유해·위험방지계획서의 심사를 받은 사업주(자체심사 및 확인업체가 유해·위험방지계획서 자체심사서를 제출한 경우 포함)는 유해·위험방지계획서를 해당 사업장에 비치하여야 하며(시행규칙 제123조의2제1항)
  − 유해·위험방지계획서의 변경사유가 발생한 경우에는 이를 보완하여 비치하여야 함(시행규칙 제123조의2제2항)

라. 이행확인 및 조치

(1) 확인내용 및 주기

- 법 제48조제1항 및 제2항에 따라 유해·위험방지계획서를 제출한 사업주는 해당 건설물·기계·기구 및 설비의 시운전단계에서,

- 법 제48조제3항에 따라 유해·위험방지계획서 제출대상 사업주는 건설공사 중 6개월 이내마다 법제48조5항에따라 다음 각호의 사항에 대해 공단으로부터 계획서의 이행실태를 확인을 받아야 한다(법 제48조제5항 및 시행규칙 제124조제1항). → 위반시 300만원 이하의 과태료
  ① 유해·위험방지계획서의 내용과 실제 공사내용과의 부합여부
  ② 유해·위험방지계획서의 변경사유가 발생하여 이를 보완한 경우 그 변경내용의 적정성
  ③ 추가적인 유해·위험요인의 존재여부
- 자체심사 및 확인업체의 사업주는 별표 15의2에 따라 해당 공사 준공 시까지 6개월 이내마다 제1항 각 호의 사항에 관하여 자체확인을 하여야 한다. 다만, 그 공사 중 사망재해(별표 1 제3호라목4)의 가), 나) 및 같은 호 마목에 따른 재해는 제외한다)가 발생한 경우에는 제1항에 따라 공단의 확인을 받아야 한다.

(2) 확인결과 조치

- 공단은 확인실시결과 당해 사업장의 유해·위험의 방지상태가 적정하다고 판단되는 경우에는 5일 이내에 확인결과통지서를 사업주에게 교부하여야 하며
  - 경미한 유해·위험요인이 발견된 경우에는 일정한 기간을 정하여 이를 개선하도록 권고하되, 당해 기간내에 개선되지 아니한 경우에는 기간만료일부터 10일 이내에 확인결과조치요청서에 그 이유를 기재한 서면을 첨부하여 지방고용노동관서의 장에게 보고하여야 함(시행규칙 제124조제5항)
  - 공단은 확인실시결과 중대한 유해·위험요인이 있어 작업의 중지, 사용중지 및 주요 시설의 개선 등이 필요하다고 인정되는 경우에는 지체없이 확인결과조치요청서에 그 이유를 기재한 서면을 첨부하여 지방고용노동관서의 장에게 보고하여야 함(시행규칙 제124조제6항)

2. 自體審査 및 確認業體 指定制度

- 재해율이 낮은 건설업체 등에 대하여 유해·위험방지계획서 심사 및 확인 등을 자율적으로 수행토록 하여 안전관리 우수업체를 우대하고, 자율안전관리 유도

『**자체심사 및 확인업체의 지정기준, 지정방법, 자체심사 및 확인방법(제121조제5항 및 제124조제2항 관련[별표 15의2])**』

(1) 지정기준

건설업체 중 고용노동부장관이 정하는 규모 이상인 업체로서 별표 1에 따라 산정한 직전년도 산업재해발생률이 낮은 순으로 상위 20퍼센트 이하인 건설업체여야 한다. 다만, 자체심사 및 확인업체에서 동시에 3명 이상의 근로자가 사망한 재해(별표 1 제3호라목4)의 가), 나) 및 같은 호 마목에 따른 재해는 제외한다. 이하 같다)가 발생한 건설업체는 즉시 지정에서 제외하고, 동시에 2명 이상의 근로자가 사망하는 재해가 발생한 경우에는 다음 연도에서 제외한다.

(2) 지정방법

고용노동부장관이 자체심사 및 확인업체를 지정하는 경우에는 제1호의 지정기준에 적합한 업체에 대하여 1년의 범위 내에서 지정하고 공단에 이를 통지해야 하며, 공단은 해당업체에게 그 사실을 알려야 한다.

(3) 자체심사 및 확인방법

가. 자체심사는 임직원 및 외부 전문가 중 다음에 해당하는 사람 1명 이상이 참여하도록 해야 한다.

1) 산업안전지도사(건설안전 분야만 해당한다)

2) 건설안전기술사

3) 건설안전기사(산업안전기사 이상의 자격을 취득한 사람으로서 건설안전 실무경력이 3년 이상인 사람을 포함한다)로서 공단에서 실시하는 유해·위험방지계획서 심사전문화 교육과정을 28시간 이상 이수한 사람

나. 자체확인은 가목의 인력기준에 해당하는 사람이 실시하도록 하여야 한다.

다. 자체확인을 실시한 사업주는 별지 제26호의9서식의 유해·위험방지계획서 자체확인 결과서를 작성하여 해당 사업장에 갖추어 두어야 한다.

행정해석

■ 설계변경에 따른 유해위험방지계획서 제출시기

● 00공사가 당초 9층에서 12층으로 설계 변경되어 높이 31미터 이상 건축물로 유해·위험방지계획서 작성대상이 된 경우 유해·위험방지계획서 제출 시기는 어떻게 되는지(최초 착공일 2008.1.7, 설계변경 허가일 2008.4.7)

◇ 산업안전보건법 제48조제3항 및 같은 법 시행규칙 제121조제1항의 규정에 의하여 유해·위험방지계획서를 공사착공 전일까지 제출토록 하고 있는 바,

◇ 동 계획서 작성 대상 공사가 새로이 착공되는 것이 아니고 공사 진행 중인 구조물이 설계변경으로 인하여 계획서 제출 대상에 해당된 경우 설계변경이 확정되는 시점(설계변경에 대해 인허가를 받도록 하고 있는 경우에는 인허가일)을 착공일로 보는 것이 타당함

■ 공동도급 분담이행공사의 유해위험방지계획서 작성 의무

● 「공동도급 분담이행방식」에 따라 수행하는 공사현장의 경우 유해·위험방지계획서의 작성·제출 및 안전관리자 선임의무는 누구에게 있으며 산업 재해율은 어떻게 분배되는지

◇ 「공동도급 분담이행방식」에 따라 수행하는 공사라 함은 각 참여회사들이 공사를 분할하여 각각의 분담공사에 대해 책임을 지고 시공하는 경우를 말하는 것으로 산업안전보건법 제48조제3항의 규정에 의한 유해·위험방지계획서의 작성·제출도 각각 이루어져야 함

- 또한, 자체심사 및 확인업체로 지정된 업체가 공동도급을 받아 시공하는 경우 「공동이행방식」현

장은 주간사가 자체심사 및 확인업체로 지정된 업체인 경우에 한하여 심사 및 확인이 면제되고,
「분담 이행방식」현장은 자체 심사 및 확인업체로 지정된업체가 시공하는 분야에 한하여 유해·
위험방지계획서의 심사 및 확인이 면제됨

- 따라서, 「분담이행방식」에 의거 공사를 수행하는 B사가 자체심사 및 확인업체로 지정받지 않은
업체로서 동법 시행규칙 제120조제4항 각 호의 1.에 해당 하는 유해·위험방지계획서 작성대상
시설물 또는 구조물의 공사를 행하는 경우라면 당해 유해·위험방지계획서를 제출하여야 함

◇ 또한, 산업안전보건법 제13조의 안전보건관리책임자 및 동법 제15조의 안전관 리자 선임에 있어서
도 각 공사현장의 공사규모에 따라 판단하여야 하는 바, 귀 질의의 현장의 경우, 「공동이행방식」에
의해 이루어지는 공사는 당해 현장의 공사금액에 따라 선임하고, 「분담이행방식」에 의해 이루어지
는 공사도 각 개별현장의 공사금액에 따라 각각의 안전보건관리책임자 및 안전관리자 선임 대상 여
부를 판단하여야 함

◇ 산업안전보건법 시행규칙 별표 1「건설업체 산업재해율 산정기준」제3호의 규정에 의하면 공동이행
공사에서 발생한 재해에 대하여는 수급업체 간 내부협약에 관계없이 출자비율에 따라 재해율을 분
배합니다. 다만, 귀 질의와 같이 공동이행공사라 하더라도 분할 시공함이 명기된 도급계약서류 또는
참여사 전체가 분할 시공함을 동의하고 발주자가 확인한 서류를 제출하면 각사별로 분리 산정이 가
능함

■ 자체심사 및 확인업체의 유해·위험방지계획서 확인 시기

● 산업안전보건법 시행규칙에 의하면 자체심사 및 확인 업체로 지정이 되고 유해·위험방지계획서 자
체심사서를 제출한 사업장은 당해 공사의 준공시까지 확인을 받지 아니할 수 있다고 하고 있는데,
이는 단지 산업안전공단의 확인을 말하는 것인지 아니면 자체 확인도 포함하는 것인지 (자율안전관
리업체는 유해·위험방지계획서를 자체심사하고 3개월마다 자체적으로 확인을 하여야 하는지, 자율
안전관리 업체는 유해·위험방지계획서를 자체심사 후 준공 시까지 확인을 받지 않아도 되는 것인지
여부)

◇ 산업안전보건법 시행규칙 제124조제1항의 규정에 의하면 사업주는 6월에 1회) 이상 산업안전공단의
확인을 받도록 하고 있으며, 자체심사 및 확인업체는 해당 공사의 준공시까지 산업안전공단의 확인
을 받지 아니할 수 있도록 하고 있음

◇ 대신에 자체심사 및 확인업체는 동 규칙 별표 15의2에 따라 해당 공사 준공시까지 6월 이내마다
위 제124조제1항의 규정에 의한 확인을 자체적으로 실시하여야 함

◇ 다만, 관련공사 중 사망재해가 발생한 경우에는 위 제124조 제1항 따라 6개월 이내 마다 공단의 확
인을 받아야함

■ 지반 높이가 상이한 경우 최고 높이 산정기준

● 유해·위험방지계획서 제출대상 건축물의 높이를 산정함에 있어 건축법 시행령 제119조제1항제5호
가목(1)의 "건축물의 대지에 접하는 전면도로의 노면에 고저차가 있는 경우에 당해 건축물이 접하는

범위의 전면도로부분의 수평거리에 따라 가중평균한 높이의 수평면을 전면도로면으로 본다"에 준하여 산정된 건축물의 높이가 26.3m이고, 최고지반고에서 최고높이는 21.1m, 최저지반고에서의 최고높이는 32.5m일 때 유해·위험방지계획서 제출대상 여부

◇ 산업안전보건법 시행규칙 제120조제4항의 규정에 의한 유해·위험방지계획서 제출대상 공사 중 "지상높이 31m 이상인 건축물 공사"를 적용하는데 있어 대지의 고저차로 지상높이가 상이한 경우에는 지표면을 가중 평균하여 높이를 산정하는 것으로, 위공사가 동 기준을 적용하였을 경우 31m 미만이면 유해·위험방지계획서 제출대상에서 제외됨

■ 압입방식으로 강관을 지하에 삽입하는 경우 터널공사의 해당 여부

● 농토현장에서 수로를 만들기 위해 강관을 유압쟈키로 밀어넣은 후 강관내부의 토사를 반출하고 본 수로용 흄관을 설치하는 공사(28미터)에서 강관의 지름이 3미터인 관계로 내공 단면적이 2제곱미터를 초과함

● 터널이라 함은 "지표면하에 위치하여 소정의 형상과 치수를 가진 지하구조물을 건설하는 공사로 그 내공단면적이 2제곱미터 이상되는 것을 말함"이라고 하는데 상기와 같이 강관을 밀어내고 그 내부의 토사를 제거한 다음 흄관을 설치하는 공사를 터널로 적용하여 유해·위험방지계획서를 작성해야 하는지

◇ 산업안전보건법 시행규칙 제120조제4항제3호의 규정에 의한 유해·위험방지계획서 제출대상인 터널공사라 함은 질의에서 밝힌 바와 같이 지표면을 개착하지 않고 지표면하에 위치하여 그 내부단면적이 2㎡이상 되는 것으로 보고 있음

◇ 이는 터널내부에서 굴착작업을 하는 근로자의 위험을 방지하고자 함이 목적인 바, 귀 질의와 같이 지름이 3m인 강관(2㎡ 이상에 해당)을 지표면하에 밀어넣은 후 근로자가 강관내부에 들어가 토사굴착 및 본 수로용 흄관을 설치하는 경우 터널공사로 보아 유해·위험방지계획서를 제출하여야 할 것으로 사료됨

■ 근로자에 대한 과태료 부과 시 사업장 규모에 따라 과태료 금액을 감경할 수 있는지 여부

● 산업안전보건법 시행령 별표 13 제2호의 규정에 의한 "사업장 규모에 따른 부과기준"의 근로자 과태료 부과시 적용 여부(산안법 제19조제4항, 제25조, 제43조제3항, 제43조의2제4항 위반 등)

◇ 산업안전보건법 시행령 별표 13 제1호에서 사업장의 규모별로 과태료 부과금 액을 경감토록 규정한 것은

 － 300인 미만(건설공사의 경우 120억원 미만) 중소규모 사업장에 대해서는 취약한 경제적·기술적 능력 등을 고려하여 부담을 완화해 주려는 취지이며, 근로자에 대한 과태료 부과금액(5만원)은 소액으로 규정하고 있어 동 규정의 입법취지상 근로자에게는 적용되지 않음

■ 유해·위험방지계획서 절취 작업 부분이 굴착 깊이에 포함되는지

● 산업안전보건법 제48조 및 시행규칙 제120조의 "깊이가 10.5m 이상인 굴착공사"에서 기존의 산을

절취하여 학교건물을 시공할 경우 건물 굴착깊이 10.5m라 함은 절취작업 부분이 포함되는지 굴착깊이의 기준이 G.L선인지 아니면 절취한 부분의 최고 높이인지

◇ 산업안전보건법시행규칙 제120조제4항제6호의 규정에 의거 유해·위험방지계획서 제출대상인 "깊이가 10.5m 이상인 굴착공사"라 함은 지표 (귀 질의의 G.L) 이하로 굴착한 깊이를 말하며, 절취해야 할 부분의 높이는 굴착깊이에 산입되지 아니함

3. 安全保健診斷(법 제49조)

● 산업재해를 예방하기 위해 잠재적 위험요인을 발견하고 그 대책을 수립할 수 있도록 중대재해 발생사업장 등 고용노동부령이 정하는 사업장에 대해 안전보건진단기관의 안전보건진단을 받도록 명령할 수 있는 제도 도입(법 제49조제1항)
  − 즉, 재해다발 사업장에 대하여 고용노동부장관의 명령으로 전문성을 지닌 안전보건진단기관에 의한 위험성 분석 등을 통하여 보다 구체적인 재해예방대책을 수립·시행함으로써 유해·위험요인으로부터 근로자를 보호하고자 하는 것임
    ▸ 법 제49조제1항 : 고용노동부장관은 고용노동부령이 정하는 사업장에 대하여 고용노동 부장관이 지정 하는 자가 실시하는 안전·보건진단을 받을 것을 명할 수 있다. → 위반 시 1,000만원 이하의 과태료 부과

가. 진단명령 대상

  ● 시행규칙 제126조제1항에서는 안전보건진단명령 대상사업장을 규정하고 있음
    ① 중대재해(사업주가 안전·보건조치의무를 이행하지 아니하여 발생한 중대재해에 한함)발생 사업장. 다만, 그 사업장의 연간 산업재해율이 동종업종의 규모별 평균 산업재해율을 2년간 초과하지 아니한 사업장은 제외
    ② 법 제50조제2항의 규정에 의하여 안전보건개선계획 수립·시행명령을 받은 사업장
    ③ 추락·폭발·붕괴 등 재해발생 위험이 현저히 높은 사업장으로서 지방고용노동관서의 장이 안전·보건진단이 필요하다고 인정하는 사업장
  ● 지방고용노동관서의 장은 안전·보건진단을 명령하고자 하는 경우에는 사업장의 규모, 재해율, 유해물질 노출정도 등을 고려하여야 함(집무규정 제27조제1항)

안전보건진단명령 제외 사업장(시행규칙 제126조제1항 단서)

(1) 「광산보안법」 적용 사업(광업 중 광물의 채광·채굴·선광 또는 제련 등의 공정으로 한정하며, 제조공정은 제외한다)
(2) 「원자력법」 적용 사업(발전업 중 원자력 발전설비를 이용하여 전기를 생산하는 사업장으로 한정한다)
(3) 「항공법」 적용 사업(항공기, 우주선 및 부품제조업과 여행알선, 창고 및 운송관련서비스업종 중 항공관련 사업은 제외한다)

(4) 「선박안전법」 적용 사업(선박 및 보트 건조업은 제외한다)

나. 진단절차 등

- 사업주는 안전보건진단업무에 적극 협조하여야 하며, 정당한 사유없이 이를 거부하거나 방해 또는 기피하여서는 아니되고
  - 이 경우 근로자대표의 요구가 있을 때에는 안전보건진단에 근로자대표를 입회시켜야 함(법 제49조제2항) → 위반 시 1,500만원 이하의 과태료
- 지방고용노동관서의 장은 시행령 별표 9의2에 의한 안전보건진단(종합진단, 안전기술진단, 보건기술진단 등)을 받을 것을 명할 수 있으며
  - 이 경우 기계·화공·전기·건설분야별로 한정하여 진단을 받을 것을 명령할 수 있음(시행령 제33조의4)

4. 安全保健改善計劃(법 제50조)

- 재해다발 또는 작업환경 불량 사업장에 대하여 산업재해 예방을 위한 종합적인 개선조치를 하게 함으로써 유해·위험요인으로부터 근로자를 보호하기 위한 제도(법 제50조제1항)
  - ▶ 법 제50조제1항 : 고용노동부장관은 사업장·시설 기타의 사항에 관하여 산업재해예방을 위하여 종합적인 개선조치를 할 필요가 있다고 인정할 때에는 고용노동부령이 정하는 바에 의하여 사업주에게 당해 사업장·시설 기타 사항에 관한 안전보건개선계획의 수 립·시행을 명할 수 있다. → 위반시 1,000만원 이하의 과태료

가. 수립·시행 대상

- 지방고용노동관서의 장이 안전보건개선계획의 수립·시행을 명할 수 있는 사업장은 다음 각호의 어느 하나에 해당하는 사업장으로 시설개선이 필요한 경우(시행규칙 제131조제1항)
  ① 산업재해율이 동종업종의 규모별 평균 산업재해율보다 높은 사업장
  ② 작업환경이 현저히 불량한 사업장
  ③ 중대재해(사업주가 안전·보건조치의무를 이행하지 아니하여 발생한 중대재해에 한함)가 연간 2건 이상 발생한 사업장
  ④ ① 내지 ③의 규정에 준하는 사업장으로서 고용노동부장관이 따로 정하는 사업장
- 또한, 지방고용노동관서의 장은 다음에 해당하는 사업장에 대하여 안전·보건진단을 받아 안전보건개선계획을 수립·제출할 것을 명령할 수 있음(법 제50조제2항)
  ① 산업재해율이 동종업종의 규모별 평균 산업재해율보다 높은 사업장 중 중대재해 발생사업장 (사업주가 안전·보건조치의무를 이행하지 아니하여 발생한 중대재해에 한함)
  ② 산업재해율이 동종업종 평균산업재해율의 2배 이상인 사업장
  ③ 직업병에 걸린 자가 연간 2명 이상(상시근로자 1,000명 이상 사업장의 경우 3명 이상) 발생한

　사업장

④ 작업환경불량, 화재·폭발 또는 누출사고 등으로 사회적 물의를 일으킨 사업장

⑤ ① 내지 ④의 규정에 준하는 사업장으로서 고용노동부장관이 따로 정하는 사업장 → 위반시 1,000만원 이하의 과태료

나. 수립 절차 등

● 사업주가 안전보건개선계획을 수립할 때에는 「산업안전보건위원회」의 심의를 거쳐야 하며 「산업안전보건위원회」가 설치되어 있지 아니한 사업장에서는 근로자대표의 의견을 들어야 함(법 제50조제3항) → 위반 시 500만원 이하의 과태료

● 안전보건개선계획의 수립·시행명령을 받은 사업주는 명령을 받은 날부터 60일 이내에 안전보건개선계획서를 작성하여 관할 지방고용노동관서의 장에게 제출하여야 함(시행규칙 제131조제3항)

다. 계획서에 포함되어야 할 내용

● 안전보건개선계획서에는 ①시설, ②안전·보건관리체제, ③안전·보건교육, ④산업재해예방 및 작업환경의 개선을 위해 필요한 사항이 포함되어야 함(시행규칙 제131조제4항)

라. 개선계획 준수

● 사업주 및 근로자는 안전보건개선계획을 준수하여야 함(법 제50조제4항) → 위반시 500만원 이하의 과태료

5. 工程安全보고서(법 제49조의2)

● 화학업종 등 유해·위험설비를 보유한 사업장은 화재·폭발·유독성 물질 누출 등에 따른 중대산업사고의 발생우려가 높다는 점을 감안하여

－ 중대산업사고를 야기할 가능성이 있는 공정·설비들을 체계적이고 지속적으로 관리하고, 사업장 특성에 맞는 사고예방체계를 구축하기 위해 「공정안전관리(PSM : Process Safety Management)」 제도를 도입(법 제49조의2제1항)

▶ 법 제49조의2제1항 : 대통령령이 정하는 유해·위험설비를 보유한 사업장의 사업주는 당해 설비로부터 위험물질의 누출·화재·폭발등으로 인하여 사업장내의 근로자에게 즉시 피해를 주거나 사업장 인근지역에 피해를 줄 수 있는 사고(이하 "중대산업사고"라 한다)를 예방하기 위하여 대통령령이 정하는 바에 의하고 공정안전보고서를 작성하여 노동부장관에 제출하고, 이를 사업장에 비치하여야 한다. → 위반시1,000만원 이하의 과태료

▶ 공정안전관리(PSM)제도 : 사업장 자율적으로 생산 공정상에 잠재하고 있는 사고위 위험요인을 사전에 발굴·제거하여 중대산업사고를 체계적으로 예방하기 위한 제도로서 유해·위험설비를 보유한 사업주는 공정안전보고서를 의무적으로 작성 → 산업안전보건위원회의 심의 → 제출 → 심사·변경 → 확인 → 이행토록 하는 제도

가. 제출대상

(1) 제출대상 업종

① 원유정제처리업 ② 기타 석유정제물 재처리업

③ 석유화학계 기초화학물 또는 합성수지 및 기타 플라스틱물질 제조업. 다만, 합성수지 및 기타 플라스틱물질 제조업은 시행령 별표10의 제1호(가연성 가스) 또는 제2호(인화성 물질)에 해당하는 경우에 한한다.

④ 질소·인산 및 칼리질 비료제조업(인산 및 칼리질 비료제조업에 해당하는 경우는 제외)

⑤ 복합비료제조업 ⑥ 농약제조업(원제제조에 한함) ⑦ 화약 및 불꽃제품제조업

(2) 일정량 이상의 유해·위험물질을 제조·취급·사용·저장하는 사업장

- 공정안전보고서 제출대상 업종(시행령 제33조의5제1항) 이외의 사업을 행하는 사업장으로 유해·위험물질을 일정량 이상 제조·취급·사용·저장하는 설비 및 당해 설비의 운영에 관련된 일체의 공정설비를 사용하는 사업의 사업주는 공정안전보고서를 제출하여야 함(시행령 제33조의5제1항 및 별표10)

  - 유해·위험물질별 규정수량은 시행령 별표10에서 규정하고 있음

〈유해·위험물질 규정수량(시행령 별표10)〉

번호	유해·위험물질명	규정수량(kg)
1	가연성가스	취급 : 5,000 (저장 : 200,000)
2	인화성물질	취급 : 5,000 (저장 : 200,000)
3	메틸이소시아나이트	150
4	포스겐	750
5	아크릴로 니트릴	20,000
6	암모니아	200,000
7	염소	20,000
8	이산화황	250,000
9	삼산화황	75,000
10	이황화탄소	5,000
11	시안화수소	1,000
12	불화수소	1,000
13	염화수소	20,000
14	황화수소	1,000
15	질산암모늄	500,000
16	니트로글리세린	10,000
17	트리니트로톨루엔	50,000
18	수소	50,000
19	산화에틸렌	10,000
20	포스핀	50
21	실란	50

▶ 제1호 내지 제2호는 물질군이고, 제3호 내지 제19호는 단일물질이며, 제20호·제21호는 국내 반도체산업 등에서 사용량이 급증하고 있는 맹독성물질임

▶ ① 규정수량 : 저장설비에 있어서는 당해 위험물의 최대 저장량을 의미하고 취급설비에 있어서는 하루동안 최대로 제조 또는 취급할 수 있는 수량을 말하는 것으로, 화학물질의 순도 100%를 기준으로 하여 산출한 값

② 가연성 가스 : 폭발한계농도의 하한이 10% 이하 또는 상·하한의 차이가 20% 이상인 것으로서 1기압 35℃에서 가스 상태인 물질

③ 인화성 물질 : 대기압하에서 인화점이 섭씨 65℃ 이하이거나 고온·고압의 공정운전조건으로 인하여 화재·폭발 위험이 있는 상태에서 취급되는 가연성 물질을 의미
④ 2종 이상의 유해·위험물질을 취급·저장하는 경우에는 당해 유해·위험물질 각각의 취급·저장량을 산출한 후 다음 공식에 의해 산출한 R값이 1이상인 경우 유해·위험설비로 정의

$$R = \frac{C_1}{T_1} + \frac{C_2}{T_2} + \cdots\cdots + \frac{Ch}{Tn}$$

▶ Cn = 유해·위험물질 각각의 사용량, Tn = 유해·위험물질 각각의 규정수량

(3) 제출 제외 설비

● 다음의 설비는 해당 법령에서 공정안전보고서 제출대상인 유해·위험설비로 보지 아니한다(시행령 제33조의5제2항).

▶ 해당 법령에서 공정안전보고서 제도와 유사한 제도가 마련되어 있거나 국가안보상의 이유 또는 난방용으로 사용하는 연료 등이라는 점을 감안한 것임
① 원자력 설비 ② 군사시설 ③ 도·소매시설 ④ 차량 등의 운송설비
⑤ 당해 사업장 내에서 직접 사용하기 위한 연료의 저장 및 취급설비
⑥ 액화석유가스의안전및사업관리법에 의한 액화석유가스의 충전·저장시설
⑦ 도시가스사업법에 의한 가스공급시설
⑧ 기타 고용노동부장관이 누출·화재·폭발 등으로 인한 피해의 정도가 크지 아니하다고 인정하여 고시하는 설비(현재 고시한 설비는 없음)

나. 보고서의 내용

● 공정안전보고서에는 ①공정안전자료, ②공정위험성 평가서, ③안전운전계획, ④비상조치계획 등을 포함하여야 하며(시행령 제33조의6)
　－ 공정안전보고서에 포함되어야 할 세부내용은 시행규칙 제130조의2에서 구체적으로 규정하고 있음

〈공정안전보고서에 포함되어야 할 내용〉

분야(시행령 제33조의6)	세 부 내 용(시행규칙 제130조의2)
1. 공정안전자료	㉠ 취급·저장하고 있는 유해·위험물질의 종류, ㉡ 유해·위험물질에 대한 물질안전보건자료, ㉢ 유해·위험설비의 목록 및 사양, ㉣ 유해·위험설비의 운전방법을 알 수 있는 공정도면, ㉤ 각종 건물·설비의 배치도, ㉥ 방폭지역 구분도 및 전기단선도, ㉦ 위험설비의 안전설계·제작 및 설치관련 지침서 등
2. 공정위험성 평가서	공정위험성평가서 및 잠재위험에 대한 사고예방·피해최소화 대책 ▶ 공정위험성평가서는 공정의 특성을 고려하여 체크리스트·상대위험순위 결정 등 10가지 위험성 평가기법 중 한가지 이상을 선정하여 위험성 평가를 실시한 후 그 결과에 따라 작성 ▶ 사고예방·피해최소화 대책은 위험성 평가결과 잠재위험이 있다고 인정되는 경우에 한해 작성
3. 안전운전계획	㉠ 안전운전지침서, ㉡ 설비점검·검사 및 보수계획, ㉢ 유지계획 및 지침서, ㉣ 안전작업허가, ㉤ 도급업체관리, ㉥ 근로자교육, ㉦ 가동전 점검지침, ㉧ 변경요소 관리, ㉨ 자체검사, ㉩ 사고조사계획 등
4. 비상조치계획	㉠ 비상조치를 위한 장비인력보유현황, ㉡ 사고발생시 비상연락체계, ㉢ 조직의 임무 및 수행절차, ㉣ 비상조치계획에 따른 교육계획, ㉤ 주민홍보계획 등

다. 보고서의 제출 등

- 제출대상 설비를 보유한 사업주는 당해 설비를 설치·이전하거나 노동부장관이 정하는 주요구조 부분을 변경하고자 하는 경우에는
  - 당해 설비의 설치·이전 또는 주요 구조부분의 변경공사 착공일 30일전까지 고용노동부장관이 정하는 작성자가 작성한 공정안전보고서 2부를 안전공단에 제출하여야 함(시행령 제33조의7 및 시행규칙 제130조의3)
  - 공정안전보고서를 작성할 때에는 산업안전보건위원회의 심의를 거쳐야 함(법 제49조의2제2항)
    → 위반 시 500만원 이하의 과태료
- ▶ 고용노동부장관이정하는 주요구조부분의 변경(공정안전보고서의 제출·심사등에 관한 규정 (고용노동부고시) 제2조제1항제1호)
  - 생산량의 증가, 원료 또는 제품의 변경을 위하여 반응기(관련 설비 포함)를 교체 또는 추가로 설치하는 경우
  - 변경되는 생산설비 및 부대 설비의 해당 전기정격용량의 300킬로와트 이상 증가한 경우
  - 플레어스택을 설치 또는 변경하는 경우
- ▶ 고용노동부장관이 정하는 작성자(시행령 제130조의5, 공정안전보고서의 제출·심사등에 관한 규정 제6조 제1항)
  - 다음 각 호의 1에 해당하는 자로서 공단이 실시하는 관련 교육을 28시간 이상 이수한 자 1인 이상이 포함되어야 함
  ① 기계, 금속, 화공, 요업, 전기, 전자, 안전관리 또는 환경분야 기술사 자격을 취득한 자
  ② 기계, 전기 또는 화공안전분야의 산업안전지도사 자격을 취득한 자
  ③ ①호 관련분야 기사 자격을 취득한 자로서 해당 분야에서 7년 이상 근무한 경력이 있는 자
  ④ ①호 관련분야 산업기사 자격을 취득한 자로서 해당 분야에서 9년 이상 근무한 경력이 있는 자
  ⑤ 4년제 이공계 대학을 졸업한 후 해당 분야에서 9년 이상 근무한 경력이 있는자 또는 2년제 이공계 대학을 졸업한 후 해당 분야에서 11년 이상 근무한 경력이 있는 자
- 다만, 「고압가스안전관리법」 제2조에 따른 고압가스를 사용하는 단위공정설비에 관한 것인 경우 로서
  - 해당 사업주가 같은 법 제11조 및 제13조의2에 따른 안전관리규정 및 안전성향상계획을 작성 하여 공단 및 가스안전공사가 공동으로 검토·작성한 의견서를 첨부하여 허가관청에 제출한 때 에는 해당 단위공정 설비에 관한 공정안전보고서를 제출한 것으로 간주함(시행령 제33조의8제 2항)

라. 보고서의 심사

(1) 심사기간

- 공정안전보고서 접수일로부터 30일 이내에 고용노동부장관이 정하는 심사기준에 따라 이를 심사 하여 1부를 사업주에게 송부하고(시행규칙 제130조의4제1항 및 제130조의5) 사업주는 송부받은 날부터 5년간 보존

(2) 심사결과 구분 및 조치

● 공단은 보고서 심사결과에 따라 적정, 조건부 적정, 부적정으로 구분·판정함(공정안전보고서의제출·심사등에관한규정 제11조)

① 적정 : 보고서 심사기준을 충족시킨 경우

② 조건부 적정 : 보고서 심사기준을 대부분 충족하고 있으나 부분적으로 보완이 필요하다고 판단할 경우

③ 부적정 : 보고서 심사기준을 만족시키지 못한 경우

● 부적정 판정을 한 경우에는 해당 사업주에게 그 사유가 구체적이고 명확하게 기재된 공정안전보고서심사결과 통지서를 통보하고, 접수된 보고서 일체를 반려함(동 규정 제12조제2항)

▸ 사업주는 반려 받은 날로부터 3개월 이내에 새로이 작성하여 공단에 재심사를 신청하여야 함(동 규정 제14조제1항)

(3) 변경명령

● 공정안전보고서를 심사한 후 근로자의 안전과 보건의 유지·증진을 위하여 필요하다고 인정하는 경우에는 당해 공정안전보고서의 변경을 명할 수 있음(법 제49조의2제3항) → 위반 시 3년 이하의 징역 또는 2,000만원 이하의 벌금

마. 이행 확인 및 조치

(1) 시기별 이행 확인

● 공정안전보고서를 제출하여 심사를 받은 사업주는 공정안전보고서의 이행여부에 대하여 다음 시기별로 안전공단의 확인을 받아야 함(법 제49조제4항 및 시행규칙 130조의6제1항) → 위반 시 300만원 이하의 과태료

① 신규로 설치될 때 유해·위험설비에 대해서는 설치과정 및 설치 완료 후 시운전단계에서 각 1회

② 기존(법 시행이전)에 설치되어 사용중인 유해·위험설비에 대해서는 심사완료 후 6월 이내

③ 유해·위험설비와 관련한 공정의 중대한 변경의 경우에는 변경완료 후 1월 이내

④ 유해·위험설비 또는 이와 관련된 공정에 중대한 사고 또는 결함이 발생한 경우에는 1월 이내

● 다만, 화공안전분야 산업안전지도사 또는 대학에서 조교수 이상의 직에 재직하고 있는 자로서 화공관련교과를 담당하고 있는 자로 하여금 자체감사를 실시하게 하고 그 결과를 안전공단에 제출한 경우에는 공단은 확인을 실시하지 아니할 수 있음(시행규칙 130조의6제1항단서)

(2) 이행확인결과 조치

● 안전공단은 사업주로부터 확인요청을 받은 경우 받은 날부터 1개월 이내에 확인을 실시하여 [적합], [조건부 적합], [부적합]으로 구분하고

− 확인한 날부터 15일 이내에 그 결과를 사업주에게 통보하여야 함(시행규칙 제130조의6제2항, 동 규정 제16조제1항)

① 적합 : 현장과 일치하는 경우

② 조건부적합 : 현장과 불일치하는 사항 또는 조건부적정 사항중 확인일 이후에 조치하여 안전상
에 문제가 없는 경우

③ 부적합 : 현장과 일치하지 않는 경우

- 사업주는 관할 지방고용노동관서의 장으로부터 확인결과에 대한 시정명령서를 접수한 때에는 접
수일로부터 15일 이내에 변경계획을 작성하여 지방고용노동관서의 장에게 제출

바. 유해·위험방지계획서와의 관계

- 공정안전보고서를 제출하여 심사 및 확인을 받은 시설에 대하여는 당해 유해·위험설비에 한하여
법 제48조제1항 및 제2항의 규정에 의한 유해·위험방지계획서 제출의무가 면제됨(시행령 제33조
의9)

사. 보고서의 준수 등

(1) 보고서의 비치

- 사업주는 공정안전보고서를 안전공단에 제출한 때에는 이를 사업장에 갖춰 두어야 함(법 제49조
의2제1항)

(2) 보고서 내용의 준수

- 사업주 및 근로자는 공정안전보고서의 내용을 지켜야 함(법 제49조의2제5항) → 위반 시 1,000만원
이하의 과태료

행정해석

■ 석유류를 저장·출하하고 있는 사업장의 석유류제품의 첨가제 주입을 위한 시설 설치가 공정안전보고서
제출대상에 해당되는지 여부

- 석유류를 저장, 출하하고 있는지방 사업장에서 석유류제품에 소량의 첨가제를 주입하기 위한 시설을
설치하고자 할 경우 동 사업이 산업안전보건법 제49조의2, 동법 시행령 제33조의5 및 제33조의7에
의한 공정안전보고서 제출대상에 해당되는지 여부

◇ 공정안전보고서는 산업안전보건법 시행령 제33조의5의 규정에 의한 유해·위험 설비를 설치·이전하
거나, 고용노동부장관이 정하는 주요구조부분을 변경하는 경우에 제출해야 하며,

- 고용노동부장관이 정하는 주요구조부분의 변경이라 함은 생산량의 증가, 원료 또는 제품의 변경
을 위하여 반응기를 교체 또는 추가로 설치하거나 플레어스택을 설치 또는 변경하는 경우, 변경
되는 생산설비 및 부대설비의 당해 전기정격용량의 합이 300킬로와트 이상인 경우를 말하며, 이
외의 경우는 변경관리절차에 따르면 됨

■ 공정안전보고서 제출대상에 대한 질의 회신

● 400여 객실을 갖춘 목욕장이 겸비된 콘도미니엄 및 물놀이형시설을 운영하는 회사로 콘도의 난방과 온수를 공급 또는 물놀이형시설의 수온유지를 위해 가스공급업체인 ○○도시가스로부터 저장소 없이 계약에 의거 도시가스를 공급받아 보일러를 가동하는 설비가 공정안전보고서 제출 대상인지 여부

◇ 공정안전보고서는 규정량이상 제조·취급·사용·저장하는 설비 및 당해 설비의 운영에 관련된 일체의 공정설비가 제출 대상이며,

　－ 산업안전보건법 제33조의6제2항제3호에 따라 사업주가 당해 사업장내에서 직접 사용하기 위한 난방용 연료의 저장설비를 포함한 일체의 공정설비는 유해·위험설비로 보지 않는다고 판단됨

■ LPG 사용 시설의 공정안전보고서 작성대상 여부

● LPG를 사용하는 용해로, 유지로 등 시설의 공정안전보고서 작성대상 여부

◇ 산업안전보건법 시행령 제33조의5(공정안전보고서의 제출대상)의 규정에 의하여 액화석유가스의안전및사업관리법에 의한 액화석유가스의 충전·저장시설은 공정안전보고서 작성대상에서 제외되나, 기타시설은 기준수량을 초과하는 경우 공정안전보고서 작성대상 시설임.

제9장

書類의 保存

- 법 또는 법에 의한 명령에 따라 작성하여야 하는 서류 중 특히 산업재해를 방지하기 위해 필요로 하는 것에 대하여 일정기간동안 보존을 의무화함으로써
  - 개별사업장의 안전보건관리를 철저히 하게 하고 감독권 행사의 실효성을 도모
- 또한, 고용노동부장관이 필요하다고 인정할 때에는 고용노동부령이 정하는 바에 의하여 보존기간을 연장할 수 있도록 함 → 위반시 300만원이하의 과태료

〈보존해야할 서류의 유형 및 보존기간〉

보존기간	보존서류의 유형	관련법령조항
30년	• 작업환경측정결과를 기록한 서류중 노동부장관이 고시하는 발암성 확인 물질에 대한 기록이 포함된 서류	시행규칙 제144조(법 제42조제1항, 시행규칙 제94조) 화학물질 및 물리적인 자의 노출기준(고시 제2002-8호, 2002.5.6)
	• 노동부장관이 고시하는 발암성 확인 물질을 취급하는 근로자에 대한 건강진단결과서류 또는 전산입력자료	시행규칙 제107조
5년	• 작업환경측정결과를 기록한 서류	시행규칙 제144조(법 제42조제1항, 시행규칙 제94조)
	• 건강진단에 관한서류 중 건강진단 개인표, 건강진단결과표 및 근로자가 제출한 건강진단결과를 증명하는 서류	시행규칙 제107조(법 제43조제1항 및 제3항)
	• 산업안전·위생지도사가 시행규칙 제144조제3항에서 정하는 업무에 관한 사항을 기재한 서류	시행규칙 제144조제3항(법 제64조제3항)
3년	• 관리책임자·안전관리자·보건관리자 및 산업보건의의 선임에 관한 서류	법 제64조제1항(법 제13조, 제15조, 제16조, 제17조)
	• 화학물질의 유해·위험성조사에 관한 서류	법 제64조제1항(법 제40조, 시행규칙 제86조)
	• 작업환경측정에 관한 서류(5년 보존서류 제외)	법 제64조제1항(법 제42조)
	• 건강진단에 관한 서류(5년 보존서류 제외)	법 제64조제1항(법 제43조)
	• 지정측정기관이 시행규칙 제144조제2항에서 정하는 작업환경측정에 관한 사항을 기재한 서류	시행규칙 제144조제2항(법 제64조제2항)
2년	• 유해·위험기계·기구 자체검사에 관한 서류	법 제64조(법 제36조)

행정해석

■ 특수건강진단기관의 건강진단 결과서류의 보존

● 특수건강진단기관이 건강진단 결과서류를 전산기록으로 보관하는 경우 수기된 건강진단 결과서류를 별도로 보관하지 아니해도 되는지의 여부

◇ 특수건강진단기관에서 건강진단 결과서류(건강진단 개인표 및 근로자가 제출한 건강진단결과를 증명하는 서류 등)를 전산 입력한 자료로 보관하고 있는 경우에는 수기로 작성된 건강진단 결과서류를 별도로 보관하지 아니하여도 무방하다고 판단됨. 다만, 이 경우 전산 입력한 자료의 예상치 못한 손실을 방지하기 위한 별도의 조치가 있어야 할 것임

■ 2개 공사현장에 1인의 안전관리자를 선임할 경우 안전관련 서류 작성방법

● 총 공사구간이 20㎞정도이고 공사구간 내 교량 2개소외 옹벽 2개소 공사(120억원)를 주 공사 1건, 나머지 옹벽공사와 기타공사를 합쳐 기타공사 1건으로 별도 계약

  – 2개 이상의 공사가 동일한 시공자, 공사관리조직 및 체계하에서 시공되고 장소적으로도 근접하는 등의 조건을 갖춘 경우이고 이를 하나의 사업장으로 간주하여 공사건별로 관리책임자등선임보고를 하면서 안전관리자를 중복선임하여 관리하고 있음

● 원청인 회사가 2개의 공사건을 1개 업체에 일괄하도급을 주어 건별로 계약하고 동일업체가 시공하고 있으며 동일 근로자가 주 공사 및 기타복구에 같이 투입되고 안전점검 시 전구간을 점검하고 안전시설 및 인건비도 구분 없이 공동으로 사용되는 등 1개의 사업장처럼 관리되고 있는 경우

  1) 2건의 공사를 1개의 사업장으로 보아 안전교육, 안전점검일지(점검구간을 명확히 기재), 안전관리비 사용내역을 통합하여 1건으로 작성해도 되는지

  2) 중복 선임하여 1인이 관리하더라도 건별로 되어 있으므로 안전교육, 안전점검일지, 안전관리비를 별도로 작성하여야 하는지 여부

◇ 건설현장에서 의무적으로 작성 및 보존하여야 하는 서류는 산업안전보건법 제30조의 규정에 의한 산업안전보건관리비 사용내역서와 동법 제64조의 규정에 의한 관리책임자 등 선임에 관한 서류, 기계·기구의 자체검사서류, 작업환경측정, 건강진단서류이며, 그 외의 안전보건교육일지, 안전점검일지, 협의체 구성·운영 서류 등은 법령상의 의무 이행여부에 대한 확인시에 필요한 서류임

◇ 인접한 2개 공사현장을 하나의 공사조직하에서 운영하는 경우 공사건별로 계상하여야 하는 산업안전보건관리비는 사용내역서도 별도로 작성하여야 하며, 그 외의 서류는 법령상의 의무 이행여부에 대한 확인이 가능하도록 현장의 관리방법이나 실정에 따라 적절한 방법으로 작성(통합 또는 별도)하시면 될 것임

법령, 규칙상 별표내용

1. 다음의 지층에 접하거나 통하는 우물·수직갱·터널·잠함·핏트 그밖에 이와 유사한 것의 내부
   가. 상층에 물이 통과하지 아니하는 지층이 있는 역암층 중 함수 또는 용수가 없거나 적은 부분
   나. 제1철 염류 또는 제1망간 염류를 함유하는 지층
   다. 메탄·에탄 또는 부탄을 함유하는 지층
   라. 탄산수를 용출하고 있거나 용출할 우려가 있는 지층
2. 장기간 사용하지 아니한 우물 등의 내부
3. 케이블·가스관 또는 지하에 부설되어 있는 매설물을 수용하기 위하여 지하에 부설한 암거·맨홀 또는 핏트의 내부
4. 빗물·하천의 유수 또는 용수가 있거나 있었던 통·암거·맨홀 또는 핏트의 내부
5. 바닷물이 있거나 있었던 열교환기·관·암거·맨홀·뚝 또는 핏트의 내부
6. 장기간 밀폐된 강재(鋼材)의 보일러·탱크·반응탑 그 밖에 그 내벽이 산화하기 쉬운 시설(그 내벽이 스테인리스강으로 된 것 또는 그 내벽의 산화를 방지하기 위하여 필요한 조치가 되어 있는 것은 제외한다)의 내부
7. 석탄·아탄·황화광·강재·원목·건성유(乾性油)·어유(魚油) 그 밖의 공기 중의 산소를 흡수하는 물질이 들어있는 탱크 또는 호퍼(hopper) 등의 저장시설이나 선창의 내부
8. 천장·바닥 또는 벽이 건성유를 함유하는 페인트로 도장되어 그 페인트가 건조되기 전에 밀폐된 지하실·창고 또는 탱크 등 통풍이 불충분한 시설의 내부
9. 곡물 또는 사료의 저장용 창고 또는 핏트의 내부, 과일의 숙성용 창고 또는 핏트의 내부, 종자의 발아용 창고 또는 핏트의 내부, 버섯류의 재배를 위하여 사용하고 있는 사일로(silo) 그 밖의 곡물 또는 사료종자를 적재한 선창의 내부
10. 간장·주류·효모 그 밖에 발효하는 물품이 들어 있거나 들어 있었던 탱크·창고 또는 양조주의 내부
11. 분뇨·오염된 흙·썩은 물·폐수·오수 그 밖에 부패하거나 분해되기 쉬운 물질이 들어있는 정화조·침전조·집수조·탱크·암거·맨홀·관 또는 핏트의 내부
12. 드라이아이스를 사용하는 냉장고·냉동고·냉동화물자동차 또는 냉동컨테이너의 내부

13. 헬륨·아르곤·질소·프레온·탄산가스 또는 그 밖의 불활성기체가 들어있거나 있었던 보일러·탱크 또는 반응탑 등 시설의 내부
14. 산소농도가 18퍼센트 미만 23.5퍼센트 이상, 탄산가스농도가 1.5퍼센트 이상, 황화수소농도가 10피피엠(ppm) 이상인 장소의 내부
15. 갈탄·목탄·연탄난로를 사용하는 콘크리트 양생장소(養生場所) 및 가설숙소 내부
16. 화학물질이 들어있던 반응기 및 탱크의 내부
17. 유해가스가 들어있던 배관이나 집진기의 내부

2. 법의 일부적용 대상사업 및 일부적용규정(영 별표1)

대 상 사 업	적 용 규 정
1. 임대업 : 부동산 제외, 출판업(서적, 접지 및 기타 인쇄물 출판업 제외), 컴퓨터 프로그래밍, 시스템 통합 및 관리업, 정보서비스업(뉴스제공업 제외), 전문 서스업, 건축기술, 엔지니어링 및 기타 과학 기술서비스업, 기타 전문, 과학 및 기타 서비스업 (사진처리업 제외), 광업지원 서비스업(원유 및 천연가스 채굴관련 서비스업제외), 환경정화 및 복원업, 건물·산업설비 청소 및 방제서비스업, 사업지원서비스업에 해당하는 사업(제3호·6호 또는 제7호에 해당하는 사업은 제외 한다)	법 제1장(제1조 내지 12조) 총칙 법 제23조 내지 제28조 ※ 안전·보건상의 조치, 근로자의 준수사항, 작업중지, 기술상의 지침 및 작업환경의 표준, 유해작업 도급금지 법 제33조 내지 제35조 ※ 유해·위험기계·기구등의 방호조치등, 유해 또는 위험한 기계·기구 및 설비의 검사,안전증표, 보호구의 검정 법 제37조 내지 법 제41조 ※ 제조등의 금지·허가, 유해인자의 관리, 신규화학물질의 유해·위험성 조사 법 제5장 내지 제9장 ※ 근로자의 건강관리, 감독과 명령, 산업안전지도사 및 산업위생지도사, 보칙, 벌칙 등
2. 농업, 어업, 봉제의복 제조업, 가발 및 유사제품 제조업에 해당하는 사업(제6호 또는 제7호에 해당하는 사업은 제외한다)	법 제1장(제1조 내지 12조) 총칙 법 제14조(관리감독자 등) 법 제23조 내지 제28조 ※ 안전·보건상의 조치, 근로자의 준수사항, 작업중지, 기술상의 지침 및 작업환경의 표준, 유해작업 도급금지 법 제31조(관리감독자에 한함) ※ 안전·보건 교육 법 제33조 내지 법 제35조 ※ 유해·위험기계·기구등의 방호조치등, 유해 또는 위험한 기계·기구 및 설비의 검사,안전증표, 보호구의 검정 법 제37조 내지 제41조 ※ 제조등의 금지·허가, 유해인자의 관리, 신규화학물질의 유해·위험성 조사 법 제5장 내지 법 제9장 ※ 근로자의 건강관리, 감독과 명령, 산업안전지도사 및 산업위생지도사, 보칙, 벌칙 등
3. 다음 각목의 1에 해당하는 사업(제6호 또는 제7호에 해당하는 사업은 제외한다) 　가. 광산보안법 적용사업(광업중 광물의 채광·채굴·선광 또는 제련등의 공정에 한하며, 제조공정을 제외한다) 　나. 원자력법 적용사업(발전업중 원자력발전설비를 이용하여 전기를 생산하는 사업장에 한한다) 　다. 항공법 적용사업(항공기, 우주선 및 부품제조업과 여행알선, 창고 및 운송관련서비스업종 중 항공관련사업을 제외한다) 　라. 선박안전법 적용사업(선박 및 보트 건조업을 제외한다)	법 제1장(총칙) 법 제16조(보건관리자등), 법 제17조(산업보건의), 법 제24조(보건상의조치), 법 제25조(근로자 준수사항), 법 제26조(작업중지), 법 제31조(안전·보건교육)중 보건에 관한 사항, 법 제27조(기술상의지침 및 작업환경의 표준) 법 제32조 내지 법 제35조 ※ 유해·위험기계·기구등의 방호조치등, 유해 또는 위험한 기계·기구 및 설비의 검사, 안전증표, 보호구의 검정 법 제37조 및 법 제38조 ※ 제조 등의 금지·허가 법 제40조(신규화학물질의 유해·위험성 조사), 법 제41조(물질안전보건자료의 작성·비치등) 법 제5장 내지 법 제9장

대 상 사 업	적 용 규 정
4. 도매 및 소매업, 숙박 및 음식점업, 부동산업, 연구 개발업, 하수, 폐수 및 분뇨처리업(폐수처리업 제외), 폐기물 수집운반, 처리 및 원료재생업(지정폐기물 수집 운반업, 지정폐기물 처리업, 금속 및 비금속 원료 재생업 제외) 협회 및 단체, 수리 및 기타 개인서비스업(자동차 종합수리업, 자동차 전문수리업, 세탁업 제외), 예술, 스포츠 및 여가관련 서비스업, 영화, 비디오물, 방송프로그램 제작 및 배급업, 녹음시설 운영업, 방송업, 뉴스제공업으로서 다음 각목에 해당하는 사업(제7호에 해당하는 사업은 제외한다) 가. 최고사용압력이 매 제곱센티미터당 7킬로그램 미만의 증기보일러를 사용하는 사업 나. 연간 1백만킬로와트 미만의 전기를 사용하는 사업 다. 전기사용설비의 정격용량의 합계 또는 계약용량이 300킬로와트 미만인 사업 라. 연간 석유 250톤 미만에 해당하는 에너지를 사용하는 사업 마. 월평균 4천세제곱미터 미만의 도시가스를 사용하는 사업 바. 저장능력 250킬로그램 미만의 고압가스 또는 액화석유가스를 사용하는 사업 5. 금융 및 보험업, 공공행정, 국방 및 사회보장행정, 교육 서비스업, 보건업 및 사회복지사업(병원 제외), 국제 및 외국기관(제7호에 해당하는 사업은 제외한다) 6. 사무직 근로자만을 사용하는 사업(사업장이 분리된 경우로서 사무직 근로자만을 사용하는 사업장을 포함하며, 제7호에 해당하는 사업을 제외한다)	법 제1장 법 제23조 내지 법 제28조 ※ 안전·보건상의 조치, 근로자의 준수사항, 작업중지, 기술상의 지침 및 작업환경의 표준, 유해작업 도급금지 법 제33조 내지 법 제41조 ※ 유해·위험기계·기구등의 방호조치등, 유해 또는 위험한 기계·기구 및 설비의 검사, 안전증표, 보호구의 검정, 자체검사, 제조등의 금지·허가, 유해인자의 관리, 신규화학물질의 유해·위험성 조사 법 제5장 내지 법 제9장
7. 상시근로자 5인 미만을 사용하는 사업	법 제1장 법 제23조 내지 법 제27조 ※ 안전·보건상의 조치, 근로자의 준수사항, 작업중지, 기술상의 지침 및 작업환경의 표준, 유해작업 도급금지 법 제30조(산업안전보건관리비의 계상등) 법 제33조 내지 법 제35조 ※ 유해·위험기계·기구등의 방호조치등, 유해 또는 위험한 기계·기구 및 설비의 검사, 안전증표, 보호구의 검정 법 제37조 내지 제41조 ※ 제조등의 금지·허가, 유해인자의 관리, 신규화학물질의 유해·위험성 조사 법 제5장(근로자의 보건관리) 법 제51조(감독상의 조치) 법 제52조(감독기관에 대한 신고) 법 제8장 및 법 제9장(보칙 및 벌칙) 법 제8장 및 법 제9장(보칙 및 벌칙)

3. 안전관리자를 두어야 할 사업의 종류·규모, 안전관리자의 수 및 선임방법(제12조제1항 관련, 영별표3)

사업의 종류	규모	수	선임방법
1. 토사석 광업 2. 식료품 제조업, 음료 제조업 3. 목재 및 나무제품 제조업(가구 제외) 4. 펄프, 종이 및 종이제품 제조업 5. 서적, 잡지 및 기타 인쇄물 출판업, 음악 및 기타 오디오물 출판업, 인쇄 및 기록매체 복제업 6. 코크스, 연탄 및 석유정제품 제조업 7. 화학물질 및 화학제품 제조업(의약품 제외), 의료용 물질 및 의약품 제조업, 마그네틱 및 광학 매체 제조업 8. 고무제품 및 플라스틱제품 제조업 9. 비금속 광물제품 제조업 10. 1차금속 제조업 11. 금속가공제품 제조업(기계 및 가구 제외) 12. 기타 기계 및 장비 제조업 13. 컴퓨터 및 주변장치 제조업, 전자접속카드 제조업 14. 전기장비 제조업, 전자코일, 변성기 및 기타 전자유도자 제조업, 유선 통신장비 제조업 15. 의료, 정밀, 광학기기 및 시계 제조업 16. 자동차 및 트레일러 제조업 17. 기타 운송장비 제조업 18. 가구 제조업, 기타 제품 제조업(가발 및 유사 제품 제조업 제외) 19. 금속 및 비금속 원료 재생업 20. 자동차 종합 수리업, 자동차 전문 수리업	상시 근로자 500명 이상	2명	별표 4의 각 호의 어느 하나에 해당하는 사람(별표 4의 제9호·제12호 및 제13호에 해당하는 사람은 제외한다)를 선임하되, 별표 4의 제1호·제2호 또는 제6호의 어느 하나에 해당하는 사람 1명이 포함되어야 한다.
	상시 근로자 50명 이상 500명 미만	1명	별표 4의 각 호의 어느 하나에 해당하는 사람(별표 4의 제4호·제5호·제9호·제12호 및 제13호에 해당하는 사람은 제외한다)을 선임하여야 한다.
21. 운수업 22. 통신업 23. 제1호부터 제22호까지의 사업과 제24호의 사업을 제외한 사업(「건설기계관리법」에 따른 건설기계 대여업 제외)	상시 근로자 1,000명 이상	2명	별표 4의 각 호의 어느 하나에 해당하는 사람(별표 4의 제9호에 해당하는 사람은 제외한다)을 선임하되, 별표 4의 제1호부터 제3호까지, 제6호 또는 제7호 중 어느 하나에 해당하는 사람 1명이 포함되어야 한다.
	상시 근로자 50명 이상 1,000명 미만	1명	별표 4의 각 호의 어느 하나에 해당하는 사람(별표 4의 제4호·제5호·제12호 및 제13호에 해당하는 사람은 제외한다. 다만, 이 별표의 제22호의 사업과 제23호의 사업 중 제조업을 제외한 사업에 있어서 별표 4의 제4호 및 제5호에 해당하는 사람에 대하여는 그러하지 아니하다)을 선임하여야 한다.

사업의 종류	규모	수	선임방법
24. 건설업	공사금액 800억원 이상 또는 상시 근로자 600명 이상	2명 (공사금액 800억원을 기준으로 700억원이 증가할 때마다 또는 상시 근로자 600명을 기준으로 300명이 추가될 때마다 1명씩 추가됨)	별표 4의 각 호의 어느 하나에 해당하는 사람(별표 4의 제12호에 해당하는 사람은 제외한다)을 선임하되, 별표 4의 제4호 또는 제5호의 어느 하나에 해당하는 사람 1명이 포함되거나 별표 4의 제1호부터 제3호까지 또는 제6호부터 제13호까지의 어느 하나에 해당하는 사람으로서 건설업 안전관리자 경력이 3년 이상인 사람 1명이 포함되어야 한다. 다만, 다음 각 목의 어느 하나에 해당하는 경우에는 다음 각 목에서 정하는 기준에 따라 안전관리자를 선임할 수 있다. 가. 공사금액이 800억원 이상인 경우에도 상시 근로자 수가 600명 미만일 때에는 전체 공사기간을 100으로 하여 공사 시작에서 15에 해당하는 기간과 공사 종료 전의 15에 해당하는 기간에는 별표 4의 제4호 또는 제5호의 어느 하나에 해당하는 사람이거나 별표 4의 제1호부터 제3호까지 또는 제6호부터 제13호까지의 어느 하나에 해당하는 사람으로서 건설업 안전관리자 경력이 3년 이상인 사람 1명을 선임할 수 있다. 나. 공사기간 5년 이상의 장기계속공사로서 공사금액이 800억원 이상인 경우에도 상시 근로자 수가 600명 미만일 때에는 회계연도를 기준으로 그 회계연도의 공사금액이 전체 공사금액의 5퍼센트 미만인 기간(가목에 따른 공사 시작에서 15에 해당하는 기간과 공사 종료 전의 15에 해당하는 기간은 제외한다)에는 전체 공사금액에 따라 선임하여야 할 안전관리자 수에서 1명을 줄여 선임할 수 있다. 이 경우 별표 4의 제4호 또는 제5호의 어느 하나에 해당하는 사람이거나 별표 4의 제1호부터 제3호까지 또는 제6호부터 제13호까지의 어느 하나에 해당하는 사람으로서 건설업 안전관리자 경력이 3년 이상인 사람 1명이 포함되어야 한다.
	공사금액 120억원(「건설산업기본법 시행령」 별표 1에 따른 토목공사업에 속하는 공사는 150억원) 이상 800억원 미만 또는 상시 근로자 300명 이상 600명 미만	1명	별표 4의 각 호의 어느 하나에 해당하는 사람(별표 4의 제12호에 해당하는 사람은 제외한다)을 선임하여야 한다.

4. 안전관리자의자격(영 별표4)

※ 안전관리자는 다음 각 호의 어느 하나에 해당하는 사람으로 한다.
1. 법 제52조의2제1항에 따른 산업안전지도사
2. 「국가기술자격법」에 따른 산업안전기사 이상의 자격을 취득한 사람
3. 「국가기술자격법」에 따른 산업안전산업기사의 자격을 취득한 사람
4. 「국가기술자격법」에 따른 건설안전기사 이상의 자격을 취득한 사람
5. 「국가기술자격법」에 따른 건설안전산업기사의 자격을 취득한 사람
6. 「고등교육법」에 따른 4년제 대학 이상의 학교에서 산업안전 관련 학과를 전공하고 졸업한 사람
7. 「고등교육법」에 따른 전문대학 또는 이와 같은 수준 이상의 학교에서 산업안전 관련 학과를 전공하고 졸업한 사람
8. 「고등교육법」에 따른 이공계 전문대학 또는 이와 같은 수준 이상의 학교를 졸업하고 해당 사업의 관리감독자로서의 업무(건설업의 경우는 시공실무경력)를 3년(4년제 이공계 대학졸업자는 1년) 이상 담당한 사람으로서 노동부장관이 지정하는 기관이 실시하는 교육(1998년 12월 31일까지의 교육만 해당한다)을 받고 정해진 시험에 합격한 사람[관리감독자로 종사한 사업과 같은 업종(한국표준산업분류에 따른 대분류를 기준으로 한다)의 사업장이면서, 건설업의 경우를 제외하고는 상시 근로자 300명 미만인 사업장에서만 안전관리자가 될 수 있다]
9. 「초·중등교육법」에 따른 공업계 고등학교 또는 이와 같은 수준 이상의 학교를 졸업하고 해당 사업의 관리감독자로서의 업무(건설업의 경우는 시공실무경력)를 5년 이상 담당한 사람으로서 노동부장관이 지정하는 기관이 실시하는 교육(1998년 12월 31일까지의 교육만 해당한다)을 받고 정해진 시험에 합격한 사람[관리감독자로 종사한 사업과 같은 종류인 업종(한국표준산업분류에 따른 대분류를 기준으로 한다)의 사업장이면서, 건설업의 경우를 제외하고는 별표 3의 제21호 또는 제22호의 사업(상시 근로자 50명 이상 1,000명 미만인 경우만 해당한다)에 한하여 안전관리자가 될 수 있다]
10. 대통령령 제11886호 산업안전보건법시행령중개정령 부칙 제3항에 따라 안전관리자의 자격을 취득한 사람
11. 다음 각 목의 어느 하나에 해당하는 사람(해당 법령을 적용받은 사업에서만 선임될 수 있다)
    가. 「고압가스 안전관리법」 제4조 및 같은 법 시행령 제3조제1항에 따른 허가를 받은 사업자 중 고압가스를 제조·저장 또는 판매하는 사업에서 같은 법 제15조 및 같은 법 시행령 제12조에 따라 채용하는 안전관리책임자
    나. 「액화석유가스의 안전관리 및 사업법」 제3조 및 같은 법 시행령 제3조에 따른 허가를 받은 사업자 중 액화석유가스 충전사업·액화석유가스 집단공급사업 또는 액화석유가스 판매사업에서 같은 법 제16조 및 같은 법 시행령 제5조에 따라 채용하는 안전관리책임자
    다. 「도시가스사업법」 제29조 및 같은 법 시행령 제15조에 따라 채용하는 안전관리책임자
    라. 「교통안전법」 제53조에 따라 교통안전관리자의 자격을 취득한 사람으로서 해당 분야에 채용된 교통안전관리자
    마. 「총포·도검·화약류 등 단속법」 제2조제3항에 따른 화약류를 제조·판매 또는 저장하는 사업

에서 같은 법 제27조 및 같은 법 시행령 제54조·제55조에 따라 채용하는 화약류제조보안책임자 또는 화약류관리보안책임자

바. 「전기사업법」 제73조에 따라 전기사업자가 채용하는 전기안전관리자

12. 제12조제2항에 따라 전담 안전관리자를 두어야 하는 사업장(건설업은 제외한다)에서 안전 관련 업무를 10년 이상 담당한 사람

13. 「건설산업기본법」 제8조에 따른 종합공사를 시공하는 업종의 건설현장에서 법 제13조에 따른 안전보건관리책임자로 10년 이상 재직한 사람

5. 보건관리자를 두어야 할 사업의 종류·규모와 보건관리자의 수 및 선임방법(영 별표5)

사 업 의 종 류	규 모	수	선 임 방 법
1. 광업(광업지원 서비스업 제외) 2. 섬유제품 염색, 정리 및 마무리 가공업 3. 모피가공 및 모피제품 제조업 4. 신발 및 신발부분품 제조업 5. 코크스, 연탄 및 석유정제품제조업	상시근로자 2,000명 이상	2	별표 6의 각호의 어느 하나하나에 해당하는 사람을 선임하되, 별표 6의 제1호 또는 제2호에 해당하는 사람 1명이 포함되어야 한다.
6. 화합물 및 화학제품 제조업 : 의약품제외, 의료용물질 및 의약품제조업, 마그네틱 및 광악매체 제조업	상시근로자 500명 이상 2,000명 미만	2	별표 6의 각호의 어느 하나에 해당하는 사람을 선임하여야 한다
7. 고무제품 및 플라스틱제품 제조업 8. 비금속 광물제품 제조업 9. 1차 금속 제조업 10. 금속가공제품 제조업 : 기계 및 가구 제외 11. 기타 기계 및 장비 제조업 12. 컴퓨터 및 주변장치 제조업, 전자접속카드 제조업 13. 전기장비 제조업, 전자코일, 변성기 및 기타 전자유도자 제조업, 유선 통신장비 제조업 14. 자동차 및 트레일러 제조업 15. 기타 운송장비 제조업 16. 가구 제조업 17. 금속 및 비금속 원료 재생업 18. 자동차 종합수리업, 자동차 전문수리업 19. 이 영 제30조 각호의 어느 하나에 해당하는 유해물질을 제조하는 사업과 그 유해물질을 사용하는 사업중노동부장관이 특히 보건관리를 할 필요가 있다고 인정하여 고시하는 사업	상시근로자 50명 이상 500명 미만	1	별표 6의 각호의 어느 하나에 해당하는 사람을 선임하여야 한다.
20. 제조업(제2호부터 제19호까지의 사업은 제외한다)	상시근로자 3,000명 이상	2	별표 6의 각호의 어느 하나에 해당하는 사람을 선임하되, 별표 6의 제1호(또는 제2호)에 해당하는 사람 1명이 포함되어야 한다.
	상시근로자 1,000명 이상 3,000명 미만	2	별표 6의 각호의 어느 하나에 해당하는 사람을 선임하여야 한다.
	상시근로자 50명 이상 1,000명 미만	1	별표 6의 각호의 어느 하나에 해당하는 사람을 선임하여야 한다
21. 제1호 부터 제20호까지의 사업과 육상운송 및 파이프라인 운송업(도시철도운송업 제외), 여행사 및 기타 여행보조 서비스업, 예술, 스포츠 및 여가관련 서비스업(골프장 운영업 제외), 영화, 비디오물, 방송프로그램 제작 및 배급업, 녹음시설 운영업, 뉴스 제공업, 협회 및 단체, 수리 및 기타 개인서비스업(세탁업 제외), 건설업을 제외한 사업	상시근로자 5,000명 이상	2	별표 6의 각호의 어느 하나에 해당하는 사람을 선임하되, 별표6의 제1호에 해당하는 사람 1명이 포함되어야 한다
	상시근로자 50명 이상 5,000명 미만	1	별표 6의 각호의 어느 하나에 해당하는 사람을 선임하여야 한다.

6. 안전관리비의 항목별 사용내역

항 목	사 용 내 역
1. 안전관리자 등의 인건비 및 각종 업무수당 등	가. 전담 안전·보건관리자의 인건비 및 업무수행 출장비 다만, 지방고용노동관서에 선임 보고한 날 이후 발생한 비용에 한한다 　－사업주가 선임하여 지방고용노동관서에 보고한 영 제14조 또는 제18조에 따른 자격을 갖춘 안전·보건관리자 　　※ '인건비'란 「근로기준법」제2조에 따른 임금과 당해 현장에 근무하는 기간 동안의 퇴직급여충당금을 말한다. 이하 같다. 나. 유도 또는 신호자의 인건비 　1) 건설용리프트의 운전자 　2) 고정식크레인·리프트·곤돌라·승강기 등 양중기의 유도 또는 신호자 　3) 덤프트럭·이동식크레인·콘크리트펌프카 등 건설기계의 유도 또는 신호자 　4) 비계 설치 또는 해체 및 고소작업대 작업 시 하부통제를 위한 신호자 　5) 기타 공사장 내의 근로자 보호를 위한 신호자 　　※ 차량의 원활한 흐름 또는 교통통제를 위한 교통정리자 또는 신호수의 인건비는 제외한다. 다. 직·조·반장 등으로서 1)부터 15)까지 어느 하나에 해당하는 작업을 지휘·감독하는 관리감독자가 영 제10조제1항에서 정하는 업무를 수행하는 경우에 지급하는 업무수당 (월 급여액의 10퍼센트 이내) 　1) 건설용 리프트·곤돌라를 이용한 작업 　2) 콘크리트 파쇄기를 사용하여 행하는 파쇄작업 (2미터 이상인 구축물 파쇄에 한함) 　3) 굴착깊이가 2미터 이상인 지반의 굴착작업 　4) 흙막이지보공의 보강, 동바리 설치 또는 해체작업 　5) 터널안에서의 굴착작업, 터널거푸집의 조립 또는 콘크리트 작업 　6) 굴착면의 깊이가 2미터 이상인 암석굴착 작업 　7) 거푸집지보공의 조립 또는 해체작업 　8) 비계의 조립, 해체 또는 변경작업 　9) 건축물의 골조, 교량의 상부구조 또는 탑의 금속제의 부재에 의하여 구성되는 것(5미터 이상에 한함)의 조립, 해체 또는 변경작업 　10) 콘크리트 공작물(높이 2미터 이상에 한함)의 해체 또는 파괴작업 　11) 전압이 75볼트 이상인 정전 및 활선작업 　12) 맨홀작업, 산소결핍장소에서의 작업 　13) 도로에 인접하여 관로, 케이블 등을 매설하거나 철거하는 작업 　14) 전주 또는 통신주에서의 케이블 공중가설작업 　15) 그 밖에 영 별표 2의 위험방지가 특히 필요한 작업 　　※ 관리감독자의 업무수당 외의 인건비는 제외한다. 라. 안전·보건보조원(안전·보건관리자를 보조하는 자로 안전순찰 또는 질병자 관리 등 안전·보건 관리업무만을 전담하는 자)의 인건비 ※ 경비원, 청소원, 폐자재처리원, 사무보조원의 인건비는 제외한다.
2. 안전시설비 등	가. 추락방지용 안전시설비 　1) 안전난간 및 발끝막이판 　2) 추락방지용 안전방망 　3) 안전대 걸이설비 　4) 개구부 덮개 　5) 위험부위 보호덮개 　6) 현장 내 개구부, 맨홀 등에 설치하는 안전휀스, 가설 울타리 등 　　※ 외부인 출입금지, 공사장 경계표시를 위한 가설울타리는 제외한다. 　7) 추락위험장소 접근방지방책 등 　　※ 외부비계, 작업발판, 가설계단 등은 제외한다. 나. 낙하, 비래물 보호용 시설비 　1) 방호선반

항 목	사 용 내 역
	2) 낙하물방지망, 갱폼 및 개구부 등에 설치하는 수직보호망
	3) 경사법면 보호망(덮개)
	4) 암석방호세트 등 낙하 및 비래물로부터 근로자를 보호할 수 있는 설비 또는 시설
	다. 도로 내 맨홀 또는 전력구 주변에서 행하는 전기공사·정보통신공사 작업 시 설치하는 휀스 등 근로자 보호 시설물
	라. 각종 안전표지 등에 소요되는 비용
	1) 출입금지판, 접근금지판, 현수막, 안전표어(포스터), 안전탑, 무재해기록판, 안전수칙판, 안전완장, 안전 스티커, 안전깃발, 신호용 렌턴(신호등), 차량유도등
	2) 야간작업 시 전자신호봉 또는 경광등
	3) 추락·낙뢰 등 위험장소에 설치하는 위험경보기
	4) 그 밖에 각종 산업안전 입간판 및 산업안전표지·표찰
	마. 도로 내 상·하수관거 공사 등 공사현장에서 중장비 등으로부터 근로자를 보호하기 위하여 설치하는 교통 안전표지판 및 안전휀스 등 안전시설물
	※ 도로 확장공사 또는 포장공사 등에서 공사용 외의 차량의 원활한 흐름 및 경계표시를 위한 교통안전 시설물은 제외한다.
	바. 위생 및 긴급피난용 시설비
	1) 방진설비, 방음설비
	2) 환기가 불충분한 장소의 환기설비
	3) 긴급대피방송 등 근로자의 위생 및 긴급피난에 필요한 설비 또는 시설
	사. 안전감시용 케이블 TV 등에 소요되는 비용
	아. 각종 안전장치의 구입·수리에 필요한 비용
	1) 로울러기, 승강기, 크레인, 리프트, 곤돌라, 데릭 등의 비상정지장치, 권과방지장치, 과부하방지장치 등
	2) 목재가공용 둥근톱의 반발예방장치 또는 날접촉 예방장치
	3) 동력식 수동대패의 칼날접촉예방장치
	4) 연삭기의 덮개
	5) 프레스·전단기의 방호장치
	6) 아세틸렌 용접장치 또는 가스용접장치의 안전기
	7) 교류아아크 용접기의 자동전격 방지기
	8) 산소용접기에 부착하는 역화방지기
	자. 기성제품에 부착된 안전장치 고장 시 교체비용
	※ 기성제품에 부착된 안전장치 비용은 제외한다.
	차. 고압가스, 산소용기 등 위험물 방호시설 또는 저장소
	카. 안전모 등 개인보호구, 개인장구 보관시설
	타. 가설 전기시설 등의 누전차단기, 고압전선보호시설, 접지시설, 접지저항측정기 및 감전위험장소 접근방지방책 등
	※ 가설 전기설비, 분전반, 전신주 이설비 등은 제외한다.
	파. 전선로 활선확인 경보기, 검전기 및 절연봉 설치 또는 구입 비용
	하. 가설전선의 피복손상 등을 방지하기 위한 가설전선거치대 또는 보호덮개 등 시설
	거. 소화기 등 소화설비 또는 방화사 등 화재예방시설
	너. 가설사무실, 숙소 등에 설치하는 누전·화재경보기
	더. 리프트 무선 호출기 또는 자동운전장치
	러. 근로자 재해예방을 위하여 사용하는 제빙 또는 제설비용
	머. 기계 또는 장비 등의 진동으로부터 근로자를 보호하기 위한 설비
	버. 철근, 파이프, 클램프 등 돌출부에 찔림방지를 위한 캡 등 시설
	서. 안전보건시설의 구입·설치·유지·보수에 소요되는 인건비 또는 장비사용료 등 비용
	어. 안전시설 해체에 소요되는 인건비 및 장비사용료 등 비용
	저. 다른 현장에서 전용하는 안전시설의 운반비
	처. 안전보건진단, 작업환경측정, 위험기계기구 검사 후 개선에 필요한 비용
	커. 그 밖에 법령 또는 그에 준하여 필요로 하는 안전보건시설 및 설비에 소요되는 비용
	※ 「대기환경보전법」에 의한 대기오염방지시설 등 다른 법 적용사항은 제외한다.

항 목	사 용 내 역
3. 개인보호구 및 안전장구 구입비 등	가. 각종 개인보호구의 구입, 수리, 관리 등에 소요되는 비용 　1) 안전대, 안전모, 안전화, 안전장갑, 보안경, 보안면, 용접용 앞치마 등 안전보호구 　2) 방진마스크, 방독마스크, 귀마개, 귀덮개, 방진장갑, 송기마스크, 면마스크, 산소호흡기, 공기호흡기, 차광보안경 등 위생보호구 　3) 용접용토시(자켓), 근로자 식별용 조끼, 안전·보건관계자 특정 유니폼, 신호수용 반사조끼 　　※ 안전·보건관계자의 범위 : 안전보건관리책임자, 안전보건총괄책임자, 안전관리자, 보건관리자, 관리감독자, 영 제45조의2 제1항제1호의 규정에 따라 위촉된 명예산업안전감독관, 안전·보건보조원, 본사 안전전담부서 안전전담직원 　　※ 일반 근로자 작업복은 제외한다. 　4) 해상·수상공사에서 구명조끼, 튜브 등 　　※ 순시선, 구명정 등은 제외한다. 　5) 안전화 건조기 나. 근로자가 작업에 필요한 안전모, 안전화 또는 안전대를 직접 구비하여 사용하는 경우에 지급하는 보상금 (법 제34조와 제35조에 따른 안전인증을 받은 제품과 자율안전확인 신고를 한 제품인 경우에 한함) 다. 안전·보건관리자 및 안전·보건보조원이 사용하는 전용 무전기, 카메라, 컴퓨터, 프린터 등 안전·보건관리를 위한 업무용 기기 라. 절연장화, 절연장갑, 방전고무장갑, 고무소매, 절연의 및 방염처리된 작업복 또는 난연성능을 가진 작업복 　※ 면장갑, 코팅장갑은 제외한다. 마. 철골, 철탑작업용 고무바닥 특수화 바. 조임대(각반), 우의, 터널작업·콘크리트 타설 등 습지장소의 장화 사. 작업 중 혹한·혹서 등으로부터 근로자를 보호하기 위하여 지급하는 기능성 조끼(아이스조끼, 발열조끼 등)
4. 사업장의 안전진단 비 등	가. 사업장의 안전 또는 보건진단 　1) 법 제49조에 따른 진단기관에서 받는 안전보건진단 (자율적으로 받는 경우를 포함) 　2) 외부 안전전문가 초빙 안전보건진단 　　※「건설기술관리법」에 따른 안전점검,「전기사업법」에 따른 전기 안전대행 수수료 등 다른 법 적용사항은 제외한다. 나. 법 제48조에 따른 유해·위험방지계획서의 작성, 심사, 확인에 소요되는 비용 다. 분진, 소음 등이 발생하는 작업장에 대한 작업환경 측정비용 및 측정장비 구입비용 　1) 산소농도측정기, 소음측정기 　2) 활선근접 작업경보기 　3) 가스자동측정기 (휴대용에 한함) 　4) 일산화탄소 측정기 등 각종 가스탐지기 　5) 조도계, 누전측정기 등 　6) 그 밖에 근로자 보호를 위한 작업환경 측정장비 　　※ 매설물 탐지, 계측, 지하수 개발, 지질조사, 구조안전검토 비용은 제외한다. 라. 고소작업장 강풍여부 측정용 풍속계 마. 법 제33조 및 영 별표7 제17호에 따라 고용노동부장관이 정하는 가설기자재의 안전성 시험 등에 소요되는 비용 (영 제47조제2항에 따른 안전인증 관련업무를 위탁받은 기관에 의뢰하여 지급한 비용에 한함) 바. 법 제34조에 따른 크레인·리프트 등 기계·기구의 안전인증 등에 소요되는 비용(안전인증기관에 의뢰하여 지급한 비용에 한함) 사. 법 제35조에 따른 곤돌라 등의 자율안전확인 신고에 소요되는 비용 아. 법 제36조에 따른 크레인·리프트 등 기계·기구의 안전검사에 소요되는 비용 자. 법 제36조의2에 따른 자율검사프로그램(지정검사기관에 의뢰하여 지급한 비용에 한함) 실시에 소요되는 비용 차. 안전·보건관리자용 안전순찰차량의 유류비, 수리비, 소모품 교환비, 보험료 카. 안전경영 진단비용 및 협력업체 안전관리 진단비용 타. 항타기등 차량계건설기계를 사용하는 작업전 이상유무 확인을 위한 점검에 소요되는 비용

항 목	사 용 내 역
	※ 건설기계관리법에 따른 신규등록검사, 정기검사, 구조변경검사, 수시검사 및 확인검사 등 다른 법 적용사항은 제외한다.
5. 안전보건교육비 및 행사비 등	가. 안전보건관리책임자 신규 또는 보수교육 나. 안전·보건관리자 신규 또는 보수 교육 다. 사내 자체안전보건교육 　　1) 관리감독자 정기교육 　　2) 근로자 정기교육 　　3) 신규채용시 교육 　　4) 특별안전교육 (영 별표 2의 위험방지가 특히 필요한 작업에 종사하는 근로자) 　　5) 작업내용 변경시 교육 라. 규칙 제43조에 따른 검사원 양성교육 마. 법 제47조에 따른 지정교육기관에서 자격, 면허취득 또는 기능습득을 위한 교육 　　1) 철골구조물 및 배관 등을 설치하거나 해체하는 업무 　　2) 타워크레인 조종업무 (조종석이 설치되지 아니한 정격하중 5톤 이상의 무인타워크레인을 포함한다) 　　3) 흙막이지보공의 조립 또는 해체작업 　　4) 거푸집의 조립 또는 해체작업 　　5) 비계의 조립 또는 해체작업 　　6) 고압선 정전 및 활선작업 　　7) 그 밖에 법 제47조에 따른 작업 바. 교육교재, 교육용팜플렛, 슬라이드, 영화, VTR 등 기자재 및 초빙강사료 등에 소요되는 비용 사. 근로자의 안전보건증진을 위한 교육, 세미나, 국내견학, 국내시찰 등에 소요되는 비용 아. 건설안전참여 교육 프로그램 이수 또는 기초안전보건교육 등에 소요되는 비용 　　1) 한국산업안전보건공단이 시행하는 건설안전참여 교육 프로그램을 이수하는 근로자에게 지급하는 교육수당 (고용노동부장관이 매년 고시하는 건설업 월평균임금의 1/25이내) 　　2) 건설업 본사 또는 해당 사업장에서 건설현장 비정규직 근로자를 위해 실시하는 기초안전보건교육 비용(교육기관에 위탁하여 실시할 경우에는 위탁기관에 지급하는 교육비 및 부대비용) ※ 본사에서 사용할 경우에는 총 소요비용에 대해 해당 건설사업장에서 갹출하여 사용할 수 있다. 　　3) 기초안전보건교육 기관에 출장하여 교육을 실시할 경우 참여근로자에게 지급하는 업무수당 (해당 교육에 소요되는 시간의 임금을 초과할 수 없다) 및 출장비 자. 안전·보건관계자의 해외견학·연수비 차. 현장 내 안전보건교육 시 음료수 비용 카. 현장 내 안전보건교육장 설치비용 　　※ 교육장 대지구입비는 제외한다. 타. 안전보건교육장 책·걸상, 교육용 비품 및 장비 파. 안전보건교육장 내 냉·난방 설비 및 유지비 　　※ 교육장 외의 냉난방 관련 비용은 제외한다. 하. 안전·보건관계자 직무교육 또는 기타 교육 참석시 교통비 등 출장비 (견학포함) 거. 안전보건 정보교류를 위한 모임, 자료수집 등에 사용되는 비용 너. 안전기원제에 소요되는 비용 (연 2회 이하) 　　※ 기공식, 준공식 등 무재해기원과 관계없는 행사는 제외한다. 더 안전보건 행사에 소요되는 비용 　　(1) 매월 안전점검의 날 행사 　　(2) 무재해 선포식, 무재해 경연, 무재해 달성 경축 　　(3) 산업안전강조기간 행사 등 　　※ 안전보건의식고취 명목의 회식비는 제외한다. 러. 안전보건 행사장 설치 및 포상비 머. 사진 및 인화료 등에 소요되는 비용 버. 각종 서식비 등 그 밖에 사업장 안전교육 또는 안전관리 업무에 소요되는 비용

항 목	사 용 내 역
6. 근로자의 건강관리 비 등	가. 소화제, 해열제등 구급약품 및 구급기재 구입 등에 소요되는 비용 나. 법 제43조의 규정에 의한 근로자 건강진단에 소요되는 비용 　　※ 국민건강보험에 의해 제공되는 비용은 제외한다. 다. 의사·간호사 등의 근로자 건강상담·교육, 건강관리 지도 등에 소요되는 비용 및 건강관리실 　　설치비용 라. 작업 중 혹한·혹서 등으로부터 근로자를 보호하기 위한 간이 휴게시설 　　※ 숙사 또는 현장사무소 내의 휴게시설은 제외한다. 마. 근로자 혈압측정용 혈압계, 혈당측정기, 음주측정기 바. 작업장 방역 및 소독비, 방충비 사. 탈수방지를 위한 소금정제 아. 「산업보건기준에 관한 규칙」제3조 및 제166조에서 정하는 분진작업장 및 관리대상 유해물질 　　을 사용하는 작업장, 석면 사용·해체·제거 작업장 등의 세면·샤워시설 설치에 소요되는 비용 자. 그 밖에 작업의 특성에 따라 근로자 건강보호를 위해 소요되는 비용 　　※ 이동화장실, 급수·세면·샤워시설(일반작업장), 병·의원 등에 지불하는 진료비는 제외한다.
7. 건설재해예방 기술지도비	• 재해예방전문지도기관에 지급하는 건설재해예방 기술지도비
8. 본사 사용비	• 제1호부터 제7호까지의 사용항목과 본사 안전전담부서의 안전전담직원 인건비·업무수행 출장비

주) 장기계속계약공사에 있어서는 총공사금액에 의해 계상된 안전관리비를 기준으로 사용한다.

7. 산업안전보건관련교육과정별 교육시간(시행규칙 별표 8)

교육과정	교육대상		교육시간
가. 정기 교육	사무직종사 근로자		매월 1시간 이상 또는 분기3시간 이상
	사무직종사 근로자외의 근로자	판매업무에 직접종사하는 근로자	매월1시간 이상 또는 분기 3시간 이상
		별표8의2 제1호 라목 각 호의 어느 하나 에 해당하는 작업에 종사하는 근로자	매월 2시간 이상
		판매업무 및 별표8의2 제1호 라목 각 호 작업 외에 종사하는 근로자	매월 2시간 이상 또는 분기 6시간 이상
	관리감독자의 지위에 있는 자		반기 8시간 이상 또는 연간 16시간 이상
나. 채용시교육	일용근로자		1시간 이상
	일용근로자를 제외한 근로자		8시간 이상
다. 작업 내용 변경시 교육	일용근로자		1시간 이상
	일용근로자를 제외한 근로자		2시간 이상
라. 특별 교육	별표 8의2 제1호 라목 각 호의 어느 하나에 해당하는 작업에 종사하는 일용근로자		2시간 이상
	별표8의2 제1호 라목 각 호의 어느 하나에 해당하는 작 업에 종사하는 일용근로자를 제외한 근로자		- 16시간이상(최초작업에 종사하기전 4시간 　이상 실시하고 12시간은 3월이내 분할하여 　실시가능) - 단기간 또는 간헐적 작업인 경우에는 2시간 　이상

8. 교육내용(시행규칙 별표 8의2)

가. 근로자 정기안전·보건교육

① 산업안전 및 사고예방에 관한 사항, ② 산업보건 및 직업병 예방에 관한 사항
③ 건강증진 및 질병예방에 관한 사항 ④ 유해·위험작업 환경관리에 관한 사항
⑤ 산업안전보건법 및 일반관리에 관한 사항

나. 관리감독자 정기안전·보건교육

① 작업공정의 유해·위험과 재해예방 대책에 관한 사항 ② 표준안전작업방법 및 지도요령에 관한
사항 ③ 관리감독자의 역할과 임무에 관한 사항 ④ 산업보건 및 직업병 예방에 관한 사항
⑤ 유해·위험작업 환경관리에 관한 사항 ⑥ 산업안전보건법 및 일반관리에 관한 사항

다. 채용시 및 작업내용 변경시 교육

① 기계·기구의 위험성과 작업순서 및 동선에 관한 사항
② 작업개시 전 점검에 관한 사항 ③ 정리정돈 및 청소에 관한 사항
④ 사고발생시 긴급조치에 관한 사항 ⑤ 산업보건 및 직업병예방에 관한 사항
⑥ 물질안전보건자료에 관한 사항 ⑦ 산업안전보건법 및 일반관리에 관한 사항

라. 특별안전보건교육대상작업별 교육내용

작 업 명	교 육 내 용
〈공통내용〉 제1호 내지 제40호의 작업	동별표 다.와 동일한 내용 (현행과 같음)
〈개별내용〉 1.~39. 로봇작업(생 략)	(현행과 같음)
40. 석면 해체·제거작업	• 석면의 특성과 위험성, 석면 해체·제거 작업방법에 관한 사항, 장비 및 보호구 사용에 관한 사항, 그 밖에 안전보건관리에 필요한 사항

9. 건설업체 산업재해발생률 및 산업재해 발생 보고의무위반건수의 산정 기준과 방법(규칙제3조의2제1항, 별표1)

1. 산업재해발생률 및 산업재해 발생 보고의무 위반에 따른 가감점 부여대상이 되는 건설업체는 매년
「건설산업기본법」제23조에 따라 국토해양부장관이 시공능력을 고려하여 공시하는 건설업체 중 고
용노동부장관이 정하는 업체로 한다.
2. 건설업체의 산업재해발생률은 다음의 계산식에 따른 환산재해율로 산출하되, 소수점 셋째 자리에서
반올림한다.

$$환산재해율 = \frac{환산\ 재해자\ 수}{상시\ 근로자\ 수} \times 100$$

3. 제2호의 계산식에서 환산재해자수는 다음과 같은 기준과 방법에 따라 산출한다.

   가. 환산 재해자 수는 환산재해율 산정 대상 연도의 1월 1일부터 12월 31일까지의 기간 동안 해당 업체가 시공하는 국내의 건설 현장(자체사업의 건설 현장은 포함한다. 이하 같다)에서 산업재해를 입은 근로자 수를 합산하여 산출한다.

      1)「건설산업기본법」제8조에 따른 종합공사를 시공하는 업체의 경우에는 해당 업체의 소속 재해자 수에 그 업체가 시공하는 건설현장에서 그 업체로부터 도급을 받은 업체(그 도급을 받은 업체의 하수급인을 포함한다. 이하 같다)의 재해자 수를 합산하여 산출한다.

      2)「건설산업기본법」제29조제3항에 따라 종합공사를 시공하는 업체(A)가 발주자의 승인을 받아 종합공사를 시공하는 업체(B)에 도급을 준 경우에는 해당 도급을 받은 종합공사를 시공하는 업체(B)의 재해자 수와 그 업체로부터 도급을 받은 업체(C)의 재해자 수를 도급을 한 종합공사를 시공하는 업체(A)와 도급을 받은 종합공사를 시공하는 업체(B)에 반으로 나누어 각각 합산한다. 다만, 그 산업재해와 관련하여 법원의 판결이 있는 경우에는 산업재해에 책임이 있는 종합공사를 시공하는 업체의 재해자 수에 합산한다.

      3) 제4조제1항에 따른 산업재해조사표를 제출하지 않아 고용노동부장관이 산업재해 발생연도 이후에 산업재해가 발생한 사실을 알게 된 경우에는 그 알게 된 연도의 재해자 수로 산정한다.

   나. 둘 이상의 업체가「국가를 당사자로 하는 계약에 관한 법률」제25조에 따라 공동계약을 체결하여 공사를 공동이행 방식으로 시행하는 경우 해당 현장에서 발생하는 재해자 수는 공동수급업체의 출자 비율에 따라 분배한다.

   다. 건설공사를 하는 자(도급인, 자체사업을 하는 자 및 그의 수급인을 포함한다)와설치, 해체, 장비 임대 및 물품 납품 등에 관한 계약을 체결한 사업주의 소속 근로자가 그 건설공사와 관련된 업무를 수행하는 중 재해를 입은 경우에는 건설공사를 하는 자의 재해자 수로 산정한다.

   라. 재해자 중 사망자에 대해서는 다음과 같이 가중치를 부여할 수 있다.

      1) 가중치는 부상 재해자의 10배로 한다.

      2) 재해 발생 시기와 사망 시기의 연도가 다른 경우에는 재해 발생 연도의 다음 연도 3월 31일 이전에 사망한 경우에만 1)의 가중치를 부여한다.

      3) 제4조제1항에 따른 산업재해 발생 보고를 게을리하여 고용노동부장관이 사망재해 발생연도 이후에 그 사실을 알게 된 경우에는 알게 된 연도의 사망재해자 수로 산정하며 1)에 따른 가중치를 부여한다.

      4) 산업재해의 사망재해자 중 다음의 어느 하나에 해당하는 경우로 해당 사고발생의 직접적인 원인이 사업주의 법 위반으로 인한 것이 아니라고 인정되는 재해자에 대해서는 가중치를 부여하지 않는다.

         가)「도로교통법」에 따라 도로에서 발생한 사고를 제외한 교통사고의 경우(제3호라목의 1)의 경우는 제외한다)

         나) 고혈압 등 개인지병에 의한 경우

　　　　다) 해당 사고와 관련하여 법원의 판결 등에 따라 사업주(수급인, 하수급인, 설치, 해체, 장비
　　　　　　임대 및 물품 납품 등에 관한 계약을 체결한 사업주를 포함한다) 및 행위자의 무과실이
　　　　　　인정되는 경우

　　마. 산업재해자 중 다음의 어느 하나에 해당하는 경우로서 사업주의 법 위반으로 인한 것이 아닌
　　　　재해에 의한 재해자는 재해자 수 산정에서 제외한다.

　　　　1) 방화, 근로자간 또는 타인간의 폭행에 의한 경우

　　　　2)「도로교통법」에 따라 도로에서 발생한 교통사고에 의한 경우(해당 공사의 공사용 차량·장비
　　　　　에 의한 사고는 제외한다)

　　　　3) 태풍·홍수·지진·눈사태 등 천재지변에 의한 불가항력적인 재해의 경우

　　　　4) 작업과 관련이 없는 제3자의 과실에 의한 경우(해당 목적물 완성을 위한 작업자간의 과실은
　　　　　제외한다)

　　　　5) 그 밖에 야유회, 체육행사, 취침·휴식 중의 사고 등 건설작업과 직접 관련이 없는 경우

4. 제2호의 계산식에서 상시 근로자 수는 다음과 같이 산출한다.

$$\text{상시 근로자 수} = \frac{\text{연간 국내공사 실적액} \times \text{노무비율}}{\text{건설업 월평균임금} \times 12}$$

　　가. '연간 국내공사 실적액'은「건설산업기본법」에 따라 설립된 건설업자의 단체,「전기공사업법」에
　　　　따라 설립된 공사업자단체,「정보통신공사업법」에 따라 설립된 정보통신공사협회에서 산정한
　　　　업체별 실적액을 합산하여 산정한다.

　　나. '노무비율'은「고용보험 및 산업재해보상보험의 보험료징수 등에 관한 법률 시행령」제11조제1
　　　　항에 따라 고용노동부장관이 고시하는 일반 건설공사의 노무비율(하도급 노무비율은 제외한다)
　　　　을 적용한다.

　　다. '건설업 월평균임금'은「고용보험 및 산업재해보상보험의 보험료징수 등에 관한 법률 시행령」
　　　　제2조제1항제3호가목에 따라 고용노동부장관이 고시하는 건설업 월평균임금을 적용한다.

5. 고용노동부장관은 제3호라목 및 마목에 따른 가중치 부여 여부 및 재해자 수 산정 여부 등을 심사하
　　기 위하여 다음 각 목의 어느 하나에 해당하는 사람 각 1명 이상으로 심사단을 구성·운영할 수 있다.

　　가. 전문대학 이상의 학교에서 건설안전 관련 분야를 전공하는 조교수 이상인 사람

　　나. 공단의 건설직 2급 이상 임직원

　　다. 건설안전기술사 또는 산업안전지도사(건설안전 분야에만 해당한다) 등 건설안전 분야에 학식과
　　　　경험이 있는 사람

6. 산업재해 발생 보고의무 위반건수는 다음 각 목에서 정하는 바에 따라 산정한다.

　　가. 건설업체의 산업재해 발생 보고의무 위반건수는 국내의 건설현장에서 발생한 산업재해의 경우
　　　　법 제10조에 따른 보고의무를 위반(제4조제1항에 따른 보고기한을 넘겨 보고의무를 위반한 경
　　　　우는 제외한다)하여 과태료 처분을 받은 경우만 해당한다.

　　나.「건설산업기본법」제8조에 따른 종합공사를 시공하는 업체의 산업재해 발생 보고의무 위반건수
　　　　에는 해당 업체로부터 도급받은 업체(그 도급을 받은 업체의 하수급인은 포함한다)의 산업재해
　　　　발생 보고의무 위반건수를 합산한다.

다. 「건설산업기본법」 제29조제3항에 따라 종합공사를 시공하는 업체(A)가 발주자의 승인을 받아 종합공사를 시공하는 업체(B)에 도급을 준 경우에는 해당 도급을 받은 종합공사를 시공하는 업체(B)의 산업재해 발생 보고의무 위반건수와 그 업체로부터 도급을 받은 업체(C)의 산업재해 발생 보고의무 위반건수를 도급을 준 종합공사를 시공하는 업체(A)와 도급을 받은 종합공사를 시공하는 업체(B)에 반으로 나누어 각각 합산한다.

라. 둘 이상의 건설업체가 「국가를 당사자로 하는 계약에 관한 법률」 제25조에 따라 공동계약을 체결하여 공사를 공동이행 방식으로 시행하는 경우 산업재해 발생 보고의무 위반건수는 공동수급업체의 출자비율에 따라 분배한다.

10. 과태료의 부과기준(시행령제48조 별표13)

1. 일반기준

위반행위의 횟수에 따른 부과기준은 최근 2년간 같은 위반행위로 과태료를 부과받은 경우에 적용한다. 이 경우 위반행위에 대하여 과태료 부과처분을 한 날과 다시 동일한 위반행위를 적발한 날을 각각 기준으로 하여 위반횟수를 계산한다.

2. 특정 사업장에 대한 과태료 부과기준

다음 각 목에 해당하는 사업장에서 해당 재해의 발생과 직접적인 관련이 있는 법령상 의무를 위반한 경우에는 그 위반행위에 해당하는 제4호의 개별기준 중 3차 이상 위반 시의 부과금액에 해당하는 과태료를 부과한다.

가. 법 제2조제7호의 중대재해 발생 사업장

나. 법 제49조의2제1항의 중대산업사고 발생 사업장

3. 감경기준

다음 각 목의 어느 하나에 해당하는 규모(건설공사의 경우에는 괄호 안의 공사금액)의 사업장에 대해서는 제4호에 따른 과태료 금액에 해당 목에서 규정한 비율을 곱하여 산출한 금액을 과태료로 부과한다. 다만, 제4호에 따른 과태료 금액이 100만원 미만인 경우에는 제4호에 따라 과태료를 부과한다.

가. 상시 근로자 100명(40억원) 이상 300명(120억원) 미만: 100분의 90

나. 상시 근로자 50명(10억원) 이상 100명(40억원) 미만: 100분의 80

다. 상시 근로자 10명(3억원) 이상 50명(10억원) 미만: 100분의 70

라. 상시 근로자 10명(3억원) 미만 :100분의 60

4. 개별기준('11.5. 19 시행)

위반행위	근거 법조문	세부내용	과태료 금액(만원)		
			1차	2차	3차 이상
1. 법 제10조제2항을 위반하여 산업재해를 보고하지 않거나 거짓으로 보고한 경우	법 제72조 제3항제1호	가. 산업재해를 보고하지 않은 경우 (사업장의 교통사고 등 사업주의 직접적인 법 위반에 기인하지 않는 것이 명백한 경우는 제외한다)	300	600	1,000
		나. 거짓으로 보고한 경우	1,000	1,000	1,000
2. 법 제11조제1항을 위반하여 이 법과 이 법에 따른 명령의 요지를 게시하거나 갖추어 두지 않은 경우	법 제72조제4항 제1호	가. 전부 게시하지 않거나 갖추어 두지 않은 경우	50	250	500
		나. 일부(그 사업장의 업종, 규모 등을 고려하여 관련 없는 부분은 제외한다) 게시하지 않거나 갖추어 두지 않은 경우	30	150	300
3. 법 제11조제2항을 위반하여 근로자대표에서 알리지 않은 경우	법 제72조제5항 제1호	가. 법 제11조제2항제6호에 관한 사항에 대하여 알리지 않은 경우	30	150	300
		나. 법 제19조제2항에 따라 산업안전보건위원회가 의결한 사항에 대하여 알리지 않은 경우	30	150	300
		다. 법 제20조제1항제5호의 사고 조사 및 대책 수립에 관한 사항에 대하여 알리지 않은 경우	30	150	300
		라. 법 제20조제1항 각 호(제5호는 제외한다)에 관한 사항에 대하여 알리지 않은 경우	30	150	300
		마. 법 제29조제1항 각 호에 관한 사항에 대하여 알리지 않은 경우	30	150	300
		바. 법 제41조에 관한 사항에 대하여 알리지 않은 경우	30	150	300
		사. 법 제42조제1항의 작업환경측정에 관한 사항에 대하여 알리지 않은 경우	30	150	300
4. 법 제12조 전단을 위반하여 안전·보건표지를 설치하거나 부착하지 않은 경우	법 제72조제4항 제3호	안전·보건표지를 설치하지 않은 경우(1개소 당)	3	15	30
5. 법 제13조제1항을 위반하여 안전보건관리책임자를 두지 않은 경우	법 제72조제4항 제3호		300	400	500
6. 법 제14조제1항을 위반하여 관리감독자에게 직무와 관련된 안전·보건상의 업무를 수행하도록 하지 않은 경우	법 제72조제4항 제3호		500	500	500
7. 법 제15조제1항 또는 제16조제1항을 위반하여 안전관리자 또는 보건관리자를 두지 않은 경우	법 제72조제4항 제3호	가. 안전관리자를 선임하지 않은 경우	500	500	500

위반행위	근거 법조문	세부내용	과태료 금액(만원)		
			1차	2차	3차 이상
		나. 보건관리자를 선임하지 않은 경우	500	500	500
8. 법 제15조제3항 또는 제16조제3항을 위반하여 안전관리자 또는 보건관리자를늘리거나 다시 임명하도록 한 명령을 위반한 경우	법 제72조제4항제4호	가. 안전관리자의 증원·교체 임명 명령을 위반한 경우	500	500	500
		나. 보건관리자의 증원·교체 임명 명령을 위반한 경우	500	500	500
9. 법 제17조제1항을 위반하여 산업보건의를 두지 않은 경우	법 제72조제4항제3호		300	400	500
10. 법 제18조제1항을 위반하여 안전보건총괄책임자를 지정하지 않은 경우	법 제72조제4항제3호		300	400	500
11. 법 제19조제1항을 위반하여 산업안전보건위원회를 설치·운영하지 않은 경우	법 제72조제4항제3호	가. 산업안전보건위원회를 설치하지 않은 경우	50	250	500
		나. 산업안전보건위원회 회의를 정기적으로 개최하지 않은 경우(1회당)	50	250	500
12. 법 제19조제5항을 위반하여 산업안전보건위원회가 심의·의결 또는 결정한 사항을 성실하게 이행하지 않은 경우	법 제72조제4항제3호	가. 사업주가 성실하게 이행하지 않은 경우	50	250	500
		나. 근로자가 성실하게 이행하지 않은 경우	10	20	30
13. 법 제20조제1항을 위반하여 안전보건관리규정을 작성하여 각사업장에게 지시하거나 갖춰두지 않은 경우	법 제72조제4항제1호	가. 작성하지 않은 경우	150	300	500
		나. 게시하지 않거나 갖춰 두지 않은 경우	30	120	300
14. 법 제21조를 위반하여 안전보건관리규정을 작성하거나 변경할 때 산업안전보건위원회의 심의·의결을 거치거나 근로자대표의 동의를 받지 않은 경우	법 제72조제4항제3호		50	250	500
15. 법 제25조를 위반하여 조치 사항을 지키지 않은 경우	법 제72조제5항제2호		5	10	15
16. 법 제29조제5항을 위반하여 사업주의 조치 또는 요구에 따르지 않은 경우	법 제72조제4항제3호	수급인이 준수하지 않은 경우	50	250	500
		수급인의 근로자가 준수하지 않은 경우	5	10	15
17. 법 제29조의2제7항을 위반하여 노사협의체가 심의·의결하거나 결정한 사항을 성실하게 이행하지 않은 경우	법 제72조제4항제3호	가. 사업주가 성실하게 이행하지 않은 경우	50	250	500
		나. 근로자가 성실하게 이행하지 않은 경우	10	20	30
18. 법 제30조제1항을 위반하여 산업안전보건관리비를 도급금액 또는 사업비에 계상하지 않거나 일부만 계상한 경우	법 제72조제3항제2호	가. 전액을 계상하지 않은 경우	계상하지 않은 금액(다만, 1,000만원을 초과할	계상하지 않은 금액(다만, 1,000만원을 초과할	계상하지 않은 금액(다만, 1,000만원을 초과할

위반행위	근거 법조문	세부내용	과태료 금액(만원)		
			1차	2차	3차 이상
			경우 1,000만 원)	경우 1,000만 원)	경우 1,000만 원)
		나. 50% 이상 100% 미만을 계상하지 않은 경우	100	300	600
		다. 50% 미만을 계상하지 않은 경우	100	200	300
19. 법 제30조제3항 전단을 위반하여 산업안전보건관리비를 다른 목적으로 사용한 경우	법 제72조제3항 제2호	가. 사용한 금액이 1천만원 이상인 경우 나. 사용한 금액이 1천만원 미만인 경우	1,000 목적외 사용 금액	1,000 목적외 사용 금액	1,000 목적외 사용금액 전액
20. 법 제30조제3항 후단을 위반하여 산업안전보건관리비 사용명세서를 작성하지 않거나 보존하지 않은 경우	법 제72조제3항 제2호	가. 작성하지 않은 경우	100	500	1,000
		나. 공사 종료 후 1년간 보존하지 않은 경우	100	200	300
21. 법 제30조제4항을 위반하여 재해예방 전문지도기관의 지도를 받지 않고 산업안전보건관리비를 사용한 경우	법 제72조제5항 제3호		100	200	300
22. 법 제31조제1항을 위반하여 정기적으로 안전·보건에 관한 교육을 하지 않은 경우	법 제72조제4항 제3호	가. 사무직 및 사무직 외의 근로자에 대한 정기교육을 하지 않은 경우 (1회당)	5	10	20
		나. 관리감독자의 지위에 있는 사람에 대한 정기교육을 하지 않은 경우(1회당)	5	10	20
23. 법 제31조제2항을 위반하여 근로자를 채용할 때와 작업내용을 변경할 때 안전·보건에 관한 교육을 하지 않은 경우	법 제72조제4항 제3호	교육대상 근로자 1명당	5	10	15
24. 법 제31조제3항을 위반하여 유해하거나 위험한 작업에 근로자를 사용할 때 안전·보건에 관한 특별교육을 하지 않은 경우	법 제72조제4항 제3호	교육대상 근로자 1명당	5	10	15
25. 법 제32조제1항을 위반하여 고용노동부장관이 실시하는 안전·보건에 관한 직무교육을 받지 않은 경우	법 제72조제4항 제3호	가. 법 제32조제1항제1호의 관리책임자·안전관리자 및 보건관리자가 직무교육을 받지 않은 경우	5	20	30
	법 제72조제5항 제4호	나. 법 제32조제1항제2호의 재해예방 전문지도기관의 종사자가 직무교육을 받지 않은 경우	5	20	30
26. 법 제34조의2제1항을 위반하여 안전인증의 표시를 하지 않은 경우	법 제72조제3항 제2호		100	500	1,000
27. 법 제35조의2제1항을 위반	법 제72조제4항		50	250	500

위반행위	근거 법조문	세부내용	과태료 금액(만원)		
			1차	2차	3차 이상
하여 자율안전 확인표시를 하지 않은 경우	제3호				
28. 법 제36조제1항을 위반하여 안전검사를 받지 않은 경우	법 제72조제3항 제2호	안전검사를 받지 않은 경우(1대당)	20	60	100
29. 법 제36조제2항을 위반하여 안전검사에 합격한 것임을 나타내는 표시를 하지 않은 경우	법 제72조제4항 제3호	합격표시를 하지 않은 경우(1대당)	5	25	50
30. 법 제36조제3항을 위반하여 유해·위험기계등을 사용한 경우	법 제72조제3항 제2호	가. 안전검사를 받지 않은 유해·위험기계등을 사용한 경우 나. 안전검사에 불합격한 유해·위험기계등을 사용한 경우	300 300	600 600	1,000 1,000
31. 법 제36조의2제5항을 위반하여 자율검사프로그램의 인정이 취소된 유해·위험기계등을 사용한 경우	법 제72조제3항 제2호		300	600	1,000
32. 법 제38조의2제1항을 위반하여 석면조사를 하지 않고 건축물이나 설비를 철거하거나 해체한 경우	법 제72조제1항 제1호		1,500	3,000	5,000
33. 법 제38조의4제2항을 위반하여 석면조사를 실시한 기관으로 하여금 석면해체·제거를 하도록 한 경우	법 제72조제4항 제3호		150	300	500
34. 법 제38조의4제3항을 위반하여 석면해체·제거작업을 신고하지 않은 경우	법 제72조제5항 제5호		100	200	300
35. 법 제38조의5제1항을 위반하여 공기 중 석면농도가 고용노동부령으로정하는 기준 이하가 되도록 하지 않은 경우	법 제72조제4항 제3호		150	300	500
36. 법 제38조의5제1항을 위반하여 공기 중 석면농도가 고용노동부령으로 정하는 기준 이하임을 증명하는 자료를 제출하지 않은 경우	법 제72조제5항 제6호		100	200	300
37. 법 제38조의5제3항을 위반하여 공기 중 석면농도가 석면농도기준을 초과하는데도 건축물이나 설비를 철거하거나 해체한 경우	법 제72조제1항 제2호		1,500	3,000	5,000
38. 법 제39조의2제1항을 위반하여 작업장 내 유해인자의 노출 농도를 허용기준 이하로 유지하지 않은 경우	법 제72조제3항 제2호	근로감독관이 측정하여 위반행위를 확인한 경우	1,000	1,000	1,000

위반행위	근거 법조문	세부내용	과태료 금액(만원)		
			1차	2차	3차 이상
39. 법 제40조제1항을 위반하여 신규화학물질의 유해성·위험성 조사보고서를 제출하지 않은 경우	법 제72조제5항 제7호		30	150	300
40. 법 제40조제5항을 위반하여 근로자의 건강장해 방지를 위한 조치 사항을 기록한 서류를 제공하지 않은 경우	법 제72조제5항 제2호		30	150	300
41. 법 제41조제1항을 위반하여 물질안전보건자료를 게시하거나 갖춰 두지 않은 경우	법 제72조제4항 제1호	가. 물질안전보건자료를 양도 또는 제공받고도 게시하거나 갖춰두지 않은 경우	50	250	500
		나. 자사제품에 대한 물질안전보건자료를 게시하지 않거나 갖춰두지 않은 경우	50	250	500
		다. 물질안전보건자료를 양도 또는 제공받지 못하여 게시하거나 갖춰두지 않은 경우	30	150	300
42. 법 제41조제3항을 위반하여 경고표시를 하지 않거나 교육을 하지 않은 경우	법 제72조제5항 제8호	가. 경고표시를 하지 않은 경우	30	150	300
		나. 교육을 하지 않은 경우(교육대상 근로자 1명당)	5	10	15
43. 법 제41조제4항을 위반하여 물질안전보건자료를 양도하거나 제공하지 않은 경우	법 제72조제5항 제8호		300	300	300
44. 법 제41조제5항을 위반하여 물질안전보건자료의 제출 명령 또는 취급주의사항 등의 변경 명령을 위반한 경우	법 제72조제3항 제3호	가. 물질안전보건자료 제출 명령을 이행하지 않은 경우	1,000	1,000	1,000
		나. 취급주의사항 등의 변경 명령을 이행하지 않은 경우	1,000	1,000	1,000
45. 법 제41조제8항을 위반하여 물질안전보건자료에 기재하지 아니한 정보를 제공하지 않은 경우	법 제72조제4항 제2호		500	500	500
46. 법 제42조제1항 전단을 위반하여 작업환경측정을 하지 않은 경우	법 제72조제3항 제4호	가. 작업환경측정을 전혀 실시하지 아니한 경우(측정대상 작업장의 근로자 1명당)	5	20	50
		나. 측정대상 유해인자의 일부를 누락하고 작업환경측정을 한 경우(측정대상 작업장의 근로자 1명당)	3	12	30
47. 법 제42조제1항 전단을 위반하여 결과를 보고하지 않거나 거짓으로 보고한경우 및법제42조제1항후단을 위반하여작업환경측정을할때 근로자대표가요구하였는데도근로자대표를입회시키지 않은 경우	법 제72조제5항 제9호 및 제72조제4항 제5호	가. 보고하지 않은 경우	30	120	300
		나. 거짓으로 보고한 경우	300	300	300
		다. 근로자대표가 요구했는데도 근로자대표를 입회시키지 않은 경우	500	500	500

위반행위	근거 법조문	세부내용	과태료 금액(만원)		
			1차	2차	3차 이상
48. 법 제42조제6항을 위반하여 산업안전보건위원회 또는 근로자대표가설명회의 개최를요구했음에도 이에따르지 않은경우	법 제72조제4항 제3호		50	250	500
49. 법 제43조제1항 전단을 위반하여 건강진단을하지않은 경우	법 제72조제3항 제5호	건강진단 대상 근로자1명당	5	10	15
50. 법 제43조제1항 후단을 위반하여 건강진단을 할 때 근로자대표가요구하였는데도근로자대표를 입회시키지 않은경우	법 제72조제4항 제5호		500	500	500
51. 근로자가 법 제43조제3항을 위반하여 건강진단을받지않은 경우	법 제72조제5항 제2호		5	10	15
52. 법 제43조제4항을 위반하여 건강진단의 실시결과를 보고하지 않거나 거짓으로 보고한 경우	법 제72조제5항 제9호	가. 보고하지 않은 경우	30	100	200
		나. 거짓으로 보고한 경우	300	300	300
53. 법 제43조제6항을 위반하여 산업안전보건위원회 또는 근로자대표가 건강진단 결과에 대한 설명을 요구했음에도 이에 따르지 않은 경우	법 제72조제4항 제3호		50	250	500
54. 법 제43조제7항을 위반하여 건강진단 결과를 근로자 건강 보호·유지 외의 목적으로 사용한 경우	법 제72조제5항 제2호		300	300	300
55. 법 제43조의2제2항을 위반하여 역학조사를 할 때 사업주 및 근로자가 협조하지 않은 경우	법 제72조제5항 제2호	가. 사업주가 협조하지 않은 경우	300	300	300
		나. 근로자가 협조하지 않은 경우	5	10	15
56. 법 제44조제2항을 위반하여 건강관리수첩을 타인에게 양도하거나 대여한 경우	법 제72조제4항 제3호		300	400	500
57. 법 제48조제1항부터 제3항 까지의 규정을 위반하여 유해·위험방지계획서를 작성하여 제출하지 않은 경우	법 제72조제3항 제2호		1,000	1,000	1,000
58. 법 제48조제3항을 위반하여 자격을 갖춘 자의 의견을 듣지 않고 유해·위험방지 계획서를 작성하여 제출한 경우	법 제72조제5항 제10호		30	150	300

위반행위	근거 법조문	세부내용	과태료 금액(만원)		
			1차	2차	3차 이상
59. 법 제48조제5항을 위반하여 고용노동부장관의 확인을 받지 않은 경우	법 제72조제5항 제11호		30	150	300
60. 법 제49조제1항을 위반하여 고용노동부장관이 명한 안전·보건진단 명령을 위반한 경우	법 제72조제3항 제3호		1,000	1,000	1,000
61. 법 제49조제2항을 위반하여 정당한 사유 없이 안전·보건진단업무을 거부, 방해 또는 기피하거나 근로자대표가 요구한 때에 근로자대표를 입회시키지 않은 경우	법 제72조제2항	가. 거부하거나 방해 또는 기피한 경우 나. 근로자대표를 입회시키지 않은 경우	150 150	750 300	1, 500 500
62. 법 제49조의2제1항을 위반하여 공정안전보고서를 작성하여 제출하지 않거나 사업장에 갖춰 두지 않은 경우	법 제72조제3항 제2호	가. 제출하지 않은 경우 나. 갖춰두지 않은 경우	300 100	600 250	1,000 500
63. 법 제49조의2제2항을 위반하여 산업안전보건위원회의 심의를 거치지 않거나 근로자대표의 의견을 듣지 않은 경우	법 제72조제4항 제3호		50	250	500
64. 법 제49조의2제4항을 위반하여 고용노동부장관의 확인을 받지 않은 경우	법 제72조제5항 제11호		30	150	300
65. 법 제49조의2제5항을 위반하여 공정안전보고서의 내용을 지키지 않은 경우	법 제72조제3항 제2호	가. 사업주(내용위반 1건당) 나. 근로자(내용위반 1건당)	10 5	20 10	30 15
66. 법 제50조제1항·제2항을 위반하여 안전보건개선계획 수립·시행 명령 또는 안전보건개선계획 수립·제출 명령을 위반한 경우	법 제72조제3항 제3호	가. 법 제50조제1항에 따른 명령 위반	500	750	1,000
		나. 법 제50조제2항에 따른 명령 위반	1,000	1,000	1,000
67. 법 제50조제3항을 위반하여 산업안전보건위원회의 심의를 거치지 않거나 근로자대표의 의견을 듣지 않은 경우	법 제72조제4항 제3호		50	250	500
68. 법 제50조제4항을 위반하여 안전보건개선계획을 준수하지 않은 경우	법 제72조제4항 제3호	가. 사업주가 준수하지 않은 경우 나. 근로자가 준수하지 않은 경우	200 5	300 10	500 15
69. 제51조제1항을 위반하여 근로감독관의 검사·점검 또는 수거를 거부·방해 또는 기피한 경우	법 제72조제3항 제6호		1,000	1,000	1,000
70. 법 제51조제1항을 위반하여 근로감독관의 질문에 답변을 거부, 방해, 기피하거나 거짓으로 답변한 경우	법 제72조제5항 제12호	가. 답변을 거부하거나 방해 또는 기피한 경우 나. 거짓으로 답변한 경우	100 300	200 300	300 300

위반행위	근거 법조문	세부내용	과태료 금액(만원)		
			1차	2차	3차 이상
71. 제51조제2항을 위반하여 고용노동부장관의 명령을 받고도 보고 또는 출석을 하지 않거나 거짓으로 보고한 경우	법 제72조제4항제6호	가. 보고 또는 출석을 하지 않은 경우 나. 거짓으로 보고한 경우	150 500	300 500	500 500
72. 법 제51조제6항 후단을 위반하여 고용노동부장관으로부터 명령받은 사항을 게시하지 않은 경우	법 제72조제4항제7호		50	250	500
73. 법 제51조제8항을 위반하여 근로자에 대한 안전보건관리규정의 준수 등 조치 명령을 위반한 경우	법 제72조제4항제4호		5	10	15
74. 법 제52조의4제1항을 위반하여 지도사가 등록 없이 직무를 시작한 경우	법 제72조제4항제3호		150	300	500
75. 법 제52조의8을 위반한 경우	법 제72조제5항제2호	가. 등록된 지도사가 아닌 사람이 산업안전지도사, 산업위생지도사 명칭을 사용한 경우	100	200	300
		나. 등록된 지도사가 아닌 사람이 유사한 명칭을 사용한 경우	30	150	300
76. 법 제64조제1항을 위반하여 사업주의 서류를 보존하지 않은 경우	법 제72조제5항제13호	각 서류의 종류별	30	150	300
77. 법 제64조제2항을 위반하여 지정측정기관의 서류를 보존하지 않은 경우	법 제72조제5항제13호		30	150	300
78. 법 제64조제3항을 위반하여 지도사의 서류를 보존하지 않은 경우	법 제72조제5항제13호		30	150	300
79. 법 제64조제4항을 위반하여 석면해체·제거업자의 서류를 보존 하지 않은 경우	법 제72조제5항제13호		30	150	300

부록

산업안전보건기준에 관한 규칙

개정 2011. 7. 6 고용노동부령 제30호

제1편 총칙

제1장 통칙

제1조(목적)　이 규칙은「산업안전보건법」제5조, 제12조, 제14조, 제23조부터 제25조까지, 제29조, 제33조, 제34조, 제35조, 제36조, 제37조, 제38조 및 제38조의3 등에서 위임한 산업안전보건기준에 관한 사항과 그 시행에 필요한 사항을 규정함을 목적으로 한다.

제2조(정의)　이 규칙에서 사용하는 용어의 뜻은 이 규칙에 특별한 규정이 없으면 「산업안전보건법」(이하 "법"이라 한다), 「산업안전보건법 시행령」(이하 "영"이라 한다) 및 「산업안전보건법 시행규칙」에서 정하는 바에 따른다.

제2장 작업장

제3조(전도의 방지)　① 사업주는 근로자가 작업장에서 넘어지거나 미끄러지는 등의 위험이 없도록 작업장 바닥 등을 안전하고 청결한 상태로 유지하여야 한다.

② 사업주는 제품, 자재, 부재(部材) 등이 넘어지지 않도록 붙들어 지탱하게 하는 등 안전 조치를 하여야 한다. 다만, 근로자가 접근하지 못하도록 조치한 경우에는 그러하지 아니하다.

제4조(작업장의 청결)　사업주는 근로자가 작업하는 장소를 항상 청결하게 유지·관리하여야 하며, 폐기물은 정해진 장소에만 버려야 한다.

제5조(오염된 바닥의 세척 등)　① 사업주는 인체에 해로운 물질, 부패하기 쉬운 물질 또는 악취가 나는 물질 등에 의하여 오염될 우려가 있는 작업장의 바닥이나 벽을 수시로 세척하고 소독하여야 한다.

② 사업주는 제1항에 따른 세척 및 소독을 하는 경우에 물이나 그 밖의 액체를 다량으로 사용함으로써 습기가 찰 우려가 있는 작업장의 바닥이나 벽은 불침투성(不浸透性) 재료로 칠하고 배수(排水)에 편리한 구조로 하여야 한다.

제6조(오물의 처리 등)　① 사업주는 해당 작업장에서 배출하거나 폐기하는 오물을 일정한 장소에서 노출되지 않도록 처리하고, 병원체(病原體)로 인하여 오염될 우려가 있는 바닥·벽 및 용기 등을 수시로 소독하여야 한다.

② 사업주는 폐기물을 소각 등의 방법으로 처리하려는 경우 해당 근로자가 다이옥신 등 유해물질에 노출되지 않도록 작업공정 개선, 개인보호구(個人保護具) 지급·착용 등 적절한 조치를 하여야 한다.

③ 근로자는 제2항에 따라 지급된 개인보호구를 사업주의 지시에 따라 착용하여야 한다.

제7조(채광 및 조명)　사업주는 근로자가 작업하는 장소에 채광 및 조명을 하는 경우 명암의 차이가 심하지 않고 눈이 부시지 않은 방법으로 하여야 한다.

제8조(조도)　사업주는 근로자가 상시 작업하는 장소의 작업면 조도(照度)를 다음 각 호의 기준에 맞도록 하여야 한다. 다만, 갱내(坑內) 작업장과 감광재료(感光材料)를 취급하는 작업장은 그러하지 아니

하다.

1. 초정밀작업: 750럭스(lux) 이상

2. 정밀작업: 300럭스 이상

3. 보통작업: 150럭스 이상

4. 그 밖의 작업: 75럭스 이상

제9조(작업발판 등) 사업주는 선반·롤러기 등 기계·설비의 작업 또는 조작 부분이 그 작업에 종사하는 근로자의 키 등 신체조건에 비하여 지나치게 높거나 낮은 경우 안전하고 적당한 높이의 작업발판을 설치하거나 그 기계·설비를 적정 작업높이로 조절하여야 한다.

제10조(작업장의 창문) ① 작업장의 창문은 열었을 때 근로자가 작업하거나 통행하는 데에 방해가 되지 않도록 하여야 한다.

② 사업주는 근로자가 안전한 방법으로 창문을 여닫거나 청소할 수 있도록 보조도구를 사용하게 하는 등 필요한 조치를 하여야 한다.

제11조(작업장의 출입구) 사업주는 작업장에 출입구(비상구는 제외한다. 이하 같다)를 설치하는 경우 다음 각 호의 사항을 준수하여야 한다.

1. 출입구의 위치, 수 및 크기가 작업장의 용도와 특성에 맞도록 할 것

2. 출입구에 문을 설치하는 경우에는 근로자가 쉽게 열고 닫을 수 있도록 할 것

3. 주된 목적이 하역운반기계용인 출입구에는 인접하여 보행자용 출입구를 따로 설치할 것

4. 하역운반기계의 통로와 인접하여 있는 출입구에서 접촉에 의하여 근로자에게 위험을 미칠 우려가 있는 경우에는 비상등·비상벨 등 경보장치를 할 것

5. 계단이 출입구와 바로 연결된 경우에는 작업자의 안전한 통행을 위하여 그 사이에 1.2미터 이상 거리를 두거나 안내표지 또는 비상벨 등을 설치할 것. 다만, 출입구에 문을 설치하지 아니한 경우에는 그러하지 아니하다.

제12조(동력으로 작동되는 문의 설치 조건) 사업주는 동력으로 작동되는 문을 설치하는 경우 다음 각 호의 기준에 맞는 구조로 설치하여야 한다.

1. 동력으로 작동되는 문에 근로자가 끼일 위험이 있는 2.5미터 높이까지는 위급하거나 위험한 사태가 발생한 경우에 문의 작동을 정지시킬 수 있도록 비상정지장치 설치 등 필요한 조치를 할 것. 다만, 위험구역에 사람이 없어야만 문이 작동되도록 안전장치가 설치되어 있거나 운전자가 특별히 지정되어 상시 조작하는 경우에는 그러하지 아니하다.

2. 동력으로 작동되는 문의 비상정지장치는 근로자가 잘 알아볼 수 있고 쉽게 조작할 수 있을 것

3. 동력으로 작동되는 문의 동력이 끊어진 경우에는 즉시 정지되도록 할 것. 다만, 방화문의 경우에는 그러하지 아니하다.

4. 수동으로 열고 닫을 수 있도록 할 것

5. 동력으로 작동되는 문을 수동으로 조작하는 경우에는 제어장치에 의하여 즉시 정지시킬 수 있는 구조일 것

제13조(안전난간의 구조 및 설치요건) 사업주는 근로자의 추락 등의 위험을 방지하기 위하여 안전난간을 설치하는 경우 다음 각 호의 기준에 맞는 구조로 설치하여야 한다.

1. 상부 난간대, 중간 난간대, 발끝막이판 및 난간기둥으로 구성할 것. 다만, 중간 난간대, 발끝막이

판 및 난간기둥은 이와 비슷한 구조와 성능을 가진 것으로 대체할 수 있다.

2. 상부 난간대는 바닥면·발판 또는 경사로의 표면(이하 "바닥면등"이라 한다)으로부터 90센티미터 이상 지점에 설치하고, 상부 난간대를 120센티미터 이하에 설치하는 경우에는 중간 난간대는 상부 난간대와 바닥면등의 중간에 설치하여야 하며, 120센티미터 이상 지점에 설치하는 경우에는 중간 난간대를 2단 이상으로 균등하게 설치하고 난간의 상하 간격은 60센티미터 이하가 되도록 할 것

3. 발끝막이판은 바닥면등으로부터 10센티미터 이상의 높이를 유지할 것. 다만, 물체가 떨어지거나 날아올 위험이 없거나 그 위험을 방지할 수 있는 망을 설치하는 등 필요한 예방 조치를 한 장소는 제외한다.

4. 난간기둥은 상부 난간대와 중간 난간대를 견고하게 떠받칠 수 있도록 적정한 간격을 유지할 것

5. 상부 난간대와 중간 난간대는 난간 길이 전체에 걸쳐 바닥면등과 평행을 유지할 것

6. 난간대는 지름 2.7센티미터 이상의 금속제 파이프나 그 이상의 강도가 있는 재료일 것

7. 안전난간은 구조적으로 가장 취약한 지점에서 가장 취약한 방향으로 작용하는 100킬로그램 이상의 하중에 견딜 수 있는 튼튼한 구조일 것

제14조(낙하물에 의한 위험의 방지) ① 사업주는 작업장의 바닥, 도로 및 통로 등에서 낙하물이 근로자에게 위험을 미칠 우려가 있는 경우 보호망을 설치하는 등 필요한 조치를 하여야 한다.

② 사업주는 작업으로 인하여 물체가 떨어지거나 날아올 위험이 있는 경우 낙하물 방지망, 수직보호망 또는 방호선반의 설치, 출입금지구역의 설정, 보호구의 착용 등 위험을 방지하기 위하여 필요한 조치를 하여야 한다.

③ 제2항에 따라 낙하물 방지망 또는 방호선반을 설치하는 경우에는 다음 각 호의 사항을 준수하여야 한다.

1. 높이 10미터 이내마다 설치하고, 내민 길이는 벽면으로부터 2미터 이상으로 할 것

2. 수평면과의 각도는 20도 이상 30도 이하를 유지할 것

제15조(투하설비 등) 사업주는 높이가 3미터 이상인 장소로부터 물체를 투하하는 경우 적당한 투하설비를 설치하거나 감시인을 배치하는 등 위험을 방지하기 위하여 필요한 조치를 하여야 한다.

제16조(위험물 등의 보관) 사업주는 별표 1에 규정된 위험물질을 작업장 외의 별도의 장소에 보관하여야 하며, 작업장 내부에는 작업에 필요한 양만 두어야 한다.

제17조(비상구의 설치) ① 사업주는 별표 1에 규정된 위험물질을 제조·취급하는 작업장과 그 작업장이 있는 건축물에 제11조에 따른 출입구 외에 안전한 장소로 대피할 수 있는 비상구 1개 이상을 다음 각 호의 기준에 맞는 구조로 설치하여야 한다.

1. 출입구와 같은 방향에 있지 아니하고, 출입구로부터 3미터 이상 떨어져 있을 것

2. 작업장의 각 부분으로부터 하나의 비상구 또는 출입구까지의 수평거리가 50미터 이하가 되도록 할 것

3. 비상구의 너비는 0.75미터 이상으로 하고, 높이는 1.5미터 이상으로 할 것

4. 비상구의 문은 피난 방향으로 열리도록 하고, 실내에서 항상 열 수 있는 구조로 할 것

② 사업주는 제1항에 따른 비상구에 문을 설치하는 경우 항상 사용할 수 있는 상태로 유지하여야 한다.

제18조(비상구 등의 유지) 사업주는 비상구·비상통로 또는 비상용 기구를 쉽게 이용할 수 있도록 유지하여야 한다.

제19조(경보용 설비 등) 사업주는 연면적이 400제곱미터 이상이거나 상시 50명 이상의 근로자가 작업하는 옥내작업장에는 비상시에 근로자에게 신속하게 알리기 위한 경보용 설비 또는 기구를 설치하여야 한다.

제20조(출입의 금지 등) 사업주는 다음 각 호의 작업 또는 장소에 방책(防柵)을 설치하는 등 관계 근로자가 아닌 사람의 출입을 금지하여야 한다. 다만, 제2호 및 제7호의 장소에서 수리 또는 점검 등을 위하여 그 암(arm) 등의 움직임에 의한 하중을 충분히 견딜 수 있는 안전지주(安全支柱) 또는 안전블록 등을 사용하도록 한 경우에는 그러하지 아니하다.

1. 추락에 의하여 근로자에게 위험을 미칠 우려가 있는 장소

2. 유압(流壓), 체인 또는 로프 등에 의하여 지탱되어 있는 기계·기구의 덤프, 램(ram), 리프트, 포크(fork) 및 암 등이 갑자기 작동함으로써 근로자에게 위험을 미칠 우려가 있는 장소

3. 케이블 크레인을 사용하여 작업을 하는 경우에는 권상용(卷上用) 와이어로프 또는 횡행용(橫行用) 와이어로프가 통하고 있는 도르래 또는 그 부착부의 파손에 의하여 위험을 발생시킬 우려가 있는 그 와이어로프의 내각측(內角側)에 속하는 장소

4. 인양전자석(引揚電磁石) 부착 크레인을 사용하여 작업을 하는 경우에는 달아 올려진 화물의 아래쪽 장소

5. 인양전자석 부착 이동식 크레인을 사용하여 작업을 하는 경우에는 달아 올려진 화물의 아래쪽 장소

6. 리프트를 사용하여 작업을 하는 다음 각 목의 장소

   가. 리프트 운반구가 오르내리다가 근로자에게 위험을 미칠 우려가 있는 장소

   나. 리프트의 권상용 와이어로프 내각측에 그 와이어로프가 통하고 있는 도르래 또는 그 부착부가 떨어져 나감으로써 근로자에게 위험을 미칠 우려가 있는 장소

7. 지게차·구내운반차·화물자동차 등의 차량계 하역운반기계 및 고소(高所)작업대(이하 "차량계 하역운반기계등"이라 한다)의 포크·버킷(bucket)·암 또는 이들에 의하여 지탱되어 있는 화물의 밑에 있는 장소. 다만, 구조상 갑작스러운 하강을 방지하는 장치가 있는 것은 제외한다.

8. 운전 중인 항타기(杭打機) 또는 항발기(杭拔機)의 권상용 와이어로프 등의 부착 부분의 파손에 의하여 와이어로프가 벗겨지거나 드럼(drum), 도르래 뭉치 등이 떨어져 근로자에게 위험을 미칠 우려가 있는 장소

9. 화재 또는 폭발의 위험이 있는 장소

10. 낙반(落磐) 등의 위험이 있는 다음 각 목의 장소

   가. 부석의 낙하에 의하여 근로자에게 위험을 미칠 우려가 있는 장소

   나. 터널 지보공(支保工)의 보강작업 또는 보수작업을 하고 있는 장소로서 낙반 또는 낙석 등에 의하여 근로자에게 위험을 미칠 우려가 있는 장소

11. 토석(土石)이 떨어져 근로자에게 위험을 미칠 우려가 있는 채석작업을 하는 굴착작업장의 아래 장소

12. 암석 채취를 위한 굴착작업, 채석에서 암석을 분할가공하거나 운반하는 작업, 그 밖에 이러한

작업에 수반(隨伴)한 작업(이하 "채석작업"이라 한다)을 하는 경우에는 운전 중인 굴착기계·분할기계·적재기계 또는 운반기계(이하 "굴착기계등"이라 한다)에 접촉함으로써 근로자에게 위험을 미칠 우려가 있는 장소

13. 해체작업을 하는 장소

14. 하역작업을 하는 경우에는 쌓아놓은 화물이 무너지거나 화물이 떨어져 근로자에게 위험을 미칠 우려가 있는 장소

15. 다음 각 목의 항만하역작업 장소

　가. 해치커버[(해치보드(hatch board) 및 해치빔(hatch beam)을 포함한다)]의 개폐·설치 또는 해체작업을 하고 있어 해치 보드 또는 해치빔 등이 떨어져 근로자에게 위험을 미칠 우려가 있는 장소

　나. 양화장치(揚貨裝置) 붐(boom)이 넘어짐으로써 근로자에게 위험을 미칠 우려가 있는 장소

　다. 양화장치, 데릭(derrick), 크레인, 이동식 크레인(이하 "양화장치등"이라 한다)에 매달린 화물이 떨어져 근로자에게 위험을 미칠 우려가 있는 장소

16. 벌목, 목재의 집하 또는 운반 등의 작업을 하는 경우에는 벌목한 목재 등이 아래 방향으로 굴러 떨어지는 등의 위험이 발생할 우려가 있는 장소

17. 양화장치등을 사용하여 화물의 적하[부두 위의 화물에 훅(hook)을 걸어 선(船) 내에 적재하기까지의 작업을 말한다] 또는 양하(선 내의 화물을 부두 위에 내려놓고 훅을 풀기까지의 작업을 말한다)를 하는 경우에는 통행하는 근로자에게 화물이 떨어지거나 충돌할 우려가 있는 장소

제3장 통로

제21조(통로의 조명) 사업주는 근로자가 안전하게 통행할 수 있도록 통로에 75럭스 이상의 채광 또는 조명시설을 하여야 한다. 다만, 갱도 또는 상시 통행을 하지 아니하는 지하실 등을 통행하는 근로자에게 휴대용 조명기구를 사용하도록 한 경우에는 그러하지 아니하다.

제22조(통로의 설치) ① 사업주는 작업장으로 통하는 장소 또는 작업장 내에 근로자가 사용할 안전한 통로를 설치하고 항상 사용할 수 있는 상태로 유지하여야 한다.

② 통로의 주요 부분에는 통로표시를 하고, 근로자가 안전하게 통행할 수 있도록 하여야 한다.

③ 통로면으로부터 높이 2미터 이내에는 장애물이 없도록 하여야 한다.

제23조(가설통로의 구조) 사업주는 가설통로를 설치하는 경우 다음 각 호의 사항을 준수하여야 한다.

1. 견고한 구조로 할 것

2. 경사는 30도 이하로 할 것. 다만, 계단을 설치하거나 높이 2미터 미만의 가설통로로서 튼튼한 손잡이를 설치한 경우에는 그러하지 아니하다.

3. 경사가 15도를 초과하는 경우에는 미끄러지지 아니하는 구조로 할 것

4. 추락할 위험이 있는 장소에는 안전난간을 설치할 것. 다만, 작업상 부득이한 경우에는 필요한 부분만 임시로 해체할 수 있다.

5. 수직갱에 가설된 통로의 길이가 15미터 이상인 경우에는 10미터 이내마다 계단참을 설치할 것

6. 건설공사에 사용하는 높이 8미터 이상인 비계다리에는 7미터 이내마다 계단참을 설치할 것

제24조(사다리식 통로 등의 구조) ① 사업주는 사다리식 통로 등을 설치하는 경우 다음 각 호의 사항을 준수하여야 한다.

1. 견고한 구조로 할 것
2. 심한 손상·부식 등이 없는 재료를 사용할 것
3. 발판의 간격은 일정하게 할 것
4. 발판과 벽과의 사이는 15센티미터 이상의 간격을 유지할 것
5. 폭은 30센티미터 이상으로 할 것
6. 사다리가 넘어지거나 미끄러지는 것을 방지하기 위한 조치를 할 것
7. 사다리의 상단은 걸쳐놓은 지점으로부터 60센티미터 이상 올라가도록 할 것
8. 사다리식 통로의 길이가 10미터 이상인 경우에는 5미터 이내마다 계단참을 설치할 것
9. 사다리식 통로의 기울기는 75도 이하로 할 것. 다만, 고정식 사다리식 통로의 기울기는 90도 이하로 하고, 그 높이가 7미터 이상인 경우에는 바닥으로부터 높이가 2.5미터 되는 지점부터 등받이울을 설치할 것
10. 접이식 사다리 기둥은 사용 시 접혀지거나 펼쳐지지 않도록 철물 등을 사용하여 견고하게 조치할 것

② 잠함(潛函) 내 사다리식 통로와 건조·수리 중인 선박의 구명줄이 설치된 사다리식 통로(건조·수리작업을 위하여 임시로 설치한 사다리식 통로는 제외한다)에 대해서는 제1항제5호부터 제10호까지의 규정을 적용하지 아니한다.

제25조(갱내통로 등의 위험 방지) 사업주는 갱내에 설치한 통로 또는 사다리식 통로에 권상장치(卷上裝置)가 설치된 경우 권상장치와 근로자의 접촉에 의한 위험이 있는 장소에 판자벽이나 그 밖에 위험 방지를 위한 격벽(隔壁)을 설치하여야 한다.

제26조(계단의 강도) ① 사업주는 계단 및 계단참을 설치하는 경우 매제곱미터당 500킬로그램 이상의 하중에 견딜 수 있는 강도를 가진 구조로 설치하여야 하며, 안전율[안전의 정도를 표시하는 것으로서 재료의 파괴응력도(破壞應力度)와 허용응력도(許容應力度)의 비율을 말한다]은 4 이상으로 하여야 한다.

② 사업주는 계단 및 승강구 바닥을 구멍이 있는 재료로 만드는 경우 렌치나 그 밖의 공구 등이 낙하할 위험이 없는 구조로 하여야 한다.

제27조(계단의 폭) ① 사업주는 계단을 설치하는 경우 그 폭을 1미터 이상으로 하여야 한다. 다만, 급유용·보수용·비상용 계단 및 나선형 계단인 경우에는 그러하지 아니하다.

② 사업주는 계단에 손잡이 외의 다른 물건 등을 설치하거나 쌓아 두어서는 아니된다.

제28조(계단참의 높이) 사업주는 높이가 3미터를 초과하는 계단에 높이 3미터 이내마다 너비 1.2미터 이상의 계단참을 설치하여야 한다.

제29조(천장의 높이) 사업주는 계단을 설치하는 경우 바닥면으로부터 높이 2미터 이내의 공간에 장애물이 없도록 하여야 한다. 다만, 급유용·보수용·비상용 계단 및 나선형 계단인 경우에는 그러하지 아니하다.

제30조(계단의 난간) 사업주는 높이 1미터 이상인 계단의 개방된 측면에 안전난간을 설치하여야 한다.

제4장 보호구

제31조(보호구의 제한적 사용)　① 사업주는 보호구를 사용하지 아니하더라도 근로자가 유해·위험작업으로부터 보호를 받을 수 있도록 설비개선 등 필요한 조치를 하여야 한다.

② 사업주는 제1항의 조치를 하기 어려운 경우에만 제한적으로 해당 작업에 맞는 보호구를 사용하도록 하여야 한다.

제32조(보호구의 지급 등)　① 사업주는 다음 각 호의 어느 하나에 해당하는 작업을 하는 근로자에 대해서는 다음 각 호의 구분에 따라 그 작업조건에 맞는 보호구를 작업하는 근로자 수 이상으로 지급하고 착용하도록 하여야 한다.

1. 물체가 떨어지거나 날아올 위험 또는 근로자가 추락할 위험이 있는 작업: 안전모

2. 높이 또는 깊이 2미터 이상의 추락할 위험이 있는 장소에서 하는 작업: 안전대(安全帶)

3. 물체의 낙하·충격, 물체에의 끼임, 감전 또는 정전기의 대전(帶電)에 의한 위험이 있는 작업: 안전화

4. 물체가 흩날릴 위험이 있는 작업: 보안경

5. 용접 시 불꽃이나 물체가 흩날릴 위험이 있는 작업: 보안면

6. 감전의 위험이 있는 작업: 절연용 보호구

7. 고열에 의한 화상 등의 위험이 있는 작업: 방열복

8. 선창 등에서 분진(粉塵)이 심하게 발생하는 하역작업: 방진마스크

9. 섭씨 영하 18도 이하인 급냉동어창에서 하는 하역작업: 방한모·방한복·방한화·방한장갑

② 사업주로부터 제1항에 따른 보호구를 받거나 착용지시를 받은 근로자는 그 보호구를 착용하여야 한다.

제33조(보호구의 관리)　① 사업주는 이 규칙에 따라 보호구를 지급하는 경우 상시 점검하여 이상이 있는 것은 수리하거나 다른 것으로 교환해 주는 등 늘 사용할 수 있도록 관리하여야 하며, 청결을 유지하도록 하여야 한다. 다만, 근로자가 청결을 유지하는 안전화, 안전모, 보안경의 경우에는 그러하지 아니하다.

② 사업주는 방진마스크의 필터 등을 언제나 교환할 수 있도록 충분한 양을 갖추어 두어야 한다.

제34조(전용 보호구 등)　사업주는 보호구를 공동사용 하여 근로자에게 질병이 감염될 우려가 있는 경우 개인 전용 보호구를 지급하고 질병 감염을 예방하기 위한 조치를 하여야 한다.

제5장 관리감독자의 직무, 사용의 제한 등

제35조(관리감독자의 유해·위험 방지 업무 등)　① 사업주는 법 제14조제1항에 따른 관리감독자(건설업의 경우 직장·조장 및 반장의 지위에서 그 작업을 직접 지휘·감독하는 관리감독자를 말한다. 이하 같다)로 하여금 별표 2에서 정하는 바에 따라 유해·위험을 방지하기 위한 업무를 수행하도록 하여야 한다.

② 사업주는 별표 3에서 정하는 바에 따라 작업을 시작하기 전에 관리감독자로 하여금 필요한 사항을 점검하도록 하여야 한다.

③ 사업주는 제2항에 따른 점검 결과 이상이 발견되면 즉시 수리하거나 그 밖에 필요한 조치를 하여

야 한다.

제36조(사용의 제한) 사업주는 법 제33조에 따른 방호조치를 하지 아니하거나 법 제34조에 따른 안전인증기준, 법 제35조에 따른 자율안전기준 또는 법 제36조에 따른 안전검사기준에 적합하지 않은 기계·기구·설비 및 방호장치·보호구 등을 사용해서는 아니된다.

제37조(악천후 및 강풍 시 작업 중지) ① 사업주는 비·눈·바람 또는 그 밖의 기상상태의 불안정으로 인하여 근로자가 위험해질 우려가 있는 경우 작업을 중지하여야 한다. 다만, 태풍 등으로 위험이 예상되거나 발생되어 긴급 복구작업을 필요로 하는 경우에는 그러하지 아니하다.

② 사업주는 순간풍속이 초당 10미터를 초과하는 경우 타워크레인의 설치·수리·점검 또는 해체 작업을 중지하여야 하며, 순간풍속이 초당 20미터를 초과하는 경우에는 타워크레인의 운전작업을 중지하여야 한다.

제38조(사전조사 및 작업계획서의 작성 등) ① 사업주는 다음 각 호의 작업을 하는 경우 근로자의 위험을 방지하기 위하여 별표 4에 따라 해당 작업, 작업장의 지형·지반 및 지층 상태 등에 대한 사전조사를 하고 그 결과를 기록·보존하여야 하며, 조사결과를 고려하여 별표 4의 구분에 따른 사항을 포함한 작업계획서를 작성하고 그 계획에 따라 작업을 하도록 하여야 한다.

1. 타워크레인을 설치·조립·해체하는 작업

2. 차량계 하역운반기계등을 사용하는 작업(화물자동차를 사용하는 도로상의 주행작업은 제외한다. 이하 같다)

3. 차량계 건설기계를 사용하는 작업

4. 화학설비와 그 부속설비를 사용하는 작업

5. 제318조에 따른 전기작업(해당 전압이 50볼트를 넘거나 전기에너지가 250볼트암페어를 넘는 경우로 한정한다)

6. 굴착면의 높이가 2미터 이상이 되는 지반의 굴착작업(이하 "굴착작업"이라 한다)

7. 터널굴착작업

8. 교량(상부구조가 금속 또는 콘크리트로 구성되는 교량으로서 그 높이가 5미터 이상이거나 교량의 최대 지간 길이가 30미터 이상인 교량으로 한정한다)의 설치·해체 또는 변경 작업

9. 채석작업

10. 건물 등의 해체작업

11. 중량물의 취급작업

12. 궤도나 그 밖의 관련 설비의 보수·점검작업

13. 열차의 교환·연결 또는 분리 작업(이하 "입환작업"이라 한다)

② 사업주는 제1항에 따라 작성한 작업계획서의 내용을 해당 근로자에게 알려야 한다.

③ 사업주는 항타기나 항발기를 조립·해체·변경 또는 이동하는 작업을 하는 경우 그 작업방법과 절차를 정하여 근로자에게 주지시켜야 한다.

④ 사업주는 제1항제12호의 작업에 모터카(motor car), 멀티플타이탬퍼(multiple tie tamper), 밸러스트 콤팩터(ballast compactor), 궤도안정기 등의 작업차량(이하 "궤도작업차량"이라 한다)을 사용하는 경우 미리 그 구간을 운행하는 열차의 운행관계자와 협의하여야 한다.

제39조(작업지휘자의 지정) ① 사업주는 제38조제1항제2호·제6호·제8호 및 제11호의 작업계획서를

작성한 경우 작업지휘자를 지정하여 작업계획서에 따라 작업을 지휘하도록 하여야 한다. 다만, 제38조제1항제2호의 작업에 대하여 작업장소에 다른 근로자가 접근할 수 없거나 한 대의 차량계 하역운반기계등을 운전하는 작업으로서 주위에 근로자가 없어 충돌 위험이 없는 경우에는 작업지휘자를 지정하지 아니할 수 있다.

② 사업주는 항타기나 항발기를 조립·해체·변경 또는 이동하여 작업을 하는 경우 작업지휘자를 지정하여 지휘·감독하도록 하여야 한다.

제40조(신호) ① 사업주는 다음 각 호의 작업을 하는 경우 일정한 신호방법을 정하여 신호하도록 하여야 하며, 운전자는 그 신호에 따라야 한다.

1. 양중기(揚重機)를 사용하는 작업
2. 제171조 및 제172조제1항 단서에 따라 유도자를 배치하는 작업
3. 제200조제1항 단서에 따라 유도자를 배치하는 작업
4. 항타기 또는 항발기의 운전작업
5. 중량물을 2명 이상의 근로자가 취급하거나 운반하는 작업
6. 양화장치를 사용하는 작업
7. 제412조에 따라 유도자를 배치하는 작업
8. 입환작업(入換作業)

② 운전자나 근로자는 제1항에 따른 신호방법이 정해진 경우 이를 준수하여야 한다.

제41조(운전위치의 이탈금지) ① 사업주는 다음 각 호의 기계를 운전하는 경우 운전자가 운전위치를 이탈하게 해서는 아니된다.

1. 양중기
2. 항타기 또는 항발기(권상장치에 하중을 건 상태)
3. 양화장치(화물을 적재한 상태)

② 제1항에 따른 운전자는 운전 중에 운전위치를 이탈해서는 아니된다.

제6장 추락 또는 붕괴에 의한 위험 방지

제1절 추락에 의한 위험 방지

제42조(추락의 방지) ① 사업주는 근로자가 추락하거나 넘어질 위험이 있는 장소[작업발판의 끝·개구부(開口部) 등을 제외한다]또는 기계·설비·선박블록 등에서 작업을 할 때에 근로자가 위험해질 우려가 있는 경우 비계(飛階)를 조립하는 등의 방법으로 작업발판을 설치하여야 한다.

② 사업주는 제1항에 따른 작업발판을 설치하기 곤란한 경우 다음 각 호의 기준에 맞는 안전방망(安全防網)을 설치하여야 한다. 다만, 안전방망을 설치하기 곤란한 경우에는 근로자에게 안전대를 착용하도록 하는 등 추락위험을 방지하기 위하여 필요한 조치를 하여야 한다.

1. 안전방망의 설치위치는 가능하면 작업면으로부터 가까운 지점에 설치하여야 하며, 작업면으로부터 망의 설치지점까지의 수직거리는 10미터를 초과하지 아니할 것
2. 안전방망은 수평으로 설치하고, 망의 처짐은 짧은 변 길이의 12퍼센트 이상이 되도록 할 것

3. 건축물 등의 바깥쪽으로 설치하는 경우 망의 내민 길이는 벽면으로부터 3미터 이상 되도록 할 것. 다만, 그물코가 20밀리미터 이하인 망을 사용한 경우에는 제14조제3항에 따른 낙하물방지망을 설치한 것으로 본다.

제43조(개구부 등의 방호 조치) ① 사업주는 작업발판 및 통로의 끝이나 개구부로서 근로자가 추락할 위험이 있는 장소에는 안전난간, 울타리, 수직형 추락방망 또는 덮개 등(이하 이 조에서 "난간등"이라 한다)의 방호 조치를 충분한 강도를 가진 구조로 튼튼하게 설치하여야 하며, 덮개를 설치하는 경우에는 뒤집히거나 떨어지지 않도록 설치하여야 한다. 이 경우 어두운 장소에서도 알아볼 수 있도록 개구부임을 표시하여야 한다.

② 사업주는 난간등을 설치하는 것이 매우 곤란하거나 작업의 필요상 임시로 난간등을 해체하여야 하는 경우 제42조제2항 각 호의 기준에 맞는 안전방망을 설치하여야 한다. 다만, 안전방망을 설치하기 곤란한 경우에는 근로자에게 안전대를 착용하도록 하는 등 추락할 위험을 방지하기 위하여 필요한 조치를 하여야 한다.

제44조(안전대의 부착설비 등) ① 사업주는 추락할 위험이 있는 높이 2미터 이상의 장소에서 근로자에게 안전대를 착용시킨 경우 안전대를 안전하게 걸어 사용할 수 있는 설비 등을 설치하여야 한다. 이러한 안전대 부착설비로 지지로프 등을 설치하는 경우에는 처지거나 풀리는 것을 방지하기 위하여 필요한 조치를 하여야 한다.

② 사업주는 제1항에 따른 안전대 및 부속설비의 이상 유무를 작업을 시작하기 전에 점검하여야 한다.

제45조(지붕 위에서의 위험 방지) 사업주는 슬레이트, 선라이트(sunlight) 등 강도가 약한 재료로 덮은 지붕 위에서 작업을 할 때에 발이 빠지는 등 근로자가 위험해질 우려가 있는 경우 폭 30센티미터 이상의 발판을 설치하거나 안전방망을 치는 등 위험을 방지하기 위하여 필요한 조치를 하여야 한다.

제46조(승강설비의 설치) 사업주는 높이 또는 깊이가 2미터를 초과하는 장소에서 작업하는 경우 해당 작업에 종사하는 근로자가 안전하게 승강하기 위한 건설작업용 리프트 등의 설비를 설치하여야 한다. 다만, 승강설비를 설치하는 것이 작업의 성질상 곤란한 경우에는 그러하지 아니하다.

제47조(구명구 등) 사업주는 수상 또는 선박건조 작업에 종사하는 근로자가 물에 빠지는 등 위험의 우려가 있는 경우 그 작업을 하는 장소에 구명을 위한 배 또는 구명장구(救命裝具)의 비치 등 구명을 위하여 필요한 조치를 하여야 한다.

제48조(울타리의 설치) 사업주는 근로자에게 작업 중 또는 통행 시 전락(轉落)으로 인하여 근로자가 화상·질식 등의 위험에 처할 우려가 있는 케틀(kettle), 호퍼(hopper), 피트(pit) 등이 있는 경우에 그 위험을 방지하기 위하여 필요한 장소에 높이 90센티미터 이상의 울타리를 설치하여야 한다.

제49조(조명의 유지) 사업주는 근로자가 높이 2미터 이상에서 작업을 하는 경우 그 작업을 안전하게 하는 데에 필요한 조명을 유지하여야 한다.

제2절 붕괴 등에 의한 위험 방지

제50조(붕괴·낙하에 의한 위험 방지) 사업주는 지반의 붕괴, 구축물의 붕괴 또는 토석의 낙하 등에 의하여 근로자가 위험해질 우려가 있는 경우 그 위험을 방지하기 위하여 다음 각 호의 조치를 하여야 한다.

1. 지반은 안전한 경사로 하고 낙하의 위험이 있는 토석을 제거하거나 옹벽, 흙막이 지보공 등을 설치할 것
2. 지반의 붕괴 또는 토석의 낙하 원인이 되는 빗물이나 지하수 등을 배제할 것
3. 갱내의 낙반·측벽(側壁) 붕괴의 위험이 있는 경우에는 지보공을 설치하고 부석을 제거하는 등 필요한 조치를 할 것

제51조(구축물 또는 이와 유사한 시설물 등의 안전 유지) 사업주는 구축물 또는 이와 유사한 시설물에 대하여 자중(自重), 적재하중, 적설, 풍압(風壓), 지진이나 진동 및 충격 등에 의하여 붕괴·전도·도괴·폭발하는 등의 위험을 예방하기 위하여 다음 각 호의 조치를 하여야 한다.

1. 설계도서에 따라 시공했는지 확인
2. 건설공사 시방서(示方書)에 따라 시공했는지 확인
3. 「건축물의 구조기준 등에 관한 규칙」에 따른 구조기준을 준수했는지 확인

제52조(구축물 또는 이와 유사한 시설물의 안전성 평가) 사업주는 구축물 또는 이와 유사한 시설물이 다음 각 호의 어느 하나에 해당하는 경우 안전진단 등 안전성 평가를 하여 근로자에게 미칠 위험성을 미리 제거하여야 한다.

1. 구축물 또는 이와 유사한 시설물의 인근에서 굴착·항타작업 등으로 침하·균열 등이 발생하여 붕괴의 위험이 예상될 경우
2. 구축물 또는 이와 유사한 시설물에 지진, 동해(凍害), 부동침하(不同沈下) 등으로 균열·비틀림 등이 발생하였을 경우
3. 구조물, 건축물, 그 밖의 시설물이 그 자체의 무게·적설·풍압 또는 그 밖에 부가되는 하중 등으로 붕괴 등의 위험이 있을 경우
4. 화재 등으로 구축물 또는 이와 유사한 시설물의 내력(耐力)이 심하게 저하되었을 경우
5. 오랜 기간 사용하지 아니하던 구축물 또는 이와 유사한 시설물을 재사용하게 되어 안전성을 검토하여야 하는 경우
6. 그 밖의 잠재위험이 예상될 경우

제53조(계측장치의 설치 등) 사업주는 터널 등의 건설작업을 할 때에 붕괴 등에 의하여 근로자가 위험해질 우려가 있는 경우 또는 법 제48조제3항에 따른 유해·위험방지계획서 심사 시 계측시공을 지시받은 경우에는 그에 필요한 계측장치 등을 설치하여 위험을 방지하기 위한 조치를 하여야 한다.

제7장 비계

제1절 재료 및 구조 등

제54조(비계의 재료) ① 사업주는 비계의 재료로 변형·부식 또는 심하게 손상된 것을 사용해서는 아니된다.

② 사업주는 강관비계(鋼管飛階)의 재료로 「산업표준화법」에 따른 한국산업표준에서 정하는 기준 이상의 것을 사용하여야 한다.

제55조(작업발판의 최대적재하중) ① 사업주는 비계의 구조 및 재료에 따라 작업발판의 최대적재하중

을 정하고, 이를 초과하여 실어서는 아니된다.

② 달비계(곤돌라의 달비계는 제외한다)의 최대 적재하중을 정하는 경우 그 안전계수는 다음 각 호와 같다.

1. 달기 와이어로프 및 달기 강선의 안전계수: 10 이상

2. 달기 체인 및 달기 훅의 안전계수: 5 이상

3. 달기 강대와 달비계의 하부 및 상부 지점의 안전계수: 강재(鋼材)의 경우 2.5 이상, 목재의 경우 5 이상

③ 제2항의 안전계수는 와이어로프 등의 절단하중 값을 그 와이어로프 등에 걸리는 하중의 최대값으로 나눈 값을 말한다.

제56조(작업발판의 구조) 사업주는 비계(달비계, 달대비계 및 말비계는 제외한다)의 높이가 2미터 이상인 작업장소에 다음 각 호의 기준에 맞는 작업발판을 설치하여야 한다.

1. 발판재료는 작업할 때의 하중을 견딜 수 있도록 견고한 것으로 할 것

2. 작업발판의 폭은 40센티미터 이상으로 하고, 발판재료 간의 틈은 3센티미터 이하로 할 것. 다만, 외줄비계의 경우에는 고용노동부장관이 별도로 정하는 기준에 따른다.

3. 추락의 위험이 있는 장소에는 안전난간을 설치할 것. 다만, 작업의 성질상 안전난간을 설치하는 것이 곤란한 경우, 작업의 필요상 임시로 안전난간을 해체할 때에 안전방망을 설치하거나 근로자로 하여금 안전대를 사용하도록 하는 등 추락위험 방지 조치를 한 경우에는 그러하지 아니하다.

4. 작업발판의 지지물은 하중에 의하여 파괴될 우려가 없는 것을 사용할 것

5. 작업발판재료는 뒤집히거나 떨어지지 않도록 둘 이상의 지지물에 연결하거나 고정시킬 것

6. 작업발판을 작업에 따라 이동시킬 경우에는 위험 방지에 필요한 조치를 할 것

제2절 조립·해체 및 점검 등

제57조(비계 등의 조립·해체 및 변경) ① 사업주는 달비계 또는 높이 5미터 이상의 비계를 조립·해체하거나 변경하는 작업을 하는 경우 다음 각 호의 사항을 준수하여야 한다.

1. 근로자가 관리감독자의 지휘에 따라 작업하도록 할 것

2. 조립·해체 또는 변경의 시기·범위 및 절차를 그 작업에 종사하는 근로자에게 주지시킬 것

3. 조립·해체 또는 변경 작업구역에는 해당 작업에 종사하는 근로자가 아닌 사람의 출입을 금지하고 그 내용을 보기 쉬운 장소에 게시할 것

4. 비, 눈, 그 밖의 기상상태의 불안정으로 날씨가 몹시 나쁜 경우에는 그 작업을 중지시킬 것

5. 비계재료의 연결·해체작업을 하는 경우에는 폭 20센티미터 이상의 발판을 설치하고 근로자로 하여금 안전대를 사용하도록 하는 등 추락을 방지하기 위한 조치를 할 것

6. 재료·기구 또는 공구 등을 올리거나 내리는 경우에는 근로자가 달줄 또는 달포대 등을 사용하게 할 것

② 사업주는 강관비계 또는 통나무비계를 조립하는 경우 쌍줄로 하여야 한다. 다만, 별도의 작업발판을 설치할 수 있는 시설을 갖춘 경우에는 외줄로 할 수 있다.

제58조(비계의 점검 및 보수) 사업주는 비, 눈, 그 밖의 기상상태의 악화로 작업을 중지시킨 후 또는

비계를 조립·해체하거나 변경한 후에 그 비계에서 작업을 하는 경우에는 해당 작업을 시작하기 전에 다음 각 호의 사항을 점검하고, 이상을 발견하면 즉시 보수하여야 한다.

1. 발판 재료의 손상 여부 및 부착 또는 걸림 상태
2. 해당 비계의 연결부 또는 접속부의 풀림 상태
3. 연결 재료 및 연결 철물의 손상 또는 부식 상태
4. 손잡이의 탈락 여부
5. 기둥의 침하, 변형, 변위(變位) 또는 흔들림 상태
6. 로프의 부착 상태 및 매단 장치의 흔들림 상태

제3절 강관비계 및 강관틀비계

제59조(강관비계 조립 시의 준수사항) 사업주는 강관비계를 조립하는 경우에 다음 각 호의 사항을 준수하여야 한다.

1. 비계기둥에는 미끄러지거나 침하하는 것을 방지하기 위하여 밑받침철물을 사용하거나 깔판·깔목 등을 사용하여 밑둥잡이를 설치하는 등의 조치를 할 것
2. 강관의 접속부 또는 교차부(交叉部)는 적합한 부속철물을 사용하여 접속하거나 단단히 묶을 것
3. 교차 가새로 보강할 것
4. 외줄비계·쌍줄비계 또는 돌출비계에 대해서는 다음 각 목에서 정하는 바에 따라 벽이음 및 버팀을 설치할 것. 다만, 창틀의 부착 또는 벽면의 완성 등의 작업을 위하여 벽이음 또는 버팀을 제거하는 경우, 그 밖에 작업의 필요상 부득이한 경우로서 해당 벽이음 또는 버팀 대신 비계기둥 또는 띠장에 사재(斜材)를 설치하는 등 비계가 넘어지는 것을 방지하기 위한 조치를 한 경우에는 그러하지 아니하다.
   가. 강관비계의 조립 간격은 별표 5의 기준에 적합하도록 할 것
   나. 강관·통나무 등의 재료를 사용하여 견고한 것으로 할 것
   다. 인장재(引張材)와 압축재로 구성된 경우에는 인장재와 압축재의 간격을 1미터 이내로 할 것
5. 가공전로(架空電路)에 근접하여 비계를 설치하는 경우에는 가공전로를 이설(移設)하거나 가공전로에 절연용 방호구를 장착하는 등 가공전로와의 접촉을 방지하기 위한 조치를 할 것

제60조(강관비계의 구조) 사업주는 강관을 사용하여 비계를 구성하는 경우 다음 각 호의 사항을 준수하여야 한다.

1. 비계기둥의 간격은 띠장 방향에서는 1.5미터 이상 1.8미터 이하, 장선(長線) 방향에서는 1.5미터 이하로 할 것
2. 띠장 간격은 1.5미터 이하로 설치하되, 첫 번째 띠장은 지상으로부터 2미터 이하의 위치에 설치할 것. 다만, 작업의 성질상 이를 준수하기가 곤란하여 쌍기둥틀 등에 의하여 해당 부분을 보강한 경우에는 그러하지 아니하다.
3. 비계기둥의 제일 윗부분으로부터 31미터되는 지점 밑부분의 비계기둥은 2개의 강관으로 묶어 세울 것. 다만, 브라켓(bracket) 등으로 보강하여 2개의 강관으로 묶을 경우 이상의 강도가 유지되는 경우에는 그러하지 아니하다.

4. 비계기둥 간의 적재하중은 400킬로그램을 초과하지 않도록 할 것

제61조(강관의 강도 식별) 사업주는 바깥지름 및 두께가 같거나 유사하면서 강도가 다른 강관을 같은 사업장에서 사용하는 경우 강관에 색 또는 기호를 표시하는 등 강관의 강도를 알아볼 수 있는 조치를 하여야 한다.

제62조(강관틀비계) 사업주는 강관틀 비계를 조립하여 사용하는 경우 다음 각 호의 사항을 준수하여야 한다.

1. 비계기둥의 밑둥에는 밑받침 철물을 사용하여야 하며 밑받침에 고저차(高低差)가 있는 경우에는 조절형 밑받침철물을 사용하여 각각의 강관틀비계가 항상 수평 및 수직을 유지하도록 할 것

2. 높이가 20미터를 초과하거나 중량물의 적재를 수반하는 작업을 할 경우에는 주틀 간의 간격을 1.8미터 이하로 할 것

3. 주틀 간에 교차 가새를 설치하고 최상층 및 5층 이내마다 수평재를 설치할 것

4. 수직방향으로 6미터, 수평방향으로 8미터 이내마다 벽이음을 할 것

5. 길이가 띠장 방향으로 4미터 이하이고 높이가 10미터를 초과하는 경우에는 10미터 이내마다 띠장 방향으로 버팀기둥을 설치할 것

제4절 달비계 및 달대비계

제63조(달비계의 구조) 사업주는 달비계를 설치하는 경우에 다음 각 호의 사항을 준수하여야 한다.

1. 다음 각 목의 어느 하나에 해당하는 와이어로프를 달비계에 사용해서는 아니된다.
   가. 이음매가 있는 것
   나. 와이어로프의 한 꼬임[[스트랜드(strand)를 말한다. 이하 같다)]에서 끊어진 소선(素線)[필러(pillar)선은 제외한다)]의 수가 10퍼센트 이상(비자전로프의 경우에는 끊어진 소선의 수가 와이어로프 호칭지름의 6배 길이 이내에서 4개 이상이거나 호칭지름 30배 길이 이내에서 8개 이상)인 것
   다. 지름의 감소가 공칭지름의 7퍼센트를 초과하는 것
   라. 꼬인 것
   마. 심하게 변형되거나 부식된 것
   바. 열과 전기충격에 의해 손상된 것
2. 다음 각 목의 어느 하나에 해당하는 달기 체인을 달비계에 사용해서는 아니된다.
   가. 달기 체인의 길이가 달기 체인이 제조된 때의 길이의 5퍼센트를 초과한 것
   나. 링의 단면지름이 달기 체인이 제조된 때의 해당 링의 지름의 10퍼센트를 초과하여 감소한 것
   다. 균열이 있거나 심하게 변형된 것
3. 다음 각 목의 어느 하나에 해당하는 섬유로프 또는 섬유벨트를 달비계에 사용해서는 아니된다.
   가. 꼬임이 끊어진 것
   나. 심하게 손상되거나 부식된 것
4. 달기 강선 및 달기 강대는 심하게 손상·변형 또는 부식된 것을 사용하지 않도록 할 것

5. 달기 와이어로프, 달기 체인, 달기 강선, 달기 강대 또는 달기 섬유로프는 한쪽 끝을 비계의 보 등에, 다른 쪽 끝을 내민 보, 앵커볼트 또는 건축물의 보 등에 각각 풀리지 않도록 설치할 것

6. 작업발판은 폭을 40센티미터 이상으로 하고 틈새가 없도록 할 것

7. 작업발판의 재료는 뒤집히거나 떨어지지 않도록 비계의 보 등에 연결하거나 고정시킬 것

8. 비계가 흔들리거나 뒤집히는 것을 방지하기 위하여 비계의 보·작업발판 등에 버팀을 설치하는 등 필요한 조치를 할 것

9. 선반 비계에서는 보의 접속부 및 교차부를 철선·이음철물 등을 사용하여 확실하게 접속시키거나 단단하게 연결시킬 것

10. 근로자의 추락 위험을 방지하기 위하여 달비계에 안전대 및 구명줄을 설치하고, 안전난간을 설치할 수 있는 구조인 경우에는 안전난간을 설치할 것

제64조(달비계의 점검 및 보수) 사업주는 달비계에서 근로자에게 작업을 시키는 경우에 작업을 시작하기 전에 그 달비계에 대하여 제58조 각 호의 사항을 점검하고 이상을 발견하면 즉시 보수하여야 한다.

제65조(달대비계) 사업주는 달대비계를 조립하여 사용하는 경우 하중에 충분히 견딜 수 있도록 조치하여야 한다.

제66조(높은 디딤판 등의 사용금지) 사업주는 달비계 또는 달대 비계 위에서 높은 디딤판, 사다리 등을 사용하여 근로자에게 작업을 시켜서는 아니된다.

제5절 말비계 및 이동식비계

제67조(말비계) 사업주는 말비계를 조립하여 사용하는 경우에 다음 각 호의 사항을 준수하여야 한다.
1. 지주부재(支柱部材)의 하단에는 미끄럼 방지장치를 하고, 근로자가 양측 끝부분에 올라서서 작업하지 않도록 할 것
2. 지주부재와 수평면의 기울기를 75도 이하로 하고, 지주부재와 지주부재 사이를 고정시키는 보조부재를 설치할 것
3. 말비계의 높이가 2미터를 초과하는 경우에는 작업발판의 폭을 40센티미터 이상으로 할 것

제68조(이동식비계) 사업주는 이동식비계를 조립하여 작업을 하는 경우에는 다음 각 호의 사항을 준수하여야 한다.
1. 이동식비계의 바퀴에는 뜻밖의 갑작스러운 이동 또는 전도를 방지하기 위하여 브레이크·쐐기 등으로 바퀴를 고정시킨 다음 비계의 일부를 견고한 시설물에 고정하거나 아웃트리거(outrigger)를 설치하는 등 필요한 조치를 할 것
2. 승강용사다리는 견고하게 설치할 것
3. 비계의 최상부에서 작업을 하는 경우에는 안전난간을 설치할 것
4. 작업발판은 항상 수평을 유지하고 작업발판 위에서 안전난간을 딛고 작업을 하거나 받침대 또는 사다리를 사용하여 작업하지 않도록 할 것
5. 작업발판의 최대적재하중은 250킬로그램을 초과하지 않도록 할 것

제6절 시스템 비계

제69조(시스템 비계의 구조) 사업주는 시스템 비계를 사용하여 비계를 구성하는 경우에 다음 각 호의 사항을 준수하여야 한다.

1. 수직재·수평재·가새재를 견고하게 연결하는 구조가 되도록 할 것
2. 비계 밑단의 수직재와 받침철물은 밀착되도록 설치하고, 수직재와 받침철물의 연결부의 겹침길이는 받침철물 전체길이의 3분의 1 이상이 되도록 할 것
3. 수평재는 수직재와 직각으로 설치하여야 하며, 체결 후 흔들림이 없도록 견고하게 설치할 것
4. 수직재와 수직재의 연결철물은 이탈되지 않도록 견고한 구조로 할 것
5. 벽 연결재의 설치간격은 제조사가 정한 기준에 따라 설치할 것

제70조(시스템비계의 조립 작업 시 준수사항) 사업주는 시스템 비계를 조립 작업하는 경우 다음 각 호의 사항을 준수하여야 한다.

1. 비계 기둥의 밑둥에는 밑받침 철물을 사용하여야 하며, 밑받침에 고저차가 있는 경우에는 조절형 밑받침 철물을 사용하여 시스템 비계가 항상 수평 및 수직을 유지하도록 할 것
2. 경사진 바닥에 설치하는 경우에는 피벗형 받침 철물 또는 쐐기 등을 사용하여 밑받침 철물의 바닥면이 수평을 유지하도록 할 것
3. 가공전로에 근접하여 비계를 설치하는 경우에는 가공전로를 이설하거나 가공전로에 절연용 방호구를 설치하는 등 가공전로와의 접촉을 방지하기 위하여 필요한 조치를 할 것
4. 비계 내에서 근로자가 상하 또는 좌우로 이동하는 경우에는 반드시 지정된 통로를 이용하도록 주지시킬 것
5. 비계 작업 근로자는 같은 수직면상의 위와 아래 동시 작업을 금지할 것
6. 작업발판에는 제조사가 정한 최대적재하중을 초과하여 적재해서는 아니 되며, 최대적재하중이 표기된 표지판을 부착하고 근로자에게 주지시키도록 할 것

제7절 통나무 비계

제71조(통나무 비계의 구조) ① 사업주는 통나무 비계를 조립하는 경우에 다음 각 호의 사항을 준수하여야 한다.

1. 비계 기둥의 간격은 2.5미터 이하로 하고 지상으로부터 첫 번째 띠장은 3미터 이하의 위치에 설치할 것. 다만, 작업의 성질상 이를 준수하기 곤란하여 쌍기둥 등에 의하여 해당 부분을 보강한 경우에는 그러하지 아니하다.
2. 비계 기둥이 미끄러지거나 침하하는 것을 방지하기 위하여 비계기둥의 하단부를 묻고, 밑둥잡이를 설치하거나 깔판을 사용하는 등의 조치를 할 것
3. 비계 기둥의 이음이 겹침 이음인 경우에는 이음 부분에서 1미터 이상을 서로 겹쳐서 두 군데 이상을 묶고, 비계 기둥의 이음이 맞댄이음인 경우에는 비계 기둥을 쌍기둥틀로 하거나 1.8미터 이상의 덧댐목을 사용하여 네 군데 이상을 묶을 것
4. 비계 기둥·띠장·장선 등의 접속부 및 교차부는 철선이나 그 밖의 튼튼한 재료로 견고하게 묶을

것

5. 교차 가새로 보강할 것

6. 외줄비계·쌍줄비계 또는 돌출비계에 대해서는 다음 각 목에 따른 벽이음 및 버팀을 설치할 것. 다만, 창틀의 부착 또는 벽면의 완성 등의 작업을 위하여 벽이음 또는 버팀을 제거하는 경우, 그 밖에 작업의 필요상 부득이한 경우로서 해당 벽이음 또는 버팀 대신 비계기둥 또는 띠장에 사재를 설치하는 등 비계의 도괴방지를 위한 조치를 한 경우에는 그러하지 아니하다.

　가. 간격은 수직 방향에서 5.5미터 이하, 수평 방향에서는 7.5미터 이하로 할 것

　나. 강관·통나무 등의 재료를 사용하여 견고한 것으로 할 것

　다. 인장재와 압축재로 구성되어 있는 경우에는 인장재와 압축재의 간격은 1미터 이내로 할 것

② 통나무 비계는 지상높이 4층 이하 또는 12미터 이하인 건축물·공작물 등의 건조·해체 및 조립 등의 작업에만 사용할 수 있다.

제8장 환기장치

제72조(후드) 사업주는 인체에 해로운 분진, 흄(fume), 미스트(mist), 증기 또는 가스 상태의 물질(이하 "분진등"이라 한다)을 배출하기 위하여 설치하는 국소배기장치의 후드가 다음 각 호의 기준에 맞도록 하여야 한다.

1. 유해물질이 발생하는 곳마다 설치할 것

2. 유해인자의 발생형태와 비중, 작업방법 등을 고려하여 해당 분진등의 발산원(發散源)을 제어할 수 있는 구조로 설치할 것

3. 후드(hood) 형식은 가능하면 포위식 또는 부스식 후드를 설치할 것

4. 외부식 또는 리시버식 후드는 해당 분진등의 발산원에 가장 가까운 위치에 설치할 것

제73조(덕트) 사업주는 분진등을 배출하기 위하여 설치하는 국소배기장치(이동식은 제외한다)의 덕트 (duct)가 다음 각 호의 기준에 맞도록 하여야 한다.

1. 가능하면 길이는 짧게 하고 굴곡부의 수는 적게 할 것

2. 접속부의 안쪽은 돌출된 부분이 없도록 할 것

3. 청소구를 설치하는 등 청소하기 쉬운 구조로 할 것

4. 덕트 내부에 오염물질이 쌓이지 않도록 이송속도를 유지할 것

5. 연결 부위 등은 외부 공기가 들어오지 않도록 할 것

제74조(배풍기) 사업주는 국소배기장치에 공기정화장치를 설치하는 경우 정화 후의 공기가 통하는 위치에 배풍기(排風機)를 설치하여야 한다. 다만, 빨아들여진 물질로 인하여 폭발할 우려가 없고 배풍기의 날개가 부식될 우려가 없는 경우에는 정화 전의 공기가 통하는 위치에 배풍기를 설치할 수 있다.

제75조(배기구) 사업주는 분진등을 배출하기 위하여 설치하는 국소배기장치(공기정화장치가 설치된 이동식 국소배기장치는 제외한다)의 배기구를 직접 외부로 향하도록 개방하여 실외에 설치하는 등 배출되는 분진등이 작업장으로 재유입되지 않는 구조로 하여야 한다.

제76조(배기의 처리) 사업주는 분진등을 배출하는 장치나 설비에는 그 분진등으로 인하여 근로자의 건강에 장해가 발생하지 않도록 흡수·연소·집진(集塵) 또는 그 밖의 적절한 방식에 의한 공기정화

장치를 설치하여야 한다.

제77조(전체환기장치) 사업주는 분진등을 배출하기 위하여 설치하는 전체환기장치가 다음 각 호의 기준에 맞도록 하여야 한다.

1. 송풍기 또는 배풍기(덕트를 사용하는 경우에는 그 덕트의 흡입구를 말한다)는 가능하면 해당 분진등의 발산원에 가장 가까운 위치에 설치할 것

2. 송풍기 또는 배풍기는 직접 외부로 향하도록 개방하여 실외에 설치하는 등 배출되는 분진등이 작업장으로 재유입되지 않는 구조로 할 것

제78조(환기장치의 가동) ① 사업주는 분진등을 배출하기 위하여 국소배기장치나 전체환기장치를 설치한 경우 그 분진등에 관한 작업을 하는 동안 국소배기장치나 전체환기장치를 가동하여야 한다.

② 사업주는 국소배기장치나 전체환기장치를 설치한 경우 조정판을 설치하여 환기를 방해하는 기류를 없애는 등 그 장치를 충분히 가동하기 위하여 필요한 조치를 하여야 한다.

제9장 휴게시설 등

제79조(휴게시설) ① 사업주는 근로자들이 신체적 피로와 정신적 스트레스를 해소할 수 있도록 휴식시간에 이용할 수 있는 휴게시설을 갖추어야 한다.

② 사업주는 제1항에 따른 휴게시설을 인체에 해로운 분진등을 발산하는 장소나 유해물질을 취급하는 장소와 격리된 곳에 설치하여야 한다. 다만, 갱내 등 작업장소의 여건상 격리된 장소에 휴게시설을 갖출 수 없는 경우에는 그러하지 아니하다.

제80조(의자의 비치) 사업주는 지속적으로 서서 일하는 근로자가 작업 중 때때로 앉을 수 있는 기회가 있으면 해당 근로자가 이용할 수 있도록 의자를 갖추어 두어야 한다.

제81조(수면장소 등의 설치) ① 사업주는 야간에 작업하는 근로자에게 수면을 취하도록 할 필요가 있는 경우에는 적당한 수면을 취할 수 있는 장소를 남녀 각각 구분하여 설치하여야 한다.

② 사업주는 제1항의 장소에 침구(寢具)와 그 밖에 필요한 용품을 갖추어 두고 청소·세탁 및 소독 등을 정기적으로 하여야 한다.

제82조(구급용구) ① 사업주는 부상자의 응급처치에 필요한 다음 각 호의 구급용구를 갖추어 두고, 그 장소와 사용방법을 근로자에게 알려야 한다.

1. 붕대재료·탈지면·핀셋 및 반창고

2. 외상(外傷)용 소독약

3. 지혈대·부목 및 들것

4. 화상약(고열물체를 취급하는 작업장이나 그 밖에 화상의 우려가 있는 작업장에만 해당한다)

② 사업주는 제1항에 따른 구급용구를 관리하는 사람을 지정하여 언제든지 사용할 수 있도록 청결하게 유지하여야 한다.

제10장 잔재물 등의 조치기준

제83조(잔재물 등의 발산 억제 조치) 사업주는 인체에 해로운 기체, 액체 또는 잔재물 등(이하 "잔재물

등"이라 한다)이 발산되는 실내작업장에 대하여 공기 중에 해당 물질의 발산을 억제하는 설비나 발산 원을 밀폐하는 설비 또는 국소배기장치나 전체환기장치를 설치하는 등 필요한 조치를 하여야 한다.

제84조(공기의 부피와 환기) 사업주는 근로자가 인체에 해로운 잔재물등을 취급하는 작업에 종사하는 실내작업장에 대하여 공기의 부피와 환기를 다음 각 호의 기준에 맞도록 하여야 한다.

1. 바닥으로부터 4미터 이상 높이의 공간을 제외한 나머지 공간의 공기의 부피는 근로자 1명당 10세 제곱미터 이상이 되도록 할 것

2. 직접 외부를 향하여 개방할 수 있는 창을 설치하고 그 면적은 바닥면적의 20분의 1 이상으로 할 것(근로자의 보건을 위하여 충분한 환기를 할 수 있는 설비를 설치한 경우는 제외한다)

3. 기온이 섭씨 10도 이하인 상태에서 환기를 하는 경우에는 근로자가 매초 1미터 이상의 기류에 닿지 않도록 할 것

제85조(잔재물등의 처리) ① 사업주는 잔재물등에 대하여 그 물질로 인하여 근로자의 건강에 장해가 발생하지 않도록 중화·침전·여과 또는 그 밖의 적절한 방법으로 처리하여야 한다.

② 사업주는 병원체에 의하여 오염된 기체나 잔재물등에 대하여 해당 병원체로 인하여 근로자의 건강에 장해가 발생하지 않도록 소독·살균 또는 그 밖의 적절한 방법으로 처리하여야 한다.

③ 사업주는 제1항 및 제2항에 따른 기체나 잔재물등을 위탁하여 처리하는 경우에는 그 기체나 잔재물등의 주요 성분, 오염인자의 종류와 그 유해·위험성 등에 대한 정보를 위탁처리자에게 제공하여야 한다.

제2편 안전기준

제1장 기계·기구 및 그 밖의 설비에 의한 위험예방

제1절 기계 등의 일반기준

제86조(탑승의 제한) ① 사업주는 크레인을 사용하여 근로자를 운반하거나 근로자를 달아 올린 상태에서 작업에 종사시켜서는 아니된다. 다만, 크레인에 전용 탑승설비를 설치하고 추락 위험을 방지하기 위하여 다음 각 호의 조치를 한 경우에는 그러하지 아니하다.

1. 탑승설비가 뒤집히거나 떨어지지 않도록 필요한 조치를 할 것

2. 안전대나 구명줄을 설치하고, 안전난간을 설치할 수 있는 구조인 경우에는 안전난간을 설치할 것

3. 탑승설비를 하강시킬 때에는 동력하강방법으로 할 것

② 사업주는 이동식 크레인을 사용하여 근로자를 운반하거나 근로자를 달아 올린 상태에서 작업에 종사시켜서는 아니된다.

③ 사업주는 내부에 비상정지장치·조작스위치 등 탑승조작장치가 설치되어 있지 아니한 리프트의 운반구에 근로자를 탑승시켜서는 아니된다. 다만, 리프트의 수리·조정 및 점검 등의 작업을 하는 경우로서 그 작업에 종사하는 근로자가 추락할 위험이 없도록 조치를 한 경우에는 그러하지 아니하다.

④ 사업주는 간이 리프트의 운반구에 근로자를 탑승시켜서는 아니된다. 다만, 간이 리프트의 수리

·조정 및 점검 등의 작업을 할 때에 그 작업에 종사하는 근로자가 위험해질 우려가 없도록 조치한 경우에는 그러하지 아니하다.

⑤ 사업주는 곤돌라의 운반구에 근로자를 탑승시켜서는 아니된다. 다만, 추락 위험을 방지하기 위하여 다음 각 호의 조치를 한 경우에는 그러하지 아니하다.

1. 운반구가 뒤집히거나 떨어지지 않도록 필요한 조치를 할 것

2. 안전대나 구명줄을 설치하고, 안전난간을 설치할 수 있는 구조인 경우이면 안전난간을 설치할 것

⑥ 사업주는 화물용 승강기에 근로자를 탑승시켜서는 아니된다. 다만, 승강기의 수리·조정 및 점검 등의 작업을 하는 경우에는 그러하지 아니하다.

⑦ 사업주는 차량계 하역운반기계(화물자동차는 제외한다)를 사용하여 작업을 하는 경우 승차석이 아닌 위치에 근로자를 탑승시켜서는 아니된다. 다만, 추락 등의 위험을 방지하기 위한 조치를 한 경우에는 그러하지 아니하다.

⑧ 사업주는 화물자동차 적재함에 근로자를 탑승시켜서는 아니된다. 다만, 화물자동차에 울 등을 설치하여 추락을 방지하는 조치를 한 경우에는 그러하지 아니하다.

⑨ 사업주는 운전 중인 컨베이어 등에 근로자를 탑승시켜서는 아니된다. 다만, 근로자를 운반할 수 있는 구조를 갖춘 컨베이어 등으로서 추락·접촉 등에 의한 위험을 방지할 수 있는 조치를 한 경우에는 그러하지 아니하다.

⑩ 사업주는 이삿짐운반용 리프트 운반구에 근로자를 탑승시켜서는 아니된다. 다만, 이삿짐운반용 리프트의 수리·조정 및 점검 등의 작업을 할 때에 그 작업에 종사하는 근로자가 추락할 위험이 없도록 조치한 경우에는 그러하지 아니하다.

제87조(원동기·회전축 등의 위험 방지) ① 사업주는 기계의 원동기·회전축·기어·풀리·플라이휠·벨트 및 체인 등 근로자가 위험에 처할 우려가 있는 부위에 덮개·울·슬리브 및 건널다리 등을 설치하여야 한다.

② 사업주는 회전축·기어·풀리 및 플라이휠 등에 부속되는 키·핀 등의 기계요소는 묻힘형으로 하거나 해당 부위에 덮개를 설치하여야 한다.

③ 사업주는 벨트의 이음 부분에 돌출된 고정구를 사용해서는 아니된다.

④ 사업주는 제1항의 건널다리에는 안전난간 및 미끄러지지 아니하는 구조의 발판을 설치하여야 한다.

⑤ 사업주는 연삭기(硏削機) 또는 평삭기(平削機)의 테이블, 형삭기(形削機) 램 등의 행정끝이 근로자에게 위험을 미칠 우려가 있는 경우에 해당 부위에 덮개 또는 울 등을 설치하여야 한다.

⑥ 사업주는 선반 등으로부터 돌출하여 회전하고 있는 가공물이 근로자에게 위험을 미칠 우려가 있는 경우에 덮개 또는 울 등을 설치하여야 한다.

⑦ 사업주는 원심기(원심력을 이용하여 물질을 분리하거나 추출하는 일련의 작업을 하는 기기를 말한다. 이하 같다)에는 덮개를 설치하여야 한다.

⑧ 사업주는 분쇄기·파쇄기·마쇄기·미분기·혼합기 및 혼화기 등(이하 "분쇄기등"이라 한다)을 가동하거나 원료가 흩날리거나 하여 근로자가 위험해질 우려가 있는 경우 해당 부위에 덮개를 설치하는 등 필요한 조치를 하여야 한다.

⑨ 사업주는 근로자가 분쇄기등의 개구부로부터 가동 부분에 접촉함으로써 위해(危害)를 입을 우려

가 있는 경우 덮개 또는 울 등을 설치하여야 한다.

⑩ 사업주는 종이·천·비닐 및 와이어 로프 등의 감김통 등에 의하여 근로자가 위험해질 우려가 있는 부위에 덮개 또는 울 등을 설치하여야 한다.

⑪ 사업주는 압력용기 및 공기압축기 등(이하 "압력용기등"이라 한다)에 부속하는 원동기·축이음·벨트·풀리의 회전 부위 등 근로자가 위험에 처할 우려가 있는 부위에 덮개 또는 울 등을 설치하여야 한다.

제88조(기계의 동력차단장치) ① 사업주는 동력으로 작동되는 기계에 스위치·클러치(clutch) 및 벨트이동장치 등 동력차단장치를 설치하여야 한다. 다만, 연속하여 하나의 집단을 이루는 기계로서 공통의 동력차단장치가 있거나 공정 도중에 인력(人力)에 의한 원재료의 공급과 인출(引出) 등이 필요 없는 경우에는 그러하지 아니하다.

② 사업주는 제1항에 따라 동력차단장치를 설치할 때에는 제1항에 따른 기계 중 절단·인발(引拔)·압축·꼬임·타발(打拔) 또는 굽힘 등의 가공을 하는 기계에 설치하되, 근로자가 작업위치를 이동하지 아니하고 조작할 수 있는 위치에 설치하여야 한다.

③ 제1항의 동력차단장치는 조작이 쉽고 접촉 또는 진동 등에 의하여 갑자기 기계가 움직일 우려가 없는 것이어야 한다.

④ 사업주는 사용 중인 기계·기구 등의 클러치·브레이크, 그 밖에 제어를 위하여 필요한 부위의 기능을 항상 유효한 상태로 유지하여야 한다.

제89조(운전 시작 전 조치) ① 사업주는 기계의 운전을 시작할 때에 근로자가 위험해질 우려가 있으면 근로자 배치 및 교육, 작업방법, 방호장치 등 필요한 사항을 미리 확인한 후 위험 방지를 위하여 필요한 조치를 하여야 한다.

② 사업주는 제1항에 따라 기계의 운전을 시작하는 경우 일정한 신호방법과 해당 근로자에게 신호할 사람을 정하고, 신호방법에 따라 그 근로자에게 신호하도록 하여야 한다.

제90조(날아오는 가공물 등에 의한 위험의 방지) 사업주는 가공물 등이 절단되거나 절삭편(切削片)이 날아오는 등 근로자가 위험해질 우려가 있는 기계에 덮개 또는 울 등을 설치하여야 한다. 다만, 해당 작업의 성질상 덮개 또는 울 등을 설치하기가 매우 곤란하여 근로자에게 보호구를 사용하도록 한 경우에는 그러하지 아니하다.

제91조(고장난 기계의 정비 등) ① 사업주는 기계 또는 방호장치의 결함이 발견된 경우 반드시 정비한 후에 근로자가 사용하도록 하여야 한다.

② 제1항의 정비가 완료될 때까지는 해당 기계 및 방호장치 등의 사용을 금지하여야 한다.

제92조(정비 등의 작업 시의 운전정지 등) ① 사업주는 공작기계·수송기계·건설기계 등의 정비·청소·급유·검사·수리·교체 또는 조정 작업 또는 그 밖에 이와 유사한 작업을 할 때에 근로자가 위험해질 우려가 있으면 해당 기계의 운전을 정지하여야 한다. 다만, 덮개가 설치되어 있는 등 기계의 구조상 근로자가 위험해질 우려가 없는 경우에는 그러하지 아니하다.

② 사업주는 제1항에 따라 기계의 운전을 정지한 경우에 다른 사람이 그 기계를 운전하는 것을 방지하기 위하여 기계의 기동장치에 잠금장치를 하고 그 열쇠를 별도 관리하거나 표지판을 설치하는 등 필요한 방호 조치를 하여야 한다.

③ 사업주는 작업하는 과정에서 적절하지 아니한 작업방법으로 인하여 기계가 갑자기 가동될 우려가

있는 경우 작업지휘자를 배치하는 등 필요한 조치를 하여야 한다.

④ 사업주는 기계·기구 및 설비 등의 내부에 압축된 기체 또는 액체 등이 방출되어 근로자가 위험해질 우려가 있는 경우에 제1항부터 제3항까지의 규정 따른 조치 외에도 압축된 기체 또는 액체 등을 미리 방출시키는 등 위험 방지를 위하여 필요한 조치를 하여야 한다.

제93조(방호장치의 해체 금지) ① 사업주는 기계·기구 또는 설비에 설치한 방호장치를 해체하거나 사용을 정지해서는 아니된다. 다만, 방호장치의 수리·조정 및 교체 등의 작업을 하는 경우에는 그러하지 아니하다.

② 제1항의 방호장치에 대하여 수리·조정 또는 교체 등의 작업을 완료한 후에는 즉시 방호장치가 정상적인 기능을 발휘할 수 있도록 하여야 한다.

제94조(작업모 등의 착용) 사업주는 동력으로 작동되는 기계에 근로자의 머리카락 또는 의복이 말려 들어갈 우려가 있는 경우에는 해당 근로자에게 작업에 알맞은 작업모 또는 작업복을 착용하도록 하여야 한다.

제95조(장갑의 사용 금지) 사업주는 근로자가 날·공작물 또는 축이 회전하는 기계를 취급하는 경우 그 근로자의 손에 밀착이 잘되는 가죽 장갑 등과 같이 손이 말려 들어갈 위험이 없는 장갑을 사용하도록 하여야 한다.

제96조(작업도구 등의 목적 외 사용 금지 등) ① 사업주는 기계·기구·설비 및 수공구 등을 제조 당시의 목적 외의 용도로 사용하도록 해서는 아니된다.

② 사업주는 레버풀러(lever puller) 또는 체인블록(chain block)을 사용하는 경우 다음 각 호의 사항을 준수하여야 한다.

1. 정격하중을 초과하여 사용하지 말 것

2. 레버풀러 작업 중 혹이 빠져 튕길 우려가 있을 경우에는 혹을 대상물에 직접 걸지 말고 피벗클램프(pivot clamp)나 러그(lug)를 연결하여 사용할 것

3. 레버풀러의 레버에 파이프 등을 끼워서 사용하지 말 것

4. 체인블록의 상부 혹(top hook)은 인양하중에 충분히 견디는 강도를 갖고, 정확히 지탱될 수 있는 곳에 걸어서 사용할 것

5. 혹의 입구(hook mouth) 간격이 제조자가 제공하는 제품사양서 기준으로 10퍼센트 이상 벌어진 것은 폐기할 것

6. 체인블록은 체인의 꼬임과 헝클어지지 않도록 할 것

7. 체인과 혹은 변형, 파손, 부식, 마모(磨耗)되거나 균열된 것을 사용하지 않도록 조치할 것

8. 제167조 각 호의 사항을 준수할 것

제97조(볼트·너트의 풀림 방지) 사업주는 기계에 부속된 볼트·너트가 풀릴 위험을 방지하기 위하여 그 볼트·너트가 적정하게 조여져 있는지를 수시로 확인하는 등 필요한 조치를 하여야 한다.

제98조(제한속도의 지정 등) ① 사업주는 차량계 하역운반기계, 차량계 건설기계(최대제한속도가 시속 10킬로미터 이하인 것은 제외한다)를 사용하여 작업을 하는 경우 미리 작업장소의 지형 및 지반 상태 등에 적합한 제한속도를 정하고, 운전자로 하여금 준수하도록 하여야 한다.

② 사업주는 궤도작업차량을 사용하는 작업, 입환기로 입환작업을 하는 경우에 작업에 적합한 제한속도를 정하고, 운전자로 하여금 준수하도록 하여야 한다.

③ 운전자는 제1항과 제2항에 따른 제한속도를 초과하여 운전해서는 아니된다.

제99조(운전위치 이탈 시의 조치) ① 사업주는 차량계 하역운반기계등, 차량계 건설기계의 운전자가 운전위치를 이탈하는 경우 해당 운전자에게 다음 각 호의 사항을 준수하도록 하여야 한다.

1. 포크, 버킷, 디퍼 등의 장치를 가장 낮은 위치 또는 지면에 내려 둘 것

2. 원동기를 정지시키고 브레이크를 확실히 거는 등 갑작스러운 주행이나 이탈을 방지하기 위한 조치를 할 것

3. 운전석을 이탈하는 경우에는 시동키를 운전대에서 분리시킬 것. 다만, 운전석에 잠금장치를 하는 등 운전자가 아닌 사람이 운전하지 못하도록 조치한 경우에는 그러하지 아니하다.

② 차량계 하역운반기계등, 차량계 건설기계의 운전자는 운전위치에서 이탈하는 경우 제1항 각 호의 조치를 하여야 한다.

제2절 공작기계

제100조(띠톱기계의 덮개 등) 사업주는 띠톱기계(목재가공용 띠톱기계는 제외한다)의 절단에 필요한 톱날 부위 외의 위험한 톱날 부위에 덮개 또는 울 등을 설치하여야 한다.

제101조(원형톱기계의 톱날접촉예방장치) 사업주는 원형톱기계(목재가공용 둥근톱기계는 제외한다)에는 톱날접촉예방장치를 설치하여야 한다.

제102조(탑승의 금지) 사업주는 운전 중인 평삭기의 테이블 또는 수직선반 등의 테이블에 근로자를 탑승시켜서는 아니된다. 다만, 테이블에 탑승한 근로자 또는 배치된 근로자가 즉시 기계를 정지할 수 있도록 하는 등 우려되는 위험을 방지하기 위하여 필요한 조치를 한 경우에는 그러하지 아니하다.

제3절 프레스 및 전단기

제103조(프레스 등의 위험 방지) ① 사업주는 프레스 또는 전단기(剪斷機)(이하 "프레스등"이라 한다)를 사용하여 작업하는 근로자의 신체 일부가 위험한계에 들어가지 않도록 해당 부위에 덮개를 설치하는 등 필요한 방호 조치를 하여야 한다. 다만, 슬라이드 또는 칼날에 의한 위험을 방지하는 구조로 되어 있는 프레스등에 대해서는 그러하지 아니하다.

② 사업주는 작업의 성질상 제1항에 따른 조치가 곤란한 경우에 프레스등의 종류, 압력능력, 분당 행정의 수, 행정의 길이 및 작업방법에 상응하는 성능(양수조작식 안전장치 및 감응식 안전장치의 경우에는 프레스등의 정지성능에 상응하는 성능)을 갖는 방호장치를 설치하는 등 필요한 조치를 하여야 한다.

③ 사업주는 제1항 및 제2항의 조치를 하기 위하여 행정의 전환스위치, 방호장치의 전환스위치 등을 부착한 프레스등에 대하여 해당 전환스위치 등을 항상 유효한 상태로 유지하여야 한다.

④ 사업주는 제2항의 조치를 한 경우 해당 방호장치의 성능을 유지하여야 하며, 발 스위치를 사용함으로써 방호장치를 사용하지 아니할 우려가 있는 경우에 발 스위치를 제거하는 등 필요한 조치를 하여야 한다. 다만, 제1항의 조치를 한 경우에는 발 스위치를 제거하지 아니할 수 있다.

제104조(금형조정작업의 위험 방지) 사업주는 프레스등의 금형을 부착·해체 또는 조정하는 작업을

할 때에 해당 작업에 종사하는 근로자의 신체가 위험한계 내에 있는 경우 슬라이드가 갑자기 작동함으로써 근로자에게 발생할 우려가 있는 위험을 방지하기 위하여 안전블록을 사용하는 등 필요한 조치를 하여야 한다.

제4절 목재가공용 기계

제105조(둥근톱기계의 반발예방장치) 사업주는 목재가공용 둥근톱기계[(가로 절단용 둥근톱기계 및 반발(反撥)에 의하여 근로자에게 위험을 미칠 우려가 없는 것은 제외한다)]에 분할날 등 반발예방장치를 설치하여야 한다.

제106조(둥근톱기계의 톱날접촉예방장치) 사업주는 목재가공용 둥근톱기계(휴대용 둥근톱을 포함하되, 원목제재용 둥근톱기계 및 자동이송장치를 부착한 둥근톱기계를 제외한다)에는 톱날접촉예방장치를 설치하여야 한다.

제107조(띠톱기계의 덮개) 사업주는 목재가공용 띠톱기계의 절단에 필요한 톱날 부위 외의 위험한 톱날 부위에 덮개 또는 울 등을 설치하여야 한다.

제108조(띠톱기계의 날접촉예방장치 등) 사업주는 목재가공용 띠톱기계에서 스파이크가 붙어 있는 이송롤러 또는 요철형 이송롤러에 날접촉예방장치 또는 덮개를 설치하여야 한다. 다만, 스파이크가 붙어 있는 이송롤러 또는 요철형 이송롤러에 급정지장치가 설치되어 있는 경우에는 그러하지 아니하다.

제109조(대패기계의 날접촉예방장치) 사업주는 작업대상물이 수동으로 공급되는 동력식 수동대패기계에 날접촉예방장치를 설치하여야 한다.

제110조(모떼기기계의 날접촉예방장치) 사업주는 모떼기기계(자동이송장치를 부착한 것은 제외한다)에 날접촉예방장치를 설치하여야 한다. 다만, 작업의 성질상 날접촉예방장치를 설치하는 것이 곤란하여 해당 근로자에게 적절한 작업공구 등을 사용하도록 한 경우에는 그러하지 아니하다.

제5절 원심기 및 분쇄기등

제111조(운전의 정지) 사업주는 원심기 또는 분쇄기등으로부터 내용물을 꺼내거나 원심기 또는 분쇄기등의 정비·청소·검사·수리 또는 그 밖에 이와 유사한 작업을 하는 경우에 그 기계의 운전을 정지하여야 한다. 다만, 내용물을 자동으로 꺼내는 구조이거나 그 기계의 운전 중에 정비·청소·검사·수리 또는 그 밖에 이와 유사한 작업을 하여야 하는 경우로서 안전한 보조기구를 사용하거나 위험한 부위에 필요한 방호 조치를 한 경우에는 그러하지 아니하다.

제112조(최고사용회전수의 초과 사용 금지) 사업주는 원심기의 최고사용회전수를 초과하여 사용해서는 아니된다.

제113조(폭발성 물질 등의 취급 시 조치) 사업주는 분쇄기등으로 별표 1 제1호에서 정하는 폭발성 물질, 유기과산화물을 취급하거나 분진이 발생할 우려가 있는 작업을 하는 경우 폭발 등에 의한 산업재해를 예방하기 위하여 제225조제1호의 행위를 제한하는 등 필요한 조치를 하여야 한다.

제6절 고속회전체

제114조(회전시험 중의 위험 방지) 사업주는 고속회전체[(터빈로터·원심분리기의 버킷 등의 회전체로서 원주속도(圓周速度)가 초당 25미터를 초과하는 것으로 한정한다. 이하 이 조에서 같다)]의 회전시험을 하는 경우 고속회전체의 파괴로 인한 위험을 방지하기 위하여 전용의 견고한 시설물의 내부 또는 견고한 장벽 등으로 격리된 장소에서 하여야 한다. 다만, 고속회전체(제115조에 따른 고속회전체는 제외한다)의 회전시험으로서 시험설비에 견고한 덮개를 설치하는 등 그 고속회전체의 파괴에 의한 위험을 방지하기 위하여 필요한 조치를 한 경우에는 그러하지 아니하다.

제115조(비파괴검사의 실시) 사업주는 고속회전체(회전축의 중량이 1톤을 초과하고 원주속도가 초당 120미터 이상인 것으로 한정한다)의 회전시험을 하는 경우 미리 회전축의 재질 및 형상 등에 상응하는 종류의 비파괴검사를 해서 결함 유무(有無)를 확인하여야 한다.

제7절 보일러 등

제116조(압력방출장치) ① 사업주는 보일러의 안전한 가동을 위하여 보일러 규격에 맞는 압력방출장치를 1개 또는 2개 이상 설치하고 최고사용압력(설계압력 또는 최고허용압력을 말한다. 이하 같다) 이하에서 작동되도록 하여야 한다. 다만, 압력방출장치가 2개 이상 설치된 경우에는 최고사용압력 이하에서 1개가 작동되고, 다른 압력방출장치는 최고사용압력 1.05배 이하에서 작동되도록 부착하여야 한다.

② 제1항의 압력방출장치는 매년 1회 이상 「국가표준기본법」 제14조제3항에 따라 지식경제부장관의 지정을 받은 국가교정업무 전담기관(이하 "국가교정기관"이라 한다)에서 교정을 받은 압력계를 이용하여 설정압력에서 압력방출장치가 적정하게 작동하는지를 검사한 후 납으로 봉인하여 사용하여야 한다. 다만, 영 제33조의6에 따른 공정안전보고서 제출 대상으로서 고용노동부장관이 실시하는 공정안전보고서 이행상태 평가결과가 우수한 사업장은 압력방출장치에 대하여 4년마다 1회 이상 설정압력에서 압력방출장치가 적정하게 작동하는지를 검사할 수 있다.

제117조(압력제한스위치) 사업주는 보일러의 과열을 방지하기 위하여 최고사용압력과 상용압력 사이에서 보일러의 버너 연소를 차단할 수 있도록 압력제한스위치를 부착하여 사용하여야 한다.

제118조(고저수위 조절장치) 사업주는 고저수위(高低水位) 조절장치의 동작 상태를 작업자가 쉽게 감시하도록 하기 위하여 고저수위지점을 알리는 경보등·경보음장치 등을 설치하여야 하며, 자동으로 급수되거나 단수되도록 설치하여야 한다.

제119조(폭발위험의 방지) 사업주는 보일러의 폭발 사고를 예방하기 위하여 압력방출장치, 압력제한스위치, 고저수위 조절장치, 화염 검출기 등의 기능이 정상적으로 작동될 수 있도록 유지·관리하여야 한다.

제120조(최고사용압력의 표시 등) 사업주는 압력용기등을 식별할 수 있도록 하기 위하여 그 압력용기등의 최고사용압력, 제조연월일, 제조회사명 등이 지워지지 않도록 각인(刻印) 표시된 것을 사용하여야 한다.

제8절 사출성형기 등

제121조(사출성형기 등의 방호장치) ① 사업주는 사출성형기(射出成形機)·주형조형기(鑄型造形機) 및 형단조기(프레스등은 제외한다) 등에 근로자의 신체 일부가 말려들어갈 우려가 있는 경우 게이트가드(gate guard) 또는 양수조작식 등에 의한 방호장치, 그 밖에 필요한 방호 조치를 하여야 한다.

② 제1항의 게이트가드는 닫지 아니하면 기계가 작동되지 아니하는 연동구조(連動構造)여야 한다.

③ 사업주는 제1항에 따른 기계의 히터 등의 가열 부위 또는 감전 우려가 있는 부위에는 방호덮개를 설치하는 등 필요한 안전 조치를 하여야 한다.

제122조(연삭숫돌의 덮개 등) ① 사업주는 회전 중인 연삭숫돌(지름이 5센티미터 이상인 것으로 한정한다)이 근로자에게 위험을 미칠 우려가 있는 경우에 그 부위에 덮개를 설치하여야 한다.

② 사업주는 연삭숫돌을 사용하는 작업의 경우 작업을 시작하기 전에는 1분 이상, 연삭숫돌을 교체한 후에는 3분 이상 시험운전을 하고 해당 기계에 이상이 있는지를 확인하여야 한다.

③ 제2항에 따른 시험운전에 사용하는 연삭숫돌은 작업시작 전에 결함이 있는지를 확인한 후 사용하여야 한다.

④ 사업주는 연삭숫돌의 최고 사용회전속도를 초과하여 사용하도록 해서는 아니된다.

⑤ 사업주는 측면을 사용하는 것을 목적으로 하지 않는 연삭숫돌을 사용하는 경우 측면을 사용하도록 해서는 아니된다.

제123조(롤러기의 울 등 설치) 사업주는 합판·종이·천 및 금속박 등을 통과시키는 롤러기로서 근로자가 위험해질 우려가 있는 부위에는 울 또는 가이드롤러(guide roller) 등을 설치하여야 한다.

제124조(직기의 북이탈방지장치) 사업주는 북(shuttle)이 부착되어 있는 직기(織機)에 북이탈방지장치를 설치하여야 한다.

제125조(신선기의 인발블록의 덮개 등) 사업주는 신선기의 인발블록 또는 꼬는 기계의 케이지(cage)로서 근로자가 위험해질 우려가 있는 경우 해당 부위에 덮개 또는 울 등을 설치하여야 한다.

제126조(버프연마기의 덮개) 사업주는 버프연마기(천 또는 코르크 등을 사용하는 버프연마기는 제외한다)의 연마에 필요한 부위를 제외하고는 덮개를 설치하여야 한다.

제127조(선풍기 등에 의한 위험의 방지) 사업주는 선풍기·송풍기 등의 회전날개에 의하여 근로자가 위험해질 우려가 있는 경우 해당 부위에 망 또는 울 등을 설치하여야 한다.

제128조(포장기계의 덮개 등) 사업주는 종이상자·마대 등의 포장기 또는 충진기 등의 작동 부분이 근로자를 위험하게 할 우려가 있는 경우 덮개 설치 등 필요한 조치를 하여야 한다.

제129조(정련기에 의한 위험 방지) ① 정련기(精練機)를 이용한 작업에 관하여는 제111조를 준용한다. 이 경우 제111조 중 원심기는 정련기로 본다.

② 사업주는 정련기의 배출구 뚜껑 등을 여는 경우에 내통(內筒)의 회전이 정지되었는지와 내부의 압력과 온도가 근로자를 위험하게 할 우려가 없는지를 미리 확인하여야 한다.

제130조(식품분쇄기의 덮개 등) 사업주는 식품 등을 손으로 직접 넣어 분쇄하는 기계의 작동 부분이 근로자를 위험하게 할 우려가 있는 경우 식품 등을 분쇄기에 넣거나 꺼내는 데에 필요한 부위를 제외하고는 덮개를 설치하고, 분쇄물투입용 보조기구를 사용하도록 하는 등 근로자의 손 등이 말려 들어가지 않도록 필요한 조치를 하여야 한다.

제131조(농업용기계에 의한 위험 방지) 사업주는 농업용기계를 이용하여 작업을 하는 경우에 「농업기계화촉진법 시행규칙」 제18조의5에 따른 안전장치를 갖춘 기계를 사용하여야 한다.

제9절 양중기

제1관 총칙

제132조(양중기) ① 양중기란 다음 각 호의 기계를 말한다.

1. 크레인[호이스트(hoist)를 포함한다]
2. 이동식 크레인
3. 리프트(이삿짐운반용 리프트의 경우에는 적재하중이 0.1톤 이상인 것으로 한정한다)
4. 곤돌라
5. 승강기(최대하중이 0.25톤 이상인 것으로 한정한다)

② 제1항 각 호의 기계의 뜻은 다음 각 호와 같다.

1. "크레인"이란 동력을 사용하여 중량물을 매달아 상하 및 좌우[수평 또는 선회(旋回)를 말한다]로 운반하는 것을 목적으로 하는 기계 또는 기계장치를 말하며, "호이스트"란 훅이나 그 밖의 달기구 등을 사용하여 화물을 권상 및 횡행 또는 권상동작만을 하여 양중하는 것을 말한다.
2. "이동식 크레인"이란 원동기를 내장하고 있는 것으로서 불특정 장소에 스스로 이동할 수 있는 크레인으로 동력을 사용하여 중량물을 매달아 상하 및 좌우(수평 또는 선회를 말한다)로 운반하는 설비로서 「건설기계관리법」을 적용 받는 기중기 또는 「자동차관리법」 제3조에 따른 화물·특수자동차의 작업부에 탑재하여 화물운반 등에 사용하는 기계 또는 기계장치를 말한다.
3. "리프트"란 동력을 사용하여 사람이나 화물을 운반하는 것을 목적으로 하는 기계설비로서 다음 각 목의 것을 말한다.
   가. 건설작업용 리프트: 동력을 사용하여 가이드레일을 따라 상하로 움직이는 운반구를 매달아 사람이나 화물을 운반할 수 있는 설비 또는 이와 유사한 구조 및 성능을 가진 것으로 건설현장에서 사용하는 것
   나. 일반작업용 리프트: 동력을 사용하여 가이드레일을 따라 상하로 움직이는 운반구를 매달아 화물을 운반할 수 있는 설비 또는 이와 유사한 구조 및 성능을 가진 것으로 건설현장이 아닌 장소에서 사용하는 것
   다. 간이리프트: 동력을 사용하여 가이드레일을 따라 움직이는 운반구를 매달아 소형화물 운반을 주목적으로 하며 승강기와 유사한 구조로서 운반구의 바닥면적이 1제곱미터 이하이거나 천장 높이가 1.2미터 이하인 것 또는 동력을 사용하여 가이드레일을 따라 움직이는 지지대로 자동차 등을 일정한 높이로 올리거나 내리는 구조의 자동차정비용 리프트
   라. 이삿짐운반용 리프트: 연장 및 축소가 가능하고 끝단을 건축물 등에 지지하는 구조의 사다리형 붐에 따라 동력을 사용하여 움직이는 운반구를 매달아 화물을 운반하는 설비로서 화물자동차 등 차량 위에 탑재하여 이삿짐 운반 등에 사용하는 것
4. "곤돌라"란 달기발판 또는 운반구, 승강장치, 그 밖의 장치 및 이들에 부속된 기계부품에 의하여 구성되고, 와이어로프 또는 달기강선에 의하여 달기발판 또는 운반구가 전용 승강장치에 의하여

오르내리는 설비를 말한다.

5. "승강기"란 동력을 사용하여 운전하는 것으로서 가이드레일을 따라 오르내리는 운반구에 사람이나 화물을 상하 또는 좌우로 이동·운반하는 기계·설비로서 탑승장을 가진 다음 각 목의 것을 말한다.

가. 승용 승강기: 사람의 수직 수송을 주목적으로 하는 것

나. 인화(人貨) 공용 승강기: 사람과 화물의 수직 수송을 주목적으로 하되 화물을 싣고 내리는 데에 필요한 인원과 운전자만 탑승이 허용되는 것

다. 화물용 승강기: 화물 수송을 주목적으로 하며 사람의 탑승이 금지되는 것

라. 에스컬레이터: 동력에 의하여 운전되는 것으로서 사람을 운반하는 연속계단이나 보도 상태의 것

제133조(정격하중 등의 표시) 사업주는 양중기(승강기는 제외한다) 및 달기구를 사용하여 작업하는 운전자 또는 작업자가 보기 쉬운 곳에 해당 기계의 정격하중, 운전속도, 경고표시 등을 부착하여야 한다. 다만, 달기구는 정격하중만 표시한다.

제134조(방호장치의 조정) ① 사업주는 다음 각 호의 양중기에 과부하방지장치, 권과방지장치(捲過防止裝置), 비상정지장치 및 제동장치, 그 밖의 방호장치[(승강기의 파이널 리미트 스위치(final limit switch), 조속기(調速機), 출입문 인터 록(inter lock) 등을 말한다]가 정상적으로 작동될 수 있도록 미리 조정해 두어야 한다.

1. 크레인
2. 이동식 크레인
3.「자동차관리법」에 따라 차량 작업부에 탑재되는 이삿짐운반용 리프트
4. 간이리프트(자동차정비용 리프트는 제외한다)
5. 곤돌라
6. 승강기

② 제1항제1호 및 제2호의 양중기에 대한 권과방지장치는 훅·버킷 등 달기구의 윗면(그 달기구에 권상용 도르래가 설치된 경우에는 권상용 도르래의 윗면)이 드럼, 상부 도르래, 트롤리프레임 등 권상장치의 아랫면과 접촉할 우려가 있는 경우에 그 간격이 0.25미터 이상[직동식(直動式) 권과방지장치는 0.05미터 이상으로 한다)]이 되도록 조정하여야 한다.

③ 제2항의 권과방지장치를 설치하지 않은 크레인에 대해서는 권상용 와이어로프에 위험표시를 하고 경보장치를 설치하는 등 권상용 와이어로프가 지나치게 감겨서 근로자가 위험해질 상황을 방지하기 위한 조치를 하여야 한다.

제135조(과부하의 제한 등) 사업주는 제132조제1항 각 호의 양중기에 그 적재하중을 초과하는 하중을 걸어서 사용하도록 해서는 아니된다.

제2관 크레인

제136조(안전밸브의 조정) 사업주는 유압을 동력으로 사용하는 크레인의 과도한 압력상승을 방지하기 위한 안전밸브에 대하여 정격하중(지브 크레인은 최대의 정격하중으로 한다)을 건 때의 압력 이하로 작동되도록 조정하여야 한다. 다만, 하중시험 또는 안전도시험을 하는 경우 그러하지 아니하다.

제137조(해지장치의 사용) 사업주는 훅걸이용 와이어로프 등이 훅으로부터 벗겨지는 것을 방지하기

위한 장치(이하 "해지장치"라 한다)를 구비한 크레인을 사용하여야 하며, 그 크레인을 사용하여 짐을 운반하는 경우에는 해지장치를 사용하여야 한다.

제138조(경사각의 제한) 사업주는 지브 크레인을 사용하여 작업을 하는 경우에 크레인 명세서에 적혀 있는지브의 경사각(인양하중이 3톤 미만인 지브 크레인의 경우에는 제조한 자가 지정한 지브의 경사각)의 범위에서 사용하도록 하여야 한다.

제139조(크레인의 수리 등의 작업) ① 사업주는 같은 주행로에 병렬로 설치되어 있는 주행 크레인의 수리·조정 및 점검 등의 작업을 하는 경우, 주행로상이나 그 밖에 주행 크레인이 근로자와 접촉할 우려가 있는 장소에서 작업을 하는 경우 등에 주행 크레인끼리 충돌하거나 주행 크레인이 근로자와 접촉할 위험을 방지하기 위하여 감시인을 두고 주행로상에 스토퍼(stopper)를 설치하는 등 위험 방지 조치를 하여야 한다.

② 사업주는 갠트리 크레인 등과 같이 작업장 바닥에 고정된 레일을 따라 주행하는 크레인의 새들(saddle) 돌출부와 주변 구조물 사이의 안전공간이 40센티미터 이상 되도록 바닥에 표시를 하는 등 안전공간을 확보하여야 한다.

제140조(폭풍에 의한 이탈 방지) 사업주는 순간풍속이 초당 30미터를 초과하는 바람이 불어올 우려가 있는 경우 옥외에 설치되어 있는 주행 크레인에 대하여 이탈방지장치를 작동시키는 등 이탈 방지를 위한 조치를 하여야 한다.

제141조(조립 등의 작업 시 조치사항) 사업주는 크레인의 설치·조립·수리·점검 또는 해체 작업을 하는 경우 다음 각 호의 조치를 하여야 한다.

1. 작업순서를 정하고 그 순서에 따라 작업을 할 것
2. 작업을 할 구역에 관계 근로자가 아닌 사람의 출입을 금지하고 그 취지를 보기 쉬운 곳에 표시할 것
3. 비, 눈, 그 밖에 기상상태의 불안정으로 날씨가 몹시 나쁜 경우에는 그 작업을 중지시킬 것
4. 작업장소는 안전한 작업이 이루어질 수 있도록 충분한 공간을 확보하고 장애물이 없도록 할 것
5. 들어올리거나 내리는 기자재는 균형을 유지하면서 작업을 하도록 할 것
6. 크레인의 성능, 사용조건 등에 따라 충분한 응력(應力)을 갖는 구조로 기초를 설치하고 침하 등이 일어나지 않도록 할 것
7. 규격품인 조립용 볼트를 사용하고 대칭되는 곳을 차례로 결합하고 분해할 것

제142조(타워크레인의 지지) ① 사업주는 타워크레인을 자립고(自立高) 이상의 높이로 설치하는 경우 건축물 등의 벽체에 지지하거나 와이어로프에 의하여 지지하여야 한다.

② 사업주는 타워크레인을 벽체에 지지하는 경우 다음 각 호의 사항을 준수하여야 한다.

1. 「산업안전보건법 시행규칙」 제58조의4제1항제2호에 따른 서면심사에 관한 서류(「건설기계관리법」 제18조에 따른 형식승인서류를 포함한다) 또는 제조사의 설치작업설명서 등에 따라 설치할 것
2. 제1호의 서면심사 서류 등이 없거나 명확하지 아니한 경우에는 「국가기술자격법」에 따른 건축구조·건설기계·기계안전·건설안전기술사 또는 건설안전분야 산업안전지도사의 확인을 받아 설치하거나 기종별·모델별 공인된 표준방법으로 설치할 것
3. 콘크리트구조물에 고정시키는 경우에는 매립이나 관통 또는 이와 동등 이상의 방법으로 충분히 지지되도록 할 것
4. 건축 중인 시설물에 지지하는 경우에는 그 시설물의 구조적 안정성에 영향이 없도록 할 것

③ 사업주는 타워크레인을 와이어로프로 지지하는 경우 다음 각 호의 사항을 준수하여야 한다.

1. 제2항제1호 또는 제2호의 조치를 취할 것

2. 와이어로프를 고정하기 위한 전용 지지프레임을 사용할 것

3. 와이어로프 설치각도는 수평면에서 60도 이내로 할 것

4. 와이어로프의 고정부위는 충분한 강도와 장력을 갖도록 설치하고, 와이어로프를 클립·샤클 (shackle) 등의 고정기구를 사용하여 견고하게 고정시켜 풀리지 않도록 할 것

5. 와이어로프가 가공전선(架空電線)에 근접하지 않도록 할 것

제143조(폭풍 등으로 인한 이상 유무 점검) 사업주는 순간풍속이 초당 30미터를 초과하는 바람이 불거나 중진(中震) 이상 진도의 지진이 있은 후에 옥외에 설치되어 있는 양중기를 사용하여 작업을 하는 경우에는 미리 기계 각 부위에 이상이 있는지를 점검하여야 한다.

제144조(건설물 등과의 사이 통로) ① 사업주는 주행 크레인 또는 선회 크레인과 건설물 또는 설비와의 사이에 통로를 설치하는 경우 그 폭을 0.6미터 이상으로 하여야 한다. 다만, 그 통로 중 건설물의 기둥에 접촉하는 부분에 대해서는 0.4미터 이상으로 할 수 있다.

② 사업주는 제1항에 따른 통로 또는 주행궤도 상에서 정비·보수·점검 등의 작업을 하는 경우 그 작업에 종사하는 근로자가 주행하는 크레인에 접촉될 우려가 없도록 크레인의 운전을 정지시키는 등 필요한 안전 조치를 하여야 한다.

제145조(건설물 등의 벽체와 통로의 간격 등) 사업주는 다음 각 호의 간격을 0.3미터 이하로 하여야 한다. 다만, 근로자가 추락할 위험이 없는 경우에는 그 간격을 0.3미터 이하로 유지하지 아니할 수 있다.

1. 크레인의 운전실 또는 운전대를 통하는 통로의 끝과 건설물 등의 벽체의 간격

2. 크레인 거더(girder)의 통로 끝과 크레인 거더의 간격

3. 크레인 거더의 통로로 통하는 통로의 끝과 건설물 등의 벽체의 간격

제146조(크레인 작업 시의 조치) ① 사업주는 크레인을 사용하여 작업을 하는 경우 다음 각 호의 조치를 준수하고, 그 작업에 종사하는 관계 근로자가 그 조치를 준수하도록 하여야 한다.

1. 인양할 하물(荷物)을 바닥에서 끌어당기거나 밀어내는 작업을 하지 아니할 것

2. 유류드럼이나 가스통 등 운반 도중에 떨어져 폭발하거나 누출될 가능성이 있는 위험물 용기는 보관함(또는 보관고)에 담아 안전하게 매달아 운반할 것

3. 고정된 물체를 직접 분리·제거하는 작업을 하지 아니할 것

4. 미리 근로자의 출입을 통제하여 인양 중인 하물이 작업자의 머리 위로 통과하지 않도록 할 것

5. 인양할 하물이 보이지 아니하는 경우에는 어떠한 동작도 하지 아니할 것(신호하는 사람에 의하여 작업을 하는 경우는 제외한다)

② 사업주는 조종석이 설치되지 아니한 크레인에 대하여 다음 각 호의 조치를 하여야 한다.

1. 고용노동부장관이 고시하는 크레인의 제작기준과 안전기준에 맞는 무선원격제어기 또는 펜던트 스위치를 설치·사용할 것

2. 무선원격제어기 또는 펜던트 스위치를 취급하는 근로자에게는 작동요령 등 안전조작에 관한 사항을 충분히 주지시킬 것

제3관 이동식 크레인

제147조(설계기준 준수) 사업주는 이동식 크레인을 사용하는 경우에 그 이동식 크레인의 구조 부분을 구성하는 강재 등이 변형되거나 부러지는 일 등을 방지하기 위하여 해당 이동식 크레인의 설계기준 (제조자가 제공하는 사용설명서)을 준수하여야 한다.

제148조(안전밸브의 조정) 사업주는 유압을 동력으로 사용하는 이동식 크레인의 과도한 압력상승을 방지하기 위한 안전밸브에 대하여 최대의 정격하중을 건 때의 압력 이하로 작동되도록 조정하여야 한다. 다만, 하중시험 또는 안전도시험을 실시할 때에 시험하중에 맞는 압력으로 작동될 수 있도록 조정한 경우에는 그러하지 아니하다.

제149조(해지장치의 사용) 사업주는 이동식 크레인을 사용하여 하물을 운반하는 경우에는 해지장치를 사용하여야 한다.

제150조(경사각의 제한) 사업주는 이동식 크레인을 사용하여 작업을 하는 경우 이동식 크레인 명세서에 적혀 있는지브의 경사각(인양하중이 3톤 미만인 이동식 크레인의 경우에는 제조한 자가 지정한 지브의 경사각)의 범위에서 사용하도록 하여야 한다.

제4관 리프트

제151조(권과 방지 등) 사업주는 리프트(간이 리프트는 제외한다. 이하 이 관에서 같다)의 운반구 이탈 등의 위험을 방지하기 위하여 권과방지장치, 과부하방지장치, 비상정지장치 등을 설치하는 등 필요한 조치를 하여야 한다.

제152조(무인작동의 제한) ① 사업주는 운반구의 내부에만 탑승조작장치가 설치되어 있는 리프트를 사람이 탑승하지 아니한 상태로 작동하게 해서는 아니된다.

② 사업주는 리프트 조작반(盤)에 잠금장치를 설치하는 등 관계 근로자가 아닌 사람이 리프트를 임의로 조작함으로써 발생하는 위험을 방지하기 위하여 필요한 조치를 하여야 한다.

제153조(피트 청소 시의 조치) 사업주는 리프트의 피트 등의 바닥을 청소하는 경우 운반구의 낙하에 의한 근로자의 위험을 방지하기 위하여 다음 각 호의 조치를 하여야 한다.

1. 승강로에 각재 또는 원목 등을 걸칠 것
2. 제1호에 따라 걸친 각재(角材) 또는 원목 위에 운반구를 놓고 역회전방지기가 붙은 브레이크를 사용하여 구동모터 또는 윈치(winch)를 확실하게 제동해 둘 것

제154조(붕괴 등의 방지) ① 사업주는 지반침하, 불량한 자재사용 또는 헐거운 결선(結線) 등으로 리프트가 붕괴되거나 넘어지지 않도록 필요한 조치를 하여야 한다.

② 사업주는 순간풍속이 초당 35미터를 초과하는 바람이 불어올 우려가 있는 경우 건설작업용 리프트(지하에 설치되어 있는 것은 제외한다)에 대하여 받침의 수를 증가시키는 등 그 붕괴 등을 방지하기 위한 조치를 하여야 한다.

제155조(운반구의 정지위치) 사업주는 리프트 운반구를 주행로 위에 달아 올린 상태로 정지시켜 두어서는 아니된다.

제156조(조립 등의 작업) ① 사업주는 리프트의 설치·조립·수리·점검 또는 해체 작업을 하는 경우 다음 각 호의 조치를 하여야 한다.

1. 작업을 지휘하는 사람을 선임하여 그 사람의 지휘하에 작업을 실시할 것

2. 작업을 할 구역에 관계 근로자가 아닌 사람의 출입을 금지하고 그 취지를 보기 쉬운 장소에 표시할 것

3. 비, 눈, 그 밖에 기상상태의 불안정으로 날씨가 몹시 나쁜 경우에는 그 작업을 중지시킬 것

② 사업주는 제1항제1호의 작업을 지휘하는 사람에게 다음 각 호의 사항을 이행하도록 하여야 한다.

1. 작업방법과 근로자의 배치를 결정하고 해당 작업을 지휘하는 일

2. 재료의 결함 유무 또는 기구 및 공구의 기능을 점검하고 불량품을 제거하는 일

3. 작업 중 안전대 등 보호구의 착용 상황을 감시하는 일

제157조(이삿짐운반용 리프트 운전방법의 주지) 사업주는 이삿짐운반용 리프트를 사용하는 근로자에게 운전방법 및 고장이 났을 경우의 조치방법을 주지시켜야 한다.

제158조(이삿짐 운반용 리프트 전도의 방지) 사업주는 이삿짐 운반용 리프트를 사용하는 작업을 하는 경우 이삿짐 운반용 리프트의 전도를 방지하기 위하여 다음 각 호를 준수하여야 한다.

1. 아웃트리거가 정해진 작동위치 또는 최대전개위치에 있지 않는 경우(아웃트리거 발이 닿지 않는 경우를 포함한다)에는 사다리 붐 조립체를 펼친 상태에서 화물 운반작업을 하지 않을 것

2. 사다리 붐 조립체를 펼친 상태에서 이삿짐 운반용 리프트를 이동시키지 않을 것

3. 지반의 부동침하 방지 조치를 할 것

제159조(화물의 낙하 방지) 사업주는 이삿짐 운반용 리프트 운반구로부터 화물이 빠지거나 떨어지지 않도록 다음 각 호의 낙하방지 조치를 하여야 한다.

1. 화물을 적재시 하중이 한쪽으로 치우치지 않도록 할 것

2. 적재화물이 떨어질 우려가 있는 경우에는 화물에 로프를 거는 등 낙하 방지 조치를 할 것

제5관 곤돌라

제160조(운전방법 등의 주지) 사업주는 곤돌라의 운전방법 또는 고장이 났을 때의 처치방법을 그 곤돌라를 사용하는 근로자에게 주지시켜야 한다.

제6관 승강기

제161조(폭풍에 의한 도괴 방지) 사업주는 순간풍속이 초당 35미터를 초과하는 바람이 불어 올 우려가 있는 경우 옥외에 설치되어 있는 승강기에 대하여 받침의 수를 증가시키는 등 그 도괴를 방지하기 위한 조치를 하여야 한다.

제162조(조립 등의 작업) ① 사업주는 사업장에 승강기의 설치·조립·수리·점검 또는 해체 작업을 하는 경우 다음 각 호의 조치를 하여야 한다.

1. 작업을 지휘하는 사람을 선임하여 그 사람의 지휘하에 작업을 실할 것

2. 작업을 할 구역에 관계 근로자가 아닌 사람의 출입을 금지하고 그 취지를 보기 쉬운 장소에 표시할 것

3. 비, 눈, 그 밖에 기상상태의 불안정으로 날씨가 몹시 나쁜 경우에는 그 작업을 중지시킬 것

② 사업주는 제1항제1호의 작업을 지휘하는 사람에게 다음 각 호의 사항을 이행하도록 하여야 한다.

1. 작업방법과 근로자의 배치를 결정하고 해당 작업을 지휘하는 일

2. 재료의 결함 유무 또는 기구 및 공구의 기능을 점검하고 불량품을 제거하는 일

3. 작업 중 안전대 등 보호구의 착용 상황을 감시하는 일

제7관 양중기의 와이어로프 등

제163조(와이어로프 등 달기구의 안전계수) ① 사업주는 양중기의 와이어로프 등 달기구의 안전계수(달기구 절단하중의 값을 그 달기구에 걸리는 하중의 최대값으로 나눈 값을 말한다)가 다음 각 호의 구분에 따른 기준에 맞지 아니한 경우에는 이를 사용해서는 아니된다.

1. 근로자가 탑승하는 운반구를 지지하는 달기와이어로프 또는 달기체인의 경우: 10 이상
2. 화물의 하중을 직접 지지하는 달기와이어로프 또는 달기체인의 경우: 5 이상
3. 훅, 샤클, 클램프, 리프팅 빔의 경우: 3 이상
4. 그 밖의 경우: 4 이상

② 사업주는 달기구의 경우 최대허용하중 등의 표식이 견고하게 붙어 있는 것을 사용하여야 한다.

제164조(고리걸이 훅 등의 안전계수) 사업주는 양중기의 달기 와이어로프 또는 달기 체인과 일체형인 고리걸이 훅 또는 샤클의 안전계수(훅 또는 샤클의 절단하중 값을 각각 그 훅 또는 샤클에 걸리는 하중의 최대값으로 나눈 값을 말한다)가 사용되는 달기 와이어로프 또는 달기체인의 안전계수와 같은 값 이상의 것을 사용하여야 한다.

제165조(와이어로프의 절단방법 등) ① 사업주는 와이어로프를 절단하여 양중(揚重)작업용구를 제작하는 경우 반드시 기계적인 방법으로 절단하여야 하며, 가스용단(溶斷) 등 열에 의한 방법으로 절단해서는 아니된다.

② 사업주는 아크(arc), 화염, 고온부 접촉 등으로 인하여 열영향을 받은 와이어로프를 사용해서는 아니된다.

제166조(이음매가 있는 와이어로프 등의 사용 금지) 와이어 로프의 사용에 관하여는 제63조제1호를 준용한다. 이 경우 "달비계"는 "양중기"로 본다.

제167조(늘어난 달기체인 등의 사용 금지) 달기 체인 사용에 관하여는 제63조제2호를 준용한다. 이 경우 "달비계"는 "양중기"로 본다.

제168조(변형되어 있는 훅·샤클 등의 사용금지 등) ① 사업주는 훅·샤클·클램프 및 링 등의 철구로서 변형되어 있는 것 또는 균열이 있는 것을 크레인 또는 이동식 크레인의 고리걸이용구로 사용해서는 아니된다.

② 사업주는 중량물을 운반하기 위해 제작하는 지그, 훅의 구조를 운반 중 주변 구조물과의 충돌로 슬링이 이탈되지 않도록 하여야 한다.

③ 사업주는 안전성 시험을 거쳐 안전율이 3 이상 확보된 중량물 취급용구를 구매하여 사용하거나 자체 제작한 중량물 취급용구에 대하여 비파괴시험을 하여야 한다.

제169조(꼬임이 끊어진 섬유로프 등의 사용금지) 섬유로프 사용에 관하여는 제63조제3호를 준용한다. 이 경우 "달비계"는 "양중기"로 본다.

제170조(링 등의 구비) ① 사업주는 엔드리스(endless)가 아닌 와이어로프 또는 달기 체인에 대하여 그 양단에 훅·샤클·링 또는 고리를 구비한 것이 아니면 크레인 또는 이동식 크레인의 고리걸이용구로 사용해서는 아니된다.

② 제1항에 따른 고리는 꼬아넣기[(아이 스플라이스(eye splice)를 말한다. 이하 같다)], 압축멈춤 또

는 이러한 것과 같은 정도 이상의 힘을 유지하는 방법으로 제작된 것이어야 한다. 이 경우 꼬아넣기는 와이어로프의 모든 꼬임을 3회 이상 끼워 짠 후 각각의 꼬임의 소선 절반을 잘라내고 남은 소선을 다시 2회 이상(모든 꼬임을 4회 이상 끼워 짠 경우에는 1회 이상) 끼워 짜야 한다.

제10절 차량계 하역운반기계등

제1관 총칙

제171조(전도 등의 방지) 사업주는 차량계 하역운반기계등을 사용하는 작업을 할 때에 그 기계가 넘어지거나 굴러떨어짐으로써 근로자에게 위험을 미칠 우려가 있는 경우에는 그 기계를 유도하는 사람(이하 "유도자"라 한다)을 배치하고 지반의 부동침하와 방지 및 갓길 붕괴를 방지하기 위한 조치를 하여야 한다.

제172조(접촉의 방지) ① 사업주는 차량계 하역운반기계등을 사용하여 작업을 하는 경우에 하역 또는 운반 중인 화물이나 그 차량계 하역운반기계등에 접촉되어 근로자가 위험해질 우려가 있는 장소에는 근로자를 출입시켜서는 아니된다. 다만, 제39조에 따른 작업지휘자 또는 유도자를 배치하고 그 차량계 하역운반기계등을 유도하는 경우에는 그러하지 아니하다.

② 차량계 하역운반기계등의 운전자는 제1항 단서의 작업지휘자 또는 유도자가 유도하는 대로 따라야 한다.

제173조(화물적재 시의 조치) ① 사업주는 차량계 하역운반기계등에 화물을 적재하는 경우에 다음 각 호의 사항을 준수하여야 한다.

1. 하중이 한쪽으로 치우치지 않도록 적재할 것
2. 구내운반차 또는 화물자동차의 경우 화물의 붕괴 또는 낙하에 의한 위험을 방지하기 위하여 화물에 로프를 거는 등 필요한 조치를 할 것
3. 운전자의 시야를 가리지 않도록 화물을 적재할 것

② 제1항의 화물을 적재하는 경우에는 최대적재량을 초과해서는 아니된다.

제174조(차량계 하역운반기계등의 이송) 사업주는 차량계 하역운반기계등을 이송하기 위하여 자주(自走) 또는 견인에 의하여 화물자동차에 싣거나 내리는 작업을 할 때에 발판·성토 등을 사용하는 경우에는 해당 차량계 하역운반기계등의 전도 또는 전락에 의한 위험을 방지하기 위하여 다음 각 호의 사항을 준수하여야 한다.

1. 싣거나 내리는 작업은 평탄하고 견고한 장소에서 할 것
2. 발판을 사용하는 경우에는 충분한 길이·폭 및 강도를 가진 것을 사용하고 적당한 경사를 유지하기 위하여 견고하게 설치할 것
3. 가설대 등을 사용하는 경우에는 충분한 폭 및 강도와 적당한 경사를 확보할 것
4. 지정운전자의 성명·연락처 등을 보기 쉬운 곳에 표시하고 지정운전자 외에는 운전하지 않도록 할 것

제175조(주용도 외의 사용 제한) 사업주는 차량계 하역운반기계등을 화물의 적재·하역 등 주된 용도에만 사용하여야 한다. 다만, 근로자가 위험해질 우려가 없는 경우에는 그러하지 아니하다.

제176조(수리 등의 작업 시 조치) 사업주는 차량계 하역운반기계등의 수리 또는 부속장치의 장착 및

해체작업을 하는 경우 해당 작업의 지휘자를 지정하여 다음 각 호의 사항을 준수하도록 하여야 한다.

1. 작업순서를 결정하고 작업을 지휘할 것
2. 제20조 각 호 외의 부분 단서의 안전지주 또는 안전블록 등의 사용 상황 등을 점검할 것

제177조(싣거나 내리는 작업) 사업주는 차량계 하역운반기계등에 단위화물의 무게가 100킬로그램 이상인 화물을 싣는 작업(로프 걸이 작업 및 덮개 덮기 작업을 포함한다. 이하 같다) 또는 내리는 작업(로프 풀기 작업 또는 덮개 벗기기 작업을 포함한다. 이하 같다)을 하는 경우에 해당 작업의 지휘자에게 다음 각 호의 사항을 준수하도록 하여야 한다.

1. 작업순서 및 그 순서마다의 작업방법을 정하고 작업을 지휘할 것
2. 기구와 공구를 점검하고 불량품을 제거할 것
3. 해당 작업을 하는 장소에 관계 근로자가 아닌 사람이 출입하는 것을 금지할 것
4. 로프 풀기 작업 또는 덮개 벗기기 작업은 적재함의 화물이 떨어질 위험이 없음을 확인한 후에 하도록 할 것

제178조(허용하중 초과 등의 제한) ① 사업주는 지게차의 허용하중(지게차의 구조, 재료 및 포크·램 등 화물을 적재하는 장치에 적재하는 화물의 중심위치에 따라 실을 수 있는 최대하중을 말한다)을 초과하여 사용해서는 아니 되며, 안전한 운행을 위한 유지·관리 및 그 밖의 사항에 대하여 해당 지게차를 제조한 자가 제공하는 제품설명서에서 정한 기준을 준수하여야 한다.

② 사업주는 구내운반차, 화물자동차를 사용할 때에는 그 최대적재량을 초과해서는 아니된다.

제2관 지게차

제179조(전조등 및 후미등) 사업주는 전조과 후미등을 갖추지 아니한 지게차를 사용해서는 아니된다. 다만, 작업을 안전하게 수행하기 위하여 필요한 조명이 확보되어 있는 장소에서 사용하는 경우에는 그러하지 아니하다.

제180조(헤드가드) 사업주는 다음 각 호에 따른 적합한 헤드가드(head guard)를 갖추지 아니한 지게차를 사용해서는 아니된다. 다만, 화물의 낙하에 의하여 지게차의 운전자에게 위험을 미칠 우려가 없는 경우에는 그러하지 아니하다.

1. 강도는 지게차의 최대하중의 2배 값(4톤을 넘는 값에 대해서는 4톤으로 한다)의 등분포정하중(等分布靜荷重)에 견딜 수 있을 것
2. 상부틀의 각 개구의 폭 또는 길이가 16센티미터 미만일 것
3. 운전자가 앉아서 조작하는 방식의 지게차의 경우에는 운전자의 좌석 윗면에서 헤드가드의 상부틀 아랫면까지의 높이가 1미터 이상일 것
4. 운전자가 서서 조작하는 방식의 지게차의 경우에는 운전석의 바닥면에서 헤드가드의 상부틀 하면까지의 높이가 2미터 이상일 것

제181조(백레스트) 사업주는 백레스트(backrest)를 갖추지 아니한 지게차를 사용해서는 아니된다. 다만, 마스트의 후방에서 화물이 낙하함으로써 근로자가 위험해질 우려가 없는 경우에는 그러하지 아니하다.

제182조(팔레트 등) 사업주는 지게차에 의한 하역운반작업에 사용하는 팔레트(pallet) 또는 스키드(skid)는 다음 각 호에 해당하는 것을 사용하여야 한다.

  1. 적재하는 화물의 중량에 따른 충분한 강도를 가질 것
  2. 심한 손상·변형 또는 부식이 없을 것

제183조(좌석 안전띠의 착용 등) ① 사업주는 앉아서 조작하는 방식의 지게차를 운전하는 근로자에게 좌석 안전띠를 착용하도록 하여야 한다.

② 제1항에 따른 지게차를 운전하는 근로자는 좌석 안전띠를 착용하여야 한다.

제3관 구내운반차

제184조(제동장치 등) 사업주는 구내운반차(작업장내 운반을 주목적으로 하는 차량으로 한정한다)를 사용하는 경우에 다음 각 호의 사항을 준수하여야 한다.

  1. 주행을 제동하거나 정지상태를 유지하기 위하여 유효한 제동장치를 갖출 것
  2. 경음기를 갖출 것
  3. 핸들의 중심에서 차체 바깥 측까지의 거리가 65센티미터 이상일 것
  4. 운전석이 차 실내에 있는 것은 좌우에 한개씩 방향지시기를 갖출 것
  5. 전조등과 후미등을 갖출 것. 다만, 작업을 안전하게 하기 위하여 필요한 조명이 있는 장소에서 사용하는 구내운반차에 대해서는 그러하지 아니하다.

제185조(연결장치) 사업주는 구내운반차에 피견인차를 연결하는 경우에는 적합한 연결장치를 사용하여야 한다.

제4관 고소작업대

제186조(고소작업대 설치 등의 조치) ① 사업주는 고소작업대를 설치하는 경우에는 다음 각 호에 해당하는 것을 설치하여야 한다.

  1. 작업대를 와이어로프 또는 체인으로 올리거나 내릴 경우에는 와이어로프 또는 체인이 끊어져 작업대가 떨어지지 아니하는 구조여야 하며, 와이어로프 또는 체인의 안전율은 5 이상일 것
  2. 작업대를 유압에 의해 올리거나 내릴 경우에는 작업대를 일정한 위치에 유지할 수 있는 장치를 갖추고 압력의 이상저하를 방지할 수 있는 구조일 것
  3. 권과방지장치를 갖추거나 압력의 이상상승을 방지할 수 있는 구조일 것
  4. 붐의 최대 지면경사각을 초과 운전하여 전도되지 않도록 할 것
  5. 작업대에 정격하중(안전율 5 이상)을 표시할 것
  6. 작업대에 끼임·충돌 등 재해를 예방하기 위한 가드 또는 과상승방지장치를 설치할 것
  7. 조작반의 스위치는 눈으로 확인할 수 있도록 명칭 및 방향표시를 유지할 것

② 사업주는 고소작업대를 설치하는 경우에는 다음 각 호의 사항을 준수하여야 한다.

  1. 바닥과 고소작업대는 가능하면 수평을 유지하도록 할 것
  2. 갑작스러운 이동을 방지하기 위하여 아웃트리거 또는 브레이크 등을 확실히 사용할 것

③ 사업주는 고소작업대를 이동하는 경우에는 다음 각 호의 사항을 준수하여야 한다.

  1. 작업대를 가장 낮게 내릴 것
  2. 작업대를 올린 상태에서 작업자를 태우고 이동하지 말 것. 다만, 이동 중 전도 등의 위험예방을 위하여 유도하는 사람을 배치하고 짧은 구간을 이동하는 경우에는 그러하지 아니하다.

3. 이동통로의 요철상태 또는 장애물의 유무 등을 확인할 것

④ 사업주는 고소작업대를 사용하는 경우에는 다음 각 호의 사항을 준수하여야 한다.

1. 작업자가 안전모·안전대 등의 보호구를 착용하도록 할 것

2. 관계자가 아닌 사람이 작업구역에 들어오는 것을 방지하기 위하여 필요한 조치를 할 것

3. 안전한 작업을 위하여 적정수준의 조도를 유지할 것

4. 전로(電路)에 근접하여 작업을 하는 경우에는 작업감시자를 배치하는 등 감전사고를 방지하기 위하여 필요한 조치를 할 것

5. 작업대를 정기적으로 점검하고 붐·작업대 등 각 부위의 이상 유무를 확인할 것

6. 전환스위치는 다른 물체를 이용하여 고정하지 말 것

7. 작업대는 정격하중을 초과하여 물건을 싣거나 탑승하지 말 것

8. 작업대의 붐대를 상승시킨 상태에서 탑승자는 작업대를 벗어나지 말 것. 다만, 작업대에 안전대 부착설비를 설치하고 안전대를 연결하였을 때에는 그러하지 아니하다.

제5관 화물자동차

제187조(승강설비) 사업주는 바닥으로부터 짐 윗면까지의 높이가 2미터 이상인 화물자동차에 짐을 싣는 작업 또는 내리는 작업을 하는 경우에는 근로자의 추가 위험을 방지하기 위하여 해당 작업에 종사하는 근로자가 바닥과 적재함의 짐 윗면 간을 안전하게 오르내리기 위한 설비를 설치하여야 한다.

제188조(꼬임이 끊어진 섬유로프 등의 사용 금지) 사업주는 다음 각 호의 어느 하나에 해당하는 섬유로프 등을 화물자동차의 짐걸이로 사용해서는 아니된다.

1. 꼬임이 끊어진 것

2. 심하게 손상되거나 부식된 것

제189조(섬유로프 등의 점검 등) ① 사업주는 섬유로프 등을 화물자동차의 짐걸이에 사용하는 경우에는 해당 작업을 시작하기 전에 다음 각 호의 조치를 하여야 한다.

1. 작업순서와 순서별 작업방법을 결정하고 작업을 직접 지휘하는 일

2. 기구와 공구를 점검하고 불량품을 제거하는 일

3. 해당 작업을 하는 장소에 관계 근로자가 아닌 사람의 출입을 금지하는 일

4. 로프 풀기 작업 및 덮개 벗기기 작업을 하는 경우에는 적재함의 화물에 낙하 위험이 없음을 확인한 후에 해당 작업의 착수를 지시하는 일

② 사업주는 제1항에 따른 섬유로프 등에 대하여 이상 유무를 점검하고 이상이 발견된 섬유로프 등을 교체하여야 한다.

제190조(화물 중간에서 빼내기 금지) 사업주는 화물자동차에서 화물을 내리는 작업을 하는 경우에는 그 작업을 하는 근로자에게 쌓여있는 화물의 중간에서 화물을 빼내도록 해서는 아니된다.

제11절 컨베이어

제191조(이탈 등의 방지) 사업주는 컨베이어, 이송용 롤러 등(이하 "컨베이어등"이라 한다)을 사용하는 경우에는 정전·전압강하 등에 따른 화물 또는 운반구의 이탈 및 역주행을 방지하는 장치를 갖추어야

한다. 다만, 무동력상태 또는 수평상태로만 사용하여 근로자가 위험해질 우려가 없는 경우에는 그러
하지 아니하다.

제192조(비상정지장치) 사업주는 컨베이어등에 해당 근로자의 신체의 일부가 말려드는 등 근로자가
위험해질 우려가 있는 경우 및 비상시에는 즉시 컨베이어등의 운전을 정지시킬 수 있는 장치를 설치
하여야 한다. 다만, 무동력상태로만 사용하여 근로자가 위험해질 우려가 없는 경우에는 그러하지 아
니하다.

제193조(낙하물에 의한 위험 방지) 사업주는 컨베이어등으로부터 화물이 떨어져 근로자가 위험해질
우려가 있는 경우에는 해당 컨베이어등에 덮개 또는 울을 설치하는 등 낙하 방지를 위한 조치를 하여
야 한다.

제194조(트롤리 컨베이어) 사업주는 트롤리 컨베이어(trolley conveyor)를 사용하는 경우에는 트롤리
와 체인·행거(hanger)가 쉽게 벗겨지지 않도록 서로 확실하게 연결하여 사용하도록 하여야 한다.

제195조(통행의 제한 등) ① 사업주는 운전 중인 컨베이어등의 위로 근로자를 넘어가도록 하는 경우에
는 위험을 방지하기 위하여 건널다리를 설치하는 등 필요한 조치를 하여야 한다.

② 사업주는 동일선상에 구간별 설치된 컨베이어에 중량물을 운반하는 경우에는 중량물 충돌에 대비
한 스토퍼를 설치하거나 작업자 출입을 금지하여야 한다.

제12절 건설기계 등

제1관 차량계 건설기계 등

제196조(차량계 건설기계의 정의) "차량계 건설기계"란 동력원을 사용하여 특정되지 아니한 장소로
스스로 이동할 수 있는 건설기계로서 별표 6에서 정한 기계를 말한다

제197조(전조등의 설치) 사업주는 차량계 건설기계에 전조등을 갖추어야 한다. 다만, 작업을 안전하게
수행하기 위하여 필요한 조명이 있는 장소에서 사용하는 경우에는 그러하지 아니하다.

제198조(헤드가드) 사업주는 암석이 떨어질 우려가 있는 등 위험한 장소에서 차량계 건설기계[(불도저,
트랙터, 쇼벨(shovel), 로더(loader), 파우더 쇼벨(powder shovel) 및 드래그 쇼벨(drag shovel)로 한
정한다)]를 사용하는 경우에는 해당 차량계 건설기계에 견고한 헤드가드를 갖추어야 한다.

제199조(전도 등의 방지) 사업주는 차량계 건설기계를 사용하는 작업할 때에 그 기계가 넘어지거나
굴러떨어짐으로써 근로자가 위험해질 우려가 있는 경우에는 유도하는 사람을 배치하고 지반의 부동
침하 방지, 갓길의 붕괴 방지 및 도로 폭의 유지 등 필요한 조치를 하여야 한다.

제200조(접촉 방지) ① 사업주는 차량계 건설기계를 사용하여 작업을 하는 경우에는 운전 중인 해당
차량계 건설기계에 접촉되어 근로자가 부딪칠 위험이 있는 장소에 근로자를 출입시켜서는 아니된다.
다만, 유도자를 배치하고 해당 차량계 건설기계를 유도하는 경우에는 그러하지 아니하다.

② 차량계 건설기계의 운전자는 제1항 단서의 유도자가 유도하는 대로 따라야 한다.

제201조(차량계 건설기계의 이송) 사업주는 차량계 건설기계를 이송하기 위하여 자주 또는 견인에 의
하여 화물자동차 등에 싣거나 내리는 작업을 할 때에 발판·성토 등을 사용하는 경우에는 해당 차량계
건설기계의 전도 또는 전락에 의한 위험을 방지하기 위하여 다음 각 호의 사항을 준수하여야 한다.

1. 싣거나 내리는 작업은 평탄하고 견고한 장소에서 할 것

2. 발판을 사용하는 경우에는 충분한 길이·폭 및 강도를 가진 것을 사용하고 적당한 경사를 유지하기 위하여 견고하게 설치할 것

3. 마대·가설대 등을 사용하는 경우에는 충분한 폭 및 강도와 적당한 경사를 확보할 것

제202조(승차석 외의 탑승금지) 사업주는 차량계 건설기계를 사용하여 작업을 하는 경우 승차석이 아닌 위치에 근로자를 탑승시켜서는 아니된다.

제203조(안전도 등의 준수) 사업주는 차량계 건설기계를 사용하여 작업을 하는 경우 그 차량계 건설기계가 넘어지거나 붕괴될 위험 또는 붐·암 등 작업장치가 파괴될 위험을 방지하기 위하여 그 기계의 구조 및 사용상 안전도 및 최대사용하중을 준수하여야 한다.

제204조(주용도 외의 사용 제한) 사업주는 차량계 건설기계를 그 기계의 주된 용도에만 사용하여야 한다. 다만, 근로자가 위험해질 우려가 없는 경우에는 그러하지 아니하다.

제205조(붐 등의 강하에 의한 위험 방지) 사업주는 차량계 건설기계의 붐·암 등을 올리고 그 밑에서 수리·점검작업 등을 하는 경우 붐·암 등이 갑자기 내려옴으로써 발생하는 위험을 방지하기 위하여 해당 작업에 종사하는 근로자에게 안전지주 또는 안전블록 등을 사용하도록 하여야 한다.

제206조(수리 등의 작업 시 조치) 사업주는 차량계 건설기계의 수리나 부속장치의 장착 및 제거작업을 하는 경우 그 작업을 지휘하는 사람을 지정하여 다음 각 호의 사항을 준수하도록 하여야 한다.

1. 작업순서를 결정하고 작업을 지휘할 것

2. 제205조의 안전지주 또는 안전블록 등의 사용상황 등을 점검할 것

제2관 항타기 및 항발기

제207조(조립 시 점검) ① 사업주는 항타기 또는 항발기를 조립하는 경우 다음 각 호의 사항을 점검하여야 한다.

1. 본체 연결부의 풀림 또는 손상의 유무

2. 권상용 와이어로프·드럼 및 도르래의 부착상태의 이상 유무

3. 권상장치의 브레이크 및 쐐기장치 기능의 이상 유무

4. 권상기의 설치상태의 이상 유무

5. 버팀의 방법 및 고정상태의 이상 유무

제208조(강도 등) 사업주는 동력을 사용하는 항타기 및 항발기(불특정장소에서 사용하는 자주식은 제외한다)의 본체·부속장치 및 부속품은 다음 각 호에 해당하는 것을 사용하여야 한다.

1. 적합한 강도를 가질 것

2. 심한 손상·마모·변형 또는 부식이 없을 것

제209조(도괴의 방지) 사업주는 동력을 사용하는 항타기 또는 항발기에 대하여 도괴(倒壞)를 방지하기 위하여 다음 각 호의 사항을 준수하여야 한다.

1. 연약한 지반에 설치하는 경우에는 각부(脚部)나 가대(架臺)의 침하를 방지하기 위하여 깔판·깔목 등을 사용할 것

2. 시설 또는 가설물 등에 설치하는 경우에는 그 내력을 확인하고 내력이 부족하면 그 내력을 보강할 것

3. 각부나 가대가 미끄러질 우려가 있는 경우에는 말뚝 또는 쐐기 등을 사용하여 각부나 가대를 고정

시킬 것

4. 궤도 또는 차로 이동하는 항타기 또는 항발기에 대해서는 불시에 이동하는 것을 방지하기 위하여 레일 클램프(rail clamp) 및 쐐기 등으로 고정시킬 것

5. 버팀대만으로 상단부분을 안정시키는 경우에는 버팀대는 3개 이상으로 하고 그 하단 부분은 견고한 버팀·말뚝 또는 철골 등으로 고정시킬 것

6. 버팀줄만으로 상단 부분을 안정시키는 경우에는 버팀줄을 3개 이상으로 하고 같은 간격으로 배치할 것

7. 평형추를 사용하여 안정시키는 경우에는 평형추의 이동을 방지하기 위하여 가대에 견고하게 부착시킬 것

제210조(이음매가 있는 권상용 와이어로프의 사용 금지) 사업주는 항타기 또는 항발기의 권상용 와이어로프로 제166조 각 호의 어느 하나에 해당하는 것을 사용해서는 아니된다.

제211조(권상용 와이어로프의 안전계수) 사업주는 항타기 또는 항발기의 권상용 와이어로프의 안전계수가 5 이상이 아니면 이를 사용해서는 아니된다.

제212조(권상용 와이어로프의 길이 등) 사업주는 항타기 또는 항발기에 권상용 와이어로프를 사용하는 경우에 다음 각 호의 사항을 준수하여야 한다.

1. 권상용 와이어로프는 추 또는 해머가 최저의 위치에 있을 때 또는 널말뚝을 빼내기 시작할 때를 기준으로 권상장치의 드럼에 적어도 2회 감기고 남을 수 있는 충분한 길이일 것

2. 권상용 와이어로프는 권상장치의 드럼에 클램프·클립 등을 사용하여 견고하게 고정할 것

3. 항타기의 권상용 와이어로프에서 추·해머 등과의 연결은 클램프·클립 등을 사용하여 견고하게 할 것

제213조(널말뚝 등과의 연결) 사업주는 항발기의 권상용 와이어로프·도르래 등은 충분한 강도가 있는 샤클·고정철물 등을 사용하여 말뚝·널말뚝 등과 연결시켜야 한다.

제214조(브레이크의 부착 등) 사업주는 항타기 또는 항발기에 사용하는 권상기에 쐐기장치 또는 역회전방지용 브레이크를 부착하여야 한다.

제215조(권상기의 설치) 사업주는 항타기나 항발기의 권상기가 들리거나 미끄러지거나 흔들리지 않도록 설치하여야 한다.

제216조(도르래의 부착 등) ① 사업주는 항타기나 항발기에 도르래나 도르래 뭉치를 부착하는 경우에는 부착부가 받는 하중에 의하여 파괴될 우려가 없는 브라켓·샤클 및 와이어로프 등으로 견고하게 부착하여야 한다.

② 사업주는 항타기 또는 항발기의 권상장치의 드럼축과 권상장치로부터 첫 번째 도르래의 축 간의 거리를 권상장치 드럼폭의 15배 이상으로 하여야 한다.

③ 제2항의 도르래는 권상장치의 드럼 중심을 지나야 하며 축과 수직면상에 있어야 한다.

④ 항타기나 항발기의 구조상 권상용 와이어로프가 꼬일 우려가 없는 경우에는 제2항과 제3항을 적용하지 아니한다.

제217조(사용 시의 조치 등) ① 사업주는 증기나 압축공기를 동력원으로 하는 항타기나 항발기를 사용하는 경우에는 다음 각 호의 사항을 준수하여야 한다.

1. 해머의 운동에 의하여 증기호스 또는 공기호스와 해머의 접속부가 파손되거나 벗겨지는 것을 방지

하기 위하여 그 접속부가 아닌 부위를 선정하여 증기호스 또는 공기호스를 해머에 고정시킬 것

2. 증기나 공기를 차단하는 장치를 해머의 운전자가 쉽게 조작할 수 있는 위치에 설치할 것

② 사업주는 항타기나 항발기의 권상장치의 드럼에 권상용 와이어로프가 꼬인 경우에는 와이어로프에 하중을 걸어서는 아니된다.

③ 사업주는 항타기나 항발기의 권상장치에 하중을 건 상태로 정지하여 두는 경우에는 쐐기장치 또는 역회전방지용 브레이크를 사용하여 제동하는 등 확실하게 정지시켜 두어야 한다.

제218조(말뚝 등을 끌어올릴 경우의 조치) ① 사업주는 항타기를 사용하여 말뚝 및 널말뚝 등을 끌어올리는 경우에는 그 혹 부분이 드럼 또는 도르래의 바로 아래에 위치하도록 하여 끌어올려야 한다.

② 항타기에 체인블록 등의 장치를 부착하여 말뚝 또는 널말뚝 등을 끌어 올리는 경우에는 제1항을 준용한다.

제219조(버팀줄을 늦추는 경우의 조치) 사업주는 항타기나 항발기의 버팀줄(임시 버팀선을 포함한다)을 늦추는 경우 버팀줄을 조정하는 근로자가 지지할 수 있는 한도를 초과하는 하중이 걸리지 않도록 장력조절블록 또는 윈치를 사용하는 등 안전한 방법으로 하여야 한다.

제220조(항타기 등의 이동) 사업주는 두 개의 지주 등으로 지지하는 항타기 또는 항발기를 이동시키는 경우에는 이들 각 부위를 당김으로 인하여 항타기 또는 항발기가 넘어지는 것을 방지하기 위하여 반대측에서 윈치로 장력와이어로프를 사용하여 확실히 제동하여야 한다.

제221조(가스배관 등의 손상 방지) 사업주는 항타기를 사용하여 작업할 때에 가스배관, 지중전선로 및 그 밖의 지하공작물의 손상으로 근로자가 위험에 처할 우려가 있는 경우에는 미리 작업장소에 가스배관·지중전선로 등이 있는지를 조사하여 이전 설치나 매달기 보호 등의 조치를 하여야 한다.

제13절 산업용 로봇

제222조(교시 등) 사업주는 산업용 로봇(이하 "로봇"이라 한다)의 작동범위에서 해당 로봇에 대하여 교시 등 매니퓰레이터(manipulator)의 작동순서, 위치·속도의 설정·변경 또는 그 결과를 확인하는 것을 말한다. 이하 같다)의 작업을 하는 경우에는 해당 로봇의 예기치 못한 작동 또는 오(誤)조작에 의한 위험을 방지하기 위하여 다음 각 호의 조치를 하여야 한다. 다만, 로봇의 구동원을 차단하고 작업을 하는 경우에는 제2호와 제3호의 조치를 하지 아니할 수 있다.

1. 다음 각 목의 사항에 관한 지침을 정하고 그 지침에 따라 작업을 시킬 것

　　가. 로봇의 조작방법 및 순서

　　나. 작업 중의 매니퓰레이터의 속도

　　다. 2명 이상의 근로자에게 작업을 시킬 경우의 신호방법

　　라. 이상을 발견한 경우의 조치

　　마. 이상을 발견하여 로봇의 운전을 정지시킨 후 이를 재가동시킬 경우의 조치

　　바. 그 밖에 로봇의 예기치 못한 작동 또는 오조작에 의한 위험을 방지하기 위하여 필요한 조치

2. 작업에 종사하고 있는 근로자 또는 그 근로자를 감시하는 사람은 이상을 발견하면 즉시 로봇의 운전을 정지시키기 위한 조치를 할 것

3. 작업을 하고 있는 동안 로봇의 기동스위치 등에 작업 중이라는 표시를 하는 등 작업에 종사하고

있는 근로자가 아닌 사람이 그 스위치 등을 조작할 수 없도록 필요한 조치를 할 것

제223조(운전 중 위험 방지) 사업주는 로봇을 운전하는 경우(교시 등을 위하여 로봇을 운전하는 경우와 제224조 단서에 따라 로봇을 운전하는 경우는 제외한다)에 근로자가 로봇에 부딪칠 위험이 있을 때에는 안전매트 및 높이 1.8미터 이상의 방책(로봇의 가동범위 등을 고려하여 높이로 인한 위험성이 없는 경우에는 높이를 그 이하로 조절할 수 있다)을 설치하는 등 위험을 방지하기 위하여 필요한 조치를 하여야 한다.

제224조(수리 등 작업 시의 조치 등) 사업주는 로봇의 작동범위에서 해당 로봇의 수리·검사·조정(교시 등에 해당하는 것은 제외한다)·청소·급유 또는 결과에 대한 확인작업을 하는 경우에는 해당 로봇의 운전을 정지함과 동시에 그 작업을 하고 있는 동안 로봇의 기동스위치를 열쇠로 잠근 후 열쇠를 별도 관리하거나 해당 로봇의 기동스위치에 작업 중이란 내용의 표지판을 부착하는 등 해당 작업에 종사하고 있는 근로자가 아닌 사람이 해당 기동스위치를 조작할 수 없도록 필요한 조치를 하여야 한다. 다만, 로봇의 운전 중에 작업을 하지 아니하면 안되는 경우로서 해당 로봇의 예기치 못한 작동 또는 오조작에 의한 위험을 방지하기 위하여 제222조 각 호의 조치를 한 경우에는 그러하지 아니하다.

제2장 폭발·화재 및 위험물누출에 의한 위험방지

제1절 위험물 등의 취급 등

제225조(위험물질 등의 제조 등 작업 시의 조치) 사업주는 별표 1의 위험물질(이하 "위험물"이라 한다)을 제조하거나 취급하는 경우에 폭발·화재 및 누출을 방지하기 위한 적절한 방호조치를 하지 아니하고 다음 각 호의 행위를 해서는 아니된다.

1. 폭발성 물질, 유기과산화물을 화기나 그 밖에 점화원이 될 우려가 있는 것에 접근시키거나 가열하거나 마찰시키거나 충격을 가하는 행위

2. 물반응성 물질, 인화성 고체를 각각 그 특성에 따라 화기나 그 밖에 점화원이 될 우려가 있는 것에 접근시키거나 발화를 촉진하는 물질 또는 물에 접촉시키거나 가열하거나 마찰시키거나 충격을 가하는 행위

3. 산화성 액체·산화성 고체를 분해가 촉진될 우려가 있는 물질에 접촉시키거나 가열하거나 마찰시키거나 충격을 가하는 행위

4. 인화성 액체를 화기나 그 밖에 점화원이 될 우려가 있는 것에 접근시키거나 주입 또는 가열하거나 증발시키는 행위

5. 인화성 가스를 화기나 그 밖에 점화원이 될 우려가 있는 것에 접근시키거나 압축·가열 또는 주입하는 행위

6. 부식성 물질 또는 급성 독성물질을 누출시키는 등으로 인체에 접촉시키는 행위

7. 위험물을 제조하거나 취급하는 설비가 있는 장소에 인화성 가스 또는 산화성 액체 및 산화성 고체를 방치하는 행위

제226조(물과의 접촉 금지) 사업주는 별표 1 제2호의 물반응성 물질·인화성 고체를 취급하는 경우에는 물과의 접촉을 방지하기 위하여 완전 밀폐된 용기에 저장 또는 취급하거나 빗물 등이 스며들지

아니하는 건축물 내에 보관 또는 취급하여야 한다.

제227조(호스 등을 사용한 인화성 액체 등의 주입) 사업주는 위험물을 액체 상태에서 호스 또는 배관 등을 사용하여 별표 7의 화학설비, 탱크로리, 드럼 등에 주입하는 작업을 하는 경우에는 그 호스 또는 배관 등의 결합부를 확실히 연결하고 누출이 없는지를 확인한 후에 작업을 하여야 한다.

제228조(가솔린이 남아 있는 설비에 등유 등의 주입) 사업주는 별표 7의 화학설비로서 가솔린이 남아 있는 화학설비(위험물을 저장하는 것으로 한정한다. 이하 이 조와 제229조에서 같다), 탱크로리, 드럼 등에 등유나 경유를 주입하는 작업을 하는 경우에는 미리 그 내부를 깨끗하게 씻어내고 가솔린의 증기를 불활성 가스로 바꾸는 등 안전한 상태로 되어 있는지를 확인한 후에 그 작업을 하여야 한다. 다만, 다음 각 호의 조치를 하는 경우에는 그러하지 아니하다.

1. 등유나 경유를 주입하기 전에 탱크·드럼 등과 주입설비 사이에 접속선이나 접지선을 연결하여 전위차를 줄이도록 할 것

2. 등유나 경유를 주입하는 경우에는 그 액표면의 높이가 주입관의 선단의 높이를 넘을 때까지 주입 속도를 초당 1미터 이하로 할 것

제229조(산화에틸렌 등의 취급) ① 사업주는 산화에틸렌, 아세트알데히드 또는 산화프로필렌을 별표 7의 화학설비, 탱크로리, 드럼 등에 주입하는 작업을 하는 경우에는 미리 그 내부의 불활성가스가 아닌 가스나 증기를 불활성가스로 바꾸는 등 안전한 상태로 되어 있는지를 확인한 후에 해당 작업을 하여야 한다.

② 사업주는 산화에틸렌, 아세트알데히드 또는 산화프로필렌을 별표 7의 화학설비, 탱크로리, 드럼 등에 저장하는 경우에는 항상 그 내부의 불활성가스가 아닌 가스나 증기를 불활성가스로 바꾸어 놓는 상태에서 저장하여야 한다.

제230조(폭발위험이 있는 장소의 설정 및 관리) ① 사업주는 다음 각 호의 장소에 대하여 폭발위험장소의 구분도(區分圖)를 작성하는 경우에는 「산업표준화법」에 따른 한국산업표준으로 정하는 기준에 따라 가스폭발 위험장소 또는 분진폭발 위험장소로 설정하여 관리하여야 한다.

1. 인화성 액체의 증기나 인화성 가스 등을 제조·취급 또는 사용하는 장소

2. 인화성 고체를 제조·사용하는 장소

② 사업주는 제1항에 따른 폭발위험장소의 구분도를 작성·관리하여야 한다.

제231조(인화성 액체 등을 수시로 취급하는 장소) ① 사업주는 인화성 액체, 인화성 가스 등을 수시로 취급하는 장소에서는 환기가 충분하지 않은 상태에서 전기기계·기구를 작동시켜서는 아니된다.

② 사업주는 수시로 밀폐된 공간에서 스프레이 건을 사용하여 인화성 액체로 세척·도장 등의 작업을 하는 경우에는 다음 각 호의 조치를 하고 전기기계·기구를 작동시켜야 한다.

1. 인화성 액체, 인화성 가스 등으로 폭발위험 분위기가 조성되지 않도록 해당 물질의 공기 중 농도가 인화하한계값의 25퍼센트를 넘지 않도록 충분히 환기를 유지할 것

2. 조명등은 고무, 실리콘 등의 패킹이나 실링재료를 사용하여 완전히 밀봉할 것

3. 가열성 전기기계·기구를 사용하는 경우에는 세척 또는 도장용 스프레이 건과 동시에 작동되지 않도록 연동장치 등의 조치를 할 것

4. 방폭구조 외의 스위치와 콘센트 등의 전기기기는 밀폐 공간 외부에 설치되어 있을 것

③ 사업주는 제1항과 제2항에도 불구하고 방폭성능을 갖는 전기기계·기구에 대해서는 제1항의 상태

및 제2항 각 호의 조치를 하지 아니한 상태에서도 작동시킬 수 있다.

제232조(폭발 또는 화재 등의 예방) ① 사업주는 인화성 액체의 증기, 인화성 가스 또는 인화성 고체가 존재하여 폭발이나 화재가 발생할 우려가 있는 장소에서 해당 증기·가스 또는 분진에 의한 폭발 또는 화재를 예방하기 위하여 통풍·환기 및 분진 제거 등의 조치를 하여야 한다.

② 사업주는 제1항에 따른 증기나 가스에 의한 폭발이나 화재를 미리 감지하기 위하여 가스 검지 및 경보 성능을 갖춘 가스 검지 및 경보 장치를 설치하여야 한다. 다만, 「산업표준화법」의 한국산업표준에 따른 0종 또는 1종 폭발위험장소에 해당하는 경우로서 제311조에 따라 방폭구조 전기기계·기구를 설치한 경우에는 그러하지 아니하다.

제233조(가스용접 등의 작업) 사업주는 인화성 가스, 불활성 가스 및 산소(이하 "가스등"이라 한다)를 사용하여 금속의 용접·용단 또는 가열작업을 하는 경우에는 가스등의 누출 또는 방출로 인한 폭발·화재 또는 화상을 예방하기 위하여 다음 각 호의 사항을 준수하여야 한다.

1. 가스등의 호스와 취관(吹管)은 손상·마모 등에 의하여 가스등이 누출할 우려가 없는 것을 사용할 것

2. 가스등의 취관 및 호스의 상호 접촉부분은 호스밴드, 호스클립 등 조임기구를 사용하여 가스등이 누출되지 않도록 할 것

3. 가스등의 호스에 가스등을 공급하는 경우에는 미리 그 호스에서 가스등이 방출되지 않도록 필요한 조치를 할 것

4. 사용 중인 가스등을 공급하는 공급구의 밸브나 콕에는 그 밸브나 콕에 접속된 가스등의 호스를 사용하는 사람의 명찰을 붙이는 등 가스등의 공급에 대한 오조작을 방지하기 위한 표시를 할 것

5. 용단작업을 하는 경우에는 취관으로부터 산소의 과잉방출로 인한 화상을 예방하기 위하여 근로자가 조절밸브를 서서히 조작하도록 주지시킬 것

6. 작업을 중단하거나 마치고 작업장소를 떠날 경우에는 가스등의 공급구의 밸브나 콕을 잠글 것

7. 가스등의 분기관은 전용 접속기구를 사용하여 불량체결을 방지하여야 하며, 서로 이어지지 않는 구조의 접속기구 사용, 서로 다른 색상의 배관·호스의 사용 및 꼬리표 부착 등을 통하여 서로 다른 가스배관과의 불량체결을 방지할 것

제234조(가스등의 용기) 사업주는 금속의 용접·용단 또는 가열에 사용되는 가스등의 용기를 취급하는 경우에 다음 각 호의 사항을 준수하여야 한다.

1. 다음 각 목의 어느 하나에 해당하는 장소에서 사용하거나 해당 장소에 설치·저장 또는 방치하지 않도록 할 것

    가. 통풍이나 환기가 불충분한 장소

    나. 화기를 사용하는 장소 및 그 부근

    다. 위험물 또는 제236조에 따른 인화성 액체를 취급하는 장소 및 그 부근

2. 용기의 온도를 섭씨 40도 이하로 유지할 것

3. 전도의 위험이 없도록 할 것

4. 충격을 가하지 않도록 할 것

5. 운반하는 경우에는 캡을 씌울 것

6. 사용하는 경우에는 용기의 마개에 부착되어 있는 유류 및 먼지를 제거할 것

7. 밸브의 개폐는 서서히 할 것

8. 사용 전 또는 사용 중인 용기와 그 밖의 용기를 명확히 구별하여 보관할 것

9. 용해아세틸렌의 용기는 세워 둘 것

10. 용기의 부식·마모 또는 변형상태를 점검한 후 사용할 것

제235조(서로 다른 물질의 접촉에 의한 발화 등의 방지) 사업주는 서로 다른 물질끼리 접촉함으로 인하여 해당 물질이 발화하거나 폭발할 위험이 있는 경우에는 해당 물질을 가까이 저장하거나 동일한 운반기에 적재해서는 아니된다. 다만, 접촉방지를 위한 조치를 한 경우에는 그러하지 아니하다.

제236조(화재 위험이 있는 작업의 장소 등) 사업주는 합성섬유·면·양모·천조각·톱밥·짚·종이류 또는 그 밖에 인화성 액체를 다량으로 취급하는 작업을 하는 장소·설비 등은 화재예방을 위하여 적절한 배치 구조로 하여야 한다.

제237조(자연발화의 방지) 사업주는 질화면, 알킬알루미늄 등 자연발화의 위험이 있는 물질을 쌓아 두는 경우 위험한 온도로 상승하지 못하도록 화재예방을 위한 조치를 하여야 한다.

제238조(유류 등이 묻어 있는 걸레 등의 처리) 사업주는 기름 또는 인쇄용 잉크류 등이 묻은 천조각이나 휴지 등은 뚜껑이 있는 불연성 용기에 담아 두는 등 화재예방을 위한 조치를 하여야 한다.

제2절 화기 등의 관리

제239조(위험물 등이 있는 장소에서 화기 등의 사용 금지) 사업주는 위험물이 있어 폭발이나 화재가 발생할 우려가 있는 장소 또는 그 상부에서 불꽃이나 아크를 발생하거나 고온으로 될 우려가 있는 화기·기계·기구 및 공구 등을 사용해서는 아니된다.

제240조(유류 등이 있는 배관이나 용기의 용접 등) 사업주는 위험물, 위험물 외의 인화성 유류 또는 인화성 고체가 있을 우려가 있는 배관·탱크 또는 드럼 등의 용기에 대하여 미리 위험물 외의 인화성 유류, 인화성 고체 또는 위험물을 제거하는 등 폭발이나 화재의 예방을 위한 조치를 한 후가 아니면 용접·용단 그 밖에 화기를 사용하는 작업이나 불꽃을 발생시킬 위험한 작업을 시켜서는 아니된다.

제241조(통풍 등이 충분하지 않은 장소에서의 용접 등) ① 사업주는 통풍이나 환기가 충분하지 않은 장소에서 용접·용단 및 금속의 가열 등 화기를 사용하는 작업이나 연삭숫돌에 의한 건식연마작업 등 그 밖에 불꽃이 될 우려가 있는 작업 등을 하는 경우에는 통풍 또는 환기를 위하여 산소를 사용해서는 아니된다.

② 사업주는 통풍이나 환기가 충분하지 않고 가연물이 있는 건축물 내부나 설비 내부에서 용접·용단 등과 같은 화기작업을 하는 경우에는 화재예방에 필요한 다음 각 호의 사항을 준수하여야 한다.

1. 작업 준비 및 작업 절차 수립

2. 작업장 내 위험물의 사용·보관 현황 파악

3. 화기작업에 따른 인근 인화성 액체에 대한 방호조치 및 소화기구 비치

4. 용접불티 비산방지덮개, 용접방화포 등 불꽃, 불티 등 비산방지조치

5. 인화성 액체의 증기가 남아 있지 않도록 환기 등의 조치

6. 작업근로자에 대한 화재예방 및 피난교육 등 비상조치

제242조(화기사용 금지) 사업주는 화재 또는 폭발의 위험이 있는 장소에 화기의 사용을 금지하여야

한다.

제243조(소화설비) ① 사업주는 건축물, 별표 7의 화학설비 또는 제5절의 위험물 건조설비가 있는 장소, 그 밖에 위험물이 아닌 인화성 유류 등 폭발이나 화재의 원인이 될 우려가 있는 물질을 취급하는 장소(이하 이 조에서 "건축물등"이라 한다)에는 소화설비를 설치하여야 한다.

② 제1항의 소화설비는 건축물등의 규모·넓이 및 취급하는 물질의 종류 등에 따라 예상되는 폭발이나 화재를 예방하기에 적합하여야 한다.

제244조(방화조치) 사업주는 화로, 가열로, 가열장치, 소각로, 철제굴뚝, 그 밖에 화재를 일으킬 위험이 있는 설비 및 건축물과 그 밖에 인화성 액체와의 사이에는 방화에 필요한 안전거리를 유지하거나 불연성 물체를 차열(遮熱)재료로 하여 방호하여야 한다.

제245조(화기사용 장소의 화재 방지) ① 사업주는 흡연장소 및 난로 등 화기를 사용하는 장소에 화재 예방에 필요한 설비를 하여야 한다.

② 화기를 사용한 사람은 불티가 남지 않도록 뒤처리를 확실하게 하여야 한다.

제246조(소각장) 사업주는 소각장을 설치하는 경우 화재가 번질 위험이 없는 위치에 설치하거나 불연성 재료로 설치하여야 한다.

제3절 용융고열물 등에 의한 위험예방

제247조(고열물 취급설비의 구조) 사업주는 화로 등 다량의 고열물을 취급하는 설비에 대하여 화재를 예방하기 위한 구조로 하여야 한다.

제248조(용융고열물 취급 피트의 수증기 폭발방지) 사업주는 용융(鎔融)한 고열의 광물(이하 "용융고열물"이라 한다)을 취급하는 피트(고열의 금속찌꺼기를 물로 처리하는 것은 제외한다)에 대하여 수증기 폭발을 방지하기 위하여 다음 각 호의 조치를 하여야 한다.

1. 지하수가 내부로 새어드는 것을 방지할 수 있는 구조로 할 것. 다만, 내부에 고인 지하수를 배출할 수 있는 설비를 설치한 경우에는 그러하지 아니하다.
2. 작업용수 또는 빗물 등이 내부로 새어드는 것을 방지할 수 있는 격벽 등의 설비를 주위에 설치할 것

제249조(건축물의 구조) 사업주는 용융고열물을 취급하는 설비를 내부에 설치한 건축물에 대하여 수증기 폭발을 방지하기 위하여 다음 각 호의 조치를 하여야 한다.

1. 바닥은 물이 고이지 아니하는 구조로 할 것
2. 지붕·벽·창 등은 빗물이 새어들지 아니하는 구조로 할 것

제250조(용융고열물의 취급작업) 사업주는 용융고열물을 취급하는 작업(고열의 금속찌꺼기를 물로 처리하는 작업과 폐기하는 작업은 제외한다)을 하는 경우에는 수증기 폭발을 방지하기 위하여 제248조에 따른 피트, 제249조에 따른 건축물의 바닥, 그 밖에 해당 용융고열물을 취급하는 설비에 물이 고이거나 습윤 상태에 있지 않음을 확인한 후 작업하여야 한다.

제251조(고열의 금속찌꺼기 물처리 등) 사업주는 고열의 금속찌꺼기를 물로 처리하거나 폐기하는 작업을 하는 경우에는 수증기 폭발을 방지하기 위하여 배수가 잘되는 장소에서 작업을 하여야 한다. 다만, 수쇄(水碎)처리를 하는 경우에는 그러하지 아니하다.

제252조(고열 금속찌꺼기 처리작업) 사업주는 고열의 금속찌꺼기를 물로 처리하거나 폐기하는 작업을 하는 경우에는 수증기 폭발을 방지하기 위하여 제251조 본문의 장소에 물이 고이지 않음을 확인한 후에 작업을 하여야 한다. 다만, 수쇄처리를 하는 경우에는 그러하지 아니하다.

제253조(금속의 용해로에 금속부스러기를 넣는 작업) 사업주는 금속의 용해로에 금속부스러기를 넣는 작업을 하는 경우에는 수증기 등의 폭발을 방지하기 위하여 금속부스러기에 물·위험물 및 밀폐된 용기 등이 들어있지 않음을 확인한 후에 작업을 하여야 한다.

제254조(화상 등의 방지) ① 사업주는 용광로, 용선로 또는 유리 용해로, 그 밖에 다량의 고열물을 취급하는 작업을 하는 장소에 대하여 해당 고열물의 비산 및 유출 등으로 인한 화상이나 그 밖의 위험을 방지하기 위하여 적절한 조치를 하여야 한다.

② 사업주는 제1항의 장소에서 화상, 그 밖의 위험을 방지하기 위하여 근로자에게 방열복 또는 적합한 보호구를 착용하도록 하여야 한다.

제4절 화학설비·압력용기 등

제255조(화학설비를 설치하는 건축물의 구조) 사업주는 별표 7의 화학설비(이하 "화학설비"라 한다) 및 그 부속설비를 건축물 내부에 설치하는 경우에는 건축물의 바닥·벽·기둥·계단 및 지붕 등에 불연성 재료를 사용하여야 한다.

제256조(부식 방지) 사업주는 화학설비 또는 그 배관(화학설비 또는 그 배관의 밸브나 콕은 제외한다) 중 위험물 또는 인화점이 섭씨 60도 이상인 물질(이하 "위험물질등"이라 한다)이 접촉하는 부분에 대해서는 위험물질등에 의하여 그 부분이 부식되어 폭발·화재 또는 누출되는 것을 방지하기 위하여 위험물질등의 종류·온도·농도 등에 따라 부식이 잘 되지 않는 재료를 사용하거나 도장(塗裝) 등의 조치를 하여야 한다.

제257조(덮개 등의 접합부) 사업주는 화학설비 또는 그 배관의 덮개·플랜지·밸브 및 콕의 접합부에 대해서는 접합부에서 위험물질등이 누출되어 폭발·화재 또는 위험물이 누출되는 것을 방지하기 위하여 적절한 개스킷(gasket)을 사용하고 접합면을 서로 밀착시키는 등 적절한 조치를 하여야 한다.

제258조(밸브 등의 개폐방향의 표시 등) 사업주는 화학설비 또는 그 배관의 밸브·콕 또는 이것들을 조작하기 위한 스위치 및 누름버튼 등에 대하여 오조작으로 인한 폭발·화재 또는 위험물의 누출을 방지하기 위하여 열고 닫는 방향을 색채 등으로 표시하여 구분되도록 하여야 한다.

제259조(밸브 등의 재질) 사업주는 화학설비 또는 그 배관의 밸브나 콕에는 개폐의 빈도, 위험물질등의 종류·온도·농도 등에 따라 내구성이 있는 재료를 사용하여야 한다.

제260조(공급 원재료의 종류 등의 표시) 사업주는 화학설비에 원재료를 공급하는 근로자의 오조작으로 인하여 발생하는 폭발·화재 또는 위험물의 누출을 방지하기 위하여 그 근로자가 보기 쉬운 위치에 원재료의 종류, 원재료가 공급되는 설비명 등을 표시하여야 한다.

제261조(안전밸브 등의 설치) ① 사업주는 다음 각 호의 어느 하나에 해당하는 설비에 대해서는 과압에 따른 폭발을 방지하기 위하여 폭발 방지 성능과 규격을 갖춘 안전밸브 또는 파열판(이하 "안전밸브등"이라 한다)을 설치하여야 한다. 다만, 안전밸브등에 상응하는 방호장치를 설치한 경우에는 그러하지 아니하다.

1. 압력용기(안지름이 150밀리미터 이하인 압력용기는 제외하며, 압력 용기 중 관형 열교환기의 경우에는 관의 파열로 인하여 상승한 압력이 압력용기의 최고사용압력을 초과할 우려가 있는 경우만 해당한다)
2. 정변위 압축기
3. 정변위 펌프(토출축에 차단밸브가 설치된 것만 해당한다)
4. 배관(2개 이상의 밸브에 의하여 차단되어 대기온도에서 액체의 열팽창에 의하여 파열될 우려가 있는 것으로 한정한다)
5. 그 밖의 화학설비 및 그 부속설비로서 해당 설비의 최고사용압력을 초과할 우려가 있는 것

② 제1항에 따라 안전밸브등을 설치하는 경우에는 다단형 압축기 또는 직렬로 접속된 공기압축기에 대해서는 각 단 또는 각 공기압축기별로 안전밸브등을 설치하여야 한다.

③ 제1항에 따라 설치된 안전밸브에 대해서는 다음 각 호의 구분에 따른 검사주기마다 국가교정기관에서 교정을 받은 압력계를 이용하여 설정압력에서 안전밸브가 적정하게 작동하는지를 검사한 후 납으로 봉인하여 사용하여야 한다. 다만, 공기나 질소취급용기 등에 설치된 안전밸브 중 안전밸브 자체에 부착된 레버 또는 고리를 통하여 수시로 안전밸브가 적정하게 작동하는지를 확인할 수 있는 경우에는 검사하지 아니할 수 있고 납으로 봉인하지 아니할 수 있다.

1. 화학공정 유체와 안전밸브의 디스크 또는 시트가 직접 접촉될 수 있도록 설치된 경우: 매년 1회 이상
2. 안전밸브 전단에 파열판이 설치된 경우: 2년마다 1회 이상
3. 영 제33조의6에 따른 공정안전보고서 제출 대상으로서 고용노동부장관이 실시하는 공정안전보고서 이행상태 평가결과가 우수한 사업장의 안전밸브의 경우: 4년마다 1회 이상

④ 사업주는 제3항에 따라 납으로 봉인된 안전밸브를 해체하거나 조정할 수 없도록 조치하여야 한다.

제262조(파열판의 설치) 사업주는 제261조제1항 각 호의 설비가 다음 각 호의 어느 하나에 해당하는 경우에는 파열판을 설치하여야 한다.

1. 반응 폭주 등 급격한 압력 상승 우려가 있는 경우
2. 급성 독성물질의 누출로 인하여 주위의 작업환경을 오염시킬 우려가 있는 경우
3. 운전 중 안전밸브에 이상 물질이 누적되어 안전밸브가 작동되지 아니할 우려가 있는 경우

제263조(파열판 및 안전밸브의 직렬설치) 사업주는 급성 독성물질이 지속적으로 외부에 유출될 수 있는 화학설비 및 그 부속설비에 파열판과 안전밸브를 직렬로 설치하고 그 사이에는 압력지시계 또는 자동경보장치를 설치하여야 한다.

제264조(안전밸브등의 작동요건) 사업주는 제261조제1항에 따라 설치한 안전밸브등이 안전밸브등을 통하여 보호하려는 설비의 최고사용압력 이하에서 작동되도록 하여야 한다. 다만, 안전밸브등이 2개 이상 설치된 경우에 1개는 최고사용압력의 1.05배(외부화재를 대비한 경우에는 1.1배) 이하에서 작동되도록 설치할 수 있다.

제265조(안전밸브등의 배출용량) 사업주는 안전밸브등에 대하여 배출용량은 그 작동원인에 따라 각각의 소요분출량을 계산하여 가장 큰 수치를 해당 안전밸브등의 배출용량으로 하여야 한다.

제266조(차단밸브의 설치 금지) 사업주는 안전밸브등의 전단·후단에 차단밸브를 설치해서는 아니된

다. 다만, 다음 각 호의 어느 하나에 해당하는 경우에는 자물쇠형 또는 이에 준하는 형식의 차단밸브를 설치할 수 있다.

1. 인접한 화학설비 및 그 부속설비에 안전밸브등이 각각 설치되어 있고, 해당 화학설비 및 그 부속설비의 연결배관에 차단밸브가 없는 경우

2. 안전밸브등의 배출용량의 2분의 1 이상에 해당하는 용량의 자동압력조절밸브(구동용 동력원의 공급을 차단하는 경우 열리는 구조인 것으로 한정한다)와 안전밸브등이 병렬로 연결된 경우

3. 화학설비 및 그 부속설비에 안전밸브등이 복수방식으로 설치되어 있는 경우

4. 예비용 설비를 설치하고 각각의 설비에 안전밸브등이 설치되어 있는 경우

5. 열팽창에 의하여 상승된 압력을 낮추기 위한 목적으로 안전밸브가 설치된 경우

6. 하나의 플레어 스택(flare stack)에 둘 이상의 단위공정의 플레어 헤더(flare header)를 연결하여 사용하는 경우로서 각각의 단위공정의 플레어헤더에 설치된 차단밸브의 열림·닫힘 상태를 중앙제어실에서 알 수 있도록 조치한 경우

제267조(배출물질의 처리) 사업주는 안전밸브등으로부터 배출되는 위험물은 연소·흡수·세정(洗淨)·포집(捕集) 또는 회수 등의 방법으로 처리하여야 한다. 다만, 다음 각 호의 어느 하나에 해당하는 경우에는 배출되는 위험물을 안전한 장소로 유도하여 외부로 직접 배출할 수 있다.

1. 배출물질을 연소·흡수·세정·포집 또는 회수 등의 방법으로 처리할 때에 파열판의 기능을 저해할 우려가 있는 경우

2. 배출물질을 연소처리할 때에 유해성가스를 발생시킬 우려가 있는 경우

3. 고압상태의 위험물이 대량으로 배출되어 연소·흡수·세정·포집 또는 회수 등의 방법으로 완전히 처리할 수 없는 경우

4. 공정설비가 있는지역과 떨어진 인화성 가스 또는 인화성 액체 저장탱크에 안전밸브등이 설치될 때에 저장탱크에 냉각설비 또는 자동소화설비 등 안전상의 조치를 하였을 경우

5. 그 밖에 배출량이 적거나 배출 시 급격히 분산되어 재해의 우려가 없으며, 냉각설비 또는 자동소화설비를 설치하는 등 안전상의 조치를 하였을 경우

제268조(통기설비) ① 사업주는 인화성 액체를 저장·취급하는 대기압탱크에는 통기관 또는 통기밸브(breather valve) 등(이하 "통기설비"라 한다)을 설치하여야 한다.

② 제1항에 따른 통기설비는 정상운전 시에 대기압탱크 내부가 진공 또는 가압되지 않도록 충분한 용량의 것을 사용하여야 하며, 철저하게 유지·보수를 하여야 한다.

제269조(화염방지기의 설치 등) ① 사업주는 인화성 액체 및 인화성 가스를 저장 취급하는 화학설비에서 증기나 가스를 대기로 방출하는 경우에는 외부로부터의 화염을 방지하기 위하여 화염방지기를 그 설비 상단에 설치하여야 한다. 다만, 대기로 연결된 통기관에 통기밸브가 설치되어 있거나, 인화점이 섭씨 38도 이상 60도 이하인 인화성 액체를 저장·취급할 때에 화염방지 기능을 가지는 인화방지망을 설치한 경우에는 그러하지 아니하다.

② 사업주는 제1항의 화염방지기를 설치하는 경우에는 「산업표준화법」에 따른 한국산업표준에서 정하는 화염방지장치 기준에 적합한 것을 설치하여야 하며, 항상 철저하게 보수·유지하여야 한다.

제270조(내화기준) ① 사업주는 제230조제1항에 따른 가스폭발 위험장소 또는 분진폭발 위험장소에 설치되는 건축물 등에 대해서는 다음 각 호에 해당하는 부분을 내화구조로 하여야 하며, 그 성능이

항상 유지될 수 있도록 점검·보수 등 적절한 조치를 하여야 한다. 다만, 건축물 등의 주변에 화재에 대비하여 물 분무시설 또는 폼 헤드(foam head)설비 등의 자동소화설비를 설치하여 건축물 등이 화재시에 2시간 이상 그 안전성을 유지할 수 있도록 한 경우에는 내화구조로 하지 아니할 수 있다.

1. 건축물의 기둥 및 보: 지상 1층(지상 1층의 높이가 6미터를 초과하는 경우에는 6미터)까지
2. 위험물 저장·취급용기의 지지대(높이가 30센티미터 이하인 것은 제외한다): 지상으로부터 지지대의 끝부분까지
3. 배관·전선관 등의 지지대: 지상으로부터 1단(1단의 높이가 6미터를 초과하는 경우에는 6미터)까지
② 내화재료는 「산업표준화법」에 따른 한국산업표준으로 정하는 기준에 적합하거나 그 이상의 성능을 가지는 것이어야 한다.

제271조(안전거리) 사업주는 별표 1 제1호부터 제5호까지의 위험물을 저장·취급하는 화학설비 및 그 부속설비를 설치하는 경우에는 폭발이나 화재에 따른 피해를 줄일 수 있도록 별표 8에 따라 설비 및 시설 간에 충분한 안전거리를 유지하여야 한다. 다만, 다른 법령에 따라 안전거리 또는 보유공지를 유지하거나, 법 제49조의2에 따른 공정안전보고서를 제출하여 피해최소화를 위한 위험성 평가를 통하여 그 안전성을 확인받은 경우에는 그러하지 아니하다.

제272조(방유제 설치) 사업주는 별표 1 제4호부터 제7호까지의 위험물을 액체상태로 저장하는 저장탱크를 설치하는 경우에는 위험물질이 누출되어 확산되는 것을 방지하기 위하여 방유제(防油堤)를 설치하여야 한다.

제273조(계측장치 등의 설치) 사업주는 별표 9에 따른 위험물을 같은 표에서 정한 기준량 이상으로 제조하거나 취급하는 다음 각 호의 어느 하나에 해당하는 화학설비(이하 "특수화학설비"라 한다)를 설치하는 경우에는 내부의 이상 상태를 조기에 파악하기 위하여 필요한 온도계·유량계·압력계 등의 계측장치를 설치하여야 한다.

1. 발열반응이 일어나는 반응장치
2. 증류·정류·증발·추출 등 분리를 하는 장치
3. 가열시켜 주는 물질의 온도가 가열되는 위험물질의 분해온도 또는 발화점보다 높은 상태에서 운전되는 설비
4. 반응폭주 등 이상 화학반응에 의하여 위험물질이 발생할 우려가 있는 설비
5. 온도가 섭씨 350도 이상이거나 게이지 압력이 980킬로파스칼 이상인 상태에서 운전되는 설비
6. 가열로 또는 가열기

제274조(자동경보장치의 설치 등) 사업주는 특수화학설비를 설치하는 경우에는 그 내부의 이상 상태를 조기에 파악하기 위하여 필요한 자동경보장치를 설치하여야 한다. 다만, 자동경보장치를 설치하는 것이 곤란한 경우에는 감시인을 두고 그 특수화학설비의 운전 중 설비를 감시하도록 하는 등의 조치를 하여야 한다.

제275조(긴급차단장치의 설치 등) ① 사업주는 특수화학설비를 설치하는 경우에는 이상 상태의 발생에 따른 폭발·화재 또는 위험물의 누출을 방지하기 위하여 원재료 공급의 긴급차단, 제품 등의 방출, 불활성가스의 주입이나 냉각용수 등의 공급을 위하여 필요한 장치 등을 설치하여야 한다.
② 제1항의 장치 등은 안전하고 정확하게 조작할 수 있도록 보수·유지되어야 한다.

제276조(예비동력원 등) 사업주는 특수화학설비와 그 부속설비에 사용하는 동력원에 대하여 다음 각

호의 사항을 준수하여야 한다.

1. 동력원의 이상에 의한 폭발이나 화재를 방지하기 위하여 즉시 사용할 수 있는 예비동력원을 갖추어 둘 것
2. 밸브·콕·스위치 등에 대해서는 오조작을 방지하기 위하여 잠금장치를 하고 색채표시 등으로 구분할 것

제277조(사용 전의 점검 등) ① 사업주는 다음 각 호의 어느 하나에 해당하는 경우에는 화학설비 및 그 부속설비의 안전검사내용을 점검한 후 해당 설비를 사용하여야 한다.

1. 처음으로 사용하는 경우
2. 분해하거나 개조 또는 수리를 한 경우
3. 계속하여 1개월 이상 사용하지 아니한 후 다시 사용하는 경우

② 사업주는 제1항의 경우 외에 해당 화학설비 또는 그 부속설비의 용도를 변경하는 경우(사용하는 원재료의 종류를 변경하는 경우를 포함한다)에도 해당 설비의 다음 각 호의 사항을 점검한 후 사용하여야 한다.

1. 그 설비 내부에 폭발이나 화재의 우려가 있는 물질이 있는지 여부
2. 안전밸브·긴급차단장치 및 그 밖의 방호장치 기능의 이상 유무
3. 냉각장치·가열장치·교반장치·압축장치·계측장치 및 제어장치 기능의 이상 유무

제278조(개조·수리 등) 사업주는 화학설비와 그 부속설비의 개조·수리 및 청소 등을 위하여 해당 설비를 분해하거나 해당 설비의 내부에서 작업을 하는 경우에는 다음 각 호의 사항을 준수하여야 한다.

1. 작업책임자를 정하여 해당 작업을 지휘하도록 할 것
2. 작업장소에 위험물 등이 누출되거나 고온의 수증기가 새어나오지 않도록 할 것
3. 작업장 및 그 주변의 인화성 액체의 증기나 인화성 가스의 농도를 수시로 측정할 것

제279조(대피 등) ① 사업주는 폭발이나 화재에 의한 산업재해발생의 급박한 위험이 있는 경우에는 즉시 작업을 중지하고 근로자를 안전한 장소로 대피시켜야 한다.

② 사업주는 제1항의 경우에 근로자가 산업재해를 입을 우려가 없음이 확인될 때까지 해당 작업장에 관계자가 아닌 사람의 출입을 금지하고, 그 취지를 보기 쉬운 장소에 표시하여야 한다.

제5절 건조설비

제280조(위험물 건조설비를 설치하는 건축물의 구조) 사업주는 다음 각 호의 어느 하나에 해당하는 위험물 건조설비(이하 "위험물 건조설비"라 한다) 중 건조실을 설치하는 건축물의 구조는 독립된 단층건물로 하여야 한다. 다만, 해당 건조실을 건축물의 최상층에 설치하거나 건축물이 내화구조인 경우에는 그러하지 아니하다.

1. 위험물 또는 위험물이 발생하는 물질을 가열·건조하는 경우 내용적이 1세제곱미터 이상인 건조설비
2. 위험물이 아닌 물질을 가열·건조하는 경우로서 다음 각 목의 어느 하나의 용량에 해당하는 건조설비

   가. 고체 또는 액체연료의 최대사용량이 시간당 10킬로그램 이상

나. 기체연료의 최대사용량이 시간당 1세제곱미터 이상

다. 전기사용 정격용량이 10킬로와트 이상

제281조(건조설비의 구조 등) 사업주는 건조설비를 설치하는 경우에 다음 각 호와 같은 구조로 설치하여야 한다. 다만, 건조물의 종류, 가열건조의 정도, 열원(熱源)의 종류 등에 따라 폭발이나 화재가 발생할 우려가 없는 경우에는 그러하지 아니하다.

1. 건조설비의 바깥 면은 불연성 재료로 만들 것

2. 건조설비(유기과산화물을 가열 건조하는 것은 제외한다)의 내면과 내부의 선반이나 틀은 불연성 재료로 만들 것

3. 위험물 건조설비의 측벽이나 바닥은 견고한 구조로 할 것

4. 위험물 건조설비는 그 상부를 가벼운 재료로 만들고 주위상황을 고려하여 폭발구를 설치할 것

5. 위험물 건조설비는 건조하는 경우에 발생하는 가스·증기 또는 분진을 안전한 장소로 배출시킬 수 있는 구조로 할 것

6. 액체연료 또는 인화성 가스를 열원의 연료로 사용하는 건조설비는 점화하는 경우에는 폭발이나 화재를 예방하기 위하여 연소실이나 그 밖에 점화하는 부분을 환기시킬 수 있는 구조로 할 것

7. 건조설비의 내부는 청소하기 쉬운 구조로 할 것

8. 건조설비의 감시창·출입구 및 배기구 등과 같은 개구부는 발화 시에 불이 다른 곳으로 번지지 아니하는 위치에 설치하고 필요한 경우에는 즉시 밀폐할 수 있는 구조로 할 것

9. 건조설비는 내부의 온도가 국부적으로 상승하지 아니하는 구조로 설치할 것

10. 위험물 건조설비의 열원으로서 직화를 사용하지 아니할 것

11. 위험물 건조설비가 아닌 건조설비의 열원으로서 직화를 사용하는 경우에는 불꽃 등에 의한 화재를 예방하기 위하여 덮개를 설치하거나 격벽을 설치할 것

제282조(건조설비의 부속전기설비) ① 사업주는 건조설비에 부속된 전열기·전동기 및 전등 등에 접속된 배선 및 개폐기를 사용하는 경우에는 그 건조설비 전용의 것을 사용하여야 한다.

② 사업주는 위험물 건조설비의 내부에서 전기불꽃의 발생으로 위험물의 점화원이 될 우려가 있는 전기기계·기구 또는 배선을 설치해서는 아니된다.

제283조(건조설비의 사용) 사업주는 건조설비를 사용하여 작업을 하는 경우에 폭발이나 화재를 예방하기 위하여 다음 각 호의 사항을 준수하여야 한다.

1. 위험물 건조설비를 사용하는 경우에는 미리 내부를 청소하거나 환기할 것

2. 위험물 건조설비를 사용하는 경우에는 건조로 인하여 발생하는 가스·증기 또는 분진에 의하여 폭발·화재의 위험이 있는 물질을 안전한 장소로 배출시킬 것

3. 위험물 건조설비를 사용하여 가열건조하는 건조물은 쉽게 이탈되지 않도록 할 것

4. 고온으로 가열건조한 인화성 액체는 발화의 위험이 없는 온도로 냉각한 후에 격납시킬 것

5. 건조설비(바깥 면이 현저히 고온이 되는 설비만 해당한다)에 가까운 장소에는 인화성 액체를 두지 않도록 할 것

제284조(건조설비의 온도 측정) 사업주는 건조설비에 대하여 내부의 온도를 수시로 측정할 수 있는 장치를 설치하거나 내부의 온도가 자동으로 조정되는 장치를 설치하여야 한다.

제6절 아세틸렌 용접장치 및 가스집합 용접장치

제1관 아세틸렌 용접장치

제285조(압력의 제한) 사업주는 아세틸렌 용접장치를 사용하여 금속의 용접·용단 또는 가열작업을 하는 경우에는 게이지 압력이 127킬로파스칼을 초과하는 압력의 아세틸렌을 발생시켜 사용해서는 아니된다.

제286조(발생기실의 설치장소 등) ① 사업주는 아세틸렌 용접장치의 아세틸렌 발생기(이하 "발생기"라 한다)를 설치하는 경우에는 전용의 발생기실에 설치하여야 한다.

② 제1항의 발생기실은 건물의 최상층에 위치하여야 하며, 화기를 사용하는 설비로부터 3미터를 초과하는 장소에 설치하여야 한다.

③ 제1항의 발생기실을 옥외에 설치한 경우에는 그 개구부를 다른 건축물로부터 1.5미터 이상 떨어지도록 하여야 한다.

제287조(발생기실의 구조 등) 사업주는 발생기실을 설치하는 경우에 다음 각 호의 사항을 준수하여야 한다.

1. 벽은 불연성 재료로 하고 철근 콘크리트 또는 그 밖에 이와 동등 하거나 그 이상의 강도를 가진 구조로 할 것

2. 지붕과 천장에는 얇은 철판이나 가벼운 불연성 재료를 사용할 것

3. 바닥면적의 16분의 1 이상의 단면적을 가진 배기통을 옥상으로 돌출시키고 그 개구부를 창이나 출입구로부터 1.5미터 이상 떨어지도록 할 것

4. 출입구의 문은 불연성 재료로 하고 두께 1.5밀리미터 이상의 철판이나 그 밖에 그 이상의 강도를 가진 구조로 할 것

5. 벽과 발생기 사이에는 발생기의 조정 또는 카바이드 공급 등의 작업을 방해하지 않도록 간격을 확보할 것

제288조(격납실) 사업주는 사용하지 않고 있는 이동식 아세틸렌 용접장치를 보관하는 경우에는 전용의 격납실에 보관하여야 한다. 다만, 기종을 분리하고 발생기를 세척한 후 보관하는 경우에는 임의의 장소에 보관할 수 있다.

제289조(안전기의 설치) ① 사업주는 아세틸렌 용접장치의 취관마다 안전기를 설치하여야 한다. 다만, 주관 및 취관에 가장 가까운 분기관(分岐管)마다 안전기를 부착한 경우에는 그러하지 아니하다.

② 사업주는 가스용기가 발생기와 분리되어 있는 아세틸렌 용접장치에 대하여 발생기와 가스용기 사이에 안전기를 설치하여야 한다.

제290조(아세틸렌 용접장치의 관리 등) 사업주는 아세틸렌 용접장치를 사용하여 금속의 용접·용단(溶斷) 또는 가열작업을 하는 경우에 다음 각 호의 사항을 준수하여야 한다.

1. 발생기(이동식 아세틸렌 용접장치의 발생기는 제외한다)의 종류, 형식, 제작업체명, 매 시 평균 가스발생량 및 1회 카바이드 공급량을 발생기실 내의 보기 쉬운 장소에 게시할 것

2. 발생기실에는 관계 근로자가 아닌 사람이 출입하는 것을 금지할 것

3. 발생기에서 5미터 이내 또는 발생기실에서 3미터 이내의 장소에서는 흡연, 화기의 사용 또는 불꽃이 발생할 위험한 행위를 금지시킬 것

4. 도관에는 산소용과 아세틸렌용의 혼동을 방지하기 위한 조치를 할 것

5. 아세틸렌 용접장치의 설치장소에는 적당한 소화설비를 갖출 것

6. 이동식 아세틸렌용접장치의 발생기는 고온의 장소, 통풍이나 환기가 불충분한 장소 또는 진동이 많은 장소 등에 설치하지 않도록 할 것

제2관 가스집합 용접장치

제291조(가스집합장치의 위험 방지) ① 사업주는 가스집합장치에 대해서는 화기를 사용하는 설비로부터 5미터 이상 떨어진 장소에 설치하여야 한다.

② 사업주는 제1항의 가스집합장치를 설치하는 경우에는 전용의 방(이하 "가스장치실"이라 한다)에 설치하여야 한다. 다만, 이동하면서 사용하는 가스집합장치의 경우에는 그러하지 아니하다.

③ 사업주는 가스장치실에서 가스집합장치의 가스용기를 교환하는 작업을 할 때 가스장치실의 부속설비 또는 다른 가스용기에 충격을 줄 우려가 있는 경우에는 고무판 등을 설치하는 등 충격방지 조치를 하여야 한다.

제292조(가스장치실의 구조 등) 사업주는 가스장치실을 설치하는 경우에 다음 각 호의 구조로 설치하여야 한다.

1. 가스가 누출된 경우에는 그 가스가 정체되지 않도록 할 것

2. 지붕과 천장에는 가벼운 불연성 재료를 사용할 것

3. 벽에는 불연성 재료를 사용할 것

제293조(가스집합용접장치의 배관) 사업주는 가스집합용접장치(이동식을 포함한다)의 배관을 하는 경우에는 다음 각 호의 사항을 준수하여야 한다.

1. 플랜지·밸브·콕 등의 접합부에는 개스킷을 사용하고 접합면을 상호 밀착시키는 등의 조치를 할 것

2. 주관 및 분기관에는 안전기를 설치할 것. 이 경우 하나의 취관에 2개 이상의 안전기를 설치하여야 한다.

제294조(구리의 사용 제한) 사업주는 용해아세틸렌의 가스집합용접장치의 배관 및 부속기구는 구리나 구리 함유량이 70퍼센트 이상인 합금을 사용해서는 아니된다.

제295조(가스집합용접장치의 관리 등) 사업주는 가스집합용접장치를 사용하여 금속의 용접·용단 및 가열작업을 하는 경우에는 다음 각 호의 사항을 준수하여야 한다.

1. 사용하는 가스의 명칭 및 최대가스저장량을 가스장치실의 보기 쉬운 장소에 게시할 것

2. 가스용기를 교환하는 경우에는 관리감독자가 참여한 가운데 할 것

3. 밸브·콕 등의 조작 및 점검요령을 가스장치실의 보기 쉬운 장소에 게시할 것

4. 가스장치실에는 관계근로자가 아닌 사람의 출입을 금지할 것

5. 가스집합장치로부터 5미터 이내의 장소에서는 흡연, 화기의 사용 또는 불꽃을 발생할 우려가 있는 행위를 금지할 것

6. 도관에는 산소용과의 혼동을 방지하기 위한 조치를 할 것

7. 가스집합장치의 설치장소에는 적당한 소화설비를 설치할 것

8. 이동식 가스집합용접장치의 가스집합장치는 고온의 장소, 통풍이나 환기가 불충분한 장소 또는

진동이 많은 장소에 설치하지 않도록 할 것

9. 해당 작업을 행하는 근로자에게 보안경과 안전장갑을 착용시킬 것

제7절 폭발·화재 및 위험물 누출에 의한 위험방지

제296조(지하작업장 등) 사업주는 인화성 가스가 발생할 우려가 있는지하작업장에서 작업하는 경우(제350조에 따른 터널 등의 건설작업의 경우는 제외한다) 또는 가스도관에서 가스가 발산될 위험이 있는 장소에서 굴착작업(해당 작업이 이루어지는 장소 및 그와 근접한 장소에서 이루어지는 지반의 굴삭 또는 이에 수반한 토석의 운반 등의 작업을 말한다)을 하는 경우에는 폭발이나 화재를 방지하기 위하여 다음 각 호의 조치를 하여야 한다.

1. 가스의 농도를 측정하는 사람을 지명하고 다음 각 목의 경우에 그로 하여금 해당 가스의 농도를 측정하도록 할 것

   가. 매일 작업을 시작하기 전

   나. 가스의 누출이 의심되는 경우

   다. 가스가 발생하거나 정체할 위험이 있는 장소가 있는 경우

   라. 장시간 작업을 계속하는 경우(이 경우 4시간마다 가스 농도를 측정하도록 하여야 한다)

2. 가스의 농도가 인화하한계 값의 25퍼센트 이상으로 밝혀진 경우에는 즉시 근로자를 안전한 장소에 대피시키고 화기나 그 밖에 점화원이 될 우려가 있는 기계·기구 등의 사용을 중지하며 통풍·환기 등을 할 것

제297조(부식성 액체의 압송설비) 사업주는 별표 1의 부식성 물질을 동력을 사용하여 호스로 압송(壓送)하는 작업을 하는 경우에는 해당 압송에 사용하는 설비에 대하여 다음 각 호의 조치를 하여야 한다.

1. 압송에 사용하는 설비를 운전하는 사람(이하 이 조에서 "운전자"라 한다)이 보기 쉬운 위치에 압력계를 설치하고 운전자가 쉽게 조작할 수 있는 위치에 동력을 차단할 수 있는 조치를 할 것

2. 호스와 그 접속용구는 압송하는 부식성 액체에 대하여 내식성(耐蝕性), 내열성 및 내한성을 가진 것을 사용할 것

3. 호스에 사용정격압력을 표시하고 그 사용정격압력을 초과하여 압송하지 아니할 것

4. 호스 내부에 이상압력이 가하여져 위험할 경우에는 압송에 사용하는 설비에 과압방지장치를 설치할 것

5. 호스와 호스 외의 관 및 호스 간의 접속부분에는 접속용구를 사용하여 누출이 없도록 확실히 접속할 것

6. 운전자를 지정하고 압송에 사용하는 설비의 운전 및 압력계의 감시를 하도록 할 것

7. 호스 및 그 접속용구는 매일 사용하기 전에 점검하고 손상·부식 등의 결함에 의하여 압송하는 부식성 액체가 날아 흩어지거나 새어나갈 위험이 있으면 교환할 것

제298조(공기 외의 가스 사용 제한) 사업주는 압축한 가스의 압력을 사용하여 별표 1의 부식성 액체를 압송하는 작업을 하는 경우에는 공기가 아닌 가스를 해당 압축가스로 사용해서는 아니된다. 다만, 해당 작업을 마친 후 즉시 해당 가스를 배출한 경우 또는 해당 가스가 남아있음을 표시하는 등 근로

자가 압송에 사용한 설비의 내부에 출입하여도 질식 위험이 발생할 우려가 없도록 조치한 경우에는 질소나 탄산가스를 사용할 수 있다.

제299조(독성이 있는 물질의 누출 방지) 사업주는 급성 독성물질의 누출로 인한 위험을 방지하기 위하여 다음 각 호의 조치를 하여야 한다.

1. 사업장 내 급성 독성물질의 저장 및 취급량을 최소화할 것
2. 급성 독성물질을 취급 저장하는 설비의 연결 부분은 누출되지 않도록 밀착시키고 매월 1회 이상 연결부분에 이상이 있는지를 점검할 것
3. 급성 독성물질을 폐기·처리하여야 하는 경우에는 냉각·분리·흡수·흡착·소각 등의 처리공정을 통하여 급성 독성물질이 외부로 방출되지 않도록 할 것
4. 급성 독성물질 취급설비의 이상 운전으로 급성 독성물질이 외부로 방출될 경우에는 저장·포집 또는 처리설비를 설치하여 안전하게 회수할 수 있도록 할 것
5. 급성 독성물질을 폐기·처리 또는 방출하는 설비를 설치하는 경우에는 자동으로 작동될 수 있는 구조로 하거나 원격조정할 수 있는 수동조작구조로 설치할 것
6. 급성 독성물질을 취급하는 설비의 작동이 중지된 경우에는 근로자가 쉽게 알 수 있도록 필요한 경보설비를 근로자와 가까운 장소에 설치할 것
7. 급성 독성물질이 외부로 누출된 경우에는 감지·경보할 수 있는 설비를 갖출 것

제300조(기밀시험시의 위험 방지) ① 사업주는 배관, 용기, 그 밖의 설비에 대하여 질소·탄산가스 등 불활성가스의 압력을 이용하여 기밀(氣密)시험을 하는 경우에는 지나친 압력의 주입 또는 불량한 작업방법 등으로 발생할 수 있는 파열에 의한 위험을 방지하기 위하여 국가교정기관에서 교정을 받은 압력계를 설치하고 내부압력을 수시로 확인하여야 한다.

② 제1항의 압력계는 기밀시험을 하는 배관 등의 내부압력을 항상 확인할 수 있도록 작업자가 보기 쉬운 장소에 설치하여야 한다.

③ 기밀시험을 종료한 후 설비 내부를 점검할 때에는 반드시 환기를 하고 불활성가스가 남아 있는지를 측정하여 안전한 상태를 확인한 후 점검하여야 한다.

④ 사업주는 기밀시험장비가 주입압력에 충분히 견딜 수 있도록 견고하게 설치하여야 하며, 이상압력에 의한 연결파이프 등의 파열방지를 위한 안전조치를 하고 그 상태를 미리 확인하여야 한다.

제3장 전기로 인한 위험 방지

제1절 전기 기계·기구 등으로 인한 위험 방지

제301조(전기 기계·기구 등의 충전부 방호) ① 사업주는 근로자가 작업이나 통행 등으로 인하여 전기 기계, 기구 [전동기·변압기·접속기·개폐기·분전반(分電盤)·배전반(配電盤) 등 전기를 통하는 기계·기구, 그 밖의 설비 중 배선 및 이동전선 외의 것을 말한다. 이하 같다)] 또는 전로 등의 충전부분 (전열기의 발열체 부분, 저항접속기의 전극 부분 등 전기기계·기구의 사용 목적에 따라 노출이 불가피한 충전부분은 제외한다. 이하 같다)에 접촉(충전부분과 연결된 도전체와의 접촉을 포함한다. 이하 이 장에서 같다)하거나 접근함으로써 감전 위험이 있는 충전부분에 대하여 감전을 방지하기 위하여

다음 각 호의 방법 중 하나 이상의 방법으로 방호하여야 한다.

1. 충전부가 노출되지 않도록 폐쇄형 외함(外函)이 있는 구조로 할 것
2. 충전부에 충분한 절연효과가 있는 방호망이나 절연덮개를 설치할 것
3. 충전부는 내구성이 있는 절연물로 완전히 덮어 감쌀 것
4. 발전소·변전소 및 개폐소 등 구획되어 있는 장소로서 관계 근로자가 아닌 사람의 출입이 금지되는 장소에 충전부를 설치하고, 위험표시 등의 방법으로 방호를 강화할 것
5. 전주 위 및 철탑 위 등 격리되어 있는 장소로서 관계 근로자가 아닌 사람이 접근할 우려가 없는 장소에 충전부를 설치할 것

② 사업주는 근로자가 노출 충전부가 있는 맨홀 또는 지하실 등의 밀폐공간에서 작업하는 경우에는 노출 충전부와의 접촉으로 인한 전기위험을 방지하기 위하여 덮개, 방책 또는 절연 칸막이 등을 설치하여야 한다.

③ 사업주는 근로자의 감전위험을 방지하기 위하여 개폐되는 문, 경첩이 있는 패널 등(분전반 또는 제어반 문)을 견고하게 고정시켜야 한다.

제302조(전기 기계·기구의 접지) ① 사업주는 누전에 의한 감전의 위험을 방지하기 위하여 다음 각 호의 부분에 대하여 접지를 하여야 한다.

1. 전기 기계·기구의 금속제 외함, 금속제 외피 및 철대
2. 고정 설치되거나 고정배선에 접속된 전기기계·기구의 노출된 비충전 금속체 중 충전될 우려가 있는 다음 각 목의 어느 하나에 해당하는 비충전 금속체
   가. 지면이나 접지된 금속체로부터 수직거리 2.4미터, 수평거리 1.5미터 이내인 것
   나. 물기 또는 습기가 있는 장소에 설치되어 있는 것
   다. 금속으로 되어 있는 기기접지용 전선의 피복·외장 또는 배선관 등
   라. 사용전압이 대지전압 150볼트를 넘는 것
3. 전기를 사용하지 아니하는 설비 중 다음 각 목의 어느 하나에 해당하는 금속체
   가. 전동식 양중기의 프레임과 궤도
   나. 전선이 붙어 있는 비전동식 양중기의 프레임
   다. 고압(750볼트 초과 7천볼트 이하의 직류전압 또는 600볼트 초과 7천볼트 이하의 교류전압을 말한다. 이하 같다) 이상의 전기를 사용하는 전기 기계·기구 주변의 금속제 칸막이·망 및 이와 유사한 장치
4. 코드와 플러그를 접속하여 사용하는 전기 기계·기구 중 다음 각 목의 어느 하나에 해당하는 노출된 비충전 금속체
   가. 사용전압이 대지전압 150볼트를 넘는 것
   나. 냉장고·세탁기·컴퓨터 및 주변기기 등과 같은 고정형 전기기계·기구
   다. 고정형·이동형 또는 휴대형 전동기계·기구
   라. 물 또는 도전성(導電性)이 높은 곳에서 사용하는 전기기계·기구, 비접지형 콘센트
   마. 휴대형 손전등
5. 수중펌프를 금속제 물탱크 등의 내부에 설치하여 사용하는 경우 그 탱크(이 경우 탱크를 수중펌프의 접지선과 접속하여야 한다)

② 사업주는 다음 각 호의 어느 하나에 해당하는 경우에는 제1항을 적용하지 아니할 수 있다.

1. 「전기용품안전 관리법」에 따른 이중절연구조 또는 이와 동등 이상으로 보호되는 전기기계·기구

2. 절연대 위 등과 같이 감전 위험이 없는 장소에서 사용하는 전기기계·기구

3. 비접지방식의 전로(그 전기기계·기구의 전원측의 전로에 설치한 절연변압기의 2차 전압이 300볼트 이하, 정격용량이 3킬로볼트암페어 이하이고 그 절연전압기의 부하측의 전로가 접지되어 있지 아니한 것으로 한정한다)에 접속하여 사용되는 전기기계·기구

③ 사업주는 특별고압(7천볼트를 초과하는 직교류전압을 말한다. 이하 같다)의 전기를 취급하는 변전소·개폐소, 그 밖에 이와 유사한 장소에서 지락(地絡) 사고가 발생하는 경우에는 접지극의 전위상승에 의한 감전위험을 줄이기 위한 조치를 하여야 한다.

④ 사업주는 제1항에 따라 설치된 접지설비에 대하여 항상 적정상태가 유지되는지를 점검하고 이상이 발견되면 즉시 보수하거나 재설치하여야 한다.

제303조(전기 기계·기구의 적정설치 등) ① 사업주는 전기 기계·기구를 설치하려는 경우에는 다음 각 호의 사항을 고려하여 적절하게 설치하여야 한다.

1. 전기 기계·기구의 충분한 전기적 용량 및 기계적 강도

2. 습기·분진 등 사용장소의 주위 환경

3. 전기적·기계적 방호수단의 적정성

② 사업주는 전기 기계·기구를 사용하는 경우에는 국내외의 공인된 인증기관의 인증을 받은 제품을 사용하되, 제조자의 제품설명서 등에서 정하는 조건에 따라 설치하고 사용하여야 한다.

제304조(누전차단기에 의한 감전방지) ① 사업주는 다음 각 호의 전기 기계·기구에 대하여 누전에 의한 감전위험을 방지하기 위하여 해당 전로의 정격에 적합하고 감도가 양호하며 확실하게 작동하는 감전방지용 누전차단기를 설치하여야 한다.

1. 대지전압이 150볼트를 초과하는 이동형 또는 휴대형 전기기계·기구

2. 물 등 도전성이 높은 액체가 있는 습윤장소에서 사용하는 저압(750볼트 이하 직류전압이나 600볼트 이하의 교류전압을 말한다)용 전기기계·기구

3. 철판·철골 위 등 도전성이 높은 장소에서 사용하는 이동형 또는 휴대형 전기기계·기구

4. 임시배선의 전로가 설치되는 장소에서 사용하는 이동형 또는 휴대형 전기기계·기구

② 사업주는 제1항에 따라 감전방지용 누전차단기를 설치하기 어려운 경우에는 작업시작 전에 접지선의 연결 및 접속부 상태 등이 적합한지 확실하게 점검하여야 한다.

③ 다음 각 호의 어느 하나에 해당하는 경우에는 제1항과 제2항을 적용하지 아니한다.

1. 「전기용품안전관리법」에 따른 이중절연구조 또는 이와 동등 이상으로 보호되는 전기기계·기구

2. 절연대 위 등과 같이 감전위험이 없는 장소에서 사용하는 전기기계·기구

3. 비접지방식의 전로

④ 사업주는 제1항에 따라 전기기계·기구를 사용하기 전에 해당 누전차단기의 작동상태를 점검하고 이상이 발견되면 즉시 보수하거나 교환하여야 한다.

⑤ 사업주는 제1항에 따라 설치한 누전차단기를 접속하는 경우에 다음 각 호의 사항을 준수하여야 한다.

1. 전기기계·기구에 설치되어 있는 누전차단기는 정격감도전류가 30밀리암페어 이하이고 작동시간

은 0.03초 이내일 것. 다만, 정격전부하전류가 50암페어 이상인 전기기계·기구에 접속되는 누전차단기는 오작동을 방지하기 위하여 정격감도전류는 200밀리암페어 이하로, 작동시간은 0.1초 이내로 할 수 있다.

2. 분기회로 또는 전기기계·기구마다 누전차단기를 접속할 것. 다만, 평상시 누설전류가 매우 적은 소용량부하의 전로에는 분기회로에 일괄하여 접속할 수 있다.

3. 누전차단기는 배전반 또는 분전반 내에 접속하거나 꽂음접속기형 누전차단기를 콘센트에 접속하는 등 파손이나 감전사고를 방지할 수 있는 장소에 접속할 것

4. 지락보호전용 기능만 있는 누전차단기는 과전류를 차단하는 퓨즈나 차단기 등과 조합하여 접속할 것

제305조(과전류 차단장치) 사업주는 과전류[(정격전류를 초과하는 전류로서 단락(短絡)사고전류, 지락사고전류를 포함하는 것을 말한다. 이하 같다)]로 인한 재해를 방지하기 위하여 다음 각 호의 방법으로 과전류차단장치[(차단기·퓨즈 또는 보호계전기 등과 이에 수반되는 변성기(變成器)를 말한다. 이하 같다)]를 설치하여야 한다.

1. 과전류차단장치는 반드시 접지선이 아닌 전로에 직렬로 연결하여 과전류 발생 시 전로를 자동으로 차단하도록 설치할 것

2. 차단기·퓨즈는 계통에서 발생하는 최대 과전류에 대하여 충분하게 차단할 수 있는 성능을 가질 것

3. 과전류차단장치가 전기계통상에서 상호 협조·보완되어 과전류를 효과적으로 차단하도록 할 것

제306조(용접봉의 홀더) 사업주는 아크용접 등(자동용접은 제외한다)의 작업에 사용하는 용접봉의 홀더에 대하여 「산업표준화법」에 따른 한국산업표준에 적합하거나 그 이상의 절연내력 및 내열성을 갖춘 것을 사용하여야 한다.

제307조(단로기 등의 개폐) 사업주는 부하전류를 차단할 수 없는 고압 또는 특별고압의 단로기(斷路機) 또는 선로개폐기(이하 "단로기등"이라 한다)를 개로(開路)·폐로(閉路)하는 경우에는 그 단로기등의 오조작을 방지하기 위하여 근로자에게 해당 전로가 무부하(無負荷)임을 확인한 후에 조작하도록 주의 표지판 등을 설치하여야 한다. 다만, 그 단로기등에 전로가 무부하로 되지 아니하면 개로·폐로할 수 없도록 하는 연동장치를 설치한 경우에는 그러하지 아니하다.

제308조(비상전원) ① 사업주는 정전에 의한 기계·설비의 갑작스러운 정지로 인하여 화재·폭발 등 재해가 발생할 우려가 있는 경우에는 해당 기계·설비에 비상전원을 접속하여 정전 시 비상전력이 공급되도록 하여야 한다.

② 비상전원의 용량은 연결된 부하를 각각의 필요에 따라 충분히 가동할 수 있어야 한다.

제309조(임시로 사용하는 전등 등의 위험 방지) ① 사업주는 이동전선에 접속하여 임시로 사용하는 전등이나 가설의 배선 또는 이동전선에 접속하는 가공매달기식 전등 등을 접촉함으로 인한 감전 및 전구의 파손에 의한 위험을 방지하기 위하여 보호망을 부착하여야 한다.

② 제1항의 보호망을 설치하는 경우에는 다음 각 호의 사항을 준수하여야 한다.

1. 전구의 노출된 금속 부분에 근로자가 쉽게 접촉되지 아니하는 구조로 할 것

2. 재료는 쉽게 파손되거나 변형되지 아니하는 것으로 할 것

제310조(전기 기계·기구의 조작 시 등의 안전조치) ① 사업주는 전기기계·기구의 조작부분을 점검하거나 보수하는 경우에는 근로자가 안전하게 작업할 수 있도록 전기 기계·기구로부터 폭 70센티미터 이상의 작업공간을 확보하여야 한다. 다만, 작업공간을 확보하는 것이 곤란하여 근로자에게 절연용

보호구를 착용하도록 한 경우에는 그러하지 아니하다.

② 사업주는 전기적 불꽃 또는 아크에 의한 화상의 우려가 있는 고압 이상의 충전전로 작업에 근로자를 종사시키는 경우에는 방염처리된 작업복 또는 난연(難燃)성능을 가진 작업복을 착용시켜야 한다.

제311조(폭발위험장소에서 사용하는 전기 기계·기구의 선정 등) ① 사업주는 제230조제1항에 따른 가스폭발 위험장소 또는 분진폭발 위험장소에서 전기 기계·기구를 사용하는 경우에는 「산업표준화법」에 따른 한국산업표준에서 정하는 기준으로 그 증기, 가스 또는 분진에 대하여 적합한 방폭성능을 가진 방폭구조 전기 기계·기구를 선정하여 사용하여야 한다.

② 사업주는 제1항의 방폭구조 전기 기계·기구에 대하여 그 성능이 항상 정상적으로 작동될 수 있는 상태로 유지·관리되도록 하여야 한다.

제312조(변전실 등의 위치) 사업주는 제230조제1항에 따른 가스폭발 위험장소 또는 분진폭발 위험장소에는 변전실, 배전반실, 제어실, 그 밖에 이와 유사한 시설(이하 이 조에서 "변전실등"이라 한다)을 설치해서는 아니된다. 다만, 변전실등의 실내기압이 항상 양압(25파스칼 이상의 압력을 말한다. 이하 같다)을 유지하도록 하고 다음 각 호의 조치를 하거나, 가스폭발 위험장소 또는 분진폭발 위험장소에 적합한 방폭성능을 갖는 전기 기계·기구를 변전실등에 설치·사용한 경우에는 그러하지 아니하다.

1. 양압을 유지하기 위한 환기설비의 고장 등으로 양압이 유지되지 아니한 경우 경보를 할 수 있는 조치

2. 환기설비가 정지된 후 재가동하는 경우 변전실등에 가스 등이 있는지를 확인할 수 있는 가스검지기 등 장비의 비치

3. 환기설비에 의하여 변전실등에 공급되는 공기는 제230조제1항에 따른 가스폭발 위험장소 또는 분진폭발 위험장소가 아닌 곳으로부터 공급되도록 하는 조치

제2절 배선 및 이동전선으로 인한 위험 방지

제313조(배선 등의 절연피복 등) ① 사업주는 근로자가 작업 중에나 통행하면서 접촉하거나 접촉할 우려가 있는 배선 또는 이동전선에 대하여 절연피복이 손상되거나 노화됨으로 인한 감전의 위험을 방지하기 위하여 필요한 조치를 하여야 한다.

② 사업주는 전선을 서로 접속하는 경우에는 해당 전선의 절연성능 이상으로 절연될 수 있는 것으로 충분히 피복하거나 적합한 접속기구를 사용하여야 한다.

제314조(습윤한 장소의 이동전선 등) 사업주는 물 등의 도전성이 높은 액체가 있는 습윤한 장소에서 근로자가 작업 중에나 통행하면서 이동전선 및 이에 부속하는 접속기구(이하 이 조와 제315조에서 "이동전선등"이라 한다)에 접촉할 우려가 있는 경우에는 충분한 절연효과가 있는 것을 사용하여야 한다.

제315조(통로바닥에서의 전선 등 사용 금지) 사업주는 통로바닥에 전선 또는 이동전선등을 설치하여 사용해서는 아니된다. 다만, 차량이나 그 밖의 물체의 통과 등으로 인하여 해당 전선의 절연피복이 손상될 우려가 없거나 손상되지 않도록 적절한 조치를 하여 사용하는 경우에는 그러하지 아니하다.

제316조(꽂음접속기의 설치·사용 시 준수사항) 사업주는 꽂음접속기를 설치하거나 사용하는 경우에는 다음 각 호의 사항을 준수하여야 한다.

1. 서로 다른 전압의 꽂음 접속기는 서로 접속되지 아니한 구조의 것을 사용할 것
2. 습윤한 장소에 사용되는 꽂음 접속기는 방수형 등 그 장소에 적합한 것을 사용할 것
3. 근로자가 해당 꽂음 접속기를 접속시킬 경우에는 땀 등으로 젖은 손으로 취급하지 않도록 할 것
4. 해당 꽂음 접속기에 잠금장치가 있는 경우에는 접속 후 잠그고 사용할 것

제317조(이동 및 휴대장비 등의 사용 전기 작업) ① 사업주는 이동중이나 휴대장비 등을 사용하는 작업에서 다음 각 호의 조치를 하여야 한다.

1. 근로자가 착용하거나 취급하고 있는 도전성 공구·장비 등이 노출 충전부에 닿지 않도록 할 것
2. 근로자가 사다리를 노출 충전부가 있는 곳에서 사용하는 경우에는 도전성 재질의 사다리를 사용하지 않도록 할 것
3. 근로자가 젖은 손으로 전기기계·기구의 플러그를 꽂거나 제거하지 않도록 할 것
4. 근로자가 전기회로를 개방, 변환 또는 투입하는 경우에는 전기 차단용으로 특별히 설계된 스위치, 차단기 등을 사용하도록 할 것
5. 차단기 등의 과전류 차단장치에 의하여 자동 차단된 후에는 전기회로 또는 전기기계·기구가 안전하다는 것이 증명되기 전까지는 과전류 차단장치를 재투입하지 않도록 할 것
② 제1항에 따라 사업주가 작업지시를 하면 근로자는 이행하여야 한다.

제3절 전기작업에 대한 위험 방지

제318조(전기작업자의 제한) 사업주는 근로자가 감전위험이 있는 전기기계·기구 또는 전로(이하 이 조와 제319조에서 "전기기기등"이라 한다)의 설치·해체·정비·점검(설비의 유효성을 장비, 도구를 이용하여 확인하는 점검으로 한정한다) 등의 작업(이하 "전기작업"이라 한다)을 하는 경우에는「유해 위험작업의 취업제한에 관한 규칙」제3조에 따른 자격·면허·경험 또는 기능을 갖춘 사람(이하 "유자격자"라 한다)이 작업을 수행하도록 하여야 한다.

제319조(정전전로에서의 전기작업) ① 사업주는 근로자가 노출된 충전부 또는 그 부근에서 작업함으로써 감전될 우려가 있는 경우에는 작업에 들어가기 전에 해당 전로를 차단하여야 한다. 다만, 다음 각 호의 경우에는 그러하지 아니하다.

1. 생명유지장치, 비상경보설비, 폭발위험장소의 환기설비, 비상조명설비 등의 장치·설비의 가동이 중지되어 사고의 위험이 증가되는 경우
2. 기기의 설계상 또는 작동상 제한으로 전로차단이 불가능한 경우
3. 감전, 아크 등으로 인한 화상, 화재·폭발의 위험이 없는 것으로 확인된 경우
② 제1항의 전로 차단은 다음 각 호의 절차에 따라 시행하여야 한다.
1. 전기기기등에 공급되는 모든 전원을 관련 도면, 배선도 등으로 확인할 것
2. 전원을 차단한 후 각 단로기 등을 개방하고 확인할 것
3. 차단장치나 단로기 등에 잠금장치 및 꼬리표를 부착할 것
4. 개로된 전로에서 유도전압 또는 전기에너지가 축적되어 근로자에게 전기위험을 끼칠 수 있는 전기기기등은 접촉하기 전에 잔류전하를 완전히 방전시킬 것
5. 검전기를 이용하여 작업 대상 기기가 충전되었는지를 확인할 것

6. 전기기기등이 다른 노출 충전부와의 접촉, 유도 또는 예비동력원의 역송전 등으로 전압이 발생할 우려가 있는 경우에는 충분한 용량을 가진 단락 접지기구를 이용하여 접지할 것

③ 사업주는 제1항 각 호 외의 부분 본문에 따른 작업 중 또는 작업을 마친 후 전원을 공급하는 경우에는 작업에 종사하는 근로자 또는 그 인근에서 작업하거나 정전된 전기기기등(고정 설치된 것으로 한정한다)과 접촉할 우려가 있는 근로자에게 감전의 위험이 없도록 다음 각 호의 사항을 준수하여야 한다.

1. 작업기구, 단락 접지기구 등을 제거하고 전기기기등이 안전하게 통전될 수 있는지를 확인할 것

2. 모든 작업자가 작업이 완료된 전기기기등에서 떨어져 있는지를 확인할 것

3. 잠금장치와 꼬리표는 설치한 근로자가 직접 철거할 것

4. 모든 이상 유무를 확인한 후 전기기기등의 전원을 투입할 것

제320조(정전전로 인근에서의 전기작업) 사업주는 근로자가 전기위험에 노출될 수 있는 정전전로 또는 그 인근에서 작업하거나 정전된 전기기기 등(고정 설치된 것으로 한정한다)과 접촉할 우려가 있는 경우에 작업 전에 제319조제2항제3호의 조치를 확인하여야 한다.

제321조(충전전로에서의 전기작업) ① 사업주는 근로자가 충전전로를 취급하거나 그 인근에서 작업하는 경우에는 다음 각 호의 조치를 하여야 한다.

1. 충전전로를 정전시키는 경우에는 제319조에 따른 조치를 할 것

2. 충전전로를 방호, 차폐하거나 절연 등의 조치를 하는 경우에는 근로자의 신체가 전로와 직접 접촉하거나 도전재료, 공구 또는 기기를 통하여 간접 접촉되지 않도록 할 것

3. 충전전로를 취급하는 근로자에게 그 작업에 적합한 절연용 보호구를 착용시킬 것

4. 충전전로에 근접한 장소에서 전기작업을 하는 경우에는 해당 전압에 적합한 절연용 방호구를 설치할 것. 다만, 저압인 경우에는 해당 전기작업자가 절연용 보호구를 착용하되, 충전전로에 접촉할 우려가 없는 경우에는 절연용 방호구를 설치하지 아니할 수 있다.

5. 고압 및 특별고압의 전로에서 전기작업을 하는 근로자에게 활선작업용 기구 및 장치를 사용하도록 할 것

6. 근로자가 절연용 방호구의 설치·해체작업을 하는 경우에는 절연용 보호구를 착용하거나 활선작업용 기구 및 장치를 사용하도록 할 것

7. 유자격자가 아닌 근로자가 충전전로 인근의 높은 곳에서 작업할 때에 근로자의 몸 또는 긴 도전성 물체가 방호되지 않은 충전전로에서 대지전압이 50킬로볼트 이하인 경우에는 300센티미터 이내로, 대지전압이 50킬로볼트를 넘는 경우에는 10킬로볼트당 10센티미터씩 더한 거리 이내로 각각 접근할 수 없도록 할 것

8. 유자격자가 충전전로 인근에서 작업하는 경우에는 다음 각 목의 경우를 제외하고는 노출 충전부에 다음 표에 제시된 접근한계거리 이내로 접근하거나 절연 손잡이가 없는 도전체에 접근할 수 없도록 할 것

   가. 근로자가 노출 충전부로부터 절연된 경우 또는 해당 전압에 적합한 절연장갑을 착용한 경우

   나. 노출 충전부가 다른 전위를 갖는 도전체 또는 근로자와 절연된 경우

   다. 근로자가 다른 전위를 갖는 모든 도전체로부터 절연된 경우

충전전로의 선간전압 (단위: 킬로볼트)	충전전로에 대한 접근 한계거리 (단위: 센티미터)
0.3 이하	접촉금지
0.3 초과 0.75 이하	30
0.75 초과 2 이하	45
2 초과 15 이하	60
15 초과 37 이하	90
37 초과 88 이하	110
88 초과 121 이하	130
121 초과 145 이하	150
145 초과 169 이하	170
169 초과 242 이하	230
242 초과 362 이하	380
362 초과 550 이하	550
550 초과 800 이하	790

② 사업주는 절연이 되지 않은 충전부나 그 인근에 근로자가 접근하는 것을 막거나 제한할 필요가 있는 경우에는 방책을 설치하고 근로자가 쉽게 알아볼 수 있도록 하여야 한다. 다만, 전기와 접촉할 위험이 있는 경우에는 도전성이 있는 금속제 방책을 사용하거나, 제1항의 표에 정한 접근 한계거리 이내에 설치해서는 아니된다.

③ 사업주는 제2항의 조치가 곤란한 경우에는 근로자를 감전위험에서 보호하기 위하여 사전에 위험을 경고하는 감시인을 배치하여야 한다.

제322조(충전전로 인근에서의 차량·기계장치 작업) ① 사업주는 충전전로 인근에서 차량, 기계장치 등(이하 이 조에서 "차량등"이라 한다)의 작업이 있는 경우에는 차량등을 충전전로의 충전부로부터 300센티미터 이상 이격시켜 유지시키되, 대지전압이 50킬로볼트를 넘는 경우 이격시켜 유지하여야 하는 거리(이하 이 조에서 "이격거리"라 한다)는 10킬로볼트 증가할 때마다 10센티미터씩 증가시켜야 한다. 다만, 차량등의 높이를 낮춘 상태에서 이동하는 경우에는 이격거리를 120센티미터 이상(대지전압이 50킬로볼트를 넘는 경우에는 10킬로볼트 증가할 때마다 이격거리를 10센티미터씩 증가)으로 할 수 있다.

② 제1항에도 불구하고 충전전로의 전압에 적합한 절연용 방호구 등을 설치한 경우에는 이격거리를 절연용 방호구 앞면까지로 할 수 있으며, 차량등의 가공 붐대의 버킷이나 끝부분 등이 충전전로의 전압에 적합하게 절연되어 있고 유자격자가 작업을 수행하는 경우에는 붐대의 절연되지 않은 부분과 충전전로 간의 이격거리는 제321조제1항의 표에 따른 접근 한계거리까지로 할 수 있다.

③ 사업주는 다음 각 호의 경우를 제외하고는 근로자가 차량등의 그 어느 부분과도 접촉하지 않도록 방책을 설치하거나 감시인 배치 등의 조치를 하여야 한다.

1. 근로자가 해당 전압에 적합한 제323조제1항의 절연용 보호구등을 착용하거나 사용하는 경우

2. 차량등의 절연되지 않은 부분이 제321조제1항의 표에 따른 접근 한계거리 이내로 접근하지 않도록 하는 경우

④ 사업주는 충전전로 인근에서 접지된 차량등이 충전전로와 접촉할 우려가 있을 경우에는 지상의 근로자가 접지점에 접촉하지 않도록 조치하여야 한다.

제323조(절연용 보호구 등의 사용) ① 사업주는 다음 각 호의 작업에 사용하는 절연용 보호구, 절연용 방호구, 활선작업용 기구, 활선작업용 장치(이하 이 조에서 "절연용 보호구등"이라 한다)에 대하여

각각의 사용목적에 적합한 종별·재질 및 치수의 것을 사용하여야 한다.

1. 제301조제2항에 따른 밀폐공간에서의 전기작업

2. 제317조에 따른 이동 및 휴대장비 등을 사용하는 전기작업

3. 제319조 및 제320조에 따른 정전 전로 또는 그 인근에서의 전기작업

4. 제321조의 충전전로에서의 전기작업

5. 제322조의 충전전로 인근에서의 차량·기계장치 등의 작업

② 사업주는 절연용 보호구등이 안전한 성능을 유지하고 있는지를 정기적으로 확인하여야 한다.

③ 사업주는 근로자가 절연용 보호구등을 사용하기 전에 흠·균열·파손, 그 밖의 손상 유무를 발견하여 정비 또는 교환을 요구하는 경우에는 즉시 조치하여야 한다.

제324조(적용 제외) 제38조제1항제5호, 제301조부터 제310조까지 및 제313조부터 제323조까지의 규정은 대지전압이 30볼트 이하인 전기기계·기구·배선 또는 이동전선에 대해서는 적용하지 아니한다.

제4절 정전기 및 전자파로 인한 재해 예방

제325조(정전기로 인한 화재 폭발 등 방지) ① 사업주는 다음 각 호의 설비를 사용할 때에 정전기에 의한 화재 또는 폭발 등의 위험이 발생할 우려가 있는 경우에는 해당 설비에 대하여 확실한 방법으로 접지를 하거나, 도전성 재료를 사용하거나 가습 및 점화원이 될 우려가 없는 제전(除電)장치를 사용하는 등 정전기의 발생을 억제하거나 제거하기 위하여 필요한 조치를 하여야 한다.

1. 위험물을 탱크로리·탱크차 및 드럼 등에 주입하는 설비

2. 탱크로리·탱크차 및 드럼 등 위험물저장설비

3. 인화성 액체를 함유하는 도료 및 접착제 등을 제조·저장·취급 또는 도포(塗布)하는 설비

4. 위험물 건조설비 또는 그 부속설비

5. 인화성 고체를 저장하거나 취급하는 설비

6. 드라이클리닝설비, 염색가공설비 또는 모피류 등을 씻는 설비 등 인화성유기용제를 사용하는 설비

7. 유압, 압축공기 또는 고전위정전기 등을 이용하여 인화성 액체나 인화성 고체를 분무하거나 이송하는 설비

8. 고압가스를 이송하거나 저장·취급하는 설비

9. 화약류 제조설비

10. 발파공에 장전된 화약류를 점화시키는 경우에 사용하는 발파기(발파공을 막는 재료로 물을 사용하거나 갱도발파를 하는 경우는 제외한다)

② 사업주는 인체에 대전된 정전기에 의한 화재 또는 폭발 위험이 있는 경우에는 정전기 대전방지용 안전화 착용, 제전복(除電服) 착용, 정전기 제전용구 사용 등의 조치를 하거나 작업장 바닥 등에 도전성을 갖추도록 하는 등 필요한 조치를 하여야 한다.

③ 생산공정상 정전기에 의한 감전 위험이 발생할 우려가 있는 경우의 조치에 관하여는 제1항과 제2항을 준용한다.

제326조(피뢰설비의 설치) ① 사업주는 화약류 또는 위험물을 저장하거나 취급하는 시설물에 낙뢰에

의한 산업재해를 예방하기 위하여 피뢰설비를 설치하여야 한다.

② 사업주는 제1항에 따라 피뢰설비를 설치하는 경우에는 「산업표준화법」에 따른 한국산업표준에 적합한 피뢰설비를 사용하여야 한다.

제327조(전자파에 의한 기계·설비의 오작동 방지) 사업주는 전기 기계·기구 사용에 의하여 발생하는 전자파로 인하여 기계·설비의 오작동을 초래함으로써 산업재해가 발생할 우려가 있는 경우에는 다음 각 호의 조치를 하여야 한다.

1. 전기기계·기구에서 발생하는 전자파의 크기가 다른 기계·설비가 원래 의도된 대로 작동하는 것을 방해하지 않도록 할 것

2. 기계·설비는 원래 의도된 대로 작동할 수 있도록 적절한 수준의 전자파 내성을 가지도록 하거나, 이에 준하는 전자파 차폐조치를 할 것

제4장 건설작업 등에 의한 위험 예방

제1절 거푸집 동바리 및 거푸집

제1관 재료 등

제328조(재료) 사업주는 거푸집 동바리 및 거푸집(이하 이 장에서 "거푸집동바리등"이라 한다)의 재료로 변형·부식 또는 심하게 손상된 것을 사용해서는 아니된다.

제329조(강재의 사용기준) 사업주는 거푸집동바리등에 사용하는 동바리·멍에 등 주요 부분의 강재는 별표 10의 기준에 맞는 것을 사용하여야 한다.

제330조(거푸집동바리등의 구조) 사업주는 거푸집동바리등을 사용하는 경우에는 거푸집의 형상 및 콘크리트 타설(打設)방법 등에 따른 견고한 구조의 것을 사용하여야 한다.

제2관 조립 등

제331조(조립도) ① 사업주는 거푸집동바리등을 조립하는 경우에는 그 구조를 검토한 후 조립도를 작성하고, 그 조립도에 따라 조립하도록 하여야 한다.

② 제1항의 조립도에는 동바리·멍에 등 부재의 재질·단면규격·설치간격 및 이음방법 등을 명시하여야 한다.

제332조(거푸집동바리등의 안전조치) 사업주는 거푸집동바리등을 조립하는 경우에는 다음 각 호의 사항을 준수하여야 한다.

1. 깔목의 사용, 콘크리트 타설, 말뚝박기 등 동바리의 침하를 방지하기 위한 조치를 할 것

2. 개구부 상부에 동바리를 설치하는 경우에는 상부하중을 견딜 수 있는 견고한 받침대를 설치할 것

3. 동바리의 상하 고정 및 미끄러짐 방지 조치를 하고, 하중의 지지상태를 유지할 것

4. 동바리의 이음은 맞댄이음이나 장부이음으로 하고 같은 품질의 재료를 사용할 것

5. 강재와 강재의 접속부 및 교차부는 볼트·클램프 등 전용철물을 사용하여 단단히 연결할 것

6. 거푸집이 곡면인 경우에는 버팀대의 부착 등 그 거푸집의 부상(浮上)을 방지하기 위한 조치를 할 것

7. 동바리로 사용하는 강관 [파이프 서포트(pipe support)는 제외한다]에 대해서는 다음 각 목의 사항을 따를 것

　가. 높이 2미터 이내마다 수평연결재를 2개 방향으로 만들고 수평연결재의 변위를 방지할 것

　나. 멍에 등을 상단에 올릴 경우에는 해당 상단에 강재의 단판을 붙여 멍에 등을 고정시킬 것

8. 동바리로 사용하는 파이프 서포트에 대해서는 다음 각 목의 사항을 따를 것

　가. 파이프 서포트를 3개 이상 이어서 사용하지 않도록 할 것

　나. 파이프 서포트를 이어서 사용하는 경우에는 4개 이상의 볼트 또는 전용철물을 사용하여 이을 것

　다. 높이가 3.5미터를 초과하는 경우에는 제7호 가목의 조치를 할 것

9. 동바리로 사용하는 강관틀에 대해서는 다음 각 목의 사항을 따를 것

　가. 강관틀과 강관틀 사이에 교차가새를 설치할 것

　나. 최상층 및 5층 이내마다 거푸집 동바리의 측면과 틀면의 방향 및 교차가새의 방향에서 5개 이내마다 수평연결재를 설치하고 수평연결재의 변위를 방지할 것

　다. 최상층 및 5층 이내마다 거푸집동바리의 틀면의 방향에서 양단 및 5개틀 이내마다 교차가새의 방향으로 띠장틀을 설치할 것

　라. 제7호나목의 조치를 할 것

10. 동바리로 사용하는 조립강주에 대해서는 다음 각목의 사항을 따를 것

　가. 제7호나목의 조치를 할 것

　나. 높이가 4미터를 초과하는 경우에는 높이 4미터 이내마다 수평연결재를 2개 방향으로 설치하고 수평연결재의 변위를 방지할 것

11. 시스템 동바리(규격화·부품화된 수직재, 수평재 및 가새재 등의 부재를 현장에서 조립하여 거푸집으로 지지하는 동바리 형식을 말한다)는 다음 각 목의 방법에 따라 설치할 것

　가. 수평재는 수직재와 직각으로 설치하여야 하며, 흔들리지 않도록 견고하게 설치할 것

　나. 연결철물을 사용하여 수직재를 견고하게 연결하고, 연결 부위가 탈락 또는 꺾어지지 않도록 할 것

　다. 수직 및 수평하중에 의한 동바리 본체의 변위가 발생하지 않도록 각각의 단위 수직재 및 수평재에는 가새재를 견고하게 설치하도록 할 것

　라. 동바리 최상단과 최하단의 수직재와 받침철물은 서로 밀착되도록 설치하고 수직재와 받침철물의 연결부의 겹침길이는 받침철물 전체길이의 3분의 1 이상 되도록 할 것

12. 동바리로 사용하는 목재에 대해서는 다음 각 목의 사항을 따를 것

　가. 제7호가목의 조치를 할 것

　나. 목재를 이어서 사용하는 경우에는 2개 이상의 덧댐목을 대고 네 군데 이상 견고하게 묶은 후 상단을 보나 멍에에 고정시킬 것

13. 보로 구성된 것은 다음 각 목의 사항을 따를 것

　가. 보의 양끝을 지지물로 고정시켜 보의 미끄러짐 및 탈락을 방지할 것

　나. 보와 보 사이에 수평연결재를 설치하여 보가 옆으로 넘어지지 않도록 견고하게 할 것

14. 거푸집을 조립하는 경우에는 거푸집이 콘크리트 하중이나 그 밖의 외력에 견딜 수 있거나, 넘어지지 않도록 견고한 구조의 긴결재, 버팀대 또는 지지대를 설치하는 등 필요한 조치를 할 것

제333조(계단 형상으로 조립하는 거푸집 동바리) 사업주는 깔판 및 깔목 등을 끼워서 계단 형상으로 조립하는 거푸집 동바리에 대하여 제332조 각 호의 사항 및 다음 각 호의 사항을 준수하여야 한다.

1. 거푸집의 형상에 따른 부득이한 경우를 제외하고는 깔판·깔목 등을 2단 이상 끼우지 않도록 할 것

2. 깔판·깔목 등을 이어서 사용하는 경우에는 그 깔판·깔목 등을 단단히 연결할 것

3. 동바리는 상·하부의 동바리가 동일 수직선상에 위치하도록 하여 깔판·깔목 등에 고정시킬 것

제334조(콘크리트의 타설작업) 사업주는 콘크리트 타설작업을 하는 경우에는 다음 각 호의 사항을 준수하여야 한다.

1. 당일의 작업을 시작하기 전에 해당 작업에 관한 거푸집동바리등의 변형·변위 및 지반의 침하 유무 등을 점검하고 이상이 있으면 보수할 것

2. 작업 중에는 거푸집동바리등의 변형·변위 및 침하 유무 등을 감시할 수 있는 감시자를 배치하여 이상이 있으면 작업을 중지하고 근로자를 대피시킬 것

3. 콘크리트 타설작업 시 거푸집 붕괴의 위험이 발생할 우려가 있으면 충분한 보강조치를 할 것

4. 설계도서상의 콘크리트 양생기간을 준수하여 거푸집동바리등을 해체할 것

5. 콘크리트를 타설하는 경우에는 편심이 발생하지 않도록 골고루 분산하여 타설할 것

제335조(콘크리트 펌프 등 사용 시 준수사항) 사업주는 콘크리트 타설작업을 하기 위하여 콘크리트 펌프 또는 콘크리트 펌프카를 사용하는 경우에는 다음 각 호의 사항을 준수하여야 한다.

1. 작업을 시작하기 전에 콘크리트 펌프용 비계를 점검하고 이상을 발견하였으면 즉시 보수할 것

2. 건축물의 난간 등에서 작업하는 근로자가 호스의 요동·선회로 인하여 추락하는 위험을 방지하기 위하여 안전난간 설치 등 필요한 조치를 할 것

3. 콘크리트 펌프카의 붐을 조정하는 경우에는 주변의 전선 등에 의한 위험을 예방하기 위한 적절한 조치를 할 것

4. 작업 중에 지반의 침하, 아웃트리거의 손상 등에 의하여 콘크리트 펌프카가 넘어질 우려가 있는 경우에는 이를 방지하기 위한 적절한 조치를 할 것

제336조(조립 등 작업 시의 준수사항) ① 사업주는 기둥·보·벽체·슬라브 등의 거푸집동바리등을 조립하거나 해체하는 작업을 하는 경우에는 다음 각 호의 사항을 준수하여야 한다.

1. 해당 작업을 하는 구역에는 관계 근로자가 아닌 사람의 출입을 금지할 것

2. 비, 눈, 그 밖의 기상상태의 불안정으로 날씨가 몹시 나쁜 경우에는 그 작업을 중지할 것

3. 재료, 기구 또는 공구 등을 올리거나 내리는 경우에는 근로자로 하여금 달줄·달포대 등을 사용하도록 할 것

4. 낙하·충격에 의한 돌발적 재해를 방지하기 위하여 버팀목을 설치하고 거푸집동바리등을 인양장비에 매단 후에 작업을 하도록 하는 등 필요한 조치를 할 것

② 사업주는 철근조립 등의 작업을 하는 경우에는 다음 각 호의 사항을 준수하여야 한다.

1. 양중기로 철근을 운반할 경우에는 두 군데 이상 묶어서 수평으로 운반할 것

2. 작업위치의 높이가 2미터 이상일 경우에는 작업발판을 설치하거나 안전대를 착용하게 하는 등 위험 방지를 위하여 필요한 조치를 할 것

제337조(작업발판 일체형 거푸집의 안전조치) ① "작업발판 일체형 거푸집"이란 거푸집의 설치·해체, 철근 조립, 콘크리트 타설, 콘크리트 면처리 작업 등을 위하여 거푸집을 작업발판과 일체로 제작하여

사용하는 거푸집으로서 다음 각 호의 거푸집을 말한다.

1. 갱 폼(gang form)

2. 슬립 폼(slip form)

3. 클라이밍 폼(climbing form)

4. 터널 라이닝 폼(tunnel lining form)

5. 그 밖에 거푸집과 작업발판이 일체로 제작된 거푸집 등

② 제1항제1호의 갱 폼의 조립·이동·양중·해체(이하 이 조에서 "조립등"이라 한다) 작업을 하는 경우에는 다음 각 호의 사항을 준수하여야 한다.

1. 조립등의 범위 및 작업절차를 미리 그 작업에 종사하는 근로자에게 주지시킬 것

2. 근로자가 안전하게 구조물 내부에서 갱 폼의 작업발판으로 출입할 수 있는 이동통로를 설치할 것

3. 갱 폼의 지지 또는 고정철물의 이상 유무를 수시점검하고 이상이 발견된 경우에는 교체하도록 할 것

4. 갱 폼을 조립하거나 해체하는 경우에는 갱폼을 인양장비에 매단 후에 작업을 실시하도록 하고, 인양장비에 매달기 전에 지지 또는 고정철물을 미리 해체하지 않도록 할 것

5. 갱 폼 인양 시 작업발판용 케이지에 근로자가 탑승한 상태에서 갱폼의 인양작업을 하지 아니할 것

③ 사업주는 제1항제2호부터 제5호까지의 조립등의 작업을 하는 경우에는 다음 각 호의 사항을 준수하여야 한다.

1. 조립등 작업 시 거푸집 부재의 변형 여부와 연결 및 지지재의 이상 유무를 확인할 것

2. 조립등 작업과 관련한 이동·양중·운반 장비의 고장·오조작 등으로 인해 근로자에게 위험을 미칠 우려가 있는 장소에는 근로자의 출입을 금지하는 등 위험 방지 조치를 할 것

3. 거푸집이 콘크리트면에 지지될 때에 콘크리트의 굳기정도와 거푸집의 무게, 풍압 등의 영향으로 거푸집의 갑작스런 이탈 또는 낙하로 인해 근로자가 위험해질 우려가 있는 경우에는 설계도서에서 정한 콘크리트의 양생기간을 준수하거나 콘크리트면에 견고하게 지지하는 등 필요한 조치를 할 것

4. 연결 또는 지지 형식으로 조립된 부재의 조립등 작업을 하는 경우에는 거푸집을 인양장비에 매단 후에 작업을 하도록 하는 등 낙하·붕괴·전도의 위험 방지를 위하여 필요한 조치를 할 것

제2절 굴착작업 등의 위험 방지

제1관 노천굴착작업
제1속 굴착면의 기울기 등

제338조(지반 등의 굴착 시 위험 방지) ① 사업주는 지반 등을 굴착하는 경우에는 굴착면의 기울기를 별표 11의 기준에 맞도록 하여야 한다. 다만, 흙막이 등 기울기면의 붕괴 방지를 위하여 적절한 조치를 한 경우에는 그러하지 아니하다.

② 제1항의 경우 굴착면의 경사가 달라서 기울기를 계산하기가 곤란한 경우에는 해당 굴착면에 대하여 별표 11의 기준에 따라 붕괴의 위험이 증가하지 않도록 해당 각 부분의 경사를 유지하여야 한다.

제339조(토석붕괴 위험 방지) 사업주는 굴착작업을 하는 경우 지반의 붕괴 또는 토석의 낙하에 의한

근로자의 위험을 방지하기 위하여 법 제14조제1항에 따른 관리감독자로 하여금 작업 시작 전에 작업 장소 및 그 주변의 부석·균열의 유무, 함수(含水)·용수(湧水) 및 동결상태의 변화를 점검하도록 하여야 한다.

제340조(지반의 붕괴 등에 의한 위험방지) ① 사업주는 굴착작업에 있어서 지반의 붕괴 또는 토석의 낙하에 의하여 근로자에게 위험을 미칠 우려가 있는 경우에는 미리 흙막이 지보공의 설치, 방호망의 설치 및 근로자의 출입 금지 등 그 위험을 방지하기 위하여 필요한 조치를 하여야 한다.

② 사업주는 비가 올 경우를 대비하여 측구(側溝)를 설치하거나 굴착사면에 비닐을 덮는 등 빗물 등의 침투에 의한 붕괴재해를 예방하기 위하여 필요한 조치를 하여야 한다.

제341조(매설물 등 파손에 의한 위험방지) ① 사업주는 매설물·조적벽·콘크리트벽 또는 옹벽 등의 건설물에 근접한 장소에서 굴착작업을 할 때에 해당 가설물의 파손 등에 의하여 근로자가 위험해질 우려가 있는 경우에는 해당 건설물을 보강하거나 이설하는 등 해당 위험을 방지하기 위한 조치를 하여야 한다.

② 사업주는 굴착작업에 의하여 노출된 매설물 등이 파손됨으로써 근로자가 위험해질 우려가 있는 경우에는 해당 매설물 등에 대한 방호조치를 하거나 이설하는 등 필요한 조치를 하여야 한다.

③ 사업주는 제2항의 매설물 등의 방호작업에 대하여 법 제14조제1항에 따른 관리감독자로 하여금 해당 작업을 지휘하도록 하여야 한다.

제342조(굴착기계 등의 사용금지) 사업주는 굴착기계·적재기계 및 운반기계 등의 사용으로 가스도관, 지중전선로, 그 밖에 지하에 위치한 공작물이 파손되어 그 결과 근로자가 위험해질 우려가 있는 경우에는 그 기계를 사용하여 굴착작업을 해서는 아니된다.

제343조(운행경로 등의 주지) 사업주는 굴착작업을 하는 경우 미리 운반기계, 굴착기계 및 적재기계 (이하 이 조와 제344조에서 "운반기계등"이라 한다)의 운행경로 및 토석 적재장소 출입방법을 정하여 관계근로자에게 주지시켜야 한다.

제344조(운반기계등의 유도) ① 사업주는 굴착작업을 할 때에 운반기계등이 근로자의 작업장소로 후진하여 근로자에게 접근하거나 전락할 우려가 있는 경우에는 유도자를 배치하여 운반기계등을 유도하도록 하여야 한다.

② 운반기계등의 운전자는 유도자의 유도에 따라야 한다.

제2속 흙막이 지보공

제345조(흙막이지보공의 재료) 사업주는 흙막이 지보공의 재료로 변형·부식되거나 심하게 손상된 것을 사용해서는 아니된다.

제346조(조립도) ① 사업주는 흙막이 지보공을 조립하는 경우 미리 조립도를 작성하여 그 조립도에 따라 조립하도록 하여야 한다.

② 제1항의 조립도는 흙막이판·말뚝·버팀대 및 띠장 등 부재의 배치·치수·재질 및 설치방법과 순서가 명시되어야 한다.

제347조(붕괴 등의 위험 방지) ① 사업주는 흙막이 지보공을 설치하였을 때에는 정기적으로 다음 각 호의 사항을 점검하고 이상을 발견하면 즉시 보수하여야 한다.

1. 부재의 손상·변형·부식·변위 및 탈락의 유무와 상태

2. 버팀대의 긴압(緊壓)의 정도

3. 부재의 접속부·부착부 및 교차부의 상태

4. 침하의 정도

② 사업주는 제1항의 점검 외에 설계도서에 따른 계측을 하고 계측 분석 결과 토압의 증가 등 이상한 점을 발견한 경우에는 즉시 보강조치를 하여야 한다.

제2관 발파작업의 위험방지

제348조(발파의 작업기준) 사업주는 발파작업에 종사하는 근로자에게 다음 각 호의 사항을 준수하도록 하여야 한다.

1. 얼어붙은 다이나마이트는 화기에 접근시키거나 그 밖의 고열물에 직접 접촉시키는 등 위험한 방법으로 융해되지 않도록 할 것

2. 화약이나 폭약을 장전하는 경우에는 그 부근에서 화기를 사용하거나 흡연을 하지 않도록 할 것

3. 장전구(裝塡具)는 마찰·충격·정전기 등에 의한 폭발의 위험이 없는 안전한 것을 사용할 것

4. 발파공의 충진재료는 점토·모래 등 발화성 또는 인화성의 위험이 없는 재료를 사용할 것

5. 점화 후 장전된 화약류가 폭발하지 아니한 경우 또는 장전된 화약류의 폭발 여부를 확인하기 곤란한 경우에는 다음 각 목의 사항을 따를 것

   가. 전기뇌관에 의한 경우에는 발파모선을 점화기에서 떼어 그 끝을 단락시켜 놓는 등 재점화되지 않도록 조치하고 그 때부터 5분 이상 경과한 후가 아니면 화약류의 장전장소에 접근시키지 않도록 할 것

   나. 전기뇌관 외의 것에 의한 경우에는 점화한 때부터 15분 이상 경과한 후가 아니면 화약류의 장전장소에 접근시키지 않도록 할 것

6. 전기뇌관에 의한 발파의 경우 점화하기 전에 화약류를 장전한 장소로부터 30미터 이상 떨어진 안전한 장소에서 전선에 대하여 저항측정 및 도통(導通)시험을 할 것

제349조(작업중지 및 피난) ① 사업주는 벼락이 떨어질 우려가 있는 경우에는 화약 또는 폭약의 장전 작업을 중지하고 근로자들을 안전한 장소로 대피시켜야 한다.

② 사업주는 발파작업 시 근로자가 안전한 거리로 피난할 수 없는 경우에는 전면(前面)과 상부를 견고하게 방호한 피난장소를 설치하여야 한다.

제3관 터널작업

제1속 조사 등

제350조(인화성 가스의 농도측정 등) ① 사업주는 터널공사 등의 건설작업을 할 때에 인화성 가스가 발생할 위험이 있는 경우에는 폭발이나 화재를 예방하기 위하여 인화성 가스의 농도를 측정할 담당자를 지명하고, 그 작업을 시작하기 전에 가스가 발생할 위험이 있는 장소에 대하여 그 인화성 가스의 농도를 측정하여야 한다.

② 사업주는 제1항에 따라 측정한 결과 인화성 가스가 존재하여 폭발이나 화재가 발생할 위험이 있는 경우에는 인화성 가스 농도의 이상 상승을 조기에 파악하기 위하여 그 장소에 자동경보장치를 설치하여야 한다.

③ 지하철도공사를 시행하는 사업주는 터널굴착[개착식(開鑿式)을 포함한다)] 등으로 인하여 도시가스관이 노출된 경우에 접속부 등 필요한 장소에 자동경보장치를 설치하고, 「도시가스사업법」에 따른 해당 도시가스사업자와 합동으로 정기적 순회점검을 하여야 한다.

④ 사업주는 제2항 및 제3항에 따른 자동경보장치에 대하여 당일 작업 시작 전 다음 각 호의 사항을 점검하고 이상을 발견하면 즉시 보수하여야 한다.

1. 계기의 이상 유무

2. 검지부의 이상 유무

3. 경보장치의 작동상태

제2속 낙반 등에 의한 위험의 방지

제351조(낙반 등에 의한 위험의 방지) 사업주는 터널 등의 건설작업을 하는 경우에 낙반 등에 의하여 근로자가 위험해질 우려가 있는 경우에 터널 지보공 및 록볼트의 설치, 부석(浮石)의 제거 등 위험을 방지하기 위하여 필요한 조치를 하여야 한다.

제352조(출입구 부근 등의 지반 붕괴에 의한 위험의 방지) 사업주는 터널 등의 건설작업을 할 때에 터널 등의 출입구 부근의 지반의 붕괴나 토석의 낙하에 의하여 근로자가 위험해질 우려가 있는 경우에는 흙막이 지보공이나 방호망을 설치하는 등 위험을 방지하기 위하여 필요한 조치를 하여야 한다.

제353조(시계의 유지) 사업주는 터널건설작업을 할 때에 터널 내부의 시계(視界)가 배기가스나 분진 등에 의하여 현저하게 제한되는 경우에는 환기를 하거나 물을 뿌리는 등 시계를 유지하기 위하여 필요한 조치를 하여야 한다.

제354조(굴착기계의 사용 금지 등) 터널건설작업에 관하여는 제342조부터 제344조까지의 규정을 준용한다.

제355조(가스제거 등의 조치) 사업주는 터널 등의 굴착작업을 할 때에 인화성 가스가 분출할 위험이 있는 경우에는 그 인화성 가스에 의한 폭발이나 화재를 예방하기 위하여 보링(boring)에 의한 가스 제거 및 그 밖에 인화성 가스의 분출을 방지하는 등 필요한 조치를 하여야 한다.

제356조(용접 등 작업 시의 조치) 사업주는 터널건설작업을 할 때에 그 터널 등의 내부에서 금속의 용접·용단 또는 가열작업을 하는 경우에는 화재를 예방하기 위하여 다음 각 호의 조치를 하여야 한다.

1. 부근에 있는 넝마, 나무부스러기, 종이부스러기, 그 밖의 인화성 액체를 제거하거나, 그 인화성 액체에 불연성 물질의 덮개를 하거나, 그 작업에 수반하는 불티 등이 날아 흩어지는 것을 방지하기 위한 격벽을 설치할 것

2. 해당 작업에 종사하는 근로자에게 소화설비의 설치장소 및 사용방법을 주지시킬 것

3. 해당 작업 종료 후 불티 등에 의하여 화재가 발생할 위험이 있는지를 확인할 것

제357조(점화물질 휴대 금지) 사업주는 작업의 성질상 부득이한 경우를 제외하고는 터널 내부에서 근로자가 화기, 성냥, 라이터, 그 밖에 발화위험이 있는 물건을 휴대하는 것을 금지하고, 그 내용을 터널의 출입구 부근의 보기 쉬운 장소에 게시하여야 한다.

제358조(방화담당자의 지정 등) 사업주는 터널건설작업을 하는 경우에는 그 터널 내부의 화기나 아크를 사용하는 장소에 방화담당자를 지정하여 다음 각 호의 업무를 이행하도록 하여야 한다. 다만, 제356조에 따른 조치를 완료한 작업장소에 대해서는 그러하지 아니하다.

1. 화기나 아크 사용 상황을 감시하고 이상을 발견한 경우에는 즉시 필요한 조치를 하는 일

2. 불 찌꺼기가 있는지를 확인하는 일

제359조(소화설비 등) 사업주는 터널건설작업을 하는 경우에는 해당 터널 내부의 화기나 아크를 사용하는 장소 또는 배전반, 변압기, 차단기 등을 설치하는 장소에 소화설비를 설치하여야 한다.

제360조(작업의 중지 등) ① 사업주는 터널건설작업을 할 때에 낙반·출수(出水) 등에 의하여 산업재해가 발생할 급박한 위험이 있는 경우에는 즉시 작업을 중지하고 근로자를 안전한 장소로 대피시켜야 한다.

② 사업주는 제1항에 따른 재해발생위험을 관계 근로자에게 신속히 알리기 위한 비상벨 등 통신설비 등을 설치하고, 그 설치장소를 관계 근로자에게 알려 주어야 한다.

제3속 터널 지보공

제361조(터널 지보공의 재료) 사업주는 터널 지보공의 재료로 변형·부식 또는 심하게 손상된 것을 사용해서는 아니된다.

제362조(터널 지보공의 구조) 사업주는 터널 지보공을 설치하는 장소의 지반과 관계되는 지질·지층·함수·용수·균열 및 부식의 상태와 굴착 방법에 상응하는 견고한 구조의 터널 지보공을 사용하여야 한다.

제363조(조립도) ① 사업주는 터널 지보공을 조립하는 경우에는 미리 그 구조를 검토한 후 조립도를 작성하고, 그 조립도에 따라 조립하도록 하여야 한다.

② 제1항의 조립도에는 재료의 재질, 단면규격, 설치간격 및 이음방법 등을 명시하여야 한다.

제364조(조립 또는 변경시의 조치) 사업주는 터널 지보공을 조립하거나 변경하는 경우에는 다음 각 호의 사항을 조치하여야 한다.

1. 주재(主材)를 구성하는 1세트의 부재는 동일 평면 내에 배치할 것
2. 목재의 터널 지보공은 그 터널 지보공의 각 부재의 긴압 정도가 균등하게 되도록 할 것
3. 기둥에는 침하를 방지하기 위하여 받침목을 사용하는 등의 조치를 할 것
4. 강(鋼)아치 지보공의 조립은 다음 각 목의 사항을 따를 것
   가. 조립간격은 조립도에 따를 것
   나. 주재가 아치작용을 충분히 할 수 있도록 쐐기를 박는 등 필요한 조치를 할 것
   다. 연결볼트 및 띠장 등을 사용하여 주재 상호간을 튼튼하게 연결할 것
   라. 터널 등의 출입구 부분에는 받침대를 설치할 것
   마. 낙하물이 근로자에게 위험을 미칠 우려가 있는 경우에는 널판 등을 설치할 것
5. 목재 지주식 지보공은 다음 각 목의 사항을 따를 것
   가. 주기둥은 변위를 방지하기 위하여 쐐기 등을 사용하여 지반에 고정시킬 것
   나. 양끝에는 받침대를 설치할 것
   다. 터널 등의 목재 지주식 지보공에 세로방향의 하중이 걸림으로써 넘어지거나 비틀어질 우려가 있는 경우에는 양끝 외의 부분에도 받침대를 설치할 것
   라. 부재의 접속부는 꺾쇠 등으로 고정시킬 것
6. 강아치 지보공 및 목재지주식 지보공 외의 터널 지보공에 대해서는 터널 등의 출입구 부분에 받침대를 설치할 것

제365조(부재의 해체) 사업주는 하중이 걸려 있는 터널 지보공의 부재를 해체하는 경우에는 해당 부재

에 걸려있는 하중을 터널 거푸집 동바리가 받도록 조치를 한 후에 그 부재를 해체하여야 한다.

제366조(붕괴 등의 방지) 사업주는 터널 지보공을 설치한 경우에 다음 각 호의 사항을 수시로 점검하여야 하며, 이상을 발견한 경우에는 즉시 보강하거나 보수하여야 한다.

1. 부재의 손상·변형·부식·변위 탈락의 유무 및 상태
2. 부재의 긴압 정도
3. 부재의 접속부 및 교차부의 상태
4. 기둥침하의 유무 및 상태

제4속 터널 거푸집 동바리

제367조(터널 거푸집 동바리의 재료) 사업주는 터널 거푸집 동바리의 재료로 변형·부식되거나 심하게 손상된 것을 사용해서는 아니된다.

제368조(터널 거푸집 동바리의 구조) 사업주는 터널 거푸집 동바리에 걸리는 하중 또는 거푸집의 형상 등에 상응하는 견고한 구조의 터널 거푸집 동바리를 사용하여야 한다.

제4관 교량작업

제369조(작업 시 준수사항) 사업주는 제38조제1항제8호에 따른 교량의 설치·해체 또는 변경작업을 하는 경우에는 다음 각 호의 사항을 준수하여야 한다.

1. 작업을 하는 구역에는 관계 근로자가 아닌 사람의 출입을 금지할 것
2. 재료, 기구 또는 공구 등을 올리거나 내릴 경우에는 근로자로 하여금 달줄, 달포대 등을 사용하도록 할 것
3. 중량물 부재를 크레인 등으로 인양하는 경우에는 부재에 인양용 고리를 견고하게 설치하고, 인양용 로프는 부재에 두 군데 이상 결속하여 인양하여야 하며, 중량물이 안전하게 거치되기 전까지는 걸이로프를 해제시키지 아니할 것
4. 자재나 부재의 낙하·전도 또는 붕괴 등에 의하여 근로자에게 위험을 미칠 우려가 있을 경우에는 출입금지구역의 설정, 자재 또는 가설시설의 좌굴(挫屈) 또는 변형 방지를 위한 보강재 부착 등의 조치를 할 것

제5관 채석작업

제370조(지반붕괴 위험방지) 사업주는 채석작업을 하는 경우 지반의 붕괴 또는 토석의 낙하로 인하여 근로자에게 발생할 우려가 있는 위험을 방지하기 위하여 다음 각 호의 조치를 하여야 한다.

1. 점검자를 지명하고 당일 작업 시작 전에 작업장소 및 그 주변 지반의 부석과 균열의 유무와 상태, 함수·용수 및 동결상태의 변화를 점검할 것
2. 점검자는 발파 후 그 발파 장소와 그 주변의 부석 및 균열의 유무와 상태를 점검할 것

제371조(인접채석장과의 연락) 사업주는 지반의 붕괴, 토석의 비래(飛來) 등으로 인한 근로자의 위험을 방지하기 위하여 인접한 채석장에서의 발파 시기·부석 제거 방법 등 필요한 사항에 관하여 그 채석장과 연락을 유지하여야 한다.

제372조(붕괴 등에 의한 위험 방지) 사업주는 채석작업(갱내에서의 작업은 제외한다)을 하는 경우에 붕괴 또는 낙하에 의하여 근로자를 위험하게 할 우려가 있는 토석·입목 등을 미리 제거하거나 방호

망을 설치하는 등 위험을 방지하기 위하여 필요한 조치를 하여야 한다.

제373조(낙반 등에 의한 위험 방지) 사업주는 갱내에서 채석작업을 하는 경우로서 암석·토사의 낙하 또는 측벽의 붕괴로 인하여 근로자에게 위험이 발생할 우려가 있는 경우에 동바리 또는 버팀대를 설치한 후 천장을 아치형으로 하는 등 그 위험을 방지하기 위한 조치를 하여야 한다.

제374조(운행경로 등의 주지) ① 사업주는 채석작업을 하는 경우에 미리 굴착기계등의 운행경로 및 토석의 적재장소에 대한 출입방법을 정하여 관계 근로자에게 주지시켜야 한다.

② 사업주는 제1항의 작업을 하는 경우에 운행경로의 보수, 그밖에 경로를 유효하게 유지하기 위하여 감시인을 배치하거나 작업 중임을 표시하여야 한다.

제375조(굴착기계등의 유도) ① 사업주는 채석작업을 할 때에 굴착기계등이 근로자의 작업장소에 후진하여 접근하거나 전락할 우려가 있는 경우에는 유도자를 배치하고 굴착기계등을 유도하여야 한다.

② 굴착기계등의 운전자는 유도자의 유도에 따라야 한다.

제6관 잠함 내 작업 등

제376조(급격한 침하로 인한 위험 방지) 사업주는 잠함 또는 우물통의 내부에서 근로자가 굴착작업을 하는 경우에 잠함 또는 우물통의 급격한 침하에 의한 위험을 방지하기 위하여 다음 각 호의 사항을 준수하여야 한다.

1. 침하관계도에 따라 굴착방법 및 재하량(載荷量) 등을 정할 것
2. 바닥으로부터 천장 또는 보까지의 높이는 1.8미터 이상으로 할 것

제377조(잠함 등 내부에서의 작업) ① 사업주는 잠함, 우물통, 수직갱, 그 밖에 이와 유사한 건설물 또는 설비(이하 "잠함등"이라 한다)의 내부에서 굴착작업을 하는 경우에 다음 각 호의 사항을 준수하여야 한다.

1. 산소 결핍 우려가 있는 경우에는 산소의 농도를 측정하는 사람을 지명하여 측정하도록 할 것
2. 근로자가 안전하게 오르내리기 위한 설비를 설치할 것
3. 굴착 깊이가 20미터를 초과하는 경우에는 해당 작업장소와 외부와의 연락을 위한 통신설비 등을 설치할 것

② 사업주는 제1항제1호에 따른 측정 결과 산소 결핍이 인정되거나 굴착 깊이가 20미터를 초과하는 경우에는 송기(送氣)를 위한 설비를 설치하여 필요한 양의 공기를 공급해야 한다.

제378조(작업의 금지) 사업주는 다음 각 호의 어느 하나에 해당하는 경우에 잠함등의 내부에서 굴착작업을 하도록 해서는 아니된다.

1. 제377조제1항제2호·제3호 및 같은 조 제2항에 따른 설비에 고장이 있는 경우
2. 잠함등의 내부에 많은 양의 물 등이 스며들 우려가 있는 경우

제7관 가설도로

제379조(가설도로) 사업주는 공사용 가설도로를 설치하는 경우에 다음 각 호의 사항을 준수하여야 한다.

1. 도로는 장비와 차량이 안전하게 운행할 수 있도록 견고하게 설치할 것
2. 도로와 작업장이 접하여 있을 경우에는 방책 등을 설치할 것
3. 도로는 배수를 위하여 경사지게 설치하거나 배수시설을 설치할 것

4. 차량의 속도제한 표지를 부착할 것

제3절 철골작업 시의 위험방지

제380조(철골조립 시의 위험 방지) 사업주는 철골을 조립하는 경우에 철골의 접합부가 충분히 지지되도록 볼트를 체결하거나 이와 동등 이상의 견고한 구조가 되기 전에는 들어 올린 철골을 걸이로프 등으로부터 분리해서는 아니된다.

제381조(승강로의 설치) 사업주는 근로자가 수직방향으로 이동하는 철골부재(鐵骨部材)에는 답단(踏段) 간격이 30센티미터 이내인 고정된 승강로를 설치하여야 하며, 수평방향 철골과 수직방향 철골이 연결되는 부분에는 연결작업을 위하여 작업발판 등을 설치하여야 한다.

제382조(가설통로의 설치) 사업주는 철골작업을 하는 경우에 근로자의 주요 이동통로에 고정된 가설통로를 설치하여야 한다. 다만, 제44조에 따른 안전대의 부착설비 등을 갖춘 경우에는 그러하지 아니하다.

제383조(작업의 제한) 사업주는 다음 각 호의 어느 하나에 해당하는 경우에 철골작업을 중지하여야 한다.

1. 풍속이 초당 10미터 이상인 경우
2. 강우량이 시간당 1밀리미터 이상인 경우
3. 강설량이 시간당 1센티미터 이상인 경우

제4절 해체작업시의 위험방지

제384조(작업중지) 사업주는 비, 눈, 그 밖의 기상상태의 불안정으로 날씨가 몹시 나쁜 경우에는 해체작업을 중지시켜야 한다.

제5장 중량물 취급 시의 위험방지

제385조(중량물 취급) 사업주는 중량물을 운반하거나 취급하는 경우에 하역운반기계·운반용구(이하 "하역운반기계등"이라 한다)를 사용하여야 한다. 다만, 작업의 성질상 하역운반기계등을 사용하기 곤란한 경우에는 그러하지 아니하다.

제386조(경사면에서의 중량물 취급) 사업주는 경사면에서 드럼통 등의 중량물을 취급하는 경우에 다음 각 호의 사항을 준수하여야 한다.

1. 구름멈춤대, 쐐기 등을 이용하여 중량물의 동요나 이동을 조절할 것
2. 중량물이 구르는 방향인 경사면 아래로는 근로자의 출입을 제한할 것

제6장 하역작업 등에 의한 위험방지

제1절 화물취급 작업 등

제387조(꼬임이 끊어진 섬유로프 등의 사용 금지) 사업주는 다음 각 호의 어느 하나에 해당하는 섬유로프 등을 화물운반용 또는 고정용으로 사용해서는 아니된다.

1. 꼬임이 끊어진 것
2. 심하게 손상되거나 부식된 것

제388조(사용 전 점검 등) 사업주는 섬유로프 등을 사용하여 화물취급작업을 하는 경우에 해당 섬유로프 등을 점검하고 이상을 발견한 섬유로프 등을 즉시 교체하여야 한다.

제389조(화물 중간에서 화물 빼내기 금지) 사업주는 차량 등에서 화물을 내리는 작업을 하는 경우에 해당 작업에 종사하는 근로자에게 쌓여 있는 화물 중간에서 화물을 빼내도록 해서는 아니된다.

제390조(하역작업장의 조치기준) 사업주는 부두·안벽 등 하역작업을 하는 장소에 다음 각 호의 조치를 하여야 한다.

1. 작업장 및 통로의 위험한 부분에는 안전하게 작업할 수 있는 조명을 유지할 것
2. 부두 또는 안벽의 선을 따라 통로를 설치하는 경우에는 폭을 90센티미터 이상으로 할 것
3. 육상에서의 통로 및 작업장소로서 다리 또는 선거(船渠) 갑문(閘門)을 넘는 보도(步道) 등의 위험한 부분에는 안전난간 또는 울타리 등을 설치할 것

제391조(하적단의 간격) 사업주는 바닥으로부터의 높이가 2미터 이상 되는 하적단(포대·가마니 등으로 포장된 화물이 쌓여 있는 것만 해당한다)과 인접 하적단 사이의 간격을 하적단의 밑부분을 기준하여 10센티미터 이상으로 하여야 한다.

제392조(하적단의 붕괴 등에 의한 위험방지) ① 사업주는 하적단의 붕괴 또는 화물의 낙하에 의하여 근로자가 위험해질 우려가 있는 경우에는 그 하적단을 로프로 묶거나 망을 치는 등 위험을 방지하기 위하여 필요한 조치를 하여야 한다.

② 하적단을 쌓는 경우에는 기본형을 조성하여 쌓아야 한다.

③ 하적단을 헐어내는 경우에는 위에서부터 순차적으로 층계를 만들면서 헐어내어야 하며, 중간에서 헐어내어서는 아니된다.

제393조(화물의 적재) 사업주는 화물을 적재하는 경우에 다음 각 호의 사항을 준수하여야 한다.

1. 침하 우려가 없는 튼튼한 기반 위에 적재할 것
2. 건물의 칸막이나 벽 등이 화물의 압력에 견딜 만큼의 강도를 지니지 아니한 경우에는 칸막이나 벽에 기대어 적재하지 않도록 할 것
3. 불안정할 정도로 높이 쌓아 올리지 말 것
4. 하중이 한쪽으로 치우치지 않도록 쌓을 것

제2절 항만하역작업

제394조(통행설비의 설치 등) 사업주는 갑판의 윗면에서 선창(船艙) 밑바닥까지의 깊이가 1.5미터를

초과하는 선창의 내부에서 화물취급작업을 하는 경우에 그 작업에 종사하는 근로자가 안전하게 통행할 수 있는 설비를 설치하여야 한다. 다만, 안전하게 통행할 수 있는 설비가 선박에 설치되어 있는 경우에는 그러하지 아니하다.

제395조(급성 중독물질 등에 의한 위험 방지) 사업주는 항만하역작업을 시작하기 전에 그 작업을 하는 선창 내부, 갑판 위 또는 안벽 위에 있는 화물 중에 별표 1의 급성 독성물질이 있는지를 조사하여 안전한 취급방법 및 누출 시 처리방법을 정하여야 한다.

제396조(무포장 화물의 취급방법) ① 사업주는 선창 내부의 밀·콩·옥수수 등 무포장 화물을 내리는 작업을 할 때에는 시프팅보드(shifting board), 피더박스(feeder box) 등 화물 이동 방지를 위한 칸막이벽이 넘어지거나 떨어짐으로써 근로자가 위험해질 우려가 있는 경우에는 그 칸막이벽을 해체한 후 작업을 하도록 하여야 한다.

② 사업주는 진공흡입식 언로더(unloader) 등의 하역기계를 사용하여 무포장 화물을 하역할 때 그 하역기계의 이동 또는 작동에 따른 흔들림 등으로 인하여 근로자가 위험해질 우려가 있는 경우에는 근로자의 접근을 금지하는 등 필요한 조치를 하여야 한다.

제397조(선박승강설비의 설치) ① 사업주는 300톤급 이상의 선박에서 하역작업을 하는 경우에 근로자들이 안전하게 오르내릴 수 있는 현문(舷門) 사다리를 설치하여야 하며, 이 사다리 밑에 안전망을 설치하여야 한다.

② 제1항에 따른 현문 사다리는 견고한 재료로 제작된 것으로 너비는 55센티미터 이상이어야 하고, 양측에 82센티미터 이상의 높이로 방책을 설치하여야 하며, 바닥은 미끄러지지 않도록 적합한 재질로 처리되어야 한다.

③ 제1항의 현문 사다리는 근로자의 통행에만 사용하여야 하며, 화물용 발판 또는 화물용 보관으로 사용하도록 해서는 아니된다.

제398조(통선 등에 의한 근로자 수송 시의 위험 방지) 사업주는 통선(通船) 등에 의하여 근로자를 작업장소로 수송(輸送)하는 경우 그 통선 등이 정하는 탑승정원을 초과하여 근로자를 승선시켜서는 아니되며, 통선 등에 구명용구를 갖추어 두는 등 근로자의 위험 방지에 필요한 조치를 취하여야 한다.

제399조(수상의 목재·뗏목 등의 작업 시 위험 방지) 사업주는 물 위의 목재·원목·뗏목 등에서 작업을 하는 근로자에게 구명조끼를 착용하도록 하여야 하며, 인근에 인명구조용 선박을 배치하여야 한다.

제400조(베일포장화물의 취급) 사업주는 양화장치를 사용하여 베일포장으로 포장된 화물을 하역하는 경우에 그 포장에 사용된 철사·로프 등에 훅을 걸어서는 아니된다.

제401조(동시 작업의 금지) 사업주는 같은 선창 내부의 다른 층에서 동시에 작업을 하도록 해서는 아니된다. 다만, 방망(防網) 및 방포(防布) 등 화물의 낙하를 방지하기 위한 설비를 설치한 경우에는 그러하지 아니하다.

제402조(양하작업 시의 안전조치) ① 사업주는 양화장치등을 사용하여 양하작업을 하는 경우에 선창 내부의 화물을 안전하게 운반할 수 있도록 미리 해치(hatch)의 수직하부에 옮겨 놓아야 한다.

② 제1항에 따라 화물을 옮기는 경우에는 대차(臺車) 또는 스내치 블록(snatch block)을 사용하는 등 안전한 방법을 사용하여야 하며, 화물을 슬링 로프(sling rope)로 연결하여 직접 끌어내는 등 안전하지 않은 방법을 사용해서는 아니된다.

제403조(훅부착슬링의 사용) 사업주는 양화장치등을 사용하여 드럼통 등의 화물권상작업을 하는 경우

에 그 화물이 벗어지거나 탈락하는 것을 방지하는 구조의 해지장치가 설치된 훅부착슬링을 사용하여야 한다. 다만, 작업의 성질상 보조슬링을 연결하여 사용하는 경우 화물에 직접 연결하는 훅은 그러하지 아니하다.

제404조(로프 탈락 등에 의한 위험방지) 사업주는 양화장치등을 사용하여 로프로 화물을 잡아당기는 경우에 로프나 도르래가 떨어져 나감으로써 근로자가 위험해질 우려가 있는 장소에 근로자를 출입시켜서는 아니된다.

제7장 벌목작업에 의한 위험 방지

제405조(벌목작업 시 등의 위험 방지) ① 사업주는 벌목작업 등을 하는 경우에 다음 각 호의 사항을 준수하도록 하여야 한다. 다만, 유압식 벌목기를 사용하는 경우에는 그러하지 아니하다.

1. 벌목하려는 경우에는 미리 대피로 및 대피장소를 정해 둘 것
2. 벌목하려는 나무의 가슴높이지름이 40센티미터 이상인 경우에는 뿌리부분 지름의 4분의 1 이상 깊이의 수구를 만들 것

② 사업주는 유압식 벌목기에는 견고한 헤드 가드(head guard)를 부착하여야 한다.

제406조(벌목의 신호 등) ① 사업주는 벌목작업을 하는 경우에는 일정한 신호방법을 정하여 그 작업에 종사하는 근로자에게 주지시켜야 한다.

② 사업주는 벌목작업에 종사하는 근로자가 아닌 사람에게 벌목에 의한 위험이 발생할 우려가 있는 경우에는 벌목작업에 종사하는 근로자에게 미리 제1항의 신호를 하도록 하여 다른 근로자가 대피한 것을 확인한 후에 벌목하도록 하여야 한다.

제8장 궤도 관련 작업 등에 의한 위험 방지

제1절 운행열차 등으로 인한 위험방지

제407조(열차운행감시인의 배치 등) ① 사업주는 열차 운행에 의한 충돌사고가 발생할 우려가 있는 궤도를 보수·점검하는 경우에 열차운행감시인을 배치하여야 한다. 다만, 선로순회 등 선로를 이동하면서 하는 단순점검의 경우에는 그러하지 아니하다.

② 사업주는 열차운행감시인을 배치한 경우에 위험을 즉시 알릴 수 있도록 확성기·경보기·무선통신기 등 그 작업에 적합한 신호장비를 지급하고, 열차운행 감시 중에는 감시 외의 업무에 종사하게 해서는 아니된다.

제408조(열차통행 중의 작업 제한) 사업주는 열차가 운행하는 궤도(인접궤도를 포함한다)상에서 궤도와 그 밖의 관련 설비의 보수·점검작업 등을 하는 중 위험이 발생할 때에 작업자들이 안전하게 대피할 수 있도록 열차통행의 시간간격을 충분히 하고, 작업자들이 안전하게 대피할 수 있는 공간이 확보된 것을 확인한 후에 작업에 종사하도록 하여야 한다.

제409조(열차의 점검·수리 등) ① 사업주는 열차 운행 중에 열차를 점검·수리하거나 그 밖에 이와 유사한 작업을 할 때에 열차에 의하여 근로자에게 접촉·충돌·감전 또는 추락 등의 위험이 발생할

우려가 있는 경우에는 다음 각 호의 조치를 하여야 한다.

1. 열차의 운전이 정지된 후 작업을 하도록 하고, 점검 등의 작업 완료 후 열차 운전을 시작하기 전에 반드시 작업자와 신호하여 접촉위험이 없음을 확인하고 운전을 재개하도록 할 것
2. 열차의 유동 방지를 위하여 차륜막이 등 필요한 조치를 할 것
3. 노출된 열차충전부에 잔류전하 방전조치를 하거나 근로자에게 절연보호구를 지급하여 착용하도록 할 것
4. 열차의 상판에서 작업을 하는 경우에는 그 주변에 작업발판 또는 안전매트를 설치할 것

② 열차의 정기적인 점검·정비 등의 작업은 지정된 정비차고지 또는 열차에 근로자가 끼이거나 열차와 근로자가 충돌할 위험이 없는 유치선(留置線) 등의 장소에서 하여야 한다.

제2절 궤도 보수·점검작업의 위험 방지

제410조(안전난간 및 방책의 설치 등) ① 사업주는 궤도작업차량으로부터 작업자가 떨어지는 등의 위험이 있는 경우에 해당 부위에 견고한 구조의 안전난간 또는 이에 준하는 설비를 설치하거나 안전대를 사용하도록 하는 등의 위험 방지 조치를 하여야 한다.

② 사업주는 궤도작업차량에 의한 작업을 하는 경우 그 궤도작업차량의 상판 등 감전발생위험이 있는 장소에 방책을 설치하거나 그 장소의 충전전로에 절연용 방호구를 설치하는 등 감전재해예방에 필요한 조치를 하여야 한다.

제411조(자재의 붕괴·낙하 방지) 사업주는 궤도작업차량을 이용하여 침목·자갈과 그 밖의 궤도 관련 작업 자재를 운반·설치·살포하는 등의 작업을 하는 경우 자재의 붕괴·낙하 등으로 인한 위험을 방지하기 위하여 버팀목이나 보호망을 설치하거나 로프를 거는 등의 위험 방지 조치를 하여야 한다.

제412조(접촉의 방지) 사업주는 궤도작업차량을 이용하는 작업을 하는 경우 유도하는 사람을 지정하여 궤도작업차량을 유도하여야 하며, 운전 중인 궤도작업차량 또는 자재에 근로자가 접촉될 위험이 있는 장소에는 관계 근로자가 아닌 사람을 출입시켜서는 아니된다.

제413조(제동장치의 구비 등) ① 사업주는 궤도를 단독으로 운행하는 트롤리에 반드시 제동장치를 구비하여야 하며 사용하기 전에 제동상태를 확인하여야 한다.

② 궤도작업차량에 견인용 트롤리를 연결하는 경우에는 적합한 연결장치를 사용하여야 한다.

제3절 입환작업 시의 위험방지

제414조(유도자의 지정 등) ① 입환기 운전자와 유도하는 사람 사이에는 서로 팔이나 기(旗) 또는 등(燈)에 의한 신호를 육안으로 확인하여 안전하게 작업하도록 하여야 하고, 육안으로 신호를 확인할 수 없는 곳에서의 입환작업은 연계(連繫) 유도자를 두어 작업하도록 하여야 한다. 다만, 정확히 의사를 전달할 수 있는 무전기 등의 통신수단을 지급한 경우에는 연계 유도자를 따로 두지 아니할 수 있다.

② 사업주는 입환기 운행 시 제1항 본문에 따른 유도하는 사람이 근로자의 추락·충돌·끼임 등의 위험요인을 감시하면서 입환기를 유도하도록 하여야 하며, 다른 근로자에게 위험을 알릴 수 있도록

확성기·경보기·무선통신기 등 경보장비를 지급하여야 한다.

제415조(추락·충돌·협착 등의 방지) ① 사업주는 입환기를 사용하는 작업에서 근로자가 열차운행 중에 뛰어오르거나 뛰어내리지 못하도록 작업 전에 주지시켜야 하며, 근로자가 탑승하는 위치에는 견고하고 미끄러짐을 방지할 수 있는 발판과 손잡이를 설치해 두어야 한다.

② 사업주는 입환기 운행선로로 다른 열차가 운행하는 것을 제한하여 운행열차와 근로자가 충돌할 위험을 방지하여야 한다. 다만, 유도하는 사람에 의하여 안전하게 작업을 하도록 하는 경우에는 그러하지 아니하다.

③ 사업주는 열차를 연결하거나 분리하는 작업을 할 때에 그 작업에 종사하는 근로자가 차량 사이에 끼이는 등의 위험이 발생할 우려가 있는 경우에는 입환기를 안전하게 정지시키도록 하여야 한다.

④ 사업주는 입환작업 시 그 작업장소에 관계자가 아닌 사람이 출입하도록 해서는 아니된다. 다만, 작업장소에 안전한 통로가 설치되어 열차와의 접촉위험이 없는 경우에는 그러하지 아니하다.

제416조(작업장 등의 시설 정비) 사업주는 근로자가 안전하게 입환작업을 할 수 있도록 그 작업장소의 시설을 자주 정비하여 정상적으로 이용할 수 있는 안전한 상태로 유지하고 관리하여야 한다.

제4절 터널·지하구간 및 교량 작업 시의 위험방지

제417조(대피공간) ① 사업주는 궤도를 설치한 터널·지하구간 및 교량 등에서 근로자가 통행하거나 작업을 하는 경우에 적당한 간격마다 대피소를 설치하여야 한다. 다만, 궤도 옆에 상당한 공간이 있거나 손쉽게 교량을 건널 수 있어 그 궤도를 운행하는 차량에 접촉할 위험이 없는 경우에는 그러하지 아니하다.

② 제1항에 따른 대피소는 작업자가 작업도구 등을 소지하고 대피할 수 있는 충분한 공간을 확보하여야 한다.

제418조(교량에서의 추락 방지) 사업주는 교량에서 궤도와 그 밖의 관련 설비의 보수·점검 등의 작업을 하는 경우에 추락 위험을 방지할 수 있도록 안전난간 또는 안전망을 설치하거나 안전대를 지급하여 착용하게 하여야 한다.

제419조(침목교환작업 등) 사업주는 터널·지하구간 또는 교량에서 침목교환작업 등을 하는 동안 열차의 운행을 중지시키고, 작업공간을 충분히 확보하여 근로자가 안전하게 작업을 하도록 하여야 한다.

제3편 보건기준

제1장 관리대상 유해물질에 의한 건강장해의 예방

제1절 통칙

제420조(정의) 이 장에서 사용하는 용어의 뜻은 다음과 같다.

1. "관리대상 유해물질"이란 법 제24조제1항제1호에 따른 원재료로서 유기화합물, 금속류, 산·알칼

리류, 가스상태 물질류 등 별표 12에서 정한 물질을 말한다.

2. "유기화합물"이란 상온·상압(常壓)에서 휘발성이 있는 액체로서 다른 물질을 녹이는 성질이 있는 유기용제(有機溶劑)를 포함한 탄화수소계화합물 중 별표 12 제1호에 따른 물질을 말한다.

3. "금속류"란 고체가 되었을 때 금속광택이 나고 전기·열을 잘 전달하며, 전성(展性)과 연성(延性)을 가진 물질 중 별표 12 제2호에 따른 물질을 말한다.

4. "산·알칼리류"란 수용액(水溶液) 중에서 해리(解離)하여 수소이온을 생성하고 염기와 중화하여 염을 만드는 물질과 산을 중화하는 수산화합물로서 물에 녹는 물질 중 별표 12 제3호에 따른 물질을 말한다.

5. "가스상태 물질류"란 상온·상압에서 사용하거나 발생하는 가스 상태의 물질로서 별표 12 제4호에 따른 물질을 말한다.

6. "발암성물질"이란 암을 유발하는 물질로 확인되었거나 의심되는 물질로서 별표 12에서 발암성으로 표기된 물질을 말한다.

7. "유기화합물 취급 특별장소"란 유기화합물을 취급하는 다음 각 목의 어느 하나에 해당하는 장소를 말한다.

　가. 선박의 내부

　나. 차량의 내부

　다. 탱크의 내부(반응기 등 화학설비 포함)

　라. 터널이나 갱의 내부

　마. 맨홀의 내부

　바. 피트의 내부

　사. 통풍이 충분하지 않은 수로의 내부

　아. 덕트의 내부

　자. 수관(水管)의 내부

　차. 그 밖에 통풍이 충분하지 않은 장소

8. "임시작업"이란 일시적으로 하는 작업 중 월 24시간 미만인 작업을 말한다. 다만, 월 10시간 이상 24시간 미만인 작업이 매월 행하여지는 작업은 제외한다.

9. "단시간작업"이란 관리대상 유해물질을 취급하는 시간이 1일 1시간 미만인 작업을 말한다. 다만, 1일 1시간 미만인 작업이 매일 수행되는 경우는 제외한다.

제421조(적용 제외) ① 사업주가 관리대상 유해물질의 취급업무에 근로자를 종사하도록 하는 경우로서 작업시간 1시간당 소비하는 관리대상 유해물질의 양(그램)이 작업장 공기의 부피(세제곱미터)를 15로 나눈 양(이하 "허용소비량"이라 한다) 이하인 경우에는 이 장의 규정을 적용하지 아니한다. 다만, 유기화합물 취급 특별장소, 발암성물질 취급 장소, 지하실 내부, 그 밖에 환기가 불충분한 실내작업장인 경우에는 그러하지 아니하다.

② 제1항 본문에 따른 작업장 공기의 부피는 바닥에서 4미터가 넘는 높이에 있는 공간을 제외한 세제곱미터를 단위로 하는 실내작업장의 공간부피를 말한다. 다만, 공기의 부피가 150세제곱미터를 초과하는 경우에는 150세제곱미터를 그 공기의 부피로 한다.

제2절 설비기준 등

제422조(관리대상 유해물질과 관계되는 설비) 사업주는 근로자가 실내작업장에서 관리대상 유해물질을 취급하는 업무에 종사하는 경우에 그 작업장에 관리대상 유해물질의 가스·증기 또는 분진의 발산원을 밀폐하는 설비 또는 국소배기장치를 설치하여야 한다. 다만, 분말상태의 관리대상 유해물질을 습기가 있는 상태에서 취급하는 경우에는 그러하지 아니하다.

제423조(임시작업인 경우의 설비 특례) ① 사업주는 실내작업장에서 관리대상 유해물질 취급업무를 임시로 하는 경우에 제422조에 따른 밀폐설비나 국소배기장치를 설치하지 아니할 수 있다.

② 사업주는 유기화합물 취급 특별장소에서 근로자가 유기화합물 취급업무를 임시로 하는 경우로서 전체환기장치를 설치한 경우에 제422조에 따른 밀폐설비나 국소배기장치를 설치하지 아니할 수 있다.

③ 제1항 및 제2항에도 불구하고 관리대상 유해물질 중 별표 12에 따른 발암성물질을 취급하는 작업장에는 제422조에 따른 밀폐설비나 국소배기장치를 설치하여야 한다.

제424조(단시간작업인 경우의 설비 특례) ① 사업주는 근로자가 전체환기장치가 설치되어 있는 실내작업장에서 단시간 동안 관리대상 유해물질을 취급하는 작업에 종사하는 경우에 제422조에 따른 밀폐설비나 국소배기장치를 설치하지 아니할 수 있다.

② 사업주는 유기화합물 취급 특별장소에서 단시간 동안 유기화합물을 취급하는 작업에 종사하는 근로자에게 송기마스크를 지급하고 착용하도록 하는 경우에 제422조에 따른 밀폐설비나 국소배기장치를 설치하지 아니할 수 있다.

③ 제1항 및 제2항에도 불구하고 관리대상 유해물질 중 별표 12에 따른 발암성물질을 취급하는 작업장에는 제422조에 따른 밀폐설비나 국소배기장치를 설치하여야 한다.

제425조(국소배기장치의 설비 특례) 사업주는 다음 각 호의 어느 하나에 해당하는 경우로서 급기(給氣)·배기(排氣) 환기장치를 설치한 경우에 제422조에 따른 밀폐설비나 국소배기장치를 설치하지 아니할 수 있다.

1. 실내작업장의 벽·바닥 또는 천장에 대하여 관리대상 유해물질 취급업무를 수행할 때 관리대상 유해물질의 발산 면적이 넓어 제422조에 따른 설비를 설치하기 곤란한 경우
2. 자동차의 차체, 항공기의 기체, 선체(船體) 블록(block) 등 표면적이 넓은 물체의 표면에 대하여 관리대상 유해물질 취급업무를 수행할 때 관리대상 유해물질의 증기 발산 면적이 넓어 제422조에 따른 설비를 설치하기 곤란한 경우

제426조(다른 실내 작업장과 격리되어 있는 작업장에 대한 설비 특례) 사업주는 다른 실내작업장과 격리되어 근로자가 상시 출입할 필요가 없는 작업장으로서 관리대상 유해물질 취급업무를 하는 실내작업장에 전체환기장치를 설치한 경우에 제422조에 따른 밀폐설비나 국소배기장치를 설치하지 아니할 수 있다.

제427조(대체설비의 설치에 따른 특례) 사업주는 발산원 밀폐설비, 국소배기장치 또는 전체환기장치 외의 방법으로 적정 처리를 할 수 있는 설비(이하 이 조에서 "대체설비"라 한다)를 설치하고 고용노동부장관이 해당 대체설비가 적정하다고 인정하는 경우에 제422조에 따른 밀폐설비나 국소배기장치 또는 전체환기장치를 설치하지 아니할 수 있다.

제428조(유기화합물의 설비 특례) 사업주는 전체환기장치가 설치된 유기화합물 취급작업장으로서 다

음 각 호의 요건을 모두 갖춘 경우에 제422조에 따른 밀폐설비나 국소배기장치를 설치하지 아니할 수 있다.

1. 유기화합물의 노출기준이 100피피엠(ppm) 이상인 경우
2. 유기화합물의 발생량이 대체로 균일한 경우
3. 동일한 작업장에 다수의 오염원이 분산되어 있는 경우
4. 오염원이 이동성(移動性)이 있는 경우

제3절 국소배기장치의 성능 등

제429조(국소배기장치의 성능) 사업주는 국소배기장치를 설치하는 경우에 별표 13에 따른 제어풍속을 낼 수 있는 성능을 갖춘 것을 설치하여야 한다.

제430조(전체환기장치의 성능 등) ① 사업주는 단일 성분의 유기화합물이 발생하는 작업장에 전체환기장치를 설치하려는 경우에 다음 계산식에 따라 계산한 환기량(이하 이 조에서 "필요환기량"이라 한다) 이상으로 설치하여야 한다.

$$\text{작업시간 1시간당 필요환기량} = 24.1 \times \text{비중} \times \text{유해물질의 시간당 사용량} \times K / (\text{분자량} \times \text{유해물질의 노출기준}) \times 10^6$$

주) 1. 시간당 필요환기량 단위: m³/hr
   2. 유해물질의 시간당 사용량 단위: L/hr
   3. K: 안전계수로서
     가. K=1: 작업장 내의 공기 혼합이 원활한 경우
     나. K=2: 작업장 내의 공기 혼합이 보통인 경우
     다. K=3: 작업장 내의 공기 혼합이 불완전한 경우

② 제1항에도 불구하고 유기화합물의 발생이 혼합물질인 경우에는 각각의 환기량을 모두 합한 값을 필요환기량으로 적용한다. 다만, 상가작용(相加作用)이 없을 경우에는 필요환기량이 가장 큰 물질의 값을 적용한다.

③ 사업주는 전체환기장치를 설치하려는 경우에 전체환기장치의 배풍기(덕트를 사용하는 전체환기장치의 경우에는 해당 덕트의 개구부를 말한다)를 관리대상 유해물질의 발산원에 가장 가까운 위치에 설치하여야 한다.

제431조(작업장의 바닥) 사업주는 관리대상 유해물질을 취급하는 실내작업장의 바닥에 불침투성의 재료를 사용하고 청소하기 쉬운 구조로 하여야 한다.

제432조(부식의 방지조치) 사업주는 관리대상 유해물질의 접촉설비를 녹슬지 않는 재료로 만드는 등 부식을 방지하기 위하여 필요한 조치를 하여야 한다.

제433조(누출의 방지조치) 사업주는 관리대상 유해물질 취급설비의 뚜껑·플랜지(flange)·밸브 및 콕(cock) 등의 접합부에 대하여 관리대상 유해물질이 새지 않도록 개스킷(gasket)을 사용하는 등 누출을 방지하기 위하여 필요한 조치를 하여야 한다.

제434조(경보설비 등) ① 사업주는 관리대상 유해물질 중 금속류, 산·알칼리류, 가스상태 물질류를 1일 평균 합계 100리터(기체인 경우에는 해당 기체의 용적 1세제곱미터를 2리터로 환산한다) 이상 취급하는 사업장에서 해당 물질이 샐 우려가 있는 경우에 경보설비를 설치하거나 경보용 기구를 갖추어 두어야 한다.

② 사업주는 제1항에 따른 사업장에 관리대상 유해물질 등이 새는 경우에 대비하여 그 물질을 제거하기 위한 약제·기구 또는 설비를 갖추거나 설치하여야 한다.

제435조(긴급 차단장치의 설치 등) ① 사업주는 관리대상 유해물질 취급설비 중 발열반응 등 이상화학반응에 의하여 관리대상 유해물질이 샐 우려가 있는 설비에 대하여 원재료의 공급을 막거나 불활성 가스와 냉각용수 등을 공급하기 위한 장치를 설치하는 등 필요한 조치를 하여야 한다.

② 사업주는 제1항에 따른 장치에 설치한 밸브나 콕을 정상적인 기능을 발휘할 수 있는 상태로 유지하여야 하며, 관계 근로자가 이를 안전하고 정확하게 조작할 수 있도록 색깔로 구분하는 등 필요한 조치를 하여야 한다.

③ 사업주는 관리대상 유해물질을 내보내기 위한 장치는 밀폐식 구조로 하거나 내보내지는 관리대상 유해물질을 안전하게 처리할 수 있는 구조로 하여야 한다.

제4절 작업방법 등

제436조(작업수칙) 사업주는 관리대상 유해물질 취급설비나 그 부속설비를 사용하는 작업을 하는 경우에 관리대상 유해물질이 새지 않도록 다음 각 호의 사항에 관한 작업수칙을 정하여 이에 따라 작업하도록 하여야 한다.

1. 밸브·콕 등의 조작(관리대상 유해물질을 내보내는 경우에만 해당한다)
2. 냉각장치, 가열장치, 교반장치 및 압축장치의 조작
3. 계측장치와 제어장치의 감시·조정
4. 안전밸브, 긴급 차단장치, 자동경보장치 및 그 밖의 안전장치의 조정
5. 뚜껑·플랜지·밸브 및 콕 등 접합부가 새는지 점검
6. 시료(試料)의 채취
7. 관리대상 유해물질 취급설비의 재가동 시 작업방법
8. 이상사태가 발생한 경우의 응급조치
9. 그 밖에 관리대상 유해물질이 새지 않도록 하는 조치

제437조(탱크 내 작업) ① 사업주는 근로자가 관리대상 유해물질이 들어 있던 탱크 등을 개조·수리 또는 청소를 하거나 해당 설비나 탱크 등의 내부에 들어가서 작업하는 경우에 다음 각 호의 조치를 하여야 한다.

1. 관리대상 유해물질에 관하여 필요한 지식을 가진 사람이 해당 작업을 지휘하도록 할 것
2. 관리대상 유해물질이 들어올 우려가 없는 경우에는 작업을 하는 설비의 개구부를 모두 개방할 것
3. 근로자의 신체가 관리대상 유해물질에 의하여 오염된 경우나 작업이 끝난 경우에는 즉시 몸을 씻게 할 것
4. 비상시에 작업설비 내부의 근로자를 즉시 대피시키거나 구조하기 위한 기구와 그 밖의 설비를 갖추어 둘 것
5. 작업을 하는 설비의 내부에 대하여 작업 전에 관리대상 유해물질의 농도를 측정하거나 그 밖의 방법에 따라 근로자가 건강에 장해를 입을 우려가 있는지를 확인할 것
6. 제5호에 따른 설비 내부에 관리대상 유해물질이 있는 경우에는 설비 내부를 환기장치로 충분히

환기시킬 것

7. 유기화합물을 넣었던 탱크에 대하여 제1호부터 제6호까지의 규정에 따른 조치 외에 작업 시작 전에 다음 각 목의 조치를 할 것

　가. 유기화합물이 탱크로부터 배출된 후 탱크 내부에 재유입되지 않도록 할 것

　나. 물이나 수증기 등으로 탱크 내부를 씻은 후 그 씻은 물이나 수증기 등을 탱크로부터 배출시킬 것

　다. 탱크 용적의 3배 이상의 공기를 채웠다가 내보내거나 탱크에 물을 가득 채웠다가 배출시킬 것

② 사업주는 제1항제7호에 따른 조치를 확인할 수 없는 설비에 대하여 근로자가 그 설비의 내부에 머리를 넣고 작업하지 않도록 하고 작업하는 근로자에게 주의하도록 미리 알려야 한다.

제438조(사고 시의 대피 등) ① 사업주는 관리대상 유해물질을 취급하는 근로자에게 다음 각 호의 어느 하나에 해당하는 상황이 발생하여 관리대상 유해물질에 의한 중독이 발생할 우려가 있을 경우에 즉시 작업을 중지하고 근로자를 그 장소에서 대피시켜야 한다.

1. 해당 관리대상 유해물질을 취급하는 장소의 환기를 위하여 설치한 환기장치의 고장으로 그 기능이 저하되거나 상실된 경우

2. 해당 관리대상 유해물질을 취급하는 장소의 내부가 관리대상 유해물질에 의하여 오염되거나 관리대상 유해물질이 새는 경우

② 사업주는 제1항 각 호에 따른 상황이 발생하여 작업을 중지한 경우에 관리대상 유해물질에 의하여 오염되거나 새어 나온 것이 제거될 때까지 관계자가 아닌 사람의 출입을 금지하고, 그 내용을 보기 쉬운 장소에 게시하여야 한다. 다만, 안전한 방법에 따라 인명구조 또는 유해방지에 관한 작업을 하도록 하는 경우에는 그러하지 아니하다.

③ 근로자는 제2항에 따라 출입이 금지된 장소에 사업주의 허락 없이 출입해서는 아니된다.

제439조(발암성물질의 취급일지 작성) 사업주는 별표 12에서 규정한 발암성물질을 취급하는 경우에 물질명·사용량 및 작업내용 등이 포함된 발암성물질 취급일지를 작성하여 갖추어 두어야 한다.

제440조(발암성물질의 고지) 사업주는 근로자가 별표 12에서 규정한 발암성물질을 취급하는 경우에 그 물질이 발암성물질임을 게시판 등을 통해 근로자에게 알려야 한다.

제5절 관리 등

제441조(사용 전 점검 등) ① 사업주는 국소배기장치를 설치한 후 처음으로 사용하는 경우 또는 국소배기장치를 분해하여 개조하거나 수리한 후 처음으로 사용하는 경우에는 다음 각 호에서 정하는 사항을 사용 전에 점검하여야 한다.

1. 덕트와 배풍기의 분진 상태

2. 덕트 접속부가 헐거워졌는지 여부

3. 흡기 및 배기 능력

4. 그 밖에 국소배기장치의 성능을 유지하기 위하여 필요한 사항

② 사업주는 제1항에 따른 점검 결과 이상이 발견되었을 때에는 즉시 청소·보수 또는 그 밖에 필요한 조치를 하여야 한다.

③ 제1항에 따른 점검을 한 후 그 기록의 보존에 관하여는 제555조를 준용한다.

제442조(명칭 등의 게시) 사업주는 관리대상 유해물질을 취급하는 작업장의 보기 쉬운 장소에 다음 각 호의 사항을 게시하여야 한다. 다만, 법 제41조제1항에 따른 물질안전보건자료를 작성하여 게시한 경우에는 그러하지 아니하다.

1. 관리대상 유해물질의 명칭
2. 인체에 미치는 영향
3. 취급상 주의사항
4. 착용하여야 할 보호구
5. 응급조치와 긴급 방재 요령

제443조(관리대상 유해물질의 저장) ① 사업주는 관리대상 유해물질을 운반하거나 저장하는 경우에 그 물질이 새거나 발산될 우려가 없는 뚜껑 또는 마개가 있는 튼튼한 용기를 사용하거나 단단하게 포장을 하여야 하며, 그 저장장소에는 다음 각 호의 조치를 하여야 한다.

1. 관계 근로자가 아닌 사람의 출입을 금지하는 표시를 할 것
2. 관리대상 유해물질의 증기를 실외로 배출시키는 설비를 설치할 것

② 사업주는 관리대상 유해물질을 저장할 경우에 일정한 장소를 지정하여 저장하여야 한다.

제444조(빈 용기 등의 관리) 사업주는 관리대상 유해물질의 운반·저장 등을 위하여 사용한 용기 또는 포장을 밀폐하거나 실외의 일정한 장소를 지정하여 보관하여야 한다.

제445조(청소) 사업주는 관리대상 유해물질을 취급하는 실내작업장, 휴게실 또는 식당 등에 관리대상 유해물질로 인한 오염을 제거하기 위하여 청소 등을 하여야 한다.

제446조(출입의 금지 등) ① 사업주는 관리대상 유해물질을 취급하는 실내작업장에 관계 근로자가 아닌 사람의 출입을 금지하고, 그 내용을 보기 쉬운 장소에 게시하여야 한다. 다만, 관리대상 유해물질 중 금속류, 산·알칼리류, 가스상태 물질류를 1일 평균 합계 100리터(기체인 경우에는 그 기체의 부피 1세제곱미터를 2리터로 환산한다) 미만을 취급하는 작업장은 그러하지 아니하다.

② 사업주는 관리대상 유해물질이나 이에 따라 오염된 물질은 일정한 장소를 정하여 폐기·저장 등을 하여야 하며, 그 장소에는 관계 근로자가 아닌 사람의 출입을 금지하고, 그 내용을 보기 쉬운 장소에 게시하여야 한다.

③ 근로자는 제1항 또는 제2항에 따라 출입이 금지된 장소에 사업주의 허락없이 출입해서는 아니된다.

제447조(흡연 등의 금지) ① 사업주는 관리대상 유해물질을 취급하는 실내작업장에서 근로자가 담배를 피우거나 음식물을 먹지 않도록 하여야 하며, 그 내용을 보기 쉬운 장소에 게시하여야 한다.

② 근로자는 제1항에 따라 흡연 또는 음식물의 섭취가 금지된 장소에서 흡연 또는 음식물 섭취를 해서는 아니된다.

제448조(세척시설 등) ① 사업주는 근로자가 관리대상 유해물질을 취급하는 작업을 하는 경우에 세면·목욕·세탁 및 건조를 위한 시설을 설치하고 필요한 용품과 용구를 갖추어 두어야 한다.

② 사업주는 제1항에 따라 시설을 설치할 경우에 오염된 작업복과 평상복을 구분하여 보관할 수 있는 구조로 하여야 한다.

제449조(유해성 등의 주지) ① 사업주는 관리대상 유해물질을 취급하는 작업에 근로자를 종사하도록 하는 경우에 근로자를 작업에 배치하기 전에 다음 각 호의 사항을 근로자에게 알려야 한다.

1. 관리대상 유해물질의 명칭 및 물리적·화학적 특성
2. 인체에 미치는 영향과 증상
3. 취급상의 주의사항
4. 착용하여야 할 보호구와 착용방법
5. 위급상황 시의 대처방법과 응급조치 요령
6. 그 밖에 근로자의 건강장해 예방에 관한 사항

② 사업주는 근로자가 별표 12 제1호 카목·토목·수목·르목·쟈목·며목의 물질을 취급하는 경우에 근로자가 작업을 시작하기 전에 해당 물질이 급성 독성을 일으키는 물질임을 근로자에게 알려야 한다.

제6절 보호구 등

제450조(호흡용 보호구의 지급 등) ① 사업주는 근로자가 다음 각 호의 어느 하나에 해당하는 업무를 하는 경우에 해당 근로자에게 송기마스크를 지급하여 착용하도록 하여야 한다.
1. 유기화합물을 넣었던 탱크(유기화합물의 증기가 발산할 우려가 없는 탱크는 제외한다) 내부에서의 세척 및 페인트칠 업무
2. 제424조제2항에 따라 유기화합물 취급 특별장소에서 유기화합물을 취급하는 업무

② 사업주는 근로자가 다음 각 호의 어느 하나에 해당하는 업무를 하는 경우에 해당 근로자에게 송기마스크나 방독마스크를 지급하여 착용하도록 하여야 한다.
1. 제423조제1항 및 제2항, 제424조제1항, 제425조, 제426조 및 제428조제1항에 따라 밀폐설비나 국소배기장치가 설치되지 아니한 장소에서의 유기화합물 취급업무
2. 유기화합물 취급 장소에 설치된 환기장치 내의 기류가 확산될 우려가 있는 물체를 다루는 유기화합물 취급업무
3. 유기화합물 취급 장소에서 유기화합물의 증기 발산원을 밀폐하는 설비(청소 등으로 유기화합물이 제거된 설비는 제외한다)를 개방하는 업무

③ 사업주는 제1항과 제2항에 따라 근로자에게 송기마스크를 착용시키려는 경우에 신선한 공기를 공급할 수 있는 성능을 가진 장치가 부착된 송기마스크를 지급하여야 한다.

④ 사업주는 금속류, 산·알칼리류, 가스상태 물질류 등을 취급하는 작업장에서 근로자의 건강장해 예방에 적절한 호흡용 보호구를 근로자에게 지급하여 필요시 착용하도록 하고, 호흡용 보호구를 공동으로 사용하여 근로자에게 질병이 감염될 우려가 있는 경우에는 개인 전용의 것을 지급하여야 한다.

⑤ 근로자는 제1항, 제2항 및 제4항에 따라 지급된 보호구를 사업주의 지시에 따라 착용하여야 한다.

제451조(보호복 등의 비치 등) ① 사업주는 근로자가 피부 자극성 또는 부식성 관리대상 유해물질을 취급하는 경우에 불침투성 보호복·보호장갑·보호장화 및 피부보호용 바르는 약품을 갖추어 두고, 이를 사용하도록 하여야 한다.

② 사업주는 근로자가 관리대상 유해물질이 흩날리는 업무를 하는 경우에 보안경을 지급하고 착용하도록 하여야 한다.

③ 사업주는 관리대상 유해물질이 근로자의 피부나 눈에 직접 닿을 우려가 있는 경우에 즉시 물로 씻어낼 수 있도록 세면·목욕 등에 필요한 세척시설을 설치하여야 한다.

④ 근로자는 제1항 및 제2항에 따라 지급된 보호구를 사업주의 지시에 따라 착용하여야 한다.

제2장 허가대상 유해물질 및 석면에 의한 건강장해의 예방

제1절 통칙

제452조(정의) 이 장에서 사용하는 용어의 뜻은 다음과 같다.

1. "허가대상 유해물질"이란 고용노동부장관의 허가를 받지 않고는 제조·사용이 금지되는 물질로서 영 제30조에 따른 물질을 말한다.
2. "제조"란 화학물질 또는 그 구성요소에 물리적·화학적 작용을 가하여 허가대상 유해물질로 전환하는 과정을 말한다.
3. "사용"이란 새로운 제품 또는 물질을 만들기 위하여 허가대상 유해물질을 원재료로 이용하는 것을 말한다.
4. "해체·제거"란 석면함유 설비 또는 건축물의 파쇄(破碎), 개·보수 등으로 인하여 석면분진이 흩날릴 우려가 있고 작은 입자의 석면폐기물이 발생하는 작업을 말한다.
5. "가열응착(加熱凝着)"이란 허가대상 유해물질에 압력을 가하여 성형한 것을 가열하였을 때 가루가 서로 밀착·굳어지는 현상을 말한다.
6. "가열탈착(加熱脫着)"이란 허가대상 유해물질을 고온으로 가열하여 휘발성 성분의 일부 또는 전부를 제거하는 조작을 말한다.

제2절 설비기준 및 성능 등

제453조(설비기준 등) ① 사업주는 허가대상 유해물질(베릴륨 및 석면은 제외한다)을 제조하거나 사용하는 경우에 다음 각 호의 사항을 준수하여야 한다.

1. 허가대상 유해물질을 제조하거나 사용하는 장소는 다른 작업장소와 격리시키고 작업장소의 바닥과 벽은 불침투성의 재료로 하되, 물청소로 할 수 있는 구조로 하는 등 해당 물질을 제거하기 쉬운 구조로 할 것
2. 원재료의 공급·이송 또는 운반은 해당 작업에 종사하는 근로자의 신체에 그 물질이 직접 닿지 않는 방법으로 할 것
3. 반응조(batch reactor)는 발열반응 또는 가열을 동반하는 반응에 의하여 교반기(攪拌機) 등의 덮개 부분으로부터 가스나 증기가 새지 않도록 개스킷 등으로 접합부를 밀폐시킬 것
4. 가동 중인 선별기 또는 진공여과기의 내부를 점검할 필요가 있는 경우에는 밀폐된 상태에서 내부를 점검할 수 있는 구조로 할 것
5. 분말 상태의 허가대상 유해물질을 근로자가 직접 사용하는 경우에는 그 물질을 습기가 있는 상태로 사용하거나 격리실에서 원격조작하거나 분진이 흩날리지 않는 방법을 사용하도록 할 것

② 사업주는 근로자가 허가대상 유해물질(베릴륨 및 석면은 제외한다)을 제조하거나 사용하는 경우에 허가대상 유해물질의 가스·증기 또는 분진의 발산원을 밀폐하는 설비나 포위식 후드 또는 부스식

후드의 국소배기장치를 설치하여야 한다. 다만, 작업의 성질상 밀폐설비나 포위식 후드 또는 부스식 후드를 설치하기 곤란한 경우에는 외부식 후드의 국소배기장치(상방 흡인형은 제외한다)를 설치할 수 있다.

제454조(국소배기장치의 설치·성능) 제453조제2항에 따라 설치하는 국소배기장치의 성능은 물질의 상태에 따라 아래 표에서 정하는 제어풍속 이상이 되도록 하여야 한다.

물질의 상태	제어풍속(미터/초)
가스상태	0.5
입자상태	1.0

비 고
1. 이 표에서 제어풍속이란 국소배기장치의 모든 후드를 개방한 경우의 제어 풍속을 말한다.
2. 이 표에서 제어풍속은 후드의 형식에 따라 다음에서 정한 위치에서의 풍속을 말한다.
   가. 포위식 또는 부스식 후드에서는 후드의 개구면에서의 풍속
   나. 외부식 또는 리시버식 후드에서는 유해물질의 가스·증기 또는 분진이 빨려 들어가는 범위에서 해당 개구면으로부터 가장 먼 작업 위치에서의 풍속

제455조(배출액의 처리) 사업주는 허가대상 유해물질의 제조·사용 설비로부터 오염물이 배출되는 경우에 이로 인한 근로자의 건강장해를 예방할 수 있도록 배출액을 중화·침전·여과 또는 그 밖의 적절한 방식으로 처리하여야 한다.

제3절 작업관리 기준 등

제456조(사용 전 점검 등) ① 사업주는 국소배기장치를 설치한 후 처음으로 사용하는 경우 또는 국소배기장치를 분해하여 개조하거나 수리를 한 후 처음으로 사용하는 경우에 다음 각 호의 사항을 사용 전에 점검하여야 한다.
1. 덕트와 배풍기의 분진상태
2. 덕트 접속부가 헐거워졌는지 여부
3. 흡기 및 배기 능력
4. 그 밖에 국소배기장치의 성능을 유지하기 위하여 필요한 사항

② 사업주는 제1항에 따른 점검 결과 이상이 발견되었을 경우에 즉시 청소·보수 또는 그 밖에 필요한 조치를 하여야 한다.

③ 제1항에 따른 점검을 한 후 그 기록의 보존에 관하여는 제555조를 준용한다.

제457조(출입의 금지) ① 사업주는 허가대상 유해물질을 제조하거나 사용하는 작업장에 관계 근로자가 아닌 사람의 출입을 금지하고, 별지 제1호서식에 따른 표지를 출입구에 붙여야 한다. 다만, 석면을 제조하거나 사용하는 작업장에는 별지 제2호서식에 따른 표지를 붙여야 한다.

② 사업주는 허가대상 유해물질이나 이에 의하여 오염된 물질은 일정한 장소를 정하여 저장하거나 폐기하여야 하며, 그 장소에는 관계 근로자가 아닌 사람의 출입을 금지하고, 그 내용을 보기 쉬운 장소에 게시하여야 한다.

③ 근로자는 제1항 또는 제2항에 따라 출입이 금지된 장소에 사업주의 허락 없이 출입해서는 아니된다.

제458조(흡연 등의 금지) ① 사업주는 허가대상 유해물질을 제조하거나 사용하는 작업장에서 근로자

가 담배를 피우거나 음식물을 먹지 않도록 하고, 그 내용을 보기 쉬운 장소에 게시하여야 한다.

② 근로자는 제1항에 따라 흡연 또는 음식물의 섭취가 금지된 장소에서 흡연 또는 음식물 섭취를 해서는 아니된다.

제459조(명칭 등의 게시) 사업주는 허가대상 유해물질을 제조하거나 사용하는 작업장에 다음 각 호의 사항을 보기 쉬운 장소에 게시하여야 한다.

1. 허가대상 유해물질의 명칭
2. 인체에 미치는 영향
3. 취급상의 주의사항
4. 착용하여야 할 보호구
5. 응급처치와 긴급 방재 요령

제460조(유해성 등의 주지) 사업주는 근로자가 허가대상 유해물질을 제조하거나 사용하는 경우에 다음 각 호의 사항을 근로자에게 알려야 한다.

1. 물리적·화학적 특성
2. 발암성 등 인체에 미치는 영향과 증상
3. 취급상의 주의사항
4. 착용하여야 할 보호구와 착용방법
5. 위급상황 시의 대처방법과 응급조치 요령
6. 그 밖에 근로자의 건강장해 예방에 관한 사항

제461조(용기 등) ① 사업주는 허가대상 유해물질을 운반하거나 저장하는 경우에 그 물질이 샐 우려가 없는 견고한 용기를 사용하거나 단단하게 포장을 하여야 한다.

② 사업주는 제1항에 따른 용기 또는 포장의 보기 쉬운 위치에 해당 물질의 명칭과 취급상의 주의사항을 표시하여야 한다.

③ 사업주는 허가대상 유해물질을 보관할 경우에 일정한 장소를 지정하여 보관하여야 한다.

④ 사업주는 허가대상 유해물질의 운반·저장 등을 위하여 사용한 용기 또는 포장을 밀폐하거나 실외의 일정한 장소를 지정하여 보관하여야 한다.

제462조(작업수칙) 사업주는 근로자가 허가대상 유해물질(베릴륨 및 석면은 제외한다)을 제조·사용하는 경우에 다음 각 호의 사항에 관한 작업수칙을 정하고, 이를 해당 작업근로자에게 알려야 한다.

1. 밸브·콕 등(허가대상 유해물질을 제조하거나 사용하는 설비에 원재료를 공급하는 경우 또는 그 설비로부터 제품 등을 추출하는 경우에 사용되는 것만 해당한다)의 조작
2. 냉각장치, 가열장치, 교반장치 및 압축장치의 조작
3. 계측장치와 제어장치의 감시·조정
4. 안전밸브, 긴급 차단장치, 자동경보장치 및 그 밖의 안전장치의 조정
5. 뚜껑·플랜지·밸브 및 콕 등 접합부가 새는지 점검
6. 시료의 채취 및 해당 작업에 사용된 기구 등의 처리
7. 이상 상황이 발생한 경우의 응급조치
8. 보호구의 사용·점검·보관 및 청소
9. 허가대상 유해물질을 용기에 넣거나 꺼내는 작업 또는 반응조 등에 투입하는 작업

10. 그 밖에 허가대상 유해물질이 새지 않도록 하는 조치

제463조(잠금장치 등) 사업주는 허가대상 유해물질이 보관된 장소에 잠금장치를 설치하는 등 관계근로자가 아닌 사람이 임의로 출입할 수 없도록 적절한 조치를 하여야 한다.

제464조(목욕설비 등) ① 사업주는 허가대상 유해물질을 제조·사용하는 경우에 해당 작업장소와 격리된 장소에 탈의실·목욕실 및 작업복 갱의실(更衣室)을 설치하고 필요한 용품과 용구를 갖추어 두어야 한다.

② 사업주는 제1항에 따라 목욕 및 탈의 시설을 설치하려는 경우에 입구, 탈의실, 목욕실, 작업복 갱의실 및 출구 등의 순으로 설치하여 근로자가 그 순서대로 작업장에 들어가고 작업이 끝난 후에는 반대의 순서대로 나올 수 있도록 하여야 한다.

③ 사업주는 허가대상 유해물질 취급근로자가 착용하였던 작업복, 보호구 등은 오염을 방지할 수 있는 장소에서 벗도록 하고 오염 제거를 위한 세탁 등 필요한 조치를 하여야 한다. 이 경우 오염된 작업복 등은 세탁을 위하여 정해진 장소 밖으로 내가서는 아니된다.

제465조(긴급 세척시설 등) 사업주는 허가대상 유해물질을 제조·사용하는 작업장에 근로자가 쉽게 사용할 수 있도록 긴급 세척시설과 세안설비를 설치하고, 이를 사용하는 경우에는 배관 찌꺼기와 녹물 등이 나오지 않고 맑은 물이 나올 수 있도록 유지하여야 한다.

제466조(누출 시 조치) 사업주는 허가대상 유해물질을 제조·사용하는 작업장에서 해당 물질이 샐 경우에 즉시 해당 물질이 흩날리지 않는 방법으로 제거하는 등 필요한 조치를 하여야 한다.

제467조(시료의 채취) 사업주는 허가대상 유해물질(베릴륨은 제외한다)의 제조설비로부터 시료를 채취하는 경우에 다음 각 호의 사항을 따라야 한다.

1. 시료의 채취에 사용하는 용기 등은 시료채취 전용으로 할 것
2. 시료의 채취는 미리 지정된 장소에서 하고 시료가 흩날리거나 새지 않도록 할 것
3. 시료의 채취에 사용한 용기 등은 세척한 후 일정한 장소에 보관할 것

제468조(기록의 보존) 사업주는 허가대상 유해물질을 제조하거나 사용하는 경우에 허가대상 유해물질의 명칭, 제조량 또는 사용량, 작업내용, 새는 경우의 조치 등에 관한 사항을 기록하고 그 서류를 보존하여야 한다.

제4절 방독마스크 등

제469조(방독마스크의 지급 등) ① 사업주는 근로자가 허가대상 유해물질을 제조하거나 사용하는 작업을 하는 경우에 개인 전용의 방진마스크나 방독마스크 등(이하 "방독마스크등"이라 한다)을 지급하여 착용하도록 하여야 한다.

② 사업주는 제1항에 따라 지급하는 방독마스크등을 보관할 수 있는 보관함을 갖추어야 한다.

③ 근로자는 제1항에 따라 지급된 방독마스크등을 사업주의 지시에 따라 착용하여야 한다.

제470조(보호복 등의 비치) ① 사업주는 근로자가 피부장해 등을 유발할 우려가 있는 허가대상 유해물질을 취급하는 경우에 불침투성 보호복·보호장갑·보호장화 및 피부보호용 약품을 갖추어 두고 이를 사용하도록 하여야 한다.

② 근로자는 제1항에 따라 지급된 보호구를 사업주의 지시에 따라 착용하여야 한다.

제5절 베릴륨 제조·사용 작업의 특별 조치

제471조(설비기준) 사업주는 베릴륨을 제조하거나 사용하는 경우에 다음 각 호의 사항을 지켜야 한다.

1. 베릴륨을 가열응착하거나 가열탈착하는 설비(수산화베릴륨으로부터 고순도 산화베릴륨을 제조하는 설비는 제외한다)는 다른 작업장소와 격리된 실내에 설치하고 국소배기장치를 설치할 것

2. 베릴륨 제조설비(베릴륨을 가열응착 또는 가열탈착하는 설비, 아크로(爐) 등에 의하여 녹은 베릴륨으로 베릴륨합금을 제조하는 설비 및 수산화베릴륨으로 고순도 산화베릴륨을 제조하는 설비는 제외한다)는 밀폐식 구조로 하거나 위쪽·아래쪽 및 옆쪽에 덮개 등을 설치할 것

3. 제2호에 따른 설비로서 가동 중 내부를 점검할 필요가 있는 것은 덮여 있는 상태로 내부를 관찰할 것

4. 베릴륨을 제조하거나 사용하는 작업장소의 바닥과 벽은 불침투성 재료로 할 것

5. 아크로 등에 의하여 녹은 베릴륨으로 베릴륨합금을 제조하는 작업장소에는 국소배기장치를 설치할 것

6. 수산화베릴륨으로 고순도 산화베릴륨을 제조하는 설비는 다음 각 목의 사항을 갖출 것

   가. 열분해로(熱分解爐)는 다른 작업장소와 격리된 실내에 설치할 것

   나. 그 밖의 설비는 밀폐식 구조로 하고 위쪽·아래쪽 및 옆쪽에 덮개를 설치하거나 뚜껑을 설치할 수 있는 형태로 할 것

7. 베릴륨의 공급·이송 또는 운반은 해당 작업에 종사하는 근로자의 신체에 해당 물질이 직접 닿지 않는 방법으로 할 것

8. 분말 상태의 베릴륨을 사용(공급·이송 또는 운반하는 경우는 제외한다)하는 경우에는 격리실에서 원격조작방법으로 할 것

9. 분말 상태의 베릴륨을 계량하는 작업, 용기에 넣거나 꺼내는 작업, 포장하는 작업을 하는 경우로서 제8호에 따른 방법을 지키는 것이 현저히 곤란한 경우에는 해당 작업을 하는 근로자의 신체에 베릴륨이 직접 닿지 않는 방법으로 할 것

제472조(아크로에 대한 조치) 사업주는 베릴륨과 그 물질을 함유하는 제제(製劑)로서 함유된 중량의 비율이 1퍼센트를 초과하는 물질을 녹이는 아크로 등은 삽입한 부분의 간격을 작게 하기 위하여 모래차단막을 설치하거나 이에 준하는 조치를 하여야 한다.

제473조(가열응착 제품 등의 추출) 사업주는 가열응착 또는 가열탈착을 한 베릴륨을 흡입 방법으로 꺼내도록 하여야 한다.

제474조(가열응착 제품 등의 파쇄) 사업주는 가열응착 또는 가열탈착된 베릴륨이 함유된 제품을 파쇄하려면 다른 작업장소로부터 격리된 실내에서 하고, 파쇄를 하는 장소에는 국소배기장치의 설치 및 그 밖에 근로자의 건강장해 예방을 위하여 적절한 조치를 하여야 한다.

제475조(시료의 채취) 사업주는 근로자가 베릴륨의 제조설비로부터 시료를 채취하는 경우에 다음 각 호의 사항을 따라야 한다.

1. 시료의 채취에 사용하는 용기 등은 시료채취 전용으로 할 것

2. 시료의 채취는 미리 지정된 장소에서 하고 시료가 날리지 않도록 할 것

3. 시료의 채취에 사용한 용기 등은 세척한 후 일정한 장소에 보관할 것

제476조(작업수칙) 사업주는 베릴륨의 제조·사용 작업에 근로자를 종사하도록 하는 경우에 베릴륨 분진의 발산과 근로자의 오염을 방지하기 위하여 다음 각 호의 사항에 관한 작업수칙을 정하고 이를 해당 작업근로자에게 알려야 한다.

1. 용기에 베릴륨을 넣거나 꺼내는 작업
2. 베릴륨을 담은 용기의 운반
3. 베릴륨을 공기로 수송하는 장치의 점검
4. 여과집진방식(濾過集塵方式) 집진장치의 여과재(濾過材) 교환
5. 시료의 채취 및 그 작업에 사용된 용기 등의 처리
6. 이상사태가 발생한 경우의 응급조치
7. 보호구의 사용·점검·보관 및 청소
8. 그 밖에 베릴륨 분진의 발산을 방지하기 위하여 필요한 조치

제6절 석면의 제조·사용 작업, 해체·제거 작업 및 유지·관리의 조치기준

제477조(격리) 사업주는 석면분진이 퍼지지 않도록 석면을 사용하는 장소를 다른 작업장소와 격리하여야 한다.

제478조(바닥) 사업주는 석면을 사용하는 작업장소의 바닥재료는 불침투성 재료를 사용하고 청소하기 쉬운 구조로 하여야 한다.

제479조(밀폐 등) ① 사업주는 석면을 사용하는 설비 중 근로자가 상시 접근할 필요가 없는 설비는 밀폐된 장소에 설치하여야 한다.

② 제1항에 따라 밀폐된 실내에 설치된 설비를 점검할 필요가 있는 경우에는 투명유리를 설치하는 등 실외에서 점검할 수 있는 구조로 하여야 한다.

제480조(국소배기장치의 설치 등) ① 사업주는 석면이 들어있는 포장 등의 개봉작업, 석면의 계량작업, 배합기(配合機) 또는 개면기(開綿機) 등에 석면을 투입하는 작업, 석면제품 등의 포장작업을 하는 장소 등 석면분진이 흩날릴 우려가 있는 작업을 하는 장소에는 국소배기장치를 설치·가동하여야 한다.

② 제1항에 따른 국소배기장치의 성능에 관하여는 제500조에 따른 입자 상태 물질에 대한 국소배기장치의 성능기준을 준용한다.

제481조(석면분진의 흩날림 방지 등) ① 사업주는 석면을 뿜어서 칠하는 작업에 근로자를 종사하도록 해서는 아니된다.

② 사업주는 석면을 사용하거나 석면이 붙어 있는 물질을 이용하는 작업을 하는 경우에 석면이 흩날리지 않도록 습기를 유지하여야 한다. 다만, 작업의 성질상 습기를 유지하기 곤란한 경우에는 다음 각 호의 조치를 한 후 작업하도록 하여야 한다.

1. 석면으로 인한 근로자의 건강장해 예방을 위하여 밀폐설비나 국소배기장치의 설치 등 필요한 보호대책을 마련할 것
2. 석면을 함유하는 폐기물은 새지 않도록 불침투성 자루 등에 밀봉하여 보관할 것

제482조(작업수칙) 사업주는 석면의 제조·사용 작업에 근로자를 종사하도록 하는 경우에 석면분진의 발산과 근로자의 오염을 방지하기 위하여 다음 각 호의 사항에 관한 작업수칙을 정하고, 이를 작업근

로자에게 알려야 한다.

1. 진공청소기 등을 이용한 작업장 바닥의 청소방법

2. 작업자의 왕래와 외부기류 또는 기계진동 등에 의하여 분진이 흩날리는 것을 방지하기 위한 조치

3. 분진이 쌓일 염려가 있는 깔개 등을 작업장 바닥에 방치하는 행위를 방지하기 위한 조치

4. 분진이 확산되거나 작업자가 분진에 노출될 위험이 있는 경우에는 선풍기 사용 금지

5. 용기에 석면을 넣거나 꺼내는 작업

6. 석면을 담은 용기의 운반

7. 여과집진방식 집진장치의 여과재 교환

8. 해당 작업에 사용된 용기 등의 처리

9. 이상사태가 발생한 경우의 응급조치

10. 보호구의 사용·점검·보관 및 청소

11. 그 밖에 석면분진의 발산을 방지하기 위하여 필요한 조치

제483조(작업복 관리) ① 사업주는 석면 취급작업을 마친 근로자의 오염된 작업복은 석면 전용의 탈의실에서만 벗도록 하여야 한다.

② 사업주는 석면에 오염된 작업복을 세탁·정비·폐기 등의 목적으로 탈의실 밖으로 이송할 경우에 관계근로자가 아닌 사람이 취급하지 않도록 하여야 한다.

③ 사업주는 석면에 오염된 작업복의 석면분진이 공기 중으로 날리지 않도록 뚜껑이 있는 용기에 넣어서 보관하고 석면으로 오염된 작업복임을 표시하여야 한다.

제484조(보관용기) 사업주는 분말 상태의 석면을 혼합하거나 용기에 넣거나 꺼내는 작업, 절단·천공 또는 연마하는 작업 등 석면분진이 흩날리는 작업에 근로자를 종사하도록 하는 경우에 석면의 부스러기 등을 넣어두기 위하여 해당 장소에 뚜껑이 있는 용기를 갖추어 두어야 한다.

제485조(석면오염 장비 등의 처리) ① 사업주는 석면에 오염된 장비, 보호구 또는 작업복 등을 폐기하는 경우에 밀봉된 불침투성 자루나 용기에 넣어 처리하여야 한다.

② 사업주는 제1항에 따라 오염된 장비 등을 처리하는 경우에 압축공기를 불어서 석면오염을 제거하게 해서는 아니된다.

제486조(직업성 질병의 주지) 사업주는 석면으로 인한 직업성 질병의 발생 원인, 재발 방지 방법 등을 석면을 취급하는 근로자에게 알려야 한다.

제487조(유지·관리) 사업주는 건축물이나 설비의 천장재, 벽체 재료 및 보온재 등의 손상, 노후화 등으로 석면분진을 발생시켜 근로자가 그 분진에 노출될 우려가 있을 경우에는 해당 자재를 제거하거나 다른 자재로 대체하거나 안정화(安定化)하거나 씌우는 등 필요한 조치를 하여야 한다.

제488조(사전조사) ① 법 제38조의2제1항에 따른 석면조사기관의 석면조사 대상에 해당하지 아니하는 건축물이나 설비를 철거하거나 해체하려는 자는 그 건축물이나 설비의 석면함유 여부를 육안, 설계도서, 자재이력(履歷) 등 적절한 방법을 통하여 조사하여야 한다.

② 제1항에 따른 조사에도 불구하고 해당 건축물이나 설비의 석면 함유 여부가 명확하지 않은 경우에는 석면의 함유 여부를 성분분석하여 조사하여야 한다.

③ 제1항 및 제2항에 따른 석면조사 결과는 석면이 함유된 자재의 종류, 위치 및 범위를 기록하여 그 건축물이나 설비를 해체하거나 제거하는 작업이 종료될 때까지 이를 보존하여야 한다.

제489조(석면 해체·제거작업 계획 수립) ① 사업주는 석면이 함유된 건축물이나 설비를 해체하거나 제거하는 작업(이하 "석면 해체·제거작업"이라 한다)을 할 경우에 석면으로 인한 근로자의 건강장해를 예방하기 위하여 사전에 다음 각 호의 사항이 포함된 석면 해체·제거작업 계획을 수립하고, 이에 따라 작업을 수행하여야 한다.

1. 석면 해체·제거작업의 절차와 방법
2. 석면 흩날림 방지 및 폐기방법
3. 근로자 보호조치

② 사업주는 제1항에 따른 석면 해체·제거작업 계획을 수립한 경우에 이를 해당 근로자에게 알려야 한다.

제490조(경고표지의 설치) 사업주는 석면 해체·제거작업을 하는 장소에 별지 제2호서식에 따른 표지를 출입구에 게시하여야 한다. 다만, 작업이 이루어지는 장소가 실외이거나 출입구가 설치되어 있지 아니한 경우에는 근로자가 보기 쉬운 장소에 게시하여야 한다.

제491조(개인보호구의 지급·착용) ① 사업주는 석면 해체·제거작업에 근로자를 종사하도록 하는 경우에 다음 각 호의 개인보호구를 지급하여 착용하도록 하여야 한다. 다만, 제2호의 보호구는 근로자의 눈 부분이 노출될 경우에만 지급한다.

1. 방진마스크나 송기마스크
2. 고글(Goggles)형 보호안경
3. 신체를 감싸는 보호복과 보호신발

② 근로자는 제1항에 따라 지급된 개인보호구를 사업주의 지시에 따라 착용하여야 한다.

제492조(출입의 금지) ① 사업주는 제489조제1항에 따른 석면 해체·제거작업 계획을 숙지하고 제491조제1항 각 호의 개인보호구를 착용한 사람 외에는 석면 해체·제거 작업장에 출입하게 해서는 아니 된다.

② 근로자는 제1항에 따라 출입이 금지된 장소에 사업주의 허락 없이 출입해서는 아니된다.

제493조(흡연 등의 금지) ① 사업주는 석면 해체·제거 작업장에서 근로자가 담배를 피우거나 음식물을 먹지 않도록 하고 그 내용을 보기 쉬운 장소에 게시하여야 한다.

② 근로자는 제1항에 따라 흡연 또는 음식물의 섭취가 금지된 장소에서 흡연 또는 음식물 섭취를 해서는 아니된다.

제494조(위생설비의 설치 등) ① 사업주는 석면 해체·제거 작업장과 연결되거나 인접한 장소에 탈의실·샤워실 및 작업복 갱의실 등의 위생설비를 설치하고 필요한 용품 및 용구를 갖추어 두어야 한다.

② 사업주는 석면 해체·제거작업에 종사한 근로자에게 제491조제1항 각 호의 개인보호구를 작업복 갱의실에서 벗어 밀폐용기에 보관하도록 하여야 한다.

③ 사업주는 제2항에 따라 보관 중인 개인보호구를 폐기하거나 세척하는 등 석면분진을 제거하기 위하여 필요한 조치를 하여야 한다.

제495조(석면 해체·제거작업 시의 조치) 사업주는 석면 해체·제거작업에 근로자를 종사하도록 하는 경우에 다음 각 호의 구분에 따른 조치를 하여야 한다.

1. 분무(噴霧)된 석면이나 석면이 함유된 보온재 또는 내화피복재(耐火被覆材)의 해체·제거작업
   가. 창문·벽·바닥 등은 비닐 등 불침투성 차단재로 밀폐하고 해당 장소를 음압(陰壓)으로 유지할

것(작업장이 실내인 경우에만 해당한다)

나. 작업 시 석면분진이 흩날리지 않도록 고성능 필터가 장착된 석면분진 포집장치를 가동하는 등 필요한 조치를 할 것(작업장이 실외인 경우에만 해당한다)

다. 물이나 습윤제(濕潤劑)를 사용하여 습식(濕式)으로 작업할 것

라. 탈의실, 샤워실 및 작업복 갱의실 등의 위생설비를 작업장과 연결하여 설치할 것(작업장이 실내인 경우에만 해당한다)

2. 석면이 함유된 벽체, 바닥타일 및 천장재의 해체·제거작업

가. 창문·벽·바닥 등은 비닐 등 불침투성 차단재로 밀폐할 것

나. 물이나 습윤제를 사용하여 습식으로 작업할 것

다. 작업장소를 음압으로 유지할 것(석면함유 벽체·바닥타일·천장재를 물리적으로 깨거나 기계 등을 이용하여 절단하는 작업인 경우에만 해당한다)

3. 석면이 함유된 지붕재의 해체·제거작업

가. 해체된 지붕재는 직접 땅으로 떨어뜨리거나 던지지 말 것

나. 물이나 습윤제를 사용하여 습식으로 작업할 것(습식작업 시 안전상 위험이 있는 경우는 제외한다)

다. 난방이나 환기를 위한 통풍구가 지붕 근처에 있는 경우에는 이를 밀폐하고 환기설비의 가동을 중단할 것

4. 석면이 함유된 그 밖의 자재의 해체·제거작업

가. 창문·벽·바닥 등은 비닐 등 불침투성 차단재로 밀폐할 것(작업장이 실내인 경우에만 해당한다)

나. 석면분진이 흩날리지 않도록 석면분진 포집장치를 가동하는 등 필요한 조치를 할 것(작업장이 실외인 경우에만 해당한다)

다. 물이나 습윤제를 사용하여 습식으로 작업할 것

제496조(석면함유 잔재물 등의 처리) 사업주는 석면 해체·제거작업에서 발생한 석면함유 잔재물 등을 비닐이나 그 밖에 이와 유사한 재질의 포대에 담아 밀봉한 후 별지 제3호서식에 따른 표지를 붙여 「폐기물관리법」에 따라 처리하여야 한다.

제497조(잔재물의 흩날림 방지) ① 사업주는 석면 해체·제거작업에서 발생된 석면을 함유한 잔재물은 습식으로 청소하거나 고성능필터가 장착된 진공청소기를 사용하여 청소하는 등 석면분진이 흩날리지 않도록 하여야 한다.

② 사업주는 제1항에 따라 청소하는 경우에 압축공기를 분사하는 방법으로 청소해서는 아니된다.

제3장 금지유해물질에 의한 건강장해의 예방

제1절 통칙

제498조(정의) 이 장에서 사용하는 용어의 뜻은 다음과 같다.

1. "금지유해물질"이란 영 제29조에 따른 유해물질을 말한다.

2. "시험·연구 목적"이란 실험실이나 연구실에서 물질분석 등을 위하여 금지유해물질을 시약으로 사용하거나 그 밖의 용도로 조제하는 경우를 말한다.

3. "실험실등"이란 금지유해물질을 시험 또는 연구용으로 제조·사용하는 장소를 말한다.

제2절 시설·설비기준 및 성능 등

제499조(설비기준 등) ① 법 제37조제2항에 따라 금지유해물질을 시험·연구 목적으로 제조하거나 사용하는 자는 다음 각 호의 조치를 하여야 한다.

1. 제조·사용 설비는 밀폐식 구조로서 금지유해물질의 가스, 증기 또는 분진이 새지 않도록 할 것. 다만, 밀폐식 구조로 하는 것이 작업의 성질상 현저히 곤란하여 부스식 후드의 내부에 그 설비를 설치한 경우는 제외한다.

2. 금지유해물질을 제조·저장·취급하는 설비는 내식성의 튼튼한 구조일 것

3. 금지유해물질을 저장하거나 보관하는 양은 해당 시험·연구에 필요한 최소량으로 할 것

4. 금지유해물질의 특성에 맞는 적절한 소화설비를 갖출 것

5. 제조·사용·취급 조건이 해당 금지유해물질의 인화점 이상인 경우에는 사용하는 전기 기계·기구는 적절한 방폭구조(防爆構造)로 할 것

6. 실험실등에서 가스·액체 또는 잔재물을 배출하는 경우에는 안전하게 처리할 수 있는 설비를 갖출 것

② 사업주는 제1항제1호에 따라 설치한 밀폐식 구조라도 금지유해물질을 넣거나 꺼내는 작업 등을 하는 경우에 해당 작업장소에 국소배기장치를 설치하여야 한다. 다만, 금지유해물질의 가스·증기 또는 분진이 새지 않는 방법으로 작업하는 경우에는 그러하지 아니하다.

제500조(국소배기장치의 성능 등) 사업주는 제499조제1항제1호 단서에 따라 부스식 후드의 내부에 해당 설비를 설치하는 경우에 다음 각 호의 기준에 맞도록 하여야 한다.

1. 부스식 후드의 개구면 외의 곳으로부터 금지유해물질의 가스·증기 또는 분진 등이 새지 않는 구조로 할 것

2. 부스식 후드의 적절한 위치에 배풍기를 설치할 것

3. 제2호에 따른 배풍기의 성능은 부스식 후드 개구면에서의 제어풍속이 아래 표에서 정한 성능 이상이 되도록 할 것

물질의 상태	제어풍속(미터/초)
가스상태	0.5
입자상태	1.0
비고 : 이 표에서 제어풍속이란 모든 부스식 후드의 개구면을 완전 개방했을 때의 풍속을 말한다.	

제501조(바닥) 사업주는 금지유해물질의 제조·사용 설비가 설치된 장소의 바닥과 벽은 불침투성 재료로 하되, 물청소를 할 수 있는 구조로 하는 등 해당 물질을 제거하기 쉬운 구조로 하여야 한다.

제3절 관리 등

제502조(유해성 등의 주지) 사업주는 근로자가 금지유해물질을 제조·사용하는 경우에 다음 각 호의

사항을 근로자에게 알려야 한다.

1. 물리적·화학적 특성

2. 발암성 등 인체에 미치는 영향과 증상

3. 취급상의 주의사항

4. 착용하여야 할 보호구와 착용방법

5. 위급상황 시의 대처방법과 응급처치 요령

6. 그 밖에 근로자의 건강장해 예방에 관한 사항

제503조(용기) ① 사업주는 금지유해물질의 보관용기는 해당 물질이 새지 않도록 다음 각 호의 기준에 맞도록 하여야 한다.

1. 뒤집혀 파손되지 않는 재질일 것

2. 뚜껑은 견고하고 뒤집혀 새지 않는 구조일 것

② 제1항에 따른 용기는 전용 용기를 사용하고 사용한 용기는 깨끗이 세척하여 보관하여야 한다.

③ 제1항에 따른 용기에는 법 제41조제3항에 따라 경고표지를 붙여야 한다.

제504조(보관) ① 사업주는 금지유해물질을 관계 근로자가 아닌 사람이 취급할 수 없도록 일정한 장소에 보관하고, 그 사실을 보기 쉬운 장소에 게시하여야 한다.

② 제1항에 따라 보관하고 게시하는 경우에는 다음 각 호의 기준에 맞도록 하여야 한다.

1. 실험실등의 일정한 장소나 별도의 전용장소에 보관할 것

2. 금지유해물질 보관장소에는 다음 각 목의 사항을 게시할 것

　　가. 금지유해물질의 명칭

　　나. 인체에 미치는 영향

　　다. 위급상황 시의 대처방법과 응급처치 방법

3. 금지유해물질 보관장소에는 잠금장치를 설치하는 등 시험·연구 외의 목적으로 외부로 내가지 않도록 할 것

제505조(출입의 금지 등) ① 사업주는 금지유해물질 제조·사용 설비가 설치된 실험실등에는 관계근로자가 아닌 사람의 출입을 금지하고, 별지 제4호서식에 따른 표지를 출입구에 붙여야 한다.

② 사업주는 금지유해물질 또는 이에 의하여 오염된 물질은 일정한 장소를 정하여 저장하거나 폐기하여야 하며, 그 장소에는 관계 근로자가 아닌 사람의 출입을 금지하고, 그 내용을 보기 쉬운 장소에 게시하여야 한다.

③ 근로자는 제1항 및 제2항에 따라 출입이 금지된 장소에 사업주의 허락 없이 출입해서는 아니된다.

제506조(흡연 등의 금지) ① 사업주는 금지유해물질을 제조·사용하는 작업장에서 근로자가 담배를 피우거나 음식물을 먹지 않도록 하고, 그 내용을 보기 쉬운 장소에 게시하여야 한다.

② 근로자는 제1항에 따라 흡연 또는 음식물의 섭취가 금지된 장소에서 흡연 또는 음식물 섭취를 해서는 아니된다.

제507조(누출 시 조치) 사업주는 금지유해물질이 실험실등에서 새는 경우에 흩날리지 않도록 흡착제를 이용하여 제거하는 등 필요한 조치를 하여야 한다.

제508조(세안설비 등) 사업주는 응급 시 근로자가 쉽게 사용할 수 있도록 실험실등에 긴급 세척시설과 세안설비를 설치하여야 한다.

제509조(기록의 보존) 사업주는 금지유해물질을 제조하거나 사용하는 경우에는 물질의 이름, 사용량, 시험·연구내용, 새는 경우의 조치 등에 관한 사항을 기록하고, 그 서류를 보존하여야 한다.

제4절 보호구 등

제510조(보호복 등) ① 사업주는 근로자가 금지유해물질을 취급하는 경우에 피부노출을 방지할 수 있는 불침투성 보호복·보호장갑 등을 개인전용의 것으로 지급하고 착용하도록 하여야 한다.
② 사업주는 제1항에 따라 지급하는 보호복과 보호장갑 등을 평상복과 분리하여 보관할 수 있도록 전용 보관함을 갖추고 필요시 오염 제거를 위하여 세탁을 하는 등 필요한 조치를 하여야 한다.
③ 근로자는 제1항에 따라 지급된 보호구를 사업주의 지시에 따라 착용하여야 한다.

제511조(호흡용 보호구) ① 사업주는 근로자가 금지유해물질을 취급하는 경우에 근로자에게 별도의 정화통을 갖춘 근로자 전용 호흡용 보호구를 지급하고 착용하도록 하여야 한다.
② 근로자는 제1항에 따라 지급된 보호구를 사업주의 지시에 따라 착용하여야 한다.

제4장 소음 및 진동에 의한 건강장해의 예방

제1절 통칙

제512조(정의) 이 장에서 사용하는 용어의 뜻은 다음과 같다.
1. "소음작업"이란 1일 8시간 작업을 기준으로 85데시벨 이상의 소음이 발생하는 작업을 말한다.
2. "강렬한 소음작업"이란 다음 각목의 어느 하나에 해당하는 작업을 말한다.
   가. 90데시벨 이상의 소음이 1일 8시간 이상 발생하는 작업
   나. 95데시벨 이상의 소음이 1일 4시간 이상 발생하는 작업
   다. 100데시벨 이상의 소음이 1일 2시간 이상 발생하는 작업
   라. 105데시벨 이상의 소음이 1일 1시간 이상 발생하는 작업
   마. 110데시벨 이상의 소음이 1일 30분 이상 발생하는 작업
   바. 115데시벨 이상의 소음이 1일 15분 이상 발생하는 작업
3. "충격소음작업"이란 소음이 1초 이상의 간격으로 발생하는 작업으로서 다음 각 목의 어느 하나에 해당하는 작업을 말한다.
   가. 120데시벨을 초과하는 소음이 1일 1만회 이상 발생하는 작업
   나. 130데시벨을 초과하는 소음이 1일 1천회 이상 발생하는 작업
   다. 140데시벨을 초과하는 소음이 1일 1백회 이상 발생하는 작업
4. "진동작업"이란 다음 각 목의 어느 하나에 해당하는 기계·기구를 사용하는 작업을 말한다.
   가. 착암기(鑿巖機)
   나. 동력을 이용한 해머
   다. 체인톱
   라. 엔진 커터(engine cutter)

　　마. 동력을 이용한 연삭기

　　바. 임팩트 렌치(impact wrench)

　　사. 그 밖에 진동으로 인하여 건강장해를 유발할 수 있는 기계·기구

　5. "청력보존 프로그램"이란 소음노출 평가, 소음노출 기준 초과에 따른 공학적 대책, 청력보호구의 지급과 착용, 소음의 유해성과 예방에 관한 교육, 정기적 청력검사, 기록·관리 사항 등이 포함된 소음성 난청을 예방·관리하기 위한 종합적인 계획을 말한다.

제2절 강렬한 소음작업 등의 관리기준

제513조(소음 감소 조치)　사업주는 강렬한 소음작업이나 충격소음작업 장소에 대하여 기계·기구 등의 대체, 시설의 밀폐·흡음(吸音) 또는 격리 등 소음 감소를 위한 조치를 하여야 한다. 다만, 작업의 성질상 기술적·경제적으로 소음 감소를 위한 조치가 현저히 곤란하다는 관계 전문가의 의견이 있는 경우에는 그러하지 아니하다.

제514조(소음수준의 주지 등)　사업주는 근로자가 소음작업, 강렬한 소음작업 또는 충격소음작업에 종사하는 경우에 다음 각 호의 사항을 근로자에게 알려야 한다.

　1. 해당 작업장소의 소음 수준

　2. 인체에 미치는 영향과 증상

　3. 보호구의 선정과 착용방법

　4. 그 밖에 소음으로 인한 건강장해 방지에 필요한 사항

제515조(난청발생에 따른 조치)　사업주는 소음으로 인하여 근로자에게 소음성 난청 등의 건강장해가 발생하였거나 발생할 우려가 있는 경우에 다음 각 호의 조치를 하여야 한다.

　1. 해당 작업장의 소음성 난청 발생 원인 조사

　2. 청력손실을 감소시키고 청력손실의 재발을 방지하기 위한 대책 마련

　3. 제2호에 따른 대책의 이행 여부 확인

　4. 작업전환 등 의사의 소견에 따른 조치

제3절 보호구 등

제516조(청력보호구의 지급 등)　① 사업주는 근로자가 소음작업, 강렬한 소음작업 또는 충격소음작업에 종사하는 경우에 근로자에게 청력보호구를 지급하고 착용하도록 하여야 한다.

　② 제1항에 따른 청력보호구는 근로자 개인 전용의 것으로 지급하여야 한다.

　③ 근로자는 제1항에 따라 지급된 보호구를 사업주의 지시에 따라 착용하여야 한다.

제517조(청력보존 프로그램 시행 등)　사업주는 다음 각 호의 어느 하나에 해당하는 경우에 청력보존 프로그램을 수립하여 시행하여야 한다.

　1. 법 제42조에 따른 소음의 작업환경 측정 결과 소음수준이 90데시벨을 초과하는 사업장

　2. 소음으로 인하여 근로자에게 건강장해가 발생한 사업장

제4절 진동작업 관리

제518조(진동보호구의 지급 등) ① 사업주는 진동작업에 근로자를 종사하도록 하는 경우에 방진장갑 등 진동보호구를 지급하여 착용하도록 하여야 한다.

② 근로자는 제1항에 따라 지급된 진동보호구를 사업주의 지시에 따라 착용하여야 한다.

제519조(유해성 등의 주지) 사업주는 근로자가 진동작업에 종사하는 경우에 다음 각 호의 사항을 근로자에게 충분히 알려야 한다.

1. 인체에 미치는 영향과 증상
2. 보호구의 선정과 착용방법
3. 진동 기계·기구 관리방법
4. 진동 장해 예방방법

제520조(진동 기계·기구 사용설명서의 비치 등) 사업주는 근로자가 진동작업에 종사하는 경우에 해당 진동 기계·기구의 사용설명서 등을 작업장 내에 갖추어 두어야 한다.

제521조(진동기계·기구의 관리) 사업주는 진동 기계·기구가 정상적으로 유지될 수 있도록 상시 점검하여 보수하는 등 관리를 하여야 한다.

제5장 이상기압에 의한 건강장해의 예방

제1절 통칙

제522조(정의) 이 장에서 사용하는 용어의 뜻은 다음과 같다.

1. "이상기압"이란 압력이 제곱센티미터당 1킬로그램 이상인 기압을 말한다.
2. "고압작업"이란 이상기압에서 잠함공법(潛函工法)이나 그 외의 압기공법(壓氣工法)으로 하는 작업을 말한다.
3. "잠수작업"이란 물속에서 공기압축기나 호흡용 공기통을 이용하여 하는 작업을 말한다.
4. "기압조절실"이란 고압작업에 종사하는 근로자가 작업실에 출입할 때 가압 또는 감압을 받는 장소를 말한다.
5. "압력"이란 게이지 압력을 말한다.

제2절 설비 등

제523조(작업실 공기의 부피) 사업주는 근로자가 고압작업에 종사하는 경우에 작업실의 공기의 부피가 근로자 1인당 4세제곱미터 이상이 되도록 하여야 한다.

제524조(기압조절실 공기의 부피와 환기 등) ① 사업주는 기압조절실의 바닥면적과 공기의 부피를 그 기압조절실에서 가압이나 감압을 받는 근로자 1인당 각각 0.3제곱미터 이상 및 0.6세제곱미터 이상이 되도록 하여야 한다.

② 사업주는 기압조절실 내의 탄산가스로 인한 건강장해를 방지하기 위하여 탄산가스의 분압이 제곱

센티미터당 0.005킬로그램을 초과하지 않도록 환기 등 그 밖에 필요한 조치를 하여야 한다.

제525조(공기청정장치) ① 사업주는 공기압축기에서 작업실, 기압조절실 또는 잠수작업에 종사하는 근로자(이하 "잠수작업자"라 한다)에게 공기를 보내는 송기관의 중간에 공기를 청정하게 하기 위한 공기청정장치를 설치하여야 한다.

② 제1항에 따른 공기청정장치의 성능은 「산업표준화법」에 따른 한국산업표준인 스쿠버용 압축공기 기준에 맞아야 한다.

제526조(배기관) ① 사업주는 작업실이나 기압조절실에 전용 배기관을 각각 설치하여야 한다.

② 고압작업자에게 기압을 낮추기 위한 기압조절실의 배기관은 내경(內徑)을 53밀리미터 이하로 하여야 한다.

제527조(압력계) ① 사업주는 공기를 작업실로 보내는 밸브나 콕을 외부에 설치하는 경우에 그 장소에 작업실 내의 압력을 표시하는 압력계를 함께 설치하여야 한다.

② 사업주는 제1항에 따른 밸브나 콕을 내부에 설치하는 경우에 이를 조작하는 사람에게 휴대용 압력계를 지니도록 하여야 한다.

③ 사업주는 고압작업자에게 가압이나 감압을 하기 위한 밸브나 콕을 기압조절실 외부에 설치하는 경우에 그 장소에 기압조절실 내의 압력을 표시하는 압력계를 함께 설치하여야 한다.

④ 사업주는 제3항에 따른 밸브나 콕을 기압조절실 내부에 설치하는 경우에 이를 조작하는 사람에게 휴대용 압력계를 지니도록 하여야 한다.

⑤ 제1항부터 제4항까지의 규정에 따른 압력계는 한 눈금이 제곱센티미터당 0.2킬로그램 이하인 것이어야 한다.

⑥ 사업주는 잠수작업자에게 압축공기를 보내는 경우에 압력계를 설치하여야 한다.

제528조(자동경보장치 등) ① 사업주는 작업실 또는 기압조절실로 불어넣는 공기압축기의 공기나 그 공기압축기에 딸린 냉각장치를 통과한 공기의 온도가 비정상적으로 상승한 경우에 그 공기압축기의 운전자 또는 그 밖의 관계자에게 이를 신속히 알릴 수 있는 자동경보장치를 설치하여야 한다.

② 사업주는 기압조절실 내부를 관찰할 수 있는 창을 설치하는 등 외부에서 기압조절실 내부의 상태를 파악할 수 있는 설비를 갖추어야 한다.

제529조(피난용구) 사업주는 근로자가 고압작업에 종사하는 경우에 호흡용 보호구, 섬유로프, 그 밖에 비상시 고압작업자를 피난시키거나 구출하기 위하여 필요한 용구를 갖추어 두어야 한다.

제530조(공기조) ① 사업주는 잠수작업자에게 공기를 보내는 경우에 공기량을 조절하기 위한 공기조와 사고 시에 필요한 공기를 저장하기 위한 공기조(이하 "예비공기조"라 한다)를 설치하여야 한다.

② 제1항에 따른 예비공기조는 다음 각 호의 기준에 맞는 것이어야 한다.

1. 공기조 안의 공기압력은 항상 최고 잠수심도(潛水深度) 압력의 1.5배 이상일 것
2. 공기조의 내용적(內容積)은 다음의 계산식으로 계산한 값 이상일 것

$$V = 60(0.3D + 4) / P$$
> V : 공기조의 내용적(단위: 리터)
> D : 최고 잠수심도(단위: 미터)
> P : 공기조 내의 공기의 압력(단위: 제곱센티미터 당 킬로그램)

제531조(압력조정기) 사업주는 공기압력이 제곱센티미터당 10킬로그램 이상인 호흡용 공기통의 공기

를 잠수작업자에게 보내는 경우에 2단 이상의 감압방식에 의한 압력조정기를 잠수작업자에게 사용하
도록 하여야 한다.

제3절 작업방법 등

제532조(가압의 속도) 사업주는 기압조절실에서 고압작업자에게 가압을 하는 경우 1분에 제곱센티미
터당 0.8킬로그램 이하의 속도로 하여야 한다.

제533조(감압의 속도) 사업주는 기압조절실에서 고압작업자에게 감압을 하는 경우에 고용노동부장관
이 정하여 고시하는 기준에 맞도록 하여야 한다.

제534조(감압의 특례 등) ① 사업주는 사고로 인하여 고압작업자를 대피시키거나 건강에 이상이 발생
한 고압작업자를 구출할 경우에 필요하면 제533조에 따라 고용노동부장관이 정하는 기준보다 감압
속도를 빠르게 하거나 감압정지시간을 단축할 수 있다.

② 사업주는 제1항에 따라 감압속도를 빠르게 하거나 감압정지시간을 단축한 경우에 해당 근로자를
빨리 기압조절실로 대피시키고 그 근로자가 작업한 고압실 내의 압력과 같은 압력까지 가압을 하여
야 한다.

제535조(감압 시의 조치) ① 사업주는 기압조절실에서 고압작업자에게 감압을 하는 경우에 다음 각
호의 조치를 하여야 한다.

1. 기압조절실 바닥면의 조도를 20럭스 이상이 되도록 할 것
2. 기압조절실 내의 온도가 섭씨 10도 이하가 되는 경우에 고압작업자에게 모포 등 적절한 보온용구
   를 지급하여 사용하도록 할 것
3. 감압에 필요한 시간이 1시간을 초과하는 경우에 고압작업자에게 의자 또는 그 밖의 휴식용구를
   지급하여 사용하도록 할 것

② 사업주는 기압조절실에서 고압작업자에게 감압을 하는 경우에 그 감압에 필요한 시간을 해당 고
압작업자에게 미리 알려야 한다.

제536조(감압상황의 기록 등) ① 사업주는 이상기압에서 근로자에게 고압작업을 하도록 하는 경우 기
압조절실에 자동기록 압력계를 갖추어 두어야 한다.

② 사업주는 해당 고압작업자에게 감압을 할 때마다 그 감압의 상황을 기록한 서류, 그 고압작업자의
성명과 감압일시 등을 기록한 서류를 작성하고 이를 5년간 보존하여야 한다.

제537조(부상의 속도 등) 사업주는 잠수작업자를 수면 위로 올라오게 하는 경우에 그 속도는 고용노동
부장관이 정하여 고시하는 기준에 따라야 한다.

제538조(부상의 특례 등) ① 사업주는 사고로 인하여 잠수작업자를 수면 위로 올라오게 하는 경우에
제537조에도 불구하고 그 속도를 조절할 수 있다.

② 사업주는 사고를 당한 잠수작업자를 수면 위로 올라오게 한 경우에 가능한 한 빨리 해당 잠수작업
자를 기압조절실로 대피시키고 그 잠수업무의 최고수심에 대한 압력과 같은 압력까지 가압하거나
그 잠수작업자를 그 잠수업무의 최고수심까지 다시 잠수시켜야 한다.

제539조(연락) ① 사업주는 근로자가 고압작업을 하는 경우 그 작업 중에 고압작업자 및 공기압축기
운전자와의 연락 또는 그 밖에 필요한 조치를 하기 위한 감시인을 기압조절실 부근에 상시 배치하여

야 한다.

② 사업주는 고압작업자 및 공기압축기 운전자와 감시인이 서로 통화할 수 있도록 통화장치를 설치하여야 한다.

③ 사업주는 제2항에 따른 통화장치가 고장난 경우에 다른 방법으로 연락할 수 있는 설비를 갖추어야 하며, 그 설비를 고압작업자, 공기압축기 운전자 및 감시인이 보기 쉬운 곳에 갖추어 두어야 한다.

제540조(배기ㆍ침하 시의 조치) ① 사업주는 물 속에서 작업을 하기 위하여 만들어진 구조물(이하 "잠함(潛函)"이라 한다)을 물 속으로 가라앉히는 경우에 우선 고압작업자를 잠함의 밖으로 대피시키고 내부의 공기를 바깥으로 내보내야 한다.

② 제1항에 따라 잠함을 가라앉히는 경우에는 유해가스의 발생 여부 또는 그 밖의 사항을 점검하고 고압작업자에게 건강장해를 일으킬 우려가 없는지를 확인한 후에 작업하도록 하여야 한다.

제541조(발파하는 경우의 조치) 사업주는 작업실 내에서 발파(發破)를 하는 경우에 작업실 내의 기압이 발파 전의 상태와 같아질 때까지는 고압실 내에 근로자가 들어가도록 해서는 아니된다.

제542조(화상 등의 방지) ① 사업주는 고압작업을 하는 경우에 대기압을 초과하는 기압에서의 가연성물질의 연소위험성에 대하여 근로자에게 알리고, 고압작업자의 화상이나 그 밖의 위험을 방지하기 위하여 다음 각 호의 조치를 하여야 한다.

1. 전등은 보호망이 부착되어 있거나, 전구가 파손되어 가연성물질에 떨어져 불이 날 우려가 없는 것을 사용할 것

2. 전류가 흐르는 차단기는 불꽃이 발생하지 않는 것을 사용할 것

3. 난방을 할 때는 고온으로 인하여 가연성물질의 점화원이 될 우려가 없는 것을 사용할 것

② 사업주는 고압작업을 하는 경우에는 용접ㆍ용단 작업이나 화기 또는 아크를 사용하는 작업(이하 이 조에서 "용접등의 작업"이라 한다)을 해서는 아니된다. 다만, 작업실 내의 압력이 제곱센티미터당 1킬로그램 미만인 장소에서는 용접등의 작업을 할 수 있다.

③ 사업주는 고압작업을 하는 경우에 근로자가 화기 등 불이 날 우려가 있는 물건을 지니고 출입하는 것을 금지하고, 그 취지를 기압조절실 외부의 보기 쉬운 장소에 게시하여야 한다. 다만, 작업의 성질상 부득이한 경우로서 작업실 내의 압력이 제곱센티미터당 1킬로그램 미만인 장소에서 용접등의 작업을 하는 경우에는 그러하지 아니하다.

④ 근로자는 고압작업장소에 화기 등 불이 날 우려가 있는 물건을 지니고 출입해서는 아니된다.

제543조(잠함작업실 굴착의 제한) 사업주는 잠함의 급격한 침하(沈下)에 따른 고압실 내 작업자의 위험을 방지하기 위하여 잠함작업실 아랫부분을 50센티미터 이상 파서는 아니된다.

제544조(송기량) 사업주는 공기압축기나 수동펌프에 의하여 잠수작업자에게 공기를 보내는 경우에 잠수작업자마다 그 수심의 압력 아래에서 분당 송기량을 60리터 이상이 되도록 하여야 한다.

제545조(호흡용 공기통을 사용하는 잠수작업) 사업주는 잠수작업자에게 호흡용 공기통(비상용은 제외한다. 이하 이 조에서 같다)을 지니게 한 경우에 다음 각 호의 조치를 하여야 한다.

1. 잠수작업자에게 해당 호흡용 공기통의 급기능력(給氣能力)과 상태를 잠수 전에 알릴 것

2. 잠수작업자의 이상 유무를 감시하는 사람을 배치할 것

제546조(고농도 산소의 사용 제한) 사업주는 잠수작업을 하는 잠수작업자에게 고농도의 산소만을 들이마시도록 해서는 아니된다. 다만, 급부상(急浮上) 등으로 중대한 신체상의 장해가 발생한 잠수작업

자를 치유하기 위하여 다시 잠수하여 산소를 들이마시게 하는 경우에는 그러하지 아니하다.

제547조(감시인) 사업주는 공기압축기나 수동펌프에 의하여 공기를 보내는 잠수작업이나 압축공기통(잠수작업자에게 지니게 한 것은 제외한다)에서 급기하는 잠수작업을 하는 경우에 잠수작업자와의 연락을 담당하는 사람(이하 이 조 및 제548조에서 "감시인"이라 한다)을 잠수작업자 2명당 1명씩 배치하고 감시인에게 다음 각 호의 사항을 준수하도록 하여야 한다.

1. 잠수작업자를 적정하게 잠수시키거나 수면 위로 올라오게 할 것
2. 잠수작업자에 대한 송기조절을 위한 밸브나 콕을 조작하는 사람과 연락하여 잠수작업자에게 필요한 양의 공기를 보내도록 할 것
3. 송기설비의 고장이나 그 밖의 사고로 인하여 잠수작업자에게 위험이나 건강장해가 발생할 우려가 있는 경우에는 신속히 잠수작업자에게 연락할 것
4. 헬멧식 잠수기를 사용하는 잠수작업을 하는 경우에는 잠수 직전에 해당 잠수작업자의 헬멧이 본체에 결합되었는지를 확인할 것

제548조(잠수작업자의 휴대물 등) ① 사업주는 근로자가 공기압축기 및 수동펌프에 의하여 공기를 보내는 잠수작업이나 압축공기통(비상용 및 잠수작업자에게 지니게 한 것은 제외한다)에 의하여 공기를 보내는 잠수작업에 종사하는 경우에 잠수작업자에게 신호밧줄, 수중시계, 수중압력계 및 예리한 칼 등을 지니도록 하여야 한다. 다만, 잠수작업자와 감시인 간에 통화장치에 의하여 통화할 수 있는 설비를 갖춘 경우에는 신호밧줄, 수중시계 및 수중압력계를 지니게 하지 아니할 수 있다.

② 사업주는 잠수작업자가 압축공기통을 지니고 잠수작업을 하는 경우에 잠수작업자에게 수중시계, 수중압력계 및 예리한 칼 등을 지니는 것 외에 구명조끼를 착용하게 하여야 한다.

제4절 관리 등

제549조(관리감독자의 휴대기구) 사업주는 고압작업의 관리감독자에게 휴대용압력계, 유해가스농도측정기 등 비상시 신호용 기구를 지니도록 하여야 한다.

제550조(출입의 금지) ① 사업주는 기압조절실을 설치한 장소와 조작하는 장소에 관계근로자가 아닌 사람의 출입을 금지하고, 그 내용을 보기 쉬운 장소에 게시하여야 한다.

② 근로자는 제1항에 따라 출입이 금지된 장소에 사업주의 허락 없이 출입해서는 아니된다.

제551조(고압작업설비의 점검 등) ① 사업주는 고압작업을 위한 설비나 기구에 대하여 다음 각 호에서 정하는 바에 따라 점검하여야 한다.

1. 다음 각 목의 시설이나 장치에 대하여 매일 1회 이상 점검할 것
   가. 제526조에 따른 배기관과 제539조제2항에 따른 통화장치
   나. 작업실과 기압조절실의 공기를 조절하기 위한 밸브나 콕
   다. 작업실과 기압조절실의 배기를 조절하기 위한 밸브나 콕
   라. 작업실과 기압조절실에 공기를 보내기 위한 공기압축기에 부속된 냉각장치
2. 다음 각 목의 장치와 기구에 대하여 매주 1회 이상 점검할 것
   가. 제528조에 따른 자동경보장치
   나. 제529조에 따른 용구

　　다. 작업실과 기압조절실에 공기를 보내기 위한 공기압축기

　3. 다음 각 목의 장치와 기구를 매월 1회 이상 점검할 것

　　가. 제527조와 제549조에 따른 압력계

　　나. 제525조에 따른 공기청정장치

② 사업주는 제1항에 따른 점검 결과 이상을 발견한 경우에 즉시 보수, 교체, 그 밖에 필요한 조치를 하여야 한다.

제552조(잠수작업 설비의 점검 등) ① 사업주는 잠수작업을 하는 경우에 잠수 전에 다음 각 호의 잠수 기구 등을 점검하여야 한다.

　1. 잠수기, 송기관 및 신호밧줄(공기압축기에 의하여 공기를 보내는 잠수작업에만 해당한다)

　2. 호흡용 공기통(비상용 및 잠수작업자에게 지니게 한 것은 제외한다)에서 공기를 보내는 잠수작업의 잠수기, 송기관, 신호밧줄 및 제531조에 따른 압력조정기

　3. 잠수작업자가 호흡용 공기통(비상용은 제외한다)을 지니는 경우 잠수기 및 제531조에 따른 압력조정기

② 사업주는 근로자가 잠수작업을 하는 경우에 다음 각 호에서 정하는 바에 따라 해당 설비를 점검하여야 한다.

　1. 공기압축기에 의하여 공기를 보내는 잠수작업

　　가. 공기압축기나 수압펌프는 매주 1회 이상

　　나. 제548조에 따른 수중압력계는 매월 1회 이상

　　다. 제548조에 따른 수중시계는 3개월에 1회 이상

　2. 호흡용 공기통(잠수작업자에게 지니게 한 것은 제외한다)에서 공기를 보내는 잠수작업

　　가. 제548조에 따른 수중압력계는 매월 1회 이상

　　나. 제548조에 따른 수중시계는 3개월에 1회 이상

　　다. 산소발생기는 6개월에 1회 이상

③ 사업주는 제1항과 제2항에 따른 점검 결과 이상을 발견한 경우에 즉시 보수, 교체, 그 밖에 필요한 조치를 하여야 한다.

제553조(사용 전 점검 등) ① 사업주는 송기설비를 설치한 후 처음으로 사용하는 경우, 송기설비를 분해하여 개조하거나 수리를 한 후 처음으로 사용하는 경우 또는 1개월 이상 사용하지 아니한 송기설비를 다시 사용하는 경우에 해당 송기설비를 점검한 후 사용하여야 한다.

② 사업주는 제1항에 따른 점검 결과 이상을 발견한 경우에 즉시 보수, 교체, 그 밖에 필요한 조치를 하여야 한다.

제554조(사고가 발생한 경우의 조치) ① 사업주는 송기설비의 고장이나 그 밖의 사고로 인하여 고압작업자에게 건강장해가 발생할 우려가 있는 경우에 즉시 고압작업자를 외부로 대피시켜야 한다.

② 제1항에 따른 사고가 발생한 경우에 송기설비의 이상 유무, 잠함 등의 이상 침하 또는 기울어진 상태 등을 점검하여 고압작업자에게 건강장해가 발생할 우려가 없음을 확인한 후에 출입하도록 하여야 한다.

제555조(점검 결과의 기록) 사업주는 제551조부터 제553조까지의 규정에 따른 점검을 한 경우에 다음 각 호의 사항을 5년간 기록·보존하여야 한다.

1. 점검연월일
2. 점검 방법
3. 점검 구분
4. 점검 결과
5. 점검자의 성명
6. 점검 결과에 따른 필요한 조치사항

제556조(고기압에서의 작업시간) 사업주는 근로자가 고압작업을 하는 경우에 고용노동부장관이 정하여 고시하는 시간에 따라야 한다.

제557조(잠수시간) 사업주는 근로자가 잠수작업을 하는 경우에 고용노동부장관이 정하여 고시하는 시간에 따라야 한다.

제6장 온도·습도에 의한 건강장해의 예방

제1절 통칙

제558조(정의) 이 장에서 사용하는 용어의 뜻은 다음과 같다.
1. "고열"이란 열에 의하여 근로자에게 열경련·열탈진 또는 열사병 등의 건강장해를 유발할 수 있는 더운 온도를 말한다.
2. "한랭"이란 냉각원(冷却源)에 의하여 근로자에게 동상 등의 건강장해를 유발할 수 있는 차가운 온도를 말한다.
3. "다습"이란 습기로 인하여 근로자에게 피부질환 등의 건강장해를 유발할 수 있는 습한 상태를 말한다.

제559조(고열작업 등) ① "고열작업"이란 다음 각 호의 어느 하나에 해당하는 장소에서의 작업을 말한다.
1. 용광로, 평로(平爐), 전로 또는 전기로에 의하여 광물이나 금속을 제련하거나 정련하는 장소
2. 용선로(鎔船爐) 등으로 광물·금속 또는 유리를 용해하는 장소
3. 가열로(加熱爐) 등으로 광물·금속 또는 유리를 가열하는 장소
4. 도자기나 기와 등을 소성(燒成)하는 장소
5. 광물을 배소(焙燒) 또는 소결(燒結)하는 장소
6. 가열된 금속을 운반·압연 또는 가공하는 장소
7. 녹인 금속을 운반하거나 주입하는 장소
8. 녹인 유리로 유리제품을 성형하는 장소
9. 고무에 황을 넣어 열처리하는 장소
10. 열원을 사용하여 물건 등을 건조시키는 장소
11. 갱내에서 고열이 발생하는 장소
12. 가열된 노(爐)를 수리하는 장소
13. 그 밖에 고용노동부장관이 인정하는 장소
② "한랭작업"이란 다음 각 호의 어느 하나에 해당하는 장소에서의 작업을 말한다.

1. 다량의 액체공기·드라이아이스 등을 취급하는 장소
2. 냉장고·제빙고·저빙고 또는 냉동고 등의 내부
3. 그 밖에 고용노동부장관이 인정하는 장소

③ "다습작업"이란 다음 각 호의 어느 하나에 해당하는 장소에서의 작업을 말한다.

1. 다량의 증기를 사용하여 염색조로 염색하는 장소
2. 다량의 증기를 사용하여 금속·비금속을 세척하거나 도금하는 장소
3. 방적 또는 직포(織布) 공정에서 가습하는 장소
4. 다량의 증기를 사용하여 가죽을 탈지(脫脂)하는 장소
5. 그 밖에 고용노동부장관이 인정하는 장소

제2절 설비기준과 성능 등

제560조(온도·습도 조절) ① 사업주는 고열·한랭 또는 다습작업이 실내인 경우에 냉난방 또는 통풍 등을 위하여 적절한 온도·습도 조절장치를 설치하여야 한다. 다만, 작업의 성질상 온도·습도 조절장치를 설치하는 것이 매우 곤란하여 별도의 건강장해 방지 조치를 한 경우에는 그러하지 아니하다.
② 사업주는 제1항에 따른 냉방장치를 설치하는 경우에 외부의 대기온도보다 현저히 낮게 해서는 아니된다. 다만, 작업의 성질상 냉방장치를 가동하여 일정한 온도를 유지하여야 하는 장소로서 근로자에게 보온을 위하여 필요한 조치를 하는 경우에는 그러하지 아니하다.

제561조(환기장치의 설치 등) 사업주는 실내에서 고열작업을 하는 경우에 고열을 감소시키기 위하여 환기장치 설치, 열원과의 격리, 복사열 차단 등 필요한 조치를 하여야 한다.

제3절 작업관리 등

제562조(고열장해 예방 조치) 사업주는 근로자가 고열작업을 하는 경우에 열경련·열탈진 등의 건강장해를 예방하기 위하여 다음 각 호의 조치를 하여야 한다.

1. 근로자를 새로 배치할 경우에는 고열에 순응할 때까지 고열작업시간을 매일 단계적으로 증가시키는 등 필요한 조치를 할 것
2. 근로자가 온도·습도를 쉽게 알 수 있도록 온도계 등의 기기를 작업장소에 상시 갖추어 둘 것

제563조(한랭장해 예방 조치) 사업주는 근로자가 한랭작업을 하는 경우에 동상 등의 건강장해를 예방하기 위하여 다음 각 호의 조치를 하여야 한다.

1. 혈액순환을 원활히 하기 위한 운동지도를 할 것
2. 적절한 지방과 비타민 섭취를 위한 영양지도를 할 것
3. 체온 유지를 위하여 더운물을 준비할 것
4. 젖은 작업복 등은 즉시 갈아입도록 할 것

제564조(다습장해 예방 조치) ① 사업주는 근로자가 다습작업을 하는 경우에 습기 제거를 위하여 환기하는 등 적절한 조치를 하여야 한다. 다만, 작업의 성질상 습기 제거가 어려운 경우에는 그러하지 아니하다.

② 사업주는 제1항 단서에 따라 작업의 성질상 습기 제거가 어려운 경우에 다습으로 인한 건강장해가 발생하지 않도록 개인위생관리를 하도록 하는 등 필요한 조치를 하여야 한다.

③ 사업주는 실내에서 다습작업을 하는 경우에 수시로 소독하거나 청소하는 등 미생물이 번식하지 않도록 필요한 조치를 하여야 한다.

제565조(가습) 사업주는 작업의 성질상 가습을 하여야 하는 경우에 근로자의 건강에 유해하지 않도록 깨끗한 물을 사용하여야 한다.

제566조(휴식 등) 사업주는 근로자가 고열·한랭·다습 작업을 하는 경우에 적절하게 휴식하도록 하는 등 근로자 건강장해를 예방하기 위하여 필요한 조치를 하여야 한다.

제567조(휴게시설의 설치) ① 사업주는 근로자가 고열·한랭·다습 작업을 하는 경우에 근로자들이 휴식시간에 이용할 수 있는 휴게시설을 갖추어야 한다.

② 사업주는 제1항에 따른 휴게시설을 설치하는 경우에 고열·한랭 또는 다습작업과 격리된 장소에 설치하여야 한다.

제568조(갱내의 온도) 제559조제1항제11호에 따른 갱내의 기온은 섭씨 37도 이하로 유지하여야 한다. 다만, 인명구조 작업이나 유해·위험 방지작업을 할 때 고열로 인한 근로자의 건강장해를 방지하기 위하여 필요한 조치를 한 경우에는 그러하지 아니하다.

제569조(출입의 금지) ① 사업주는 다음 각 호의 어느 하나에 해당하는 장소에 관계 근로자가 아닌 사람의 출입을 금지하고, 그 내용을 보기 쉬운 장소에 게시하여야 한다.

1. 다량의 고열물체를 취급하는 장소나 매우 뜨거운 장소
2. 다량의 저온물체를 취급하는 장소나 매우 차가운 장소

② 근로자는 제1항에 따라 출입이 금지된 장소에 사업주의 허락 없이 출입해서는 아니된다.

제570조(세척시설 등) 사업주는 작업 중 근로자의 작업복이 심하게 젖게 되는 작업장에 탈의시설, 목욕시설, 세탁시설 및 작업복을 말릴 수 있는 시설을 설치하여야 한다.

제571조(소금과 음료수 등의 비치) 사업주는 근로자가 작업 중 땀을 많이 흘리게 되는 장소에 소금과 깨끗한 음료수 등을 갖추어 두어야 한다.

제4절 보호구 등

제572조(보호구의 지급 등) ① 사업주는 다음 각 호의 어느 하나에서 정하는 바에 따라 근로자에게 적절한 보호구를 지급하고, 이를 착용하도록 하여야 한다.

1. 다량의 고열물체를 취급하거나 매우 더운 장소에서 작업하는 근로자: 방열장갑과 방열복
2. 다량의 저온물체를 취급하거나 현저히 추운 장소에서 작업하는 근로자: 방한모, 방한화, 방한장갑 및 방한복

② 제1항에 따라 보호구를 지급하는 경우에는 근로자 개인 전용의 것을 지급하여야 한다.

③ 근로자는 제1항에 따라 지급된 보호구를 사업주의 지시에 따라 착용하여야 한다.

제7장 방사선에 의한 건강장해의 예방

제1절 통칙

제573조(정의) 이 장에서 사용하는 용어의 뜻은 다음과 같다.
1. "방사선"이란 전자파나 입자선 중 직접 또는 간접적으로 공기를 전리(電離)하는 능력을 가진 것으로 서 알파선, 중양자선, 양자선, 베타선, 그 밖의 중하전입자선, 중성자선, 감마선, 엑스선 및 5만 전자 볼트 이상(엑스선 발생장치의 경우에는 5천 전자볼트 이상)의 에너지를 가진 전자선을 말한다.
2. "방사성물질"이란 핵연료물질, 사용 후의 핵연료, 방사성동위원소 및 원자핵분열 생성물을 말한다.
3. "방사선관리구역"이란 방사선에 노출될 우려가 있는 업무를 하는 장소를 말한다.

제2절 방사성물질 관리시설 등

제574조(방사성물질의 밀폐 등) 사업주는 근로자가 다음 각 호에 해당하는 방사선 업무를 하는 경우에 방사성물질의 밀폐, 차폐물(遮蔽物)의 설치, 국소배기장치의 설치, 경보시설의 설치 등 근로자의 건 강장해를 예방하기 위하여 필요한 조치를 하여야 한다.
1. 엑스선 장치의 제조·사용 또는 엑스선이 발생하는 장치의 검사업무
2. 선형가속기(線形加速器), 사이크로트론(cyclotron) 및 신크로트론(synchrotron) 등 하전입자(荷電 粒子)를 가속하는 장치(이하 "입자가속장치"라 한다)의 제조·사용 또는 방사선이 발생하는 장치 의 검사 업무
3. 엑스선관과 케노트론(kenotron)의 가스 제거 또는 엑스선이 발생하는 장비의 검사 업무
4. 방사성물질이 장치되어 있는 기기의 취급 업무
5. 방사성물질 취급과 방사성물질에 오염된 물질의 취급 업무
6. 원자로를 이용한 발전업무
7. 갱내에서의 핵원료물질의 채굴 업무
8. 그 밖에 방사선 노출이 우려되는 기기 등의 취급 업무

제575조(방사선관리구역의 지정 등) ① 사업주는 근로자가 방사선업무를 하는 경우에 건강장해를 예 방하기 위하여 방사선 관리구역을 지정하고 다음 각 호의 사항을 게시하여야 한다.
1. 방사선량 측정용구의 착용에 관한 주의사항
2. 방사선 업무상 주의사항
3. **방사선 피폭(被曝)** 등 사고 발생 시의 응급조치에 관한 사항
4. 그 밖에 방사선 건강장해 방지에 필요한 사항

② 사업주는 방사선업무를 하는 관계근로자가 아닌 사람이 방사선 관리구역에 출입하는 것을 금지하 여야 한다.

③ 근로자는 제2항에 따라 출입이 금지된 장소에 사업주의 허락 없이 출입해서는 아니된다.

제576조(방사선 장치실) 사업주는 다음 각 호의 장치나 기기(이하 "방사선장치"라 한다)를 설치하려는 경우에 전용의 작업실(이하 "방사선장치실"이라 한다)에 설치하여야 한다. 다만, 적절히 차단되거나

밀폐된 구조의 방사선장치를 설치한 경우, 방사선장치를 수시로 이동하여 사용하여야 하는 경우 또는 사용목적이나 작업의 성질상 방사선장치를 방사선장치실 안에 설치하기가 곤란한 경우에는 그러하지 아니하다.

1. 엑스선장치
2. 입자가속장치
3. 엑스선관 또는 케노트론의 가스추출 및 엑스선 이용 검사장치
4. 방사성물질을 내장하고 있는 기기

제577조(방사성물질 취급 작업실) 사업주는 근로자가 밀봉되어 있지 아니한 방사성물질을 취급하는 경우에 방사성물질 취급 작업실에서 작업하도록 하여야 한다. 다만, 다음 각 호의 경우에는 그러하지 아니하다.

1. 누수의 조사
2. 곤충을 이용한 역학적 조사
3. 원료물질 생산 공정에서의 이동상황 조사
4. 핵원료물질을 채굴하는 경우
5. 그 밖에 방사성물질을 널리 분산하여 사용하거나 그 사용이 일시적인 경우

제578조(방사성물질 취급 작업실의 구조) 사업주는 방사성물질 취급 작업실 안의 벽·책상 등 오염 우려가 있는 부분을 다음 각 호의 구조로 하여야 한다.

1. 기체나 액체가 침투하거나 부식되기 어려운 재질로 할 것
2. 표면이 편평하게 다듬어져 있을 것
3. 돌기가 없고 파이지 않거나 틈이 작은 구조로 할 것

제3절 시설 및 작업관리

제579조(게시 등) 사업주는 방사선 발생장치나 기기에 대하여 다음 각 호의 구분에 따른 내용을 근로자가 보기 쉬운 장소에 게시하여야 한다.

1. 입자가속장치
    가. 장치의 종류
    나. 방사선의 종류와 에너지
2. 방사성물질을 내장하고 있는 기기
    가. 기기의 종류
    나. 내장하고 있는 방사성물질에 함유된 방사성 동위원소의 종류와 양(단위: 베크렐)
    다. 해당 방사성물질을 내장한 연월일
    라. 소유자의 성명 또는 명칭

제580조(차폐물 설치 등) 사업주는 근로자가 방사선장치실, 방사성물질 취급작업실, 방사성물질 저장시설 또는 방사성물질 보관·폐기 시설에 상시 출입하는 경우에 차폐벽(遮蔽壁), 방호물 또는 그 밖의 차폐물을 설치하는 등 필요한 조치를 하여야 한다.

제581조(국소배기장치 등) 사업주는 방사성물질이 가스·증기 또는 분진으로 발생할 우려가 있을 경우

에 발산원을 밀폐하거나 국소배기장치 등을 설치하여 가동하여야 한다.

제582조(방지설비) 사업주는 근로자가 신체 또는 의복, 신발, 보호장구 등에 방사성물질이 부착될 우려가 있는 작업을 하는 경우에 판 또는 막 등의 방지설비를 설치하여야 한다. 다만, 작업의 성질상 방지설비의 설치가 곤란한 경우로서 적절한 보호조치를 한 경우에는 그러하지 아니하다.

제583조(방사성물질 취급용구) ① 사업주는 방사성물질 취급에 사용되는 국자, 집게 등의 용구에는 방사성물질 취급에 사용되는 용구임을 표시하고, 다른 용도로 사용해서는 아니된다.

② 사업주는 제1항의 용구를 사용한 후에 오염을 제거하고 전용의 용구걸이와 설치대 등을 사용하여 보관하여야 한다.

제584조(용기 등) 사업주는 방사성물질을 보관·저장 또는 운반하는 경우에 녹슬거나 새지 않는 용기를 사용하고, 겉면에는 방사성물질을 넣은 용기임을 표시하여야 한다.

제585조(오염된 장소에서의 조치) 사업주는 분말 또는 액체 상태의 방사성물질에 오염된 장소에 대하여 즉시 그 오염이 퍼지지 않도록 조치한 후 오염된 지역임을 표시하고 그 오염을 제거하여야 한다.

제586조(방사성물질의 폐기물 처리) 사업주는 방사성물질의 폐기물은 방사선이 새지 않는 용기에 넣어 밀봉하고 용기 겉면에 그 사실을 표시한 후 적절하게 처리하여야 한다.

제4절 보호구 등

제587조(보호구의 지급 등) ① 사업주는 근로자가 분말 또는 액체 상태의 방사성물질에 오염된 지역에서 작업을 하는 경우에 개인전용의 적절한 호흡용 보호구를 지급하고 착용하도록 하여야 한다.

② 사업주는 방사성물질을 취급하는 때에 방사성물질이 흩날림으로써 근로자의 신체가 오염될 우려가 있는 경우에 보호복, 보호장갑, 신발덮개, 보호모 등의 보호구를 지급하고 착용하도록 하여야 한다.

③ 근로자는 제1항에 따라 지급된 보호구를 사업주의 지시에 따라 착용하여야 한다.

제588조(오염된 보호구 등의 폐기) 사업주는 방사성물질에 오염된 보호복, 보호장갑, 호흡용 보호구 등을 즉시 적절하게 폐기하여야 한다.

제589조(세척시설 등) 사업주는 근로자가 방사성물질 취급작업을 하는 경우에 세면·목욕·세탁 및 건조를 위한 시설을 설치하고 필요한 용품과 용구를 갖추어 두어야 한다.

제590조(흡연 등의 금지) ① 사업주는 방사성물질 취급 작업실 또는 그 밖에 방사성물질을 들이마시거나 섭취할 우려가 있는 작업장에 대하여 근로자가 담배를 피우거나 음식물을 먹지 않도록 하고 그 내용을 보기 쉬운 장소에 게시하여야 한다.

② 근로자는 제1항에 따라 흡연 또는 음식물 섭취가 금지된 장소에서 흡연 또는 음식물 섭취를 해서는 아니된다.

제591조(유해성 등의 주지) 사업주는 근로자가 방사선업무를 하는 경우에 방사선이 인체에 미치는 영향, 안전한 작업방법, 건강관리 요령 등에 관한 내용을 근로자에게 알려야 한다.

제8장 병원체에 의한 건강장해의 예방

제1절 통칙

제592조(정의) 이 장에서 사용하는 용어의 뜻은 다음과 같다.

1. "혈액매개 감염병"이란 인간면역결핍증, B형간염 및 C형간염, 매독 등 혈액 및 체액을 매개로 타인에게 전염되어 질병을 유발하는 감염병을 말한다.
2. "공기매개 감염병"이란 결핵·수두·홍역 등 공기 또는 비말핵 등을 매개로 호흡기를 통하여 전염되는 감염병을 말한다.
3. "곤충 및 동물매개 감염병"이란 쯔쯔가무시증, 렙토스피라증, 신증후군출혈열 등 동물의 배설물 등에 의하여 전염되는 감염병과 탄저병, 브루셀라증 등 가축이나 야생동물로부터 사람에게 감염되는 인수공통(人獸共通) 감염병을 말한다.
4. "곤충 및 동물매개 감염병 고위험작업"이란 다음 각 목의 작업을 말한다.
   가. 습지 등에서의 실외 작업
   나. 야생 설치류와의 직접 접촉 및 배설물을 통한 간접 접촉이 많은 작업
   다. 가축 사육이나 도살 등의 작업
5. "혈액노출"이란 눈, 구강, 점막, 손상된 피부 또는 주사침 등에 의한 침습적 손상을 통하여 혈액 또는 병원체가 들어 있는 것으로 의심이 되는 혈액 등에 노출되는 것을 말한다.

제593조(적용 범위) 이 장의 규정은 근로자가 세균·바이러스·곰팡이 등 법 제24조제1항제1호에 따른 병원체에 노출될 위험이 있는 다음 각 호의 작업을 하는 사업 또는 사업장에 대하여 적용한다.

1. 「의료법」상 의료행위를 하는 작업
2. 혈액의 검사 작업
3. 환자의 가검물(可檢物)을 처리하는 작업
4. 연구 등의 목적으로 병원체를 다루는 작업
5. 보육시설 등 집단수용시설에서의 작업
6. 곤충 및 동물매개 감염 고위험작업

제2절 일반적 관리기준

제594조(감염병 예방 조치 등) 사업주는 근로자의 혈액매개 감염병, 공기매개 감염병, 곤충 및 동물매개 감염병(이하 "감염병"이라 한다)을 예방하기 위하여 다음 각 호의 조치를 하여야 한다.

1. 감염병 예방을 위한 계획의 수립
2. 보호구 지급, 예방접종 등 감염병 예방을 위한 조치
3. 감염병 발생 시 원인 조사와 대책 수립
4. 감염병 발생 근로자에 대한 적절한 처치

제595조(유해성 등의 주지) 사업주는 근로자가 병원체에 노출될 수 있는 위험이 있는 작업을 하는 경우에 다음 각 호의 사항을 근로자에게 알려야 한다.

  1. 감염병의 종류와 원인
  2. 전파 및 감염 경로
  3. 감염병의 증상과 잠복기
  4. 감염되기 쉬운 작업의 종류와 예방방법
  5. 노출 시 보고 등 노출과 감염 후 조치

제596조(환자의 가검물 등에 의한 오염 방지 조치) ① 사업주는 근로자가 환자의 가검물을 처리(검사·운반·청소 및 폐기를 말한다)하는 작업을 하는 경우에 보호앞치마, 보호장갑 및 보호마스크 등의 보호구를 지급하고 착용하도록 하는 등 오염 방지를 위하여 필요한 조치를 하여야 한다.

② 근로자는 제1항에 따라 지급된 보호구를 사업주의 지시에 따라 착용하여야 한다.

제3절 혈액매개 감염 노출 위험작업 시 조치기준

제597조(혈액노출 예방 조치) ① 사업주는 근로자가 혈액노출의 위험이 있는 작업을 하는 경우에 다음 각 호의 조치를 하여야 한다.

  1. 혈액노출의 가능성이 있는 장소에서는 음식물을 먹거나 담배를 피우는 행위, 화장 및 콘택트렌즈의 교환 등을 금지할 것
  2. 혈액 또는 환자의 혈액으로 오염된 가검물, 주사침, 각종 의료 기구, 솜 등의 혈액오염물(이하 "혈액오염물"이라 한다)이 보관되어 있는 냉장고 등에 음식물 보관을 금지할 것
  3. 혈액 등으로 오염된 장소나 혈액오염물은 적절한 방법으로 소독할 것
  4. 혈액오염물은 별도로 표기된 용기에 담아서 운반할 것
  5. 혈액노출 근로자는 즉시 소독약품이 포함된 세척제로 접촉 부위를 씻도록 할 것

② 사업주는 근로자가 주사 및 채혈 작업을 하는 경우에 다음 각 호의 조치를 하여야 한다.

  1. 안정되고 편안한 자세로 주사 및 채혈을 할 수 있는 장소를 제공할 것
  2. 채취한 혈액을 검사 용기에 옮기는 경우에는 주사침 사용을 금지하도록 할 것
  3. 사용한 주사침은 바늘을 구부리거나, 자르거나, 뚜껑을 다시 씌우는 등의 행위를 금지할 것(부득이하게 뚜껑을 다시 씌워야 하는 경우에는 한 손으로 씌우도록 한다)
  4. 사용한 주사침은 안전한 전용 수거용기에 모아 튼튼한 용기를 사용하여 폐기할 것

③ 근로자는 제1항에 따라 흡연 또는 음식물 등의 섭취 등이 금지된 장소에서 흡연 또는 음식물 섭취 등의 행위를 해서는 아니된다.

제598조(혈액노출 조사 등) ① 사업주는 혈액노출과 관련된 사고가 발생한 경우에 즉시 다음 각 호의 사항을 조사하고 이를 기록하여 보존하여야 한다.

  1. 노출자의 인적사항
  2. 노출 현황
  3. 노출 원인제공자(환자)의 상태
  4. 노출자의 처치 내용
  5. 노출자의 검사 결과

② 사업주는 제1항에 따른 사고조사 결과에 따라 혈액에 노출된 근로자의 면역상태를 파악하여 별표

14에 따른 조치를 하고, 혈액매개 감염의 우려가 있는 근로자는 별표 15에 따라 조치하여야 한다.

③ 사업주는 제1항과 제2항에 따른 조사 결과와 조치 내용을 즉시 해당 근로자에게 알려야 한다.

④ 사업주는 제1항과 제2항에 따른 조사 결과와 조치 내용을 감염병 예방을 위한 조치 외에 해당 근로자에게 불이익을 주거나 다른 목적으로 이용해서는 아니된다.

제599조(세척시설 등) 사업주는 근로자가 혈액매개 감염의 우려가 있는 작업을 하는 경우에 세면·목욕 등에 필요한 세척시설을 설치하여야 한다.

제600조(개인보호구의 지급 등) ① 사업주는 근로자가 혈액노출이 우려되는 작업을 하는 경우에 다음 각 호에 따른 보호구를 지급하고 착용하도록 하여야 한다.

1. 혈액이 분출되거나 분무될 가능성이 있는 작업: 보안경과 보호마스크

2. 혈액 또는 혈액오염물을 취급하는 작업: 보호장갑

3. 다량의 혈액이 의복을 적시고 피부에 노출될 우려가 있는 작업: 보호앞치마

② 근로자는 제1항에 따라 지급된 보호구를 사업주의 지시에 따라 착용하여야 한다.

제4절 공기매개 감염 노출 위험작업 시 조치기준

제601조(예방 조치) ① 사업주는 근로자가 공기매개 감염병이 있는 환자와 접촉하는 경우에 감염을 방지하기 위하여 다음 각 호의 조치를 하여야 한다.

1. 근로자에게 결핵균 등을 방지할 수 있는 보호마스크를 지급하고 착용하도록 할 것

2. 면역이 저하되는 등 감염의 위험이 높은 근로자는 전염성이 있는 환자와의 접촉을 제한할 것

3. 가래를 배출할 수 있는 결핵환자에게 시술을 하는 경우에는 적절한 환기가 이루어지는 격리실에서 하도록 할 것

4. 임신한 근로자는 풍진·수두 등 선천성 기형을 유발할 수 있는 감염병 환자와의 접촉을 제한할 것

② 사업주는 공기매개 감염병에 노출되는 근로자에 대하여 해당 감염병에 대한 면역상태를 파악하고 의학적으로 필요하다고 판단되는 경우에 예방접종을 하여야 한다.

③ 근로자는 제1항제1호에 따라 지급된 보호구를 사업주의 지시에 따라 착용하여야 한다.

제602조(노출 후 관리) 사업주는 공기매개 감염병 환자에 노출된 근로자에 대하여 다음 각 호의 조치를 하여야 한다.

1. 공기매개 감염병의 증상 발생 즉시 감염 확인을 위한 검사를 받도록 할 것

2. 감염이 확인되면 적절한 치료를 받도록 조치할 것

3. 풍진, 수두 등에 감염된 근로자가 임신부인 경우에는 태아에 대하여 기형 여부를 검사받도록 할 것

4. 감염된 근로자가 동료 근로자 등에게 전염되지 않도록 적절한 기간 동안 접촉을 제한하도록 할 것

제5절 곤충 및 동물매개 감염 노출 위험작업 시 조치기준

제603조(예방 조치) 사업주는 근로자가 곤충 및 동물매개 감염병 고 위험작업을 하는 경우에 다음 각 호의 조치를 하여야 한다.

1. 긴 소매의 옷과 긴 바지의 작업복을 착용하도록 할 것

2. 곤충 및 동물매개 감염병 발생 우려가 있는 장소에서는 음식물 섭취 등을 제한할 것

3. 작업 장소와 인접한 곳에 오염원과 격리된 식사 및 휴식 장소를 제공할 것

4. 작업 후 목욕을 하도록 지도할 것

5. 곤충이나 동물에 물렸는지를 확인하고 이상증상 발생 시 의사의 진료를 받도록 할 것

제604조(노출 후 관리) 사업주는 곤충 및 동물매개 감염병 고위험작업을 수행한 근로자에게 다음 각 호의 증상이 발생하였을 경우에 즉시 의사의 진료를 받도록 하여야 한다.

1. 고열·오한·두통

2. 피부발진·피부궤양·부스럼 및 딱지 등

3. 출혈성 병변(病變)

제9장 분진에 의한 건강장해의 예방

제1절 통칙

제605조(정의) 이 장에서 사용하는 용어의 뜻은 다음과 같다.

1. "분진"이란 근로자가 작업하는 장소에서 발생하거나 흩날리는 미세한 분말 상태의 물질을 말한다.

2. "분진작업"이란 별표 16에서 정하는 작업을 말한다.

3. "호흡기보호 프로그램"이란 분진노출에 대한 평가, 분진노출기준 초과에 따른 공학적 대책, 호흡용 보호구의 지급 및 착용, 분진의 유해성과 예방에 관한 교육, 정기적 건강진단, 기록·관리 사항 등이 포함된 호흡기질환 예방·관리를 위한 종합적인 계획을 말한다.

제606조(적용 제외) ① 다음 각 호의 어느 하나에 해당하는 작업으로서 살수(撒水)설비나 주유설비를 갖추고 물을 뿌리거나 주유를 하면서 분진이 흩날리지 않도록 작업하는 경우에는 이 장의 규정을 적용하지 아니한다.

1. 별표 16 제3호에 따른 작업 중 갱내에서 토석·암석·광물 등(이하 "암석등"이라 한다)을 체로 거르는 장소에서의 작업

2. 별표 16 제5호에 따른 작업

3. 별표 16 제6호에 따른 작업 중 연마재 또는 동력을 사용하여 암석·광물 또는 금속을 연마하거나 재단하는 장소에서의 작업

4. 별표 16 제7호에 따른 작업 중 동력을 사용하여 암석등 또는 탄소를 주성분으로 하는 원료를 체로 거르는 장소에서의 작업

5. 별표 16 제7호에 따른 작업 중 동력을 사용하여 실외에서 암석등 또는 탄소를 주성분으로 하는 원료를 파쇄하거나 분쇄하는 장소에서의 작업

6. 별표 16 제7호에 따른 작업 중 암석등·탄소원료 또는 알루미늄박을 물이나 기름 속에서 파쇄·분쇄하거나 체로 거르는 장소에서의 작업

② 작업시간이 월 24시간 미만인 임시 분진작업에 대하여 사업주가 근로자에게 적절한 호흡용 보호구를 지급하여 착용하도록 하는 경우에는 이 장의 규정을 적용하지 아니한다. 다만, 월 10시간 이상 24시간 미만의 임시 분진작업을 매월 하는 경우에는 그러하지 아니하다.

③ 제11장의 규정에 따른 사무실에서 작업하는 경우에는 이 장의 규정을 적용하지 아니한다.

제2절 설비 등의 기준

제607조(국소배기장치의 설치) 사업주는 별표 16 제5호부터 제25호까지의 규정에 따른 분진작업을 하는 실내작업장(갱내를 포함한다)에 대하여 해당 분진작업에 따른 분진을 줄이기 위하여 밀폐설비나 국소배기장치를 설치하여야 한다.

제608조(전체환기장치의 설치) 사업주는 분진작업을 하는 때에 분진 발산 면적이 넓어 제607조에 따른 설비를 설치하기 곤란한 경우에 전체환기장치를 설치할 수 있다.

제609조(국소배기장치의 성능) 제607조 또는 제617조제1항 단서에 따라 설치하는 국소배기장치는 별표 17에서 정하는 제어풍속 이상의 성능을 갖춘 것이어야 한다.

제610조(분진의 흩날림 방지) 사업주는 분진이 심하게 흩날리는 작업장에 대하여 물을 뿌리는 등 분진이 흩날리는 것을 방지하기 위하여 필요한 조치를 하여야 한다.

제611조(설비에 의한 습기 유지) 사업주는 제617조제1항 단서에 따라 분진작업장소에 습기 유지 설비를 설치한 경우에 분진작업을 하고 있는 동안 그 설비를 사용하여 해당 분진작업장소를 습한 상태로 유지하여야 한다.

제3절 관리 등

제612조(사용 전 점검 등) ① 사업주는 제607조와 제617조제1항 단서에 따라 설치한 국소배기장치를 처음으로 사용하는 경우나 국소배기장치를 분해하여 개조하거나 수리를 한 후 처음으로 사용하는 경우에 다음 각 호에서 정하는 바에 따라 사용 전에 점검하여야 한다.

1. 국소배기장치
    가. 덕트와 배풍기의 분진 상태
    나. 덕트 접속부가 헐거워졌는지 여부
    다. 흡기 및 배기 능력
    라. 그 밖에 국소배기장치의 성능을 유지하기 위하여 필요한 사항
2. 공기정화장치
    가. 공기정화장치 내부의 분진상태
    나. 여과제진장치(濾過除塵裝置)의 여과재 파손 여부
    다. 공기정화장치의 분진 처리능력
    라. 그 밖에 공기정화장치의 성능 유지를 위하여 필요한 사항

② 사업주는 제1항에 따른 점검 결과 이상을 발견한 경우에 즉시 청소, 보수, 그 밖에 필요한 조치를 하여야 한다.

제613조(청소의 실시) ① 사업주는 분진작업을 하는 실내작업장에 대하여 매일 작업을 시작하기 전에 청소를 하여야 한다.

② 분진작업을 하는 실내작업장의 바닥·벽 및 설비와 휴게시설이 설치되어 있는 장소의 마루 등(실

내만 해당한다)에 대해서는 쌓인 분진을 제거하기 위하여 매월 1회 이상 정기적으로 진공청소기나 물을 이용하여 분진이 흩날리지 않는 방법으로 청소하여야 한다. 다만, 분진이 흩날리지 않는 방법으로 청소하는 것이 곤란한 경우로서 그 청소작업에 종사하는 근로자에게 적절한 호흡용 보호구를 지급하여 착용하도록 한 경우에는 그러하지 아니하다.

제614조(분진의 유해성 등의 주지) 사업주는 근로자가 상시 분진작업에 관련된 업무를 하는 경우에 다음 각 호의 사항을 근로자에게 알려야 한다.

1. 분진의 유해성과 노출경로
2. 분진의 발산 방지와 작업장의 환기 방법
3. 작업장 및 개인위생 관리
4. 호흡용 보호구의 사용 방법
5. 분진에 관련된 질병 예방 방법

제615조(세척시설 등) 사업주는 근로자가 분진작업을 하는 경우에 목욕시설 등 필요한 세척시설을 설치하여야 한다.

제616조(호흡기보호 프로그램 시행 등) 사업주는 다음 각 호의 어느 하나에 해당하는 경우에 호흡기보호 프로그램을 수립하여 시행하여야 한다.

1. 법 제42조에 따른 분진의 작업환경 측정 결과 노출기준을 초과하는 사업장
2. 분진작업으로 인하여 근로자에게 건강장해가 발생한 사업장

제4절 보호구

제617조(호흡용 보호구의 지급 등) ① 사업주는 근로자가 분진작업을 하는 경우에 해당 작업에 종사하는 근로자에게 적절한 호흡용 보호구를 지급하여 착용하도록 하여야 한다. 다만, 해당 작업장소에 분진 발생원을 밀폐하는 설비나 국소배기장치를 설치하거나 해당 분진작업장소를 습기가 있는 상태로 유지하기 위한 설비를 갖추어 가동하는 등 필요한 조치를 한 경우에는 그러하지 아니하다.

② 사업주는 제1항에 따라 보호구를 지급하는 경우에 근로자 개인전용 보호구를 지급하고, 보관함을 설치하는 등 오염 방지를 위하여 필요한 조치를 하여야 한다.

③ 근로자는 제1항에 따라 지급된 보호구를 사업주의 지시에 따라 착용하여야 한다.

제10장 밀폐공간 작업으로 인한 건강장해의 예방

제1절 통칙

제618조(정의) 이 장에서 사용하는 용어의 뜻은 다음과 같다.

1. "밀폐공간"이란 산소결핍, 유해가스로 인한 화재·폭발 등의 위험이 있는 장소로서 별표 18에서 정한 장소를 말한다.
2. "유해가스"란 밀폐공간에서 탄산가스·황화수소 등의 유해물질이 가스 상태로 공기 중에 발생하는 것을 말한다.

   3. "적정공기"란 산소농도의 범위가 18퍼센트 이상 23.5퍼센트 미만, 탄산가스의 농도가 1.5퍼센트 미만, 황화수소의 농도가 10피피엠 미만인 수준의 공기를 말한다.

   4. "산소결핍"이란 공기 중의 산소농도가 18퍼센트 미만인 상태를 말한다.

   5. "산소결핍증"이란 산소가 결핍된 공기를 들이마심으로써 생기는 증상을 말한다.

제2절 밀폐공간 내 작업 시의 조치 등

제619조(밀폐공간 보건작업 프로그램 수립·시행 등) 사업주는 근로자가 별표 18의 밀폐공간에서 작업을 하는 경우에 다음 각 호의 내용이 포함된 밀폐공간 보건작업 프로그램을 수립하여 시행하여야 한다.

   1. 작업 시작 전 공기 상태가 적정한지를 확인하기 위한 측정·평가

   2. 응급조치 등 안전보건 교육 및 훈련

   3. 공기호흡기나 송기마스크 등(이하 이 장에서 "송기마스크등"이라 한다)의 착용과 관리

   4. 그 밖에 밀폐공간 작업근로자의 건강장해 예방에 관한 사항

제620조(환기 등) 사업주는 근로자가 밀폐공간에서 작업을 하는 경우에 작업을 시작하기 전과 작업 중에 해당 작업장을 적정공기 상태가 유지되도록 환기하여야 한다. 다만, 폭발이나 산화 등의 위험으로 인하여 환기할 수 없거나 작업의 성질상 환기하기가 매우 곤란하여 근로자에게 송기마스크등을 지급하여 착용하도록 하는 경우에는 그러하지 아니하다.

제621조(인원의 점검) 사업주는 근로자가 밀폐공간에서 작업을 하는 경우에 그 장소에 근로자를 입장시킬 때와 퇴장시킬 때마다 인원을 점검하여야 한다.

제622조(출입의 금지) ① 사업주는 근로자가 밀폐공간에서 작업을 하는 경우에 그 밀폐공간에서 작업하는 근로자가 아닌 사람이 그 장소에 출입하는 것을 금지하고, 그 내용을 보기 쉬운 장소에 게시하여야 한다.

② 근로자는 제1항에 따라 출입이 금지된 장소에 사업주의 허락 없이 출입해서는 아니된다.

제623조(연락) 사업주는 근로자가 밀폐공간에서 작업을 하는 경우에 그 작업장과 외부의 감시인 간에 상시 연락을 취할 수 있는 설비를 설치하여야 한다.

제624조(사고 시의 대피 등) ① 사업주는 근로자가 밀폐공간에서 작업을 하는 때에 산소결핍이 우려되거나 유해가스 등의 농도가 높아서 폭발할 우려가 있는 경우에 즉시 작업을 중단시키고 해당 근로자를 대피하도록 하여야 한다.

② 제1항에 따라 근로자를 대피시킨 경우 적정공기 상태임을 확인할 때까지 그 장소에 관계자가 아닌 사람이 출입하는 것을 금지하고, 그 내용을 보기 쉬운 장소에 게시하여야 한다.

③ 근로자는 제2항에 따라 출입이 금지된 장소에 사업주의 허락 없이 출입해서는 아니된다.

제625조(대피용 기구의 비치) 사업주는 근로자가 밀폐공간에서 작업을 하는 경우에 송기마스크등, 사다리 및 섬유로프 등 비상시에 근로자를 피난시키거나 구출하기 위하여 필요한 기구를 갖추어 두어야 한다.

제626조(구출 시 송기마스크등의 사용) ① 사업주는 밀폐공간에서 위급한 근로자를 구출하는 작업을 하는 경우에 그 구출작업에 종사하는 근로자에게 송기마스크등을 지급하여 착용하도록 하여야 한다.

② 근로자는 제1항에 따라 지급된 보호구를 사업주의 지시에 따라 착용하여야 한다.

제3절 유해가스 발생장소 등에 대한 조치기준

제627조(유해가스의 처리 등) 사업주는 근로자가 터널·갱 등을 파는 작업을 하는 경우에 근로자가 유해가스에 노출되지 않도록 미리 그 농도를 조사하고, 유해가스의 처리방법, 터널·갱 등을 파는 시기 등을 정한 후 이에 따라 작업을 하도록 하여야 한다.

제628조(소화설비 등에 대한 조치) 사업주는 지하실, 기관실, 선창(船倉), 그 밖에 통풍이 불충분한 장소에 비치한 소화기나 소화설비에 탄산가스를 사용하는 경우에 다음 각 호의 조치를 하여야 한다.

1. 해당 소화기나 소화설비가 쉽게 뒤집히거나 손잡이가 쉽게 작동되지 않도록 할 것

2. 소화를 위하여 작동하는 경우 외에 소화기나 소화설비를 임의로 작동하는 것을 금지하고, 그 내용을 보기 쉬운 장소에 게시할 것

제629조(용접 등에 관한 조치) ① 사업주는 근로자가 탱크·보일러 또는 반응탑의 내부 등 통풍이 불충분한 장소에서 용접을 하는 경우에 다음 각 호의 조치를 하여야 한다.

1. 작업장소는 적정공기 상태를 유지할 것

2. 해당 근로자에게 송기마스크등을 지급하여 착용하도록 할 것

② 근로자는 제1항제2호에 따라 지급된 보호구를 사업주의 지시에 따라 착용하여야 한다.

제630조(불활성기체의 누출) 사업주는 근로자가 별표 18 제13호에 따른 기체(이하 "불활성기체"라 한다)를 내보내는 배관이 있는 보일러·탱크·반응탑 또는 선창 등의 장소에서 작업을 하는 경우에 다음 각 호의 조치를 하여야 한다.

1. 밸브나 콕을 잠그거나 차단판을 설치할 것

2. 제1호에 따른 밸브나 콕과 차단판에는 잠금장치를 하고, 이를 임의로 개방하는 것을 금지한다는 내용을 보기 쉬운 장소에 게시할 것

3. 불활성기체를 내보내는 배관의 밸브나 콕 또는 이를 조작하기 위한 스위치나 누름단추 등에는 잘못된 조작으로 인하여 불활성기체가 새지 않도록 배관 내의 불활성기체의 명칭과 개폐의 방향 등 조작방법에 관한 표지를 게시할 것

제631조(불활성기체의 유입 방지) 사업주는 근로자가 탱크나 반응탑 등 용기의 안전판으로부터 불활성기체가 배출될 우려가 있는 작업을 하는 경우에 해당 안전판으로부터 배출되는 불활성기체를 직접 외부로 내보내기 위한 설비를 설치하는 등 해당 불활성기체가 해당 작업장소에 잔류하는 것을 방지하기 위한 조치를 하여야 한다.

제632조(냉장실 등의 작업) ① 사업주는 근로자가 냉장실·냉동실 등의 내부에서 작업을 하는 경우에 근로자가 작업하는 동안 해당 설비의 출입문이 임의로 잠기지 않도록 조치하여야 한다. 다만, 해당 설비의 내부에 외부와 연결된 경보장치가 설치되어 있는 경우에는 그러하지 아니하다.

② 사업주는 냉장실·냉동실 등 밀폐하여 사용하는 시설이나 설비의 출입문을 잠그는 경우에 내부에 작업자가 있는지를 반드시 확인하여야 한다.

제633조(출입구의 임의잠김 방지) 사업주는 근로자가 탱크·반응탑 또는 그 밖의 밀폐시설에서 작업을 하는 경우에 근로자가 작업하는 동안 해당 설비의 출입뚜껑이나 출입문이 임의로 잠기지 않도록 조

치하고 작업하게 하여야 한다.

제634조(가스배관공사 등에 관한 조치) ① 사업주는 근로자가 지하실이나 맨홀의 내부 또는 그 밖에 통풍이 불충분한 장소에서 가스를 공급하는 배관을 해체하거나 부착하는 작업을 하는 경우에 다음 각 호의 조치를 하여야 한다.

1. 배관을 해체하거나 부착하는 작업장소에 해당 가스가 들어오지 않도록 차단할 것
2. 해당 작업을 하는 장소는 적정공기 상태가 유지되도록 환기를 하거나 근로자에게 송기마스크등을 지급하여 착용하도록 할 것

② 근로자는 제1항제2호에 따라 지급된 보호구를 사업주의 지시에 따라 착용하여야 한다.

제635조(압기공법에 관한 조치) ① 사업주는 근로자가 별표 18 제1호에 따른 지층(地層)이나 그와 인접한 장소에서 압기공법(壓氣工法)으로 작업을 하는 경우에 그 작업에 의하여 유해가스가 샐 우려가 있는지 여부 및 공기 중의 산소농도를 조사하여야 한다.

② 사업주는 제1항에 따른 조사 결과 유해가스가 새고 있거나 공기 중에 산소가 부족한 경우에 즉시 작업을 중지하고 출입을 금지하는 등 필요한 조치를 하여야 한다.

③ 근로자는 제2항에 따라 출입이 금지된 장소에 사업주의 허락 없이 출입해서는 아니된다.

제636조(지하실 등의 작업) ① 사업주는 근로자가 별표 18 제1호에 따른 지층이나 우물 등의 내부를 통하는 배관이 설치되어 있는지하실이나 핏트 등의 내부에서 하는 작업을 하는 경우에 그 배관을 통하여 산소가 결핍된 공기나 유해가스가 새지 않도록 조치하여야 한다.

② 산소가 결핍된 공기나 유해가스가 새는 경우에 이를 직접 외부로 내보낼 수 있는 설비를 설치하는 등 적정공기 상태를 유지하기 위한 조치를 하여야 한다.

제637조(설비 개조 등의 작업) 사업주는 근로자가 분뇨·오수·펄프액 및 부패하기 쉬운 물질에 오염된 펌프·배관 또는 그 밖의 부속설비에 대하여 분해·개조·수리 또는 청소 등을 하는 경우에 다음 각 호의 조치를 하여야 한다.

1. 작업 방법 및 순서를 정하여 이를 미리 해당 작업에 종사하는 근로자에게 알릴 것
2. 황화수소 중독 방지에 필요한 지식을 가진 사람을 해당 작업의 지휘자로 지정하여 작업을 지휘하도록 할 것

제4절 관리 등

제638조(사후조치) 사업주는 관리감독자가 별표 2의 제19호 나목부터 라목까지의 규정에 따른 측정 또는 점검 결과 이상을 발견하여 보고하였을 경우에 즉시 환기 또는 보호구를 지급하거나 설비를 보수하는 등 필요한 조치를 하여야 한다.

제639조(감시인의 배치 등) ① 사업주는 근로자가 밀폐공간에서 작업을 하는 경우에 상시 작업상황을 감시할 수 있는 감시인을 지정하여 밀폐공간 외부에 배치하여야 한다.

② 제1항에 따른 감시인은 밀폐공간에 종사하는 근로자에게 이상이 있을 경우에 구조요청 등 필요한 조치를 한 후 이를 즉시 관리감독자에게 알려야 한다.

제640조(긴급 구조훈련) 사업주는 긴급상황 발생 시 대응할 수 있도록 밀폐공간에 종사하는 근로자에 대하여 비상연락체계 운영, 구조용 장비의 사용, 송기마스크등의 착용, 응급처치 등에 관한 훈련을

6개월에 1회 이상 주기적으로 실시하고, 그 결과를 기록하여 보존하여야 한다.

제641조(안전한 작업방법 등의 주지) 사업주는 근로자가 밀폐공간에서 작업을 하는 경우에 작업을 시작할 때마다 사전에 다음 각 호의 사항을 작업근로자에게 알려야 한다.

1. 산소 및 유해가스농도 측정에 관한 사항
2. 사고 시의 응급조치 요령
3. 환기설비의 가동 등 안전한 작업방법에 관한 사항
4. 보호구의 착용과 사용방법에 관한 사항
5. 구조용 장비 사용 등 비상시 구출에 관한 사항

제642조(의사의 진찰) 사업주는 근로자가 산소결핍증이 있거나 유해가스에 중독되었을 경우에 즉시 의사의 진찰이나 처치를 받도록 하여야 한다.

제643조(산소농도 등의 측정) ① 사업주는 근로자가 밀폐공간에서 작업을 하는 경우에 미리 다음 각 호의 어느 하나에 해당하는 자로 하여금 산소농도 등을 측정하게 하고, 적정공기가 유지되고 있는지를 평가하게 하여야 한다.

1. 관리감독자
2. 법 제15조제1항에 따른 안전관리자와 법 제16조제1항에 따른 보건관리자
3. 법 제15조제4항에 따른 안전관리대행기관
4. 법 제16조제3항에 따라 준용되는 법 제15조제4항에 따른 보건관리대행기관
5. 법 제42조제4항에 따른 지정측정기관

② 사업주는 제1항에 따라 산소농도 등을 측정한 결과 적정공기가 유지되지 않고 있다고 보이는 경우에 작업장의 환기, 송기마스크등의 지급·착용 등 근로자 건강장해 예방을 위하여 적절한 조치를 하여야 한다.

제5절 보호구 등

제644조(보호구의 지급 등) 사업주는 송기마스크등을 지급하는 때에 근로자에게 질병 감염의 우려가 있는 경우에는 개인전용의 것을 지급하여야 한다.

제645조(안전대 등) ① 사업주는 밀폐공간에 종사하는 근로자가 산소결핍증이나 유해가스로 인하여 추락할 우려가 있는 경우에 해당 근로자에게 안전대나 구명밧줄, 송기마스크등을 지급하여 착용하도록 하여야 한다.

② 사업주는 제1항에 따라 안전대나 구명밧줄을 착용하도록 하는 경우에 이를 안전하게 착용할 수 있는 설비 등을 설치하여야 한다.

③ 근로자는 제1항에 따라 지급된 보호구를 사업주의 지시에 따라 착용하여야 한다.

제11장 사무실에서의 건강장해 예방

제1절 통칙

제646조(정의) 이 장에서 사용하는 용어의 뜻은 다음과 같다.
  1. "사무실"이란 근로자가 사무를 처리하는 실내 공간(휴게실·강당·회의실 등의 공간을 포함한다)을 말한다.
  2. "사무실오염물질"이란 법 제24조제1항제1호에 따른 가스·증기·분진 등과 곰팡이·세균·바이러스 등 사무실의 공기 중에 떠다니면서 근로자에게 건강장해를 유발할 수 있는 물질을 말한다.
  3. "공기정화설비등"이란 사무실오염물질을 바깥으로 내보내거나 바깥의 신선한 공기를 실내로 끌어들이는 급기·배기 장치, 오염물질을 제거하거나 줄이는 여과제나 온도·습도·기류 등을 조절하여 공급할 수 있는 냉난방장치, 그 밖에 이에 상응하는 장치 등을 말한다.

제2절 설비의 성능 등

제647조(공기정화설비등의 가동) ① 사업주는 근로자가 중앙관리 방식의 공기정화설비등을 갖춘 사무실에서 근무하는 경우에 사무실 오염을 방지할 수 있도록 공기정화설비등을 적절히 가동하여야 한다.
  ② 사업주는 공기정화설비등에 의하여 사무실로 들어오는 공기가 근로자에게 직접 닿지 않도록 하고, 기류속도는 초당 0.5미터 이하가 되도록 하여야 한다.

제648조(공기정화설비등의 유지관리) 사업주는 제646조에 따른 공기정화설비등을 수시로 점검하여 필요한 경우에 청소하거나 개·보수하는 등 적절한 조치를 하여야 한다.

제3절 사무실공기 관리와 작업기준 등

제649조(사무실공기 평가) 사업주는 근로자 건강장해 방지를 위하여 필요한 경우에 해당 사무실의 공기를 측정·평가하고, 그 결과에 따라 공기정화설비등을 설치하거나 개·보수하는 등 필요한 조치를 하여야 한다.

제650조(실외 오염물질의 유입 방지) 사업주는 실외로부터 자동차매연, 그 밖의 오염물질이 실내로 들어올 우려가 있는 경우에 통풍구·창문·출입문 등의 공기유입구를 재배치하는 등 적절한 조치를 하여야 한다.

제651조(미생물오염 관리) 사업주는 미생물로 인한 사무실공기 오염을 방지하기 위하여 다음 각 호의 조치를 하여야 한다.
  1. 누수 등으로 미생물의 생장을 촉진할 수 있는 곳을 주기적으로 검사하고 보수할 것
  2. 미생물이 증식된 곳은 즉시 건조·제거 또는 청소할 것
  3. 건물 표면 및 공기정화설비등에 오염되어 있는 미생물은 제거할 것

제652조(건물 개·보수 시 공기오염 관리) 사업주는 건물 개·보수 중 사무실의 공기질이 악화될 우려가 있을 경우에 그 작업내용을 근로자에게 알리고 공사장소를 격리하거나, 사무실오염물질의 억제

및 청소 등 적절한 조치를 하여야 한다.

제653조(사무실의 청결 관리) ① 사업주는 사무실을 항상 청결하게 유지·관리하여야 하며, 분진 발생을 최대한 억제할 수 있는 방법을 사용하여 청소하여야 한다.

② 사업주는 미생물로 인한 오염과 해충 발생의 우려가 있는 목욕시설·화장실 등을 소독하는 등 적절한 조치를 하여야 한다.

제4절 공기정화설비등의 개·보수 시 조치

제654조(보호구의 지급 등) ① 사업주는 근로자가 공기정화설비등의 청소, 개·보수작업을 하는 경우에 보안경, 방진마스크 등 적절한 보호구를 지급하고 착용하도록 하여야 한다.

② 제1항에 따라 보호구를 지급하는 경우에 근로자 개인 전용의 것을 지급하여야 한다.

③ 근로자는 제1항에 따라 지급된 보호구를 사업주의 지시에 따라 착용하여야 한다.

제655조(유해성 등의 주지) 사업주는 근로자가 공기정화설비등의 청소, 개·보수 작업을 하는 경우에 다음 각 호의 사항을 근로자에게 알려야 한다.

1. 발생하는 사무실오염물질의 종류 및 유해성
2. 사무실오염물질 발생을 억제할 수 있는 작업방법
3. 착용하여야 할 보호구와 착용방법
4. 응급조치 요령
5. 그 밖에 근로자의 건강장해의 예방에 관한 사항

제12장 근골격계부담작업으로 인한 건강장해의 예방

제1절 통칙

제656조(정의) 이 장에서 사용하는 용어의 뜻은 다음과 같다.

1. "근골격계부담작업"이란 법 제24조제1항제5호에 따른 작업으로서 작업량·작업속도·작업강도 및 작업장 구조 등에 따라 고용노동부장관이 정하여 고시하는 작업을 말한다.
2. "근골격계질환"이란 반복적인 동작, 부적절한 작업자세, 무리한 힘의 사용, 날카로운 면과의 신체 접촉, 진동 및 온도 등의 요인에 의하여 발생하는 건강장해로서 목, 어깨, 허리, 팔·다리의 신경·근육 및 그 주변 신체조직 등에 나타나는 질환을 말한다.
3. "근골격계질환 예방관리 프로그램"이란 유해요인 조사, 작업환경 개선, 의학적 관리, 교육·훈련, 평가에 관한 사항 등이 포함된 근골격계질환을 예방관리하기 위한 종합적인 계획을 말한다.

제2절 유해요인 조사 및 개선 등

제657조(유해요인 조사) ① 사업주는 근로자가 근골격계부담작업을 하는 경우에 3년마다 다음 각 호의 사항에 대한 유해요인조사를 하여야 한다. 다만, 신설되는 사업장의 경우에는 신설일부터 1년 이내

에 최초의 유해요인 조사를 하여야 한다.

1. 설비·작업공정·작업량·작업속도 등 작업장 상황

2. 작업시간·작업자세·작업방법 등 작업조건

3. 작업과 관련된 근골격계질환 징후와 증상 유무 등

② 사업주는 다음 각 호의 어느 하나에 해당하는 사유가 발생하였을 경우에 제1항에도 불구하고 지체 없이 유해요인 조사를 하여야 한다. 다만, 제1호의 경우는 근골격계부담작업이 아닌 작업에서 발생한 경우를 포함한다.

1. 법에 따른 임시건강진단 등에서 근골격계질환자가 발생하였거나 근로자가 근골격계질환으로「산업재해보상보험법 시행령」별표 3 제2호가목·라목 및 제6호에 따라 업무상 질병으로 인정받은 경우

2. 근골격계부담작업에 해당하는 새로운 작업·설비를 도입한 경우

3. 근골격계부담작업에 해당하는 업무의 양과 작업공정 등 작업환경을 변경한 경우

③ 사업주는 유해요인 조사에 근로자 대표 또는 해당 작업 근로자를 참여시켜야 한다.

제658조(유해요인 조사 방법 등) 사업주는 유해요인 조사를 하는 경우에 근로자와의 면담, 증상 설문조사, 인간공학적 측면을 고려한 조사 등 적절한 방법으로 하여야 한다.

제659조(작업환경 개선) 사업주는 유해요인 조사 결과 근골격계질환이 발생할 우려가 있는 경우에 인간공학적으로 설계된 인력작업 보조설비 및 편의설비를 설치하는 등 작업환경 개선에 필요한 조치를 하여야 한다.

제660조(통지 및 사후조치) ① 근로자는 근골격계부담작업으로 인하여 운동범위의 축소, 쥐는 힘의 저하, 기능의 손실 등의 징후가 나타나는 경우 그 사실을 사업주에게 통지할 수 있다.

② 사업주는 근골격계부담작업으로 인하여 제1항에 따른 징후가 나타난 근로자에 대하여 의학적 조치를 하고 필요한 경우에는 제659조에 따른 작업환경 개선 등 적절한 조치를 하여야 한다.

제661조(유해성 등의 주지) ① 사업주는 근로자가 근골격계부담작업을 하는 경우에 다음 각 호의 사항을 근로자에게 알려야 한다.

1. 근골격계부담작업의 유해요인

2. 근골격계질환의 징후와 증상

3. 근골격계질환 발생 시의 대처요령

4. 올바른 작업자세와 작업도구, 작업시설의 올바른 사용방법

5. 그 밖에 근골격계질환 예방에 필요한 사항

② 사업주는 제657조제1항과 제2항에 따른 유해요인 조사 및 그 결과, 제658조에 따른 조사방법 등을 해당 근로자에게 알려야 한다.

제662조(근골격계질환 예방관리 프로그램 시행) ① 사업주는 다음 각 호의 어느 하나에 해당하는 경우에 근골격계질환 예방관리 프로그램을 수립하여 시행하여야 한다.

1. 근골격계질환으로「산업재해보상보험법 시행령」별표 3 제2호가목·라목 및 제6호에 따라 업무상 질병으로 인정받은 근로자가 연간 10명 이상 발생한 사업장 또는 5명 이상 발생한 사업장으로서 발생 비율이 그 사업장 근로자 수의 10퍼센트 이상인 경우

2. 근골격계질환 예방과 관련하여 노사 간 이견(異見)이 지속되는 사업장으로서 고용노동부장관이 필요하다고 인정하여 근골격계질환 예방관리 프로그램을 수립하여 시행할 것을 명령한 경우

② 사업주는 근골격계질환 예방관리 프로그램을 작성·시행할 경우에 노사협의를 거쳐야 한다.

③ 사업주는 근골격계질환 예방관리 프로그램을 작성·시행할 경우에 인간공학·산업의학·산업위생·산업간호 등 분야별 전문가로부터 필요한 지도·조언을 받을 수 있다.

제3절 중량물을 들어올리는 작업에 관한 특별 조치

제663조(중량물의 제한) 사업주는 근로자가 인력으로 들어올리는 작업을 하는 경우에 과도한 무게로 인하여 근로자의 목·허리 등 근골격계에 무리한 부담을 주지 않도록 최대한 노력하여야 한다.

제664조(작업조건) 사업주는 근로자가 취급하는 물품의 중량·취급빈도·운반거리·운반속도 등 인체에 부담을 주는 작업의 조건에 따라 작업시간과 휴식시간 등을 적정하게 배분하여야 한다.

제665조(중량의 표시 등) 사업주는 근로자가 5킬로그램 이상의 중량물을 들어올리는 작업을 하는 경우에 다음 각 호의 조치를 하여야 한다.

1. 주로 취급하는 물품에 대하여 근로자가 쉽게 알 수 있도록 물품의 중량과 무게중심에 대하여 작업장 주변에 안내표시를 할 것

2. 취급하기 곤란한 물품은 손잡이를 붙이거나 갈고리, 진공빨판 등 적절한 보조도구를 활용할 것

제666조(작업자세 등) 사업주는 근로자가 중량물을 들어올리는 작업을 하는 경우에 무게중심을 낮추거나 대상물에 몸을 밀착하도록 하는 등 신체의 부담을 줄일 수 있는 자세에 대하여 알려야 한다.

제13장 그 밖의 유해인자에 의한 건강장해의 예방

제667조(컴퓨터 단말기 조작업무에 대한 조치) 사업주는 근로자가 컴퓨터 단말기의 조작업무를 하는 경우에 다음 각 호의 조치를 하여야 한다.

1. 실내는 명암의 차이가 심하지 않도록 하고 직사광선이 들어오지 않는 구조로 할 것

2. 저휘도형(低輝度型)의 조명기구를 사용하고 창·벽면 등은 반사되지 않는 재질을 사용할 것

3. 컴퓨터 단말기와 키보드를 설치하는 책상과 의자는 작업에 종사하는 근로자에 따라 그 높낮이를 조절할 수 있는 구조로 할 것

4. 연속적으로 컴퓨터 단말기 작업에 종사하는 근로자에 대하여 작업시간 중에 적절한 휴식시간을 부여할 것

제668조(비전리전자기파에 의한 건강장해 예방 조치) 사업주는 사업장에서 발생하는 유해광선·초음파 등 비전리전자기파(컴퓨터 단말기에서 발생하는 전자파는 제외한다)로 인하여 근로자에게 심각한 건강장해가 발생할 우려가 있는 경우에 다음 각 호의 조치를 하여야 한다.

1. 발생원의 격리·차폐·보호구 착용 등 적절한 조치를 할 것

2. 비전리전자기파 발생장소에는 경고 문구를 표시할 것

3. 근로자에게 비전리전자기파가 인체에 미치는 영향, 안전작업 방법 등을 알릴 것

제669조(직무스트레스에 의한 건강장해 예방 조치) 사업주는 근로자가 장시간 근로, 야간작업을 포함한 교대작업, 차량운전[전업(專業)으로 하는 경우에만 해당한다] 및 정밀기계 조작작업 등 신체적 피로와 정신적 스트레스 등(이하 "직무스트레스"라 한다)이 높은 작업을 하는 경우에 법 제5조제1항에

따라 직무스트레스로 인한 건강장해 예방을 위하여 다음 각 호의 조치를 하여야 한다.

1. 작업환경·작업내용·근로시간 등 직무스트레스 요인에 대하여 평가하고 근로시간 단축, 장·단기 순환작업 등의 개선대책을 마련하여 시행할 것
2. 작업량·작업일정 등 작업계획 수립 시 해당 근로자의 의견을 반영할 것
3. 작업과 휴식을 적절하게 배분하는 등 근로시간과 관련된 근로조건을 개선할 것
4. 근로시간 외의 근로자 활동에 대한 복지 차원의 지원에 최선을 다할 것
5. 건강진단 결과, 상담자료 등을 참고하여 적절하게 근로자를 배치하고 직무스트레스 요인, 건강문제 발생가능성 및 대비책 등에 대하여 해당 근로자에게 충분히 설명할 것
6. 뇌혈관 및 심장질환 발병위험도를 평가하여 금연, 고혈압 관리 등 건강증진 프로그램을 시행할 것

제670조(농약원재료 방제작업 시의 조치) ① 사업주는 근로자가 농약원재료를 살포·훈증·주입 등의 업무를 하는 경우에 다음 각 호에 따른 조치를 하여야 한다.

1. 작업을 시작하기 전에 농약의 방제기술과 지켜야 할 안전조치에 대하여 교육을 할 것
2. 방제기구에 농약을 넣는 경우에는 넘쳐흐르거나 역류하지 않도록 할 것
3. 농약원재료를 혼합하는 경우에는 화학반응 등의 위험성이 있는지를 확인할 것
4. 농약원재료를 취급하는 경우에는 담배를 피우거나 음식물을 먹지 않도록 할 것
5. 방제기구의 막힌 분사구를 뚫기 위하여 입으로 불어내지 않도록 할 것
6. 농약원재료가 들어 있는 용기와 기기는 개방된 상태로 내버려두지 말 것
7. 압축용기에 들어있는 농약원재료를 취급하는 경우에는 폭발 등의 방지조치를 할 것
8. 농약원재료를 훈증하는 경우에는 유해가스가 새지 않도록 할 것

② 사업주는 근로자가 농약원재료를 배합하는 작업을 하는 경우에 측정용기, 깔때기, 섞는 기구 등 배합기구들의 사용방법과 배합비율 등을 근로자에게 알리고, 농약원재료의 분진이나 미스트의 발생을 최소화하여야 한다.

③ 사업주는 농약원재료를 다른 용기에 옮겨 담는 경우에 동일한 농약원재료를 담았던 용기를 사용하거나 안전성이 확인된 용기를 사용하고, 담는 용기에는 적합한 경고표지를 붙여야 한다.

부칙

제1조(시행일) 이 규칙은 공포한 날부터 시행한다.

제2조(다른법령의 폐지) 「산업보건기준에 관한 규칙」은 폐지한다.

제3조(안전밸브의 검사주기에 관한 적용례) 고용노동부령 제25호 산업안전기준에 관한 규칙 일부개정령 제288조제4항의 개정규정은 고용노동부령 제25호 산업안전기준에 관한 규칙 일부개정령 시행 후 최초로 검사주기가 도래한 경우부터 적용한다.

제4조(피뢰침 설치에 관한 경과조치) 노동부령 제293호 산업안전기준에 관한 규칙 일부개정령(이하 이 조에서 "같은 규칙"이라 한다) 시행일인 2008년 1월 16일 당시 종전 규칙(같은 규칙 시행 전의 「산업안전기준에 관한 규칙」을 말한다)에 따라 설치된 피뢰침은 같은 규칙 제357조의 개정규정에 따라 설치된 피뢰침으로 본다.

제5조(다른 법령의 개정) ① 산업안전보건법 시행규칙 일부를 다음과 같이 개정한다.

제2조제3항 중 ""「산업안전기준에 관한 규칙」(이하 "안전규칙"이라 한다) 및 「산업보건기준에 관한 규칙」(이하 "보건규칙"이라 한다)"를 ""「산업안전보건기준에 관한 규칙」(이하 "안전보건규칙"이라 한다)"로 한다.

제11조 중 "안전규칙 및 보건규칙"을 "안전보건규칙"으로 한다.

제28조제1항제1호 중 "보건규칙 제3조, 제4조, 제6조, 제8조부터 제17조까지, 제19조부터 제21조까지, 제24조, 제31조부터 제37조까지, 제41조, 제45조부터 제47조까지, 제51조 및 제53조부터 제55조까지"를 "안전보건규칙 제5조, 제7조, 제8조, 제33조, 제72조부터 제81조까지, 제83조부터 제85조까지, 제422조, 제429조부터 제435조까지, 제439조, 제442조부터 제444조까지, 제448조, 제450조 및 제451조"로 한다.

제28조제1항제2호 중 "보건규칙 제3조, 제4조, 제6조, 제8조부터 제17조까지, 제19조부터 제21조까지, 제57조부터 제59조까지, 제64조, 제66조, 제68조부터 제70조까지, 제73조부터 제80조까지, 제83조부터 제87조까지, 제89조 및 제90조"를 "안전보건규칙 제5조, 제7조, 제8조, 제33조, 제72조부터 제81조까지, 제83조부터 제85조까지, 제453조부터 제455조까지, 제459조, 제461조, 제463조부터 제465조까지, 제468조부터 제474조까지, 제477조부터 제481조까지, 제483조 및 제484조"로 한다.

제30조제5항제9호 나목 중 "안전규칙 제292조"를 "안전보건규칙 제273조"로 한다.

제30조제5항제9호 다목 중 "안전규칙 제254조제4호"를 "안전보건규칙 제225조제4호"로 한다.

제30조제5항제10호 중 "보건규칙 제229조제1호"를 "안전보건규칙 제618조제1호"로 한다.

제30조제5항제12호 중 "안전규칙 별표 1"을 "안전보건규칙 별표 1"로 한다.

제30조제5항제13호 중 "보건규칙 제22조제7호"를 "안전보건규칙 제420조제7호"로 한다.

제30조제6항 중 "안전규칙, 보건규칙"을 "안전보건규칙"으로 한다.

제78조제2항제2호 중 "보건규칙 제105조부터 제118조까지"를 "안전보건규칙 제33조 및 제499조부터 제511조까지"로 한다.

제79조제2항제2호 중 "보건규칙 제57조부터 제92조까지"를 "안전보건규칙 제33조, 제35조제1항(같은 규칙 별표 2 제16호 및 제17호에 해당하는 경우로 한정한다) 및 같은 규칙 제453조부터 제486조까지"로 한다.

제81조제2항제6호 중 "보건규칙 제22조제1호"를 "안전보건규칙 제420조제1호"로 한다.

제82조 중 "보건규칙 제22조제8호"를 "안전보건규칙 제420조제8호"로 한다.

제93조제1항제1호 중 "보건규칙 제22조제8호"를 "안전보건규칙 제420조제8호"로 한다.

제93조제1항제2호 중 "보건규칙 제22조제1호"를 "안전보건규칙 제420조제1호"로 한다.

제93조제1항제3호 중 "보건규칙 제215조제2호"를 "안전보건규칙 제605조제2호"로 한다.

별표 12의2 제3호 1) 중 "보건규칙 제119조제1호부터 제3호"를 "안전보건규칙 제512조제1호부터 제3호"로 한다.

별표 12의2 제3호 2) 중 "보건규칙 제119조제4호"를 "안전보건규칙 제512조제4호"로 한다.

별표 12의2 제3호 3) 중 "보건규칙 제183조제1호"를 "안전보건규칙 제573조제1호"로 한다.

별표 13 제1호다목 구분란1 중 "보건규칙 제119조제1호부터 제3호"를 "안전보건규칙 제512조제1호부터 제3호까지"로 한다.

별표 13 제1호다목 구분란2 중 "보건규칙 제119조제4호"를 "안전보건규칙 제512조제4호"로 한다.

별표 13 제1호다목 구분란3 중 "보건규칙 제183조제1호"를 "안전보건규칙 제573조제1호"로 한다.

② 산업재해보상보험법 시행규칙 일부를 다음과 같이 개정한다.

제32조 중 "「산업보건기준에 관한 규칙」 제215조제2호"를 "「산업안전보건기준에 관한 규칙」 제605조제2호"로 한다.

③ 유해·위험작업의 취업 제한에 관한 규칙 일부를 다음과 같이 개정한다.

제2조 중 "「산업안전기준에 관한 규칙」(이하 "안전규칙"이라 한다) 및 「산업보건기준에 관한 규칙」"을 "「산업안전보건기준에 관한 규칙」"으로 한다.

제6조(다른 법령과의 관계) 이 규칙 시행 당시 다른 법령에서 종전의「산업안전기준에 관한 규칙」 또는 그 규정 및 「산업보건기준에 관한 규칙」 또는 그 규정을 인용한 경우에 이 규칙 가운데 그에 해당하는 규정이 있으면 종전의 「산업안전기준에 관한 규칙」 또는 그 규정 및 종전의 「산업보건기준에 관한 규칙」 또는 그 규정을 갈음하여 이 규칙 또는 이 규칙의 해당 규정을 인용한 것으로 본다.

[별표 1]

위험물질의 종류(제16조·제17조 및 제225조 관련)

1. 폭발성 물질 및 유기과산화물
    가. 질산에스테르류
    나. 니트로화합물
    다. 니트로소화합물
    라. 아조화합물
    마. 디아조화합물
    바. 하이드라진 유도체
    사. 유기과산화물
    아. 그 밖에 가목부터 사목까지의 물질과 같은 정도의 폭발 위험이 있는 물질
    자. 가목부터 아목까지의 물질을 함유한 물질
2. 물반응성 물질 및 인화성 고체
    가. 리튬
    나. 칼륨·나트륨
    다. 황
    라. 황린
    마. 황화인·적린
    바. 셀룰로이드류
    사. 알킬알루미늄·알킬리튬
    아. 마그네슘 분말
    자. 금속 분말(마그네슘 분말은 제외한다)
    차. 알칼리금속(리튬·칼륨 및 나트륨은 제외한다)
    카. 유기 금속화합물(알킬알루미늄 및 알킬리튬은 제외한다)
    타. 금속의 수소화물
    파. 금속의 인화물
    하. 칼슘 탄화물, 알루미늄 탄화물
    거. 그 밖에 가목부터 하목까지의 물질과 같은 정도의 발화성 또는 인화성이 있는 물질
    너. 가목부터 거목까지의 물질을 함유한 물질
3. 산화성 액체 및 산화성 고체
    가. 차아염소산 및 그 염류
    나. 아염소산 및 그 염류
    다. 염소산 및 그 염류
    라. 과염소산 및 그 염류
    마. 브롬산 및 그 염류
    바. 요오드산 및 그 염류

　　사. 과산화수소 및 무기 과산화물

　　아. 질산 및 그 염류

　　자. 과망간산 및 그 염류

　　차. 중크롬산 및 그 염류

　　카. 그 밖에 가목부터 차목까지의 물질과 같은 정도의 산화성이 있는 물질

　　타. 가목부터 카목까지의 물질을 함유한 물질

4. 인화성 액체

　　가. 에틸에테르, 가솔린, 아세트알데히드, 산화프로필렌, 그 밖에 인화점이 섭씨 23도 미만이고 초기 끓는점이 섭씨 35도 이하인 물질

　　나. 노르말헥산, 아세톤, 메틸에틸케톤, 메틸알코올, 에틸알코올, 이황화탄소, 그 밖에 인화점이 섭씨 23도 미만이고 초기 끓는점이 섭씨 35도를 초과하는 물질

　　다. 크실렌, 아세트산아밀, 등유, 경유, 테레핀유, 이소아밀알코올, 아세트산, 하이드라진, 그 밖에 인화점이 섭씨 23도 이상 섭씨 60도 이하인 물질

5. 인화성 가스

　　가. 수소

　　나. 아세틸렌

　　다. 에틸렌

　　라. 메탄

　　마. 에탄

　　바. 프로판

　　사. 부탄

　　아. 영 별표 10에 따른 인화성 가스

6. 부식성 물질

　　가. 부식성 산류

　　　　(1) 농도가 20퍼센트 이상인 염산, 황산, 질산, 그 밖에 이와 같은 정도 이상의 부식성을 가지는 물질

　　　　(2) 농도가 60퍼센트 이상인 인산, 아세트산, 불산, 그 밖에 이와 같은 정도 이상의 부식성을 가지는 물질

　　나. 부식성 염기류

　　　　농도가 40퍼센트 이상인 수산화나트륨, 수산화칼륨, 그 밖에 이와 같은 정도 이상의 부식성을 가지는 염기류

7. 급성 독성 물질

　　가. 쥐에 대한 경구투입실험에 의하여 실험동물의 50퍼센트를 사망시킬 수 있는 물질의 양, 즉 LD50(경구, 쥐)이 킬로그램당 300밀리그램-(체중) 이하인 화학물질

　　나. 쥐 또는 토끼에 대한 경피흡수실험에 의하여 실험동물의 50퍼센트를 사망시킬 수 있는 물질의 양, 즉 LD50(경피, 토끼 또는 쥐)이 킬로그램당 1000밀리그램-(체중) 이하인 화학물질

　　다. 쥐에 대한 4시간 동안의 흡입실험에 의하여 실험동물의 50퍼센트를 사망시킬 수 있는 물질의

농도, 즉 가스 LC50(쥐, 4시간 흡입)이 2500ppm 이하인 화학물질, 증기 LC50(쥐, 4시간 흡입)이 10mg/ℓ 이하인 화학물질, 분진 또는 미스트 1mg/ℓ 이하인 화학물질

[별표 2]

관리감독자의 유해·위험 방지(제35조제1항 관련)

작업의 종류	직무수행내용
1. 프레스등을 사용하는 작업(제2편제1장제3절)	가. 프레스등 및 그 방호장치를 점검하는 일 나. 프레스등 및 그 방호장치에 이상이 발견 되면 즉시 필요한 조치를 하는 일 다. 프레스등 및 그 방호장치에 전환스위치를 설치했을 때 그 전환스위치의 열쇠를 관리하는 일 라. 금형의 부착·해체 또는 조정작업을 직접 지휘하는 일
2. 목재가공용 기계를 취급하는 작업(제2편제1장제4절)	가. 목재가공용 기계를 취급하는 작업을 지휘하는 일 나. 목재가공용 기계 및 그 방호장치를 점검하는 일 다. 목재가공용 기계 및 그 방호장치에 이상이 발견된 즉시 보고 및 필요한 조치를 하는 일 라. 작업 중 지그(jig) 및 공구 등의 사용 상황을 감독하는 일
3. 크레인을 사용하는 작업(제2편제1장제9절제2관·제3관)	가. 작업방법과 근로자 배치를 결정하고 그 작업을 지휘하는 일 나. 재료의 결함 유무 또는 기구 및 공구의 기능을 점검하고 불량품을 제거하는 일 다. 작업 중 안전대 또는 안전모의 착용 상황을 감시하는 일
4. 위험물을 제조하거나 취급하는 작업(제2편제2장제1절)	가. 작업을 지휘하는 일 나. 위험물을 제조하거나 취급하는 설비 및 그 설비의 부속설비가 있는 장소의 온도·습도·차광 및 환기 상태 등을 수시로 점검하고 이상을 발견하면 즉시 필요한 조치를 하는 일 다. 나목에 따라 한 조치를 기록하고 보관하는 일
5. 건조설비를 사용하는 작업(제2편제2장제5절)	가. 건조설비를 처음으로 사용하거나 건조방법 또는 건조물의 종류를 변경했을 때에는 근로자에게 미리 그 작업방법을 교육하고 작업을 직접 지휘하는 일 나. 건조설비가 있는 장소를 항상 정리정돈하고 그 장소에 가연성 물질을 두지 않도록 하는 일

6. 아세틸렌 용접장치를 사용하는 금속의 용접·용단 또는 가열작업(제2편제2장제6절제1관)	가. 작업방법을 결정하고 작업을 지휘하는 일
	나. 아세틸렌 용접장치의 취급에 종사하는 근로자로 하여금 다음의 작업요령을 준수하도록 하는 일
	  (1) 사용 중인 발생기에 불꽃을 발생시킬 우려가 있는 공구를 사용하거나 그 발생기에 충격을 가하지 않도록 할 것
	  (2) 아세틸렌 용접장치의 가스누출을 점검할 때에는 비눗물을 사용하는 등 안전한 방법으로 할 것
	  (3) 발생기실의 출입구 문을 열어 두지 않도록 할 것
	  (4) 이동식 아세틸렌 용접장치의 발생기에 카바이드를 교환할 때에는 옥외의 안전한 장소에서 할 것
	다. 아세틸렌 용접작업을 시작할 때에는 아세틸렌 용접장치를 점검하고 발생기 내부로부터 공기와 아세틸렌의 혼합가스를 배제하는 일
	라. 안전기는 작업 중 그 수위를 쉽게 확인할 수 있는 장소에 놓고 1일 1회 이상 점검하는 일
	마. 아세틸렌 용접장치 내의 물이 동결되는 것을 방지하기 위하여 아세틸렌 용접장치를 보온하거나 가열할 때에는 온수나 증기를 사용하는 등 안전한 방법으로 하도록 하는 일
	바. 발생기 사용을 중지하였을 때에는 물과 잔류 카바이드가 접촉하지 않은 상태로 유지하는 일
	사. 발생기를 수리·가공·운반 또는 보관할 때에는 아세틸렌 및 카바이드에 접촉하지 않은 상태로 유지하는 일
	아. 작업에 종사하는 근로자의 보안경 및 안전장갑의 착용 상황을 감시하는 일

작업의 종류	직무수행내용
7. 가스집합용접장치의 취급작업(제2편제2장제6절제2관)	가. 작업방법을 결정하고 작업을 직접 지휘하는 일 나. 가스집합장치의 취급에 종사하는 근로자로 하여금 다음의 작업요령을 준수하도록 하는 일 　(1) 부착할 가스용기의 마개 및 배관 연결부에 붙어 있는 유류·찌꺼기 등을 제거할 것 　(2) 가스용기를 교환할 때에는 그 용기의 마개 및 배관 연결부 부분의 가스누출을 점검하고 배관 내의 가스가 공기와 혼합되지 않도록 할 것 　(3) 가스누출 점검은 비눗물을 사용하는 등 안전한 방법으로 할 것 　(4) 밸브 또는 콕은 서서히 열고 닫을 것 다. 가스용기의 교환작업을 감시하는 일 라. 작업을 시작할 때에는 호스·취관·호스밴드 등의 기구를 점검하고 손상·마모 등으로 인하여 가스나 산소가 누출될 우려가 있다고 인정할 때에는 보수하거나 교환하는 일 마. 안전기는 작업 중 그 기능을 쉽게 확인할 수 있는 장소에 두고 1일 1회 이상 점검하는 일 바. 작업에 종사하는 근로자의 보안경 및 안전장갑의 착용 상황을 감시하는 일
8. 거푸집 동바리의 고정·조립 또는 해체 작업/지반의 굴착작업/흙막이 지보공의 고정·조립 또는 해체 작업/터널의 굴착 작업/건물 등의 해체작업(제2편제4장제1절제2관·제4장제2절제1관·제4장제2절제3관제1속·제4장제4절)	가. 안전한 작업방법을 결정하고 작업을 지휘하는 일 나. 재료·기구의 결함 유무를 점검하고 불량품을 제거하는 일 다. 작업 중 안전대 및 안전모 등 보호구 착용 상황을 감시하는 일
9. 달비계 또는 높이 5미터 이상의 비계(飛階)를 조립·해체하거나 변경하는 작업(해체작업의 경우 가목은 적용 제외)(제1편제7장제2절)	가. 재료의 결함 유무를 점검하고 불량품을 제거하는 일 나. 기구·공구·안전대 및 안전모 등의 기능을 점검하고 불량품을 제거하는 일 다. 작업방법 및 근로자 배치를 결정하고 작업 진행 상태를 감시하는 일 라. 안전대와 안전모 등의 착용 상황을 감시하는 일
10. 발파작업(제2편제4장제2절제2관)	가. 점화 전에 점화작업에 종사하는 근로자가 아닌 사람에게 대피를 지시하는 일 나. 점화작업에 종사하는 근로자에게 대피장소 및 경로를 지시하는 일 다. 점화 전에 위험구역 내에서 근로자가 대피한 것을 확인하는 일 라. 점화순서 및 방법에 대하여 지시하는 일 마. 점화신호를 하는 일 바. 점화작업에 종사하는 근로자에게 대피신호를 하는 일 사. 발파 후 터지지 않은 장약이나 남은 장약의 유무, 용수(湧水)의 유무 및 암석·토사의 낙하 여부 등을 점검하는 일 아. 점화하는 사람을 정하는 일 자. 공기압축기의 안전밸브 작동 유무를 점검하는 일 차. 안전모 등 보호구 착용 상황을 감시하는 일
11. 채석을 위한 굴착작업(제2편제4장제2절제5관)	가. 대피방법을 미리 교육하는 일 나. 작업을 시작하기 전 또는 폭우가 내린 후에는 암석·토사의 낙하·균열의 유무 또는 함수(含水)·용수(湧水) 및 동결의 상태를 점검하는 일 다. 발파한 후에는 발파장소 및 그 주변의 암석·토사의 낙하·균열의 유무를 점검하는 일
12. 화물취급작업(제2편제6장제1절)	가. 작업방법 및 순서를 결정하고 작업을 지휘하는 일 나. 기구 및 공구를 점검하고 불량품을 제거하는 일 다. 그 작업장소에는 관계 근로자가 아닌 사람의 출입을 금지하는 일

작업의 종류	직무 수행 내용
	라. 로프 등의 해체작업을 할 때에는 하대(荷臺) 위의 화물의 낙하위험 유무를 확인하고 작업의 착수를 지시하는 일
13. 부두와 선박에서의 하역작업(제2편제6장제2절)	가. 작업방법을 결정하고 작업을 지휘하는 일 나. 통행설비·하역기계·보호구 및 기구·공구를 점검·정비하고 이들의 사용 상황을 감시하는 일 다. 주변 작업자간의 연락을 조정하는 일
14. 전로 등 전기작업 또는 그 지지물의 설치, 점검, 수리 및 도장 등의 작업(제2편제3장)	가. 작업구간 내의 충전전로 등 모든 충전 시설을 점검하는 일 나. 작업방법 및 그 순서를 결정(근로자 교육 포함)하고 작업을 지휘하는 일 다. 작업근로자의 보호구 또는 절연용 보호구 착용 상황을 감시하고 감전재해 요소를 제거하는 일 라. 작업 공구, 절연용 방호구 등의 결함 여부와 기능을 점검하고 불량품을 제거하는 일 마. 작업장소에 관계 근로자 외에는 출입을 금지하고 주변 작업자와의 연락을 조정하며 도로작업 시 차량 및 통행인 등에 대한 교통통제 등 작업전반에 대해 지휘·감시하는 일 바. 활선작업용 기구를 사용하여 작업할 때 안전거리가 유지되는지 감시하는 일 사. 감전재해를 비롯한 각종 산업재해에 따른 신속한 응급처치를 할 수 있도록 근로자들을 교육하는 일
15. 관리대상 유해물질을 취급하는 작업(제3편제1장)	가. 관리대상 유해물질을 취급하는 근로자가 물질에 오염되지 않도록 작업방법을 결정하고 작업을 지휘하는 업무 나. 관리대상 유해물질을 취급하는 장소나 설비를 매월 1회 이상 순회점검하고 국소배기장치 등 환기설비에 대해서는 다음 각 호의 사항을 점검하여 필요한 조치를 하는 업무. 단, 환기설비를 점검하는 경우에는 다음의 사항을 점검 (1) 후드(hood)나 덕트(duct)의 마모·부식, 그 밖의 손상 여부 및 정도 (2) 송풍기와 배풍기의 주유 및 청결 상태 (3) 덕트 접속부가 헐거워졌는지 여부 (4) 전동기와 배풍기를 연결하는 벨트의 작동 상태 (5) 흡기 및 배기 능력 상태 다. 보호구의 착용 상황을 감시하는 업무 라. 근로자가 탱크 내부에서 관리대상 유해물질을 취급하는 경우에 다음의 조치를 했는지 확인하는 업무 (1) 관리대상 유해물질에 관하여 필요한 지식을 가진 사람이 해당 작업을 지휘 (2) 관리대상 유해물질이 들어올 우려가 없는 경우에는 작업을 하는 설비의 개구부를 모두 개방 (3) 근로자의 신체가 관리대상 유해물질에 의하여 오염되었거나 작업이 끝난 경우에는 즉시 몸을 씻는 조치 (4) 비상시에 작업설비 내부의 근로자를 즉시 대피시키거나 구조하기 위한 기구와 그 밖의 설비를 갖추는 조치 (5) 작업을 하는 설비의 내부에 대하여 작업 전에 관리대상 유해물질의 농도를 측정하거나 그 밖의 방법으로 근로자가 건강에 장해를 입을 우려가 있는지를 확인하는 조치 (6) 제(5)에 따른 설비 내부에 관리대상 유해물질이 있는 경우에는 설비 내부를 충분히 환기하는 조치 (7) 유기화합물을 넣었던 탱크에 대하여 제(1)부터 제(6)까지의 조치 외에 다음의 조치 (가) 유기화합물이 탱크로부터 배출된 후 탱크 내부에 재유입되

작업의 종류	직 무 수 행 내 용
	지 않도록 조치 (나) 물이나 수증기 등으로 탱크 내부를 씻은 후 그 씻은 물이나 수증기 등을 탱크로부터 배출 (다) 탱크 용적의 3배 이상의 공기를 채웠다가 내보내거나 탱크에 물을 가득 채웠다가 내보내거나 탱크에 물을 가득 채웠다가 배출 마. 나목에 따른 점검 및 조치 결과를 기록·관리하는 업무
16. 허가대상 유해물질 취급작업(제3편제2장)	가. 근로자가 허가대상 유해물질을 들이마시거나 허가대상 유해물질에 오염되지 않도록 작업수칙을 정하고 지휘하는 업무 나. 작업장에 설치되어 있는 국소배기장치나 그 밖에 근로자의 건강장해 예방을 위한 장치 등을 매월 1회 이상 점검하는 업무 다. 근로자의 보호구 착용 상황을 점검하는 업무
17. 석면 해체·제거작업(제3편제2장제6절)	가. 근로자가 석면분진을 들이마시거나 석면분진에 오염되지 않도록 작업방법을 정하고 지휘하는 업무 나. 작업장에 설치되어 있는 석면분진 포집장치, 음압기 등의 장비의 이상 유무를 점검하고 필요한 조치를 하는 업무 다. 근로자의 보호구 착용 상황을 점검하는 업무
18. 고압작업(제3편제5장)	가. 작업방법을 결정하여 고압작업자를 직접 지휘하는 업무 나. 유해가스의 농도를 측정하는 기구를 점검하는 업무 다. 고압작업자가 작업실에 입실하거나 퇴실하는 경우에 고압작업자의 수를 점검하는 업무 라. 작업실에서 공기조절을 하기 위한 밸브나 콕을 조작하는 사람과 연락하여 작업실 내부의 압력을 적정한 상태로 유지하도록 하는 업무 마. 공기를 기압조절실로 보내거나 기압조절실에서 내보내기 위한 밸브나 콕을 조작하는 사람과 연락하여 고압작업자에 대하여 가압이나 감압을 다음과 같이 따르도록 조치하는 업무 (1) 가압을 하는 경우 1분에 제곱센티미터당 0.8킬로그램 이하의 속도로 함 (2) 감압을 하는 경우에는 고용노동부장관이 정하여 고시하는 기준에 맞도록 함 바. 작업실 및 기압조절실 내 고압작업자의 건강에 이상이 발생한 경우 필요한 조치를 하는 업무
19. 밀폐공간 작업(제3편제10장)	가. 산소가 결핍된 공기나 유해가스에 노출되지 않도록 작업 시작 전에 해당 근로자의 작업을 지휘하는 업무 나. 작업을 하는 장소의 공기가 적절한지를 작업 시작 전에 측정하는 업무 다. 측정장비·환기장치 또는 송기마스크등을 작업 시작 전에 점검하는 업무 라. 근로자에게 송기마스크등의 착용을 지도하고 착용 상황을 점검하는 업무

[별표 3]

작업시작 전 점검사항(제35조제2항 관련)

작업의 종류	점검내용
1. 프레스등을 사용하여 작업을 할 때(제2편제1장 제3절)	가. 클러치 및 브레이크의 기능 나. 크랭크축·플라이휠·슬라이드·연결봉 및 연결 나사의 풀림 여부 다. 1행정 1정지기구·급정지장치 및 비상정지장치의 기능 라. 슬라이드 또는 칼날에 의한 위험방지 기구의 기능 마. 프레스의 금형 및 고정볼트 상태 바. 방호장치의 기능 사. 전단기(剪斷機)의 칼날 및 테이블의 상태
2. 로봇의 작동 범위에서 그 로봇에 관하여 교시 등(로봇의 동력원을 차단하고 하는 것은 제외한다)의 작업을 할 때(제2편제1장제13절)	가. 외부 전선의 피복 또는 외장의 손상 유무 나. 매니퓰레이터(manipulator) 작동의 이상 유무 다. 제동장치 및 비상정지장치의 기능
3. 공기압축기를 가동할 때(제2편제1장제7절)	가. 공기저장 압력용기의 외관 상태 나. 드레인밸브(drain valve)의 조작 및 배수 다. 압력방출장치의 기능 라. 언로드밸브(unloading valve)의 기능 마. 윤활유의 상태 바. 회전부의 덮개 또는 울 사. 그 밖의 연결 부위의 이상 유무
4. 크레인을 사용하여 작업을 하는 때(제2편제1장 제9절제2관)	가. 권과방지장치·브레이크·클러치 및 운전장치의 기능 나. 주행로의 상측 및 트롤리(trolley)가 횡행하는 레일의 상태 다. 와이어로프가 통하고 있는 곳의 상태
5. 이동식 크레인을 사용하여 작업을 할 때(제2편 제1장제9절제3관)	가. 권과방지장치나 그 밖의 경보장치의 기능 나. 브레이크·클러치 및 조정장치의 기능 다. 와이어로프가 통하고 있는 곳 및 작업장소의 지반상태
6. 리프트(간이리프트를 포함한다)를 사용하여 작업을 할 때(제2편제1장제9절제4관)	가. 방호장치·브레이크 및 클러치의 기능 나. 와이어로프가 통하고 있는 곳의 상태
7. 곤돌라를 사용하여 작업을 할 때(제2편제1장제9절제5관)	가. 방호장치·브레이크의 기능 나. 와이어로프·슬링와이어(sling wire) 등의 상태
8. 양중기의 와이어로프·달기체인·섬유로프·섬유벨트 또는 훅·샤클·링 등의 철구(이하 "와이어로프등"이라 한다)를 사용하여 고리걸이작업을 할 때(제2편제1장제9절제7관)	와이어로프등의 이상 유무
9. 지게차를 사용하여 작업을 하는 때(제2편제1장 제10절제2관)	가. 제동장치 및 조종장치 기능의 이상 유무 나. 하역장치 및 유압장치 기능의 이상 유무 다. 바퀴의 이상 유무 라. 전조등·후미등·방향지시기 및 경보장치 기능의 이상 유무
10. 구내운반차를 사용하여 작업을 할 때(제2편제1장제10절제3관)	가. 제동장치 및 조종장치 기능의 이상 유무 나. 하역장치 및 유압장치 기능의 이상 유무 다. 바퀴의 이상 유무 라. 전조등·후미등·방향지시기 및 경음기 기능의 이상 유무 마. 충전장치를 포함한 홀더 등의 결합상태의 이상 유무
11. 고소작업대를 사용하여 작업을 할 때(제2편제1장제10절제4관)	가. 비상정지장치 및 비상하강 방지장치 기능의 이상 유무 나. 과부하 방지장치의 작동 유무(와이어로프 또는 체인구동방식의 경우) 다. 아웃트리거 또는 바퀴의 이상 유무

작업의 종류	점검내용
	라. 작업면의 기울기 또는 요철 유무 마. 활선작업용 장치의 경우 홈·균열·파손 등 그 밖의 손상 유무
12. 화물자동차를 사용하는 작업을 하게 할 때(제2편제1장제10절제5관)	가. 제동장치 및 조종장치의 기능 나. 하역장치 및 유압장치의 기능 다. 바퀴의 이상 유무
13. 컨베이어등을 사용하여 작업을 할 때(제2편제1장제11절)	가. 원동기 및 풀리(pulley) 기능의 이상 유무 나. 이탈 등의 방지장치 기능의 이상 유무 다. 비상정지장치 기능의 이상 유무 라. 원동기·회전축·기어 및 풀리 등의 덮개 또는 울 등의 이상 유무
14. 차량계 건설기계를 사용하여 작업을 할 때(제2편제1장제12절제1관)	브레이크 및 클러치 등의 기능
15. 이동식 방폭구조(防爆構造) 전기기계·기구를 사용할 때(제2편제3장제1절)	전선 및 접속부 상태
16. 근로자가 반복하여 계속적으로 중량물을 취급하는 작업을 할 때(제2편제5장)	가. 중량물 취급의 올바른 자세 및 복장 나. 위험물이 날아 흩어짐에 따른 보호구의 착용 다. 카바이드·생석회(산화칼슘) 등과 같이 온도상승이나 습기에 의하여 위험성이 존재하는 중량물의 취급방법 라. 그 밖에 하역운반기계등의 적절한 사용방법
17. 양화장치를 사용하여 화물을 싣고 내리는 작업을 할 때(제2편제6장제2절)	가. 양화장치(揚貨裝置)의 작동상태 나. 양화장치에 제한하중을 초과하는 하중을 실었는지 여부
18. 슬링 등을 사용하여 작업을 할 때(제2편제6장제2절)	가. 혹이 붙어 있는 슬링·와이어슬링 등이 매달린 상태 나. 슬링·와이어슬링 등의 상태(작업시작 전 및 작업 중 수시로 점검)

[별표 4]

사전조사 및 작업계획서 내용(제38조제1항관련)

작업명	사전조사 내용	작업계획서 내용
1. 타워크레인을 설치·조립·해체하는 작업	–	가. 타워크레인의 종류 및 형식 나. 설치·조립 및 해체순서 다. 작업도구·장비·가설설비(假設設備) 및 방호설비 라. 작업인원의 구성 및 작업근로자의 역할 범위 마. 제142조에 따른 지지 방법
2. 차량계 하역운반기계등을 사용하는 작업	–	가. 해당 작업에 따른 추락·낙하·전도·협착 및 붕괴 등의 위험 예방대책 나. 차량계 하역운반기계등의 운행경로 및 작업방법
3. 차량계 건설기계를 사용하는 작업	해당 기계의 전락(轉落), 지반의 붕괴 등으로 인한 근로자의 위험을 방지하기 위한 해당 작업장소의 지형 및 지반상태	가. 사용하는 차량계 건설기계의 종류 및 성능 나. 차량계 건설기계의 운행경로 다. 차량계 건설기계에 의한 작업방법
4. 화학설비와 그 부속설비 사용작업	–	가. 밸브·콕 등의 조작(해당 화학설비에 원재료를 공급하거나 해당 화학설비에서 제품 등을 꺼내는 경우만 해당한다) 나. 냉각장치·가열장치·교반장치(攪拌裝置) 및 압축장치의 조작 다. 계측장치 및 제어장치의 감시 및 조정 라. 안전밸브, 긴급차단장치, 그 밖의 방호장치 및 자동경보장치의 조정 마. 덮개판·플랜지(flange)·밸브·콕 등의 접합부에서 위험물 등의 누출 여부에 대한 점검 바. 시료의 채취 사. 화학설비에서는 그 운전이 일시적 또는 부분적으로 중단된 경우의 작업방법 또는 운전 재개 시의 작업방법 아. 이상 상태가 발생한 경우의 응급조치 자. 위험물 누출 시의 조치 차. 그 밖에 폭발·화재를 방지하기 위하여 필요한 조치
5. 제318조에 따른 전기작업	–	가. 전기작업의 목적 및 내용 나. 전기작업 근로자의 자격 및 적정 인원 다. 작업 범위, 작업책임자 임명, 전격·아크 섬광·아크 폭발 등 전기 위험 요인 파악, 접근 한계거리, 활선접근 경보장치 휴대 등 작업시작 전에 필요한 사항 라. 제328조의 전로차단에 관한 작업계획 및 전원(電源) 재투입 절차 등 작업 상황에 필요한 안전 작업 요령 마. 절연용 보호구 및 방호구, 활선작업용 기구·장치 등의 준비·점검·착용·사용 등에 관한 사항 바. 점검·시운전을 위한 일시 운전, 작업 중단 등에 관한 사항 사. 교대 근무 시 근무 인계(引繼)에 관한 사항 아. 전기작업장소에 대한 관계 근로자가 아닌 사람의 출입금지에 관한 사항 자. 전기안전작업계획서를 해당 근로자에게 교육할 수 있는 방법과 작성된 전기안전작업계획서의

작업명	사전조사 내용	작업계획서 내용
		평가·관리계획 차. 전기 도면, 기기 세부 사항 등 작업과 관련되는 자료
6. 굴착작업	가. 형상·지질 및 지층의 상태 나. 균열·함수(含水)·용수 및 동결의 유무 또는 상태 다. 매설물 등의 유무 또는 상태 라. 지반의 지하수위 상태	가. 굴착방법 및 순서, 토사 반출 방법 나. 필요한 인원 및 장비 사용계획 다. 매설물 등에 대한 이설·보호대책 라. 사업장 내 연락방법 및 신호방법 마. 흙막이 지보공 설치방법 및 계측계획 바. 작업지휘자의 배치계획 사. 그 밖에 안전·보건에 관련된 사항
7. 터널굴착작업	보링(boring) 등 적절한 방법으로 낙반·출수(出水) 및 가스폭발 등으로 인한 근로자의 위험을 방지하기 위하여 미리 지형·지질 및 지층상태를 조사	가. 굴착의 방법 나. 터널지보공 및 복공(覆工)의 시공방법과 용수(湧水)의 처리방법 다. 환기 또는 조명시설을 설치할 때에는 그 방법
8. 교량작업		가. 작업 방법 및 순서 나. 부재(部材)의 낙하·전도 또는 붕괴를 방지하기 위한 방법 다. 작업에 종사하는 근로자의 추락 위험을 방지하기 위한 안전조치 방법 라. 공사에 사용되는 가설 철구조물 등의 설치·사용·해체 시 안전성 검토 방법 마. 사용하는 기계 등의 종류 및 성능, 작업방법 바. 작업지휘자 배치계획 사. 그 밖에 안전·보건에 관련된 사항
9. 채석작업	지반의 붕괴·굴착기계의 전락(轉落) 등에 의한 근로자에게 발생할 위험을 방지하기 위한 해당 작업장의 지형·지질 및 지층의 상태	가. 노천굴착과 갱내굴착의 구별 및 채석방법 나. 굴착면의 높이와 기울기 다. 굴착면 소단(小段)의 위치와 넓이 라. 갱내에서의 낙반 및 붕괴방지 방법 마. 발파방법 바. 암석의 분할방법 사. 암석의 가공장소 아. 사용하는 굴착기계·분할기계·적재기계 또는 운반기계(이하 "굴착기계등"이라 한다)의 종류 및 성능 자. 토석 또는 암석의 적재 및 운반방법과 운반경로 차. 표토 또는 용수(湧水)의 처리방법
10. 건물 등의 해체작업	해체건물 등의 구조, 주변 상황 등	가. 해체의 방법 및 해체 순서도면 나. 가설설비·방호설비·환기설비 및 살수·방화설비 등의 방법 다. 사업장 내 연락방법 라. 해체물의 처분계획 마. 해체작업용 기계·기구 등의 작업계획서 바. 해체작업용 화약류 등의 사용계획서 사. 그 밖에 안전·보건에 관련된 사항
11. 중량물의 취급 작업	—	가. 추락위험을 예방할 수 있는 안전대책 나. 낙하위험을 예방할 수 있는 안전대책 다. 전도위험을 예방할 수 있는 안전대책 라. 협착위험을 예방할 수 있는 안전대책 마. 붕괴위험을 예방할 수 있는 안전대책

작업명	사전조사 내용	작업계획서 내용
12. 궤도와 그 밖의 관련설비의 보수·점검작업 13. 입환작업(入換作業)	–	가. 적절한 작업 인원 나. 작업량 다. 작업순서 라. 작업방법 및 위험요인에 대한 안전조치방법 등

[별표 5]

강관비계의 조립간격(제59조제4호 관련)

강관비계의 종류	조립간격(단위: m)	
	수직방향	수평방향
단관비계	5	5
틀비계(높이가 5m 미만인 것은 제외한다)	6	8

[별표 6]

차량계 건설기계(제196조 관련)

1. 도저형 건설기계(불도저, 스트레이트도저, 틸트도저, 앵글도저, 버킷도저 등)
2. 모터그레이더
3. 로더(포크 등 부착물 종류에 따른 용도 변경 형식을 포함한다)
4. 스크레이퍼
5. 크레인형 굴착기계(크램쉘, 드래그라인 등)
6. 굴삭기(브레이커, 크러셔, 드릴 등 부착물 종류에 따른 용도 변경 형식을 포함한다)
7. 항타기 및 항발기
8. 천공용 건설기계(어스드릴, 어스오거, 크롤러드릴, 점보드릴 등)
9. 지반 압밀침하용 건설기계(샌드드레인머신, 페이퍼드레인머신, 팩드레인머신 등)
10. 지반 다짐용 건설기계(타이어롤러, 매커덤롤러, 탠덤롤러 등)
11. 준설용 건설기계(버킷준설선, 그래브준설선, 펌프준설선 등)
12. 콘크리트 펌프카
13. 덤프트럭
14. 콘크리트 믹서 트럭
15. 도로포장용 건설기계(아스팔트 살포기, 콘크리트 살포기, 아스팔트 피니셔, 콘크리트 피니셔 등)
16. 제1호부터 제15호까지와 유사한 구조 또는 기능을 갖는 건설기계로서 건설작업에 사용하는 것

[별표 7]

화학설비 및 그 부속설비의 종류
(제227조부터 제229조까지, 제243조 및 제2편제2장제4절 관련)

1. 화학설비

　가. 반응기·혼합조 등 화학물질 반응 또는 혼합장치

　나. 증류탑·흡수탑·추출탑·감압탑 등 화학물질 분리장치

　다. 저장탱크·계량탱크·호퍼·사일로 등 화학물질 저장설비 또는 계량설비

　라. 응축기·냉각기·가열기·증발기 등 열교환기류

　마. 고로 등 점화기를 직접 사용하는 열교환기류

　바. 캘린더(calender)·혼합기·발포기·인쇄기·압출기 등 화학제품 가공설비

　사. 분쇄기·분체분리기·용융기 등 분체화학물질 취급장치

　아. 결정조·유동탑·탈습기·건조기 등 분체화학물질 분리장치

　자. 펌프류·압축기·이젝터(ejector) 등의 화학물질 이송 또는 압축설비

2. 화학설비의 부속설비

　가. 배관·밸브·관·부속류 등 화학물질 이송 관련 설비

　나. 온도·압력·유량 등을 지시·기록 등을 하는 자동제어 관련 설비

　다. 안전밸브·안전판·긴급차단 또는 방출밸브 등 비상조치 관련 설비

　라. 가스누출감지 및 경보 관련 설비

　마. 세정기, 응축기, 벤트스택(bent stack), 플레어스택(flare stack) 등 폐가스처리설비

　바. 사이클론, 백필터(bag filter), 전기집진기 등 분진처리설비

　사. 가목부터 바목까지의 설비를 운전하기 위하여 부속된 전기 관련 설비

　아. 정전기 제거장치, 긴급 샤워설비 등 안전 관련 설비

[별표 8]

안전거리(제271조 관련)

구분	안전거리
1. 단위공정시설 및 설비로부터 다른 단위공정시설 및 설비의 사이	설비의 바깥 면으로부터 10미터 이상
2. 플레어스택으로부터 단위공정시설 및 설비, 위험물질 저장탱크 또는 위험물질 하역설비의 사이	플레어스택으로부터 반경 20미터 이상. 다만, 단위공정시설 등이 불연재로 시공된 지붕 아래에 설치된 경우에는 그러하지 아니하다.
3. 위험물질 저장탱크로부터 단위공정시설 및 설비, 보일러 또는 가열로의 사이	저장탱크의 바깥 면으로부터 20미터 이상. 다만, 저장탱크의 방호벽, 원격조종 화설비 또는 살수설비를 설치한 경우에는 그러하지 아니하다.
4. 사무실·연구실·실험실·정비실 또는 식당으로부터 단위공정시설 및 설비, 위험물질 저장탱크, 위험물질 하역설비, 보일러 또는 가열로의 사이	사무실 등의 바깥 면으로부터 20미터 이상. 다만, 난방용 보일러인 경우 또는 사무실 등의 벽을 방호구조로 설치한 경우에는 그러하지 아니하다.

[별표 9]

위험물질의 기준량(제273조 관련)

위험물질	기준량
1. 폭발성 물질 및 유기과산화물	
가. 질산에스테르류	10킬로그램
니트로글리콜·니트로글리세린·니트로셀룰로오스 등	
나. 니트로 화합물	200킬로그램
트리니트로벤젠·트리니트로톨루엔·피크린산 등	
다. 니트로소 화합물	200킬로그램
라. 아조 화합물	200킬로그램
마. 디아조 화합물	200킬로그램
바. 하이드라진 유도체	200킬로그램
사. 유기과산화물	50킬로그램
과초산, 메틸에틸케톤 과산화물, 과산화벤조일 등	
2. 물반응성 물질 및 인화성 고체	
가. 리튬	5킬로그램
나. 칼륨·나트륨	10킬로그램
다. 황	100킬로그램
라. 황린	20킬로그램
마. 황화인·적린	50킬로그램
바. 셀룰로이드류	150킬로그램
사. 알킬알루미늄·알킬리튬	10킬로그램
아. 마그네슘 분말	500킬로그램
자. 금속 분말(마그네슘 분말은 제외한다)	1,000킬로그램
차. 알칼리금속(리튬·칼륨 및 나트륨은 제외한다)	50킬로그램
카. 유기금속화합물(알킬알루미늄 및 알킬리튬은 제외한다)	50킬로그램
타. 금속의 수소화물	300킬로그램
파. 금속의 인화물	300킬로그램
하. 칼슘 탄화물, 알루미늄 탄화물	300킬로그램
3. 산화성 액체 및 산화성 고체	
가. 차아염소산 및 그 염류	
(1) 차아염소산	300킬로그램
(2) 차아염소산칼륨, 그 밖의 차아염소산염류	50킬로그램
나. 아염소산 및 그 염류	
(1) 아염소산	300킬로그램
(2) 아염소산칼륨, 그 밖의 아염소산염류	50킬로그램
다. 염소산 및 그 염류	
(1) 염소산	300킬로그램
(2) 염소산칼륨, 염소산나트륨, 염소산암모늄, 그 밖의 염소산염류	50킬로그램
라. 과염소산 및 그 염류	
(1) 과염소산	300킬로그램
(2) 과염소산칼륨, 과염소산나트륨, 과염소산암모늄, 그 밖의 과염소산염류	50킬로그램
마. 브롬산 및 그 염류	
브롬산염류	100킬로그램
바. 요오드산 및 그 염류	
요오드산염류	300킬로그램
사. 과산화수소 및 무기 과산화물	
(1) 과산화수소	300킬로그램
(2) 과산화칼륨, 과산화나트륨, 과산화바륨, 그 밖의 무기 과산화물	50킬로그램
아. 질산 및 그 염류	
질산칼륨, 질산나트륨, 질산암모늄, 그 밖의 질산염류	1,000킬로그램

위험물질	기준량
자. 과망간산 및 그 염류	1,000킬로그램
차. 중크롬산 및 그 염류	3,000킬로그램
4. 인화성 액체	
가. 에틸에테르·가솔린·아세트알데히드·산화프로필렌, 그 밖에 인화점이 23℃ 미만이고 초기 끓는점이 35℃ 이하인 물질	<u>200리터</u>
나. 노말헥산·아세톤·메틸에틸케톤·메틸알코올·에틸알코올·이황화탄소, 그 밖에 인화점이 23℃ 미만이고 초기 끓는점이 35℃를 초과하는 물질	<u>400리터</u>
다. 크실렌·아세트산아밀·등유·경유·테레핀유·이소아밀알코올·아세트산·하이드라진, 그 밖에 인화점이 23℃ 이상 60℃ 이하인 물질	<u>1,000리터</u>
5. 인화성 가스	
가. 수소	50세제곱미터
나. 아세틸렌	
다. 에틸렌	
라. 메탄	
마. 에탄	
바. 프로판	
사. 부탄	
아. 영 별표 10에 따른 인화성 가스	
6. 부식성 물질로서 다음 각 목의 어느 하나에 해당하는 물질	
가. 부식성 산류	
(1) 농도가 20퍼센트 이상인 염산·황산·질산, 그 밖에 이와 동등 이상의 부식성을 가지는 물질	300킬로그램
(2) 농도가 60퍼센트 이상인 인산·아세트산·불산, 그 밖에 이와 동등 이상의 부식성을 가지는 물질	300킬로그램
나. 부식성 염기류 농도가 40퍼센트 이상인 수산화나트륨·수산화칼륨, 그 밖에 이와 동등 이상의 부식성을 가지는 염기류	
7. 급성 독성 물질	
가. 시안화수소·플루오르아세트산 및 소디움염·디옥신 등 LD50(경구, 쥐)이 킬로그램당 5밀리그램 이하인 독성물질	5킬로그램
나. LD50(경피, 토끼 또는 쥐)이 킬로그램당 50밀리그램(체중) 이하인 독성물질	5킬로그램
다. 데카보란·디보란·포스핀·이산화질소·메틸이소시아네이트·디클로로아세틸렌·플루오로아세트아마이드·케텐·1, 4-디클로로-2-부텐·메틸비닐케톤·벤조트라이클로라이드·산화카드뮴·규산메틸·디페닐메탄디이소시아네이트·디페닐설페이트 등 가스 LC50(쥐, 4시간 흡입)이 100ppm 이하인 화학물질, 증기 LC50(쥐, 4시간 흡입)이 0.5mg/ℓ 이하인 화학물질, 분진 또는 미스트 0.05mg/ℓ 이하인 독성물질	5킬로그램
라. 산화제2수은·시안화나트륨·시안화칼륨·폴리비닐알코올·2-클로로아세트알데히드·염화제2수은 등 LD50(경구, 쥐)이 킬로그램당 5밀리그램(체중) 이상 50밀리그램(체중) 이하인 독성물질	20킬로그램
마. LD50(경피, 토끼 또는 쥐)이 킬로그램당 50밀리그램(체중)이상 200밀리그램(체중) 이하인 독성물질	20킬로그램
바. 황화수소·황산·질산·테트라메틸납·디에틸렌트리아민·플루오린화 카보닐·헥사플루오로아세톤·트리플루오르화염소·푸르푸릴알코올·아닐린·불소·카보닐플루오라이드·발연황산·메틸에틸케톤 과산화물·디메틸에테르·페놀·벤질클로라이드·포스포러스펜톡사이드·벤질디메틸아민·피롤리딘 등 가스 LC50(쥐, 4시간 흡입)이 100ppm 이상 500ppm 이하인 화학물질, 증기 LC50(쥐, 4시간 흡입)이 0.5mg/ℓ 이상 2.0mg/ℓ 이하인 화학물질, 분진 또는 미스트 0.05mg/ℓ 이상 0.5mg/ℓ 이하인 독성물질	20킬로그램
사. 이소프로필아민·염화카드뮴·산화제2코발트·사이클로헥실아민·2-아미노피리딘·아조디	100킬로그램

위험물질	기준량
이소부티로니트릴 등 LD50(경구, 쥐)이 킬로그램당 50밀리그램(체중) 이상 300밀리그램(체중) 이하인 독성물질	
아. 에틸렌디아민 등 LD50(경피, 토끼 또는 쥐)이 킬로그램당 200밀리그램(체중) 이상 1,000밀리그램(체중) 이하인 독성물질	100킬로그램
자. 불화수소·산화에틸렌·트리에틸아민·에틸아크릴산·브롬화수소·무수아세트산·황화불소·메틸프로필케톤·사이클로헥실아민 등 가스 LC50(쥐, 4시간 흡입)이 500ppm 이상 2,500ppm 이하인 독성물질, 증기 LC50(쥐, 4시간 흡입)이 2.0mg/ℓ 이상 10mg/ℓ 이하인 독성물질, 분진 또는 미스트 0.5mg/ℓ 이상 1.0mg/ℓ 이하인 독성물질	100킬로그램

비고
1. 기준량은 제조 또는 취급하는 설비에서 하루 동안 최대로 제조하거나 취급할 수 있는 수량을 말한다.
2. 기준량 항목의 수치는 순도 100퍼센트를 기준으로 산출한다.
3. 2종 이상의 위험물질을 제조하거나 취급하는 경우에는 각 위험물질의 제조 또는 취급량을 구한 후 다음 공식에 따라 산출한 값 R이 1 이상인 경우 기준량을 초과한 것으로 본다.

$$R = \frac{C_1}{T_1} + \frac{C_2}{T_2} + \cdots + \frac{C_n}{T_n}$$

Cn: 위험물질 각각의 제조 또는 취급량
Tn: 위험물질 각각의 기준량
4. 위험물질이 둘 이상의 위험물질로 분류되어 서로 다른 기준량을 가지게 될 경우에는 가장 작은 값의 기준량을 해당 위험물질의 기준량으로 한다.
5. 인화성 가스의 기준량은 운전온도 및 운전압력 상태에서의 값으로 한다.

[별표 10]

강재의 사용기준(제329조 관련)

강재의 종류	인장강도(kg/㎟)	신장률(%)
강관	34 이상 41 미만	25 이상
	41 이상 50 미만	20 이상
	50 이상	10 이상
강관, 형강, 평강, 경량형강	34 이상 41 미만	21 이상
	41 이상 50 미만	16 이상
	50 이상 60 미만	12 이상
	60 이상	8 이상
봉강	34 이상 41 미만	25 이상
	41 이상 50 미만	20 이상
	50 미만	18 이상

[별표 11]

굴착면의 기울기 기준(제338조제1항 관련)

구분	지반의 종류	기울기
보통흙	습지	1 : 1~1 : 1.5
	건지	1 : 0.5~1 : 1
암반	풍화암	1 : 0.8
	연암	1 : 0.5
	경암	1 : 0.3

[별표 12]
관리대상 유해물질의 종류(제420조, 제439조 및 제440조 관련)

1. 유기화합물(113종)

　　가. 글루타르알데히드

　　나. 니트로글리세린

　　다. 니트로메탄

　　라. 니트로벤젠

　　마. p-니트로아닐린

　　바. p-니트로클로로벤젠

　　사. 디니트로톨루엔

　　아. 디메틸아닐린

　　자. 디메틸아민

　　차. N, N-디메틸아세트아미드

　　카. 디메틸포름아미드

　　타. 디에탄올아민

　　파. 디에틸렌 트리아민

　　하. 2-디에틸아미노에탄올

　　거. 디에틸아민

　　너. 디에틸 에테르

　　더. 1, 4-디옥산

　　러. 디이소부틸케톤

　　머. 디클로로메탄

　　버. o-디클로로벤젠

　　서. 1, 2-디클로로에틸렌

　　어. 디클로로플루오로메탄

　　저. 1, 1-디클로로-1-플루오로에탄

　　처. 디하이드록시벤젠

　　커. 2-메톡시에탄올

　　터. 2-메톡시에틸아세테이트

　　퍼. 메틸렌 디(비스)페닐 디이소시아네이트

　　허. 메틸 아민

　　고. 메틸 알코올

　　노. 메틸 에틸 케톤

　　도. 메틸 이소부틸 케톤

　　로. 메틸 클로라이드

　　모. 메틸 n-부틸케톤

보. 메틸 n-아밀케톤

소. o-메틸시클로헥사논

오. 메틸시클로헥사놀

조. 메틸클로로포름

초. 무수 말레인

코. 무수프탈산

토. 벤젠(발암성)

포. 1, 3-부타디엔(발암성)

호. 2-부톡시에탄올

구. n-부틸알코올

누. sec-부틸알코올

두. 1-브로모프로판

루. 2-브로모프로판

무. 브롬화 메틸

부. 비닐 아세테이트

수. 사염화탄소(발암성)

우. 스토다드 솔벤트

주. 스티렌

추. 시클로헥사논

쿠. 시클로헥사놀

투. 시클로헥산

푸. 시클로헥센

후. 아닐린 및 그 동족체

그. 아세토니트릴

느. 아세톤

드. 아세트알데히드

르. 아크릴로니트릴

므. 아크릴아미드

브. 알릴글리시딜에테르

스. 에탄올아민

으. 2-에톡시에탄올

즈. 2-에톡시에틸아세테이트

츠. 에틸렌 글리콜

크. 에틸렌글리콜 디니트레이트

트. 에틸렌글리콜 모노 부틸 아세테이트

프. 에틸렌이민

흐. 에틸렌 클로로히드린

기. 에틸벤젠

니. 에틸아민

디. 에틸 아크릴레이트

리. 2, 3-에폭시-1-프로판올

미. 1, 2-에폭시프로판

비. 에피클로로히드린

시. 요오드화 메틸

이. 이소부틸 알코올

지. 이소아밀 알코올

치. 이소프로필 알코올

키. 이염화에틸렌

티. 이황화탄소

피. 초산 메틸

히. n-초산 부틸

갸. 초산 에틸

냐. 초산 프로필

댜. 초산 이소부틸

랴. 초산 이소아밀

먀. 초산 이소프로필

뱌. 크레졸

샤. 크실렌

야. 클로로벤젠

쟈. 1, 1, 2, 2-테트라클로로에탄

챠. 1, 1, 2-트리클로로에탄

캬. 1, 2, 3-트리클로로프로판

탸. 테트라하이드로푸란

퍄. 톨루엔

햐. 톨루엔-2, 4-디이소시아네이트

거. 톨루엔-2, 6-디이소시아네이트

너. 트리에틸아민

더. 트리클로로메탄

러. 트리클로로에틸렌

머. 퍼클로로에틸렌

버. 페놀

서. 펜타클로로페놀

여. 포름알데히드(발암성)

저. 프로필렌 이민

쳐. 피리딘

켜. 하이드라진

텨. 헥사메틸렌 디이소시아네이트

퍼. n-헥산

혀. 헵탄

교. 황산디메틸

뇨. 가목부터 교목까지의 물질을 용량비율 1퍼센트 이상 함유한 제제

2. 금속류(23종)

가. 구리 및 그 화합물

나. 납 및 그 무기화합물

다. 니켈 및 그 화합물(불용성화합물만 발암성)

라. 망간 및 그 화합물

마. 바륨 및 그 가용성화합물

바. 백금 및 그 화합물

사. 산화마그네슘

아. 셀레늄 및 그 화합물

자. 수은 및 그 화합물

차. 아연 및 그 화합물

카. 안티몬 및 그 화합물(삼산화안티몬만 발암성)

타. 알루미늄 및 그 화합물

파. 요오드

하. 은 및 그 화합물

거. 이산화티타늄

너. 주석 및 그 화합물

더. 지르코늄 및 그 화합물

러. 철 및 그 화합물

머. 오산화바나듐

버. 카드뮴 및 그 화합물(발암성)

서. 코발트 및 그 무기화합물

어. 크롬 및 그 화합물(6가크롬만 발암성)

저. 텅스텐 및 그 화합물

처. 가목부터 저목까지의 물질을 중량비율 1퍼센트 이상 함유한 제제

3. 산·알칼리류(17종)

가. 개미산

나. 과산화수소

다. 무수초산

라. 불화수소

　　마. 브롬화수소

　　바. 수산화나트륨

　　사. 수산화칼륨

　　아. 시안화나트륨

　　자. 시안화칼륨

　　차. 시안화칼슘

　　카. 아크릴산

　　타. 염화수소

　　파. 인산

　　하. 질산

　　거. 초산

　　너. 트리클로로아세트산

　　더. 황산

　　러. 가목부터 더목까지의 물질을 중량비율 1퍼센트 이상 함유한 제제

4. 가스 상태 물질류(15종)

　　가. 불소

　　나. 브롬

　　다. 산화에틸렌(발암성)

　　라. 삼수소화비소

　　마. 시안화수소

　　바. 암모니아

　　사. 염소

　　아. 오존

　　자. 이산화질소

　　차. 이산화황

　　카. 일산화질소

　　타. 일산화탄소

　　파. 포스겐

　　하. 포스핀

　　거. 황화수소

　　너. 가목부터 거목까지의 물질을 용량비율 1퍼센트 이상 함유한 제제

[별표 13]

관리대상 유해물질 관련 국소배기장치 후드의 제어풍속(제429조 관련)

물질의 상태	후드 형식	제어풍속(m/sec)
가스 상태	포위식 포위형	0.4
	외부식 측방흡인형	0.5
	외부식 하방흡인형	0.5
	외부식 상방흡인형	1.0
입자 상태	포위식 포위형	0.7
	외부식 측방흡인형	1.0
	외부식 하방흡인형	1.0
	외부식 상방흡인형	1.2

비고
1. "가스 상태"란 관리대상 유해물질이 후드로 빨아들여질 때의 상태가 가스 또는 증기인 경우를 말한다.
2. "입자 상태"란 관리대상 유해물질이 후드로 빨아들여질 때의 상태가 흄, 분진 또는 미스트인 경우를 말한다.
3. "제어풍속"이란 국소배기장치의 모든 후드를 개방한 경우의 제어풍속으로서 다음 각 목에 따른 위치에서의 풍속을 말한다.
   가. 포위식 후드에서는 후드 개구면에서의 풍속
   나. 외부식 후드에서는 해당 후드에 의하여 관리대상 유해물질을 빨아들이려는 범위 내에서 해당 후드 개구면으로부터 가장 먼 거리의 작업위치에서의 풍속

[별표 14]

혈액노출 근로자에 대한 조치사항(제598조제2항 관련)

1. B형 간염에 대한 조치사항

근로자의 상태[1]		노출된 혈액의 상태에 따른 치료 방침		
		HBsAg 양성	HBsAg 음성	검사를 할 수 없거나 혈액의 상태를 모르는 경우
예방접종[2]하지 않은 경우		HBIG[3] 1회 투여 및 B형간염 예방접종 실시	B형간염 예방접종 실시	B형간염 예방접종 실시
예방접종 한 경우	항체형성 HBsAg(+)	치료하지 않음	치료하지 않음	치료하지 않음
	항체미형성 HBsAg(−)	HBIG 2회 투여[4] 또는 HBIG 1회 투여 및 B형간염 백신 재접종	치료하지 않음	고위험 감염원인 경우 HBsAg 양성의 경우와 같이 치료함
	모름	항체(HBsAb) 검사: 1. 적절[5]: 치료하지 않음 2. 부적절: HBIG 1회투여 및 B형간염 백신 추가접종	치료하지 아니함	항체(HBsAg) 검사: 1. 적절: 치료하지 않음 2. 부적절: B형간염백신 추가접종과 1~2개월 후 항체역가검사

비고
1. 과거 B형간염을 앓았던 사람은 면역이 되므로 예방접종이 필요하지 않다.
2. 예방접종은 B형간염 백신을 3회 접종완료한 것을 의미한다.
3. HBIG(B형간염 면역글로불린)는 가능한 한 24시간 이내에 0.06 ml/kg을 근육주사한다.
4. HBIG 2회 투여는 예방접종을 2회 하였지만 항체가 형성되지 않은 사람 또는 예방접종을 2회 하지 않았거나 2회차 접종이 완료되지 않은 사람에게 투여하는 것을 의미한다.
5. 항체가 적절하다는 것은 혈청내 항체(anti HBs)가 10mIU/ml 이상임을 말한다.
6. HBsAg(Hepatitis B Antigen): B형간염 항원

2. 인간면역결핍 바이러스에 대한 조치사항

혈액의 감염상태 / 노출 형태	침습적 노출		점막 및 피부노출	
	심한 노출[5]	가벼운 노출[6]	다량 노출[7]	소량 노출[8]
인간면역결핍 바이러스 양성-1급[1]	확장 3제 예방요법[9]		확장 3제 예방요법	기본 2제 예방요법
인간면역결핍 바이러스 양성-2급[2]	확장 3제 예방요법	기본 2제 예방요법	기본 2제 예방요법[10]	
혈액의 인간면역결핍 바이러스 감염상태 모름[3]	예방요법 필요 없음. 그러나 인간면역결핍 바이러스 위험요인이 있으면 기본 2제 예방요법 고려			
노출된 혈액을 확인할 수 없음[4]	예방요법 필요 없음. 그러나 인간면역결핍 바이러스에 감염된 환자의 것으로 추정되면 기본 2제 예방요법 고려			
인간면역결핍 바이러스 음성	예방요법 필요 없음			

비고
1. 다량의 바이러스(1, 500 RNA copies/ml 이상), 감염의 증상, 후천성면역결핍증 등이 있는 경우이다.
2. 무증상 또는 소량의 바이러스이다.
3. 노출된 혈액이 사망한 사람의 혈액이거나 추적이 불가능한 경우 등 검사할 수 없는 경우이다.
4. 폐기한 혈액 또는 주사침 등에 의한 노출로 혈액원(血液源)을 파악할 수 없는 경우 등이다.
5. 환자의 근육 또는 혈관에 사용한 주사침이나 도구에 혈액이 묻어 있는 것이 육안으로 확인되는 경우 등이다.
6. 피상적 손상이거나 주사침에 혈액이 보이지 않는 경우 등이다.
7. 혈액이 뿌려지거나 흘려진 경우 등이다.
8. 혈액이 몇 방울 정도 묻은 경우 등이다.
9. 해당 전문가의 견해에 따라 결정한다.
10. 해당 전문가의 견해에 따라 결정한다.

[별표 15]

혈액노출후 추적관리(제598조제2항 관련)

감염병	추적관리 내용 및 시기
B형간염 바이러스	HBsAg: 노출 후 3개월, 6개월
C형간염 바이러스	anti HCV RNA: 4~6주 anti HCV: 4~6개월
인간면역결핍 바이러스	anti HIV: 6주, 12주, 6개월

비고
1. anti HCV RNA: C형간염바이러스 RNA 검사
2. anti HCV: C형간염항체 검사
3. anti HIV: 인간면역결핍항체 검사

[별표 16]

분진작업의 종류(제605조제2호 관련)

1. 토석·광물·암석(이하 "암석등"이라 하고, 습기가 있는 상태의 것은 제외한다. 이하 이 표에서 같다)을 파내는 장소에서의 작업. 다만, 다음 각 목의 어느 하나에서 정하는 작업은 제외한다.
   가. 갱 밖의 암석등을 습식에 의하여 시추하는 장소에서의 작업
   나. 실외의 암석등을 동력 또는 발파에 의하지 않고 파내는 장소에서의 작업
2. 암석등을 싣거나 내리는 장소에서의 작업
3. 갱내에서 암석등을 운반, 파쇄·분쇄하거나 체로 거르는 장소(수중작업은 제외한다) 또는 이들을 쌓거나 내리는 장소에서의 작업
4. 갱내의 제1호부터 제3호까지의 규정에 따른 장소와 근접하는 장소에서 분진이 붙어 있거나 쌓여 있는 기계설비 또는 전기설비를 이설(移設)·철거·점검 또는 보수하는 작업
5. 암석등을 재단·조각 또는 마무리하는 장소에서의 작업(제12호에 따른 작업과 화염을 이용하여 재단하거나 제작하는 장소에서의 작업은 제외한다)
6. 연마재의 분사에 의하여 연마하는 장소나 연마재 또는 동력을 사용하여 암석·광물 또는 금속을 연마·주물 또는 재단하는 장소에서의 작업(제5호에 따른 작업은 제외한다)
7. 암석등·탄소원료 또는 알루미늄박을 파쇄·분쇄하거나 체로 거르는 장소에서의 작업(제3호·제14호 또는 제18호에 따른 작업은 제외한다)
8. 시멘트·비산재·분말광석·탄소원료 또는 탄소제품을 건조하는 장소, 쌓거나 내리는 장소, 혼합·살포·포장하는 장소에서의 작업
9. 분말 상태의 알루미늄 또는 산화티타늄을 혼합·살포·포장하는 장소에서의 작업
10. 분말 상태의 광석 또는 탄소원료를 원료 또는 재료로 사용하는 물질을 제조·가공하는 공정에서 분말 상태의 광석, 탄소원료 또는 그 물질을 함유하는 물질을 혼합·혼입 또는 살포하는 장소에서의 작업(제11호부터 제13호까지의 규정에 따른 작업은 제외한다)
11. 유리 또는 법랑을 제조하는 공정에서 원료를 혼합하는 작업이나 원료 또는 혼합물을 용해로에 투입하는 작업(수중에서 원료를 혼합하는 장소에서의 작업은 제외한다)

12. 도자기, 내화물(耐火物), 형사토 제품 또는 연마재를 제조하는 공정에서 원료를 혼합 또는 성형하거나, 원료 또는 반제품을 건조하거나, 반제품을 차에 싣거나 쌓은 장소에서의 작업이나 가마 내부에서의 작업. 다만, 다음 각 목의 어느 하나에 정하는 작업은 제외한다.

    가. 도자기를 제조하는 공정에서 원료를 투입하거나 성형하여 반제품을 완성하거나 제품을 내리고 쌓은 장소에서의 작업

    나. 수중에서 원료를 혼합하는 장소에서의 작업

13. 탄소제품을 제조하는 공정에서 탄소원료를 혼합하거나 성형하여 반제품을 노(爐)에 넣거나 반제품 또는 제품을 노에서 꺼내거나 제작하는 장소에서의 작업

14. 주형을 사용하여 주물을 제조하는 공정에서 주형(鑄型)을 해체 또는 탈사(脫砂)하거나 주물모래를 재생하거나 혼련(混鍊)하거나 주조품 등을 절삭하는 장소에서의 작업(제6호에 따른 작업은 제외한다)

15. 암석등을 운반하는 암석전용선의 선창(船艙) 내에서 암석등을 빠뜨리거나 한군데로 모으는 작업

16. 금속 또는 그 밖의 무기물을 제련하거나 녹이는 공정에서 토석 또는 광물을 개방로에 투입·소결(燒結)·탕출(湯出) 또는 주입하는 장소에서의 작업(전기로에서 탕출하는 장소나 금형을 주입하는 장소에서의 작업은 제외한다)

17. 분말 상태의 광물을 연소하는 공정이나 금속 또는 그 밖의 무기물을 제련하거나 녹이는 공정에서 노(爐)·연도(煙道) 또는 연돌 등에 붙어 있거나 쌓여 있는 광물찌꺼기 또는 재를 긁어내거나 한곳에 모으거나 용기에 넣는 장소에서의 작업

18. 내화물을 이용한 가마 또는 노 등을 축조 또는 수리하거나 내화물을 이용한 가마 또는 노 등을 해체하거나 파쇄하는 작업

19. 실내·갱내·탱크·선박·관 또는 차량 등의 내부에서 금속을 용접하거나 용단하는 작업

20. 금속을 녹여 뿌리는 장소에서의 작업

21. 동력을 이용하여 목재를 절단·연마 및 분쇄하는 장소에서의 작업

22. 면(綿)을 섞거나 두드리는 장소에서의 작업

23. 염료 및 안료를 분쇄하거나 분말 상태의 염료 및 안료를 계량·투입·포장하는 장소에서의 작업

24. 곡물을 분쇄하거나 분말 상태의 곡물을 계량·투입·포장하는 장소에서의 작업

25. 유리섬유 또는 암면(巖綿)을 재단·분쇄·연마하는 장소에서의 작업

[별표 17]

분진작업장소에 설치하는 국소배기장치의 제어풍속(제609조 관련)

1. 제607조 및 제617조제1항 단서에 따라 설치하는 국소배기장치(연삭기, 드럼 샌더(drum sander) 등
   의 회전체를 가지는 기계에 관련되어 분진작업을 하는 장소에 설치하는 것은 제외한다)의 제어풍속

분진 작업 장소	제어풍속(미터/초)			
	포위식 후드의 경우	외부식 후드의 경우		
		측방 흡인형	하방 흡인형	상방 흡인형
암석등 탄소원료 또는 알루미늄박을 체로 거르는 장소	0.7	–	–	–
주물모래를 재생하는 장소	0.7	–	–	–
주형을 부수고 모래를 터는 장소	0.7	1.3	1.3	–
그 밖의 분진작업장소	0.7	1.0	1.0	1.2

비고
1. 제어풍속이란 국소배기장치의 모든 후드를 개방한 경우의 제어풍속으로서 다음 각 목의 위치에서 측정한다.
   가. 포위식 후드에서는 후드 개구면
   나. 외부식 후드에서는 해당 후드에 의하여 분진을 빨아들이려는 범위에서 그 후드 개구면으로부터 가장 먼 거리의 작
      업위치

2. 제607조 및 제617조제1항 단서의 규정에 따라 설치하는 국소배기장치 중 연삭기, 드럼 샌더 등의
   회전체를 가지는 기계에 관련되어 분진작업을 하는 장소에 설치된 국소배기장치의 후드의 설치방법
   에 따른 제어풍속

후드의 설치방법	제어풍속(미터/초)
회전체를 가지는 기계 전체를 포위하는 방법	0.5
회전체의 회전으로 발생하는 분진의 흩날림방향을 후드의 개구면으로 덮는 방법	5.0
회전체만을 포위하는 방법	5.0

비고
제어풍속이란 국소배기장치의 모든 후드를 개방한 경우의 제어풍속으로서, 회전체를 정지한 상태에서 후드의 개구면에서의
최소풍속을 말한다.

[별표 18]

밀폐공간(제618조제1호 관련)

1. 다음의 지층에 접하거나 통하는 우물·수직갱·터널·잠함·피트 또는 그밖에 이와 유사한 것의 내부
   가. 상층에 물이 통과하지 않는 지층이 있는 역암층 중 함수 또는 용수가 없거나 적은 부분
   나. 제1철 염류 또는 제1망간 염류를 함유하는 지층
   다. 메탄·에탄 또는 부탄을 함유하는 지층
   라. 탄산수를 용출하고 있거나 용출할 우려가 있는지층
2. 장기간 사용하지 않은 우물 등의 내부
3. 케이블·가스관 또는 지하에 부설되어 있는 매설물을 수용하기 위하여 지하에 부설한 암거·맨홀 또는 피트의 내부
4. 빗물·하천의 유수 또는 용수가 있거나 있었던 통·암거·맨홀 또는 피트의 내부
5. 바닷물이 있거나 있었던 열교환기·관·암거·맨홀·둑 또는 피트의 내부
6. 장기간 밀폐된 강재(鋼材)의 보일러·탱크·반응탑이나 그 밖에 그 내벽이 산화하기 쉬운 시설(그 내벽이 스테인리스강으로 된 것 또는 그 내벽의 산화를 방지하기 위하여 필요한 조치가 되어 있는 것은 제외한다)의 내부
7. 석탄·아탄·황화광·강재·원목·건성유(乾性油)·어유(魚油) 또는 그 밖의 공기 중의 산소를 흡수하는 물질이 들어 있는 탱크 또는 호퍼(hopper) 등의 저장시설이나 선창의 내부
8. 천장·바닥 또는 벽이 건성유를 함유하는 페인트로 도장되어 그 페인트가 건조되기 전에 밀폐된 지하실·창고 또는 탱크 등 통풍이 불충분한 시설의 내부
9. 곡물 또는 사료의 저장용 창고 또는 피트의 내부, 과일의 숙성용 창고 또는 피트의 내부, 종자의 발아용 창고 또는 피트의 내부, 버섯류의 재배를 위하여 사용하고 있는 사일로(silo), 그 밖에 곡물 또는 사료종자를 적재한 선창의 내부
10. 간장·주류·효모 그 밖에 발효하는 물품이 들어 있거나 들어 있었던 탱크·창고 또는 양조주의 내부
11. 분뇨, 오염된 흙, 썩은 물, 폐수, 오수, 그 밖에 부패하거나 분해되기 쉬운 물질이 들어있는 정화조·침전조·집수조·탱크·암거·맨홀·관 또는 피트의 내부
12. 드라이아이스를 사용하는 냉장고·냉동고·냉동화물자동차 또는 냉동컨테이너의 내부
13. 헬륨·아르곤·질소·프레온·탄산가스 또는 그 밖의 불활성기체가 들어 있거나 있었던 보일러·탱크 또는 반응탑 등 시설의 내부
14. 산소농도가 18퍼센트 미만 23.5퍼센트 이상, 탄산가스농도가 1.5퍼센트 이상, 황화수소농도가 10ppm 이상인 장소의 내부
15. 갈탄·목탄·연탄난로를 사용하는 콘크리트 양생장소(養生場所) 및 가설숙소 내부
16. 화학물질이 들어있던 반응기 및 탱크의 내부
17. 유해가스가 들어있던 배관이나 집진기의 내부

[별지 제1호서식]

허가대상 유해물질의 제조·사용 장소의 출입금지 표지(제457조제1항 관련)

관계자 외 출입금지

○○○ 제조/사용 중

보호구/보호복 착용

흡연 및 음식물 섭취 금지

비고
1. 표지의 크기는 가로 40센티미터, 세로 25센티미터 이상
2. "관계자 외 출입금지" 글자의 크기는 가로 4센티미터, 세로 5센티미터 이상
3. "○○○ 제조/사용 중" 글자의 크기는 가로 2.5센티미터, 세로 3센티미터 이상
4. 그 밖의 글자의 크기는 가로 3센티미터, 세로 3.5센티미터 이상
5. 바탕은 흰색 글자는 검은색. 다만 "○○○ 제조/사용 중" 글자는 붉은색
6. "○○○"에는 해당 허가물질의 명칭을 적습니다.

[별지 제2호서식]

석면 취급·해체 작업장의 경고표지(제457조제1항 및 제490조 관련)

관계자 외 출입금지

석면 취급/해체 중

보호구/보호복 착용

흡연 및 음식물 섭취 금지

비고
1. 표지의 크기는 가로 70센티미터, 세로 50센티미터 이상
2. "관계자 외 출입금지" 글자의 크기는 가로 8센티미터, 세로 10센티미터 이상
3. 그 밖의 글자의 크기는 가로 6센티미터, 세로 6센티미터 이상
4. 바탕은 흰색 글자는 검은색. 다만, "석면 취급/해체 중" 글자는 붉은색

[별지 제3호서식]

석면함유 잔재물 등의 처리 시 표지(제496조 관련)

1. 양 식

석 면 함 유

신 호 어: 발암성물질

유해·위험성: 폐암, 악성중피종, 석면폐 등

예방조치 문구: 취급 또는 폐기 시 석면분진이 발생하지 않도록 해야 합니다.

취급근로자는 방진마스크 등 개인보호구를 착용해야 합니다.

공급자 정보:

▶ "공급자 정보"에는 석면해체·제거 사업주의 성명, 주소, 전화번호를 적습니다.

2. 규 격

규 격
300㎠(가로×세로) 이상 (0.25×세로)≤가로≤(4×세로)

[별지 제4호서식]

실험실등의 출입금지 표지 양식(제505조제1항 관련)

관계자 외 출입금지

발암물질 취급 중

보호구/보호복 착용

흡연 및 음식물 섭취 금지

비고
1. 표지의 크기는 가로 40센티미터, 세로 25센티미터 이상
2. "관계자 외 출입금지" 글자의 크기는 가로 4센티미터, 세로 5센티미터 이상
3. "발암물질 취급 중" 글자의 크기는 가로 2.5센티미터, 세로 3센티미터 이상
4. 그 밖의 글자의 크기는 가로 3센티미터, 세로 3.5센티미터 이상
5. 바탕은 흰색 글자는 검은색. 다만 "발암물질 취급 중" 글자는 붉은색
6. 글씨는 물에 쉽게 훼손되지 않는 잉크나 도료로 써야 합니다.